本书系国家社科基金2013年度一般项目"当代资本主义变迁中的'科学技术泛资本化'研究"（项目编号：13BKS065）结项成果

本书出版得到重庆大学马克思主义学院资助

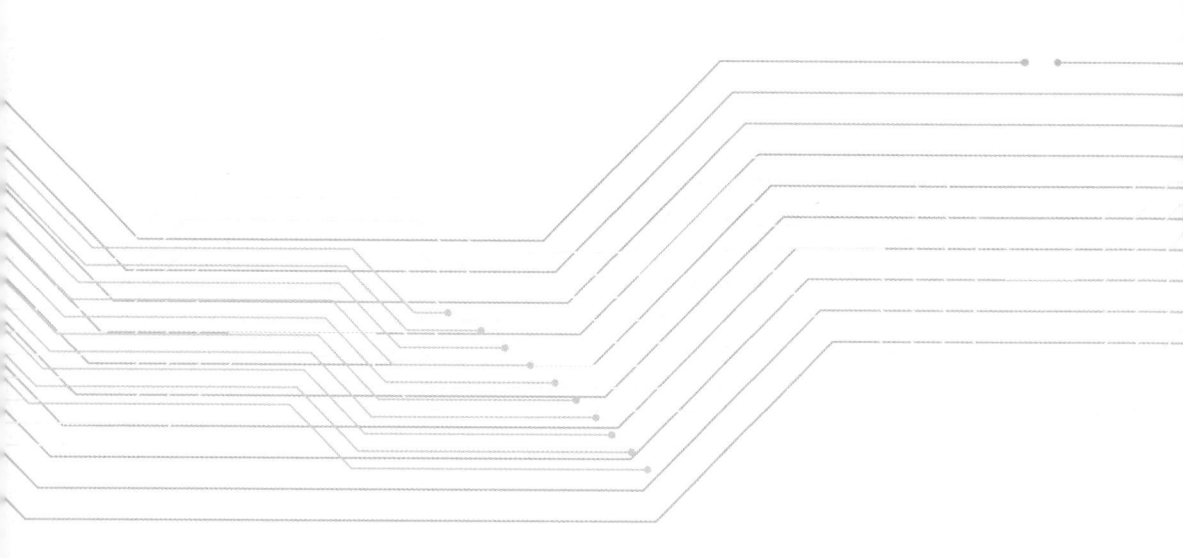

> # 科技与资本的
> # 联姻之旅
>
> 当代资本主义变迁中的"科学技术泛资本化"研究
>
> 鄢显俊 著
>
> 中国社会科学出版社

图书在版编目（CIP）数据

科技与资本的联姻之旅：当代资本主义变迁中的"科学技术泛资本化"研究／鄢显俊著 . —北京：中国社会科学出版社，2020.7
ISBN 978 - 7 - 5203 - 6637 - 3

Ⅰ.①科… Ⅱ.①鄢… Ⅲ.①科技发展—关系—资本投入—研究 Ⅳ.①G305②F014.391

中国版本图书馆 CIP 数据核字（2020）第 099621 号

出 版 人	赵剑英
责任编辑	刘　艳
责任校对	陈　晨
责任印制	戴　宽

出　　版	中国社会科学出版社
社　　址	北京鼓楼西大街甲 158 号
邮　　编	100720
网　　址	http://www.csspw.cn
发 行 部	010 - 84083685
门 市 部	010 - 84029450
经　　销	新华书店及其他书店

印　　刷	北京明恒达印务有限公司
装　　订	廊坊市广阳区广增装订厂
版　　次	2020 年 7 月第 1 版
印　　次	2020 年 7 月第 1 次印刷

开　　本	710×1000　1/16
印　　张	41
插　　页	2
字　　数	626 千字
定　　价	218.00 元

凡购买中国社会科学出版社图书，如有质量问题请与本社营销中心联系调换
电话：010 - 84083683
版权所有　侵权必究

序

重庆大学马克思主义学院鄢显俊教授主持的国家社科基金结项成果《科学与资本的联姻之旅——当代资本主义变迁中的"科学技术泛资本化"研究》书稿付梓在即，他嘱我为本书作序，我欣然从命。此项成果，结项等级为"良"，殊为不易，足以彰显本书的学术含金量。作为共事十多年的好友，我欣喜地看到显俊教授在"马克思主义科技观与科技革命"研究领域20年的勤奋耕耘又结出了硕果，他的学术生涯也自此跃上了新台阶。

"当代资本主义新变化及发展趋势"是我国马列/科社学界解放思想、实事求是、与时俱进、求真务实地运用辩证唯物主义和历史唯物主义，站在社会主义的立场，全面剖析当代资本主义的一个重大学术领域。"如何认识资本主义并战胜帝国主义，如何建设社会主义进而通向共产主义"是本学科的基础研究之一。当前人类社会正面临新科技革命全方位、加速度、大发展的新时代，正验证了高放先生关于"当代资本主义已经从垄断资本主义发展到社会资本主义的新阶段"的基本判断。当21世纪业已步入第三个十年，人工智能、大数据、区块链、物联网、云计算服务等前沿信息技术乘着全球化、信息化的东风，已经成为新一轮国际博弈舞台上的新主角闪亮登场，方兴未艾的第四次工业革命正以远超以往一切世代和历次产业科技革命的广度和深度影响和改造着世界，并开始"重新塑造一个新世界"。以苹果、亚马逊、微软、谷歌、思科系统、脸书、阿里巴巴、三星电子、腾讯控股、英特尔、百度、甲骨文为代表的科技密集+资本密集型企业旗下的各类产品正成为千家万户的生活必需，而这正是本书主角——科技与资本联姻——从"科学技术资本化"到"科学技术泛资本化"的杰作。显俊教授的研究坚守这一重大问题，笔耕20年不辍，终有今日收获。

作为两度荣获国家社科基金一般项目资助、2001年迄今已在中国科学院和中国社科院学术期刊发表9篇学术论文、在中国社会科学出版社、科学出版社和高等教育出版社已经出版4部学术著作的学者，长期耕耘科学社会主义学科的显俊教授另辟蹊径，从科技革命/信息技术革命的视野来研究当代资本主义的发展变化及其趋势，将经济学、科技哲学、科学社会学、科技史、马克思主义基本原理融会贯通，在学界率先提出"信息资本""信息垄断"等原创概念（在中国知网等学术搜索引擎中可以佐证）进行深入研究，并在专著《信息垄断揭秘：信息技术革命视阈里的当代资本主义新变化》（显俊教授首个国家社科基金的结项成果，中国社会科学出版社2011年2月版）一书基础上，从千头万绪和纷繁芜杂中选择社会生产力中的两大要素——科技与资本要素，透视它们之间结合历程、转化机制、相互促进作用、内生异己力量、自我异化的复杂演进史并在学界率先提出"科学技术'泛资本化'"的原创概念并进行全面剖析，终成此书。

本书的研究进路在于，从二战后资本主义变迁史出发，运用欧美学界盛行的STS理论和SST理论，围绕两条主线：其一，时间主线：科技与资本联姻的历史进程；第二，逻辑主线：科学技术从"资本化"到"泛资本化"演进所依赖的"社会生态环境"变迁，分别选取瓦特蒸汽机、爱迪生通用电气公司和西屋电气公司、硅谷现象等经典个案，溯源蒸汽革命、电力革命和信息技术革命发展史，述说科技与资本联姻对社会生产力的促进作用，进而阐释"集体性发明活动""特斯拉的理想主义情怀""自由软件运动"等诞生于资本主义科技革命进程中的内生异己力量，最后在本书的"收官"章节分别借助马克思主义和西方马克思主义的社会批判理论，浓墨重彩地对科技与资本联姻的必然结果——科技异化现象及针对其展开的各种学术批判进行了鞭辟入里的深刻诠释和令人信服的发展前瞻。

诚如马克思所言，"批判的武器当然不能代替武器的批判，物质力量只能用物质力量来摧毁"。因科技革命而涌现的人工智能、基因技术等，在科技创新与资本长袖善舞的逻辑耦合下，势必衍生出更大的"不可测效应"，即科技异化的危险趋势日趋严重且不可预测，科技巨头提供的虚拟数字产品（国外学者将这样的时代称为"收租资本主义"时代）正在颠覆传统资本主义的基本规则，而在逐利、竞争和创新"资本三大本性"支配下，以科技异化作为"破坏力最强怪兽"，如人工智能失控完全可能把人类文明带入"末日审判"、使人类文明走向灭绝绝不是危言耸听和"战略忽悠"，人类社会如何面对这种挑战？新时代中国特色社会主义如何应对这种危险趋势？中国特色社会主义科技创新道路应该如何规避当代资本主义科技异化的歧途？求解这些事关人类命运和前途的重大问题，习近平总书记的重要讲话给我们提供了思想遵循。他在十九届中央政治局就"人工智能发展现状和趋势"问题举行的第九次集体学习时指出："要加强人工智能发展的潜在风险研判和防范，维护人民利益和国家安全，确保人工智能安全、可靠、可控。要整合多学科力量，加强人工智能相关法律、伦理、社会问题研究，建立健全保障人工智能健康发展的法律法规、制度体系、伦理道理。"

以《信息垄断揭秘：信息技术革命视阈里的当代资本主义新变化》为坚实基础，经过《科技与资本的联姻之旅——当代资本主义变迁中的"科学技术泛资本化"研究》的积淀，相信显俊教授未来定会在相关领域取得更大成就，我乐见其成。

谨此为序。

云南大学马克思主义学院教授、博士生导师　袁　群
2020年2月于云南昆明

前　言

"科学技术资本化"是"科学技术泛资本化"的低级阶段，系指工业资本及金融资本以逐利为目的渗入科技研发全过程并将其纳入资本主义社会大生产，在无所不能的资本穿针引线和牵线搭桥下，社会系统辅之以一系列横贯经济、政治、文化之间的制度安排，促使科研成果转化为实用生产技术，即转变为能够大力提高社会生产效率的商品化科技成果，以更好攫取剩余价值的过程。此过程发端于17—18世纪第一次科技产业革命即蒸汽革命时期的英国，成就了18—19世纪的大英帝国。此后，"科学技术资本化"随着爆发于19世纪中叶的美国的第二次科技产业革命即电力革命而不断走向深化。

当代资本主义变迁中的"科学技术泛资本化"则是"科学技术资本化"的高级阶段，是其"扩展版"或"升级版"，其标志是二战结束后的20世纪50年代，美国的国家资本与私人资本即风投资本和科技研发全面联姻，特别是风投资本的普及和风投市场的成熟与壮大并促进一系列相关的金融制度和企业制度创新，它是科技与资本联姻的最高阶段，极大优化了资本逐利的过程和科技成果转化为实用商品的过程。与"科学技术泛资本化"相伴的科技产业革命是信息技术革命。"科学技术泛资本化"缘起并深化于美国，它使美国在二战后继续稳坐世界第一科技强国的宝座并成就了美国世界霸主的地位。在科技产业革命历史进程中，科技与资本联姻建立起相得益彰、共荣共存的"鱼水关系"，科技之"鱼"一旦离开资本之"水"的滋养，将丧失生命。而资本之"水"若无"鱼儿"畅游和生息繁衍，也将成为一潭死水进而丧失生机与活力。

本书通过全面探究科学技术从"资本化"到"泛资本化"演进的

历史规律，得出重要结论：人类近代以来所发生的科技产业革命不仅和一个国家的天然禀赋有关，更重要的是，它和相关国家为科技与资本顺利联姻而营造的"社会生态环境"密切相关，这是近代迄今发生的所有科技产业革命均出现在发达资本主义国家的重要原因。本研究揭示了科技产业革命发生发展的一般规律，对于中国这样的后发现代化国家具有非常重要的启迪意义。

研究当代资本主义变迁中的"科学技术泛资本化"具有重要理论价值，即通过厘清科技与资本联姻的规律进一步探寻当代资本主义发展趋向及其内在矛盾。同时，还可以为中国特色社会主义提供借鉴，即如何构建一个既符合国情又体现科技产业革命一般规律的"国家创新体系"，以开创一条中国特色社会主义科技创新道路，为建设社会主义现代化强国奠定雄厚的科学技术基础。

目 录

第一章 导论 ……………………………………………………（1）
   第一节 问题的缘起和概念界定 ………………………………（1）
     一 问题的缘起 ……………………………………………（2）
     二 概念界定 ………………………………………………（12）
   第二节 研究方法和研究内容 …………………………………（34）
     一 研究方法：SST 理论视野里的"科学技术泛资本化" …（34）
     二 研究内容："科学技术泛资本化"研究的逻辑框架 ……（48）
   "导论"小结 ……………………………………………………（53）

第二章 "科学技术资本化"：从第一次科技产业革命到第二次科技产业革命 ………………………………………………（54）
   第一节 "科学技术资本化"形成：第一次科技产业革命溯源 ……………………………………………（54）
     一 第一次科技产业革命即蒸汽革命简史 ………………（55）
     二 "科学技术资本化"何以起源于英国？ ………………（66）
   第二节 "科学技术资本化"深化：第二次科技产业革命溯源 ……………………………………………（85）
     一 第二次科技产业革命即电力革命简史 ………………（86）
     二 "科学技术资本化"何以深化于美国？ ………………（95）
     三 "科学技术资本化"深化的另一个经典样本：威斯汀豪斯和他的西屋电气公司 ……………………（138）

第三章 "科学技术泛资本化"形成与深化：第三次科技产业革命 …… （153）

第一节 "科学技术泛资本化"形成：第三次科技产业革命即信息技术革命溯源 …… （153）
一 信息技术革命简史 …… （154）
二 "科学技术泛资本化"在美国水到渠成 …… （174）

第二节 "科学技术泛资本化"深化：美国的风险投资体制和"硅谷现象" …… （212）
一 "科学技术泛资本化"深化最重要的制度创新：美国的风险投资体制 …… （213）
二 "科学技术泛资本化"深化的经典样本："硅谷现象" …… （231）

第三节 "科学技术资本化"与"科学技术泛资本化"的综合比较 …… （246）
一 "科学技术资本化形成"与"科学技术资本化深化"的比较 …… （246）
二 "科学技术泛资本化形成"与"科学技术泛资本化深化"的比较 …… （249）
三 "科学技术资本化"与"科学技术泛资本化"的异同比较 …… （251）

第四章 科技与资本联姻对社会生产力的促进作用 …… （256）

第一节 "科学技术资本化"对社会生产力的促进作用 …… （256）
一 生产力发展的内因探析：从熊彼特的"创新理论"到技术经济范式理论 …… （256）
二 来自英国蒸汽革命的实证："关键生产要素"的变迁与生产力进步 …… （263）
三 来自美国电力革命的实证："关键生产要素"的变迁与生产力进步 …… （280）
四 蒸汽革命和电力革命时期欧美主要工业国人均专利拥有情况 …… （293）

第二节 "科学技术泛资本化"对社会生产力的促进作用 …… （297）

一　一种分析框架："信息技术范式"和传统技术
　　　　经济范式的比较 …………………………………（297）
　　二　信息技术革命时期美国经济"关键生产要素"的
　　　　变迁与生产力进步 ………………………………（305）

第五章　科技与资本联姻历史进程中的异己力量 ……………（324）
　第一节　科技与资本联姻的"异数"和"科学技术资本化"
　　　　　不同模式的比较 ………………………………（324）
　　一　"科学技术资本化"时期的"异数"：
　　　　"集体性发明活动" ………………………………（325）
　　二　"科学技术资本化"深化期的"异数"：
　　　　特斯拉的理想主义情怀 …………………………（329）
　　三　"科学技术资本化"深化期科技与资本联姻不同模式的
　　　　综合比较："异数"与常态 ………………………（375）
　第二节　"科学技术泛资本化"时期的"内生反对力量"：
　　　　　"自由软件运动" ………………………………（381）
　　一　"自由软件运动"：信息技术革命时代"赛博空间"
　　　　里的空想社会主义 ………………………………（381）
　　二　从"自由软件"到"开源软件"的嬗变：自由精神
　　　　如何不被商业湮灭 ………………………………（406）
　　三　软件业"科学技术泛资本化"的潮流势不可当 ………（417）

第六章　科技与资本联姻的必然结果：科技异化及其批判 ……（431）
　第一节　科技异化的一个经典样本：《黑客帝国》解码 ………（431）
　　一　《黑客帝国》电影三部曲和《黑客帝国》（动画版）
　　　　介绍 ………………………………………………（432）
　　二　"《黑客帝国》发烧分类学"：多维视角的
　　　　解构与建构 ………………………………………（452）
　第二节　科技异化的危险趋势、最新表现和规避原则 ………（504）
　　一　科技异化的危险趋势：人工智能失控将把人类文明带入
　　　　"末日审判" ………………………………………（504）

二　科技异化的最新表现："资本三大本性"
　　　　支配下的科技异化 ……………………………………（511）
　　三　警惕"科学主义的玫瑰梦"是规避科技异化
　　　　必须坚守的原则 ……………………………………（520）
第三节　对科技异化的批判：马克思主义和西方马克思主义的
　　　　比较与鉴别 ……………………………………………（527）
　　一　马克思主义对科技异化的批判 ……………………（528）
　　二　西方马克思主义对科技异化的批判 ………………（542）
　　三　比较与鉴别：马克思主义和西方马克思主义
　　　　对科技异化的批判 ……………………………………（564）

结束语 ……………………………………………………………（574）
　　一　研究总结 ……………………………………………（574）
　　二　研究展望 ……………………………………………（585）

参考文献 …………………………………………………………（587）

重要名词、概念索引 ……………………………………………（597）

后　记 ……………………………………………………………（616）

图 目 录

图 1.1　科学技术在资本主义制度下向资本演进的示意图 ………（15）
图 1.2　科技产业革命发生链即诸要素之间的关系图 ……………（22）
图 1.3　STS 理论的研究对象 ………………………………………（35）
图 1.4　SST 理论框架中的"科学技术泛资本化"形成机制 ……（39）
图 1.5　SST 理论框架中的"科学技术资本化"形成机制 ………（40）
图 1.6　三维坐标系中科学技术与资本联姻历史进程逻辑
　　　　框架图 ……………………………………………………（42）
图 1.7　当代资本主义变迁中的"科学技术泛资本化"
　　　　研究逻辑框架图 …………………………………………（49）
图 2.1　SST 理论框架中的"科学技术资本化"形成机制 ………（67）
图 2.2　SST 理论框架中的"科学技术资本化"深化机制 ………（95）
图 2.3　科学技术在资本主义制度下向资本演进的示意图 ……（108）
图 3.1　SST 理论框架中的"科学技术泛资本化"的形成
　　　　机制图 ……………………………………………………（175）
图 3.2　最有利于科技与资本深度联姻的官—产—学—研
　　　　一体化的制度设计 ………………………………………（193）
图 4.1　"科学技术资本化"对社会生产力的促进作用 …………（264）
图 4.2　1868—1914 年英美两国钢产量比较 ……………………（283）
图 4.3　1868—1914 年英美两国原煤产量比较 …………………（284）
图 4.4　英美两国发电量比较（1902—1926 年） ………………（285）
图 4.5　1830—1900 年美国铁路运营总里程 ……………………（286）
图 4.6　1870—1910 年美国 GDP 增长情况 ……………………（292）
图 4.7　1790—1860 年美国商标局颁布的发明专利 ……………（295）

图4.8 与IT相关的产业部门占美国私营非农产业总产值的比重
（1990—1997年平均比重）……………………（308）
图4.9 微处理芯片信息处理能力的变化(1971—2001年) ……（320）
图4.10 美国市场1987年以来计算机硬件价格的变动趋势
（以1987年第一季度的价格指数为100）……………（321）
图6.1 科技异化/宗教异化与异化之间的关系 ……………（529）
"后记"图1 当代资本主义发展变化之"飞机模型"…………（618）
"后记"图2 SST理论框架中的"科学技术资本化"：形成和
深化机制 ……………………………………（629）
"后记"图3 SST理论框架中"科学技术泛资本化"形成
机制……………………………………………（631）

表 目 录

表 1.1 科学与技术的主要区别 …………………………………… (20)
表 1.2 科学革命、技术革命、产业革命有关事项一览表 ……… (24)
表 1.3 科学、技术与社会关系的若干方面 ……………………… (35)
表 2.1 16—18 世纪英国煤炭产量统计表 ………………………… (69)
表 2.2 欧洲各国成人识字率统计表（1500—1800 年） ………… (72)
表 2.3 欧洲各国识字率（1820 年和 1870 年） ………………… (73)
表 2.4 约瑟夫·马西（Joseph Massie）的社会结构和
     收入估算表（1759—1760 年） ………………………… (80)
表 2.5 瓦特与同时代英国社会主要阶层收入对比表
     （1759—1760 年） ……………………………………… (81)
表 2.6 主要欧美国家固定式蒸汽机装机容量统计表
     （1760—1870 年） ……………………………………… (99)
表 3.1 1955—1968 年美国国防需求的半导体生产情况 ………… (180)
表 3.2 "科学技术资本化"形成期与深化期的比较 ……………… (247)
表 3.3 "科学技术泛资本化"形成与深化的比较 ………………… (249)
表 3.4 "科学技术资本化"与"科学技术泛资本化"的
     异同比较 ………………………………………………… (251)
表 4.1 几种主要工业品的欧洲主要生产国情况 ………………… (264)
表 4.2 欧洲主要工业国 1860 年的煤炭产量 …………………… (266)
表 4.3 1750—1860 年欧洲人均工业化水平 …………………… (267)
表 4.4 1860—1913 年欧洲人均工业化水平 …………………… (268)
表 4.5 欧洲的工业产出（1870 年）：主要国家 ………………… (270)

表 4.6　欧洲农业的劳动生产率 ………………………………… (271)
表 4.7　1890 年欧洲农业劳动生产率 …………………………… (271)
表 4.8　英国的劳动生产率的增长以及蒸汽技术的贡献 ………… (272)
表 4.9　英国固定式动力装机容量统计表(1760—1907 年) …… (274)
表 4.10　欧洲各国蒸汽机装机容量统计表（1840—
　　　　 1896 年）…………………………………………………… (275)
表 4.11　1500—1820 年间欧洲六国人均 GDP 发展的估计 ……… (276)
表 4.12　欧洲 1600—1800 年间 GDP 和人均 GDP 的增长的
　　　　 估计 ………………………………………………………… (277)
表 4.13　欧洲各国的人均 GDP（1500—1870 年）………………… (277)
表 4.14　欧洲的工业整体分布（1870 年）………………………… (279)
表 4.15　英国、德国和美国的铁与钢产量比较
　　　　 （1880—1913 年）………………………………………… (283)
表 4.16　不同时期欧洲主要工业国经济总产值与美国
　　　　 总产值的比较 ……………………………………………… (287)
表 4.17　人均实际 GDP 与每工时 GDP 在欧洲与美国之间的
　　　　 相对水平（1870—1950 年）……………………………… (289)
表 4.18　美国和欧洲主要工业国相对生产率水平比较 ………… (290)
表 4.19　欧洲主要工业国和美国人均专利拥有量 ……………… (293)
表 4.20　1865—1913 年英美专利注册数比较 …………………… (296)
表 4.21　科技产业革命与两类技术经济范式的综合比较 ……… (302)
表 4.22　1993—2003 年美国 IT 生产产业对经济增长的
　　　　 推动作用 …………………………………………………… (309)
表 4.23　1970—2004 年美国 GDP 增长率、通胀率及
　　　　 失业率比较 ………………………………………………… (310)
表 4.24　1970—1999 年美国劳动生产率年均增长率比较 ……… (311)
表 4.25　美国 1960—1999 年 GDP 增长率、通胀率及
　　　　 失业率比较 ………………………………………………… (312)
表 4.26　美国 1960—1999 年劳动生产率年均增长率比较 ……… (313)
表 4.27　美国制造业劳动生产率增长率比较 …………………… (314)
表 4.28　1979—2001 年美国劳动生产率年均增长率情况 ……… (316)

表目录

表 5.1　1893 年后特斯拉主要的科学研究项目一览表……………（359）

表 5.2　深化期的"科学技术资本化"不同模式比较：爱迪生、
　　　　特斯拉和威斯汀豪斯 ……………………………………（375）

表 5.3　"专利权资本化"及其影响：爱迪生、特斯拉和
　　　　威斯汀豪斯的代表性发明专利（部分）………………（378）

表 5.4　软件研发与资本的关系："自由软件"和"开源软件"的
　　　　比较 ………………………………………………………（424）

表 6.1　马克思主义和西方马克思主义对科技异化批判的
　　　　综合比较 …………………………………………………（565）

第一章

导　　论

"科学技术泛资本化"是第二次世界大战结束以后当代资本主义（特指发达资本主义）变迁中的一种非常值得关注的现象，它是科技和资本紧密联姻的结果，极大地促进了科学技术和资本之间的转化效率，并为当代资本主义的飞速发展提供了强大的动力。本书以科学技术和资本联姻为研究逻辑起点，展开对"科学技术泛资本化"的历史进程、内在规律、矛盾表现、科技异化和社会影响等内容的多层次剖析。研究当代资本主义社会"科学技术泛资本化"可以为深化马克思主义对当代资本主义的认识另辟蹊径。此研究还可以为在"一球两制"格局中迎接新科技革命的挑战、构建国家创新体系的中国特色社会主义提供借鉴。STS理论和SST理论是剖析"科学技术泛资本化"内在规律的理想工具，它为我们认识科学技术从"资本化"到"泛资本化"的演进规律及其赖以生存的"社会生态环境"提供了独特的视角，勾画了决定本书谋篇布局的最重要的逻辑框架图。

第一节　问题的缘起和概念界定

"科学技术泛资本化"是当代资本主义变迁中的一种非常值得关注的现象，它是科技和资本紧密联姻的结果，极大地促进了科学技术和资本之间的转化效率，为当代资本主义的飞速发展提供了绵绵不绝的强大动力。"科学技术泛资本化"是"科学技术资本化"的"升级版"和"扩展版"，是资本与科学技术联姻的最高层次。厘清科学、技术、科学技术、科学技术革命和科技产业革命等诸多概念的内涵以及它们之间的复杂关联有助于对"科学技术泛资本化"现象展开深入的研究。

一 问题的缘起

（一）科学技术革命是当代资本主义发展变化的动力之源

在资本主义进化史上，科学技术对生产力发展和社会进步所发挥的巨大促进作用是此前任何一种社会形态所不能比拟的。第二次世界大战结束以来，资本主义发生了一系列深刻的变化，表现在：战后资本主义国家尤其是发达资本主义国家的生产力和生产关系、经济基础和上层建筑等领域都发生了一系列非常深刻的变化。中外学界乃至政界都认可，二战结束以后，科学技术的迅猛发展即科学技术革命是推动当代资本主义发生巨变的重要原因。

严书翰、胡振良认为：

> 在战后半个世纪左右的时间里，西方国家所创造的生产力超过它以前的全部时期，使社会生产力发生了根本性的飞跃，并促使资本主义进入一个新的历史发展时期。[①]

徐崇温认为：二战以后……科学技术与现代生产力系统已经融为一体，它广泛而深入地渗透到由生产力各要素相互联系构成的生产力系统的从微观到宏观的各个层次，渗透到生产力系统的每一个要素、整个结构以及生产力系统的外部环境中，它不仅在经济发展中的作用越来越大，而且成为生产力中最活跃的因素和主要源泉，具有开辟道路、决定水平、确定方向的作用，科学技术已经成为第一生产力。[②]

靳辉明和罗文东分析了自第一次工业革命以来的三次科技革命对资本主义的深刻影响，指出：

> 新科技革命是近代以来的科学技术革命的继承和发展，其萌发于19世纪末20世纪初，正式兴起于20世纪40—50年代，到50—

[①] 严书翰、胡振良：《当代资本主义研究》，中央党校出版社2004年版，第62页。
[②] 徐崇温：《当代资本主义新变化》，重庆出版社2005年版，第211页。

60年代形成第一次高潮，到80年代后半期，特别是90年代又出现了新的高潮。这场历时长久、影响深远的科技革命，在速度和规模方面都远远超过了前两次科技革命，在科学与技术之间、科技与生产之间形成了一种新的更加紧密的关系，显示了变革生产和变革社会的前所未有的巨大的物质力量，具有影响力不同于以往科学技术革命的新特点。首先，新科学革命在广泛的领域展开，并以科技群落的形式向纵深推进。其次，新科技革命具有雄厚的理论基础，由此支撑其庞大的技术体系。第三，新科学技术的发展日新月异，科技产品更新换代加快。第四，科学、技术向生产过程转化加快，三者间的关系日益密切。①

显然，与前两次科技革命相比，爆发于二战结束后40—50年代的新科技革命对资本主义的影响是全球的、深刻的和全面的。促成这一变革的革命性力量就是这场持续时间悠长，波及全球并深入社会生产各个环节且全面改变人类交往方式的新科技革命，它使得科学技术成为战后西方国家经济发展的巨大引擎，成为推动当代资本主义飞速前行的强大动力。其作用表现在："新科技革命提高了西方国家的劳动生产率，成为推动市场发展和经济增长的决定性因素；新科技革命改变了西方国家的产业结构、教育结构，促进了资本主义经济的'高级化'和现代化；新科技革命促进了生产社会化程度的提高，推动垄断资本主义国家发生深刻的变革。"②

就生产力发展和经济增长来看，在科学技术革命的强力支持下，欧美发达资本主义各国在1953—1972年期间，经济持续高速增长，创下了二战结束以后发达资本主义世界绝无仅有的经济增长"黄金时期"。据OECD（Organization for Economic Co-operation and Development，经济合作与发展组织）统计：

  在1953—1962年和1963—1972年的两个十年期间，各主要资本主义国家国内生产总值年均增长率：美国为2.8%和4.0%，日

---

① 靳辉明、罗文东主编：《当代资本主义新论》，重庆出版社2005年版，第23—26页。
② 徐崇温：《当代资本主义新变化》，重庆出版社2005年版，第27—29页。

本为 8.7% 和 10.4%，西德为 6.8% 和 4.6%，英国为 2.7% 和 2.8%，法国为 5.1% 和 5.5%，意大利为 5.8% 和 4.7%，加拿大为 4.2% 和 5.5%。在长达 20 多年的历史时期，发达资本主义国家同时同步赢得高速增长在整个资本主义发展史上也堪称空前绝后。例如：在资本主义经济发展较快的 1870—1900 年间，世界工业平均增长率为 3.7%；1900—1913 年间，世界工业的年均增长率为 4.2%。二者都低于二战后 1953—1972 年间的年均增长率。而在两次世界大战之间的 20 年，上述发达资本主义国家经济的年均增长率仅为 2.3%，还不及二战后 20 年的一半。实际上，二战以后 20 年间世界工业积累的产量相当于 1800—1953 年间一个半世纪的产量。按不变价格计算，发达资本主义国家在 1980 年的国内生产总值与 1950 年、1938 年、1913 年、1870 年相比，美国分别增长 1.7 倍、4 倍、6.5 倍、42 倍，德国分别增长 3.5 倍、3.3 倍、6.2 倍、23 倍，日本分别增长 9.2 倍、6.4 倍、19 倍、55.5 倍。[1]

之所以把二战后发达资本主义国家经济快速增长归因于科学技术革命，毫无疑问是因为科学技术对经济增长所表现出的日趋显著的独特贡献率。

据世界银行 1991 年《世界发展报告》估算，美国科技进步对经济增长的贡献，1929—1947 年占 31%，1948—1973 年占 33%，而在 80 年代中为止的 10 年中占 40%。日本科技进步对经济增长的贡献，在 1956—1964 年占 48.5%，到 80 年代提高到约 60%。[2]

在科学技术革命冲击下，当代资本主义不仅经济飞速增长，而且社会形态也在发生前所未有的深刻变革。作为现代科学技术革命的主要发源地，美国有一批学者非常关注科技革命对资本主义的改造。社会学家丹尼尔·贝尔（Daniel Bell）早在 1959 年——科学技术革命推动资本主义大变革之成果在各国显现之时，就将巨变启动的资本主义称为"后工

---

[1] 徐崇温：《当代资本主义新变化》，重庆出版社 2005 年版，第 218 页。
[2] 同上书，第 219 页。

业社会",他特别强调了智力技术和科学理论在社会变迁中的作用并在1973年正式出版《后工业社会的来临》一书。"后工业社会"理论被认为是研究当代资本主义发展变化的经典理论。进入20世纪90年代以后,科学技术革命对当代资本主义的改造已经成就斐然,对于巨变中的资本主义,切身感受社会变革大潮的西方学者自然会有独到的观察视角。

首创"信息经济"(Information Economy)这一概念来描述发达资本主义经济变革的学者是美国经济学家马克·波拉特(Mark Borat),他把1977年视为美国"信息经济时代的起点,电子计算机和电子通信等技术是这个转变时期的主要推动力量,预示着新的历史方式和生活方式,以信息处理和通信技术的集约性利用为基础,新的信息产业、产品、服务和职业等正在迅速发展"[1]。波拉特之后,当今最负盛誉的美国信息社会学家曼纽尔·卡斯特(Manuel Castells)更上层楼,他深入研究了20世纪70—90年代中期,在信息技术革命冲击下发达资本主义国家经济和社会发生的重大变化——它涵盖了经济运行的宏观领域、微观层面及社会生活的多个层面。他于1996年使用"网络社会的崛起"来概括经由信息技术革命改造的美国社会和传统社会的巨大差异,同时提出"信息化经济"(Information Economy)和"信息化社会"(Information Society)这一概念来描述变革后的美国经济和社会。[2] 在研究信息技术革命与当代资本主义新变化领域,卡斯特的研究引人注目。他认为,"20世纪80年代以来,信息技术革命已经成为容许资本主义系统进行'重塑'(Restructuring)的手段",这是"资本主义演进的分水岭",此后,资本主义逐渐演化成"信息资本主义"(Informational Capitalism)[3],它大致形成于90年代中期。之后,他进一步指出:"这是一种新品种的资本主义,不论就技术、组织及制度而言,都跟古典资本主义(自由放任)和凯恩斯式的资本主义大不相同。"[4] 导致这种差别最深刻的原因

---

[1] [美]马克·波拉特:《信息经济论》,李必祥、钟华玉等译,湖南人民出版社1987年版,第268页。

[2] Manuel Castells, *The Rise of the Network Society*, Mass: Blackwell Publishers Inc., 1996, p. 21.

[3] Ibid., pp. 13, 18, 81.

[4] [美]曼纽尔·卡斯特:《网络社会的崛起》,夏铸久、王志弘等译,社会科学文献出版社2001年版,第185页。

是：资本主义生产方式在两个不同的发展时期，它们所依赖的物质技术基础不同。经由信息技术革命"重塑"的资本主义谓之"信息资本主义"。这里，资本主义本质依旧，但是，由此带来资本主义生产力/生产关系、经济基础/上层建筑等领域以及交往方式却发生一系列关联变化，它们共同积累着促成资本主义质变的量的因素。信息资本主义并没有超越国家垄断资本主义的历史范畴，新的称谓意在揭示当代资本主义进入信息时代后的显著特征。

与卡斯特的研究异曲同工的是丹·希勒（Dan Shearer），他认为："在扩展市场逻辑的影响下，因特网正在带动政治经济向所谓的数字资本主义转变。……数字资本主义代表了一种'更纯'，更为普通的形式，它没有消除，反而会增加市场制度的不稳定性及种种弊端：不平等和以强凌弱。"① 显然，"数字资本主义"（Digital Capitalism）和"信息资本主义"（Informational Capitalism）都非常重视信息技术革命将资本主义带入信息时代后，计算机和互联网成为资本主义先进生产方式的代表，并对整个资本主义生产关系、生产方交往方式和社会治理产生了不容忽视的重大影响。在卡斯特看来，经由信息技术的"重塑"（Restructuring），"信息化经济的独特之处，是由于它转变为以信息技术为基础的技术范式，使得成熟工业经济所蕴藏的生产力得以彻底发挥"②。在对90年代以来的美国"新经济"进行全面考察后，刘树成和张平指出，美国在二战后出现了三次超长的经济扩张期，第三次是"1991年3月至2000年12月，共115个月（9.6年），这是美国1854年开始有经济记录周期以来持续时间最长的一次扩张"。而且，本次周期所呈现的"新经济不限于生产力范围，而是生产方式的整体，包括生产力和生产关系两个方面：生产力指以新科技革命为基础的社会生产力，90年代以来的新科技革命，则是以信息产业为核心，以网络为基础。生产关系指美国推动资本主义生产方式的全球化"③。显然，美国经济之所以能

---

① ［美］丹·希勒：《数字资本主义》，杨立平译，江西人民出版社2001年版，第275页。

② Manuel Castells, *The Rise of the Network Society*, Mass: Blackwell Publishers Inc., 1996, p. 21.

③ 刘树成、张平：《"新经济"透视》，社会科学文献出版社2001年版，第31—39、299页。

够创下自1854年以来的超长增长周期,信息技术革命功不可没。

事实上,"科技革命和由其引起的社会变革是人类历史特别是近代以来人类社会发展的主旋律。科技革命是贯穿于人类社会的有关人与自然关系的巨大变革,它是以科学技术根本突破为起点,并最终导致社会面貌发生根本性变革的重大革命"[①]。二战以后,对人类社会影响至深的科技革命当数信息技术革命。2000年7月,西方"七国集团"和俄罗斯等在冲绳"八国峰会"通过的《全球信息社会冲绳宪章》(以下简称《冲绳宪章》)中指出:"信息通信技术是21世纪社会发展的'最强有力'的动力之一,其革命性的冲击不仅极大地影响着人们生活、学习和工作的方式以及政府与文明的互动关系,而且正在迅速地成为世界经济增长的重要推动力。"[②]《冲绳宪章》的发表意味着,当今最具影响力的资本主义大国达成共识:信息技术革命已然成为变革经济和社会的巨大力量。

综上所述,中外学界和政界对当代资本主义发展变化原因的全方位观察和研究,最大的"认识交集"也是最大的"公约数"显然是科学技术革命。事实上,在人类历史上,科学技术的每一次重大突破,都会引起生产力的深刻变革和人类文明的巨大进步。恩格斯曾指出:"在马克思看来,科学是一种在历史上起推动作用的、革命的力量。"[③] 马克思还指出:"随着新生产力的获得,人们改变自己的生产方式,随着生产方式即谋生方式的改变,人们也就会改变自己的一切社会关系。手推磨产生的是封建主的社会,蒸汽磨产生的是工业资本家的社会。"[④] 很明显,"蒸汽磨"相对于"手推磨"而言,就是一种重大的生产方式的创新,根源于科学技术革命并且必然带来深刻而全面的社会革命,即:资本主义得以取代封建主义而成为人类社会统治性的生产方式。不仅如此,在资本主义条件下,科学技术已经不再是单纯的人类知识的结晶,而是在资本主义生产方式裹挟和同化下嬗变成为最重要的"资本"。简言之,"资本化"了的科学技术对资本主义社会发展具有"核聚变"一

[①] 陈筠泉、殷登祥主编:《科技革命与当代社会》,人民出版社2001年版,第418页。
[②] 《八国首脑发表〈全球信息社会冲绳宪章〉》,新浪网,http://news.sina.com.cn/world/2000-07-22/110316.html,2010-03-21。
[③] 《马克思恩格斯选集》(第三卷),人民出版社2012年版,第1003页。
[④] 《马克思恩格斯选集》(第一卷),人民出版社2012年版,第222页。

般的巨大动能推动社会发展，这种威力是资本主义社会之前的人类任何一种生产方式所无法企及的。

（二）科学技术是资本主义社会最重要的"资本"

作为人类历史上剖析资本主义最深刻的"病理学家"，马克思和恩格斯在对早期资本主义进行全面研究时就发现了科技进步对这种制度无与伦比的影响力——与之并存的重要事实是，在人类文明史上也只有这种特殊的制度才孕育了超越以往任何文明形态的科技创新和发明。资本主义之所以能够引爆科学技术革命，根本得益于科学技术与资本的联姻：这种人类历史上最独特的生产方式能够像变魔术一样把科学技术嬗变为无所不能的"资本"。资本主义生产方式的发展规律决定，科学技术与资本的联姻是资本主义再生产的内在需求。

"科学技术是生产力。"① 而当资本主义制度确立以后，"……一种不费资本分文的生产力，是科学的力量"②。早在19世纪，马克思就初步揭示了科学技术与资本的内在联系——科学技术能够提高资本的效率，其根本原因是："由于自然科学被资本用作致富手段，从而科学本身也成为那些发展科学的人的致富手段。所以，搞科学的人为了探索科学的**实际应用**而相互竞争，另一方面，**发明**成了一种特殊的职业。因此，随着资本主义生产的扩展，**科学因素**第一次被有意识地和广泛地加以发展、应用并体现在生活中，其规模是以往的时代根本想象不到的。"③ 马克思在资本主义迅猛发展的第一个重要时期——19世纪中叶，就以无与伦比的历史洞察力关注到了科学技术在资本主义生产方式下出现的一个全新变化：科学技术不再是单纯的物质力量，资本主义给其注入了"变性的激素"——"被资本用作致富手段"，换言之，科学技术被赋予了资本的属性，实现增值是其在资本主义条件下的宏大目标。但是，鉴于研究重点的考量以及时代条件的制约——是时，科学技术革命"小荷才露尖尖角"，马克思和恩格斯尚无充分条件针对具有资本化趋势的科学技术进行深入研究，以探讨两者相互转化的内在规律。可是，马克思的初步发现却具有非常重大的历史意义，他为后人对此问题的阐

---

① 《马克思恩格斯选集》（第三十一卷），人民出版社1998年版，第94、111页。
② 同上书，第168页。
③ 同上书，第572页。

幽探微提供了必要的学术突破口。

资本主义生产方式开启了科学技术和资本结合的精彩历史进程，资本增值的强大内在动力营造了一种吞噬一切、以逐利为最高目标的社会氛围，使得科学技术向资本转化成为可能。王伯鲁指出："在科学与技术资本化进程中，科学与技术的经济功能被摆到了首要的位置，而其他功能则受到了抑制。是否有利于促进生产力发展，开拓市场，创造利润，维护资本的统治地位，开始成为资本选择和支持科学与技术发展的主要依据。"①

显然，科学技术资本化是资本主义生产方式的特定产物，与资本主义的发生发展相伴而行。科学技术是资本主义生产方式诞生以前就早已存在的人类知识结晶。科学作为人类认识客体（自然界、人类社会和人类思维）的知识体系被运用于解释客观世界错综复杂的运动规律。技术与科学密切关联，它是人类运用认识客体后总结出来的知识体系，是遵循客观规律利用客体和改造客体以满足生存和发展需求的具体方法、技能和手段。在资本主义生产方式诞生之初，在以蒸汽革命为代表的第一次科技革命爆发之前，书斋里的科学原理转变为生产领域的实用技术需要诸多条件和较长的过程，科学家们"抬头仰望星空"的知识结晶要变成促进生产进步的技术发明殊为不易。然而，资本主义生产方式所拥有的魔力却打通了科学和技术之间顺利转化的"最后一公里"，为了更好地追逐剩余价值，资本充当了科学和技术之间的"黏合剂"。马克思指出："只有资本主义生产才第一次把物质生产过程变成**科学在生产中的**运用，——变成运用于实践的科学。"②

在当代发达资本主义被科学技术革命的汹涌大潮推进到一个激变的时代后，西方马克思主义对资本主义社会科学技术的发展和社会影响给予了高度的关注，进行了耐人寻味的批判和反思，具有鲜明的时代特征。在某种程度上可视为对马克思主义经典理论的某种弥补。西方马克思主义（尤其是法兰克福学派和存在主义学派）对二战之后科技与资本联姻的演进规律，尤其是"科学技术泛资本化"现象进行了重要研究，为本书提供了有益的思路。针对西方马克思主义关于科技批判理论

---

① 王伯鲁：《马克思技术思想纲要》，科学出版社2009年版，第200页。
② 《马克思恩格斯全集》（第四十七卷），人民出版社1979年版，第576页。

的评析，集中于本书第六章第三节"对科技异化的批判：马克思主义和西方马克思主义的比较与鉴别"，此处不再赘述。

对资本主义进程中科学技术与资本紧密互动这一特殊的历史现象，王伯鲁评价道[①]：

> 在漫长的人类进化历程中，技术伴随着人类的发展而不断演进，支持着人类多种目的的有效实现。自从资本降临人间，它巨大的渗透与整合能力改变了技术的面貌与发展进程。追求剩余价值的资本与追求效率的技术之间存在着许多相似性：提高技术效率，必然会创造出比原先更多的价值，这正是资本所渴求的；追求剩余价值的资本运作，肯定会优先支持技术开发，把技术纳入自己的运行轨道，这也是技术发展所企求的。可以说"资本"绑架了技术，技术迫于资本的势力而"入伙"。

美国学者鲍尔斯、爱德华和罗斯福等在探讨科技创新与资本主义的关系时认为，"资本主义在技术上的领先并不是其特有的，它作为一种经济体制的真正优势在于它在技术创新方面的积累效应。历史上曾经有一些地区的文明在科学技术方面领先于目前最发达的欧美地区，例如，1500年以前的中国和伊斯兰世界在科学技术上就领先于当时的欧洲。可是，在资本主义制度建立前，没有哪一种经济体制能够像资本主义那样不断推动社会生产的变革和创新，并由此形成一种技术变革的积累效应"[②]。显然，这种"技术变革的积累效应"来源于资本逐利的本能。

马克思在《资本论》第二十四章"所谓原始积累"第六节"工业资本家的产生"结尾处写道："如果按照奥日埃的说法，货币'来到世间，在一边脸上带着天生的血斑'，那末，资本来到世间，从头到脚，每个毛孔都滴着血和肮脏的东西。"就后半句话，马克思做了这样的注释。原文如下：

[①] 王伯鲁：《马克思技术思想纲要》，科学出版社2009年版，第199页。

[②] Samuel Bowles, Richard Edwards, Frank Roosevelt, *Understanding Capitalism: Competition, Command, and Chance* (third edition), Oxford University Press, 2005. 转引自林德山《渐进的社会革命：20世纪资本主义改良研究》，中央编译出版社2008年版，第54页。

(250)《评论家季刊》说:"资本逃避动乱和纷争,它的本性是胆怯的。这是真的,但还不是全面真理。资本害怕没有利润或利润太少,就像自然界害怕真空一样。一旦有适当的利润,资本就胆大起来。如果有10%的利润,它就保证到处被使用;有20%的利润,它就活跃起来;有50%的利润,它就铤而走险;为了100%的利润,它就敢践踏一切人间法律;有300%的利润,它就敢犯任何罪行,甚至冒绞首的危险。如果动乱和纷争能带来利润,它就会鼓励动乱和纷争。走私和贩卖奴隶就是证明。"(托·约·登宁《工联与罢工》1860年伦敦版第35、36页)[①]

马克思所引用的这段极其经典的论述入骨三分地揭示资本的本能——追逐利润,不择手段。随着资本主义的演进,资本发现:向科学技术渗透并与之融合能够极大提升资本增值的效率,而且能够增强资本的统治力量。一言以蔽之,资本的进化史与人类近代以来重大的科学技术创新史血脉相连,难舍难分。

王伯鲁认为:

> 正是基于这种内在的天然联系,资本与技术很快"联姻",二者的融合与互动促使人类社会迈入了资本主义时代。资本与技术的关系是资本主义社会的基本关系。而在资本主义发展进程中,不仅社会生产被纳入资本运行体制,而且科学与技术的发展也受到了资本的调制与整合,成为资本扩张的主要"帮手",出现了所谓资本化趋势。

由此,他提出一个重要的概念即"科学与技术的资本化",这"就是从资本价值观念出发,按照能带来剩余价值的多少,评价和调控科学与技术发展的过程;或者说,科学与技术自觉服务于资本运作,按照获取剩余价值的需要而调整自身发展方向的过程"[②]。

王伯鲁可能是中国学术界首创"科学技术资本化"概念的第一人,他较深刻地揭示了资本主义发展中科学技术与资本的相互关系,他运用

[①] 《马克思恩格斯选集》(第二卷),人民出版社2012年版,第297页。
[②] 王伯鲁:《马克思技术思想纲要》,科学出版社2009年版,第199—200页。

马克思主义政治经济学的分析范式对"资本的技术化"等问题进行了研究。可是，对于资本主义社会主宰一切的资本与科学技术的结合及相互转化和促进的机制、结合后的社会影响等问题，其研究未能涉及。

纵观中外学界，对于资本主义发展中科学技术与资本联姻所必然导致的"科学技术资本化"现象，相关研究尚遗留巨大空白，表现为：没能对上述问题进行由微观到宏观的多维剖析，既缺乏对资本主义历史上"科学技术资本化"的研究，也缺乏对"科学技术泛资本化"这一当代资本主义最突出特征的深入研究。而本书坚信：通过对"科学技术泛资本化"现象的阐幽探微，做"解剖麻雀"式的全面剖析，一定能够为更加充分全面地认识当代资本主义的发展变化提供一个独到的观察视角。

二 概念界定

（一）核心概念辨析：从"科学技术资本化"到"科学技术泛资本化"

在总结前人研究的基础上，本书认为，"科学技术资本化"是"科学技术泛资本化"的低级阶段，它是指工业资本以及金融资本以逐利为目的渗入科技研发体系和全过程并将其纳入资本主义社会大生产后，在无所不能的资本穿针引线和牵线搭桥下，社会系统辅之以一系列横贯经济、政治、文化之间的制度安排，促使科学研究的成果转化为实用的生产技术，即转变为能够大力提高社会生产力的商品化科技成果以更好攫取剩余价值的过程。这个过程发端于17—18世纪第一次科技产业革命即蒸汽革命时期的英国，成就了18—19世纪的大英帝国。此后，"科学技术资本化"随着爆发于19世纪中叶美国的第二次科技产业革命即电力革命而走向深化。近代以来资本主义发展的历史经验证明："科学技术资本化"程度越高的国家，科技创新越活跃，科学技术越强大，其必然结果是，科技发达导致经济发达和综合国力强大。是故，"科学技术资本化"助力英国在19世纪成为资本主义第一强国和世界霸主，此后，又助力美国在20世纪成为资本主义第一强国和世界霸主。

"科学技术资本化"的最直接表现形式是"专利权资本化"。

专利权资本化是在法律保护下，专利技术资本化的过程。具体来说，是指专利权人将其获得的专利权作为资本进行投资，与资金投资方提供的资金共同投资入股的过程。在此过程中,专利权人没有获得专利权转移的即时兑现,而是因此获得了所投资企业的一部分股权,专利权人也并未全部丧失对该专利权的所有权,专利权人可以以股东或合伙人的身份享有企业财产的共有权。①

显然,专利权资本化是资本主义生产方式发展的必然产物,是资本主义占有方式的体现。专利权之所以能够"资本化",必须具备三个条件:第一,有一套保护专利权的法律制度。在资本主义进化史上,这样的法律制度于17世纪20年代首创于英国并不断完善,18、19世纪推广到所有资本主义国家并成为现代知识产权法律体系的重要组成。第二,能够"资本化"的专利具有商业化的潜力,即它能够改进现有的生产技术或者工艺流程,降低生产成本并提高经济收益。简而言之,专利权能够给持有人和投资者带来利润,它必须成为资本盈利的重要工具。第三,投资人(货币资本家)认可这项专利的商业价值并愿意投资,将专利变成适销对路的商品推向市场。因此,"专利权资本化"就是专利权人(发明家、科学家等)和投资人(货币资本家)按照股份制的原则共同投资经营,在此过程中,专利权人可以和投资人约定各自的权利和义务,共担风险、共享投资收益。"专利权资本化"是"科学技术资本化"时期科学技术转化为生产力最好的法律制度安排,它既促进了资本主义大发展,又促进了科学技术大发展。

当代资本主义变迁中的"科学技术泛资本化"则是"科学技术资本化"的高级阶段,是其"扩展版"或"升级版",其标志是二战结束后20世纪50年代美国的国家资本与私人资本即风投资本和科技研发全面联姻,特别是风投资本的普及和风投市场的成熟与壮大并带来一系列相关的金融制度和企业制度的创新以及社会文化的变迁,是科技研发与资本联姻的最高阶段,极大优化了资本逐利的过程和科技成果转化为实用商品乃至"资本化"的过程。与"科学技术泛资本化"相伴的科技产业革命是信息技术革命。在此过程中,国家资本(国家)和私人资本共同为科学技术全面、彻底的"资本化"营造了最优良的社会生态环境,使科学技术与资本全面结合和相互促进、转化达到一个前所未有

---

① 林辉、丁云龙:《试析专利权资本化》,《社会科学辑刊》2003年第3期。

的高度和广度，成为资本追逐剩余价值并扩大统治范围的利器，也成为当代资本主义飞速发展的动力之源。"科学技术泛资本化"缘起并深化于美国，随后推广到资本主义世界，它使得美国在二战后继续稳坐世界第一科技强国的宝座并成就了美国二战后的世界霸主地位。二战以后的世界历史经验证明："科学技术泛资本化"程度越高的国家，科学技术越强大，其必然结果是，科技发达导致生产力飞速发展和综合国力强大。

"科学技术泛资本化"的最直接表现形式是"知识产权资本化"——它同样是"专利权资本化"的"扩展版"或"升级版"。

知识产权（Intellectual Property）是指自然人或法人对自然人通过智力劳动所创造的智力成果，依法确认并享有权利。知识产权包括专利权，知识产权制度是专利权制度的必然拓展，按照世界知识产权局（World Intellectual Property Organization，WIPO）1970年4月26日颁布的《建立世界知识产权组织公约》第2条第8款的规定，知识产权包括：（1）与文学、艺术及科学作品有关的权利（指版权或著作权）；（2）与表演艺术家的表演活动、录音制品和广播有关的权利（指版权的邻接权）；（3）与人类在一切领域创造性活动产生的发明有关的权利（指专利权）；（4）与科学发现有关的权利；（5）与工业品外观设计有关的权利；（6）与商品商标、服务商标及其他商业标记有关的权利；（7）与防止不正当竞争有关的权利；（8）一切来自工业、科学及文学艺术领域的智力创作活动所产生的权利。[①]

通俗而言，知识产权包括专利权、商标权和版权这三大权利及其相关权利。顾名思义，"知识产权资本化"就是上述权利的拥有者，将其拥有的权利作为资本进行投资，与货币资本的投资人约定各自的权利和义务，共担风险、共享投资收益的过程。和"专利权资本化"不同的是，在"知识产权资本化"过程中，作为投资品出现的知识产权不仅

---

① 李建伟：《创新与平衡——知识产权滥用的反垄断法规则》，中国经济出版社2008年版，第33—34页。

包括专利权,还包括上述诸多权利。同样,"知识产权资本化"也是"科学技术泛资本化"时期科学技术转化为生产力最好的法律制度安排,它既促进了资本主义大发展,又促进了科学技术大发展。同时,也给当代资本主义带来了纷繁复杂的诸多变数。

"科学技术资本化"是科学技术与资本联姻的初级阶段,其目的是更多更好地攫取剩余价值,逐利是其动因。而作为科学技术与资本联姻的高级阶段,"科学技术泛资本化"的目的则是"控制","掌控一切"成为资本的终极目标,逐利已经蜕变为"掌控一切"的可有可无的副产品,这也使得资本主义由来已久的"科技异化"现象演进到了即将爆炸的"临界点"——这是人和自己创造物的关系彻底扭曲和主次颠倒的极致。对此历史现象若不加以有力的约束和自觉的纠偏,人类文明将面临巨大的隐忧,这是资本主义的本性使然。

总之,无论是"科学技术资本化"还是"科学技术泛资本化",它们都是资本主义变迁中最重要的经济现象,其共性目标都是促进资本主义的扩大再生产的顺利进行,维护资本主义的统治,它们所引致的诸多社会矛盾都是资本主义根本矛盾的产物。

为了说明科学技术在资本主义制度下的演进规律,特构筑图1.1:

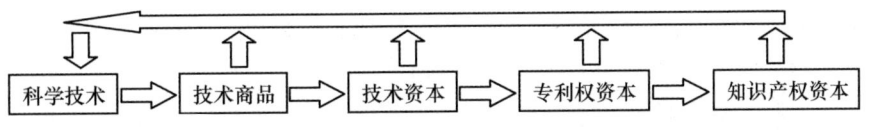

图1.1 科学技术在资本主义制度下向资本演进的示意图

图1.1说明:

第一,在资本主义条件下,科学技术作为人类生产知识的结晶必然商品化成为技术商品,这是一种高价值的商品。因为它一旦被投入到社会生产中,将带来丰厚的利润。这是资本逐利能力得以提升的"力量倍增器"。

第二,技术成为商品是技术成为资本的前提。商品化的技术在资本主义生产中能够充当特殊的资本即技术资本。如前所述,它是科学技术和资本联姻的产物,是货币资本的技术化身,其本质仍然是资本,实现增值是其存在目的。

第三,技术资本和技术商品的共性是:"首先,都具有唯一性、无形性、风险性等技术成果的一切特性;其次,技术资本和技术商品在生产或交易之前必须对其量化,即必须为其定价。最后,能够成为技术商品或技术资本的技术成果必须都具有先进性、适用性等特点。"[①]

第四,为了保护资本在社会化大生产不同环节的利益不受侵犯,资本主义建立了产权制度,以便对科学技术及发明创造进行专利权保护,专利就是合法的"垄断"或者"独占",这是维护资本主义私有制的重要制度。至此,科学技术演变为专利权资本,它是"科学技术资本化"的直接表现形式,在社会生产中将发挥远超货币资本的威力,专利权资本在高效逐利的同时也为生产力发展注入强劲动力。

第五,随着资本主义的进一步发展,特别是保护私有制的法律制度的不断完善,专利法不断拓展进而成为对一切智力性劳动成果实施保护的法律体系,即知识产权保护制度,于是,专利权资本必然进化为知识产权资本,它是"科学技术泛资本化"的直接表现形式,也是"科学技术资本化"的升级和进化。

第六,科学技术在资本主义制度下向资本演进的过程就是资本主义不断发展进化的过程,也是科学技术突飞猛进的过程。在此过程中,科学技术的资本化呈现出渐进演化的特点,即技术商品—技术资本—专利权资本—知识产权资本,科学技术作为资本的特性呈现不断加深的趋势,始于技术资本终于知识产权资本。

第七,科学技术在上述向资本演进的每一个阶段,都不同程度地促进了科学技术的繁荣,具体表现为:随着资本主义生产方式的确立,科学技术也随之进入大爆发时期,每一次科技革命都能够对上一次科技革命进行全面超越。而科学技术在向知识产权资本即"科学技术泛资本化"全面进化的时期,人类科学技术也走向空前的繁荣,它把人类文明推向前所未有的高峰,也给人类文明带来不可控的诸多变数并加深了资本主义的社会危机。资本和科技研发的完美结合促进科学技术从"资本化"向"泛资本化"演进,最真实体现了资本与生俱来的"三大本性",即逐利本性、竞争本性和创新本性。

"资本三大本性"之一是逐利本性。资本主义生产方式的内在要求决

[①] 宋琪:《试论技术资本的属性》,《科学技术与辩证法》2004年第2期。

定：若不能实现自身不断增值，资本便没法生存，资本主义就要走向崩溃，这是资本主义亘古不变的真理。追逐更多的利益，占有更多的财富应该是人类本性使然。但是，资本主义生产方式将其发挥到了史无前例的程度。马克思指出：资产阶级"无情地斩断了把人民束缚于天然尊长的形形色色的封建羁绊，它使人和人之间除了赤裸裸的厉害关系，除了冷酷无情的'现金交易'，就再也没有任何别的联系了。它把宗教虔诚、骑士热忱、小市民伤感这些情感的神圣发作，淹没在利己主义打算的冰水之中。它把人的尊严变成了交换价值，用一种没有良心的贸易自由代替了无数特许的和自力挣得的自由。总而言之，它用公开的、无耻的、直接的、露骨的剥削代替了由宗教幻想和政治幻想掩盖着的剥削"①。

"资本三大本性"之二是竞争本性。资本自从来到人间就把最激烈也最残酷的竞争性带到人类社会，在某种程度上可以认为，资本主义生产方式淋漓尽致地展示了人类诞生以来所必须面对的、不能有丝毫懈怠的生存竞争的压力，这种压力最初主要来自大自然施加给人类的生存重压。但随着人类社会的发展，特别是资本主义生产方式的确立，人类所面临的竞争压力主要不再来自大自然，而是来自人类社会自身，这恰恰是资本主义所展现的残酷的一面。资本主义的历史经验证明，资本保持活力的秘诀在于：它必须生活在一个竞争激烈的环境中。马克思指出："竞争使资本主义生产方式的内在规律作为外在的强制规律支配着每一个资本家。竞争迫使他不断扩大自己的资本来维持自己的资本，而他扩大资本只能靠累进的积累。"② 换言之，资本家如果不能想方设法使自己的资本和财富像"滚雪球"一样增值，资本就无法生存与发展，这是残酷的竞争使然。

"资本三大本性"之三是创新本性。资本为了逐利，必须参加竞争；为了竞争获胜，资本必须创新。无论是"科学技术资本化"时期还是"科学技术泛资本化"时期，资本所引发的创新，涉及科技创新和一系列与之相关的制度创新，如企业制度创新、市场制度创新、法律制度创新等，资本停止创新，将丧失生机和活力。马克思指出："资产阶级除非对生产工具，从而对生产关系，从而对全部社会关系不断进行

---

① 《马克思恩格斯选集》（第一卷），人民出版社2012年版，第403页。
② 《马克思恩格斯全集》（第四十四卷），人民出版社2001年版，第683页。

革命，否则就不能生存下去。反之，原封不动地保持旧的生产方式，却是过去的一切工业阶级生存的首要条件。生产的不断变革，一切社会状况不停的动荡，永远的不安定和变动，这就是资产阶级时代不同于过去一切世代的地方。"①

资本与生俱来的三大本性之间形成一个首尾衔接、相互促进、互为因果且运动速度周而复始不断加速的"滚雪球模式"，在这个似乎永不停歇的运动中，资本与科技的联姻成为必然，"科学技术资本化"进而"科学技术泛资本化"就此展开，它促使资本主义走向壮大且发展速度日趋加剧，新变化令人目不暇接。

总之，"科学技术泛资本化"既深刻地改变着资本的面貌也深刻地改变着科学技术的面貌，同时也深刻影响着人类文明的发展。

（二）相关概念辨析：科学、技术、科学技术、科学技术革命和科技产业革命

欲深入研究科学技术从"资本化"到"泛资本化"的复杂历史进程，需要明晰这一组相互关联的重要概念——科学、科学技术、科学技术革命和科技产业革命——之间的关系。

科学是人类在认识客体即大自然、人类社会和人类思维的过程中逐渐形成的一个庞大的知识体系的总称，这个知识体系是一个动态的复杂系统，它随着人类认识客体活动的深入而不断丰富且永无止境。科学"在认识论和方法论方面的主要特征是：具体性。科学将世界分门别类进行研究，它们的对象是具体的、特殊的物质运动，相对于无限世界的永恒问题，它们一般只提出和设法解决现实对象的有限问题；经验性。科学以经验为出发点和归宿。起于经验（由观察、实验而来），讫于经验（用实验对所得到的科学认识进行检验），力求不背离经验；精确性。科学要求得到的结论是系统而明晰的，彼此联系、不矛盾，通常都能用公式、数据、图形来表示，其误差限制在一定范围之内。可检验性。科学的结论不是笼统的、有歧义的一般性陈述，而是告别确定的、具体的命题，它们在可控条件下可以重复接受实验的检验"②。除此，

---

① 《马克思恩格斯全集》（第四十四卷），人民出版社2001年版，第683页。
② 刘大椿：《科学技术哲学导论》（第2版），中国人民大学出版社2005年版，第494页。

科学还有一个重要的基本特性即"可预见性"。它指"可从作为科学的知识体系中推导出或预测出未知的各种现象或行为,这些预测通过一定的实践活动可以用经验来检验。可预见性表明作为科学的知识体系反映着认识客体运动的规律性,包含着知识增值机制,能不断提供新的知识。科学正是凭借这种预见性,使其对实践活动具有指导作用。可以毫不夸张地说,可预见性是科学的生命及力量之所在"[1]。简言之,"科学是**经验的科学**,科学就在于把**理性方法**运用于感性材料"[2]。科学对人类认知的价值在于,它是指导人类实践的理论结晶。

作为与科学紧密联系的技术,它是人类在社会生产实践、生活实践和交往实践中,根据实践经验或某种科学原理所创造或者发明的各种物质手段及方式方法的总和。按照知识体系积累的不同来源,技术又分为"经验性技术和科学性技术。经验性技术指导是依据长期实践经验(没有上升到科学理论的高度)而创造或发明的物质手段以及丰富、技能、技巧等,经验性技术是以经验为前提的,没有相关的实验经验,就没有相应的经验性技术。例如,没有与泥土打交道(泥土和水、泥土被烧、泥土晾干等)的经验,就不可能产生与形成陶瓷技术。所以,经验性技术是一种'后生技术'。科学性技术指的是依据科学理论而不是一般性的实践经验所创造或发明的各种物质手段、方式、方法等。科学性技术一般是在科学'预见'的基础上,经过创造与发明而产生及形成的,有了相关的科学'预见',就会有相应的科学性技术。例如,有了原子物理的理论,就会有原子能技术;有了基因理论,就会有基因重组技术。所以,科学性技术是一种'前生技术'。正因为科学性技术是一种前生技术,它对实践活动有预见性的指导作用。因此,在近代科学产生以后,科学性在实践活动中的作用日益超过经验性技术而占据主导地位"[3]。简言之,技术对人类认知的价值在于,它是人类在生产实践、生活实践和交往实践中根据科学原理而发明的,能够极大提高实践效率的具体的方法和手段,此谓之"科学性技术"或"前生技术",即先有科学原理后有技术创造/发明;而"经验性技术"或"后生技术"则是

---

[1] 钱时惕:《科技革命的历史、现状与未来》,广东教育出版社2007年版,第3页。
[2] 《马克思恩格斯文集》(第一卷),人民出版社2009年版,第331页。
[3] 钱时惕:《科技革命的历史、现状与未来》,广东教育出版社2007年版,第4—5页。

人类在生产实践、生活实践和交往实践中发明的，能够极大提高实践效率且暗合科学原理的具体方法和手段。能够极大提升人类实践效率是"科学性技术"和"经验性技术"的共同特质。

科学与技术既有区别又有联系。其联系表现在："①科学是科学性技术产生与形成的基础并为科学性技术发展不断提供知识源泉；②技术的需要是科学发展的重要动力；③技术为科学研究及其进展提供必要的手段及条件；④经验性技术中包含科学因素，它的提炼与升华是科学创造的一类源泉；⑤科学可以改进或提升经验性技术；⑥在技术中存在科学问题（'是什么'、'为什么'），对这些问题的研究将形成技术科学；⑦在科学中存在技术问题（'做什么'、'怎么做'），这些问题的解决将推动科学发展或产生新的技术；⑧出现了'科学技术化'、'技术科学化'、'科学技术一体化'趋势。"[1] 显然，科学是技术产生和发展的重要源泉，科学性技术是最有价值的技术。经验性技术作为人类在生产实践、生活实践和交往实践中"自发产生"的技术，一旦经由科学原理的画龙点睛般的提炼不仅可以促成新的科学创造，而且可以产生"科学性技术"，进而提高人类实践的效率。

科学与技术的区别见表1.1：

表1.1　　　　　　　　科学与技术的主要区别[2]

项目	科学	技术
所属范畴	认识范畴	实践范畴
主要任务	建立"是什么""为什么"的知识体系	建立"做什么""怎么做"的知识体系
所用方法	过程、实验、假说、推理、验证	涉及、模拟、试验、制作、试用（验收）等
评价标准	符合性、创新性、逻辑性	效用性、可行性、经济性
与经济之关系	间接、长远相关	直接、短期相关
主体人员	科学家、学者	发明家、工程技术人员

---

[1] 钱时锡：《科技革命的历史、现状与未来》，广东教育出版社2007年版，第6—7页。
[2] 同上书，第6页。

同样作为人类认识客体的知识结晶，科学与技术之间可以相互转化。"历史上，技术向科学之转化曾经是科学产生与发展的重要途径；但是，现代科学体系建立以后（20世纪以来），科学向技术的转化已成为失误发展的主流，当然，也仍然存在技术向科学转化的现象。由于科学与技术分属不同范畴（科学属于认识范畴，技术属于实践范畴），还由于科学存在不同层次（基础科学、技术科学、生产技术等），因此，科学向技术的转化必然要经过一系列过程并有着多方面的联系。"①

显然，科学与技术的区别与联系的哲学依据是认识论中理论和实践的辩证关系，理论（科学）源于实践（技术），高于实践并接受实践的检验，在实践中不断丰富和完善自身，进而更好地指导实践向更深更广的领域发展。

基于上述认识，现今时代被人们普遍使用的"科学技术"一词并不是"科学"和"技术"两个概念简单的叠加，它反映的是当代科技革命所导致的必然结果：科学和技术的一体化趋势。"这种一体化是在科学和技术各向对方渗透和融合的基础上出现的。科学技术化主要是指科学越来越离不开技术的支撑，并且向技术转化的速度愈来愈快。技术科学化是指20世纪中叶以来出现的高技术都是以最深厚的现代科学理论为基础的，具有极高的科学含量或知识含量。科学和技术的一体化则是指科学和技术的关系越来越密切，以致界限越来越模糊的现象。"② 总之，科学与技术在现代社会的关系已经远非资本主义发展之初所能比拟，经过持续不断的科技产业革命的催化，科学和技术之间已然形成水乳交融密不可分的关系，"科学技术"一词的普及化就是这种关系的表现，而资本在其间发挥了不可或缺的黏合作用。

科技产业革命是科学技术革命和产业革命的统称。科学技术革命是科学革命和技术革命的有机融合，前者"指的是正在成长的新科学传统（科学的基本思想与观念、科学的社会建制、科学活动的方式及方法、科学的规模及标准）取代旧科学传统的活动或过程，这种传统的变换，意味着人类认识的飞跃"。后者"指的是正在成长中的新技术传统（技

---

① 钱时惕：《科技革命的历史、现状与未来》，广东教育出版社2007年版，第7页。
② 殷登祥：《科学、技术与社会概论》，广东教育出版社2007年版，第248页。

术的理论基础、技术结构、技术活动的方式及方法、技术的规范及标准、技术运用的形式及规模等）取代旧技术传统的活动或过程，这种技术传统的变换，意味着人类实践手段或方式的飞跃"①。科学革命属于人类认识范畴的革命，其主要任务是建立起有关"是什么""为什么"的崭新的知识体系。技术革命属于人类的实践范畴，其主要任务是建立起有关"做什么""怎么做"的崭新的操作体系。科学革命推动了技术革命，两者是相辅相成、相互促进的。科技革命从认识到实践为人类社会物质资料的生产提供了最有效率的方法，它在生产领域的广泛运用必然促成产业革命。

产业革命指的是"一种正在形成的新产业传统（产业的技术基础、产业的结构、产业的运行方式、产业的规模等）取代旧产业传统的活动或过程，这种产业传统的变换，意味着人类社会生产方式及经济结构的飞跃"。因为科技革命与产业革命之间存在着密切的关联——科技革命的"成果在生产领域的大规模运用与推广并引起产业结构、产业运行方式、产业规模相应变化时"②，科技革命才可能促成产业革命；同理，产业革命对科技革命也有反作用，即产业革命最终会促进科技的进步。基于此，本书使用科技产业革命这一概念来揭示科学革命、技术革命和产业革命之间的关系，如图1.2所示。

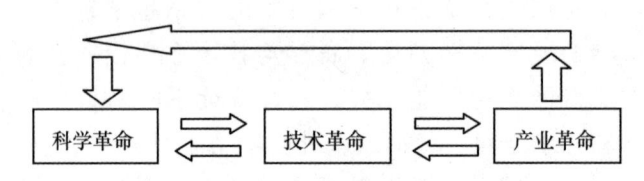

图1.2　科技产业革命发生链即诸要素之间的关系图

图1.2揭示了科学革命—技术革命—产业革命之间存在一种首尾衔接、相互推动、互为因果的关系。科学革命是技术革命的准备和先导；技术革命是科学革命的结果，是实现科学理论创新的手段和工艺方法，同时又是产业革命的直接诱因，并成为架设在科学革命和产业革命之间的一座不可或缺的"桥梁"；产业革命是技术革命的必然结果，但并不

---

① 陈筠泉、殷登祥主编：《科技革命与当代社会》，人民出版社2001年版，第14页。
② 同上书，第14—15页。

是科学革命的必然结果。新产业的发展又会为新一轮的科学革命提供理论创新的重要基础。科学革命和技术革命的关系决定于科学和技术的关系。恩格斯一针见血地指出了这种关系的实质："技术在很大程度上依赖于科学状况,那么科学却在更大程度上依赖于技术的状况和需要。社会一旦有技术上的需要,这种需要将会比十所大学更能把科学推向前进。"① 在这里,"社会的需要"往往表现为每一次科技产业革命中如雨后春笋般涌现出来的新兴产业,如蒸汽革命时期的采掘、冶金及机器制造和纺织业以及信息技术革命时期对经济和社会有着极强渗透力的信息产业。

如何认识科学革命、技术革命之间的关系？"科学革命属于认识领域中之革命,它主要包括科学理论（特别是科学体系的核心——哲学观念）及科学方法的变革。科学革命必须突破传统的思想观念与习惯,因此,必然要经历激烈的斗争,……一般需要一个较长的过程。技术革命属于实践领域中之革命,它主要包括技术结构及技术手段（它们都建立在技术的理论基础之上）的变革。新的技术往往比旧的技术传统有明显的实效性、经济性,相对于科学革命来说,接受起来容易一些,但也有一个认识与实践的过程。"总之,"科学革命为技术革命开辟道路、奠定基础；而技术革命是科学革命的引申、在实践层次上的展开。技术革命是否成功除了与科学的基础有关之外,还与社会发展的需求迫切性及社会经济基础有关。因此,一般都发生在经济先进与发达国家"②。这些国家的共性是：资本的力量非常强大,资本对科技产业革命的影响巨大,它推动科学革命和技术革命之间相互促进,共同发展。

在"科技产业革命发生链"中,技术革命与产业革命也呈现出在资本推动下相互促进、共同繁荣的特征。技术革命是产业革命的基础或前提,其主要内容是生产技术、工艺等在推陈出新,这个变化往往开始于实验室或者小范围的革新实验,其局部经验被总结升华后如果具有普遍性,则推动产业革命在此基础上发生发展。产业革命促使传统产业的结构和旧有生产方式发生改变,这必须在生产过程中实现。"技术革命的

---

① 《马克思恩格斯选集》（第四卷）,人民出版社2012年版,第648页。
② 钱时惕：《科技革命的历史、现状与未来》,广东教育出版社2007年版,第14—15页。

成果若仅仅停留在实验室或停留在示范性生产过程,则只属于科学技术学范畴的现象。只有当技术革命的成果在生产中大规模地应用与推广并引起产业结构、产业运行方式、产业规模相应的变化时,技术革命才转变为产业革命,转化为经济学范畴的现象。"①

为了清晰说明科学革命、技术革命、产业革命之间的关系,特作如下综合比较(见表1.2):

表1.2　　科学革命、技术革命、产业革命有关事项一览表②

序列	时期	革命的核心内容 (旧传统的突破与新传统的建立)	代表性事例及标志 (用年代示出)
第一次 科学革命	16—19世纪	自然科学摆脱神学统治走上独立发展道路;实证科学方法取代经院哲学传统;近代自然科学体系建立	哥白尼提出日心说(1543);伽利略事件;牛顿《自然哲学的数学原理》出版;道尔顿《化学哲学新体系》出版;达尔文提出生物进化论
第一次 技术革命	17—18世纪	用机器及蒸汽动力技术取代经验性手工技术	第一台蒸汽机的出现(巴本,1695);纺织机的发明;蒸汽火车、蒸汽轮船的发明;等等
第一次 产业革命	18世纪80年代到19世纪30年代	以蒸汽动力为主的机器生产取代以体力为主的手工作坊生产;实现生产机械化	瓦特"万能原动机"的发明及应用(1783);蒸汽动力技术在采矿、机器制造、冶金、造纸、制革、交通运输等行业广泛运用
第二次 技术革命	19世纪30年代到19世纪末	用电力技术取代蒸汽技术;开创电通信技术新时代	发电机(1832)、电动机(1837)的发明;发电站及电力传输装置的出现;电报、电话的发明;无线电通信实验的成功
第二次 产业革命	19世纪80年代到20世纪30年代	用电力为动力的机器生产取代以蒸汽为动力的机器生产;在生产机械化基础上实现生产电气化	发电站的建成并投入使用(1882);交流电机的发明及使用;高压输电的实现;贯穿大西洋海底电报的开通;电力、电器、电加工、电通信等产业的崛起

---

① 钱时惕:《科技革命的历史、现状与未来》,广东教育出版社2007年版,第15页。
② 同上书,第15—17页。

续表

序列	时期	革命的核心内容 （旧传统的突破与新传统的建立）	代表性事例及标志 （用年代示出）
第二次 科学革命	19—20世纪	突破世界的机械图景；人类认识从宏观深入到微观与宏观并建立相应的科学理论	电子的发现（1897）、放射性的发现等；量子论、相对论的提出；宇宙大爆炸理论的提出；DNA双螺旋模型的确立
第三次 技术革命	20世纪30—70年代	用机器取代人对生产过程进行控制；开创电子技术新时代	电子管、晶体管、集成电路的发明；电子计算机的出现；钱学森《工程控制论》一书出版，自控技术及其运用
第三次 产业革命	20世纪40年代到20世纪末	用自动控制生产方式取代人工控制生产方式；在生产机械化、电气化的基础上，实现生产自动化	全自动生产流水线出现（1948）；电子工业、核电工业、航天工业出现
第三次 科学革命	20世纪50年代以来	突破简单性的哲学概念；人类认识从追求简单性走向研究复杂性；复杂性科学理论建立	系统论、信息论、控制论产生（20世纪50年代），耗散结构理论等的提出；混沌学、分形理论等非线性科学的兴起
第四次 技术革命	20世纪70年代至今	高新技术异军突起并用高新技术对传统产业进行技术改造	微型计算机的出现（1971）；因特网的出现；高温超导材料；人类基因组计划；纳米技术；阿波罗计划；受控核聚变实验；等等
第四次 产业革命	20世纪90年代以来	在生产机械化、电气化、自动化的基础上，实现生产信息化；开创社会信息化时代	因特网的广泛运用（20世纪90年代）；电子商务；一系列高新技术产业兴起；科技园区蓬勃发展
第五次 技术革命 （预测）	21世纪30年代开始	智能机器从模拟人的逻辑思维向模拟人的非逻辑思维发展；开创智能化技术新时代	智能化计算机；智能化机器人；智能化管理决策系统；智能化信息网络

表1.2揭示，科学革命是世界观和方法论的革命，是哲学思想的革命，是人的主体性的觉醒，是人类对于自身与客观对象关系认知的革命。这是形而上的革命，是解放人的头脑和心灵的革命。技术革命则是人类生产力技术、具体表现为生产工具的革命，它拓展了人的体力和脑力，延伸了人的视野和脚步，能够切实改善人类获得衣食住行的方法和手段。这是形而下的革命，是器物层面的推陈出新。它源于科学革命的

启蒙,将抽象的、观念层面的科学革命具象为生产实践领域的工具进步。产业革命则是在技术革命的推动下,因为新技术的广泛使用而形成的、以运用新技术、制造新工具为标志的新产业。产业革命是对技术革命最好的褒奖,它使得实验室里的先进技术或者局部的生产变革成为最普及的运用,是实现"技术产品"到能够带来高额利润的"技术商品"最惊险一跃的"助跑器",是促使"技术产品"成功跨越万丈悬崖变成"技术商品"的唯一"桥梁"。

表1.2所展示的科学革命—技术革命—产业革命的发生发展特点具有图1.1所揭示的规律,即"科学革命—技术革命—产业革命之间存在一种首尾衔接、相互推动、互为因果的关系"。而且,非常重要的是,上述革命的发生发展的历史进程贯穿于资本主义生产方式从萌芽、滥觞于西欧和北美进而随着资本主义制度的确立如同水银泻地一般奔涌于全球的扩张过程,在此过程中,无所不能的资本充当了科技产业革命的触媒或引爆器。总之,科技产业革命是资本主义发展史上引人注目的社会现象,它与资本主义的发展变化相伴相生,为资本主义提供了赖以生存和发展的物质技术基础。与此同时,资本主义同样为科技产业革命提供了资本这一强大的助推器,其结果是:科技产业革命必然发端于资本主义时代。

获取物质、能量(能源)和信息是人类生存和发展的三个基本要素,也是社会经济活动的前提和结果。就此而言,科技产业革命之所以能够大力促进人类生产力发展,根本在于它能够极大提高人类获得高效便捷的能源来生产物质产品并有效进行信息沟通的能力。资本主义发展迄今相继发生了三次影响深远的科技产业革命,并正在启动第四次科技产业革命,都是围绕上述三个要素而展开。

人类历史上第一次科技产业革命即蒸汽革命酝酿于18世纪初叶的英国,以英国工程师发明一系列先进的织布机为契机,引发了纺织业对纺织机械动力革命的强烈需求。必须有更加强大的动力取代水力以提高纺纱机的效率。经济需求转化为强大的研发冲动,1768年英国工程师瓦特对已经在煤矿普遍使用半个多世纪的"纽卡门蒸汽机"进行了成功的改造,以发明"瓦特蒸汽机"为标志,"瓦特蒸汽机成了效率显著、可用于一切动力机械的万能'原动机',蒸汽机改变整个世界的时代正式到来……古老的人力、畜力和水力被蒸汽动力所代替,工厂不需要建立水流湍急的地方。大规模生产不仅可能而且成为必要。纺织业、采矿业和冶金业在瓦特机的带动下迅猛发展,而为制造瓦特机又使机械制造业繁荣起来"①。蒸汽技术进一步引发交通工具的革命——蒸汽机驱动的轮船和火车在西欧诸国得到普遍的运用,到19世纪30年代,蒸汽革命随着欧洲发达国家建立起跨大洋的海运系统、建立起遍布全国的铁路网而胜利落幕。这场革命使得蒸汽动力广泛运用于纺织、采矿、冶金和机械制造、交通运输(火车和轮船)等行业,形成了以蒸汽动力技术为核心的新技术体系,技术革命开始转化为产业革命,纺织工业、煤炭工业、钢铁冶金、机械制造、铁路和轮船运输业等成为"蒸汽时代"最重要的产业。蒸汽革命使人类获得了前所未有的高效能源驱动机器来生产更丰富的物质产品。同时,火车和轮船的广泛使用使得人类有了较之以往更加快捷的交通手段和信息传递方法。

第二次科技产业革命即电力革命发生于19世纪30年代到20世纪30—40年代,在电磁感应原理的启发下,1832年法国工程师皮克希发明了发电机,1834年德国工程师雅可比发明了电动机,1885年美国工程师斯坦利发明了变压器,1888年美国工程师特斯拉发明了交流电机并得到广泛运用。随着电机技术的发展,电能的运用范围不断扩大,1882年美国工程师爱迪生建立第一座发电站,同年,法国工程师德普勒发明远距离电力传输技术(直流输电线路),以上述发明为标志,形成了以电力技术为核心的新技术体系,技术革命开始转化为产业革命,电能的广泛运用带领人类进入电气时代,它使人类生产由机械化逐步过渡到机械化、电气化、自动化,电能取代蒸汽能成为人类生存和发展最重要的能量。发电与远距离输电、石油工业、交通运输、航空工业、汽车工业、钢铁冶金、机械制造、化学工业、电报电话等成为这一时期最重要的产业。电力革命普及了电力,这种新型能源驱动机器生产物质产品的效率远超蒸汽。同时,随着以电为载体的通信工具电报和电话的普及,人类的信息沟通在理论上能够以光速传递,这个颠覆式的创新极大促进了社会生产力的进步。

第三次科技产业革命是一个庞大的科学技术群落的"连锁爆炸式"革命且持续时间长达半个多世纪,其主导性的技术是以电子计算机为载

---

① 吴国盛:《科学的历程》,北京大学出版社2002年版,第262—263页。

体的信息技术，自然其先导性革命就是信息技术革命即 IT 革命，信息技术革命发生在 20 世纪 40 年代末到 90 年代初期的美国，以 1947 年美国科学家发明电子计算机（ENIAC）、1969 年第一代军用计算机通信网络"阿帕网"（ARPA NET）成功联网和 1992 年美国大学生马克·安德森（Marc Andreessen）发明易用型的 WWW 网络浏览器为标志，围绕电子计算机在信息处理和远程通信领域的运用，表现为一系列有关数字化信息处理与传输技术的重大创新与发明。顾名思义，信息技术革命是围绕信息处理技术而产生的科技产业革命，它是以微电子技术（大规模和超大规模集成电路技术）、计算机技术（硬件制造和软件设计）和信息存储技术为基础，以现代通信技术为纽带，围绕信息的生产、收集、传输、处理、存储、检索等，所形成的开发和利用信息资源的通用技术群落，这种技术也被称为"信息和通信技术"（ICT, Information & Communication Technologies）。运用这种技术，所有信息都被进行了数字化的编码，数字化信息成为信息的最佳表现形式，它极大提高了处理和传输信息的效率。信息技术革命之前的科技—产业革命所解决的问题主要围绕如何获取便捷高效的能源以生产更丰富的物质产品这一核心展开。至于贯穿社会生产全过程的信息沟通、收集处理、存储传递等问题，电力革命仅给予部分解决，如电报电话使得信息可以快速传递。而涉及经济活动所必需的且更加复杂的信息收集获取、加工贮存和高效处理等难题，电力革命则无能为力，只能由信息技术革命给予全案解决——融合了计算机技术和现代通信技术的互联网革命使得人类拥有了迄今为止最强大的信息处理工具和信息整合平台。

在信息技术革命的催化下，新能源（包括原子能、太阳能、风能、海洋能、地热能、潮汐能、生物能）技术、空间技术、新材料技术、激光技术、生命科学技术、海洋开发技术、智能制造等科技研发和创新层出不穷，人类获得强大能源以生产更加丰富的物质产品的能力被提到一个史无前例的高度。

关于资本主义历史上的科技产业革命，除了对蒸汽革命和电力革命的看法比较一致外，学术界对于第三次科技产业革命从称谓到断代和时限划分一直有不同的看法。有学者认为，资本主义"历史上有三次大的技术革命"，"大致可以划分为三种类型。①专业性技术革命：在一定专业范围内的技术革命，例如，交通运输范围汽车、火车、飞机的发明及运用。②辐射性技术革命：在一定专业范围的技术革命，其影响辐射到相当广泛的领域。例如，19世纪50—70年代的冶炼技术（贝塞尔转炉炼钢法、托马斯的碱性转炉炼钢法、西门-马丁的平炉炼钢法），使整个工业进入'钢铁时代'。又如，20世纪50年代以石油及天然气为原料，制造出三大高分子材料（合成纤维、塑料、合成橡胶），使人类进入'高分子时代'，引起众多工业部门及人类日常生活的巨大变化。③全局性技术革命：在一定专业范围发生，但引起这个社会生产（技术）方式的技术革命。这种技术革命一般会形成一种新的技术体系，从而导致全局性的深远影响并导致一系列新的产业的崛起。这类全局性的技术革命，又成为大的技术革命"。历史上共有三次：首先是"以蒸汽动力技术为主导技术的第一次技术革命"，它始于18世纪30年代，"这次技术革命以纺织机械的革新为起点，以蒸汽机的发明为标志，再以蒸汽动力泛规范应用为契机，最终实现了生产的技术方式从手工作坊到机械化的转变"。之后是"以电力技术为主导技术的第二次技术革命"，萌芽于19世纪20—30年代，爆发于19世纪下半叶。"第二次技术革命是人类从'蒸汽时代'进入'电气时代'，各生产部门则由机械化过渡到机械化加电气化。"而"以电子技术为主导技术的第三次技术革命"是在"20世纪40—50年代兴起的"并在"60年代达到高潮。这次技术革命以电子技术为主导技术，并形成了以电子技术为核心的技术体系，……社会生产则在机械化、电气化的基础上逐渐实现自动化"。此后则是"新科技革命（第四次技术革命）"，它"主要指20世纪70年代以来（至今方兴未艾）在全世界范围内蓬勃兴起的信息技术、生物技术、新材料技术、新能源技术、激光技术、新制造（加工）技术、空间技术、海洋技术等更新技术群落的出现。……也是第三次技术革命的继续与发展。新科技革命，在本质上属于技术革命。因此，从历史排序来说，属于第四次技术革命，为什么把这次技术革命的时间定在70年代以来？这是因为这次技术革命使生产的技术方式在机械化、电气化、自动化的基础上进一步信息化。1971年以来大规模集成电路为芯片的微型计算机的出现，为计算机的规范运用及普及（进入家庭）奠定了基础，从而为实现信息化创造了基本条件。① 与历史上曾发生过的三次技术革命相比，第四次技术革命内

---

① 钱时惕：《科技革命的历史、现状与未来》，广东教育出版社2007年版，第37—42、107—108页。

容更为深刻、丰富，反响更为广泛、强烈。

考虑到前述科学革命、技术革命和产业革命之间的复杂互动关系，本书认为，把第三次科技产业革命视为始于20世纪40年代末的美国，开花结果于90年代初期的信息技术革命是一种符合科技产业革命实际的划分。科学史家认为："继以蒸汽机为代表的第一次技术革命和电动机为代表的第二次技术革命后，世界近代史上的第三次技术革命于20世纪中叶爆发，其核心技术是电子计算机技术。电子计算机是一种代替人的脑力劳动的机器，它不仅运算速度快，处理数据量大，而且能部分模拟人的智能活动。它的出现，使人类社会的信息处理方式发生了翻天覆地的变化，从而根本上改变了现代社会的运作结构。"[1] 而美国商务部1998年春发布了第一个研究信息技术革命对经济影响的年度报告 The Emerging Digital Economy（《浮现中的数字经济》），这个代表政府立场的白皮书清晰地把科技产业革命划分为三个时期，也就是本书指称的蒸汽革命、电力革命和信息技术革命。该报告认为，"工业革命"（The Industrial Revolution）的动力来源是"1712年发明的蒸汽机。利用蒸汽能意味着可以大量节省体力劳动，也意味着工厂可以建在更适合的地方而不是有强风和水力丰富的地区"。这就是本书指称的蒸汽革命。之后是"1831年开始利用电力。因为需要一个网络来控制和传输电力，电力的潜力必须等待50年后的1882年第一个发电站建立之时才能显现。那时，电能可以供应美国80%的工厂和家庭了"。这就是本书指称的电力革命。而"数字革命"（The Digital Revolution），被商务部视为继蒸汽革命和电力革命之后最伟大的科技产业革命，"其来势异常凶猛，它促成了当前的经济转型——利用像光一样迅捷的瞬时通信、使用微电子处理和存储大量的信息"。这场革命的标志是"1946年世界上第一台可编程的计算机ENIAC诞生"[2]。这就是本书指称的信息技术革命，其巨大的威力是历史上任何一种科技产业革命无法比拟的。

人类文明进入21世纪，第四次科技产业革命的巨轮开始了启航。虽然限于历史时空的局促我们尚难清晰概括这次科技产业革命的全貌，

---

[1] 吴国盛：《科学的历程》，北京大学出版社2002年版，第529页。

[2] USC（U. S. Department of Commerce），*The Emerging Digital Economy*（1998），p. 3，http://www.esa.doc.gov/sites/default/files/emergingdig_0.pdf，2017-12-14。

但基本可以确定的是,这次可能使得人类科学技术发生"质的飞跃"的全新革命已经显现了两条相互交织的技术主线,一个是不断深入拓展空间极大、运用极广的信息技术,一个是已处于大爆发前夜的生命科学技术(如基因技术、脑科学技术等),以及在此基础上延展出来的令人震撼的人工智能技术及由此引发的人工智能革命。对于信息技术和生命科学技术的大碰撞前景,2003 年 12 月,美国商务部在其发表的关于"数字经济"的最后一份白皮书 Digital Economy 2003 中,专辟最后一章讨论了"IT 在生命科学研发中扮演的角色"(Information Technology's Role in Life Sciences Research & Development),白皮书指出:"信息技术的运用极大地降低了生命科学的研发成本、提高了速度并促进了效率。反过来,生命科学研发又为信息技术开辟了广泛运用的新领域和富有挑战的新机会。这种良性循环为知识创造拓展了新的疆界。……此外,许多未来的 IT 创新将由生命科学的分析和数据需求引发。虽然目前的生命科学市场只包括了整个 IT 市场的一小部分,但它却是一个充满活力且迅速增长的市场,大量的就业机会将在期待中急速涌现。"美国商务部特别指出,"生命科学的飞速发展使得'生物信息学'(Bioinformatics)变得至关重要。近年来,信息技术和生命科学有机融合所引发的创新已使生命科学的研究获得大量宝贵的数据和新的研究方法",进一步拓展着生命科学研究的新领域。①

"以上事实说明,作为一种适用性极广的通用技术群落,现代信息技术与生命科学研究领域最新的、探究生命密码的基因技术相结合,将为人类文明开启一扇神奇的窗户去探究未知的生命世界,它将给人类生产方式和生活方式带来何种巨变,实在令人遐想无穷。"②从计算机技术的发展趋向而言,科学家指出:"下一代计算机的发展方向是量子计算机。因为一个电子可以继续分成若干个量子,这样的话计算机的功能就将是几何级数增加。这个目前正在试验过程中。一旦量子计算机投放

---

① USC,*Digital Economy 2003*,p. 87,http://www.esa.doc.gov/Reports/digital-economy - 2003,2010 - 03 - 29.

② 鄢显俊:《信息垄断揭秘——信息技术革命视域里的当代资本主义新变化》,中国社会科学出版社 2011 年版,第 378 页。

到市场上，人类的计算机技术会形成一个突变。"① 除此之外，替代互联网的"云计算机网"将出现。"什么是'云网'呢？通常意义上的互联网是指分享数据和资源，而云网则不仅可以提供信息和数据的分享，还可以实现计算机资源和功能的共享，这就意味着，你不需要花很多钱买一台很贵的超级计算机，只要连上网络，世界上所有强大的计算机功能都可以通过云网得到一个虚拟的实现。在互联网飞速发展的背景下，'梅特·卡菲定理'进入人们的视野，它说的是，网络价值的增速等于用户数量的平方，这就是信息技术的一个新定义，它意味着，互联网的开发还只是处于初级阶段，远远没有达到尽头，物联网才是我们的方向。世界上所有的资源包括日常生活都可以通过物联网涵盖，这就是计算机的发展方向和真正的意义所在。"它将促使"整个人类的商业模式和生活方式发生巨大改变"②。

总之，二战后以信息技术革命为典型代表的第三次科技产业革命以前所未有的力度改造着人类的生产方式和交往方式，对人类文明和资本主义的发展变化施加了前所未有的影响。21世纪，方兴未艾，正呈燎原之势的第四次科技产业革命再次降临，对人类社会进行着更加深刻的变革。这两次科技产业革命将人类文明从电气化时代带进自动化、智能化时代、互联网时代进而移动互联时代，乃至人工智能时代和基因工程时代。IT产业成为信息技术革命催生的最重要的主导性产业，其他新兴产业层出不穷，令人目不暇接。而科学技术和资本的结合也达到一个前所未有的高度。

观察资本主义的历史可以发现一条忽隐忽现的"历史主轴"，即在资本主义发展进程中，因为制度环境的巨大变革，原本有一定区隔或边界的科学和技术逐渐走向一体化，而高度一体化的科学技术逐渐成为不

---

① 邢陆宾：《重新定义21世纪信息技术及其影响》，《新华文摘》2010年第22期。何谓"物联网"？物联网是新一代信息技术的重要组成部分，物联网的英文名称叫"The Internet of things"。顾名思义，物联网就是"物物相连的互联网"。这有两层意思：第一，物联网的核心和基础仍然是互联网，是在互联网基础上的延伸和扩展的网络；第二，其用户端延伸和扩展到了任何物体与物体之间，进行信息交换和通信。因此，物联网的定义是：通过射频识别（RFID）、红外感应器、全球定位系统、激光扫描器等信息传感设备，按约定的协议，把任何物体与互联网相连接，进行信息交换和通信，以实现对物体的智能化识别、定位、跟踪、监控和管理的一种网络。

② 邢陆宾：《重新定义21世纪信息技术及其影响》，《新华文摘》2010年第22期。

折不扣的"第一生产力",以巨大的动能推动生产力的进步和资本主义的飞速发展。在此过程中,作为资本主义的力量之源,资本鞭策下的科技产业革命发挥了改天换地的作用。马克思主义经典作家对科学技术变革生产力,推动社会前进的巨大历史作用一向给予高度肯定。

马克思早在资本主义开始快速发展的19世纪中叶就指出,"蒸汽和机器引起了工业生产的革命。现代大工业代替了工场手工业。大工业建立了由美洲的发现所准备好的世界市场。世界市场使商业、航海业和陆路交通得到了巨大的发展。这种发展又反过来促进了工业的扩展,同时,随着工业、商业、航海业和铁路的扩展,资产阶级也在同一程度上得到发展,增加了自己的资本,把中世纪遗留下来的一切阶级排挤到后面去"[1]。科学的社会作用不仅仅在于它促进了生产力的进步,而且还推动了社会变革。恩格斯指出:"科学和实践的结合的结果就是英国的社会革命。"[2] 马克思进一步指出:"**火药、指南针、印刷术**——这是预告资产阶级社会到来的三大发明。火药把骑士阶层炸得粉碎,指南针打开了世界市场并建立了殖民地,而印刷术则变成新教的工具,总的来说变成科学复兴的手段,变成对精神发展创造必要前提的最强大杠杆。"[3] 恩格斯指出,"在马克思看来,科学是一种在历史上起推动作用的、革命的力量"[4]。马克思"把科学首先看成是历史的有力的杠杆,看成是最高意义上的革命的力量"[5]。在当代,科学技术已经成为第一生产力。在继承前人的基础上,邓小平进一步指出:"马克思讲过科学技术是生产力,这是非常正确的,现在看来这样说可能不够,恐怕是第一生产力。"[6] 这是因为,"劳动生产力是随着科学和技术的不断进步而不断发展的"[7]。

因此,我们看到,科学与资本相结合能够发挥上述改天换地的作用,资本必须依赖科学技术这个杠杆来撬动过去缓缓前行的人类文明并将其抛进资本主义飞速发展的轨道。因此,资本对科学技术的追逐成为资本主义进程中的必然现象,科学技术对资本的容纳——表现为科学研

---

[1] 《马克思恩格斯选集》(第一卷),人民出版社2012年版,第401—402页。
[2] 《马克思恩格斯文集》(第一卷),人民出版社2009年版,第97页。
[3] 《马克思恩格斯全集》(第四十七卷),人民出版社1979年版,第427页。
[4] 《马克思恩格斯选集》(第三卷),人民出版社2012年版,第1003页。
[5] 《马克思恩格斯全集》(第十九卷),人民出版社1963年版,第372页。
[6] 《邓小平文选》第3卷,人民出版社1993年版,第275页。
[7] 《马克思恩格斯选集》(第二卷),人民出版社2012年版,第271页。

究和技术发明所需要的巨大资金需求必须由资本提供，同样，资本逐利的本性可以借力于科学技术并得以成倍放大，即科学技术成为资本逐利的"功率放大器"，这是"科学技术资本化"和"科学技术泛资本化"的最显著成就。

第二节 研究方法和研究内容

本书借鉴 STS 理论和 SST 理论构建适用于科学技术"资本化"到"泛资本化"的多个分析框架，为研究的全面展开奠定基础。在此基础上，通过考察科技与资本联姻的历史进程以及科学技术从"资本化"到"泛资本化"演进的"社会生态环境"，全面构建关于"科学技术泛资本化"研究的逻辑框架图，依此展开对"科学技术泛资本化"来龙去脉的全方位剖析。

一 研究方法：SST 理论视野里的"科学技术泛资本化"

STS 理论（Science，Technology and Society，"科学、技术与社会"理论）是一门研究科学、技术与社会相互关系的规律及其应用，并涉及多学科、多领域的综合性新兴学科。依此构建一个理论分析框架，可以为研究"科学技术泛资本化"提供科学的方法。

（一）从 STS 理论到 SST 理论：科学、技术与社会之间的互动

STS 理论诞生于 20 世纪 60 年代的欧美学界，"是一门研究科学、技术与社会相互关系的规律及其应用，并涉及多学科、多领域的综合性新兴学科。其宗旨是发挥科技的积极作用，克服科技的负面影响使科技真正造福于人类。它代表了一种科技与社会、科技与人文、人与自然协调发展的新价值观和思维模式，适应当代世界为了克服传统工业文明的深层次矛盾、实现全球科技经济快速发展、开创人类新文明的需要"[①]。

SST 理论的首要宗旨是致力于探讨科学、技术与社会之间复杂互动规律。该理论认为："科学、技术与社会之间的关系及其规律，从古以来就客观存在。科学技术是人类社会与自然的中介。人类社会为了自身

[①] 殷登祥：《科学、技术与社会概论》，广东教育出版社 2007 年版，第 1 页。

的生存和发展，必须利用科学技术从自然界获取物质生活资料。科学技术是生产力中的关键因素，是推动社会生产力与生产关系、经济基础与上层建筑矛盾运动的基本力量，同时科学技术自身的发展也需要一定的社会条件，必然要受到社会制约。"① STS 理论的研究对象是什么？R. 第曲里奇（Richard Deitrich）和 R. 沃尔克（Robert Walker）在 1991 年用一幅三角图形来表示 STS 理论的研究对象②，见图 1.3：

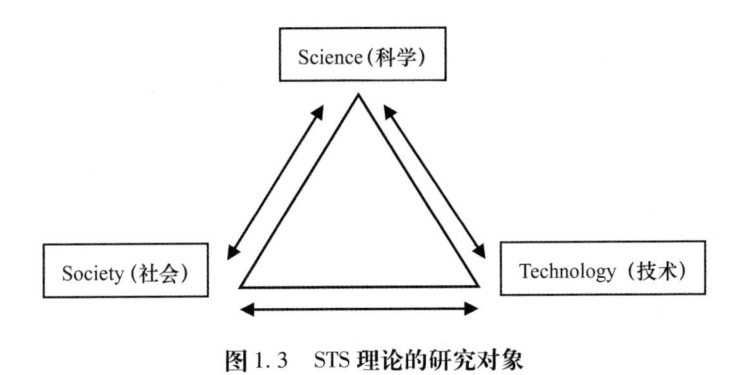

图 1.3　STS 理论的研究对象

该图比较直观地表明了 STS 理论所研究的科学、技术与社会之间必然存在的相互关系，虽然形象但缺乏进一步的阐释。之后，有学者制作了如下表格，更具体地阐述科学、技术与社会的研究对象，见表 1.3：

表 1.3　　　　　科学、技术与社会关系的若干方面③

内容	说明
科学的性质	科学是在一定社会环境中对知识的探求
技术的性质	技术就是用科学及其他知识解决实际问题
社会的性质	社会是科学技术发生变革的人类环境
科学对技术的作用	新知识的产生促进了技术的变革
技术对科学的作用	技术资源的可获得性将限制或促进科学的发展

---

① 殷登祥：《科学、技术与社会概论》，广东教育出版社 2007 年版，第 75—76 页。
② 同上书，第 5 页。
③ 同上书，第 12 页。

续表

内容	说明
社会对科学的作用	社会通过提供经费等手段影响科学研究的方法
科学对社会的作用	科学理论的发展可以影响人们对自身、对问题及如何解决问题的思维方式
社会对技术的作用	国家及私人的压力可以影响问题解决，从而也影响技术变革的方向
技术对社会的作用	某一部分人掌握的技术对这一部分人生活方式产生影响

表1.3比较详尽地说明了科学、技术与社会之间的相互作用。根据马克思主义关于历史与逻辑相统一的原理，考察资本主义发展史和科学技术发展史，可以发现，"资本主义社会是建立在近代以来科学和技术发展的基础上，反过来，近代以来科学和技术的发展也是在资本主义社会发挥的需要和推动下产生的。在20世纪中叶以前，先后经历了以力学理论和电磁理论为标志的两次科学革命，以蒸汽动力技术和电力技术为标志的两次技术革命，以机械化和电气化为标志的两次社会创业革命，生动展示了科学、技术与社会相互关系的宏伟历史画面。从19世纪末到20世纪初以来开始了以相对论、量子力学、分子生物学为标志的第三次科学革命，以原子能、电子计算机、生物技术和空间技术等高技术为标志的新技术革命，以自动化、信息化为标志的新产业革命，整个社会发生了新的革命性的变革，开始进入信息社会、知识社会。这期间，一方面出来了科学技术社会化，其标志是：从小科技到大科技、科学技术产业化、科技、教育、经济一体化；另一方面是社会科学技术化，其标志是：科学技术成为第一生产力、社会生活的科技化、未来是科学技术社会。这两种趋势表明'科学技术'与'社会'已经不是互不相干的、两股道上跑的'车'，而是互相渗透、互相包含，各以对方的存在为条件的两个方面，从而能出现了科学技术与社会一体化的强大趋势"[①]。总之，科学技术所具有的社会属性在资本主义条件下达到一个极高的水准，它是"社会中的

---

① 殷登祥：《科学、技术与社会概论》，广东教育出版社2007年版，第14页。

科学技术",而不是一种孤立存在的东西。据此,可以给 STS 理论做如下定义:"STS 是一门研究科学、技术与社会相互关系的新兴学科。它把科学技术看作是一个渗透价值的复杂社会事业,研究作为子系统的科学和技术的性质、结构、功能及它们之间的相互关系;研究科学技术与社会其他子系统如政治、经济、文化、教育之间的互动关系;还要研究科学、技术和社会在整体上的性质、特点、结构和相互关系及其协调发展的动力学机制。"①

在 STS 理论基础上,欧美学界在 20 世纪 80 年代进一步发展出 SST 理论(Social Shaping of Technology,技术的社会形成),更加强调社会条件对科技创新的影响,该理论可以更加深入、深刻地把握技术发展的社会向度,在全面理解技术与社会相互作用的基础上能够更加聚焦于社会环境对技术创新的影响。和 STS 理论相比,SST 理论就是一种全新的技术社会学。

SST 理论认为,科技创新不是一个孤立自发的过程,而是在特定的社会条件制约下形成和发展的一个历史进程。按照 SST 理论,技术革命、创新或进步与社会之间是一种良性互动的关系,它们相互影响并彼此促进对方的变化与发展。但相较而言,现代社会对技术进步的决定作用尤显突出,"社会状况如何,决定着技术及其发展的状况"。在很大程度上,社会影响并塑造了技术,即技术创新是"在特定的社会条件制约下形成或定型的",技术创新是"一个复杂的与社会相互作用中产生的过程,而不是一个孤立的、自主的、按照所谓内在逻辑线性展开的过程"。即技术革命"是由社会需求推动、社会实现驱使、社会主体和环境选择、社会管理机构(如政府)调节、社会资源(含经济、政治、文化乃至纳入社会的自然条件等)制约的。正是这一系列因素建构了技术的实际发展,塑造了不同时代和国度的技术动态状况"②。SST 理论的核心可以概括为两句话:"技术是社会因素塑造的。"而"多层次、多方面的社会因素对技术形成起据定性作用"。进一步分析,这些因素"从社会领域来看,涉及经

---

① 殷登祥:《科学、技术与社会概论》,广东教育出版社 2007 年版,第 19 页。
② 肖峰:《技术发展的社会形成:一种关联中国实践的 SST 研究》,人民出版社 2002 年版,第 1—2、4、5、113、110 页。

济、政治和文化等对技术的影响；从社会组织看，有关于技术的社会组织形式（离不开社会组织的技术和技术发展与组织形式发展的互动）的探讨，也有关于政府、企业等具体的组织形式的技术发展影响的探讨；在关于社会地域或区位方面，则涉及不同的地方尤其是国家对技术发展的影响；还有关于技术的社会终端——用户对技术的影响，如不同的性别群体、年龄群体和利益群体是如何形塑技术的。另一种思路就是从技术的环节来研究，认为技术从发明和设计到开发和扩散再到商业性应用都是由社会因素决定的，并通过如上所说的宏观与微观研究、理论与案例研究，多方位解释塑造技术的社会因素，从而解释了社会如何影响技术发展的图景"[①]。

一言以蔽之，SST 理论就是在技术与社会关系问题日益复杂的现代背景下，将社会对技术发展和创新的影响作为一种研究视角，从社会进化的角度来分析技术发展的规律。

显然，无论是 STS 理论还是 SST 理论，对于深入剖析"科学技术泛资本化"现象提供了非常实用的工具。

（二）科学技术的"资本化"和"泛资本化"：基于 SST 理论框架的分析

基于研究重心的考虑，综合 STS 理论和 SST 理论提供的基本方法，本书首先建立解读"科学技术泛资本化"的分析框架，然后再回顾"科学技术资本化"发生发展的规律和历史进程。

鉴于二战后的美国是几乎所有科技产业革命发轫之地，而围绕这些科技产业革命的制度创新也都源于此，这也是二战后的美国成为最强大的资本主义国家的重要原因。故本书以美国为典型样本来解剖"科学技术泛资本化"的发生发展规律，尤其是与之相关联的特殊的"社会生态环境"。"科学技术泛资本化"过程反映了科技与资本的深度融合现象与战后美国的"社会生态环境"之间错综复杂的互动关系。其内在规律如图 1.4 所示。

[①] 肖峰：《技术发展的社会形成：一种关联中国实践的 SST 研究》，人民出版社 2002 年版，第 38 页。

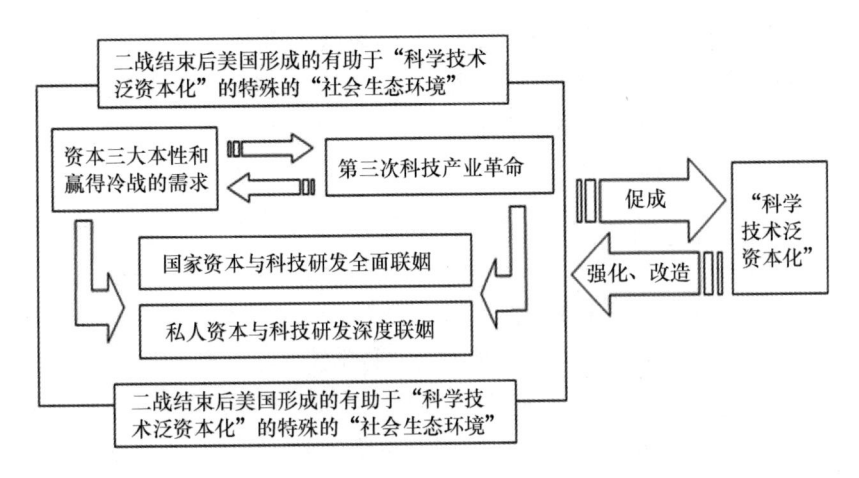

图1.4 SST 理论框架中的"科学技术泛资本化"形成机制

图1.4揭示了当代资本主义变迁中的"科学技术泛资本化"历史和逻辑相统一的进程。它表明：冷战背景下美国科技创新所依赖的独特的"社会生态环境"促成了"科学技术泛资本化"。这一特殊的"社会生态环境"是指美国在冷战时期形成的有利于科技创新的经济环境、政治环境、制度环境、人文环境和社会心理氛围等，具体表现为：

第一，二战后，以美国为首的西方世界为了赢得"冷战"，必须首先在军事领域，此外是经济、政治、文化、舆论宣传等领域对"苏东阵营"赢得全方位的压倒性优势，非此不能应对来自社会主义阵营的挑战并彰显资本主义的优越性。这几乎成为全社会的共识并形成一种强大的社会心理氛围。借力于科技进步强大自身成为不二选择，故必然加大科技投入。这一强大无比且层次复杂的赢得冷战的社会需求和资本"三大天然本性"，即逐利本性、竞争本性和创新本性完美结合并相互激励、彼此借力，引发战后科技革命大爆炸而迎来第三次科技产业革命，科学技术与资本的联姻历程也由早期"资本化"演进到"泛资本化"阶段并最终完成"质的飞跃"。

第二，因为上述大环境，战后的美国，在国家资本和私人资本与科技研发全面联姻的进程中，以风险投资为代表的制度创新为科技创新提供源源不断的资本支持，与之相关的企业制度、法律制度和资本市场的变革创新层出不穷，这些制度创新确保了"科学技术泛资本化"拥有激励性的制度环境。与此同时，追求创新的社会心理日趋浓厚且蔚然成风,因为科学技术和资本之间的"无缝对接"和成功转化而诞生了诸多"创富英雄",他们的"示范效应"对于强化资本与科技联姻的社会心理氛围起到了推波助澜的作用,进一步为"科学技术泛资本化"营造了良好的社会氛围和人文环境。

第三,"科学技术泛资本化"一旦得以实现便反过来强化了战后以美国为首的发达资本主义国家在科技研发领域的军事、政治和经济需求,这一需求的表象是赢得冷战的优势,实质仍然是攫取剩余价值并有效维护资本主义统治,即资本的三大天然本性因为"科学技术泛资本化"而得以加强,它促进了战后发达资本主义国家的"社会生态环境"继续朝着有利于科技创新的方向高歌猛进,使其在制度创设和社会文化及社会心理变迁等诸多方面常变常新以促进"科学技术泛资本化"向更深更广领域拓展。

总之,"科学技术泛资本化"独特的"社会生态环境"涉及:(1)冷战背景下美国的国家资本与科技研发联姻及其相配套的制度创新;(2)冷战背景下美国的私人资本与科技研发联姻及其相配套的制度创新,特别是知识产权保护制度和风险投资的兴起;(3)冷战背景下美国社会所形成的独特的、围绕科技创新的社会心理氛围,既有围绕赢得冷战聚焦于政治和意识形态领域的社会心理,也有围绕资本逐利而产生的经济和商业领域的社会心理。

如前所述,从历史和逻辑演进的过程看,"科学技术泛资本化"是"科学技术资本化"的必然结果,依据"SST理论框架中的'科学技术泛资本化'"逻辑框架图,可以回溯"科学技术资本化"发生发展的机理及相应的"社会生态环境"。见图1.5:

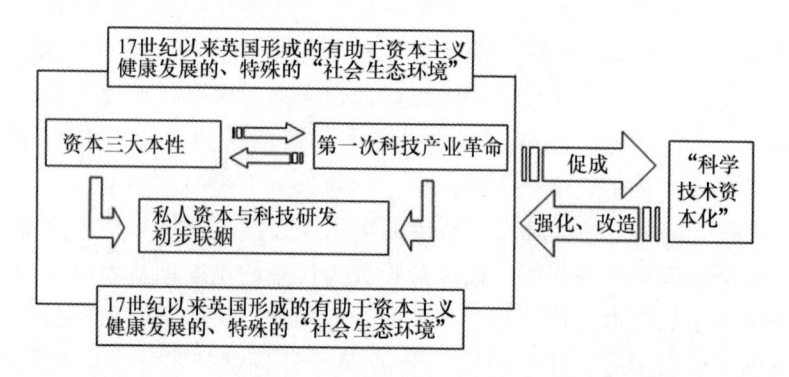

图1.5 SST理论框架中的"科学技术资本化"形成机制

第一，17世纪以来英国形成的有助于资本主义健康发展的、特殊的"社会生态环境"促成"科学技术资本化"。它指有利于科学技术和资本联姻的资源环境、经济环境、制度环境、人文环境和社会心理氛围等。

第二，17—18世纪的英国是资本主义世界的"领头羊"，也是几乎所有重大科技发明和创新的发祥地，自然也成为"科学技术资本化"的滥觞之地并最终成为资本主义世界"科学技术资本化""执牛耳者"。这一时期，在英国独特的"社会生态环境"滋养下，资本"三大天然本性"，即逐利本性、竞争本性和创新本性引爆第一次科技产业革命。与此同时，科技产业革命也反作用力于"资本三大本性"——卓有成效地将资本的上述本性淋漓尽致地激发出来。于是，科学技术与资本的联姻由此启程并最终完成，资本从此又拥有更具威力的新化身——科学技术。

第三，以英国为典型代表，在私人资本与科技研发初步联姻的进程中，以股份制为代表的制度创新为科技创新提供了不可或缺的资本支持，与之相关的企业制度、法律制度和资本市场的变革开始涌现，这些制度创新确保了"科学技术资本化"拥有激励性的制度环境。此期，发达资本主义各国的国家资本尚未涉足科技研发领域。与此同时，通过科技发明而创富的社会心理日渐为大众所接受，它为"科学技术资本化"营造了良好的社会氛围。

第四，"科学技术资本化"一旦得以实现便反过来强化了18世纪以英国为首的发达资本主义国家在科技研发领域的一系列社会需求，这一需求的强大动能是资本的"三大天然本性"，实质是维护资本主义统治。这种趋势反过来又进一步强化和改造了18世纪发达资本主义国家的"社会生态环境"，使其在制度创设和社会文化变迁等诸多方面不断变革以便能够促进"科学技术资本化"向更深更广领域拓展。

比较图1.4和图1.5，可以发现SST理论框架中的"科学技术资本化"和"科学技术泛资本化"有一个最重要的差异，即"社会生态环境"的构成要素不一样。表现为：

第一，第一次科技产业革命时期的"科学技术资本化"，私人资本与科技研发全面联姻，而国家资本尚未涉及该领域。

第二，第三次科技产业革命时期的"科学技术泛资本化"，不仅私人资本与科技研发全面联姻，而且国家资本也深深卷入其中并发挥重大的引领作用。

第三，围绕科技创新形成的社会心理氛围性质不一样。第一次科技产业革命时期的"科学技术资本化"，其相应的社会心理氛围首先是追逐财富的渴望，如马克思所言，科学成为致富的手段，发明成为重要的职业。除此之外，也是此期掠夺成性、扩张成性的资本主义国家之间激烈竞争使然和国内资本家激烈竞争使然。而第三次科技产业革命时期的"科学技术泛资本化"，其相应的社会心理氛围首先被深深地打上了冷战的烙印——赢得冷战的胜利成为资本主义世界一种影响深远的社会心理，而资本逐利的本性在相当长的时期内似乎为上述心理所掩盖，这是一个值得深入探究的现象。

比较图1.4和图1.5还可以发现，第一次科技产业革命时期的"科学技术资本化"和第三次科技产业革命时期的"科学技术泛资本化"，它们所面临的竞争环境不一样。第一个时期资本主义的竞争压力既来自一国内部也来自国与国之间。而到了第二个时期，这种竞争首先是"两制"之间的你死我活的竞争，它在相当大程度上缓和了资本主义国与国之间的竞争但丝毫没有缓和一国内部人与人之间的竞争。

沿着上述思路，进一步提出"科学技术泛资本化"历史进程的逻辑框架图。

（三）科学技术从"资本化"到"泛资本化"演进历程的逻辑框架图

根据前述STS理论和SST理论以及历史和逻辑相统一的哲学原理，本书构建"三维坐标系中科学技术与资本联姻历史进程逻辑框架图"来解读"科学技术资本化"到"科学技术泛资本化"的历史脉络，见图1.6。

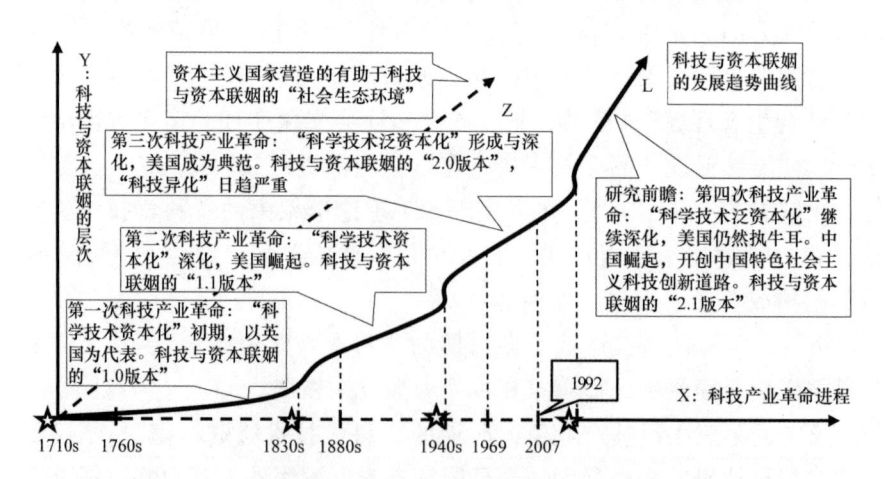

图1.6 三维坐标系中科学技术与资本联姻历史进程逻辑框架图

图 1.6 表示：

第一，三维坐标系说明。横轴 X 是时间轴，表示科技产业革命的历史进程，它呈现新科技产业革命取代旧科技产业革命不断进化的特征。纵轴 Y 代表科技与资本联姻的层次，它呈现由低到高的变化趋势，表明两者结合程度不断加深。Z 轴为第三维，代表资本主义国家在不同历史阶段所营造的有助于科学技术与资本联姻的"社会生态环境"，它是一系列因素的组合，在不同时期的作用既有共性也有个性。曲线 L 代表科技与资本联姻的发展趋势曲线，经历了一个漫长的、由低到高的发展历程，表明科技与资本联姻的发展趋势是不断走向深入与深化，两者的结合程度随着时间推进越来越紧密，曲线 L 与 X 轴、Y 轴和 Z 轴所代表的因素形成特定的对应关系。

第二，时间轴 X 代表科技产业革命的历史进程。X 轴上有四个关键时期（用☆号注明）和四个时间区间，按时间从远到近分别表示：第一次科技产业革命酝酿的 18 世纪初叶（第一个关键时期），爆发于 18 世纪 60 年代，它使得 18 世纪后半叶到整个 19 世纪的人类文明进入"蒸汽时代"，尽享蒸汽革命带来的益处；第二次科技产业革命发生的 19 世纪 30 年代（第二个关键时期），到 19 世纪 80 年代走向爆炸与繁荣，它使 19 世纪后半叶到 20 世纪中期的人类文明迈入"电力时代"，能够沐浴在电力革命的光辉之中；第三次科技产业革命发生的 20 世纪 40 年代末（第三个关键时期），一直持续到 20 世纪 90 年代初方圆满谢幕，它以信息技术革命为先导性科技产业革命并引发诸多科技领域的重大革命和更多的产业革命，使人类文明大步跨进"信息时代"和"网络 1.0"时代，小小寰球被一网打尽；第四次科技产业革命发生的 21 世纪初叶（第四个关键时期），迄今不过 10 余年仍然只是"小荷才露尖尖角"，沿着上一次科技产业革命的强大惯性，这次革命仍然以信息技术革命为突破口，"牵一发而动全身"。以智能手机代表的智能化移动终端的普及化和大众化为标志，人类文明也由"网络 1.0 时代"步入"网络 2.0 时代"。在渗透性极强的信息技术革命激发下，其他科技领域的革命也被引爆，如基因科技革命、人工智能革命、新材料革命等以及帮助人类上高天潜深海入地核，看更远、飞更高、潜更深、探更深、想更快的各种新科技革命如钱塘潮涌，其势不可阻。人类的生产、生活和交往方式也随之发生翻天覆地的巨变。

新旧科技产业革命交接"接力棒"都有"时空重叠现象"。第一次科技产业革命始于18世纪初叶，终于19世纪30年代，始于蒸汽机的发明，终于铁路网和轮船海运系统在欧洲发达国家建立，持续时间约130年。而19世纪30年代，当蒸汽火车普及之时，科学家们对电动机和发电机的研发开始加速，人类为了获得比蒸汽更强劲和清洁的能源而不断创新科技。以19世纪80年代电灯的运用为标志，第二次科技产业革命吹响号角。在电力革命高歌猛进的19世纪末，蒸汽技术仍有发挥其势能的诸多领域并持续很长时间。当然，蒸汽技术肯定不再是社会生产的主导性技术而为电力技术所取代。当20世纪40年代末信息技术革命开启第三次科技产业革命的大门之时，电力革命仍然光芒四射，虽然电力技术作为社会生产主导性技术的领袖地位注定要被信息技术取代，但电能作为基础性能源的地位却坚如磐石。第四次科技产业革命爆发于21世纪初叶，新一代的移动互联技术、人工智能技术、生命科学技术大行其道，但计算机和互联网这样的基础性技术仍然在发挥其对社会生产的重大支撑作用，只不过，计算机的巨变和互联网覆盖面之广远超20世纪末。新旧科技产业革命交接时的"时空重叠现象"说明：（1）新旧技术的更迭并非一蹴而就，它们之间有着不可割裂的师承关系；（2）若新技术能够对旧技术进行成功改造，旧技术将焕发青春。

第三，纵轴 Y 代表"科技与资本联姻的层次"，分别为：（1）"科技与资本联姻的 1.0 版本"即"科学技术资本化形成期"，是指资本主义自由竞争条件下，科学技术与资本联姻"量变时期"的第一阶段，发生发展于18世纪初叶到19世纪30年代，它对应第一次科技产业革命；（2）"科技与资本联姻的 1.1 版本"即"科学技术资本化深化期"，是指资本主义自由竞争向垄断过渡条件下，科学技术与资本联姻"量变时期"的第二阶段，发生发展于18世纪30年代，爆发于19世纪80年代，开花结果于20世纪上半叶，它对应第二次科技产业革命；（3）科技与资本联姻的"2.0版本"即"科学技术泛资本化形成与深化期"，是指国家垄断资本主义条件下，科学技术与资本联姻的"质变时期"，发生发展于20世纪40年代末一直持续到90年代中期，它对应第三次科技产业革命即信息技术革命；（4）科技与资本联姻的"2.1版本"即"科学技术泛资本化继续深化期"，是指跨国垄断资本主义条件下，科学技术与资本联姻的"质变时期"第二阶段，发生发展于21世纪初叶迄今不过10余年，可谓"小荷才露尖尖角",它对应第四次科技产业革命。"科技与资本联姻的层次"随着科技产业革命的进程而不断由低级向高级演进。借助"X版本"这个源自计算机软件开发过程中用于表达软件功能不断优化的概念,可以形象说明科技与资本联姻的过程如同"软件版本"的升级过程,也是一个由低到高不断发展的过程。"科学技术资本化"分为"形成期"和"深化期"两个首尾衔接的发展阶段,因此分别用科技与资本联姻的"1.0版本"和"1.1版本"来形象说明之。如果说"科学技术资本化"是科技与资本联姻的"量变阶段",那么"质的飞跃"就是"科学技术泛资本化",因为此期科技革命大提速,它可以被划分为"形成与深化期"和"继续深化期"两个首尾衔接的发展阶段,因此分别用科技与资本联姻的"2.0版本"和"2.1版本"来形象说明之。

第四,曲线L含义。曲线L即"科技与资本联姻的发展趋势",在时间轴上对应科技产业革命四个时间区间,其走势分为首尾衔接的四个发展阶段且不断攀升(斜率越来越大)。随着时间的推移暨科技产业革命的不断深入,曲线L在波动中也随之不断攀升,其走势呈现加速度的特点。这表明,人类迄今发生的四次科技产业革命一直在不断加深科技与资本联姻的程度。

第五,对曲线L"科技与资本联姻的发展趋势"解读,可以分为四个阶段:

(1)第一次科技产业革命即蒸汽革命阶段。在18世纪初叶到19世纪30年代持续约130年的蒸汽革命时期,曲线L在18世纪60年代开始快速攀升并在19世纪30年代达到首个峰值,这是"科学技术资本化"初期,科技与资本的结合开始显现出革命性的威力,以英国为代表西欧资本主义发达国家和资本主义的后起之秀美国营造了有助于科技与资本联姻以促进科技产业革命的一系列"社会生态环境",其间最重要的制度环境是资本主义制度在上述国家的确立,与之伴随的还有诸如专利制度、股份制、商业银行体系等,确保私人资本与科技研发全面联姻。这个时期,英国因为能够营造出最有利于"科学技术资本化"的"社会生态环境"而促进经济大飞跃,当之无愧地成为资本主义的头号强国,成就了"世界工厂"和"日不落帝国"的荣光。此期,"科学技术资本化"的典范是英国。

(2)第二次科技产业革命即电力革命阶段。19世纪30—80年代爆发的电力革命，20世纪初开花结果，在此期间，曲线 L 呈现快速上升趋势，表明"科学技术资本化"走向深化，科技与资本结合之后变革资本主义社会的威力尽显，西欧发达资本主义国家和美国相继营造出更加有助于科技与资本联姻以促进科技产业革命的优良的"社会生态环境"，因为此期资本主义制度已经非常稳固，其"社会生态环境"的优化主要是对此前诸多制度的优化和完善。在19世纪后半叶到第一次世界大战之前，资本主义世界不再是英国一枝独秀，欧洲诸强中，德国、法国也因为科技产业革命的成功而紧随其后，美国对欧洲列强的追赶更是迅猛异常。表现在，19世纪中叶以后，"科学技术资本化"的加深在美国已经呈现后来居上的态势，因为美国能够营造出较之欧洲列强更加优良、更有助于"科学技术资本化"的"社会生态环境"以确保私人资本与科技研发全面联姻，使得美国在20世纪初一举超过英国成为世界第一工业强国并于一战结束后当之无愧成为资本主义世界"一哥"。整个19世纪，英国仍然是"科学技术资本化"的代表，但科技产业革命将人类带进20世纪后，美国后来居上成为"科学技术资本化"的典范。

（3）第三次科技产业革命即信息技术革命阶段。二战结束之后，美国成为世界霸主和资本主义阵营的领袖。天时地利人和，加之美国社会源远流长且不断发扬光大又独具特色的创新精神，以及冷战和"美苏争霸"这个不容忽视的重大历史背景等因素共同作用综合形成了有利于"科学技术泛资本化"的"社会生态环境"。经过前两次科技产业革命的积淀，"科学技术资本化"终于完成由蛹到蝶的飞跃。"科学技术泛资本化"起步于以信息技术革命为先导的新科技革命，其标志事件是：1947年美国科学家发明电子计算机（ENIAC）；1969年第一代军用计算机通信网络"阿帕网"（ARPA NET）成功联网；1992年美国大学生马克·安德森发明易用型的WWW网络浏览器。在此过程中，IT产业成为最有"钱途"也是最"烧钱"的新兴产业，围绕信息技术革命和相关的新科技革命，"科学技术泛资本化"的"社会生态环境"日趋优化。最重要的制度环境是：国家资本首次全方位介入科技研发过程并发挥了强大的示范作用，以此引领社会资本如同过江之鲫流向高科技研发领域以促进实验室的技术魔变为价值连城的商品，风险投资诞生于美国进一步为私人资本与科技研发结下更加美满的"姻缘"指明方向。资本主义国家资本对科技研发的全面介入既秉承了二战时期国家干预的传统又与时俱进对此传承有重大的超越和突破，这也是国家作为资本家的"总代表"应该履行的职能。除此之外，起源于美国，以风险投资为代表的制度创新和与之相关的企业制度、法律制度和资本市场的变革创新层出不穷，它们形成的合力为"科学技术泛资本化"开疆拓土。这些制度创新不仅为科技创新提供源源不断的资本支持，而且还成功营造了通过科技创新实现创富梦想的强大社会心理，因为科学技术和资本之间的"无缝对接"和成功转化而诞生了诸多"科技创富英雄"，他们的"示范效应"对于强化资本与科技联姻的社会心理氛围起到了推波助澜的作用，进一步为"科学技术泛资本化"营造了良好的社会氛围和人文环境。此期，美国毫无悬念占据"科学技术泛资本化"的制高点。"科学技术泛资本化"的形成与深化必然导致"科技异化"日趋深重，"科技异化"所蕴藏的危机折射了在科技与资本深度联姻的时代，资本主义基本矛盾错综复杂的一面。

（4）研究前瞻：第四次科技产业革命阶段。伴随信息技术革命的不断深入和信息产业的迅猛发展，以个人计算机为代表的智能机器逐渐走向小型化和便携化，它和数字化移动通信技术相结合，一项改变时代、继个人计算机（PC）发明以后最伟大的科技创新，美国高科技翘楚苹果公司于2007年推出第一代智能化手机iPhone，标志着人类社会正式进入到"移动互联时代"，这是"互联网2.0"版本。以苹果等智能手机为代表的、几乎拥有个人电脑（PC）同样功能的移动智能终端走向廉价、易用和普及。本书认为，以移动互联技术为典型代表的新科技革命使得21世纪初叶的人类迎来了第四次科技产业革命，在其带领下，生命科学技术革命、人工智能革命方兴未艾，硕果累累且相互融合、相互促进，而相关产业亦突飞猛进。虽然第四次科技产业革命"正在进行时"导致我们难以描绘其全貌，但是，它作为"科学技术泛资本化"的继续深化是一个不争的事实。在这个时期，美国因为独领第三次科技产业革命风骚，其高科技霸主地位稳如泰山，它无可争辩地成为第四次科技产业革命时期"科学技术泛资本化"继续深化的榜样，高度"泛资本化"的科学技术给人类文明带来的深远影响，尤其是科技异化等问题成为舆论和学术界热议的话题。同样值得关注的是，经过改革开放40多年的奋斗，同时以"拿来主义"的态度向发达资本主义的成功学习、借鉴，中国特色科技创新道路在21世纪的最初10年出现"大爆炸"景观，此前积贫积弱的中国在科技产业革命新的历史时期取得一系列令世界震惊的硕果，不仅国家资本和科技研发联姻成就卓著，而且民间资本、国外风险资本和初出茅庐的国内风险资本与科技研发联姻更是成果斐然。一个合理的解释，如此成就是中国大胆吸收和借鉴资本主义一切积极因素建设社会主义的必然成果。科技与资本联姻形成推动科技产业革命强大动力的重要经验在中国特色社会主义科技创新道路进程中被充分汲取，但是"取其善果，避其恶果"成为中国特色社会主义借鉴资本主义发展过程中科技与资本联姻的历史经验时必须直面的问题。

图1.6比较形象地阐释了以下原理。按照SST理论一贯观点，科学技术的变革与创新都是社会塑造的，"制度重于技术"[1]是对这一理论的高度提炼。技术因社会需求而生，而制度则是社会需求得以顺利实现的保障体系。恩格斯曾就社会需要推动科学发展做过精辟论述："社会一旦有技术上的需要，则这样需要就会比十所大学更能把科学推向前进。"[2]"研究表明，技术创新最大量的还是来自社会需求的拉动，因此只有社会需求才能为技术的发展提供最根本、持久和强大的动力。"进一步细分，"生产需求、经济需求、政治需求等""多维的社会需求推动了技术多层次发展"。总之，"从社会需求推动技术发展的道理效应可以得出两个重要判断：一是社会只有形成了对技术的强盛需求，才能为技术发展提供强大的推动，否则就会出现技术发展的社会动力不足的问题；二是技术的发展只有较好地适应了社会的需求，才能主动地获取源源不断的社会动力，否则技术的发展就会失去动力。这实际也构成了技术发展的两种意义上的社会动力"。即"社会必须存在对技术的需求"，"技术的发展必须有效地把握社会的需求"[3]。

二 研究内容："科学技术泛资本化"研究的逻辑框架

本书以科学技术和资本联姻的演进史为研究的历史线索，以"科

---

[1] 吴敬琏：《制度重于技术——论我国高新技术产业》，《经济与社会体制比较》1999年第5期。

[2] 《马克思恩格斯选集》（第四卷），人民出版社2012年版，第648页。

[3] 肖峰：《技术发展的社会形成：一种关联中国实践的SST研究》，人民出版社2002年版，第56、77、79页。

学技术泛资本化"发生发展的历史进程中"社会生态环境"变迁为研究的逻辑主线，构建"当代资本主义变迁中的'科学技术泛资本化'研究逻辑框架图"如下，将其作为本书的"蓝图"即"总设计图纸"，见图1.7。

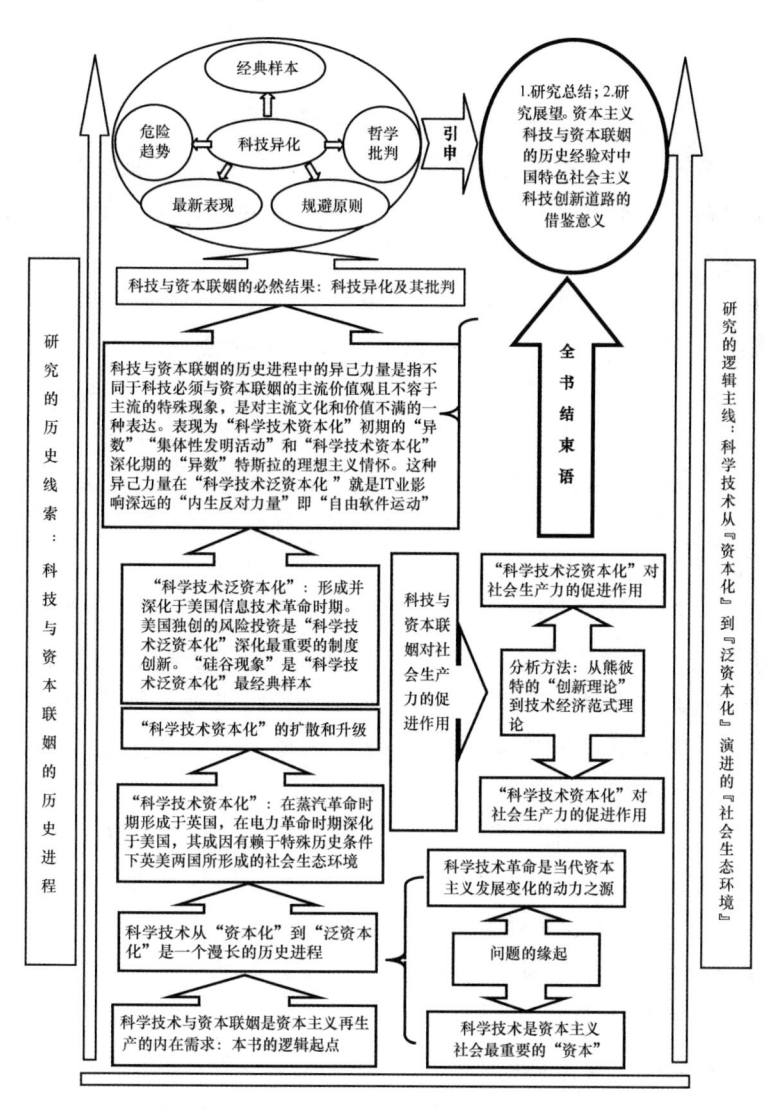

图1.7 当代资本主义变迁中的"科学技术泛资本化"研究逻辑框架图

根据图1.7，"科学技术泛资本化"研究首先要遵循这样一条历史线索，即：科技与资本联姻的历史进程展开，沿着历史演进的时间轴厘清科技与资本联姻的历史演进，探讨该进程的不同阶段科技与资本联姻的形成机制和特点。同时，研究还要遵循这样一条逻辑主线：沿着逻辑和历史演进的路径对科学技术从"资本化"到"泛资本化"演进的规律和相对应的社会生态环境进行全面考察，以归纳总结出不同时期的共性和差异，并进一步探讨科技与资本联姻的社会历史意义，并对"科学技术泛资本化"的必然结果"科技异化"展开鞭辟入里的批判。在此基础上，进一步思考资本主义科技与资本联姻的历史经验对中国特色社会主义科技创新道路的借鉴意义。上述内容展开便构成本书的章、节、目结构。图1.7揭示：

第一，考察历史可知，科学技术革命是当代资本主义发展变化的动力之源，科学技术在此进程中亦成为资本主义社会最重要的"资本"。资本主义之所以能够引爆科学技术革命，根本得益于科技与资本的联姻，这是资本主义由来已久的现象，资本主义能够像变魔术一样把科学技术嬗变为无所不能的"资本"。据此，科学技术开始了"资本化"的进程。资本主义生产方式的发展规律决定，科技与资本联姻是资本主义再生产顺利进行的内在需求。

第二，基于上述逻辑，本书认为：科学技术从"资本化"到"泛资本化"是一个漫长的历史进程。对"科学技术资本化"进程（贯穿于第一次到第二次科技产业革命时期）的研究将以英国和美国的科技产业革命为例来剖析"科学技术资本化"现象。随着资本主义的发展，"科学技术资本化"开始了扩散和升级并在第三次科技产业革命时期进入"科学技术泛资本化"时期，本书将以二战后爆发于美国的信息技术革命为个案进行剖析，在这场持续时间最长、影响最为深远的新科技革命中，"科学技术泛资本化"得以形成并走向深化。"科学技术资本化"在蒸汽革命时期形成于英国，在电力革命时期深化于美国，其成因与特殊历史条件下英美两国所形成的一系列社会生态环境因素相关。"科学技术泛资本化"形成并深化于美国信息技术革命时期。美国独创的风险投资是"科学技术泛资本化"深化最重要的制度创新，而"硅谷现象"则是"科学技术泛资本化"最经典样本。

第三，"资本三大本性"——逐利、竞争和创新决定了科技与资本联姻对社会生产力发展具有重大促进作用。以科技和资本联姻的不同阶段中科学技术对社会生产力巨大拉动作用来考量，可以全面量化考察"科学技术资本化"对社会生产力的促进作用以及"科学技术泛资本化"对社会生产力的促进作用。熊彼特的"创新理论"到技术经济范式理论为这样的考察提供了分析工具，而"关键生产要素"的变迁与生产力进步存在最直接的关联。

第四，在科技与资本联姻的漫长历史进程中，一直存在着与"科学技术资本化"以及"科学技术泛资本化"格格不入的"异数"，它是指不同于科技必须与资本联姻的主流价值观且不容于主流的特殊现象，是对主流文化和价值不满的一种表达，可视之为"内生反对力量"。这个"异数"表现为"科学技术资本化"初期的"集体性发明活动"和"科学技术资本化"深化期特斯拉的理想主义情怀，其发生发展以及消亡的历程均昭示了"科学技术资本化"必须遵循的规律：科技只有借力于资本才能壮大自身并发挥其改造社会的威力，在资本主义社会，不容于资本的科学技术很难发挥出变革社会的强大功能。

第五，科技与资本联姻的必然结果是资本主义社会愈演愈烈的科技异化，它始于"科学技术资本化"时期，泛滥于"科学技术泛资本化"时期，而且有滑向失控的潜在隐忧，对其剖析和批判是本书的重要内容。好莱坞最经典的科幻类型片《黑客帝国》三部曲成为解析科技异化的经典样本，通过对其进行"解剖麻雀"的研究，以管窥豹，我们能够深刻认知以人工智能失控为代表的科技异化将给人类文明带来的灭顶之灾。在此基础上，进一步厘清科技异化的危险趋势、最新表现及规避原则。面对日益严重，且可能失控的科技异化趋势，马克思主义以及西方马克思主义对科技异化的批判则为我们更深入认知"科学技术泛资本化"的危害提供了重要的理论工具。通过比较和鉴别上述两类科技伦理思想，研究认为："科学技术泛资本化"的"天敌"和最强大犀利的"内生反对力量"仍然是能够随社会发展和时代进步不断丰富自身的马克思主义。只有它能够提出彻底解决"科学技术泛资本化"所导致的科技异化的科学方案，使得科学技术真正为人类所掌控并成为人类的福音，而不是异己力量。

第六，综上所述，研究资本主义的最后目的是更好地建设社会主义。科技与资本联姻所形成的强大动能不断推动资本主义加速发展，这个重要的经验值得中国特色社会主义学习和借鉴。

　　本书的展望是："他山之石，可以攻玉。"在总结发达资本主义营造优良的制度环境促成科技产业革命，推动生产力飞速发展的历史经验基础上，我们可以探索一条中国特色社会主义科技创新道路，为实现中华民族振兴伟业提供最强大的科学技术支撑。

　　总而言之，正如马克思指出的："科学在直接生产上的应用本身就成为对科学具有决定性的和推动作用的着眼点。"① 这是因为，"科学这种既是观念财富同时又是实际财富的发展，只不过是人的生产力的发展即财富的发展所表现的一个方面，一种形式"②。在资本主义条件下，"生产过程成了科学的应用，而科学反过来成了生产过程的因素即所谓职能。每一项发明都成了新的发明或生产方法的新的改进的基础。只有资本主义生产方式才第一次使用自然科学为直接的生产过程服务。科学获得的使命是：成为生产财富的手段，成为致富的手段"③。显然，资本主义生产方式，把人类对财富无休止追逐并穷尽一切手段去追逐的原始冲动发挥到了极致。而"一种不费资本分文的生产力，是科学力量"④。换言之，在资本主义条件下，科学，自然也包括将科学原理或知识被具体化、工具化后的技术，是可以成为"超级生产力"的，而能够驱动科学技术华丽转身的"魔法师"当然是无所不能的资本。

　　一言以蔽之：资本附丽于"高尚的"科学技术不仅为自己找到一个威力无比的"能量倍增器"，而且也随之改变了自身模样——使之更加神秘、更有道义感召力而令人崇敬；而科技拥抱资本不仅使自己获得源源不断的研发经费，也因此被资本注入发财致富的动机，而且能够与社会生产紧密结合。"资本化"了的科学技术不再仅仅是"抬头仰望星空"的孤独或者是深藏实验室无人问津的自娱自乐。

　　总之，资本与科技的联姻使得资本可以将自己贪婪的嘴脸隐藏在一层漂亮的面纱下，而科技与资本联姻则使自己穿上了一件厚实耐用的外衣可以遮风避雨。而站在更宏大的人类文明演进这个视角观察，科技与资本联姻其实是一柄"双刃剑"，如何"取其善果，避其恶果"是人类

---

① 《马克思恩格斯全集》（第三十一卷），人民出版社1998年版，第99页。
② 《马克思恩格斯全集》（第三十卷），人民出版社1995年版，第539页。
③ 《马克思恩格斯全集》（第四十七卷），人民出版社1979年版，第570页。
④ 《马克思恩格斯全集》（第三十一卷），人民出版社1998年版，第168页。

必须拥有的觉悟和警惕，问题的根本在于，人类该如何驾驭贪婪的资本。更深层次对人性的拷问则是，人类应该如何掌控与生俱来的贪婪与好奇。

"导论"小结

对于当代资本主义变迁中的"科学技术泛资本化"这个研究主题而言，本章通过对"问题缘起"的讨论和旁征博引的"概念界定"并进一步聚焦"研究内容"——以科学技术和资本联姻为研究逻辑起点，以"科学技术泛资本化"发生发展的历史进程这条逻辑主线为引领，构建"科学技术泛资本化"研究内容的逻辑框架图（见图1.7）。据此，明确了研究的主体的范域和边界。

对于一项原创研究而言，科学的研究方法之选取是研究得以顺利推进的充要条件，通过梳理STS理论和SST理论，本书博采众长以SST理论为剖析问题的方法，认为，二战结束后冷战背景下美国科技创新所依赖的独特的"社会生态环境"促成了"科学技术泛资本化"，并依此构建了"SST理论框架中的'科学技术泛资本化'"的研究框架（见图1.4）。以此回溯"科学技术资本化"发生发展的机理及相应的"社会生态环境"，构建了"SST理论框架中的'科学技术资本化'"的研究框架（见图1.5），以区分两者的同异和内在发展逻辑。为了清晰把握"科学技术泛资本化"的进程，本书构建"三维坐标系中科学技术与资本联姻历史进程逻辑框架图"（见图1.6），对科学技术从"资本化"到"泛资本化"演进历程进行了可视化的描述，勾勒出"科学技术泛资本化"发生发展的历史轨迹，为探索其发展规律和社会影响力提供了"构筑学术大厦的设计蓝图"。

总而言之，本书"导论"部分勾画的三个决定本书谋篇布局的最重要的逻辑框架图（图1.5、图1.6、图1.7），为本书如同"剥洋葱"一般地层层展开讨论提供了一个符合历史与逻辑共同演进相统一的分析工具，为深入研究"科学技术泛资本化"现象提供了可行方案。本书后续章节将以此为逻辑起点，渐次展开。

第二章

"科学技术资本化":从第一次科技产业革命到第二次科技产业革命

"科学技术资本化"经历了第一次科技产业革命和第二次科技产业革命,前者"科技与资本联姻的 1.0 版本"即"科学技术资本化形成期",英国是资本主义国家中开创先河者。后者是"科技与资本联姻的 1.1 版本"即"科学技术资本化深化期",英国因为其先发优势继续"执牛耳",美国却后来居上迅速崛起并成为资本主义世界科学技术与资本联姻的"模范生"。英美的先后成功,特别是美国后发先至,都与"科学技术资本化"进程中,英美两国为此营造的特殊的"社会生态环境"密切相关。

第一节 "科学技术资本化"形成:第一次科技产业革命溯源

根据前文,本书所指称的第一次科技产业革命即蒸汽革命是指,萌芽于 18 世纪初叶的英国,爆发于 18 世纪 60 年代,以 1769 年英国工程师詹姆斯·瓦特(James Watt)发明"瓦特蒸汽机"为标志所引发的科技产业革命,因此也被称为蒸汽革命。这场以蒸汽为动力驱动机器的革命持续到 19 世纪 30 年代,蒸汽机不断改进并被广泛运用到工业生产各个领域,随着欧洲发达国家相继建立起以蒸汽轮船为主要运输方式的海运、河运系统和遍布各国的铁路运输网而胜利落幕。第一次科技产业革命的核心技术是蒸汽动力技术,关键词是:蒸汽机。

通过梳理蒸汽革命的大致脉络，可以厘清两个内在逻辑非常紧密的问题：第一次科技产业革命为何会发生在英国而不是其他国家？与之相关联的问题是：英国为何成为"科学技术资本化"的起源地？重要的历史经验是什么？

一 第一次科技产业革命即蒸汽革命简史

蒸汽革命根植于英国纺织工业迅猛发展的强烈需求。毛纺业在16世纪一直是英国的传统手工业，进入17世纪，因为英国消费者对棉布的偏爱，且国会为了保护本国产业禁止进口外国棉布，所以新兴的棉纺业得到了巨大商机。在整个17世纪上半叶，围绕纺纱机和织布机的创新发明不断涌现，纺织机的工作效率也越来越高，但是，依靠人力、畜力、风力和水力这些传统能源驱动纺织机已成为产业发展的瓶颈。为新兴产业注入新能源成为每个工厂主、工匠、工程师和发明家的共同心愿，因为这个领域商机无限。

（一）为机器大工业提供动力的蒸汽机：从抽水机到"万用动力机"

17世纪的英国，经济蓬勃发展，煤作为最重要的燃料被广泛使用到生产和生活领域。

> 在17世纪，英国开始采用煤作为工业和生活燃料，以解决能源问题。产量的增长十分可观：1560年英国的煤产量大约为25万吨，到1750年产量已经达到470万吨。从1700年开始，英国的煤产量占整个欧洲产量的80%——英国领导世界进入一种新型能源经济的时代。实用、易开采、储量巨大的廉价煤炭使用个人获得了欧洲其他国家甚至世界上其他国家所不知道的巨大财富。到了18世纪60年代，由于广泛使用煤炭来供热，英国迅速致富；紧接着煤炭的使用（作为能源和机械的动力），发生了突破性进展，在工业生产领域引发了革命。[①] 英国在1560—1800年间，煤炭产量增长了66倍。……英国煤炭工业早在工业革命之前就已经先行一步，取得了别国难以匹敌的领先地位。1800年前后，就全世界煤炭产量

---

① ［英］罗杰·奥斯本：《钢铁、蒸汽与资本：工业革命的起源》，曹磊译，电子工业出版社2016年版，第30—31页。

而言，英国所占的比例已高于所有其他国家的总和。由于英国的煤炭储量极为丰富，于是就出现了燃料价格低得出奇的现象。在 18 世纪的英国，无论在哪一片矿区，井口的煤炭售价一般为每吨 4—5 先令（1 英镑等于 20 先令），或者说每能释放 1M Btu（百万英热单位——引者注）热能的煤炭售价 0.75 克白银①。在 17 世纪末的英国，作为社会最底层的茅舍农和穷人，家庭年人均收入约为 2.0 英镑。家庭平均人口约 4.5 人。②

显然，煤炭属于穷人都用得起的燃料。旺盛的煤炭需求促成了采矿业的繁荣。随着矿井越挖越深、越开越大，借用人力和自然力来提水、排水已经难以适应采煤业的需要。这种窘境迫使矿主、工匠和发明家们要尽快研制用于矿井排水的动力机械。1698 年英国德文郡一位富有的绅士托马斯·萨维利（Thomas Savery, 1650—1715）发明了蒸汽泵并获得了专利。"1698 年 7 月 25 日，萨维利由于'在火力的推动下将水抬高'得到了一份为期 14 年的专利。1699 年这份专利又被延长了 21 年。"③ 这是第一台投入实用的蒸汽机。萨维利的发明受到在伦敦工作的法国物理学家丹尼斯·帕潘（Denis Papin, 1647—1712）的启发，他 1679 年发明了"蒸煮器"（高压锅的鼻祖），1690 年发明了单缸活塞式蒸汽机——尝试用蒸汽提供动力且仅限于实验。萨维利发明蒸汽泵是为了用抽水，当时矿井排水成为大难题，政府和矿主多方悬赏解决办法无果。蒸汽泵能够排水但缺点十分显著：它不能将水提到 30 英尺以上的高度，因为发明者无法解决安全使用高压蒸汽的技术，而且，热效率太低，以至于未能在矿井推广，只能充当贵族花园的水泵。蒸汽机从实验室进入实用领域终于迈出了艰难的一步。

经过对萨维利蒸汽泵数年的研发改进，英国铁器商人（本身也是技艺出色的铁匠）托马斯·纽卡门（Thomas Newcomen, 1663—1729）于 1705 年造出一台专门用于给矿井抽水的蒸汽机。作为一个勤劳的铁匠和

---

① [英] 罗伯特·艾伦：《近代英国工业革命揭秘——放眼全球深度透视》，毛立坤译，浙江大学出版社 2012 年版，第 124—125 页。

② 同上书，第 74 页。

③ [英] 罗杰·奥斯本：《钢铁、蒸汽与资本：工业革命的起源》，曹磊译，电子工业出版社 2016 年版，第 61 页。

颇具商业眼光的铁器商,纽卡门长期给煤矿、铜矿和锡矿供应各种设备,他深知抽水机的价值。这台机器吸取了帕潘蒸汽机和萨维利蒸汽泵的优点,有一个带活塞的气缸,但蒸汽由另外的锅炉输入,其热效率大大提高,它依靠大气压而非蒸汽压力工作,故不存在高压蒸汽的危险性。

像许多发明家一样,纽卡门也迫切希望给自己这项发明成果申请专利以获取应得利益。岂料萨维利已经捷足先登,在 1698 年就申请到了为期 35 年的专利权,截至 1733 年到期。而纽卡门与 1712 年推出的新型蒸汽机尽管与萨维利的发明成果差别很大,但最终仍被专利机构认定两者存在关联,故未能申请到专利保护。而此时距萨维利的专利权到期尚有漫长的 21 年时间,最终纽卡门不得不与萨维利达成妥协,在做出诸多让步之后,总算实现了和萨维利的专利共享,勉强获得一些收益。①

纽卡门的蒸汽机非常实用,到了 1712 年,英国的煤矿基本上都采用了这种新式蒸汽机并使用了长达半个世纪之久。纽卡门蒸汽机抽水效率极高,它"操纵一个直径 16 英寸的活塞,每隔 4.5 秒活动 8 英尺的距离。这是一个惊人的技术成就,它通过交替喷射蒸汽和冷水,仅仅使用堆在坑口没有人在乎的煤,就可以每小时抽出 33000 公升水。1755 年,怀特黑文的矿井是世界上最深的矿井,使用 4 台纽卡门发动机去抽出 800 英尺的水"。科学史家评论道:"这是一个取代人力、畜力和水力的机器,它对世界的影响怎么高估都不过分。"很自然,"煤矿的经营者们立刻意识到了它的价值"。"纽卡门并没有自己制造蒸汽机,而是把制造方法和授权卖给那些实际制造者。纽卡门蒸汽机最吸引人的一点就是它可以被任何有能力的当地工程师制造和保有。""1715 年萨维利去世——这是一个重要的时间——因为他的专利权被转给了一家财团,纽卡门蒸汽机的研发和推广使得萨维利的专利变得更有价值。""工程公司都很清楚萨维利的专利期到 1733 年,此后他们可以自由制造自己的机器并做出改进。煤溪谷公司创始人的女婿——在 1733 年给他

---

① [英]罗伯特·艾伦:《近代英国工业革命揭秘——放眼全球深度透视》,毛立坤译,浙江大学出版社 2012 年版,第 245 页。

的合伙人的信中说道：'由于在火力的推动下将水抬高的专利就要到期了，这个行业一定会有很大发展。'"①

"萨维利－纽卡门共享专利权于1733年到期，那时英国境内共有100台左右的纽卡门蒸汽机实现了商业化运营。到1800年，英国境内蒸汽机数量已经增至2500台，其中60%—70%为纽卡门式蒸汽机。"②这种高能耗特性蒸汽机的适用范围被严格限定在煤炭工业内部，只有在煤矿附近它才可以无限量使用难以出售的劣质煤。但纽卡门蒸汽机只能用于矿山抽水而不能满足工业生产对于动力机的需求。

一个注定在工业革命史上成为里程碑的伟大人物登场了，他就是出身于三代工匠世家的英国最杰出的工匠詹姆斯·瓦特。瓦特从1763年开始研究如何改进纽卡门蒸汽机，历经多年研发，瓦特于1769年造出更先进的蒸汽机，并获得了冷凝器的发明专利，改进了纽卡门蒸汽机热效率不高燃料浪费严重的缺陷。瓦特发现制造一个更高效的蒸汽机的唯一方法就是让蒸汽在一个独立的容器即所谓冷凝器当中压缩。这就避免了主气缸在每一次循环中都要加热和冷却，主气缸可以一直保持较高的温度。这样就节省了燃料，提高了热效率。瓦特蒸汽机成为"蒸汽机革命"的集大成者，成为可用于一切动力机械的万能"原动机"，"蒸汽时代"正式到来。后人为了纪念这位伟大的发明家，把功率的单位定为"瓦特"（简称"瓦"，符号W）。

"**在瓦特最初的蒸汽机中，蒸汽只推动活塞下降，这是单向蒸汽机**。实际上只是一种改进了的蒸汽机；它不是万能的原动机，而只是具有属于工场手工业时期的原始专门功能的抽水机。"③ 瓦特"为这一项目先后投入了总额将近1000英镑的各类开销"④，因此而负债累累。为了还债，他被迫放下研发工作应聘做运河测量员，"1769年到1772年，瓦特的主要工作是从事修建从芒克兰到格拉斯哥的运河，担任勘

---

① ［英］罗杰·奥斯本：《钢铁、蒸汽与资本：工业革命的起源》，曹磊译，电子工业出版社2016年版，第73、65、75页。

② ［英］罗伯特·艾伦：《近代英国工业革命揭秘——放眼全球深度透视》，毛立坤译，浙江大学出版社2012年版，第247页。

③ 《马克思恩格斯全集》（第四十七卷），人民出版社2004年版，第477页。

④ ［英］罗伯特·艾伦：《近代英国工业革命揭秘——放眼全球深度透视》，毛立坤译，浙江大学出版社2012年版，第254页。

测员，年收入为 200 英镑"①。这在当时的英国属于高收入②，但瓦特债务缠身，压力巨大，基本放弃了蒸汽机的研究。"1769 年，瓦特给自己发明的分离式冷凝器申请了专利，本指望通过延长转让专利权来抵偿一部分研发成本，但效果并不理想。于是为了将研发继续进行下去，他开始寻求风险资本投资人的支持，并从约瑟夫·布莱克（Joseph Black，爱丁堡大学终身教授、英国最著名的物理学家和化学家——引者注）那里得到第一笔资助。"其实早在 1768 年，经由布莱克教授的介绍，"约翰·罗巴克（John Roebuck）就曾主动找上门找瓦特商洽合作事宜。罗巴克曾发明过以铅箱（代替易碎的球状玻璃瓶）作为加工容器来生产硫酸的新工艺，同时也是卡伦制铁厂（Carron Ironworks）的创办人"③。"瓦特接受他的建议，他们签订了一份合同，合同约定罗巴克负责偿付瓦特的债务一千镑，而且提供必要的资金去完成已经开始的研究和组织在工业上利用研究的结果，他自己保留三分之二的利润作为报酬。"于是，罗巴克成为瓦特的第一个"风险投资人"。因为"罗巴克需要用于煤矿的抽水机。煤矿在福斯河右岸的博罗斯托内斯，前不久他才获得该矿的采矿权"。"这份合同在蒸汽史上开辟了一个时代。蒸汽正是在那时走出了实验室，进入它即将加以改造的工业世界中去，这多亏了罗巴克的大胆的创造精神。"显然，"发明是一回事，会经营发明物却是另一回事"④。

罗巴克早先是一名医生，也精通工程技术且富有商业头脑和投资意识。1740 年因为发明了一种制造硫酸的方法而改行成为一家大型化工厂的厂主，1759 年和朋友合资建立一家制铁厂，还拥有一项制造铁条的专利。到 1768 年末，瓦特研发的蒸汽机已经有了很大的进步，罗巴克认为是时候申请专利了。当这种机器设计完成的时候，专利会保护他的投资并给他带来利润。罗巴克掏钱注册了一个专利（花了大约 120 英镑的巨款），瓦特来到伦敦接受第 913 号专利，该专利是"一种减少火

---

① ［英］罗杰·奥斯本：《钢铁、蒸汽与资本：工业革命的起源》，曹磊译，电子工业出版社 2016 年版，第 94 页。
② 瓦特作为一个技艺高超的工匠，其收入水平和当时社会主要阶层比较见表 2.5。
③ ［英］罗伯特·艾伦：《近代英国工业革命揭秘——放眼全球深度透视》，毛立坤译，浙江大学出版社 2012 年版，第 255 页。
④ ［法］保罗·芒图：《十八世纪产业革命》，杨人楩、陈希秦、吴绪译，商务印书馆 1983 年版，第 258、257 页。

力发动机罩蒸汽和燃料消耗的新方法"。该专利签发的时间是1769年1月5日。罗巴克作为瓦特的第一个投资人并没有等到瓦特蒸汽机开花结果的那一天。1770年罗巴克因为新的投资项目（煤矿和化工）失败，而且因为苏格兰银行倒闭受到拖累，1773年宣布破产，他只好将持有瓦特蒸汽机专利权的股份以1200英镑的高价卖给马修·博尔顿（Matthew Boulton）[①]。对罗巴克而言，投资瓦特蒸汽机成为他最优良的资产，他获得了数倍的回报。可是因为其他投资项目的失败，他成为真正的"风险投资人"。

博尔顿于是成为瓦特的第二个"风险投资人"，他是一个成功的工具制造商，也是英国制造业界一个非常有影响力的重量级人物——他成为"一个后来和瓦特一起改变英国面貌的人"。同样经由布莱克教授的介绍，1769年瓦特获得专利权后和博尔顿一见如故，两人都意识到对方是理想的合作伙伴，博尔顿的财力显然远超罗巴克。瓦特曾"建议罗巴克让博尔顿通过购买专利权1/3的收益，加入到他们的团队中"。博尔顿非常看好新蒸汽机的研制工作，他写信告诉瓦特：这种蒸汽机"值得为全世界制造"。瓦特想制造一台于纽卡门蒸汽机一样同时功效更高的机器，"而博尔顿意识到工业界渴望一种更好的动力资源来驱动自己的机器。磨坊主、铁器制造商、纺织品制造商都面临着他们的工厂所依赖的水资源局限。英国正在接近自然资源提供的动力极限"[②]。他们组建了博尔顿-瓦特公司，专门从事瓦特蒸汽机的制造并经营专利权——出售生产许可证。

瓦特蒸汽机商机无限，但瓦特蒸汽机的专利只有7年（1776年1月到期），眼见专利要到期可是公司并没有赚到钱。而当时许多优秀的工程师都能够通过专利信息来制造同样出色的蒸汽机。由此，头脑精明的博尔顿认为应该延长专利。1775年2月博尔顿将专利延期申请递交到国会，瓦特向国会描述了他在纽卡门蒸汽机上做出的诸多改进。而博尔顿则利用其人脉和影响力成功游说了国会，最后国会同意延长该专利25年，并且1775年5月苏格兰议会也通过了该专利的延长法案。该法

[①] ［英］罗杰·奥斯本：《钢铁、蒸汽与资本：工业革命的起源》，曹磊译，电子工业出版社2016年版，第91、94—95页。

[②] 同上。

案将瓦特描述为"国会法定的工程师"。

　　负责调查的委员会听取了罗巴克的证词：后者对于这项发明做出完全公正的评判，他是第一名认识到这项发明的实用价值："蒸汽机比较通常的火力机，以同等的燃料耗费量，至少多做一倍多的工作……凡是需要动力的地方，无论用于什么用途，用它都是有利的。"与此同时，他又证明该机器已经花了的费用，以及在它生利之前还要花的费用：首先是他，其次是博尔顿，在实验、建造、试用方面已经用去三千多镑；预计全部费用至少要达到一万镑。可是这样一笔钱，比起对英国和全世界的利益来说，算得了什么呢？①

　　专利延期是瓦特职业生涯争议最大的部分。因为他的专利涵盖期限太长，从1769年到1800年，任何人对蒸汽机提出改进方案都是法律所不允许的。其专利是一种"减少火力发动机的燃料和蒸汽的损耗的新方法"，因此这个专利可以用来涵盖任何有关蒸汽机的技术改进。在专利获得延期之后，博尔顿和瓦特立即签署了一项资助协议，博尔顿负责这个项目的所有费用，支付实验所有花销，并每年给瓦特300英镑，而他得到存续期专利收入的2/3。②

　　1776年，博尔顿－瓦特的工厂开始批量生产瓦特蒸汽机，该工厂已经拥有700名工人，博尔顿对工厂很有信心，因为他们"卖的是全世界都需要的东西——动力"。工厂的产品畅销英国全境，甚至法国客户都找上门来，要求在法国制造蒸汽机提供配件。1778年，博尔顿－瓦特公司在法国获得了为期15年的专利权，专利权保护延伸到欧洲大陆。③ 瓦特机工作效率极高。经过现场测算，其耗煤量与纽卡门式蒸汽机相比竟然减少了50%，该机器以1马力的功率连续运转1小时仅需消耗8.8磅煤炭④。这是一个令人震惊的数字。

---

① ［法］保罗·芒图：《十八世纪产业革命》，杨人楩、陈希秦、吴绪译，商务印书馆1983年版，第262—263页。
② ［英］罗杰·奥斯本：《钢铁、蒸汽与资本：工业革命的起源》，曹磊译，电子工业出版社2016年版，第96—98页。
③ 同上书，第100页。
④ 同上书，第254页。

鉴于西方国家对蒸汽机的巨大需求，博尔顿－瓦特公司过上了一段利润丰厚的日子。但是到了1778年，一场经济衰退袭击了英国，公司有些猝不及防，现金流出现问题：公司花大量的现金去购买配件、雇用工人，然而出售生产许可带来的收益要很晚才到账，常常需要去追索。博尔顿为了避险也不再追加投资，他牺牲未来的收益，通过抵押蒸汽机的专利权给康沃尔银行来获得17000英镑的银行贷款，此外他不断催促瓦特制造更多的蒸汽机，将工人人数从700人减少到150人。①

渡过经济衰退的危机后，博尔顿－瓦特公司的生意恢复兴旺。但此时的瓦特机同纽卡门蒸汽机一样，仍然主要被用于抽水和鼓风。博尔顿意识到，如果把他们的蒸汽机推广到其他行业，就必须模仿水车的轮转动力。他向瓦特施压，要求他两年内制造出具有轮转动力的蒸汽机。"1781年6月，他在给瓦特的信中透露出不耐烦的情绪：'伦敦、曼彻斯特、伯明翰的人们都痴迷于蒸汽机，我不是在催促你，但我认为在一到两个月的时间里，我们应该为……用某种方法使蒸汽机车产生轮转力申请一项专利……整个康沃尔没有这样的机器，我们的蒸汽机未来最有可能的方向是应用到工厂当中，这肯定是一个广阔的领域。'"瓦特于是又投入到新的研发领域并终于制造出一台自己满意的轮转蒸汽机。终于，"瓦特发明了双向蒸汽机，在这种蒸汽机中，蒸汽既实现活塞的上升，也实现活塞的下降……在1782年，瓦特获得了双向蒸汽机的专利权，从这个时候起，蒸汽机便成为适用于一切工业部门的发动机"②。"到了1780年代末期，双动力蒸汽机的设计已经标准化，齿轮传动装置、平行运动体系、阀门和连接杆都已经可以面向顾客。蒸汽动力已经变得适应于各种规模的工业企业。"③ "截至1800年，博尔顿－瓦特工厂已经累计售出308台新型回旋式蒸汽机供各类工程带动机器运转，此外还售出24台老式蒸汽机供某些过程用于鼓风机的动力源。"④ 为此，

---

① ［英］罗杰·奥斯本：《钢铁、蒸汽与资本：工业革命的起源》，曹磊译，电子工业出版社2016年版，第103页。

② 《马克思恩格斯全集》（第四十七卷），人民出版社1979年版，第477页。

③ ［英］罗杰·奥斯本：《钢铁、蒸汽与资本：工业革命的起源》，曹磊译，电子工业出版社2016年版，第104—107页。

④ ［英］罗伯特·艾伦：《近代英国工业革命揭秘——放眼全球深度透视》，毛立坤译，浙江大学出版社2012年版，第2644页。

瓦特首创了测量蒸汽机功率的单位"马力"①。这一技术革新使得瓦特蒸汽机被广泛运用到制铁厂、纺织厂和面粉厂等当时最重要的企业。

1790年，功成名就的瓦特已经有足够的财富在汉兹沃斯购买40英亩土地，建造了宏伟坚固的宅邸，名曰希斯菲尔德（Heathfield，毁于1927年）。蒸汽机的市场需求剧增远远超过了博尔顿-瓦特公司的设计能力更别提制造了。很多用户为了避免交专利费只好转向其他厂商购买设备。1796年，瓦特将一家竞争对手霍恩布鲁尔-马利公司告上法庭，起诉其侵权，这个案例拖到1799年瓦特的专利期限到期前一年才得以宣判，瓦特胜诉，赢得官司给博尔顿-瓦特公司带来了数千磅的赔偿费，那些曾经拒绝缴纳专利费的用户现在不得不如数缴纳。"到1800年瓦特的专利到期后，几乎所有的纽卡门蒸汽机都转向瓦特模式或者被瓦特蒸汽机所取代。""1818年瓦特去世，享年83岁。他积累了大约6万英镑的财产，名利双收。瓦特给人类带来了一种新的机械能源，蒸汽动力经过改造被用于十几种不同的工业门类当中，它带来经济方面、物理方面和生活方面的革命正在开始发挥作用。"②

瓦特蒸汽机的发明使得历时半个多世纪的蒸汽革命结出硕果。历史学家评论道：

> 蒸汽机的发明这一重大事件，开始了工业革命的最后的、最具有决定性的阶段。蒸汽把那些还压在大工业身上的束缚解放之后，就有可能无限迅速地发展了。事实上，使用蒸汽并不像使用水那样必须取决于位置和当地资源等绝对条件。凡能获得公道价格的煤的地方，都可以安装蒸汽机。在英国，煤藏丰富，煤的使用在十八世纪末已经是增多了，那里特意创设的航路网有可能以很少的费用把煤运到各处，全国已经变成一个特别适宜于工业生长的优惠的世界。工厂现在可以离开其原来孤立于水流岸边的曾在其中成长起来的溪谷了；工厂接近市场可以购买原料和出卖产品，接近人口中心

---

① 瓦特把"马力"定义为：蒸汽机在1分钟内把1000磅的重物升高33英尺所做的功，这就是英制马力，用字母HP表示。现在常用的公制马力等于每秒钟把75公斤重的物体提高1米所做的功。即：1公制马力=75千克力米/秒=735瓦特。

② [英] 罗杰·奥斯本：《钢铁、蒸汽与资本：工业革命的起源》，曹磊译，电子工业出版社2016年版，第99、109—111页。

可以招募人员；工厂将汇合集中起来形成一些巨大而黝黑的工业城市，蒸汽机将使无穷的烟云飞翔在这些城市的上空。蒸汽机并不创造大工业。但是，它对于大工业却提供了动力，并使自己的发展犹如自己所支配的力量一样不可抗拒。最重要的是，它使大工业具有其统一性。……使用一种共同的动力，尤其是使用人为的动力，就使一切工业的发展都要服从一般法则。蒸汽机的不断改善，对于采矿、冶金、纺织和运输都有同样的影响。①

（二）为现代交通工具提供动力的蒸汽机：从"蒸汽火车"到"蒸汽轮船"

蒸汽机即将迎来的巨大飞跃就是从给机器提供动力到给机器安上轮子，为人类的交通出行提供动力。

瓦特专利到期前，英国所有的工程师们都在研究制造高压蒸汽机的方法以改进瓦特机，他们跃跃欲试准备大干一场。一位杰出的工程师理查德·特雷维克西（Richard Trevithick）经过数年研发，于1801年圣诞节研制出一种"体积小重量轻，可以被用于驱动车辆"的新型蒸汽机并成功进行了大约1公里的行驶。这是世界上第一台高压蒸汽机，这个"喷汽的怪物"标志着交通革命的开始——它随后被广泛运用于铁路和轮船运输领域，成为这些交通工具中最常见的动力装置。没有了其他发明专利的限制，1802年3月24日特雷维克西和维维安联合申请了一个专利，"本项专利改进蒸汽机的制造，由此在轨道、公路及其他地方拉动车辆行驶"。特雷维克西的发明吸引到了一个投资者他就是制铁厂主萨缪尔·汉佛莱（Samuel Homfray），"一个蒸汽车辆的早期信仰者"，他以投资换取了特雷维克西的一部分专利。汉佛莱与他的合作伙伴安东尼·希尔打赌500坚尼（一种英国旧金币，1坚尼等于1英镑1先令），认为蒸汽车可以沿着10英里轨道拉动10吨铁从潘尼达伦到梅瑟－加迪夫运河。蒸汽机车的运行全靠特雷维克西来完成。1804年2月，特雷维克西驾驶这辆蒸汽机车完成了试验，时速达5英里/小时。汉佛莱赢得了赌注。他的"康沃尔蒸汽机"——包含了冷凝过程的高压蒸汽——

---

① ［法］保罗·芒图：《十八世纪产业革命》，杨人楩、陈希秦、吴绪译，商务印书馆1997年版，第269—270页。

后来被推广到了全世界。"瓦特的专利到期 4 年之后，特雷维克西已经能制造出比瓦特前 25 年制造的更轻、更小、动力更强、用途更广的蒸汽机。更为重要的是，蒸汽机重量的减轻和动力的增加可以将其装在自己驱动的车上。潘尼达伦蒸汽机车已经具备了蒸汽火车的绝大多数主要的特点，它将在未来的 150 年里改变世界。"[1]

当蒸汽机在煤矿的轨道上开始推广的时候，在煤矿之外运送货物和乘客的试验也在积极推进。19 世纪 20 年代以前，建设铁路的设想往往遭到地主们的集体反对。英国工程师乔治·史蒂文森和富商爱德华·皮斯（Edward Pease）共同创建了罗伯特·史蒂文森（Robert Stevenson）公司，积极游说修建铁路。1821 年英国议会通过一项议案，允许他们建造一条 25 英里的铁路。这注定是一个载入历史的法案。1825 年 9 月 27 日史蒂文森公司的蒸汽机车在这条从达林顿到斯托克顿的铁路上成功首发跑完全程。"尽管这条铁路最初的设计是一条煤矿铁路，但实际上它成为世界上第一条公共铁路，既有乘客车厢也有运煤车厢。尽管蒸汽机和铁轨都已经存在几十年，但两者的结合仍具有里程碑式的意义。"之后，史蒂文森公司在竞争中胜出获得了利物浦到曼彻斯特——世界上第一条城市间的铁路建造合同，而且双向通车，此条线路 1830 年 9 月 15 日顺利开通，火车时速高达 30 英里/小时，大名鼎鼎的威灵顿公爵成为首批乘客。史蒂文森的影响力使得他喜欢的尺寸成为了被议会确定的工业标准，即英国所有铁路轨距为 4 英尺 8.5 英寸。铁路迅速从私人公司成为国家运输系统的基础设施。1838 年，议会裁定铁路客运运输邮件。第二年，电报发明，电报线便沿着铁路铺设。正是 1844 年的铁路法案创建了一个全国运输系统并制定了早期的行业规范。随着铁路的普及，"船运是下一个从蒸汽动力应用中受益的运输模式，在 18 世纪，这是一个被很多发明家尝试过但鲜有突破的领域。远洋轮船的时代在 1838 年随着布鲁内尔'大西部公司'的开创而开始，直到 1870 年代螺旋桨和高效复合发动机的应用使远洋航行变得安全而廉价，在随后的几十年数百万的欧洲移民得以运输到美国。蒸汽船也成为了具有巨大战略价值的武器"[2]。

---

[1] ［英］罗杰·奥斯本：《钢铁、蒸汽与资本：工业革命的起源》，曹磊译，电子工业出版社 2016 年版，第 118—124 页。

[2] 同上书，第 250—257 页。

继英国之后,美国于1828年修建了第一条铁路。法国于1830年,德国于1835年均推出了自己的铁路。此后兴起的"铁路热"在不到20年的时间内,使欧洲发达国家建起了遍布全国的铁路网。铁路使世界经济联成一体,隆隆的火车声宣告了第一次工业革命的胜利完成。①

第一次科技产业革命即蒸汽革命是资本主义进化史上科学技术"资本化"的初期,它开创了科学技术与资本联姻的历史,而探索两者结合的规律必须解答一个重要问题:"'科学技术资本化'何以起源于英国?"

二 "科学技术资本化"何以起源于英国?

根据上文以及"导论"部分图1.5 "SST理论框架中的'科学技术资本化'形成机制"和图1.6 "三维坐标系中科学技术与资本联姻历史进程逻辑框架图",研究发现,蒸汽革命时期英国的"社会生态环境"非常适合科技和资本的联姻,"科学技术资本化"起源于英国有着历史的必然性和合理性。

以蒸汽革命为标志的第一次科技产业革命为什么偏偏发生在英国?

这些新发明在问世初期,清一色都与英国独特的社会经济环境相匹配,也就是说,一旦离开英国就会立马丧失功效。待这些发明几经改良步入成熟阶段之后,使用范围也会大幅扩展,在英国以外的任何地方就都可以大显神威了。正是经历了这样一种改良的过程,源于英国的工业革命才开始向欧洲大陆、北美以及世界其他地区扩散。这样一个由青涩到成熟的演变周期大约耗费了一个半世纪,待工业革命的成就扩散到世界各地之后,自然也就标志着"革命"的过程宣告结束。②

---

① 吴国盛:《科学的历程》,北京大学出版社2002年版,第405页。
② [英]罗伯特·艾伦:《近代英国工业革命揭秘——放眼全球深度透视》,毛立坤译,浙江大学出版社2012年版,第202—203页。

第二章
"科学技术资本化"：从第一次科技产业革命到第二次科技产业革命

```
┌─────────────────────────────────────────────┐
│  17世纪以来英国形成的有助于资本主义              │
│  健康发展的、特殊的"社会生态环境"              │
│                                             │
│  ┌──────────┐    ┌──────────────┐           │     ┌──────┐
│  │资本三大本性│ ⇄ │第一次科技产业革命│   ⇒ 促成    │"科学 │
│  └──────────┘    └──────────────┘           │     │技术  │
│        ↓              ↓                     │  ⇐ 强化、改造│资本化"│
│  ┌────────────────────────┐                 │     └──────┘
│  │私人资本与科技研发          │                 │
│  │初步联姻                  │                 │
│  └────────────────────────┘                 │
│                                             │
│  17世纪以来英国形成的有助于资本主义              │
│  健康发展的、特殊的"社会生态环境"              │
└─────────────────────────────────────────────┘
```

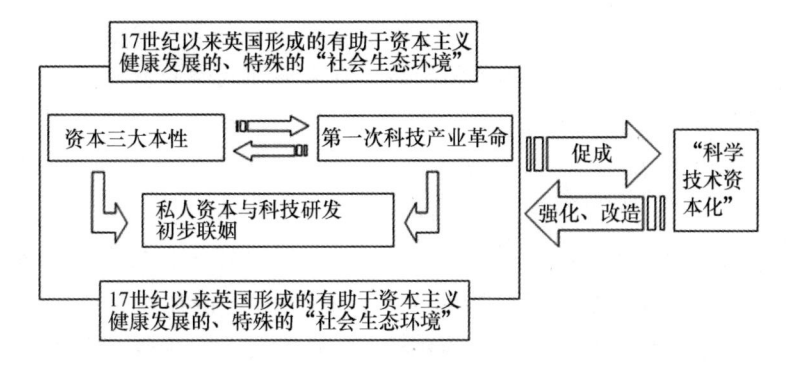

图 2.1 SST 理论框架中的"科学技术资本化"形成机制

图 2.1"SST 理论框架中的'科学技术资本化'的形成机制"揭示：17 世纪以来英国形成了有助于资本主义健康发展的、特殊的"社会生态环境"，它促成了"科学技术资本化"，这是"科技与资本联姻的 1.0 版本"即"科学技术资本化形成期"，是指资本主义自由竞争条件下，科学技术与资本联姻"量变时期"的第一阶段。反过来，"科学技术资本化"又进一步强化和改造着英国社会，使其"社会生态环境"更适宜资本和科学技术的联姻——为"资本三大本性"——逐利本性、竞争本性和创新本性的进一步彰显和方兴未艾的科技产业革命的相互促进创造新的条件。"科学技术资本化"的形成和 17 世纪以来英国特殊的"社会生态环境"之间的复杂互动的关系体现了事物发展过程中历史和逻辑相统一的规律。

受上述环境的滋养，"资本三大本性"与第一次科技产业革命相互激发，相互成就，即"资本三大本性"促成了第一次科技产业革命。与此同时，第一次科技产业革命也助长了"资本三大本性"淋漓尽致地展露。其必然结果是：私人资本与科技研发初步联姻，最终促成了"科学技术资本化"。与之相伴，蒸汽革命时期，促成英国"科学技术资本化"的"社会生态环境"因素有：（1）社会经济因素。（2）人力资源因素。（3）社会文化因素。（4）逐利的货币资本和富有眼光的风险投资群体。（5）"成功者效应"。（6）严格保护专利和机器工业的法律制度。据此，以下将分别展开论述。

（一）促进"科学技术资本化"形成的社会生态环境因素之一：社会经济因素即蒸汽革命时期英国的高工资水平和低廉的燃料价格，背后是高度发达的煤炭工业

在蒸汽革命之前的 16 世纪，"欧洲公民的财富发生着剧烈的分化。1525 年，伦敦、阿姆斯特丹、维也纳和佛罗伦萨的非熟练工人日薪大概是 3 克白银。一个世纪以后，伦敦和阿姆斯特丹的非熟练工人的薪酬增长到 7 克白银。而佛罗伦萨和维也纳工人的薪酬停留在 4.5 克白银。到 1725 年，欧洲南方和北方工人的薪酬差距继续拉大，伦敦工人的平均日薪大约 11.5 克白银，阿姆斯特丹工人日薪平均 9 克白银，而维也纳和佛罗伦萨工人的日薪降到了大约 3.5 克白银。到了 18 世纪，南欧的工人很难挣到维持日常生活的薪酬，而英格兰的工人可以赚到等于自己日常消费 3—4 倍的薪酬。英国人的工资水平位居世界第一。英国成为世界上最富有的国家，而英国人也成为世界上最富有的人民"①。国和民皆富的好处是显而易见的，创造更多的财富、追求更好的生活成为社会共识，以及由此带来的国民教育水平的提升和资本的充裕、社会整体购买力的增强等，都如涓涓细流汇聚为 17 世纪各项发明创造喷涌而出。

英国在 18 世纪逐步定型的一种极为奇特的工资水平和与之对应的特定产品的价格水平：那就是工资水平高得惊人，而能源（特指燃料）的价格却极为便宜。这一时期出现的很多新发明、新工艺，包括蒸汽机、水力织布机、珍妮纺纱机、焦炭冶铁技术等等，这些新发明都有一个共同特征——对煤炭的消耗量极大，且造价偏高，但对人力的耗费却不大。于是这些新式机械和设备和新技术在英国得到大规模的应用，因为英国恰好是一个煤炭价格相对低廉而人力成本颇为昂贵的国家，而英国之外的其他国家情形正好相反——人力成本便宜而煤炭价格不菲，结果上述新发明得不到推广。简而言之，工业革命之所以会发生在 18 世纪的英国，那是因为英国恰好为这项革命提供了一种有利可图的社会经济环境，而在其他时段和其他地区，由于类似的环境条件并不具备，也就意味着

---

① ［英］罗杰·奥斯本：《钢铁、蒸汽与资本：工业革命的起源》，曹磊译，电子工业出版社 2016 年版，第 260—261 页。

即使完全相同的发明成果也不能获利。一项发明能够获利取决于当时英国和其他国家不同的生产要素价格水平,而一个独特的生产要素价格体系是推动其在 1500 年后初现端倪的全球经济竞争中握有制胜筹码的关键因素,由此也就可以将英国工业革命视为经济全球化最初阶段的产物。①

较西欧诸国高昂得多的人工费用对英国兴旺发达的手工业形成了高工资的"刚性约束",所有的企业主都要想方设法少雇用工人而多使用机器。发明机器、发明更多更好的机器成为企业主和优秀工匠(工程师)们的共同心愿。而蒸汽机诞生的煤炭行业则是 16—17 世纪的英国自然禀赋最优异、竞争力超强的行业,它使得蒸汽机研发成本的燃料成本构成出奇地低廉。

如前所述,在 17 世纪末的英国,哪怕是社会最底层的"茅舍农和农民",只要是居住在煤矿附近,他们也用得起每吨售价在 4—5 先令的煤。英国 16—18 世纪煤炭产量如表 2.1 所示:

表 2.1　　　　16—18 世纪英国煤炭产量统计表②

	煤炭产量（千吨）		
	1560 年	1700 年	1800 年
苏格兰	30	45	2000
坎伯兰	2	25	500
兰开夏	7	80	1400
北威尔士	5	25	150
南威尔士	15	80	1700

---

① ［英］罗伯特·艾伦：《近代英国工业革命揭秘——放眼全球深度透视》,毛立坤译,浙江大学出版社 2012 年版,第 2—4 页。

② 同上书,第 125 页。

续表

	煤炭产量（千吨）		
	1560 年	1700 年	1800 年
西南部地区	13	150	445
东梅德兰	20	75	750
西梅德兰	30	510	2550
约克郡	15	300	1100
东北部地区	90	1290	4450
总计	227	2985	15045

历史学家认为："通过审视英国煤炭工业的早期发展史就会发现，当时英国市场能源（燃料）的售价是全世界最便宜的。成功摸索出巧妙而又高效地开发利用这些能源的办法，对于这一时期英国发生的一系列技术变革而言发挥了重要作用，这一点也使英国有别于以荷兰为代表的欧洲其他几个盛行高工资经济的国家。"煤炭是支撑英国工业革命的中流砥柱。"英国之所以能够充当带动世界经济发展的领头羊，就是因为英国拥有丰富的煤炭资源——这是英国独有的一项自然禀赋，而非基于其他人为捏造出来的理由。有效地开发丰富的煤炭资源的确是推动近代早期的英国走向成功的诸多要素之一。中世纪经济维持正常运转所依靠的动力主要是畜力、人力、水力和风力。"①

廉价到几乎不费分文的煤炭为纽卡门蒸汽机投入各大煤矿大规模用于抽水提供了得天独厚的便利条件——这在当时是全世界绝无仅有的。如前所述，纽卡门蒸汽机的高能耗特性使其适用范围被严格限定在煤

---

① ［英］罗伯特·艾伦：《近代英国工业革命揭秘——放眼全球深度透视》，毛立坤译，浙江大学出版社 2012 年版，第 121—122、123 页。

矿，只有在那里它才可以无限量使用难以出售的劣质煤。任何伟大的科技发明都是万事开头难。这是因为："把科学研究成果转化为可加以实际应用的技术手段往往是一个耗资巨大的过程，唯有在英国这样煤炭工业规模庞大的国家才会对先进的煤矿排水技术产生迫切需求，而且也唯有英国能做到无限量免费供应充当机器燃料的煤炭。这样一来，科学发现转化为实用技术的昂贵代价就只剩英国可以承受了。多亏英国的工资水平和物价结构与欧洲大陆国家截然不同，否则相关的研发成果就会变得无利可图。如果英国的情况和欧洲大陆国家雷同，牛顿即使有三头六臂，也不可能对英国经济的发展做出多大贡献，就像伽利略纵然足智多谋，却无法造福于意大利经济发展一样。"①

总之，我们很难想象，如果煤炭价格高昂，纽卡门蒸汽机抽水效率再高也没人用得起。与此同时，另外一个促使蒸汽机在英国大行其道的重要因素是：18世纪的英国拥有全欧洲也是全世界最发达的煤炭工业，哪怕"纽卡门蒸汽机"只能用于抽水，它在英国也拥有非常广阔的市场前景。虽然当时欧洲邻国从英国进口蒸汽机的零配件不成问题，但是，"蒸汽机在英国以外的国家却非常少见"。对此现象，历史学家如是解释：

> 假如蒸汽机的市场前景非常黯淡，就意味着研发人员甭指望能获得多少收益来抵偿昔日的研发费用。比利时的煤炭工业规模仅次于英国，原本最有希望发展成为蒸汽机的大买家。可是在1800年前后，比利时的煤炭产量仅为英国的13%，投入运营的蒸汽机数量更是少得可怜，仅及英国的4%……当时只有英国能够为此类发明成果提供广阔的用武之地，因而蒸汽机只可能诞生在英国，而绝不可能诞生在法国、德国、中国，甚至连比利时的市场容量也同英国相差甚远，因而不具备孕育此类发明成果的条件。②

显然，高度发达的煤炭工业为蒸汽机的发明和持续的技术创新提

---

① ［英］罗伯特·艾伦:《近代英国工业革命揭秘——放眼全球深度透视》，毛立坤译，浙江大学出版社2012年版，第11页。

② 同上书，第248—249页。

供了最重要的市场环境,有助于当时最先进、研发成本高昂的科技发明能够顺利地转化为适销对路的商品,这也是科技与资本能够联姻的最重要条件。

(二)促进"科学技术资本化"形成的社会生态环境因素之二:人力资源因素即蒸汽革命时期英国较高的国民教育水平

作为16世纪以后欧洲最富有的国家,英国为工业革命所提供的人力资源素质也是最高的,首要表现就是英国人的教育水平雄冠欧洲。

> 公众文化水平不断提供产生了深远影响。随着商业活动日趋繁荣,民众手中的财富也有所增加,这就使他们有条件去接受教育,或者掏钱去学习实用知识或技能。在英国,1500年只有6%的人口能够亲笔写出自己的名字,而到1800年这一比例已经飙升到53%。具备读写能力的人在总人口中竟然占据了如此庞大的比例,这在世界历史上是史无前例的新现象。由此引发的另一个结果,那就是民众思考问题的方式开始发生改变,这一点在很多方面都有所表现。工业革命之所以没有发生在中世纪,而是一直拖延到18世纪才"千呼万唤始出来",一个重要原因就在于到18世纪时人力资源的质量已经通过上述途径得到大幅提升。①

在工业革命前后,从欧洲主要国家成人识字率的差异可知英国国民素质状况,见表2.2:

表2.2　　　　欧洲各国成人识字率统计表(1500—1800年)②

国家(或地区)	能够亲笔签名的成年人占总人口的比例(%)	
	1500年	1800年
英国	6	53
荷兰	10	68

---

① [英]罗伯特·艾伦:《近代英国工业革命揭秘——放眼全球深度透视》,毛立坤译,浙江大学出版社2012年版,第18页。

② 同上书,第78页。

续表

国家（或地区）	能够亲笔签名的成年人占总人口的比例（%）	
	1500 年	1800 年
比利时	10	49
德意志诸邦	6	35
法国	7	37
奥地利/匈牙利	6	21
波兰	6	21
意大利	9	22
西班牙	9	20

1700 年，英国成年男性识字率在 45%，成年女性在 25%。分阶层统计，贵族、绅士、教士、商人、律师和政府官员为 100%；伦敦的店主、制造业者为 90%；乡村的店主和制造业者为 60%；农场主（含自耕农）为 75%。[1]

在蒸汽革命开花结果的 19 世纪 20 年代和电力革命开始发力的 19 世纪 70 年代，比较欧洲各主要国家的识字率，也可以看出英国的这一指标继续名列前茅。见表 2.3：

表 2.3　　　　欧洲各国识字率（1820 年和 1870 年）[2]　　　　（%）

	英国	法国	德国	荷兰	瑞典	意大利	西班牙	波兰	土耳其
1820 年	53	38	65	67	75	22	20	6	8
1870 年	76	69	80	81	80	32	30	9	15

---

[1] ［英］罗伯特·艾伦：《近代英国工业革命揭秘——放眼全球深度透视》，毛立坤译，浙江大学出版社 2012 年版，第 411 页。

[2] ［英］斯蒂芬·布劳德伯利、凯文·H. 奥罗克编：《剑桥欧洲经济史》第一卷，何富彩、钟红英译，王珏、胡思捷校，中国人民大学出版社 2015 年版，第 186 页。

1820年和1870年英国国民的识字率在9个欧洲国家中均排名第4，而且从1820年的53%上升到1870年的76%。而这一时期也正是英国科技产业革命突飞猛进的黄金时期。

显然，较高的教育水平使得英国普通民众的科学知识远高于同期欧洲其他国家国民，上夜校、接受各种技术培训大大提高了英国民众的读写能力和计算能力，甚至听各种科普讲座也成为工人和市民阶层业余生活的重要组成。总之，工业革命需要一支庞大的、教育程度良好的劳动力大军，英国恰恰提供了这个条件。

（三）促进"科学技术资本化"形成的社会生态环境因素之三：社会文化因素即蒸汽革命时期英国有利于科技创新的社会文化氛围——"工业启蒙运动"

近代工业革命为何发生在英国？历史学家莫凯尔（Mokyr, 2002, 2009）曾大力宣扬过一阵颇有影响的文化支配论，他认为启蒙运动（Enlightenment）把科学引上了工业化之路。

所谓工业启蒙运动（Industrial Enlightenment），是一种强调将科学知识和试验方法应用到实用技术开发层面的"理论与实践相结合"的过程，其基本指导思想源于坚信受自然法驾驭的宇宙是有规律可循的，只要运用科学方法加以求索，就能认识和掌握其中奥秘，其预期目标是通过才有科学的来探索自然界、改良应用技术、最终改变人的生活。"工业启蒙运动"这一提法至少解决了一个问题，那就是："工业革命为什么首先出现在西欧？为什么首先出现在英国？而不是法国或荷兰？"莫凯尔特别指出，有两个因素产生的功效极为突出，注定了工业革命必然首先发生在英国。第一个因素：工业启蒙运动在英国得到了最为充分的发育，而欧洲大陆在这方面则显得相形见绌。在英国，改革科学研究领域的专家与不同行业的制造业者之间交流极为便利，无形中也就取得了丰硕的交流成果。一种新发明投入工业运用以后，在英国显然能够获得更为丰厚的利润，这也是在实际操作层面英国能够胜出的原因所在。第二个因素是：英国拥有数量庞大的熟练机械操作工人和技师队伍，由此工程师们头脑中的设计构想就可以很容易地转化成活生生的实体机械，这一点也是令法国人望尘莫及的。从一定程度上讲，这涉及人力资源质量的比较问题,尽管论人口总量英国仍不及海峡对岸的欧洲大陆,但 18 世纪的英国的确拥有更适合于开展工业革命的人口结构。从另一个角度来看,这也是英国的个人和技师们已经普遍接受了牛顿提出的那一套世界观而产生的结果。雅各布和莫凯尔的研究发现,作为上层建筑的科学知识是通过地方性的"科学协会""科学研究会""共济会讲座""咖啡屋演讲"等类似机构或其举办的宣讲活动,逐渐播撒到基层社会的民众头脑当中。①

"工业启蒙运动"的伟大之处还在于它的平易近人,众多平民百姓积极参与。

> 在 18 世纪的英国,现场聆听各类科技讲座已是民众司空见惯的一项消遣;此外,讲述牛顿以及其他自然科学家伟大成就的通俗读物也颇为流行。这样一来,社会公众逐渐接受和领悟了这些伟大科学家所取得的成就的真实含义,随即在他们的头脑中构建起一种新的充满科学理性的世界观,使他们学会了通过对日常现象加以抽象分析和系统研究来获取知识,以及采用数学公式来表达不同事物之间的逻辑关系。这种世界观一旦形成,就注定会对技术的改良产生有益的影响。②

毫无疑问,蒸汽革命期间的很多发明创新都和"工业启蒙运动"密切相关。这场深入人心的思想文化运动使科学理性得到全面普及,并且在科学家和工厂主、工匠和商人之间搭建了一座科技发明信息缤纷普及科技知识的桥梁。这类"'桥梁'可以有很多表现形式,包括各种正式与非正式的会议、讲座等等。最高级别的学习交流机构为英国皇家学会。不过大多数人是通过参加各种地方性的'科学协会'来交流资讯,例如伯明翰月球协会(Birmingham Lunar Society)就是一个名气颇大的地方性科学协会"③。瓦特和博尔顿等就是其会员。在此氛

---

① [英]罗伯特·艾伦:《近代英国工业革命揭秘——放眼全球深度透视》,毛立坤译,浙江大学出版社 2012 年版,第 15—16 页。
② 同上书,第 374 页。
③ 同上书,第 372—373 页。

围下，不再只关注书斋里的学问，他们和文化不高但时间经验丰富的工匠们建立了非常好的私交，科学家的理论设想迫切需要能工巧匠将其变为现实。"制造商通过与相关专家建立其私人性质的友好关系，并保持通信往来，极有利于他们迅速获得当时最前沿的科学知识和实用技术。詹姆斯·瓦特和约瑟夫·布莱克（Joseph Black）两人平时私交甚密，就是一个很好的例证。"① 布莱克是英国伟大的物理学家和化学家，38岁就被爱丁堡大学聘为终身教授，他也被众多工厂主聘请充当技术顾问，他还成为瓦特生意上的合作伙伴并向瓦特引荐了独具慧眼的企业家罗巴克。

（四）促进"科学技术资本化"形成的社会生态环境因素之四：资本与科技联姻即蒸汽革命时期英国新的金融体系形成，发明家和企业家之间组成利益共同体

蒸汽革命不仅仅是依靠科学家、发明家和工匠们天才般创造力来推动的，而且最不能忽略的是资本的力量。在资本主义历史上，资本有着无比敏锐的嗅觉，它像猎狗一样能够从纷乱环境的各种气味中捕捉到商机，并抓住机会奔向最有前途的投资领域。

我们应该记住，英国的发达是因为像博尔顿、阿克莱特、威尔金森和韦奇伍德这样的企业家可以把工业和技术革命结合在一起，以工业化的规模生产出商品。一项发明从起初的专利到一个可用于生产、可获利的机器或流程需要一套新的技术和经验，以及一套新的、成规模的金融体系。例如：长网造纸机的原型在法国发明，1801年在英格兰申请了专利；发明或制造一台样机需要46000英镑，在1808年开始生产之前，这台样机又花费12000英镑用于改进。这台机器是后来200年中所有造纸机的基础，但是前期的投入让它的几位投资者最终破产。这是一次有益的教训。当然很多昂贵的投资结出了果实，并给它的投资者带来了可观的回报。瓦特的蒸汽机在1769年获得了专利，尽管在1790年代它才开始

---

① ［英］罗伯特·艾伦：《近代英国工业革命揭秘——放眼全球深度透视》，毛立坤译，浙江大学出版社2012年版，第373页。

回报马修·博尔顿的投资，但在后来很长时间里，蒸汽机让两人都发了财。①

18世纪的英国，银行主要集中在伦敦，其客户首先是皇室和政府，其次才是有信誉的大商人。然而，英国的工业却集中在远离伦敦的米德兰和苏格兰北部，这超出伦敦银行的服务范围，而新兴工厂主和发明家们显然没有值得信赖的信用记录。好在热衷于新机器研发的英国人没有被难倒。传统银行体系满足不了工业化的需要，但新的银行体系却应运而生，其最大价值在于：它集聚了富裕起来的英国民众手里的资金并源源不断地输往工业领域。

一个事实上的全国银行系统开始发展。到1760年代，这种类型的私人投资银行已经十分普遍，它们不是出自离开伦敦外出冒险的金融家，而是出自本地的商人，如金匠、制衣匠、畜生贩子和毛纺商，他们给同业的商人提供银行服务。泰勒斯和劳埃德——伯明翰戴尔区教友派制铁商人——投入了银行业，并且在1765年给存款的客户付利息（利息来自贷款方）。特鲁罗煤矿银行建立于1759年，紧随其后的是普雷德康沃尔银行。接着又有几十家银行开始接受存款、发行货币、支付利息、收手续费并发放贷款。根据贝里（Bailey）的《英国年鉴》，伦敦之外的银行数量从1784年的119家，增加到1797年的230家，再增加到1808年的800家。乡村银行通过给需要的地方和企业提供资金，促进了北部和米德兰地区工业的集中。乡村银行在收获季节之后可以从农场主手中接受现金存款，然后将存款输送到与之有关联的伦敦的银行，然后再循环到年底急需资金付账的工业中心。银行数量的增长和传播范围的扩大解决了货币的流通问题，使企业之间可以通过银行汇票支付大量现金。同时，银行的存款凭证也通过乡村银行发行到储户手中，并作为一种代用货币开始流通，任何时候都可以兑换成实物货币。1826年，在又一次银行倒闭风潮之后，国会才同意建立股份制银行，由

---

① ［英］罗杰·奥斯本：《钢铁、蒸汽与资本：工业革命的起源》，曹磊译，电子工业出版社2016年版，第270—271页。

有限责任的股东所有。此后拥有巨额存款的大型银行才在工业城市出现,例如曼彻斯特和利物浦地区银行公司(Manchester and Liverpool District Banking Company)。这个过程的顶点是1854年,股份制银行成立了票据交换所,允许支票在银行之间兑换。由此,"新的"以工业为基础的银行,例如劳埃德银行取代了"旧的"伦敦银行,创造了全国的组织结构。工业革命的影响远远超出了技术和工业领域,工业家用资本主义作为金融和组织的方式;迫使金融体系做出改变,以满足他们的需求;他们创立了自己需要的银行系统;而且他们将这些不同的因素整合到一个商业金融和工业体系当中,并将这个体系传播到世界。①

和雨后春笋般涌现出来的股份制商业银行同等重要的是,在致力于发明创造的企业家、发明家、工匠甚至科学家群体之间,以发明新机器为纽带,以资本为黏合剂,以清晰的私有产权为保障,以智力资本和货币资本的结合为形式的、有序的民间投资形成热潮。

在18世纪的大部分时间里,工业的投资都是通过家庭、社会和宗教网络进行的。主要的金融资本唯一例外的来源就是工业家群体。例如,理查德·阿克莱特就曾经被诺丁汉银行拒绝,取而代之的是他与工业家萨缪尔·尼德和杰迪戴亚·斯特拉结成商业伙伴,这两个人从事袜子的生意,并赚了不少钱。还有一个例子,伯明翰月球协会(Birmingham Lunar Society)的成员之间的通信显示了马修·博尔顿、詹姆斯·基尔、韦奇伍德和约翰·鲁巴克之间,他们互相投资于各自的企业,也进行更深入的投资。所谓商业资本的使用传播得更加广泛,商人和工业资本家都投资于他们不熟悉的领域。例如,靠茶叶赚取利润的商人在南威尔士的煤矿和铁厂当中有大量的投资。②

---

① [英]罗杰·奥斯本:《钢铁、蒸汽与资本:工业革命的起源》,曹磊译,电子工业出版社2016年版,第275、276页。
② 同上书,第272页。

科学技术不仅是生产力,同时也是财富。1671年英国化学家罗伯特·波义尔（Robert Boyle）就曾断言:"每当特定的需求产生时,就会有天资聪颖之人进行相应的发明创造,采用大量机械代替人手劳作,这样就给工匠们提供了新的谋生手段,甚至可以借机发家致富。"① 在上述最早的风险投资家当中,他们看中的是发明创造能够带来更多的财富。如前所述,给瓦特投资的三个合伙人最具代表性,他们是:物理学家和化学家约瑟夫·布莱克教授,既是工厂主也是发明家的约翰·罗巴克,以及在英国制造业界名气更大的马修·博尔顿——他和瓦特的合作堪称天作之合,是资本和科学技术联姻的典范,这个漫长且成功的合作使得他们相互成就并实现了更大的财富梦想,他们对工业革命的贡献也载入史册。

（五）促进"科学技术资本化"形成的社会生态环境因素之五:"成功者效应"即工匠（工程师）和发明家成为"社会明星",享有高收入且能够依靠发明而致富

> 在18世纪的英国,数以千计的工程技术人员制造、维护和改进了蒸汽机,建造了道路、桥梁、港口和运河,并建造了矿井的工程设备。由于工程师可以从事多种工作,工程建设开始被认为是一门职业。在英国向工业经济转型的过程中,工程师扮演了很重要的角色,那个时代工程师源于工匠阶层,最杰出的工程师来源于完全不同的背景。②

18世纪的英国工匠是一个令人尊敬的社会阶层,这不仅仅在于他们因各种重大发明创造而受人瞩目,其对社会公众最直观、最富吸引力的地方在于,他们可以凭借自己的技艺获得一份令人羡慕的极高收入,远超英国社会平均水平甚至是有产者阶层。见表2.4:

---

① ［英］罗伯特·艾伦:《近代英国工业革命揭秘——放眼全球深度透视》,毛立坤译,浙江大学出版社2012年版,第9页。
② ［英］罗杰·奥斯本:《钢铁、蒸汽与资本:工业革命的起源》,曹磊译,电子工业出版社2016年版,第78页。

表2.4　约瑟夫·马西（Joseph Massie）的社会结构和收入估算表（1759—1760年）①

	每个家庭的年收入或年支出（英镑）	家庭数（户）	总收入（百万英镑）
乡绅1	2000	320	0.64
乡绅2	800	800	0.64
乡绅3	400	3200	1.28
乡绅4	200	6400	1.28
高级教士	100	2000	0.2
低级教士	50	9000	0.45
法律人员	100	12000	1.2
文官	60	16000	0.96
军官	100	2000	0.2
普通士兵	14	18000	0.252
农民1	150	5000	0.75
农民2	70	20000	1.4
农民3	40	120000	4.8
劳动者（乡村）	12.5	200000	2.5
劳动者（伦敦）	22.5	20000	0.45
师傅级制造商1	200	2500	0.5
师傅级制造商2	100	5000	0.5
师傅级制造商3	70	10000	0.7
师傅级制造商4	40	62500	2.5
零售商1	400	2500	0.5

---

① 资料来源：Peter Mathias, "The Social Structure in the Eighteenth Century: A Calculation by Joseph Massie", in *The Transformation of England*, New York, 1979, pp. 186 - 187. 本表只引用了可以和工匠相比较的部分社会阶层收入数据。

续表

	每个家庭的年收入或年支出（英镑）	家庭数（户）	总收入（百万英镑）
零售商2	200	5000	1.0
零售商3	100	10000	1.0
零售商4	70	20000	1.4
零售商5	40	125000	5.0

以蒸汽革命第一工匠瓦特为例，如前所述，他在 1769 年到 1772 年担任运河勘测员，从事芒克兰到格拉斯哥的运河修建工作，年收入为 200 英镑。而 1775 年，瓦特的专利得以延期后，博尔顿为了促成瓦特专心致志从事新型的蒸汽机的研发和推广，甚至支付给他 300 英镑的年薪。拿瓦特 1769—1772 年的收入和表 2.4 英国社会几个收入较高阶层的收入对比发现，即使考虑到通货膨胀的因素（假设在 1760—1770 年间英国的通货膨胀率为 5%），瓦特 200 英镑的年收入也属于高水平，其年收入仅次于乡绅和零售商，而高于师傅级制造商和教士，见表 2.5：

表 2.5　　　　瓦特与同时代英国社会主要阶层收入
　　　　　　　对比表（1759—1760 年）①　　　　　　　　　　（英镑）

	1760 年	1770 年
乡绅（四个等级）年平均收入	850	$850 \times (1+0.05)^{10} = 1386$
教士（两个等级）年平均收入	75	$75 \times (1+0.05)^{10} = 122$
师傅级制造商（五个等级）年平均收入	102.5	$102.5 \times (1+0.05)^{10} = 167$
零售商（五个等级）年平均收入	166.4	$166.4 \times (1+0.05)^{10} = 271$
瓦特的收入（1769—1772 年间）	—	200

---

① 资料来源：Peter Mathias, "The Social Structure in the Eighteenth Century: A Calculation by Joseph Massie", in *The Transformation of England*, New York, 1979, pp. 186 – 187. 本表只引用了可以和工匠相比较的部分社会阶层的收入数据。转引自张卫良《英国社会的商业化历史进程（1500—1750）》，人民出版社 2004 年版，第 270—272 页。

在博尔顿的运作下，瓦特的蒸汽机专利在1775年得以延期25年，1776年博尔顿-瓦特公司开始产生经济效益，瓦特为此奋斗了十余年。到1818年瓦特去世，他历经半个多世纪的奋斗，从一个至多是中产阶级的工匠变成一名拥有6万英镑巨额财产的富翁。

（六）促进"科学技术资本化"形成的社会生态环境因素之六：严密的法律制度即专利制度促成"专利权资本化"，与此同时通过严刑峻法对机器大工业实施保护

蒸汽革命时期的英国通过专利制度保护发明者权益，它吸引了以逐利为至高目标的投资者（货币资本家）敏锐的眼光，他们洞悉专利技术所蕴藏的巨大商业价值。发明家（专利持有人）和资本家（投资者）一拍即合，"专利权资本化"得以实现：专利持有人通过将"专利权资本"投入社会生产以获得经济收益。而严格的专利保护则促使竞争者只有不断创新技术方能获利。与此同时，英国通过严苛的法律保护机器大工业这种先进的生产方式不被反对它的社会力量破坏同样成为"科学技术资本化"的"保护伞"。

作为世界上第一个确立资本主义制度的国家，英国最早构建了最有助于资本主义私有制壮大的法律制度，专利制度即"专利权资本化"成为促进第一次科技产业革命发生发展的最重要的法律制度。"专利权资本化"是"科学技术资本化"时期科学技术转化为生产力最好的制度安排，它既促进了资本主义大发展，又促进了科学技术大发展。

英国完整意义的近代专利法的形成与发展，大约自17世纪初产业革命开始至19世纪中叶止。1624年，英国威廉国王强调保护发明人，由国会制定了一部《独占条约》（Statute of Monopoly），被认为是世界范围内近代专利法的鼻祖。这部法规在1852年经过了一次大的修改。它确立了一系列的原则，为其他国家的专利法树立了典范，形成了近代专利制度的基础。这些原则包括：把专利授予这种最早的发明人；专利权持有人有在国内独占制造和使用发明的物品或方法的权利；专利权不得用于抬高物价、阻碍正常交易等违法行为或损耗股价利益的行为；专利权应有一定的时效限制。英国《独占条例》的实行，极大地促进了技术进步和产业革命，它直接孕育、生产和保护了成为产业革命重要因素的许多发明，诸如瓦特蒸汽机

(1765)、阿克莱特的动力纺棉机（1767）、斯蒂文森的蒸汽机车（1814）等。继英国之后，世界和主要资本主义国家都陆续颁布了各自的专利法。如美国于1790年、法国于1791年、荷兰于1817年、西班牙于1820年、俄国于1870年、德国于1877年、日本于1885年都颁布了专利法。世界范围内专利法的颁布，极大地促进了产业革命和科技进步，使全世界范围内的社会财富急速增加[①]。

在蒸汽革命的全过程，英国的专利制度很好地保护了创新和发明，为发明者的权益顺利转化为经济收益构筑了坚实的"篱笆"。某些专利案例貌似有"保护过当"的嫌疑，以至于压制了后来者的推陈出新并损害其利益，这大概也是资本主义专利制度在发展早期避免不了的缺点。但是，总体而言，长期来看，英国的专利保护制度为科技创新和发明营造了当时最好的制度环境，成就了工业革命的奇迹。

如前所述，发明蒸汽泵的萨维利于1698年获得了一份"在火力的推动下将水抬高"的保护期长达14年的专利。次年，该专利又被延长21年。萨维利的专利保护使得此后伟大的发明家纽卡门只能委曲求全从萨维利那里分一杯羹，虽然纽卡门蒸汽机是一个真正投入使用的机器。从技术创新到付诸实践，英国的专利保护制度通过保护发明者的利益也为后续的技术储备赢得了时间，一俟前人的专利保护期满，后人的新发明则必定超越前者。因此，1733年萨维利的专利到期后，经过30余年的技术积淀，1769年瓦特的"万能蒸汽机"得以问世。在长达31年期限的专利制度保护下（1769—1800），瓦特得以有充裕的时间来改进他的蒸汽机，并使其成为加工制造领域所有机器的动力来源。甚至，英国人发明的专利制度还走出国门"出口"到法国，在更广的地域保护本国发明家的利益。经过瓦特蒸汽机30余年的技术积累，在发明家瓦特、投资人博尔顿利用卓越发明创造巨额财富形成示范效应的强力感召下，1800年以后，被瓦特蒸汽机的专利权"压抑"数十年的新一轮创新发明如巨浪决堤，势不可当。特雷维克西在瓦特蒸汽机的专利到期后仅仅2年（1802年）就推出能够用于轨道和公路运输的新型蒸汽机而再次超越前人，并将人类社会带入蒸汽机车和蒸汽轮船的时代，使得

[①] 王振东编：《世界各国专利制度》，中国大百科全书出版社1995年版，第10—11页。

17世纪末开始的蒸汽革命历经一个多世纪的发展终于在18世纪30年代开花结果。在排他性极强的专利制度下：

> 很多参与蒸汽机改良工作的工程师都会为自己的研发成果申请专利。这种做法一方面可以使他们在研发过程中付出的努力得到相应的回报，另一方面也会在无形中减慢其他参与者的研发进度，因为大家都须设法规避"侵犯他人专利权"这种风险。在这方面，瓦特就曾大肆利用自己的专利权来打击别人，在当时造成影响非常恶劣。①

当然，貌似不合理的"过度保护"在某种程度上也迫使其他发明家必须推陈出新并另辟蹊径，用更新更好的发明来参与竞争并赢得自己的经济利益。保护发明者的权益同时也促进创新大抵是专利制度的积极功能。工业革命的奇迹，显然离不开英国专利保护制度营造的重要的"生态环境"。可以认为，专利保护制度如同在流速平缓的河道筑起一道"高高的堤坝"，它有效地把流量有限的河水慢慢积蓄并成功地储存了河水的力量，待水位涨到了一定高度便开闸放水，于是，洪流奔涌而下。总之，专利保护制度在第一次科技产业革命时期是一种"蓄能"之举，"蓄能"而后"发电"是其必然结果。

在工业革命初期，机器工业对传统手工业的冲击导致了尖锐的社会矛盾，手工业工人和手工作坊主对机器深恶痛绝。捣毁机器的"卢德运动"②一度风起云涌，成为阻碍工业革命的社会力量。

> 这种工业化导致的巨变不可避免地引起了社会的动荡。对棉纺业最严重的威胁发生在1779年，阿克莱顿在乔利的新工厂以及其他当地的9家工厂被捣毁。暴乱者声称他们站在法律的一边，因为

---

① ［英］罗伯特·艾伦：《近代英国工业革命揭秘——放眼全球深度透视》，毛立坤译，浙江大学出版社2012年版，第270页。

② "卢德运动"，指18世纪末，英国诺丁汉地区发生工人勒德·卢德领导的破坏织袜机事件而形成的社会运动。以此为开端，19世纪初期英国各地广泛兴起了一个破坏机器的所谓"卢德运动"并波及其他工业国家。1812年英国议会通过了一项镇压破坏机器运动的法令，法令规定破坏机器处死刑。参考叶庆平、白平浩主编《社会主义发展史纲》，中共中央党史出版社2011年版，第22页。

机器剥夺了人类的工作，会毁灭整个国家。1780年，兰开夏地方法庭做出了历史性的判决，支持新机器的使用，判决声称："用于梳棉、粗纺、精纱和捻纱的机器的发明和推广是对这个国家最有价值的事情，它扩大和改善了棉纺织工业，并且给从事工业的穷人提供了工作机会和收入……要限制这些从事工业进步的天才的力量是不可能的……如果立法阻止他们在这个国家的实践，就会导致他们去外国发展，这会对我们国家的工业非常有害。"虽然反对机器的暴力抗议仍在进行，但1780年的法律标志着新机器和新技术普遍得到了法律的保护。1813年，17名卢德分子在约克郡被绞死，更多的人被流放。尽管抗议还在继续，但卢德运动还是慢慢平息了。[①]

综上所述，17—18世纪的英国作为世界上第一个建立资本主义制度的国家拥有诸多独特的"社会生态环境"，既有自然禀赋（如煤炭资源丰富）也有一系列"制度禀赋"（如专利制度），以及有助于科学技术与资本联姻的经济环境（高工资和当时最成熟的资本主义经济体制）和人文环境（教育程度较高的国民）等，它们形成合力共同激发了"资本三大本性"使之引爆以蒸汽革命为代表的第一次科技产业革命。而随着蒸汽革命的成功推进，又为"资本三大本性"的恣意汪洋推波助澜。两者相互成就、相得益彰，其必然结果是：英国社会存量甚丰的私人资本与科技研发初步联姻，形成了科技成果转化为商品进而"资本化"的机制和体制，最终促成了"科学技术资本化"，形成"科技与资本联姻的1.0版本"。反过来，科学技术的"资本化"又进一步强化和改造英国的社会环境，使之更有利于资本主义的发展壮大，更有利于科学技术与资本的进一步联姻。

第二节 "科学技术资本化"深化：第二次科技产业革命溯源

根据前文，本书所指称的第二次科技产业革命是指萌芽于18世纪

---

① [英] 罗杰·奥斯本：《钢铁、蒸汽与资本：工业革命的起源》，曹磊译，电子工业出版社2016年版，第305—307页。

20—30年代，爆发于19世纪80年代，以欧美发达资本主义国家的科学家将电磁理论运用于电动机和发电机的研制为主线，以开发和利用电能作为最新型的能源和最高效可靠的信息传输载体的科技革命及其所引发的产业革命，因此也被称为电力革命。电力革命执牛耳者是美国，在19世纪末展开的跨世纪且残酷、异常的"电流大战"中，发明天才尼古拉·特斯拉（Nikola Tesla）和乔治·威斯汀豪斯（George Westinghouse, Jr.）领导的西屋电气公司（Westinghouse Electric）最终战胜了以托马斯·阿尔瓦·爱迪生（Thomas Alva Edison，1847—1931）为代表的直流电阵营，交流电技术最终一统天下。电力革命开花结果于20世纪初期，人类由"蒸汽时代"进入"电气时代"。

电力革命的关键词是：电动机、发电机、电报、电话、直流电、交流电。通过梳理这场革命的大致脉络，可以发现一个重要现象：电力革命进程中的科技创新和重大发明不再局限于一个国家，而是同时发生在西欧诸强和美国这些发达资本主义国家，呈现出一种群体爆发并你追我赶的局面。而值得关注的是：作为资本主义的后起之秀，美国成为电力革命集大成者并促使科技与资本联姻升级到"1.1版本"即"科学技术资本化深化期"，爱迪生和他创立的公司无疑是"科学技术资本化"深化的一个成功典范，而威斯汀豪斯和他的西屋电气公司则代表了"科学技术资本化"深化的另外一个经典样本，他们的兴衰成败揭示了科技与资本联姻的规律。

一 第二次科技产业革命即电力革命简史

如前所述，社会经济活动前提和结果是获得物质、能量与信息。与第一次科技产业革命即蒸汽革命相比，第二次科技产业革命即电力革命给人类提供了比蒸汽能更强劲也更清洁的能源，它使人类生产物质产品的能力极大提升。与此同时，电报电话的广泛使用使人类传递信息的手段有了革命性的进步——从理论上讲，以电力为载体的语音和文字等信息传播速度可与光速等同，使用电报电话来传递信息的速度是使用蒸汽机车和轮船望尘莫及的，通信技术的革命强化了电力广泛运用于社会生产和人类交往的威力，人类社会的物质生产和生活就此摆脱延续几千年的匮乏而进入一个总体丰裕的时代。

19世纪以前，人们对电的认识极为有限。1820年丹麦物理学家奥斯特和法国物理学家安培发现电流的磁效应。十多年后，法拉第等人又发现了电磁感应现象。在这个世纪的前半叶，电磁学理论得到了巨大的发展。与此相呼应，工程技术专家敏锐地意识到电力技术对人类生活的意义，纷纷投身于电力开发、传输和利用方面的研究，推出了一个前人从未想过的电气时代。电是人类面临的一种前所未有的新型的能量。所谓电力革命指的是，新兴的电能开始作为一种主要的能量形式支配着社会经济生活。电能的突出优点在于，它是一种易于传输的工业动力，同时，它又是极为有效可靠的信息载体。因此，电力革命主要体现在电力传输与信息传输两方面。与动力传输系统相关联，出现了大型发电机、高压输电网、各种各样的电动机（马达）和照明电灯。与信息传输相关联，出现了电报、电话和无线通信。这些伟大的发明使人类的生活进入了一个更光明、更美好的新时期。①

电力革命有两条线索交织演进，首先推进的是：发电机和电动机从实验室走向生产领域。你追我赶，不断相互启迪，持续改进，最后迈向实用——为社会生产生活提供新型能源和照明的过程。同步展开的是：与电能为物质载体的电报电话通信——从有线发展到无线。

（一）如何获取电能？从发电机、电动机到直流输电和交流输电

电力革命的核心是获取电能的技术革命。意大利物理学家亚历山大·伏特（Alessandro Vlota，1745—1827）于1800年发明的"伏特电池"② 为日后的科技创新奠定了基础电能。

1831年美国物理学家亨利用一块电磁铁居然吸起来一吨重的铁，令世人为之震惊。1834年内，德国物理学家雅可比采用电磁铁做转子，研制成了第一台实用的电动机。1838年，他将这台经过进一步改进的

---

① 吴国盛：《科学的历程》，北京大学出版社2002年版，第411页。
② "伏特电池"又叫"伏特电堆"，是由几组圆板堆积而成，每一组圆板包括两种不同的金属板。所有的圆板之间夹放几张盐水泡过的布，潮湿的布具有导电的功能。"伏特电池"能够产生恒定的化学电源，使人们有可能从各个方面研究电流的各种效应。从此，电学进入了一个飞速发展的时期——电流和电磁效应的新时期。因为这个科学发现，"伏特"（V）成为电压单位一直使用至今。

电动机装在一艘小船上，成功进行了航行。1850年，美国发明家佩奇制造了一台10马力的电动机，并准备用来驱动有轨电车。这些早期的电动机都是由"伏特电池"提供直流电。然而，这种电池极为昂贵，用它做电源的电动机毫无商业价值，"有人计算过，1850年的电能要比蒸汽能贵25倍。这也促使人们寻找伏特电池之外的电能来源"[1]。

电磁感应理论告诉人们，动磁可以生电。1832年，法国发明家希波吕忒·皮克西（Hippolyte Pixii，1808—1835）成功制造一台手摇发电机，其转子为永磁铁，可以输出直流电。不过，电流极弱，无实用价值。1857年，英国电学家查理·惠斯通（Charle Wheatstone，1802—1875）用电磁铁代替永磁铁，发明了自激式发电机。但这台自激式发电机中的电磁铁靠的是"伏特电池"励磁，本质上还不是自激，而是他激。这种发电机既笨重又不经济。真正的自激式在于将发电机本身所产生的电流用来为自身的电磁铁励磁，它的发明者是德国工程师维尔纳·冯·西门子（Ernst Werner von Siemens，1816—1892），1867年他制造了第一台自馈式发电机，使发电机的发电量大大提高。由于不使用"伏特电池"，发电机本身也变得轻巧。自此以后，电能开始易于生产而且变得廉价而受到人们青睐。与蒸汽机比，电动机械的体积小、噪声小、无污染。到了1880年左右，电动机已经被大量运用于各行各业，对电的需求剧增，直流电机的局限日显，远距离供电成为难题。

19世纪60年代，电器开发热席卷美国引发了"发明大王"托马斯·阿尔瓦·爱迪生的关注，他的天才加勤奋以及洞察商机的独到眼光使其在电能运用领域推出一系列重大发明而享誉世界。经过上千次试验失败，1879年10月22日，这是一个载入史册的日子，爱迪生终于研制出用碳化棉丝做发光材料的真空白炽灯，此前他用了1600种材料进行试验。这是人类第一盏有广泛实用价值的电灯，它足足亮了45个小时，爱迪生的电灯注定要取代人类使用了数千年的蜡烛以及使用上百年的煤气灯。这种电灯有"高阻力白炽灯""碳化棉丝灯"等多种名称。这一年的圣诞夜，爱迪生用他发明的电灯照亮了新泽西州洛帕克的主要街道。1880年，爱迪生研制出使用日本竹子烧制碳化灯丝，可持续点亮电灯1000个小时。1881年，在巴黎世博会上，爱迪生展出一台重27

---

[1] 吴国盛：《科学的历程》，北京大学出版社2002年版，第412页。

吨、可供 1200 只电灯照明的发电设备，引发世人震惊。到 1882 年，爱迪生已经在纽约建成了世界上规模最大的电力系统，他的直流发电机规模达到 600 多千瓦，为几千用户提供照明用电。这些用户中，最著名的当数大名鼎鼎的美国银行家和投资家、摩根银行创始人约翰·皮尔庞特·摩根（John Pierpont Morgan, 1837—1913），他同时也是爱迪生电力公司的投资人。1882 年秋季，"当纽约的社交季节开始时，这位华尔街金融老板的家中已经装上了 385 盏灯，它们照亮了房间的每个角落"。摩根在他的豪宅里大宴宾客招待商界名流，他成为他投资的爱迪生公司最好的广告代言人。在其影响下，"加利福尼亚的金矿大亨达里厄斯·奥格登·米尔斯（Darius Ogden Mills）和他的女婿，《纽约每日论坛报》（New York Daily Tribune）的出版商怀特洛·里德（Whitelaw Reid），就立刻和爱迪生电力公司联系，要求将他们的房子也通电"。米尔斯更是第二天就赶往摩根公司，"命令他的经纪人立刻购买了 1000 股爱迪生公司的股票"[1]。

  电灯的发明以及为此发明所做的重要推广，可能是爱迪生一生中最重要的成就。正是他独立建立的电力系统为后来各国的电力建设提供了示范，推动了电力事业的发展。因此，人们常说，爱迪生创建的配套的供电系统设置比他发明的电灯还要重要、还要伟大。在电灯的带动下，其他电力产业也成长起来。供电系统以及开关、灯座、灯具、电线、配电盘等电力用料陆续取得市场，爱迪生的发明极大地推进了电力工业的发展。[2]

  1882 年法国物理学家马赛尔·德普勒（Marcel Deprez, 1843—1910）在德国工厂主的资助下，建成世界上第一条远距离直流输电线路。该线路将米斯尼赫水电站的直流电发电机与慕尼黑博览会的一台电动水泵相连，全长 57 公里。"使用时，始端电压为 1343 伏，末端电压为 850 伏，输电功率不到 200 瓦。损耗达 78%。德普勒的试验，既雄辩地证明了远

---

  [1] ［美］吉尔·琼斯：《光电帝国：爱迪生、特斯拉、威斯汀豪斯三大巨头的世界电力之争》，吴敏译，中信出版集团 2015 年版，第 8—10 页。
  [2] 吴国盛：《科学的历程》，北京大学出版社 2002 年版，第 416 页。

距离输电的可能性，也充分显示了直流电在远距离输电中的局限性。"①这样的严重损耗，电流到了线路末端，往往连电灯泡都点不亮。

　　直流电供电的局限（如距离有限、要损耗大量的铜做导体因而成本较高等）是电力工业发展的瓶颈。爱迪生第一批发电站缺陷明显，因为是直流输电，"以致发电厂输送电力的距离最远不超过一英里。如果这种状况继续下去，那么除了大城市以外——那里，消费者高度集中在有限的范围内——别的地方可能得不到电力"②。"爱迪生的直流中心电站的物理局限是显而易见的：小型直流中心电站供电区域仅限于一英里方圆内和独立工厂，如灯火通明的摩根豪宅和其他许多工厂、办公楼，而这对将来的用电需求是远远不够的。"③ 在爱迪生实验室工作的塞尔维亚裔电气工程师尼古拉·特斯拉（Nikola Tesla，1856—1943）（出生于时属奥匈帝国的克罗地亚）意识到这一点并致力于交流发电机的研制，但爱迪生坚持直流电比交流电更安全（不会因为漏电造成人畜伤亡），因而更好。因科学理念的分歧且研制工作受到爱迪生的阻扰，1886年，特斯拉离开爱迪生的公司创建了"特斯拉电灯与电气制造公司"开始研究交流电并负责安装特斯拉设计的弧光照明系统，他成为爱迪生最大的竞争对手。同年，特斯拉成功设计出交流发电机的电力系统整流器——这是他的第一个专利，能大大降低远距离输电的电力损耗，同时降低导线成本的难题。此后，卓有眼光的企业家乔治·威斯汀豪斯（George Westinghouse，1846—1914）和他创办的西屋电气公司（Westinghouse Electric）充当了直流电输电技术的终结者，他买下了特斯拉的交流电专利并建成了世界上第一个交流发电站，特斯拉和西屋电气公司最终赢得了全球科学界和产业界瞩目的"电流之战"④。因为他的杰出贡献，1891年特斯拉入籍成为美国公民并担任美国电力工程师协会（IEEE的前身）的副主席（1892—1894）。特斯拉的发明很快得到推广。"1891年，三相交流发电、

---

　　① 吴国盛：《科学的历程》，北京大学出版社2002年版，第413页。
　　② [美] 杰拉尔德·冈德森：《美国经济史新篇》，杨宇光等译，商务印书馆1994年版，第406页。
　　③ [美] 吉尔·琼斯：《光电帝国：爱迪生、特斯拉、威斯汀豪斯三大巨头的世界电力之争》，吴敏译，中信出版集团2015年版，第135—136页。
　　④ 详细过程见本章第二节之"三　'科学技术资本化'深化的另外一个经典样本：威斯汀豪斯和他的西屋电气公司"，以及第五章第一节之"一　'科学技术资本化'时期'内生反对力量'的不同展现"相关内容。

三相异步电动机以及变压器均已发明出来并投入使用。这一年，在德奥地区建成世界上第一个三相交流输电系统。奥地利劳芬水电站发出的三相交流电经升压通过170公里的线路，传到德国法兰克福的变电所降压，再供给法兰克福正在举办的国际工业博览会照明，其输电效率达80%。"[①]这是传统的直流输电技术无法比拟的成就。特斯拉的交流发电机的专利被爱迪生的竞争对手、半路杀进电力市场的"黑马"西屋电气公司收购并由西屋电气授权给汤姆森·豪斯顿（Thomson Hauston）电力公司使用，爱迪生将面临两个强大对手的竞争压力。

19世纪末，特斯拉发明的交流电远距离输电技术全面取代了直流电而成为民用和工业领域的主要供电形式，交流电遂成为全球发电和输送电力的标准。"有了远距离传输电能之后，电力无可比拟的优越性就充分显示出来了。电力可以大规模集中生产，然后通过高压线传送到一切需要电的地方。电能可以充分转化为各种各样的能量形式，以满足生产和生活各方面的需要。电能转化效率很高，易于管理和控制，因此许多其他形式的能量，如煤、石油、原子能、水能、风能等都可以先转化为电能这种二次能源，再投入使用。"[②]

输掉"电流之战"的爱迪生也输掉了市场和亲手创建的公司，固执坚守直流发电、供电的爱迪生电气公司渐渐丧失市场份额，加之1890年英国主要投资机构巴林兄弟银行破产引发美国资本市场动荡，众多公司财务状况急剧恶化，爱迪生的公司也危机重重。于是，1891年，在美国金融巨头摩根的主导下，爱迪生通用电气公司与汤姆森·豪斯顿（Thomson Hauston）电力公司合并（摩根同时是两家公司的控股股东），去掉了"爱迪生"，更名为"通用电气公司"，爱迪生失去对公司的影响力，此事对爱迪生打击甚大。随后，伤感的爱迪生将所持股份悉数卖出，彻底离开电力行业，转向新的领域继续其"发明大王"的辉煌。

（二）如何利用电能进行通信？电报和电话研发简史

因为电流能够以光速流动的特性，研发以电为载体的通信机器一直是发明家关注的焦点。19世纪30年代，由于铁路迅速发展，迫切需要一种不受天气影响、没有时间限制又比火车跑得快的通信工具。此时，发明

[①] 吴国盛：《科学的历程》，北京大学出版社2002年版，第413页。
[②] 同上书，第414页。

电报的基本技术条件（电池、铜线、电磁感应器）也已具备。1837年，英国科学家约翰·库克（John Cooke）和查理·惠斯通（Charle Wheatstone，1802—1875）设计制造了第一个电磁电报机，并于次年申请了首个电报专利。这种有线电报很快在铁路通信中获得了应用，其特点是电文直接指向26个字母符号。

能够广泛运用的电报机的发明者是美国画家塞缪尔·莫尔斯（Samuel Morse，1791—1872），他被誉为"美国的达·芬奇"。莫尔斯的突破首先从简化26个字母传递的方式开始，他用点、横线和空白共同承担起发报机的信息传递任务。他为每一个英文字母和阿拉伯数字设计出代表符号，这些代表符号由不同的点、横线和空白组成，大大简化了电报系统。这是电信史上最早的编码。后人称它为"莫尔斯电码"。有了电码，莫尔斯马上着手研制电报机。

1837年9月4日，莫尔斯制造出了一台电报机并获得专利。它的发报装置很简单，是由电键和一组电池组成。按下电键，便有电流通过。按的时间短促表示点信号，按的时间长些表示横线信号。它的收报机装置较复杂，是由一只电磁铁及有关附件组成的。当有电流通过时，电磁铁便产生磁性，这样由电磁铁控制的笔也就在纸上记录下点或横线。这台发报机的有效工作距离为500米。之后，莫尔斯又对这台发报机进行了改进。

为了检验发报机的性能，莫尔斯计划在华盛顿与巴尔的摩两个城市之间，架设一条长约64公里的线路。他个人无力承担巨额的研发费用，为此，他请求美国国会资助3万美元，作为实验经费。国会经过长时间的激烈辩论，终于在1843年3月，通过了资助莫尔斯实验的议案。作为项目负责人，莫尔斯一年可以得到2500美元的报酬，这个不错的报酬缓解了莫尔斯拮据的经济状况。1843年5月24日，莫尔斯坐在华盛顿国会大厦联邦最高法院会议厅中，用激动得发抖的手，向40英里以外的巴尔的摩城发出了历史上第一份长途电报。从华盛顿国会大厦里，莫尔斯用他倾注十余年心血研制成功的电报机，向巴尔的摩发出了人类历史上的第一份电报："上帝创造了何等奇迹！"是时，民主党的全国代表大会正在巴尔的摩召开，会议决定的总统候选人名单很快由莫尔斯的发报机传到了华盛顿，震动美国朝野。

在莫尔斯的示范下,美国各地掀起了建设电报线路的热潮。从此,电报由实验室进入了实用阶段。由于电报通信明显的优越性,各国起而效之。1846 年,英国成立了第一家电报公司。在一个不长的时间内,欧洲各大城市均办起了电报公司。随着社会经济的发展,国际电报事业也提上了日程。1847 年,英国和法国在英吉利海峡铺设了第一条海底电缆,沟通了两国的电报通信。1856 年,更长的海底电缆在大西洋底铺就,英美之间也建立了电报通信网。电报的出现宣告了通信与邮政的分家,也宣告了"瞬间通信"时代的到来。莫尔斯已经预见到了地球村的出现。他说:"不久大地将遍布通讯神经,它们将以思考的速度把这片土地上的消息四处传播,从而使各地都成为毗邻。"电报的电脉冲传遍全美各地,就像动物神经一样。确实,通信网成了现代社会的神经网络,如同交通成为社会的大动脉一样。①

莫尔斯发明的电报在铁路沿线得到广泛运用,所有铁路沿线都架设了电报线,每个车站都设有电报局,发报员成为最体面的职业。"1852 年,全国已经有 23000 英里的电报线。1870 年,电报线将全国所有城镇都连接起来。"②

电报的普及促使发明家们进一步思考如何利用电流传播人的声音和语言。美国发明家亚历山大·格拉汉姆·贝尔(Alexander Graham Bell,1847—1922)于 1876 年 2 月成功制造出第一部可以进行语音通信的电话并获得了专利,1877 年贝尔成立了日后美国电话通信业的垄断巨头贝尔电话公司,是年,已经有许多报社开始用电话传发电讯稿。1877 年,爱迪生发明炭精话筒,大大改进了通话质量,也加入到电话业的竞争中去。像其他新兴发明一样,电话机很快投入市场并迅速普及。1880 年,美国的电话用户达到 5 万家。1889 年美国人阿尔蒙·斯特罗格(Almon Stroger)发明了"自动拨号电话",取得了一项电话自动交换的技术专利,取代了人工交换的落后方式。20 世纪初,随着三极管的发明,远距离通话的保真问题得以解决。

---

① 吴国盛:《科学的历程》,北京大学出版社 2002 年版,第 418—419 页。
② 韩毅等:《美国经济史(17—19 世纪)》,社会科学文献出版社 2011 年版,第 238 页。

有线电报电话必须依赖于固定线路,造价高、机动性差,这极大地制约了其发展。无线通信的设想顺理成章成为发明家们亟待突破的领域,敏感的发明家们已经意识到电磁波可以用于无线电通信。1895年意大利工程师伽利尔摩·马可尼(Guglielmo Marconi, 1874—1937)成功实现了1英里远的无线电通信,由于得不到来自政府或者投资人良好的支持,1896年马可尼携带着自己的无线电通信装置到了英国寻求更好的研发环境和商机,他于1896年末取得了世界上第一个无线电报系统专利,并着手将自己的发明付诸商业化,1897年成立了"无线电报及电信有限公司",同年改名为"马可尼无线电报有限公司"。之后,马可尼不断改进其收发报机使得通信距离在1898年增加到18英里。1899年他建立起了跨越英吉利海峡的法国和英国之间的无线电通信。1900年马可尼的"调谐式无线电报"技术获得英国政府颁发的"第7777号专利"。1901年12月的具有历史意义的一天,他决定用他的发报系统证明无线电波不受地球表面曲率的影响,第一次使无线电波越过了英国康沃尔郡的波特休和加拿大纽芬兰省的圣约翰斯之间的大西洋,距离为2100英里(3381公里),此举轰动了世界。1909年马可尼因为其卓越的发明而荣获诺贝尔物理学奖。

与马可尼的发明几乎同时问世的是俄国物理学家亚历山大·波波夫(Alexander Popov, 1869—1906)于1895年5月独立发明了无线电通信设备并装备到俄国军舰上。"实际上,波波夫从事无线电发明工作比马可尼还早一点,但马可尼比较幸运地得到了英国政府(他的祖国意大利也不太支持他的发明,所以他去了英国)的大力支持,比较早地得到了专利和公众的认可,而波波夫在经济落后的俄国没有受到相应的重视,因而影响较小。"[①] 第二次科技产业革命即电力革命意义非凡。早在1850年,"马克思就预言:自然科学正在准备着一次新的革命。蒸汽大王在前一世纪中翻转了整个世界,现在它的统治已到末日,代之而起的是更大的革命者:电力的火花。它的后果是不堪估计的"[②]。这场革命是资本主义进化史上科学技术"资本化"的深化期,它全面加深了源起于英国的"科学技术资本化",使得科学技术与资本的结合更上层

[①] 吴国盛:《科学的历程》,北京大学出版社2002年版,第423页。
[②] [法]保尔·拉法格等:《回忆马克思恩格斯》,马集译,人民出版社1973年版,第35页。

楼，既促进了科学技术革命大发展又推动美国资本主义生产力大爆发并使美国后来居上，成为资本主义世界第一工业强国。探索个中缘由必须解答一个重要问题："'科学技术资本化'何以深化于美国？"

二 "科学技术资本化"何以深化于美国？

根据前文以及"导论"部分图1.6"三维坐标系中科学技术与资本联姻历史进程逻辑框架图"和本章图2.1"SST理论框架中的'科学技术资本化'形成机制"的分析方法，研究发现，电力革命时期美国的"社会生态环境"非常适合科技和资本的联姻进入深化期，"科学技术资本化"起源于英国并深化于美国有其历史必然性和合理性。以电力革命为标志的第二次科技产业革命几乎同时爆发于西欧诸国和美国，但美国却成为这场革命的集大成者并后发先至，在19世纪末坐稳资本主义第一工业强国的宝座。

图2.2 "SST理论框架中的'科学技术资本化'深化机制"揭示：18世纪以来美国形成了有助于资本主义超常规发展的、特殊的"社会生态环境"，它把"科学技术资本化"带入深化期，这是"科技与资本联姻的1.1版本"，是指资本主义自由竞争条件下，科学技术与资本联姻"量变时期"的第二阶段。反过来，"科学技术资本化"的不断深化，又强化和改造着美国社会，使之在19世纪中叶以后形成了更加有利于科学技术与资本联姻的"社会生态环境"并为新一轮的科技产业革命积累着各种条件。

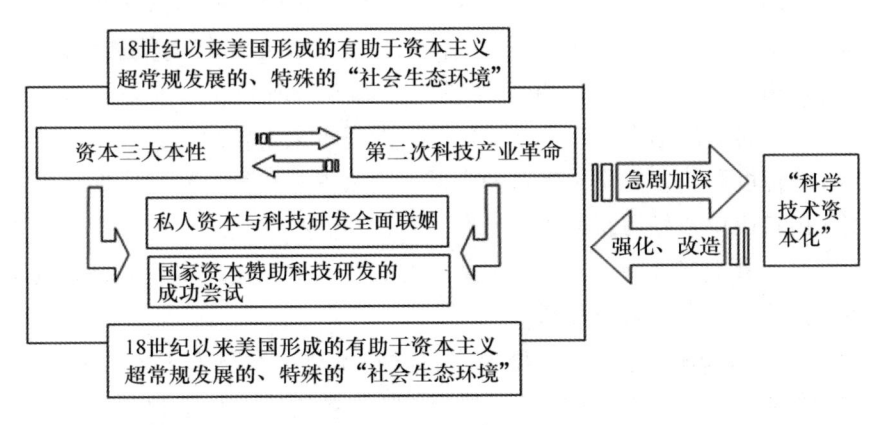

图2.2 SST理论框架中的"科学技术资本化"深化机制

"科学技术资本化"的深化和18世纪以来美国特殊的"社会生态环境"之间复杂互动的关系体现了事物发展过程中历史和逻辑相统一的规律。

美国在赢得独立战争胜利的18世纪末紧紧追赶第一次科技产业革命的步伐并成功实现对先行一步的英国"弯道超车",这一切都有赖于美国社会形成了有助于资本主义超常规发展的、特殊的"社会生态环境"。受此环境的滋养,"资本三大本性"——逐利本性、竞争本性和创新本性与美国第二次科技产业革命相互激发,相互成就,表现为:"科学技术资本化"虽然起源于英国,但却必然深化于美国。即"资本三大本性"促成了第二次科技产业革命时期美国独占资本主义世界的鳌头。与此同时,第二次科技产业革命也助长了"资本三大本性"淋漓尽致的展露。其必然结果是,美国私人资本与科技研发全面联姻,而且,尤为重要的是,美国国家资本资助科技研发也有了成功的尝试,私人资本为主,国家资本为辅急剧加深了"科学技术资本化"。与此同时,已经深化的"科学技术资本化"又进一步强化和改造着美国社会,使其"社会生态环境"更适宜资本和科学技术的联姻,为"资本三大本性"的进一步彰显和新一轮的科技产业革命的相互促进创造新的条件。在此过程中,与"科学技术资本化"起源时期相比,日趋深化的"科学技术资本化"使得科技发明和资本的结合通过现代企业制度实现了"无缝对接"。而且,尤其值得重视的是,美国国家资本以"无偿资助"的形式介入科技研发并初尝胜绩开创了资本主义世界国家资本助力科技创新的先河,即前文所述:美国国会1843年资助莫尔斯在华盛顿和巴尔的摩两个城市之间架设长达64公里的线路进行电报通信试验。尽管此举只是孤案,并没有成为惯例并为各国所效仿。但是,这为以后,尤其是二战结束后,包括美国在内的资本主义各国国家资本和科技研发的深度联姻,提供了有益的尝试。国家资本和科技研发联姻是资本主义由自由竞争经历私人垄断走向国家垄断的必然结果,它是资本主义国家对社会生产进行必要干预和调控的必然结果,其根本目的是为资本主义社会大生产"铺路修桥"。

在电力革命时期,促成美国"科学技术资本化"日趋深化的"社会生态环境"因素有:(一)有利于科技创新的历史传承和高起点科技发展水平。(二)全世界最领先的专利法律制度。(三)"专利权资本"

和货币资本完美结合。（四）独特的社会心理即"山巅之城"的宗教文化心理和积极进取的企业家精神。据此，以下将分别展开论述。

（一）促进"科学技术资本化"深化的社会生态环境因素之一：良好的前期积累，即有利于科技创新的历史传承和高起点的科技发展水平，这些良好的积累促使美国在电力革命时期的科技发展水平成功超越了英国

与西欧各国度过了漫长的中世纪，然后经历腥风血雨的资产阶级革命再建立资本主义制度不同，美国资本主义制度的建立则要单纯得多，美国没有经历过封建社会而直接进入资本主义，因而没有背负上厚重的传统包袱，譬如，没有一个使用旧技术、旧工艺的既得利益集团，如封建行会和旧的传统习惯势力来反对科技创新与发明，更没有英国工业革命早期所遭遇的来自手工业个人和作坊主掀起的"毁坏机器"的社会运动。"加上美国中西部以远的各地区都是新开发的，没有陈旧设备作为包袱和障碍，不存在英国工业所具有的严重的技术革新问题。根据当时的世界经济形势，美国必须以跳跃式的发展才能打入国际市场，并防止欧洲产品侵入美国国内市场。"[1] 赢得独立后，美国资本主义的发展可谓轻装上阵，形成了有利于科技创新的历史传承和蒸汽革命后期与英国如影随形的、高起点的科技发展水平，如前所述，美国于1828年就修建了第一条铁路，"到1850年，美国的铁路线已经长达9021英里，超过英国，成为世界上铁路线最长的国家"[2]。"1900年，美国营业的铁路线已经在1.9万英里以上，超过欧洲铁路线的总长度，几乎等于全世界铁路线的一半。"[3] 美国甚至在蒸汽轮船的发明，特别是大规模使用方面也要强于英国。这意味着：美国资本主义制度的建立虽然晚于英国，但是，美国科技发展却基本和英国同步。

在大西洋彼岸，蒸汽实验和发展由于没有受到瓦特专利的限制而蓬勃开展。高收入、职专业分工和乐于改变都使得美国做好准备，迎接技术革新。1787年，约翰·菲奇（John Fitch）在一条船

---

[1] 刘绪贻、杨生茂主编：《美国通史》第三卷，人民出版社2002年版，第81页。
[2] 同上书，第207页。
[3] 同上书，第22页。

上使用一台气压蒸汽机驱动了一组 12 支滑桨。用蒸汽来驱动船只是一个有前途的方向，因为在水里推动蒸汽机比在陆地上容易得多。菲里奇没有获得使用蒸汽机作为交通工具的专利权。①

哈巴谷（Habakkuk, 1962）在解释 19 世纪美国的技术创新轨迹时采用过一些术语。1870 年以后，美国作为当时世界上先进的经济体的地位日趋巩固，而指引着美国经济走上成功之路的基本原则就是源源不断地开发能够提高劳动者生产效率的新技术，正是在这一领域取得一系列重大突破成就了美国的崛起之梦。哈巴谷将美国出现的这种注重提高劳动者生产效率（从而减少雇工量）的技术倾向归结为当时美国的高工资经济模式产生的刺激效应，而美国之所以会出现高工资经济模式又与当时北美大陆土地广袤、各类自然资源丰富，谋生和赚钱的环境较为理想存在直接关系。由此英国在 18 世纪创造的经济奇迹和美国在 19 世纪实现跨越式发展有着相似的发生机理，英国先行一步，美国照猫画虎。在 18 世纪的英国，廉价的能源供应推高了民众的工资水平，进而促使各种各样能够有效减少雇工量的新发明、新技术先后应运而生；在 19 世纪的美国，广袤的土地、丰富的资源同样使美国人的工资水平不断上涨，于是能够尽可能节省雇工开销的各项新发明遂鱼贯而出。②

到了 19 世纪中叶，固定式蒸汽机已在美国许多工业部门得到广泛运用。美国人很快就在开发利用蒸汽机动力发明上表现出非凡的设计天赋。美国发明家罗伯特·富尔顿（Robert Fulton）于 1803 年亲自监造了一艘配有博尔顿-瓦特蒸汽机的试验船，并亲自指挥爱哈德逊河试航，取得成功；进而开辟出世界上第一条采用轮船开展商业性运输业务的航线。因为这些河流沿岸森林茂密、木材燃料价格低廉且港口众多货运需求量极大，诸多因素导致俄亥俄河和密西西比河成为轮船运输的大动脉，而轮船的设计结构在此期也得以迅速改良。美国人在这一领域取得的成就彰显出其独有的技术创新天赋。到了 19 世纪中叶，美国的所有工业部门均已大规模采用固

---

① ［英］罗杰·奥斯本：《钢铁、蒸汽与资本：工业革命的起源》，曹磊译，电子工业出版社 2016 年版，第 116 页。
② ［英］罗伯特·艾伦：《近代英国工业革命揭秘——放眼全球深度透视》，毛立坤译，浙江大学出版社 2012 年版，第 205 页。

定式蒸汽机作为工厂的动力,而且,这些蒸汽机都经由美国人持续改良,成为性能优于瓦特机的高压蒸汽机,除了用作工厂动力还广泛运用于内河运输。因此无论从技术创新的角度还是从商业营利的角度来审视美国人的应对举措,都堪称最能代表"引进—吸收—消化—再创新"这一技术跃进模式的经典范例,其他国家鲜能如此。①

蒸汽革命时期,衡量一国经济发展水平和科技水平的重要指标是蒸汽机的装机容量,统计资料显示,美国进步神速并对欧洲老牌资本主义强国形成强劲的赶超势头,见表2.6:

表2.6　主要欧美国家固定式蒸汽机装机容量统计表(1760—1870年)②

(千马力)

	1760年	1800年	1840年	1870年
英国	5	35	200	2060
法国	数量太小,忽略不计	3	33	336
普鲁士	数量太小,忽略不计	数量太小,忽略不计	7	391
比利时	数量太小,忽略不计	数量太小,忽略不计	25	176
美国	数量太小,忽略不计	0	40	1491

表2.6说明,内战前美国制造业发展迅速,很快超越了法国、普鲁士和比利时等欧洲强国。内战结束后美国制造业的发展更加显著。"在这个时期,美国人均收入和工业人均产出均超过了英国,成为世界制造业的领头羊。"③内战结束后美国工业化水平飞速提升的重要原因之一

---

① [英]罗伯特·艾伦:《近代英国工业革命揭秘——放眼全球深度透视》,毛立坤译,浙江大学出版社2012年版,第276—278页。
② 同上书,第275页。
③ [美]斯坦利·L.恩格尔曼、罗伯特·E.高尔曼等:《剑桥美国经济史》第二卷《漫长的19世纪》,高德步、王珏本卷主译,高德步、王珏总译校,中国人民大学出版社2008年版,第278页。

是：战争导致青壮年男性大量死亡伤残，"美国工农业生产的劳动力匮乏所造成的劳动力成本较高，促使美国资本家尽可能地采用节省劳动力、降低成本的新技术。同时，美国工业较英、法等国起步晚，可以直接借鉴别国发展技术的经验教训，尽量少走弯路"①。

总之，美国当之无愧是资本主义世界的后起之秀。第一次科技产业革命时期，美国所取得的科技发展成就仅次于蒸汽革命的发轫国度英国，而且在18世纪中叶以后呈现加速度趋势。这为第二次科技产业革命时期"科学技术资本化"深化于美国积累了重要的条件。经济史学家指出：

> 在漫长的19世纪，美国从一个隶属于英国的殖民地发展成为全球领先的工业国。富饶的资源，当时绝无仅有的投资和人口增长率、坚实的生产力进步，使美国跃升为全球最大的经济体。美国不仅成为世界科技的领头羊，而且其制度也得到广泛的认可并被不断效仿。②

与此巨变相关联的经济指标是：

> 19世纪最后40年间美国工业的发展速度极为惊人。1860年它在主要资本主义国家中工业生产居第4位，还不足英国工业总产值的1/2。到1890年，美国工业产值已经跃居至世界首位，占世界工业总产值的1/3弱，打破了英国工业的垄断地位。在这30余年间，美国工业增长率始终保持在4%—5%之间，在当时资本主义国家中首屈一指。从人均国民生产总值看，其年均增长率为1.4%—1.7%；70年代人均产值531美元，到1900年已达到1000美元。如果考虑到这个时期美国很高的人口增长率和移民人口，那么在30年间做到人均产值翻一番，也应该承认是生产力高速发展的标志。③

---

① 刘绪贻、杨生茂主编：《美国通史》第三卷，人民出版社2002年版，第81页。
② [美]斯坦利·L.恩格尔曼、罗伯特·E.高尔曼等：《剑桥美国经济史》第二卷《漫长的19世纪》，高德步、王珏本卷主译，高德步、王珏总译校，中国人民大学出版社2008年版，第270页。
③ 刘绪贻、杨生茂主编：《美国通史》第三卷，人民出版社2002年版，第83—84页。

电力革命时期美国的科技发展水平成功超越了英国,这既是"科学技术资本化深化"的重要前提也是其必然结果。

(二)促进"科学技术资本化"深化的社会生态环境因素之二:严密的专利制度使得"专利权资本化"水平大大提升,保护发明者利益并激励更多更好创新发明的成效超过英国

美国的专利制度萌芽于殖民地时期。17世纪中叶,新崛起的工业资产阶级为了垄断生产技术,促使殖民地当局效仿英国法律,给新发明和进口的新工业技术授予专利权,以保护对新技术的垄断。由于当时美国还没有独立,专利由各州议会批准。赢得独立战争胜利之后,1787年美国召开制宪会议,其中一项议题居然是讨论保护发明家和作家的作品问题,"与会者一致认为:专利给社会带来的利益,将大大超过国家给予发明家个人的利益"①。9月5日通过将有关保护发明权及版权的条文写进联邦宪法的提案,在通过的联邦宪法第一条第八款规定:

> 国会有权……使作者和发明者在一定时期内分别就其著作和发明享有独占权利,以促进科学与实用工艺的进步。在宪法中将专利法的基本原则加以规定,不仅在世界立法中十分罕见,而且为美国专利制度的创立和发展提供了根本大法的依据,从此美国专利立法进入了一个崭新的阶段。美国正式颁布的一部专利法,是1790年通过的。这部专利法规定了美国专利制度的一些基本原则,虽然该专利法显得比较粗糙,但对于美国来说,作为一个非法典化的国家,在专利制度问题上,却有了正式的法规依据。这部专利法规定专利有效期为14年,专利由国务院负责审查批准。由国务卿、国防部长和司法部长兼任审查委员,共同负责专利授予工作。到1806年时,美国已正式批准专利4000件。在这之后,美国科学技术开始飞速发展,专利申请急剧增加,于是迫切要求设立专门的专利审查机构。至1838年,美国正式成立了联邦专利局,统一负责批准和管理专利事务。②

---

① 中国专利局文献服务中心编译:《美国专利文献》,专利文献出版社1985年版,第1页。
② 王振东编:《世界各国专利制度》,中国大百科全书出版社1995年版,第66—68页。

美国立国之初就效法英国制定了最有利于科学发明的专利法律制度，而且颇具"美国特色"，"专利入宪"之举成为世界首创，为科技创新构建了比英国完善的专利保护制度。虽然美国的专利立法师从英国，但和英国相比，美国无疑做到了"青出于蓝而胜于蓝"。

在英国，专利权是从王室特权的授予中演化出来的，一直被当作一种垄断性的权利而限制公众拥有，这种专利权的定义很狭窄而且监管很严。美国早期专利制度通过授予发明者对其发明物拥有产权来激励创新活动以获得长期的社会利益，而不是让他们感觉专利权是发明者的天赋权利。很显然，潜在的发明家会受到物质利益驱动，给这些发明家的发明成果授予一定期限的排他性产权实际上会提高本国产品的独创性、技术创新速度，实现经济高速成长。当司法领域介入到专利后，在短短几十年时间里，法院就建立了一系列的原则和程序用以向专利所有者和接受专利技术出售以及特许使用的那些人提供相当有效的保护。[①]

显然，美国的专利保护优于英国的主要地方在于：有效激励，反对垄断。既保护了发明者的利益又鼓励了后来者参与竞争的积极性。这是美国14年的专利保护期和英国动辄可以延长到30多年的专利保护期的最大差别。美国的专利立法一直在努力避免因为专利权而导致的垄断，它是扼杀创新发明的"天敌"。在美国的司法史上，围绕专利保护和反对垄断之间的斗争一直持续至今。但是，鼓励竞争、优化竞争环境一直是美国反垄断立法和司法实践的主旋律。它促使美国社会的科技发明竞争烈度一直雄踞资本主义世界榜首，而促进了科技的进步。

资本主义专利制度的必然结果是"专利权资本化"，这是蒸汽革命时期起源于英国的"科学技术资本化"最直接的表现形式，是科学技术转化为生产力最好的制度安排，它既促进了资本主义大发展，又促进了科学技术大发展，更促进了科技和资本的联姻。"专利权资本化"发

---

① [美] 斯坦利·L. 恩格尔曼、罗伯特·E. 高尔曼等：《剑桥美国经济史》第二卷《漫长的19世纪》，高德步、王珏本卷主译，高德步、王珏总译校，中国人民大学出版社2008年版，第288页。

端于英国但深化发展于美国,和货币资本并不一样,"专利权资本"是一种"排他性权利"。

虽然专利制度的主要目的是激励发明创新活动,但它的制定也旨在推动技术的普及。法律要求所有专利所有者必须向专利局提供有关他们发明的详细说明书(包括使用行业、样机模型),这使所有想要利用这种技术的人能很快得到相关信息。另外,在发明中建立牢靠的产权本身就是鼓励技术的普及。通过专利保护制度,能激励发明者尽可能去从事发明创造活动,因为无论将这些发明直接进行商业应用还是将专利技术转让或是卖掉,都能使这些创新想法的收益最大化。因为专利侵权会受到严厉的惩罚,所以如果企业不查询是否其他人已经拥有了相关技术的专利权就投资一项新技术是有风险的。很可能正是由于需要全面了解经济中其他地区(包括其他部门或区域)技术发展的这种愿望,使得新技术的传播会更快。这些因素的交叉促进作用就对整体技术变革起了潜在的激励作用。①

专利成为资本去获取利润,在19世纪末期的美国"有三种基本策略可以遵循":

第一种是,他们可以用专利来建立创建自己的新企业以便制造或使用这些发明。由于专利可以阻止其他人制造这种产品或使用这种过程,所以发明者就能通过其垄断地位来赚取利润。这个策略的一个例子是,乔治·伊士曼(George Eastman)用他取得专利的胶卷系统从19世纪80年代开始创建伊士曼柯达公司。第二种是,发明者可以向已有的制造商授予专利使用许可。例如,乔治·B.塞尔登(George B. Selden)在1895年取得了"道路用发动机"专利之后,就对每一辆在美国制造的汽车制造商收取15美元的费用。不过,塞尔登最终于1911年在法庭上被亨利·福特击败。第三种

---

① [美]斯坦利·L.恩格尔曼、罗伯特·E.高尔曼等:《剑桥美国经济史》第二卷《漫长的19世纪》,高德步、王珏本卷主译,高德步、王珏总译校,中国人民大学出版社2008年版,第288页。

做法是，直接把专利出售给一家企业。这样，发明者就能立即实现利润，并能避免制造与推广发明产品过程中的风险。例如，埃尔默·斯佩里（Elmo Sperry）于 1904 年开发出了一种制作白铅的电解过程，并把它卖给了胡克电化学公司。①

在"科学技术资本化"深化期，上述不同策略的运用会产生不同模式的"专利权资本化"模式。通过梳理 19 世纪中后期美国电力革命的历史，可以总结出三类模式：

第一，"爱迪生模式"。综合使用"专利权资本化"的"三种基本策略"，即利用自己的专利制造新产品赢得市场，获取利润，同时也向相关厂商发放许可或者出售专利权获取利润。在这种模式下，爱迪生用专利权资本和金融资本家以及工业资本家的货币资本共同组建股份公司，各尽所能，各司其职，共担风险，共享收益。爱迪生专心发明创造，企业经理管理权通常由合作伙伴（货币资本出资人担纲）。事实证明，这是一种非常成功的模式。详细阐述见后（"（三）促进'科学技术资本化'深化的社会生态环境因素之三"）。"爱迪生模式"可以比喻为"养鸡生蛋"，这种模式对爱迪生的意义是：名利双收，名垂青史。

第二，"威斯汀豪斯模式"。大量收购别人的专利制造产品赢得市场，获取利润，同时也向相关厂商发放许可或者出售专利权获取利润。详细阐述见后（"三 '科学技术资本化'深化的另外一个经典样本：威斯汀豪斯和他的西屋电器公司"）。因为威斯汀豪斯本人是个成功的企业家，他大量收购专利并雇用发明家为其工作，他亲自经营公司，以强有力的商业策略促成发明专利转化为市场需要的产品，同样大获成功。"威斯汀豪斯模式"是"爱迪生模式"的扩展版，可以比喻为"买鸡生蛋"，这种模式对威斯汀豪斯的意义也是：名利双收，名垂青史。虽然威斯汀豪斯最后因为经营失败而失去了他亲自创建的西屋电气公司，但他仍然是一个令后世敬仰的伟大企业家。

第三，"特斯拉模式"。专注运用"专利权资本化"的"第三种基

---

① ［美］W. 伯纳德·卡尔森：《特斯拉：电气时代的开创者》，王国良译，人民邮电出版社 2016 年版，第 90—91 页。

本策略"——出售专利获利,即"专利—推介—出售的商业策略"①。特斯拉拥有天才般的发明构想并对科学技术的发展具有无与伦比的洞见力,但他不谙商道且无资金投入发明创造,因此特别需要一些慧眼识珠且擅长商业的优秀合作伙伴先行出资助其研发。一旦研发成功申请了专利,则由在商海里长袖善舞的研发出资人负责市场推介,首先是"包装特斯拉",提高其知名度并将其隆重推向科学界、产业界和媒体。而特斯拉虽然不谙商道,但擅长用魔术般的展示来推介其发明以吸引科学界、商界和媒体的眼球——这也是特斯拉的"自我包装"。最后双方形成合力,为特斯拉的专利物色到合适的企业家,实现"专利权资本"向货币资本的转化,即通过出售专利权获得经济收益并为下一步研发提供资本。为此,特斯拉和合作伙伴也组建股份公司来推销其发明专利,也获得阶段性成功。但由于种种原因,这种模式没有赢得最后的成功。此后,特斯拉又说服金融大亨摩根资助其研发更新的技术,可是未产生预期成果。特斯拉是一个天才发明家和富有理想主义情怀的科学家,却不是合格的商海弄潮儿,且缺乏务实精神。"特斯拉模式"可以比喻为"卖鸡获利",这种模式受制于赏识他的合作伙伴和有眼光的企业家这些不确定因素,一旦失去他们的援手,特斯拉就不再是名利双收,而是收获盛名远超收获财富。与爱迪生一样,特斯拉同样因为他的伟大发明而名垂青史,但终其一生,他不仅没能实现为之奋斗的目标而且晚景贫困,令人扼腕长叹,这是他远远不及爱迪生之处。详细阐述见后(第五章第一节之"一 '科学技术资本化'时期'内生反对力量'的不同展现"之相关内容)。

上述三种模式在科技与资本联姻进程中都扮演了重要的角色,但却各具特色,且命运迥异。但是,它们的共性在于:"专利权资本化"进程中,资本无疑是主宰者。这种特点深刻地诠释了一个真理:资本主义时代,任何伟大的科技发明一旦离开资本的青睐和哺育,都将被束之高阁,一事无成。

美国的专利制度还拥有几个与众不同的特征。并且,随着时间的推移,这些特征逐渐被其他国家纷纷效仿。"首先,专利权的申请过程需

---

① [美] W. 伯纳德·卡尔森:《特斯拉:电气时代的开创者》,王国良译,人民邮电出版社2016年版,第90—92页。

要经过不受人为影响的常规行政程序，有科学的标准而且收费不高。这就使得专利制度比世界上其他国家更面向大众，更能激励发明创造活动。"① 这个制度设计，既避免了瓦特发明蒸汽机后交不起昂贵专利费的尴尬，也避免了瓦特的合伙人博尔顿向英国国会游说公关以延长瓦特专利权期限等情况的发生。"其次，专利权属于第一个或真正的发明者，这是适合那个时代较为民主的方法，因为教育和在职培训使大部分人已具有一些基本的技术知识。当时，对相当数量的专利来说，发明者要寻求有资金并能提供投资的合作伙伴，专利持有者希望出售他们的专利或是进行技术特许，而专利产品的生产者则尽可能提高他们产品的销售量。在一个又一个行业中，专业性的商业期刊让生产者能够通晓各种专利技术的收益状况。"②

在资本主义世界，美国是一个法治特别严明的国家。其法治氛围催生了专利代理人和法律顾问以及更有利于"专利资本化"深化发展的专利交易服务等中介制度。

> 这种中介形式在 19 世纪 30 年代后期和 40 年代开始快速增加。起先在华盛顿附近，接着出现在其他的城市中心。虽然他们最初主要是通过官方的查询程序为专利的申请提供指导，或是为已授权的专利纠纷或专利侵权进行辩护，但不久，他们就开始担当专利所有人的代理，寻找愿意出售或者是愿意购买专利技术的公司或个人。毫不奇怪，他们起先集中于专利水平很高的地区，然后通过分支机构或相关关系的渠道遍布全国，这与银行系统的某些特征相似。随着这种类型的中介机构的出现和产权体制的强化巩固，技术专利交易达到相当规模。许多发明家对谋利机会的反应是通过更加专业化的经营发明活动来增加出售专利权的能力。发明创新活动中技术复杂性的增强和固定成本的提高，使得这种专业化的工作更有价值，但在发明者能安心地记住他们的资源和经历从事发明前，他们需要得到保证，即他们能通过出售他们的创新产品使他们的努力获得收

---

① ［美］斯坦利·L. 恩格尔曼、罗伯特·E. 高尔曼等：《剑桥美国经济史》第二卷《漫长的 19 世纪》，高德步、王珏本卷主译，高德步、王珏总译校，中国人民大学出版社 2008 年版，第 289 页。

② 同上。

益。由于专利或专利权的实行都相对容易,加上相应的专利交易制度,为发明者提供了这种保证。①

良好的制度为美国的创新发明提供了有力保障。美国政府的专利制度不仅致力于保护本国发明家的权益,而且还注意吸引外国发明家来美国申请专利,此举可以大力引进外国先进技术并促使其在美国落地生根、开花结果。"自1883年至1900年每年给外国人签发的专利证书在1200件以上,占专利总数的4%—5%。"此举"使美国工业不仅跟上了欧洲技术发展的步伐,而且在许多领域迅速取得了领先地位"②。因为拥有最好的专利保护制度,"从内战以来,美国人发明创造的数量曲线图,很像一条横贯大陆东西的铁路建设者们所必须攀登的绵延山脉的侧视图:1863年是山麓,有3773项国家专利;1869年超过了12000项,到了19世纪末达到了24000项;然后每周100项,到20世纪30年代达到每周1000项"③。

美国先进的专利保护制度推动"专利权资本化"的水平极大提升,为"科学技术资本化深化"创造了良好的条件。

(三)促进"科学技术资本化"深化的社会生态环境因素之三:"专利权资本化"促进"专利权资本"和货币资本完美结合,使美国在电力革命时期科学技术和资本联姻创造力超越了英国

电力革命进程中的美国,"专利权资本"和货币资本完美结合的"载体"是一批集发明家、企业家和资本家多重身份于一身的专利权持有人,其结合的制度平台是产—学—研高度一体化的"工业实验室",其中,最典型代表就是在"科学技术资本化"进程中脱颖而出的天才发明家和成功企业家托马斯·爱迪生,他是科学技术和资本联姻的理想化身,由他独创的"爱迪生发明及推广体系"代表了"专利权资本化的爱迪生模式",他作为发明家和企业家的精彩生涯完美地诠释了"科

---

① [美]斯坦利·L.恩格尔曼、罗伯特·E.高尔曼等:《剑桥美国经济史》第二卷《漫长的19世纪》,高德步、王珏本卷主译,高德步、王珏总译校,中国人民大学出版社2008年版,第289页。
② 刘绪贻、杨生茂主编:《美国通史》第三卷,人民出版社2002年版,第80页。
③ [美]哈罗德·埃文斯、盖尔·巴克兰、戴维·列菲:《美国创新史》,倪波、蒲定东、高华斌、玉书译,中信出版社2011年版,第125页。

学技术资本化"如何在美国得以急剧深化。

所谓"爱迪生发明及推广体系"是指：由伟大的发明家和卓越的企业家爱迪生创立的、能够在科技研发中促使产—学—研"无缝链接"以便创造出最符合市场需求、最富竞争力的专利技术或产品投放市场并赢得丰厚利润的"专利权资本化"的最佳经营模式。

而"专利权资本化的爱迪生模式"是指：爱迪生通过其独创的发明推广体系，即由"发明工厂"负责研发，由爱迪生为各种发明创造申请专利，然后由爱迪生创办的企业（如爱迪生电灯公司、爱迪生通用电气公司等）负责把专利变成适销对路的新产品并推向市场，获取利润。同时，爱迪生作为发明专利的所有人，也可以将专利权出售或者发放专利许可来获取利益。但利用自己的专利生产新产品是主要方式。

在科技创新的历史上，爱迪生属于典型的"社会发明家，也就是为市场而发明的人，看到一种需要并努力来满足它"[①]。爱迪生就是资本主义历史上一个空前伟大的"社会发明家"，他的天才加勤奋，尤其是无与伦比的商业头脑使他成为电力革命进程中最杰出的发明家，也是自蒸汽革命以来最杰出的发明家。爱迪生在科技研发领域崭露头角的时代，恰逢欧美资本主义迎来百年不遇的共同繁荣，尤其是美国的资本主义高歌猛进的黄金时代，作为发明家群体中的佼佼者，他的传奇经历真实地反映了科学技术在资本主义制度下的演进规律，根据图2.3并以爱迪生为案例以探讨"科学技术资本化深化"在美国所走过的历程。

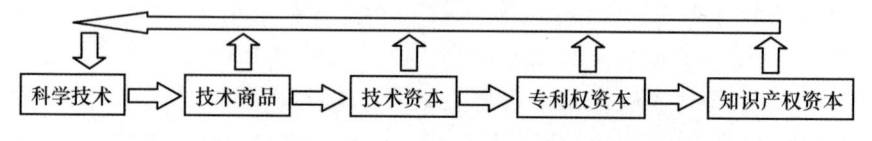

科学技术 ⇒ 技术商品 ⇒ 技术资本 ⇒ 专利权资本 ⇒ 知识产权资本

图2.3 科学技术在资本主义制度下向资本演进的示意图

图2.3说明，在资本主义条件下，科学技术可以成为商品进入市场自由买卖。通过资本的催化，技术商品可以变成技术资本，即专利权资本（知识产权资本），它是货币资本和技术资本相结合的产物，能够为

---

① [美]丹尼尔·J. 布尔斯廷：《美国人——南北战争以来的经历》，谢廷光译，上海译文出版社1988年版，第766页。

所有者带来丰厚的利润。

在电力革命的大潮中，做过火车站发报员且精通电学和机械工程的爱迪生无疑是最成功的"弄潮儿"。他的人生"第一桶金"就是技术商品化结出的硕果。

1869年爱迪生获得了他人生的第一个专利，"一种电传表决记录仪，他是在用新闻电报专线报道国会表决情况时发明了这种机器的，因为他注意到登记议员们的口头表决票数浪费时间。有了他这项发明，在唱名表决时，每个议员只需按一下他座位上的电钮，他的表决立即在议长的办公桌上记录下来"。可是，当他向议会演示并推销他的发明时，却遭到了议会主席无情的拒绝，因为这个"发明可能会破坏少数党影响立法的唯一希望"，政客们恰恰不需要这样的东西来提高议会效率。[①]这件事给了爱迪生一个终生难忘的教训，"1000美元的投资白费了，从此，爱迪生决心只发明那些有普遍需求且能为人民提供服务的东西：'我不想再发明任何卖不出去的东西了。它的销量是它实用的证明，实用才是成功'"[②]。

发明实用技术成为爱迪生一生的发明宗旨，也是其成功的秘诀之一。

1869年，囊空如洗的爱迪生从波士顿来到纽约寻找事业机会，因为无钱住酒店，一个朋友将其安排到华尔街一家黄金交易所的"电池房"暂时栖身。第二天，这家黄金交易所的"黄金报价机"出现故障，现场一片混乱，工作人员束手无策，黄金交易商们群情激愤，爱迪生自告奋勇三下五除二修好了机器，使紧张的交易得以顺利进行。交易所总经理劳斯博士非常欣赏爱迪生，当即"给了爱迪生一份工作，让他担任服务部经理，周薪三百美元。爱迪生后来说，当他听到这位经理告诉他薪酬时，他兴奋得差点晕过去了。此前，爱迪生初到纽约时，身无分文，一个朋友借给他1美元，这是他三天的生活费"。爱迪生的技术的确物有所值，在9月份"阴暗星期五"的交易中，他确保了所有报价机运行正常。1869年10月1日，爱迪生在纽约成立了他的第一家公司，

[①] ［美］丹尼尔·J. 布尔斯廷：《美国人——南北战争以来的经历》，谢廷光译，上海译文出版社1988年版，第768页。

[②] ［美］哈罗德·埃文斯、盖尔·巴克兰、戴维·列菲：《美国创新史》，倪波、蒲定东、高华斌、玉书译，中信出版社2011年版，第141页。

也是美国第一家"电业工程"公司,"波普－爱迪生公司,承做各种电业工程,经营普通电报。一位青年的担保工程师 F. L. 波普在黄金报价机公司时是爱迪生的一位同事,现在成为新公司的一位股东。还有《电报杂志》的发行人 L. N. 阿什利也加入了这个公司"①。"专利权资本化的爱迪生模式"开始起航。是金子总会闪光,爱迪生的技术天才很快在纽约得到绽放,他依靠"专利权资本化"掘得人生的"第一桶金"。

1869 年,爱迪生业已在发明"双工电报机"方面取得了进展,这种机器将可以在一根电报线上把一份电报发往相反的两个方向。到 1874 年,他发明了更了不起的"四工电报机"(这个词也是他发明的),这种机器能够把两份电报同时发往相反的两个方向。这一装置等于把西方联合公司的设备翻了一番,从而节省了数百万美元。杰伊·古尔德(西方联合公司董事长——引者注)买下了爱迪生对四工电报机的专利,这项交易十分复杂,在十年中维持了一些律师的生活;在由此产生的诉讼中,爱迪生在法院审判室里听到律师们称他为"双工和四工教授"。② 我们无法估量这一发明带来的商业价值。这项发明给西部联盟公司节约了数百万美元的成本,它将十万英里长的线路变成了四十万英里长的线路,并且没有增加任何成本。换言之,每一英里长的真实线路,其实都增加了三英里长的线路,其发挥的功能与之前真实意义上铺设的线路是一样的。③

  年轻的爱迪生成了受人喜爱的男孩。他早在波士顿发明的股票电传自动报价机也开始受到电报业经营者的关注。西部联合公司——一家由铁路巨头主宰的大企业试图垄断电报业,该公司非常舍得在未经证明有实用价值的技术上投入重金。所以爱迪生得以叩响为他敞开的大门,走到西部联合下属的一个子公司黄金及股票交易公司(Gold and Stock),当着董事们的面呈上他的装置,这种

---

  ① [美] 弗朗西斯·特里威维廉·米勒:《人类惠师:爱迪生》,春凤山、子祥译,刘云馨修订,现代出版社 2012 年版,第 89—92 页。

  ② [美] 丹尼尔·J. 布尔斯廷:《美国人——南北战争以来的经历》,谢廷光译,上海译文出版社 1988 年版,第 769 页。

  ③ [英] 弗朗西斯·亚瑟·琼斯:《发明世界的巫师:托马斯·爱迪生传》,佘卓桓译,黑龙江教育出版社 2016 年版,第 67 页。

装置能保证在外边办公室里的股票电传自动报价系统总是与交易中心保持一致。"你想要什么要作为报酬？"他们问。在传记里，爱迪生告诉我们他想索要5000美元，并打算降到3000美元，而没有说出口，嘴上只是说："你们开个价好了？"然后他们问："4万美元，你会卖吗？"而且，他们想要他以后所有有关股票电传自动报价机的专利。根据记录来看，爱迪生记忆中的4万美元其实只有3万美元，但这还是相当可观的一笔钱，使他能够实现从雇员到电报员、发明家、独立发明家，再到制造商的过渡。他代表其合伙人，然后是代表他自己大胆地签订了合同，议定交付西部联合公司1200台快速股票电传自动报价机和私人电报机及电气设备。合同总金额50万美元。从1870年到1876年，他一直在纽瓦克和合伙人一起生产着这些设备。1871年他告诉母亲，自己仅仅24岁就已成了一个"得意忘形的东部制造业者"了。[①]

　　考虑到19世纪70年代美国人均国民生产总值仅为531美元，爱迪生首次出售其发明专利就带回3万美元的巨款，之后又获得50万美元的订单，这些无疑强化了他做一名职业发明家的梦想。和蒸汽革命时期"科学技术资本化"最成功的发明家瓦特等人相比，爱迪生是个专业化和职业化的发明家，他的发明创新围绕电的运用可以辐射到非常广泛的领域，波及工业和民用的方方面面，而且，他一开始就以股份公司这种最适合市场经济的组织形式来经营他的科技发明。爱迪生把"那四万美元全投在制造机器上，他开办了一个真正的小工厂，并且不久就埋首在试验中。为莱弗茨将军（西部联合公司总裁——引者注）的大批订货单，制造了许多股票记号机。后来不得已他必须迁移到大一点的地方，就又在新泽西州纽瓦克市另创他的工厂。生意发达了他又雇用了50名工人添加上夜班——这样共有250名工人。他自己做昼夜两班的工头。从1870年到1876年这个时期，他的才思创意如泉水般涌现，他创造了122项有专利的发明。平均起来这六年中不到一个月就有一项新发明。专利局每次谈到他时，就说：'从新泽西州来的那位青年人，他用鞋底

[①] ［美］哈罗德·埃文斯、盖尔·巴克兰、戴维·列菲：《美国创新史》，倪波、蒲定东、高华斌、玉书译，中信出版社2011年版，第143页。

子把往专利局来的道路给走热了。'仅由这些事实就清清楚楚看出,这位青年发明家所成就的伟大事业。这就是到他临终前他有1000多项专利权,能创造价值250多亿美元工业的开端"①。

"1876年1月14日爱迪生在美国专利局递上关于'电话'不准仿造新发明物的秉贴。"这是爱迪生发明的"炭精送话器"。"一个月后,同年的2月14日马萨诸塞州塞勒姆市的亚历山大·格雷厄姆·贝尔为了他的电话也递上了请求专利的呈文。"结果是引起发明史上前所未有的电话大竞争,许多公司被卷入其中。"两位发明家之间的竞争现在到了很猛烈的地步。贝尔在马萨诸塞州组织了电话公司。西方协和电报公司买了爱迪生的专利权用以做工具来抵制贝尔的权力。正在这次竞争时,西方协和电报公司差人来找爱迪生。"该公司总裁奥顿和爱迪生之间展开了一场著名的对话。②

奥顿宣称道:"爱迪生,为你的送话器你要多少钱?"这位青年发明家觉得他在电话上的贡献约值25000美元,他有意坚决一定要那个价钱。爱迪生问他道:"你要给我多少钱呢?"奥顿回答说:"我们要给你10万美元。"爱迪生答应说:"好了,那送话器是你们的了。只是有一个条件,就是你们不要立刻全付给我那些钱,但要每年付给我6000美元,分17年付完,到那时专利的期限已满了。"爱迪生解释这个奇怪的请求说:"我知道我所做的是什么。我时常有一个野心比我的事业能力要大四倍。假如我把那些款项全部立刻拿到手中,我就要把它全用在试验上。我经过仔细思索决定,不能再发生这样的事了。这样一来我省去了17年的经济忧虑。"这时有一位名叫佩奇的发明家,在电动记录器原理上得了一个专利,就是爱迪生曾在电报上用过的。古尔德在股票兑换上正排挤西方协和的股票,又大力破坏铁路合同。他买了佩奇的专利,他相信这能让他攻击西方协和电报公司的稳固地位,又能给这个公司一个致命创伤。爱迪生又被招来拯救那个危机的日子。奥顿请求青

---

① [美]弗朗西斯·特里威维廉·米勒:《人类惠师:爱迪生》,春凤山、子祥译,刘云馨修订,现代出版社2012年版,第97页。

② 同上书,第113—114、108—109页。

年发明家"创造一个物件,能使古尔德的专利失去价值"。当日夜间他又退隐到民乐园(即门罗公园——引者注)里。过了几个星期之后,他出来见人时带着他的自动记录机,这个机件能使佩奇的机件和专利一文不值。奥顿又问道:"为这个机器你要多少钱?"爱迪生仍与平常一样回答道:"你给个价钱。"奥顿宣称道:"我再给你10万美元。"他们又立了条件是每年6000美元,共付17年。最终他自己的生活费稳定了,在将来的17年中至少每年一共有12000美元的收入。

透过上述两个"专利权资本化"的精彩案例,可以发现爱迪生拥有两个助其成功的重要素质,涉及商业谈判素质和极高的财商:第一,爱迪生不仅是一个卓越的发明家,而且有着非常精明的商业头脑。在专利权出让的谈判中,他总是习惯让急需购买其专利的投资人先报价,资本的垄断本性,即垄断发明专利以打败竞争对手的强烈心理,使得投资人的报价往往高出爱迪生心理价位许多倍,爱迪生因此可以获利甚丰,而且屡试不爽。第二,爱迪生还拥有出众的财商,即理智的投资观。他很懂得"鸡蛋不能都放在一个篮子"的道理,两笔巨额的专利转让费,爱迪生不是一次收入囊中,而是让购买方分期付款且利息极低。其好处在于,一方面减轻了专利权投资人的财务负担而且让利于他人,可以使他们之间建立良好的合作关系;另一方面可以很好地制约爱迪生乃至所有初尝成功的发明家都难以克服的投资冲动,盲目扩大研发投资,最终让自己资不抵债,甚至因为不计成本的研发而破产。上述两个素质,使得爱迪生的任何一个竞争对手都无法望其项背。爱迪生能够自觉克服人性的弱点——贪婪,不贪是一种智慧,最终助其获得伟大的成功。这恰恰是第五章涉及的与爱迪生齐名的另外一个天才发明家尼古拉·特斯拉的致命伤。在华尔街黄金交易所任部门经理期间,近水楼台,但是,"爱迪生从不投机。他发明了一件股票记号机,并且又是黄金报价机公司的经理,关于操纵全市金融的把戏,他可以得到最可靠的内幕消息,但他始终没有卷入漩涡中"[1]。

---

[1] [美]弗朗西斯·特里威维廉·米勒:《人类惠师:爱迪生》,春凤山、子祥译,刘云馨修订,现代出版社2012年版,第91页。

从1869年闯荡纽约到1876年，爱迪生在"专利权资本化"的道路上已经越走越顺，收获多多，并开始创立属于自己的"专利权资本化的爱迪生模式"。

> 到19世纪中期，发明创新活动的专业化趋势，以及专利所有人拥有终生专利数量的增加趋势都很明显。这个时期专利出售数量也在增加，这有利于在更广阔的范围获得新的发明创新成果。这些现象显示：发明创新获得的资本投资回报在提高，治理体系的相关运作技能也在提高，通过要素专业化来实现大批量的发明创新的现代发明模式已经开始。个人和企业间专利转让交易的增加使发明专利的部门不再是运用该专利的部门。握有资本的个人喜欢向城市集中，因为那里对专业化发明有更大的激励，同时也有相对丰富的资源支持发明和创新活动。实际上，城市的专利所有者更加专业化，并且在他们的职业生涯中能够申请到更多的专利。尽管专利增长的第一阶段是以平民的发明为标志，但在随后的发展阶段中，专利技术的知识对于有效的发明创新起到了越来越重要的作用。[①]

爱迪生能够超越此前以及同时代最伟大发明家的独到之处还在于，他不仅是个卓越的发明家，还是个脚踏实地的工程师，更是个雄心勃勃的资本家以及独具慧眼的企业家，发明家—工程师—资本家—企业家"四位一体"的优势使得他在促成科学技术与资本联姻的伟大事业中不再是单枪匹马地奋斗，而是雇用更多、更优秀的发明家来为他工作——发明创造各种新奇的物品并投入市场，他创办了人类历史上第一个以创新发明为主业的"发明工厂"，这是"爱迪生发明及推广体系"的核心平台。"他从留声机之类的发明，以及对电报、发报机和自动把证券行市记录下来的收报机的重大改进中获得了一大笔专利税收入。凭着他已有的成就以及这笔专利税收入，他建立了一个完整的研究中心，配备了

---

① [美]斯坦利·L.恩格尔曼、罗伯特·E.高尔曼等：《剑桥美国经济史》第二卷《漫长的19世纪》，高德步、王珏本卷主译，高德步、王珏总译校，中国人民大学出版社2008年版，第289—290页。

将近100名助手。"① 爱迪生辞去纽约黄金交易所的职务，走上了职业发明家的道路，并把发明创造作为一门大生意做到极致。

　　1876年春天，爱迪生把他雇用的15名员工——都是才华横溢热爱发明创造的聪明人迁往新泽西门罗公园，他决心做"发明生意"。"发现不是发明，"爱迪生说，"而我不喜欢看到把这两个词混淆起来。发现多少带有偶然的性质。"美国人要新产品吗？如果要，那么他们就不能等待"发现"。他们必须去寻找，为这个目的而组织起来，就像他们为了其他事情而组织起来一样。在爱迪生看来，发明并不是心智随意探索交上好运就会有的；发明产生于目的。爱迪生认为，只要把适当的人适当地组织起来，他们就能像工厂生产任何其他产品一样，有计划、有目的地搞出发明来。爱迪生在门罗公园的目的是要"每十天搞出一项小发明，每六个月左右搞出一个大发明来"。爱迪生所说的发明是指一种社会产品，或者说得更准确些，一种可以销售的产品。这一点使他关于"发明"的概念带上了明显的美国特点。爱迪生的发明工厂是地地道道的工厂，他要在这个工厂里把发明变成大规模的买卖，以满足市场需要。他被人们誉为"门罗公园的魔术师"。②

　　但是比任何一个单个发明都更有意义的是他那使发明活动得以全面发展的工作体系及其运作方式。他关于电报的发明已经为他赢得了大笔的金钱和很多人的喝彩，但是爱迪生发现把发明交给自己无权掌控的公司只会让自己痛苦。他不再满足于做第一小提琴手，他想指挥整个乐团演奏自己谱写的交响乐。③

　　在爱迪生独创的"发明及推广体系"里，发明创造不再是个人单打独斗的成果，而是社会分工和集体协作的结晶，用"交响乐团"来比

---

① ［美］杰拉尔德·冈德森：《美国经济史新篇》，杨宇光等译，商务印书馆1994年版，第405页。
② ［美］丹尼尔·J. 布尔斯廷：《美国人——南北战争以来的经历》，谢廷光译，上海译文出版社1988年版，第767—768、770页。
③ ［美］哈罗德·埃文斯、盖尔·巴克兰、戴维·列菲：《美国创新史》，倪波、蒲定东、高华斌、玉书译，中信出版社2011年版，第146页。

喻爱迪生的"发明推广体系"十分传神,有了爱迪生这个高明的指挥,"门罗工厂"的"众多工人"即"发明家乐手"们,将演奏出一曲曲精彩的"发明交响乐"。"在他的新工厂里,爱迪生计划'十天一小发明,半年一大发明'。"① 爱迪生的"发明工厂"在资本主义历史上首次明确了"职务发明"所产生的专利权归属问题,他通过支付工资的形式合理合法地拥有雇员的"职务发明",将其转化为"爱迪生专利"而获取高额的回报并成就其"发明大王"的美名。就生产和占有剩余价值的本质而言,爱迪生占有剩余价值的方式与生产具体产品的工厂中资本家占有工人剩余价值的方式并无本质差异。但是,"发明工厂"所产生的剩余价值却是传统工厂望尘莫及的。它们有三点重大区别:

第一,爱迪生"发明工厂"的雇员都是有理想有抱负的各色发明家,是那个时代最聪明、最富有理想主义的一群人,他们视发明创造为人生重大价值所系,但他们往往没有财力支持自己去发明创造。因此,只要有慧眼识珠的同行给他们提供哪怕是基本的生活保障,他们就会为理想而辛勤工作。因为"美国发明家从事的是一种受人尊敬的专业。就爱迪生本人来说,发明是一种爱好。他有时表示不满说,每一个来门罗公园找工作的年轻人想要知道的只是报酬多少和工作时间多长。而他总是对他们说,'嗯,我们不给报酬,我们日夜工作',但许多年轻人和他具有同样的爱好,并且和他一起工作"②。显然,拥有强烈的"发明家情怀"或"创新情结"是爱迪生手下的发明家们和出卖劳动力为生的雇佣工人最大的区别。当然,爱迪生并不是吝啬的雇主,他乐于支付丰厚的薪酬来吸引人才为其工作。

第二,爱迪生"发明工厂"的产品是各式各样的专利产品和专利技术,他们由"发明雇员"创造,由研发投资人爱迪生拥有专利权和转让权。爱迪生的一个雇员"以否定的口吻说道:'爱迪生其实是个集体名词,意思是许多人在一起工作'"。爱迪生"付报酬给他们,带领他们进行研究、修理、革新和发明。爱迪生的专利没有记录那些合作者的名字,如果这些专利是在现在的合作研究的实验室出的,他们的名字就会被一

---

① [美] 吉尔·琼斯:《光电帝国:爱迪生、特斯拉、威斯汀豪斯三大巨头的世界电力之争》,吴敏译,中信出版集团2015年版,第59—60页。
② [美] 丹尼尔·J. 布尔斯廷:《美国人——南北战争以来的经历》,谢廷光译,上海译文出版社1988年版,第771页。

起写入专利。爱迪生以慷慨的股份和专利权使用费来回报他的助手们，虽然他总是提防着别人分享他的荣誉。然而，要是没有爱迪生创造性的想法、探索、指引和挑战，那些已有的发明中就没有一个会出现"①。

拜"发明工厂"的威力，他一生发明共有2000多项，获得专利的有1093项，"不仅在19世纪，而且直到21世纪，都是美国拥有最多专利的发明家"②，这是人类科技发明史上空前绝后的纪录，爱迪生创造了一项后人无法超越的奇迹。在资本主义科技创新的历史上，"单个发明家的做法，并无新奇可言，而有组织地去寻求发明，就有些新奇了。在现代美国，最有实力、最精明的公民，最大的、最有地位的企业，往往是这种有组织的追求的中坚力量"③。"工厂"和"作坊"的根本区别就是爱迪生与同时代发明家和此前的发明家的区别。历史学家评价道："托马斯·爱迪生被看作是美国最重要的发明家，……但他最重要的工作是通过研发和商业推广的漫长过程把发明的理论转化成创新的现实。"④

第三，爱迪生"发明工厂"诞生的各式各样专利技术不是一般意义的工业产品或者普通的商品，而是高价值的技术商品。"有人在采访他之后这样写道，最关键的是爱迪生追求实用和经济效益。每当有一个新想法出现，他总是自问：'这对工业是有价值的吗？它是否比现在的更好？'"⑤ 这种特殊的商品具有两个特殊属性：

（1）独一无二性。因为没有同类商品可以比较，因此有专利保护的技术商品必然具有高增值的特点并且在交易中由卖方定价，其价格不是供求竞争的结果，"只此一家别无分店"，所以能够以极高的垄断价格出售给愿意购买的一方。这种独特的"购买者竞价"——依据专利技术潜在的市场价值，即此项专利可能给购买者带来的垄断利润来定价。因此

---

① [美]哈罗德·埃文斯、盖尔·巴克兰、戴维·列菲：《美国创新史》，倪波、蒲定东、高华斌、玉书译，中信出版社2011年版，第158页。

② 同上书，第140页。

③ [美]丹尼尔·J. 布尔斯廷：《美国人——南北战争以来的经历》，谢廷光译，上海译文出版社1988年版，第770—771页。

④ [美]哈罗德·埃文斯、盖尔·巴克兰、戴维·列菲：《美国创新史》，倪波、蒲定东、高华斌、玉书译，中信出版社2011年版，第VIII页。

⑤ [美]吉尔·琼斯：《光电帝国：爱迪生、特斯拉、威斯汀豪斯三大巨头的世界电力之争》，吴敏译，中信出版集团2015年版，第61页。

才会有前文所述的爱迪生初涉商海就能够以 3 万美元的高价出售"股票电传自动报价机"专利的商业奇迹，这个价格是他心理预期的 10 倍。

（2）资本属性。技术商品/技术专利的购买者不是最终用户而是有实力的企业，购买行为对其而言是重大投资，交易一旦完成，买方企业就拥有了一项可能带来高收益的技术资本，即专利权资本。对发明者而言，专利是可以出售的商品，它具有商品的基本属性。同时，技术商品因为受到专利权保护，它又是一种"权利性的商品"，是技术资本，持有人能够通过它获得资本必然带来的收益，譬如收取专利费。对购买者而言，购买专利则是一项投资。投资方式可以是转让专利，即发明者将一项有专利权的技术商品的专利权完全让渡给出资购买方，优点是后者独占此项技术，进而垄断某项产品，缺点是投资额可能极大。这是专利权资本和货币资本的完全结合。此外，投资方式还可以是获得专利许可，即获得使用这种技术进行生产的权利，优点是投资额可控，甚至根据产量可议价，缺点是不能独占此项技术，不能垄断某项产品，竞争会很激烈。相对于前者，这是专利权资本和货币资本的"部分结合"。

爱迪生"发明工厂"的制度创新给同时代的工业资本家极大的启迪，在其"示范效应"影响下，有实力的大企业纷纷创建致力于新技术、新产品研发的"实验室"。企业实验室于是成为科学技术与资本联姻并促进"科学技术资本化"深入发展的最佳制度平台。但与爱迪生的"发明工厂"不同，美国企业纷纷建立的"企业实验室"有一点重要改进是，随着有限责任公司这种现代企业制度纷纷取代责任无限的合伙企业，在新型企业平台上所有发明创造获得的专利权即"职务发明"都属于企业法人拥有，而不再是企业主个人拥有。这种变化体现了现代企业财产的法人属性，更有利于企业的长远发展，也更有利于科学技术和资本的联姻。受到爱迪生"发明工厂"启发而"近水楼台先得月"第一个建立"工业研究实验室"的大企业是通用电气公司，其前身是"爱迪生通用电气公司"。

查尔斯·W. 埃利奥特在给华盛顿联邦火车站的题词中说："电是光和力的输送者，时间和空间的吞噬者，人类语言在陆地和海洋的传递者，是人类最伟大的仆人——然而它自身却仍然是一个未知之物。"去探索这个未知的东西，发现它所蕴藏的财富，就是通用电气公司于1900年成立美国第一个工业研究实验室赋予它自身的任务。①

美国经济史家如此评论："在美国现代工业研究实验室终于找到了它的安身立命之所，使它得以空前地发展起来。它是美国20世纪的一个奇迹。"事实证明这是美国科学技术迅速转化为生产力，新产品迅速产业化的有效途径。1900年通用电气公司建立第一个工业研究实验室，32岁的麻省理工学院教授威利斯·惠特尼成为它的第一任组织者（1900—1928）。他在斯塔内克塔迪（纽约）建立了研究实验室并任该室主任，后又物色了一批出类拔萃的科学家进行共同研究。1902年，他发现用敷金属的炭丝制作白炽灯的亮度比原来的灯丝增加25%。后来他一直研究现代电灯泡的工作。1905年美国物理学家、工程师威廉·库利吉参加实验室工作，3年后（1908年），他帮助惠特尼完善了钨丝的制作使之成为现代灯泡的组成部分。后他又对X射线管进行研究改制使之能产生可以预测的精确的辐射量，获得专利并开创X光的新时代。库利吉管成为现代X射线管的原型。通用电气公司在这门新兴科学中又取得了领先的地位。美国物理化学家欧文·郎缪尔1909年加入实验室工作。他的研究表明在灯泡中加入惰性气体能大大延长灯泡寿命。他又发明了真空泵和无线电广播用的高真空电子管。后还提出新的原子理论等。总之，美国20世纪初涌现出大批工业研究实验室，无论是规模还是作用都使其他国家望尘莫及。工业研究实验室同美国巨型企业的命运是互为依存紧密相连的。企业提供大量资金资助科学家进行卓有成效的研究，有所发明，有所创造。科学家们的新发明新创造反过来给企业带来新产品、新成果、新活力。②

爱迪生的"发明工厂"成为现代"工业研究实验室"的雏形，它成为资本主义科技产业革命进程中最重要的微观制度创新，它为科学技术和资本的联姻提供了最佳的"婚房"，有力地推进了"科学技术资本化"的深化。和大学建立的各种实验室相比，"工业研究实验室"更贴

---

① [美] 丹尼尔·J. 布尔斯廷：《美国人——南北战争以来的经历》，谢廷光译，上海译文出版社1988年版，第785页。

② 刘绪贻、杨生茂主编：《美国通史》第四卷，人民出版社2002年版，第12—13页。

近市场，更注重科技创新的实用性，而且研发经费充裕。它吸引了大批才华横溢的大学教授、科学家、工程师纷纷加盟，强化了企业持续创新的能力。此举成就了通用电气在行业持续领先地位，更有助于科学技术与资本的有机融合，并且引发了同行的学习和效仿，众多企业为了在竞争中立于不败之地都纷纷建立起自己的"工业研究实验室"。

19世纪后期技术的发展反映了发明的过程和组织上的变化。美国内战前的发明大部分是通过个人来实现的，个人既积极充当发明者且又积极为他们的发明寻找商业上的运用机会，技术的日趋复杂和支持专利技术交易的机构的发展使得发明家越来越专业化，尤其是在19世纪的整个后半期，这些条件孕育了一个"独立发明家的黄金时代"，他们像企业家一样雄心勃勃而且具有高度的组织多变性，知道如何从他们的奋斗中获得收益。然而，到20世纪早期，这些发明家日益倾向于与企业家建立长期的依存关系，这也许是因为这些"独立发明家"发现当发明越来越趋于资本密集型时，他们很难为其发明创造活动提供资金。顺应这种形势，工业企业建立了研究实验室，其成员全部接受过大学教育并具有专业技能。科学研究变得越来越重要，特别是在电子通信、汽船、化学、金属等产业中，这些改变同样也出现在西欧地区的经济扩张中。[1]

工业研究实验室在所有新发现的领域——电和电子学、摄影术、石油、橡胶和玻璃，以及化学合成物——的边缘上，兴旺发达起来了。杜邦实验室出现于1911年，乔治·伊斯曼于1912年建立了柯达实验室，随后又在1913年出现了美国橡胶公司的实验室，1919年出现了新泽西美孚石油公司的实验室，1925年出现了贝尔电话公司的实验室。到20世纪中期，全国有两百个大型的工业研究试验室和两千个其他实验室。[2]

---

[1] ［美］斯坦利·L. 恩格尔曼、罗伯特·E. 高尔曼等：《剑桥美国经济史》第二卷《漫长的19世纪》，高德步、王珏本卷主译，高德步、王珏总译校，中国人民大学出版社2008年版，第284页。

[2] ［美］丹尼尔·J. 布尔斯廷：《美国人——南北战争以来的经历》，谢廷光译，上海译文出版社1988年版，第789—790页。

对爱迪生而言，门罗公园的"发明工厂"是专门生产发明专利的企业，其盈利是依靠出售专利产品或者专利权，成立专门化的公司经营自己的专利产品是极其重要的经营活动。两者都是"科学技术资本化"走向深化的重要表现。按照社会化大生产的基本原则：分工协作来建立一套完善的"发明及推广体系"是爱迪生最伟大之处，也是他超越前人和同时代任何伟大发明家的地方。历史证明，这个贡献的价值远超爱迪生本人亲力亲为的发明。这套卓有成效的"爱迪生发明及推广体系"作为促进科学技术与资本联姻的微观制度创新，它和美国资本主义在19世纪中后期形成的诸多宏观和中观领域的制度创新为"科学技术资本化"的茁壮成长提供了最肥沃的土壤。对于爱迪生这个创举，科学技术历史学家如是评价：

> 我们现在知道"发明家"的称号对他并不合适，它是对爱迪生卓越贡献有误导作用的一个称号。只有认为他既发明了一个能够进行发明创造的工作系统，而又在发明时有所建树，才是对他恰如其分的评价。在他的系统里，发明家是取得专利权的第一步，对于他来说，在"长久而艰难地想出办法并生产成有商业性和实用性的装置"之前，获得专利权——简言之为创新——是更容易办到的。但是，爱迪生的伟大不在于任何一次发明，也不在于全部发明的华丽外表，而在于他利用自己和他人才智来做这一切。从一开始爱迪生就知道他想要建立一个科学技术体系和一系列维持这一体系的公司。爱迪生凭借科学来创新，但又创造了进行创新的科学——把发明开发出来建成完整的工业。以前从未有人这样做过。每申请到一个专利时，爱迪生就已经设想好他的车间怎样应用该项发明，一旦思考成熟了，就使之定型，成为商业产品，同时也在考虑怎样投资和进入市场，否则，他不会开始下一个研究项目。他这样做与他的经历有关（指其第一个发明专利被国会拒绝——引者注）。[1]

对于爱迪生创建"发明工厂"的历史意义，美国当代著名的经济史学家、因20世纪90年代出版"戈登资本三部曲"而享誉学术界的约

---

[1] ［美］哈罗德·埃文斯、盖尔·巴克兰、戴维·列菲：《美国创新史》，倪波、蒲定东、高华斌、玉书译，中信出版社2011年版，第138、139、140页。

翰·斯蒂尔·戈登（John Steele Gordon）评价道：

>　　爱迪生有两项最伟大发明自问世以来就很少被人提及，因为就其特性而言，无法申请专利。其中一项可能是爱迪生所有发明中最伟大的：工业研究实验室。这个实验室从本质上来说是一个工厂，工程师、化学家以及机械师把新的技术设想变成现实，最重要的是转变成有商业价值的产品。"①

在门罗公园的爱迪生"发明工厂"里，划时代的发明无疑是作为电灯不可或缺的基础设施的城市供电系统，这是科学技术和资本联姻并将"科学技术资本化"推向深化的经典案例。1879年爱迪生开始致力于人类照明革命，他首先要发明经济实用的、以电能作为光源的电灯泡。这是一项需要巨额投资的研发工程，爱迪生必须借助资本的力量才能实现自己的梦想，幸好爱迪生有一个精通法律和投资业务的合作伙伴，他促成了"科学技术资本化"历史上最完美的科技与资本联姻。

>　　1878年秋天，爱迪生精明的法律顾问罗夫纳·劳里和银行家约翰·皮尔庞特·摩根以及西部联合公司的范德比尔特等资本家洽谈投资合作。10月份，劳里迅速筹集了30万美元建成了爱迪生电灯公司，交给爱迪生5万美元现金，并用3000股中的2500股来申请他正在制造的电灯专利，并买断他可能在以后5年中进行的任何改进。此举使得爱迪生拥有了国内最好的实验室，并逐步为之开辟了一个车间和配备了接受过大学教育的工程师和科学家。②

1878年10月16日注册成立的爱迪生电灯公司采用了当时最先进的股份公司制度，这是科学技术和资本联姻的最好制度平台。"其中2500股（计25万美元）是他电灯的专利。剩下的500股，计5万美元留待将来使用。这些股票被原始股东认购，包括劳里和他的3个律师伙伴西方联合公

---

① [美]约翰·S.戈登：《财富的帝国》，柳士强、钱勇译，中信出版社2005年版，第219页。
② [美]哈罗德·埃文斯、盖尔·巴克兰、戴维·列菲：《美国创新史》，倪波、蒲定东、高华斌、玉书译，中信出版社2011年版，第149页。

司总裁诺文·格林，摩根的伙伴金斯顿·法布里，资本家特雷西·埃德森和詹姆斯·班克，金融家罗伯特·小卡廷，最后还有大富豪威廉·范德比尔特的女婿汉密尔顿·通布利。"① "这些联合在一起的资本家，与其说是当时有远见，还不如说是进行一次更大的赌博。"② 当然，他们赌赢了。

1879年10月，在经过上千次失败后，皇天不负有心人，爱迪生终于成功发明了能够长时间（连续45小时）工作的白炽灯，这个消息令英国和美国的煤气股票一路下跌。两个月后，爱迪生在他的"发明工厂"向新闻媒体和来自纽约的投资者以及3000多来访者进行了一次成功的"白炽灯照明展览"，"这次成功的展示，使纽约的投资商们对新的电灯发展充满信心，同意支付爱迪生57568美元，作为下一阶段的费用"③。凭借充裕的投资，爱迪生准备大干一场，他将要"发明一个全新产业"——电气工业。这是他和同时代及此前所有伟大发明家最大的不同。

> "在完成一项发明和把制造好的产品投入市场之间有很大的差别"，至少把电灯泡投入市场是这样。他的发明电气工业，为此要想出一个体系，以及这个体系里非常小的细节——然后才在其中生产出一切产品。他必须建起一个中心发电站；设计和制造自己的发电机，以便能很经济地把蒸汽动力转化成电能；保证有稳定的电流；连接一个在地下铺设的14英里长的电线网；使线路绝缘以免受潮和漏电；安装防火装置；面向市场设计高效的电动机，这样就可以在白天用电开动电梯、印刷报纸、操作车床和使用电风扇等；设计并按照计量表来计量个别的能耗；发明并生产大量的开关、插座、保险丝、分线盒和灯座。这些都说明了他的工程之庞大。④

因为一项发明进而创立一个全新的产业——电气工业，这是爱迪生最伟大之处：

---

① ［美］吉尔·琼斯：《光电帝国：爱迪生、特斯拉、威斯汀豪斯三大巨头的世界电力之争》，吴敏译，中信出版集团2015年版，第64—65页。
② ［美］哈罗德·埃文斯、盖尔·巴克兰、戴维·列菲：《美国创新史》，倪波、蒲定东、高华斌、玉书译，中信出版社2011年版，第149页。
③ 同上书，第75页。
④ 同上书，第153页。

爱迪生出类拔萃的创新在于弄清楚一点：他必须找出一个新的途径，把灯泡整合进一个经济实用且安全可靠的电气系统之中，否则他发明的电灯泡就纯粹是个新玩意儿而已。要想使办公室或家里的电灯开关发挥作用，就需要依赖以下部件协同运转：发电机、电缆和无数的接头，这些都需要设计并投入人力物力制造出来，这需要花费一定的成本。爱迪生还扮演了创业者的角色：融资、处理法律事务及培育市场。所以，爱迪生是一位最伟大的创新者。①

庞大的工程自然离不开资本的助力，大量外部投资注入爱迪生的新项目，"科学技术资本化"的深化自然水到渠成。爱迪生必须借助资本去完成他伟大的照明发电网的建设。

爱迪生投入了50万美元，系西部联合公司购买电报机专利而支付的费用。原爱迪生电灯公司的董事们又在爱迪生电气照明公司投入了8万美元建设中心电站，但是他们不敢把资金投入到打造电力系统中去，可是没有电力系统就没有照明。"既然资方胆子小，那么我就通过筹款来提供资金，"爱迪生宣布道，"就是个要么建成工厂，么么倒闭的问题！"随之而来的利润证明了他在制造业上的自信是有道理的：在1882年仲夏，他卖掉了264台供60盏灯使用的新式发电机。纺织厂吵吵嚷嚷地要求更大功率的发电机，因为使用电灯发生火灾的危险性比使用煤气灯小。但这仍不足以使他在新建立的爱迪生电灯公司时有足够的现金来控股。当公司的资本增值到原来3倍时，他不得不卖掉2500股中的一大半。爱迪生这位实业家在1880—1881年间组建了一个有密切联系的公司集团，就是爱迪生通用电气公司（Con Edison and General Electric）的前身。他成功地任命了这些公司的日常管理人员，并以股份作为回报。……1882年，当珍珠街通电时，全美国不下200家公司与爱迪生独立照明公司（Edison Company for Isolated Lighting）签订了合

---

① ［美］哈罗德·埃文斯、盖尔·巴克兰、戴维·列菲：《美国创新史》，倪波、蒲定东、高华斌、玉书译，中信出版社2011年版，第Ⅷ—Ⅸ页。

同，每天要用45000盏灯。① 为白炽电灯供电的第一个发电厂成立时，首个爱迪生电灯公司的股票由100美元涨到3500美元，这个新发明把煤气股票挤落到可惊叹的地步。②

照明供电系统建设成功的同时，爱迪生在努力发明经济实用的电灯泡，"1880年价值1.21美元的灯的价格，在1883年降到30美分，1889年降到28美分，1890年降到15美分"③。随后又开创了一个全新的电气产业。作为"科学技术资本化"深化进程中的大赢家，爱迪生凭借电力革命的东风创造了财富奇迹，他的合作伙伴——最早的出资人也赚了个钵满盆满。

1889年夏天，爱迪生高兴地允许爱迪生电力公司的总裁亨利·维拉德——曾是第一流的内战记者，太平洋联合公司（Union Pacific）的创立者，又是德国银行的美国代表，还是爱迪生长期的投资者——重组了爱迪生的电灯公司以及他生产的不同类型产品的实体，合并为爱迪生通用电气公司（Edison General Electric），注册资本1200万美元。德雷克赛尔的摩根投资者们已经得到了相当可观的回报——当年100万美元的原始投资，现在的爱迪生通用电气股已涨到270万美元。爱迪生用175万美元的股票和现金用于创建新的生产部门。爱迪生在给维拉德的信中感激地写道："我被金钱的压力折磨了22年，当我卖掉之后，我最关注的就是能收回多少现金，这样才能摆脱财政压力。"到1889年，爱迪生通用电气已经成为了美国最大的公司，有3000名雇员在3个主要工厂里工作，每年创收700万美元，有近70万美元的利润。在重组过程中，维拉德卖掉了近400万美元的爱迪生电力股票，主要买家是他的有德国背景的北美公司和摩根集团。④

---

① ［美］哈罗德·埃文斯、盖尔·巴克兰、戴维·列菲：《美国创新史》，倪波、蒲定东、高华斌、玉书译，中信出版社2011年版，第153页。

② ［美］弗朗西斯·特里威维廉·米勒：《人类惠师：爱迪生》，春凤山、子祥译，刘云馨修订，现代出版社2012年版，第91页。

③ 同上书，第154页。

④ ［美］吉尔·琼斯：《光电帝国：爱迪生、特斯拉、威斯汀豪斯三大巨头的世界电力之争》，吴敏译，中信出版集团2015年版，第254页。

无疑，爱迪生成为财富赢家却不是电力革命的最后赢家。如前所述，爱迪生的固执己见使他在此后短短数年间输掉了和特斯拉即西屋电气对阵的"电流大战"，交流电技术取代了爱迪生坚持的直流电技术，加之其研究兴趣又转移到矿石筛选领域，最终，在朋友劝说下和德雷克赛尔－摩根集团（Drexel-Morgan Group，爱迪生通用电气公司的控股方）的撮合下，1891年爱迪生通用电气公司与交流电运营商汤姆森·豪斯顿电力公司合并，去掉了"爱迪生"，更名为"通用电气公司"。"此时，爱迪生在公司持有的5%的股份已经升值到175万美元，而真正大大赢家是德雷克赛尔－摩根集团，他们投入了77.9万美元，收入270万美元，盈利达350%还多。"①然而，"最让人伤心的是，新公司的名称——通用电气——包括了两个原公司名字的词，但爱迪生，电力之父的光辉名字却被忽略了。摩根也是一样，十几年前，他的豪宅曾是纽约第一家由爱迪生安装电灯照明的，现在新公司的组合中除去爱迪生的名字，他竟然没有给这位伟大的发明家打个电话或发个电报。爱迪生的传记作者马修·约瑟夫森记述说，'对摩根而言，只要结果是能组成大托拉斯，并且他是老板，用谁都无所谓'。辉煌的历史已成过眼云烟，爱迪生已经在时间的词汇表中，摩根化了"②。

新通用电气的成立标志着"科学技术资本化"深化期，货币资本追逐技术资本大获全胜，这对投资人（金融资本家）和专利权资本拥有人（发明家）而言不失为双赢的结局——如果后者只考虑经济收益而言。当然，这个案例也残酷揭示，在科技与资本的联姻中，资本毫无疑问是主宰者，科技发明有且只有依附资本，博得资本的青睐才能实现"专利权资本化"。

对于爱迪生而言，他载入史册的辉煌业绩在于，他不仅发明了电灯泡，还发明了一个史无前例的全新产业——电气产业。约翰·斯蒂尔·戈登认为，除了发明"发明工厂"，"爱迪生另外一项没有引起人们关注的发明就是电力系统，这一系统可以点亮他的灯泡。一旦生产灯泡具有可行性之后，爱迪生就致力于开始建造发电厂，在曼哈顿商业区一块1平方

---

① ［美］哈罗德·埃文斯、盖尔·巴克兰、戴维·列菲：《美国创新史》，倪波、蒲定东、高华斌、玉书译，中信出版社2011年版，第155页。
② ［美］吉尔·琼斯：《光电帝国：爱迪生、特斯拉、威斯汀豪斯三大巨头的世界电力之争》，吴敏译，中信出版集团2015年版，第273页。

英里的地方铺设电线"①。今天看来,纵观人类科技产业革命历史,爱迪生应该是"商业生态系统"或"商业生态圈"的创始人,这两个概念在人类进入 21 世纪后成为企业家津津乐道的时髦话题。创建一个全新的"商业生态系统",这是企业家至高无上的荣耀,爱迪生做到了。

科学史家如是评价天纵奇才爱迪生:

> 爱迪生的成功多于失败。他在商业上的失策,比起他从商业的角度给电气化的城市带来财富的情况来说,是微不足道:在他去世时基于他的见识建立起来的和他经营的公司价值可达到 150 亿美元。那是世界上没有其他哪个地方的商人能做到爱迪生在 1881 年 1 月 28 日秘密的经济尝试中所做到的事:一直工作,直到资本、设备、劳动力、能耗和能让 425 盏灯亮 12 个小时的煤炭的成本达到最小程度。爱迪生对电灯的使用成本以美分计,这是世界得以电气化的基础。传记作家马修·约瑟夫森毫不渲染地写道,甚至当爱迪生比财迷心窍的金融家们能更多地享受生活时,即便作为副业,他也成功地"以 30 种不同的方式创办了家庭产业,其年总销售额在他的暮年达到了 2000—2700 万美元",到 1914 年他在西奥兰治附近的工厂里雇用到了大约 3600 人。……实际上,当代科学技术史学家安德鲁·米勒德认为,他是基于工业研究的多样化产业的开拓者。自 19 世纪 90 年代以来,当一项产业陷入萧条时,另一个产业就会延续下去。他去世时交出了一个有很强的应付风险能力的产业,以五大系列产品制造为基础,包括:音乐留声机、声音记录器、一次性电池、蓄电池和水泥。他的遗产价值为 1200 万美元,组建于 1911 年的托马斯·爱迪生联合公司(Thomas A. Edison Incorporated)的规模虽然比不上福特公司和美国钢铁公司,但毫无疑问,如果他把精力集中在一个创新事业上,比如电,他早就达到那样的规模了。但令我感到高兴的是,他开创了至少 3 种工业——电气、电影和音乐娱乐——每种工业产值都是几十亿美元。这就是我们现代文明的政治基础所在。②

---

① [美]约翰·S. 戈登:《财富的帝国》,柳士强、钱勇译,中信出版社 2005 年版,第 219 页。
② [美]哈罗德·埃文斯、盖尔·巴克兰、戴维·列菲:《美国创新史》,倪波、蒲定东、高华斌、玉书译,中信出版社 2011 年版,第 159 页。

科技与资本的联姻之旅
——当代资本主义变迁中的"科学技术泛资本化"研究

1931年10月18日凌晨3点24分,在美国新泽西西奥兰治的家中,爱迪生在睡梦中安详离世,享年84岁。为了纪念爱迪生,美国政府曾下令全国停电1分钟,10月21日6点59分,好莱坞、丹佛熄灯;7点59分,美国东部地区停电1分钟;8点59分,芝加哥有轨电车、高架地铁停止运行;从密西西比河流域到墨西哥湾陷入了一片黑暗;纽约自由女神手中的火炬于9点59分熄灭。在这1分钟里,美国仿佛又回到了煤油灯、煤气灯的时代,1分钟过后,从东海岸到西海岸又灯火通明。1999年美国《生活》杂志评出千年来全球最有贡献的100位人物,爱迪生位居榜首。[1] 在电和人类的关系如同空气和人的关系的时代,后人用停电的方式来纪念一位伟大的人物的辞世,爱迪生是第一人,也大概是最后一人,将其美誉为现代社会的"普罗米修斯"一点不过分。

爱迪生作为美国历史上最伟大发明家的经历成为"科学技术资本化深化"的最好诠释,他所创造的奇迹就是科技与资本联姻的结果。

> 爱迪生的助手保罗·以色列曾提到,当爱迪生建立门罗公园实验室时,它是"美国最大的私人实验室,而且最大限度地用于发明创造"。爱迪生融资有术——先是和西方联合公司签署合同,之后又是华尔街大亨给的电灯款——使他的财源优势远远超过了竞争对手。以色列说,爱迪生实际是一个既保守又坦率的发明家,总是和两三个助手及几个做实验的技师共同奋斗……1880年初,当他从过去的单纯个体研究发展到商业系统的研究……爱迪生开始变得像一个研发领导。而作为一个带头人,他明白必须依赖财团资金的支持,单枪匹马是干不成大事的。爱迪生的任务已不再是单纯地发明一个电灯泡了,他的挑战是一种新的合作关系——财团资金和科学发展结合。[2]

显然,爱迪生创建的"新的合作关系——财团资金和科学发展结合"就是科技与资本联姻的结晶:"科学技术资本化"的深化,开创了

---

[1] 徐子淇:《爱迪生:现实的普罗米修斯》,中国新闻周刊网,http://www.docin.com/p-709480729.html,2013-10-09。

[2] [美]吉尔·琼斯:《光电帝国:爱迪生、特斯拉、威斯汀豪斯三大巨头的世界电力之争》,吴敏译,中信出版集团2015年版,第75—76页。

"专利权资本化的爱迪生模式"。

（四）促进"科学技术资本化"深化的社会生态环境因素之四：独特的社会心理即"山巅之城"的宗教文化心理和积极进取的企业家精神，它们促成美国勇争第一的特性

"山巅之城"①的社会心理源自基督教文化，它促使美国在电力革命时期科技创新能力不仅超越了英国而且雄居世界第一，加深了"科学技术资本化"。

"山巅之城"的神话：清教徒使命的美国化。约翰·温索普曾充满希望地将马萨诸塞湾宗教领地描绘成"山巅之城"，正如历史学家弗里德里克·默克曾经说过的那样，清教徒的"使命"是"身体力行地超度旧的世界"，而且世世代代的美国人一直都认为这种"模范式的"目的是这个国家以纯正廉洁的方式表现出来的原始使命：希望为这个世界树立一个榜样。②

清教徒们建立新英格兰的首要原因不是为了冒险和挣钱，人们在那里定居下来的重要原因是想建立一座"山巅之城"，他们相信只有那些命中注定被拯救的信徒才能活下来，谨遵上帝的戒律，远离堕落的诱惑。当然在将近400年后，"山巅之城"还在建设当中。因为即使是圣徒，也要吃饭，买生活必需品，还要花钱跨洋越海在清教徒称之为"怒吼的荒野"上建立一个新耶路撒冷。只要还把上帝的崇拜放在第一位的话，清教徒们想在这个世界上过上好日子，要经历的磨难是少不了的。清教徒确实把灾难当作上帝的宽恕，因为那预示着个体确实被拯救了。16—17世纪的商人有很多是清教徒，他们常常会在记账本的抬头上写上"以上帝和利润的名义"。清教徒坚信懒惰是邪恶的温床，并对

---

① "山巅之城"（City Upon a Hill）一词出自《圣经》之《马太福音》第5章第14节："你们是世上的光，城造在山上是不能隐藏的。"在美国的殖民地时期，来自英格兰的新教徒相信上帝和他们有一个约定，并拣选他们领导地球上其余国家。清教徒领袖之一约翰·温索普将这一理念比喻为"山巅之城"，即新英格兰的清教徒社会必须成为世界上其他国家的模范和领袖。见［美］罗伯特·卡根：《危险的国家：美国从起源到20世纪初的世界地位》（上），袁胜育、郭学堂、葛腾飞译，社会科学文献出版社2011年版，第1、2页。

② ［美］罗伯特·卡根：《危险的国家：美国从起源到20世纪初的世界地位》（上），袁胜育、郭学堂、葛腾飞译，社会科学文献出版社2011年版，第1页。

此身体力行，为了成就自己的辉煌而全力迈进。他们一直在不懈努力着。①

从一开始，美国的文明就既表现为对未来的锲而不舍的信念，又表现了对未来可能带来什么这个问题所产生的天真的困惑。清教徒移民信赖神圣的上帝，认为上帝会把世界安排得井井有条，由于他们决不相信自己会真正知道上帝的安排，他们这种信念也就变得更加坚定。虽然后来美国人肯定了自己国家的命运，甚至有时候把这种命运说成是"显系前定"（指19世纪美国为其扩展领土辩护的"命定说"），但他们的信念也由于对美国的命运究将如何无法明确预知而又一次变得更加坚定起来。②

显然，美国是上帝赐予新教徒的"迦南之地"③。因此，新教徒必须秉承上帝旨意，履行上帝赋予的神圣使命，克勤克俭，努力工作，创造财富，把美国建设成人类各国的榜样并充当"世界领袖"以荣耀上帝。这是美国有别于任何一个资本主义列强的独特"国家使命"，它缘起于1620年11月21日乘坐"五月花"号抵达马萨诸塞建立第一个殖民点的清教徒先驱的宗教使命。随后，在美利坚民族的形成过程中，在北美十三州殖民地居民赢得独立战争摆脱英国殖民统治的奋斗历程中逐渐凝结为深入美国民众心灵的国民精神。简言之："天赋职责、努力奋斗、勇争第一、领导世界、荣耀上帝"成为美国国民性和美国文化、美国精神的写照。因此，"美利坚民族具有积极进取、讲求实效的精神，他们较少受传统的束缚，在文化心态上易于接受新科学技术"④。在科技产业革命历史上，无论是蒸汽革命还是电力革命，大量历史证据表明，积极进取、勇争第一成为美国人创新精神的写照，这样的事例比比

---

① [美]约翰·S.戈登：《财富的帝国》，柳士强、钱勇译，中信出版社2005年版，第20页。

② [美]丹尼尔·J.布尔斯廷：《美国人——南北战争以来的经历》，谢廷光译，上海译文出版社1988年版，第763页。

③ 迦南，作为以色列人（犹太人）的圣地，在《旧约》中被称为"流着奶和蜜"的地方，又叫神"应许之地，希望之乡"，最初是亚伯拉罕带着信徒追寻的地方。《圣经》记载，上帝令摩西带领以色列人逃离埃及不再做奴隶，应许他们可以去流着奶和蜜的地方即迦南地重建家园。"迦南之地"遂成为基督徒世代寻求的理想家园。

④ 刘绪贻、杨生茂主编：《美国通史》第三卷，人民出版社2002年版，第81页。

皆是。蒸汽机车是英国人乔治·斯蒂芬森（George Stephenson）发明的，美国最早的蒸汽机车也是1829年从英国引进的，1830年美国人开始自己制造蒸汽机车，"在费城、帕特森、匹兹堡等地相继建成了机车车辆制造厂。到30年代末40年代初，美国已经可以生产相当数量的蒸汽机车和车辆，并且开始向欧洲出口。美国一家商行先后向俄国的圣彼得堡至莫斯科的铁路提供了162台蒸汽机车、2700辆货车和客车。1830年美国人开始按照英国的标准建造铁路。这一年建成铁路40英里，通车里程为23英里。从1830年到1840年的10年间，美国铁路总长度增到2818英里，仅次于英国而跃居世界第二位。1850年，美国的铁路线已经长达9021英里，超过英国，成为世界上铁路线最长的国家"①。"1900年，美国营业的铁路线已经在1.9万英里以上，超过欧洲铁路线的总长度，几乎等于全世界铁路线的一半。"②

经济史家如此评价美国的创新与超越："英国奠定了工业结构的基础，即所谓市场的工厂制。而美国则砌完了形成圆拱门的最后一块石头。"③

在"科学技术资本化"深入发展的电力革命时期，企业家精神是美国在这场科技产业革命中雄踞世界巅峰的重要原因——企业家精神促进了技术进步并运用最符合市场经济规律的手段将发明创新成果变成可以大规模推入市场的商品。

> 美国人为寻求新奇而组织了起来，他们把新奇民主化，直到他们最后把它变成了平常。曾被用来铺设横贯大陆的铁路、发展多种形式的美国工业制造的聪明才智，现在投入了美国的发明制度。在现代美国，每一样东西都是对发明才能的一种刺激。社会发明家，也就是为市场而发明的人，看到一种需要并努力来满足它。后来出现了发明家的社团，对他们的刺激不是市场，而是发明本身造成的自发需要。他们为新奇的内在逻辑而生存。对他们来说，每一种新奇都需要另一种新奇。发现用途或者发现市场，那是别人的事情。

---

① 刘绪贻、杨生茂主编：《美国通史》第二卷，人民出版社2002年版，第206—207页。
② 刘绪贻、杨生茂主编：《美国通史》第四卷，人民出版社2002年版，第22页。
③ 刘绪贻、杨生茂主编：《美国通史》第二卷，人民出版社2002年版，第196—197页。

他们是在没有如潮需求的小岛上工作，他们有能力要社会彻底改变它的需要，从而使他们的发现创造有使用价值。①

通过永不停息的创新，调动各种资源来创造财富是企业家精神的核心。

根据约瑟夫·熊彼特（Joseph A. Schumpeter）的定义，企业家是那些为了提高生产效率或创造新产品而能察觉到现有资源中的新的组合方式、具有非凡创造力的个体。按照熊彼特的观点，企业家具有英雄般的精神，他们不止是发明家。更确切地说，他们是那些能察觉发明的潜在效用，并通过纯粹的毅力和人格力量，克服所有技术和制度的障碍去实施他们思想的人。在19世纪早期的美国，符合熊彼特定义的企业家确实存在。罗伯特·富尔顿（Robert Fulton）就是一例。尽管约翰·菲奇（John Fitch）和詹姆斯·拉姆齐（James Rumsey）早在1791年就获得了汽船专利，但他们都没能成功地发展自己的事业。而富尔顿虽然没有发明汽船，但他却将注意力转向寻求足够的财政支持和市场控制方面，所以在1807年，在别人都因缺乏资金而失败的时候，他却成功了。罗伯特·利文斯顿（Robert Livingston）为他提供了丰富的资金用于解决汽船设计中有关适应天气变化的问题，为此他获得了在纽约水域从事汽船运输的长达20年的垄断地位，从而确保了他在轮船服务的市场。②

企业家精神在美国科技产业革命历史进程中作用巨大，无论是站在科技发明的角度还是站在资本逐利的角度，当事人——或是科学家、发明家或是资本家，或者是两者合体都有一种强大的精神力量去鼓舞他们全身心投入到"科学技术资本化"的神奇过程中，去实现自己的人生理想。如前所述，在美国经济实力全面超越英国的电力革命进程中，作

---

① ［美］丹尼尔·J. 布尔斯廷：《美国人——南北战争以来的经历》，谢廷光译，上海译文出版社1988年版，第765—766页。

② ［美］斯坦利·L. 恩格尔曼、罗伯特·E. 高尔曼等：《剑桥美国经济史》第二卷《漫长的19世纪》，高德步、王珏本卷主译，高德步、王珏总译校，中国人民大学出版社2008年版，第300页。

为"发明家中的企业家"以及"企业家中的发明家"的爱迪生,他的成功非常生动地诠释了什么叫"企业家精神"。

总之,"山巅之城"的社会文化心理和企业家精神自然成为"科学技术资本化深化"的重要条件。

(五)促进"科学技术资本化"深化的社会生态环境因素之五:独特的人力资源因素即大力吸引移民和大力兴办教育提升了劳动力素质,使美国在电力革命时期拥有高素质劳动力大军及训练有素的工程技术人员队伍,其数量和质量超过欧洲诸强

有助于"科学技术资本化"深化的人力资源因素中,首要因素是移民因素。美国是一个由移民组成的国家,这是它不同于任何一个资本主义老牌强国的独特之处。马克思和恩格斯在1882年就指出:"正是欧洲移民,……使美国能够以巨大的力量和规模开发其丰富的工业资源,以至于很快就会摧毁西欧特别是英国迄今为止的工业垄断地位。"① 大量的外来移民涌入是美国在电力革命进程中领先资本主义诸强的重要原因。

> 联邦政府促进经济的另一项重要政策是鼓励移民。1864年移民法通过后到1900年,进入美国的移民总数为1300万,平均每年37万。许多铁路公司和大企业直接在欧洲设办事处招募移民,以吸引足够的劳动力。移民中以16岁至44岁的壮年男性为多,为美国的劳动大军提供了源源不断的补充。移民蜂拥而至,加上每10年20%以上的自然人口增长率,使美国人口从1860年的3150万增至1900年的7600万,超过了当时的欧洲主要大国。②

在电力革命浪潮汹涌的19世纪末和20世纪初,"美国移民出现两个高峰年代:一个是1881—1890年,达到520多万人,另一个是1901—1910年,达到870余万人之多"。这个时期,美国的外来移民在数量上连续出现高峰年代的重要原因是美国经济迅速发展需要大量劳动力。③ "如果说第一次工业革命时英国得益于因圈地运动破产的自耕农

---

① 《马克思恩格斯选集》(第一卷),人民出版社2012年版,第388—389页。
② 刘绪贻、杨生茂主编:《美国通史》第三卷,人民出版社2002年版,第79—80页。
③ 同上书,第153页。

作为主要劳动力来源的话,那么美国第二次工业革命则受惠于大批从世界各地离别家乡而来的移民。"①

19世纪后期,移民洪流对美国的贡献是巨大的:他们既对美国提供了它所迫切需要的廉价劳动力和先进的科学技术又帮助开发了它丰富的自然资源,扩大了美国市场,从而大大促进了美国社会经济的迅速发展。首先,这个时期外来移民为美国工矿企业和交通运输业提供了源源不断的劳动力。据统计,移民中男子多系年富力强者,"新移民"中有85%是从14岁到44岁之间的青壮年。外来移民也带来了先进的科学技术,这就形成一种自然的技术引进,推动了美国生产技术的革新和生产力的提高。美国政府为加速资本主义工业化的步伐,鼓励采取许多新技术和发明,而其中有不少发明家就是外来移民及其后裔。如电话发明家亚历山大·贝尔就是1871年来到美国的苏格兰移民。举世闻名的大发明家托马斯·爱迪生也是移民的后裔。这些发明的应用、推广大大发展了美国电力、电讯工业。移民及其后裔的其他发明都对加速美国工农业的发展起了重要作用。移民洪流促进了国内市场的不断扩大,从而有助于形成美国经济高速发展的格局。更多移民既是生产者,也是消费者。他们普遍需要住房、衣着和食品等生活必需的消费品。这就增加了对工农业产品及各种消费品的需求,从而扩大了国内市场,促进了城市的兴起,推动了交通运输的发展。因此,有的美国经济史学家强调指出:"可以肯定地说,如果没有过去的大量富有经验的外来移民的参加,那么1914年以前的美国经济的一些方面高速增长的格局,新开发的西部地区、采矿业和伐木业的发展,各城市市场规模的扩大等等,都是不可能实现的。"②

有助于"科学技术资本化"深化的人力资源因素中,国民教育水平的提高是另外一个重要因素,它确保在电力革命突飞猛进的19世纪末期,美国社会能够为如雨后春笋般投入社会经济领域的各种新机器、新

---

① 刘绪贻、杨生茂主编:《美国通史》第四卷,人民出版社2002年版,第8页。
② 刘绪贻、杨生茂主编:《美国通史》第三卷,人民出版社2002年版,第183—185页。

技术、新工艺和新发明提供一支接受过良好教育的劳动力大军。

美国立国之初，科学、技术和教育都处于远落后于欧洲诸强的地步。内战结束后，这种情形仍然没有发生根本性改观。

> 美国内战结束后最初 10 年间，美国的国民教育仍相当落后。据 1870 年的统计，当年年龄在 10 岁以上的人口当中，文盲总数竟达 600 万，占全部人口的 1/5 左右。面对教育极端落后这种情况，从 70 年代起，美国联邦政府和各州开始大力发展公共教育事业，投入巨额资金。1870 年，用于公共教育事业的开支为 6300 万美元，1910 年超过 2.4 亿美元。文盲占全部人口的比重，由 1880 年的 17% 下降到 1910 年的 7.7%。内战结束后，发展和改革高等教育成为现代工业社会的迫切需要，于是教育成了日益被人们重视的事业。[①]
>
> 凭借 19 世纪的积累，进入 20 世纪后的美国人经过发明创造又推出了大批新的实用性成果。1900—1915 年授予专利 96.9 万项，平均每年获得专利的发明数超过 1860 年以前整个美国历史上所获得的总和。当然要推广这些发明并使这些发明转化为生产力，需要大量有技术的、勤奋的个人。一位专利局的官员在 1900 年这样写道："要利用这些发明取得最好的效果需要美国工人的聪明智慧，结果导致了聪敏的发明和爱思索的人的结合。在聪敏的机器后面糊涂人是毫无用处的。"为了使劳动者适应工业化的要求，美国政府在教育上的投资是惊人的。一位权威人士估计在公共教育上，美国从 1860 年投资 6000 万美元猛增到 1900 年的 5.03 亿美元，到了 1910 年，美国 70% 的黑人男子和 95% 的白人男子有文化。[②]

在工业革命进程中，高等教育对提高国民素质的重要性不言而喻。内战结束之后，美国联邦政府扶持重视发展和改革高等教育使之更好地适应现代工业社会对人才的需求。

[①] 刘绪贻、杨生茂主编：《美国通史》第三卷，人民出版社 2002 年版，第 383—384 页。
[②] 刘绪贻、杨生茂主编：《美国通史》第四卷，人民出版社 2002 年版，第 15—16 页。

内战之前，高等教育一直被看作是私人或者宗教团体的事业，政府从来不加干预和资助。1862 年，林肯总统签署了由佛蒙特州众议员贾斯廷·莫里尔提出倡议，并以他名字命名的莫里尔法。这一法令的实施，使联邦政府成为推动高等教育事业发展的一支重要力量。莫里尔法规定，按各州在国会中代表的人数，凡是有参议员或众议员 1 人，联邦政府便拨给该州 3 万英亩公共土地转给各州，各州可出售该项土地，把所得款项作为教育基金，支持建立农业学院或机械技术学院。这项法令实施后，共有 1300 多万英亩公共土地转到各州，先后成立 69 所"土地赠予"学院（即用出售联邦赠地所得款项建立的学院），西部许多州因此成立了州立大学。1892 年，国会又通过第二个莫里尔法，规定联邦对每一所土地赠予学院提供年度拨款，并使南部各州得以建立类似的学院。莫里尔法是美国历史上关于教育的重要立法，对美国教育事业的发展产生了深远的影响。[1]

在联邦政府的率先垂范下，19 世纪中后期，在两次工业革命中聚集起巨额财富，富可敌国的大企业家和金融巨头们以"做慈善"的形式对高等教育进行大量的私人捐助，这种私人捐赠对美国高等教育的迅猛发展功不可没。这些巨额的、令欧洲国家富豪瞠目的而且非常普遍的捐赠活动，既有大企业家和金融巨头们为改善他们在社会公众中的形象而有意为之这一目的，也不可否认，有前述美国传承已久的"清教徒"精神，为了"荣耀上帝"而行。于是，大量私立大学纷纷建立，为美国的科学技术输送了源源不断的人才。而这些私立大学也都成了蜚声世界的顶级大学。1868 年，靠电报业起家的百万富翁伊兹拉·康奈尔出资创办了康奈尔大学；1875 年，铁路大王科尼利尔斯·范德比尔特（Cornelius Vanderbilt）创办了范德比尔特大学；1876 年，巴尔的摩大银行家和铁路巨商利兰·斯坦福（Amasa Leland Stanford）创办了斯坦福大学；1891 年，石油大王洛克菲勒捐赠 3400 万美元，建立芝加哥大学。[2]

---

[1] 刘绪贻、杨生茂主编：《美国通史》第三卷，人民出版社 2002 年版，第 385—386 页。
[2] 同上书，第 386 页。

美国的学院或大学数量之多，发展之快，是无与伦比的。1870年，美国的高等院校有563所。到1910年达到近1000所，入学新生总数33万余人。而在这一时期，法国的全部16所大学招生人数总共约4万人，差不多相当于美国高等院校全体教职员的数目。①

毫无疑问，就人力资源的数量和质量而言，美国内战结束之后的19世纪后半叶，正值电力革命风起云涌之际，高素质的人力资源供给为美国牢牢占据这场新科技产业革命的巅峰创造了远超欧洲诸强的条件，"科学技术资本化"在美国深化成为必然。

综上所述，在电力革命时期，构成美国"科学技术资本化"日趋深化的"社会生态环境"因素是多样和复杂的，它们的合力促成了科技与资本联姻升级为"1.1版本"。

工业革命是人类社会的科学、技术、经济、政治和自然环境等综合因素发展的必然产物。工业革命是一个历史过程，19世纪末20世纪初美国具备了开展新工业革命的各种前提条件，成为人类史上第二次工业革命的中心之一。美国内战以后特别是在19世纪80年代就开始了新工业革命，90年代后向纵深发展，20世纪初工业革命取得全面胜利。新工业革命成为推动美国现代历史前进的巨大动力。生产力飞速发展，新产业层出不穷，科学创新和技术发明快速转化为生产力，美国社会状况和生活方式发展壮大变革。总之，美国是带着丰硕的成果、巨大的转变和一系列的社会问题从19世纪跨入到20世纪的。在新世纪开初的岁月里，整个美国社会经历了数十年的巨大变化以后，以崭新的但令人震惊的面貌出现在世界上：从此美国社会开始完全建立在一个全新的工业文明的物质基础之上。②

---

① [美] 丹尼尔·J. 布尔斯廷：《美国人——南北战争以来的经历》，谢廷光译，上海译文出版社1988年版，第698页。

② 刘绪贻、杨生茂主编：《美国通史》第四卷，人民出版社2002年版，第6—7页。

三 "科学技术资本化"深化的另一个经典样本：威斯汀豪斯和他的西屋电气公司

电力革命时代，爱迪生的"发明工厂"和他成立的电灯公司、电气公司无疑是"科学技术资本化"深化的典型，他开创了"专利权资本化的爱迪生模式"。除此之外，另一个集企业家和发明家于一身的资本家乔治·威斯汀豪斯和他创立的西屋电气公司却开创了"专利权资本化的威斯汀豪斯模式"，这是"爱迪生模式"的扩展版，可以比喻为"买鸡生蛋"。通过对威斯汀豪斯和西屋电气公司科技与资本联姻得失成败的全面解析，有助于我们更深入地认知"科学技术资本化"的发展规律。

（一）"资本家中的发明家"威斯汀豪斯

乔治·威斯汀豪斯是美国电力革命时期"资本家中的发明家"，作为电气行业巨头西屋公司的创始人，其经历和成就同样揭示了"科学技术资本化"深化的真谛和科技与资本联姻的规律。

威斯汀豪斯生在一个制造农业机械的工厂主家庭，从小喜欢机械。"他19岁时，取得了第一个发明专利——转缸式发动机。"1869年，年仅24岁的威斯汀豪斯就获得了赖以发家的专利，"革命性的空气制动器，它可以使客运车的发动机迅速有效地制动"，至今仍是铁路运输的标准设备。凭借多项与铁路运输相关的专利，他在"1884年，已经建立了铁路业的强大帝国，是当时美国最重要和竞争最激烈的产业"。"他的主要发明创造——铁路空气制动和自动化信号系统，很大程度上确保了安全性和国家最主要的工业生产力。"

19世纪80年代初，爱迪生的白炽灯和直流电照明系统风靡一时，威斯汀豪斯意识到电力将会是一个商机巨大的行业并决心介入。因为，当时称雄市场的爱迪生直流电照明系统的天生技术缺陷导致巨大的市场需求远远得不到满足。

> 爱迪生的直流中心电站的物理局限是显而易见的：小型直流中心电站供电区域仅限于一英里方圆内独立工厂，如已灯火通明的摩根豪宅和其他许多工厂、办公楼，而这对将来的用电需求是远远不够的。那么，乔治·威斯汀豪斯有什么理由不和爱迪生等一样也建立自己的中心电站呢？为了进入电力领域做准备，他先从斯万白炽灯公司，花5万美元买回来他的新雇员威廉·斯坦利的两项专利

权,这两项专利包括一个自动调节发电机和一个碳化灯丝灯泡。斯坦利1884年3月所签订的合同中的薪酬是不菲的年薪5000美元,约定公司有权拥有对他任何注册专利的发明进行生产,而斯坦利从其利润中提成10%。这个年轻的发明家和其他电学家一起,致力于在匹兹堡建立商业电灯泡基地,来发展威斯汀豪斯的一个直流电系统。威斯汀豪斯的新动力系统在1884年费城电子展览上崭露头角。1885年出,威斯汀豪斯作为一个匹兹堡的工业企业家,完全有资格为自己在美国和全球已拥有的4个成功的工厂而感到骄傲和自豪。①

显然,作为发明家出身的企业家,威斯汀豪斯深知专利权的重要性,他进入新行业的特点是:从购买专利权入手。依靠这种战略,威斯汀豪斯将进入商机无限的电力行业。

1885年春天,威斯汀豪斯阅读英文杂志《工程学》(*Engineering*)时,突然来了灵感,取得了他的第一个电力突破。此时交流电系统有着全新的概念:一个"次级的发电机"(也就是变压器),变换高交流电压至足够启动每个电灯的低电压。当其他人认为这一变压器的应用极为有限时,他却立刻意识到它将是一场潜在的革命,一种新的、更经济有效的输送电流方式,不光是到每一个单一电灯,而是远距离输送。截止到那时为止,直流电站都是建在其服务区域的中心。但如果我们能放弃用煤、蒸汽和遥远瀑布的水力来发电的发电机,用高压交流电来输送远距离的用电呢?但这个变压器必须先保证能安全地降低电压,才能进入工厂、办公楼和民宅。②威斯汀豪斯相信利用交流电可以实现规模经济;采用变压器,可以提升电压,在更广阔的地区分配电力,进而服务更多的客户。他的交流电系统会被设计得在人口分散的城镇也能盈利。③

---

① [美]吉尔·琼斯:《光电帝国:爱迪生、特斯拉、威斯汀豪斯三大巨头的世界电力之争》,吴敏译,中信出版集团2015年版,第135—136页。
② 同上书,第139—140页。
③ [美]W.伯纳德·卡尔森:《特斯拉:电气时代的开创者》,王国良译,人民邮电出版社2016年版,第81页。

此时，因为爱迪生的直流电一统天下，导致欧洲的交流电运用领先于美国，意大利已经建起了"15英里长的线路"用于火车站和展览馆的交流电照明系统。于是威斯汀豪斯派人赴欧洲购买了"高拉德-吉布斯系统"（"次级发电机"即变压器技术）[①]的专利权。经过精心的筹备，1886年3月中旬，威斯汀豪斯在布法罗建成了美国第一个交流电照明系统。"28岁的威廉·斯坦利，在美因街图书馆旁一个旧牲口棚里点燃了25马力的、以煤为燃料的蒸汽机。当西门子直流发电机问世以后，它开始输送500伏特的交流电至线索状铜丝，通过那些埋在高高的榆树下的铜丝进入他的一个侄子泰勒拥有的地下室，在那儿经过变压器降低至100伏特，再经过内部线路输送至电灯泡。泰勒的储藏室从里到外被斯坦利系统的3盏相当于150支蜡烛的电灯照亮。……在一个星期之内，斯坦利就给一家药店、一家杂货店和一个医生的诊所接通了交流电。"到3月底，威斯汀豪斯"已经有了几十个新客户，包括一大批当地医院、台球室、邮电局、锅炉商店、鞋店和饭馆"。相比爱迪生的直流电用户，这种增长速度非常惊人。威斯汀豪斯的技术创新意义非凡。"高压电在美国历史性第一次产生、输送，然后经过新设计的变压器减至适合民用的电压标准。那些以煤为燃料的、制造噪音和烟雾的、必须建立在近距离内城市中心的发电站，将不复存在。现在发电厂可以设立在离城市很远，但燃料基地近的地方，而它们发出的电通过广袤的电力网，经过大地、穿越河流，静悄悄地为人类服务。"之后，西屋电气公司架设了"一条3英里长的电线至东自由区（匹兹堡——引者注）。变压器固定安置在各个点"。经过一个夏天的不断检测，"到秋天时，威斯汀豪斯已经做好准备在未来的电力太空中占据自己的一席地位——他向世界开价出售他的新商业交流电系统。和爱迪生不同，威斯汀豪斯从不大张旗鼓地宣传自己的新发明创造，只是很平静地介绍了他的照明革命。没有媒体报预言了这一交流电的巨大突破，以及直流电束缚装置的垮台。交流电的革命无声无息，几乎在无形之中就开始了"[②]。

[①] [美] W. 伯纳德·卡尔森：《特斯拉：电气时代的开创者》，王国良译，人民邮电出版社2016年版，第140页。

[②] [美] 吉尔·琼斯：《光电帝国：爱迪生、特斯拉、威斯汀豪斯三大巨头的世界电力之争》，吴敏译，中信出版集团2015年版，第152—154页。

第二章
"科学技术资本化":从第一次科技产业革命到第二次科技产业革命

由威斯汀豪斯发动的交流电革命结出硕果。布法罗的亚当-梅尔德伦-安德森商业中心,"一座巨大的4层意大利式的宫殿,有着各种各样顾客喜爱的商品,坐落在远离纽约市的美因街上"①。1886年11月29日感恩节两天之后,"由威斯汀豪斯系统的498盏斯坦利电灯(包括电弧灯和白炽灯)"将商场照得金碧辉煌,这是布法罗"第一家采用电灯光来照明的商店","商店里人山人海,根本走不动"。"这新系统标志着商业供电形式意义深远的重大变革,威斯汀豪斯本人没有做任何大型和公开的说明。但交流电的优势,迅速就被那些无法被提供直流电的人们所认可。威斯汀豪斯迅速在不同的地区又发展了27家新客户。"②

充足了电的威斯汀豪斯,在涉足电力生意仅仅一年后,已经建立或筹备建立68座交流电中心电站。他赫然出现,逼近爱迪生,成了爱迪生最强的一个竞争对手。汤姆森·豪斯顿,这家著名的电弧灯公司,也从那年春天开始安装交流电中心电站,用的是威斯汀豪斯的变压器。他们已经有了或已经签署了合同,共22家交流电中心电站。在漫长的城市中心电站市场之战中,爱迪生阵营不断遭受着痛苦的挫折。如果一个城市买了直流电厂,它只能给一般需要电灯的人服务。那些住在离电站半英里外的人就必须考虑买一个独立电厂或一个独立电站的问题。与此相反,交流电站可以给全地区提供服务,如果需要,还可以根据具体情况再扩大。所以爱迪生与威斯汀豪斯的积怨,随着1887年的时光推移,越来越深。③

就在"电流大战"热火朝天之时,电力革命时期另一位伟大发明家、电学奇才特斯拉于1887年底在他的实验室里发明了"一整套多相交流系统(包括单相、双相、三相)"并"申请了总共40个专利,概括了他的整个交流电系统,包括他的革命性的感应发电机"④。威斯汀豪斯经过认真考察后支付高价将其悉数收入囊中,历史证明,这是他赢

---

① [美]吉尔·琼斯:《光电帝国:爱迪生、特斯拉、威斯汀豪斯三大巨头的世界电力之争》,吴敏译,中信出版集团2015年版,第155—156页。
② 同上书,第155—156、164页。
③ 同上书,第164页。
④ 同上书,第175页。

得"电流大战"的秘密武器。

在从容应对为爱迪生张目的、由纽约媒体发动的"交流电致死人命"舆论攻势的同时,通过收购专利以快速占领新兴市场,西屋电气大获成功。在两年不到的时间里,威斯汀豪斯的公司"和他授权的汤姆森·豪斯顿公司一共建立了127个交流电厂,其中98个已经建成并投入使用。在这98个交流电厂中,已有三分之一扩大了规模"。"1888年爱迪生公司的年度报告显示全年一共销售了4.4万个灯泡,而西屋电气公司仅在10月份就销售了5.8万个灯泡。""自1886年初建立了第5个威斯汀豪斯工业公司起,在短短4年里,威斯汀豪斯电力公司总的年销售额从原来的15万美元猛增至400万美元。"① 无疑,"交流电在照明市场上赢得了胜利。《电力世界》1891年2月刊的统计结果显示:爱迪生的中心电站,当然都是直流电的,只有202座;而由威斯汀豪斯和汤姆森·豪斯顿建立的交流电中心电站几乎达到1000座"②。

然而,天有不测风云,1890年11月,欧洲著名的投资机构英国巴林兄弟银行破产引发了欧美各国的经济危机。银行惜贷和债主盈门使得此前数年急速扩张的威斯汀豪斯的企业帝国面临严重的钱荒。虽说此时"威斯汀豪斯的电力公司正处在最好的年景。……威斯汀豪斯已经开始给新世纪提供光明和能源。媒体收到全国各地许多城市的订单,不光是为了电灯,也有为了接到电车。一旦威斯汀豪斯电力公司开始使用交流电感应发电机,它的销售能力将更惊人。那时还有世界的其他市场,没准威斯汀豪斯以后会在古巴哈瓦那安装750个电灯,或者在中国广州打开市场"③。可是,"因为它的金融结构失去了一定程度的灵活性,就对资本操纵者失去了抵御力,因此陷入了和其他机构合并的困境中。介入的财团要求威斯汀豪斯电气公司重组,为和美国电气公司、联合电灯公司的合并做准备,新公司将叫做威斯汀豪斯电气及制造公司"④。

威斯汀豪斯为了应付公司的财务危机绞尽脑汁,华尔街著名的投资

---

① [美]吉尔·琼斯:《光电帝国:爱迪生、特斯拉、威斯汀豪斯三大巨头的世界电力之争》,吴敏译,中信出版集团2015年版,第192、202、246页。

② 同上书,第327页。

③ 同上书,第248—249页。

④ [美]约翰·奥尼尔:《唯有时间能证明伟大:极客之王特斯拉传》,林雨译,现代出版社2015年版,第55页。

机构罗斯柴尔德银行（Rothschild Bank）愿意注资，但列出苛刻的条件，其中一条是："撤销任何专利权中受质疑的价值和账面资产。"公司要脱困，必须依赖纽约银行家的注资。而"众所周知，乔治·威斯汀豪斯在对待发明家时过于温和，他总忘不了自己早期卖空气制动器的经历。总的感觉就是他太大方"。"特斯拉的交流电发电机专利权税交易成为威斯汀豪斯恢复计划中的症结之一。"① 于是，走投无路的威斯汀豪斯只好冒着毁约的责难去找特斯拉重新谈判专利权转让合同。他们之间进行了一场坦诚又令人感动的著名对话（详细内容见第五章第一节"科技与资本联姻的'内生反对力量'"之"特斯拉的理想主义情怀"）。特斯拉为了报答威斯汀豪斯当年对他的赏识，也为了他们共同的理想——把交流电推广到全世界，而主动毁约，放弃了交流电专利权出让合同中巨大的个人利益，为威斯汀豪斯拯救西屋电气的努力扫清障碍。

特斯拉的大度使得"威斯汀豪斯合并成功，渡过危机"。"1891年7月15日，在匹兹堡，股东们终于同意放弃他们的部分股份来还清公司的债款。一个更有权力的董事会组成了，包括银行家查尔斯·弗朗西斯·亚当斯和奥古斯托·贝尔蒙特"。"威斯汀豪斯拯救了自己缺少现金的电力公司，通过合并使其更加强大，而且自己始终大权在握。"为了大力推广交流电，威斯汀豪斯和他的新西屋电气把新的商战目标瞄准了预计在1893年5月1日在芝加哥开幕的"哥伦比亚博览会"，这个盛会是为了"庆祝发现美洲新大陆400周年"，"博览会将展示奇迹般的芝加哥，以及美利坚合众国、德国、巴西、埃及和萨摩群岛等很多国家的工业和文化"②。这个博览会将成为"世纪电流大战"的最后一役，对阵双方是经历1890年金融危机后重组的两家电气巨头：通用电气公司和西屋电气公司。

1892年5月22日，通用电气公司和西屋电气公司竞标博览会照明工程结果揭晓，"威斯汀豪斯打败了通用电气，……92000盏灯的总报价是399000美元"，比竞争对手的"最低报价还少了80000美元"。而

---

① ［美］吉尔·琼斯：《光电帝国：爱迪生、特斯拉、威斯汀豪斯三大巨头的世界电力之争》，吴敏译，中信出版集团2015年版，第252页。

② 同上书，第184—185、280页。

且,还"提供100万美元的契约金作为合同保证金"。最终,芝加哥世界博览会委员会"把这个辉煌的项目给了威斯汀豪斯和威斯汀豪斯电力生产公司",跟通用电气的报价相比,"展览会能节省几乎100万美元"。面对失败,通用电气并不甘心,它威胁西屋电气公司不能生产并安装爱迪生发明的白炽灯,否则,将控诉西屋电气侵权。面对压力,西屋电气在非常短的时间内生产出拥有专利的"塞子"灯泡,而且经由法官判定"没有侵犯爱迪生灯的专利权"。于是,"威斯汀豪斯的工程师们,现在开始根据草图建造一个迄今为止美国最大的交流中心电站。到现在为止,最大的交流电站也只能给1万只灯送电,还没有把马达包括在内"。1893年5月1日,"芝加哥的世界博览会正式开幕了!2700万参观者(美国人和外国人各一半)每人将付50美分入场体验奇观。除此之外,人们更多看到的是电的奇观。正如乔治·威斯汀豪斯所期望的那样,这次展览会展示了前所未有的新一代电能,它创造的奇迹,既让人震惊又让人赏心悦目"①。西屋电气一战成名,特斯拉和威斯汀豪斯为之奋斗的交流电技术也一战成名。"这个展览会的用电量是芝加哥城的3倍。但是这白色之城,不像美国其他的大城市那样,到处都悬挂着网状的电线",因为全部电线已经埋入"足够人在里面穿行的地下通道"。可是,"仅仅在4年前,巴黎博览会用了1150个电弧灯和10000个白炽灯;而芝加哥子厅内场外用的电灯是巴黎的10倍。巴黎总共输送电力3000马力,而芝加哥是29000马力"。"威斯汀豪斯的原始合同签订的是92000个白炽灯,但是谁也不清楚,到底需要多少数量的灯,包括马达。所以,从一开始,他就安装了富余的功率、灵活机动的加强型交流电系统,输送额外的电力不是什么大问题。到博览会全部开始并安装和运行后,威斯汀豪斯电气公司安装了几乎3倍于合同数量的灯——25万只'塞子'灯泡。但是每晚只有18万只被点亮,留下7万只做替换用(有些公司雇员在整个展览期间,除了爬到高处换掉坏灯泡外什么也没干)。"②

西屋电气在芝加哥世博会一举成名,它为持续10年的"电流大战"

---

① [美]吉尔·琼斯:《光电帝国:爱迪生、特斯拉、威斯汀豪斯三大巨头的世界电力之争》,吴敏译,中信出版集团2015年版,第287、289、295、299页。

② 同上书,第300、281、303页。

画上圆满句号。威斯汀豪斯用一个微利合同兑现了他对特斯拉许下的诺言：把交流电推广到全世界。"让每个人都非常惊奇和高兴的是，威斯汀豪斯电气公司实际上从展览会合同中赚取了小小的19000美元的利润。而交流电的公众效益，如威斯汀豪斯所预期，是无法估算出来的。"①

在竞标芝加哥世界博览会照明工程合同之际，威斯汀豪斯同时投入到美国乃至世界工业史上最大的水力发电站——享誉世界的美国尼亚加拉大瀑布发电项目的竞标中。西屋电气再次和老对头爱迪生通用电气公司、汤姆森·豪斯顿和多家欧洲公司展开激烈的角逐，其过程一波三折。"1893年10月27日，在芝加哥世界博览会闭幕前3天时，威斯汀豪斯终于将渴望已久、去年早春曾失之交臂的合同书拿到了手。他和特斯拉终于有机会向全世界展示什么是真正的电能了。"② 西屋电气在芝加哥世界博览会的完胜成为赢得此项合同的关键，当然，特斯拉以电气专家和若干项交流电技术发明者的权威身份对水电站业主尼亚加拉电力公司总裁爱华·迪安·亚当斯（Edward Dean Adams，1846—1931）提供的专业咨询也发挥了非常重大的作用，他清晰地告知水电站业主，如果他们将建设合同给予西屋电气的竞争对手的话，他们的交流电设备将对"特斯拉的专利"（已属西屋电气所有）构成侵权③。无疑，这是水电站业主尼亚加拉电力公司经过多方权衡做出的最明智决策。这个电力史上空前规模的水电站，"当然就是尼古拉·特斯拉的工作型的多用交流电系统，以及交流电机、变压器、传输线、运转感应马达、同步马达和威斯汀豪斯发明的为铁路马达提供直流电的旋转变换器。威斯汀豪斯和特斯拉终于使尼亚加拉的工程师和银行家们信服，交流电是未来时代创造和输送电力的理想动力"④。

经过2年的建设，1895年8月26日，尼亚加拉水电站第一台机组开始发电，电能被送进附近的工厂。1896年11月15日，电力革命历

---

① ［美］吉尔·琼斯：《光电帝国：爱迪生、特斯拉、威斯汀豪斯三大巨头的世界电力之争》，吴敏译，中信出版集团2015年版，第311页。
② 同上书，第346页。
③ ［美］W. 伯纳德·卡尔森：《特斯拉：电气时代的开创者》，王国良译，人民邮电出版社2016年版，第149—150页。
④ 同上书，第337页。

史上载入史册的日子,"尼亚加拉电力公司的交流电发出时的压力是2200伏特,迅速被通用电气的变压器[①]升压至10700伏特,经由26英里长的电缆送到瀑布动力导线公司的变压器,又被降至440伏特——输送和检测全在同一天——又被变成550伏特的直流电。布法罗的有轨电车很快就将依靠尼亚加拉的水力发电来运行,成为对这令人惊叹又崭新的无形现实的证明——远距离输送交流电能"[②]。

除了电力行业,西屋电气在它赖以发家的铁路行业也是一个卓越的领军企业。

1905年5月16日,国际铁路联合会议结束后,威斯汀豪斯陪同300名铁路官员乘专列回到匹兹堡,去参观他最新成果中的一件实物展品:一辆全部以交流电为动力的巨大机车。一到匹兹堡,这些戴着丝绸礼帽的铁路界绅士们,就集中到了积满灰尘的铁路车场,那里为这次活动还特别装饰了红白蓝三色飘带。在他们的面前是两辆机车,一辆是已经为人熟知的强大蒸汽机车,另一辆则是一个奇怪的厢体庞然大物,平坦的厢顶上带有架空的电缆线相连接并可折叠的导线。威斯汀豪斯的工程师们竭尽全力使它就位,可还没有来得及给这新的机车进行测试。"这就是第一辆如此大尺寸的电动机车,第一辆交流电动机车,也是第一辆真正的铁路干线电动机车。"这次展示非常成功。与威斯汀豪斯一贯的做事方式一样,凭借着坚韧不拔的毅力,他接受了纽约、纽黑文以及哈特福德的铁路线,并将它们改为用单相交流系统。到1907年6月,改装工作完成,车辆定期检修工作开始。公司的历史学者们视这个项目为在铁

[①] 通用电气之所以能够生产特斯拉专利权保护的变压器并在尼亚加拉水电站的建设中并分得一杯羹,这是威斯汀豪斯主动让步的结果。在赢得尼亚加拉水电站的合同之后,西屋电气和金融大亨摩根控股的通用电气已是水火不容的死对头。摩根集团一直想通过收购西屋电气来垄断美国电力市场,并准备通过当时极度缺乏监管的股票市场来实现其阴谋。为了避免被吞并,"最终,明智的威斯汀豪斯在1896年时与通用电气达成共享协议,允许通用电气使用最重要的特斯拉专利,结束了通用要接管自己公司的企图"。见〔美〕吉尔·琼斯《光电帝国:爱迪生、特斯拉、威斯汀豪斯三大巨头的世界电力之争》,吴敏译,中信出版集团2015年版,第352—353页。

[②] 〔美〕吉尔·琼斯:《光电帝国:爱迪生、特斯拉、威斯汀豪斯三大巨头的世界电力之争》,吴敏译,中信出版集团2015年版,第376页。

路和交流电发展中,"威斯汀豪斯伟大成就的顶点,因为它与他革命性的贡献结合在一起,成为了一件无可比拟的作品"①。

西屋电气是成功的企业,而其创始人威斯汀豪斯,作为资本家中的发明家,无疑在电力革命的伟大历史中写上了浓墨重彩的一笔,诠释了科技与资本联姻的传奇:他作为"企业家跨界到发明家",无疑是成功的。但是,他作为"发明家跨界到企业家",却没能够笑到最后。"20世纪早期,威斯汀豪斯电力制造公司稳步发展着,每一年的繁荣都带来更多的销售额和更高的红利。从1901年到1907年,销售额从1600万美元翻番到了3300万美元。到1907年,公司的股票产生了非常可观的10%的红利。威斯汀豪斯大胆地涉入金融市场,为他飞速扩张和不断更新改进的企业提供保证,首先是增大股票量,然而发行抵押物托管契约和信用债券。1907年春夏之交,国外金融市场的脆弱和动荡又一次开始影响纽约证券市场。"② 西屋电气再次因为扩张式经营而债务缠身,资不抵债。威斯汀豪斯想尽一切办法挽救危机,但是,他再没有1890年的"好运",在经过一系列债务重组并苦苦支撑3年后,1910年后期公司最终破产,威斯汀豪斯被新的投资人彻底"挤出了董事会",这个沉重打击导致其健康恶化,1914年威斯汀豪斯去世,此时,"他所创建的公司里有50000名工人在工作着。公司总值达2亿美元。而威斯汀豪斯自己的身价也有5000万美元"。那个时代的金融家们形容他,"是一个好人和伟大的奇才,但实在不是一个好的商人"。因为"他对发明家慷慨大方,他在研究上的大量付出,他对员工的宽容大度以及他对新的实验机器付出的昂贵投资。总而言之,都是金融家们通常的抱怨"③。

(二)"专利权资本化的威斯汀豪斯模式"

作为优秀的发明家,威斯汀豪斯不仅深谙发明之道,而且也擅长将"专利权资本化":把自己的专利和购买来的专利变成企业的竞争优势,制造更好的产品,创造更多的财富。作为"发明家中的资本家",他经营"专利权资本"可谓长袖善舞,以此壮大他所创立的企业。威斯汀

---

① [美]吉尔·琼斯:《光电帝国:爱迪生、特斯拉、威斯汀豪斯三大巨头的世界电力之争》,吴敏译,中信出版集团2015年版,第389页。
② 同上书,第389—390页。
③ 同上书,第396、399、395页。

豪斯是"科学技术资本化"深化期，货币资本主动追逐专利权资本，通过加速"专利权资本化"从而令资本更加强大的典范，他开创了"专利权资本化的威斯汀豪斯模式"。

在早年创业过程中，"因为有过他的第一个专利被铁路公司巧取豪夺，第一家公司化为乌有的惨痛教训，威斯汀豪斯一生都对侵犯他人产品和专利的人毫不留情，绝不手软"。"威斯汀豪斯空气制动公司在美国历史上是杰出的"，他"改变了人们对艰苦驾驶的望而生畏之感，使它变得轻松、愉快，不再是沉重的负担"。后来，威斯汀豪斯"卖掉了他的空气制动，但他又发现了铁路信号。1881年，他开始购买有潜在价值的专利，最重要的一个是由火车控制的电路被激活的信号系统。在此基础上威斯汀豪斯加以改进和创新，于是他不久就通过他另一个公司实体——1882年成立的联合开关公司和信号公司，在这一领域独占鳌头"。不过，"在信号系统里一贯使用的油灯总是问题百出，可是现在的电力公司却一点忙都帮不上"①。

购买专利壮大自身实力成为威斯汀豪斯的企业快速成长的秘诀，威斯汀豪斯介入电力市场也是从购买专利开始的。如前所述，他从斯万白炽灯公司买来一个自动调节发电机专利和一个碳化灯丝专利，并用高薪将专利发明人威廉·斯坦利挖走，以此为基础来发展自己的照明系统业务并很快崭露头角，成为爱迪生公司的强有力竞争对手。"与爱迪生只倾向于用自己的专利不同，威斯汀豪斯令自己满意的经验是，买下其他发明家更好的理念，然后加以实践改进，变成自己的。"②之后，威斯汀豪斯以发明家的洞察力和企业家对市场发展前景的敏锐嗅觉意识到交流电商机无限，1885年派人赴欧洲购买了"高拉德-吉布斯系统"（"次级发电机"即变压器技术）的专利权，他"购买了对美国的专利权的买卖特权并安排运送了上述两个系统中的一个变压器，同时运输的还有交流电灯用的西门子发电机"③。威斯汀豪斯和斯坦利等人对购自欧洲的"高拉德-吉布斯系统"进行了全面的改进，使之性能更好。"除了威斯汀豪斯，没有一个人理解交流变压器展示出惊人的突破——

---

① ［美］吉尔·琼斯：《光电帝国：爱迪生、特斯拉、威斯汀豪斯三大巨头的世界电力之争》，吴敏译，中信出版集团2015年版，第133—135页。
② 同上书，第137页。
③ 同上书，第140—141页。

一种机器，它能够接受经过远距离输送的高压电，然后减至安全低压，供工厂和家庭使用。现在，乔治·威斯汀豪斯有了自己的变压器，远远超过直流电灯的历史作用，它真正开拓了令人激动的引领电力革命的前景。1886年1月，威斯汀豪斯为组建他的第5家公司——威斯汀豪斯电气公司（即西屋电气公司），用了100万美元的股本。这位匹兹堡的工业巨头想担任总裁，最初持有20000股中的18000股，每股价值50美元。在此后的几个月中，威斯汀豪斯卖掉了电力公司的8400股来支持他的新冒险事业。威廉·斯坦利分到了威斯汀豪斯公司的2000股，年薪4000美元，每月实验室费用600美元。斯坦利任何为公司商业发展而进行的发明创造都归公司所有。下一个任务就是派……律师去欧洲，花50000美元去购买高拉德－吉布斯变压器的美国专利权。"① 有了先进的交流电技术，1886年3月，威斯汀豪斯在布法罗建成了美国第一个交流电照明系统而声名鹊起。

"专利权资本化的威斯汀豪斯模式"与"专利权资本化的爱迪生模式"相比，前者是"买鸡生蛋"，后者是"养鸡下蛋"。作为一个著名实业家，威斯汀豪斯最成功的"专利权资本化"行动当数购买特斯拉的一整套多相交流电技术，这是威斯汀豪斯和他的西屋电气公司最终能够赢得与爱迪生通用电气公司之间如火如荼持续10年之久的"电流大战"的关键所在。经过特斯拉及其合伙人卓有成效的推介，特斯拉的发明引起了威斯汀豪斯的重视。经过数月的讨价还价，1888年7月威斯汀豪斯出重金买下了特斯拉的专利。他认为："如果特斯拉的专利概括性很强，能控制整个交流电发电机马达市场的话，那我们威斯汀豪斯电力公司就不能让别人拥有这个专利。"这笔交易，"特斯拉公司收到了2万美元现金和5万美元期票（3次分期付款），加上特斯拉交流发电机每马力2.5美元的专利权税，第一年的专利权税至少5000美元，第2年10000美元，第3年15000美元。威斯汀豪斯还是和往常一样不懂感情地、重实效地说：'就特斯拉马达的专利来说，加上其他的条款和条件，看起来价格是相当高的，但如果那将是仅有的，实用的交流马达，或者它可以适用于街上的汽车，我们可以毫无疑问地，从机器使用者手

---

① ［美］吉尔·琼斯：《光电帝国：爱迪生、特斯拉、威斯汀豪斯三大巨头的世界电力之争》，吴敏译，中信出版集团2015年版，第150—153页。

里收回由发明家加上的税钱。'"①。

　　威斯汀豪斯支付给特斯拉高昂的专利转让费和优厚的抽成比例在当时的专利交易中创下了"天价"成本,但威斯汀豪斯认为物有所值,实践证明他是对的。打包收购特斯拉多相交流电技术的专利发明成为"威斯汀豪斯模式"下"专利权资本化"的最经典案例,此举奠定了西屋电气作为电力行业后起之秀并最终赢得"电流大战"完胜的关键举措,使得该公司具备了和金融大亨摩根控股的爱迪生通用电气相抗衡的实力。"专利权资本化的威斯汀豪斯模式"有其显著特点,企业经营的财务压力较大,"和爱迪生不同,爱迪生从一开始就抱住了华尔街金融大亨摩根的粗腿（虽然他们通常太粗心大意和吝啬小气）,威斯汀豪斯却是从私人渠道,通过朋友和现有股东来融资。传记家亨利·普劳特（Henry Prout）解释说,'他极有人缘和魅力,所以总是能成功地从手里有钱的人那里拿到大笔投资而发财,这些不屈不挠的工业企业家们,创造了一个又一个的公司'"②。

　　收购各种有价值的专利并将其变成优异的产品投入市场,搜罗优秀发明家为己所用,是西屋电气快速成长的秘诀。

　　　　尽管业务繁忙,威斯汀豪斯始终保持着爱惜人才、寻觅优秀的发明家和工程师的习惯。他总是先买下他们的专利,然后同他们合作去创建更好的工业模式。一位法国物理学家莫里斯·勒布朗（Maurice Leblanc）发明了一种空气泵,它能够明显提高蒸汽涡轮机的效率。通用电气设法得到这项发明,勒布朗立刻提出了诉讼。正好乔治·威斯汀豪斯1901年时在巴黎,一个朋友找到勒布朗,并把他带到威斯汀豪斯居住的饭店。威斯汀豪斯和蔼地询问了情况,说:"那么就是你发誓要让美国所有的律师发财了？我们可以来谈谈条件吗？"接着他就着手安排购买勒布朗的专利,这样他就可以和通用电气共享它。他还雇用了勒布朗作为法国威斯汀豪斯协会的顾问。勒布朗成为一个热心的合作者,因为他崇拜威斯汀豪

---

　　① ［美］吉尔·琼斯:《光电帝国:爱迪生、特斯拉、威斯汀豪斯三大巨头的世界电力之争》,吴敏译,中信出版集团2015年版,第184—185页。
　　② 同上书,第247页。

斯,"在所有事情面前他都是一位完美的绅士和慷慨的人,他自己就是一个超群的机械师……他的工作精力和能力也是同样的出众"。结果,在他一生的事业中,大约每 6 周就获得一项新的专利,共计大约 400 项专利。这些并不是投机的发明,而是经过商业实践验证了的发明。威斯汀豪斯已经认识到,越是能掌握专利权在新工业秩序中的决定性作用,就越应该把坚决保护他公司的专利权,作为公司运作的基本策略。①

"专利权资本化的威斯汀豪斯模式"无疑是柄"双刃剑",舍得投资高价值的专利为企业的成长带来两个显而易见的优点:

第一,能够赢得快速占领市场的核心竞争力,即拥有专利权的垄断性产品。

第二,依靠享有专利权的垄断性产品,使得企业能够快速进入一个陌生的市场并站稳脚跟立于不败之地。

威斯汀豪斯的专利权投资理念,即对专利权的大手笔投资无疑超越了电力革命时期几乎所有资本家和实业家的眼界,它同样给企业的发展带来了难以避免的潜在风险,表现在:

第一,增加了企业的财务成本。如果一项高价收购的专利不能很快转化为适销对路的产品,企业将背负沉重的负担。

第二,一旦企业面临风险,无论是系统性风险还是非系统性风险,因购买专利而产生的高额财务负担都很可能成为"压垮骆驼的最后一根稻草"。

西屋电气在 1890 年的金融危机中就面临上述问题。历史学家评论道:"特斯拉是威斯汀豪斯财政危机的主要原因吗?可能并不是。众所周知,威斯汀豪斯对各类型的发明家都很大方。主要原因在于他经常热衷于各方面的诉讼,特别是专利侵权发明,而他与爱迪生关于白炽灯泡之间的战争,就耗费了巨额的法律费用。特斯拉是个原因,但只是许多应该节省开支的原因之一。"②

---

① [美]吉尔·琼斯:《光电帝国:爱迪生、特斯拉、威斯汀豪斯三大巨头的世界电力之争》,吴敏译,中信出版集团 2015 年版,第 387—388 页。

② 同上书,第 258 页。

"专利权资本化的威斯汀豪斯模式"随着西屋电气公司1907年破产重组而宣告结束。归根到底还是威斯汀豪斯资本不够雄厚所致。大胆的假想是：如果威斯汀豪斯背后有金融大亨摩根的支持，也许结局不一样。可是，如果真的这样，恐怕也不会有"专利权资本化的威斯汀豪斯模式"存在了，摩根可以抛弃爱迪生也就能够抛弃任何一个发明家。

总体而言，"专利权资本化的威斯汀豪斯模式"与"专利权资本化的爱迪生模式"都是独一无二的。道理很简单，因为，威斯汀豪斯作为"资本家中的发明家"是独一无二的——他既懂企业经营又懂科学发明，特斯拉认为他是企业家中的"奇才"。而爱迪生作为"发明家中的资本家"同样是独一无二的——他既懂科学发明又懂企业经营。"专利权资本化的爱迪生模式"对爱迪生的意义是：名利双收，名垂青史。而"专利权资本化的威斯汀豪斯模式"对威斯汀豪斯的意义也是：名利双收，名垂青史。虽然威斯汀豪斯最后因为经营失败而失去了他亲自创建的西屋电气公司，但他仍然是一个令后世敬仰的伟大企业家。

威斯汀豪斯和爱迪生都是世不二出的天才，他们的奋斗史就是"科学技术资本化"走向深化的发展史，其成功与失败为后人探索科技与资本联姻的规律提供了最好的研究素材。

第三章

"科学技术泛资本化"形成与深化：
第三次科技产业革命

"科学技术泛资本化"的形成与深化期是第三次科技产业革命，这是"科技与资本联姻的2.0版本"，美国是其诞生之地。这与二战结束后美国形成的有助于科技与资本深层次联姻的、特殊的"社会生态环境"密切相关。第三次科技产业革命的主导性科技革命是信息技术革命，它是观察"科学技术泛资本化"形成与深化的、最佳的科技产业革命样本。

第一节 "科学技术泛资本化"形成：第三次科技产业革命即信息技术革命溯源

根据前文，本书所指的"第三次科技产业革命"即信息技术革命，也称为IT（Information Technology）革命，它始于20世纪40年代末的美国，开花结果于90年代。通过对信息技术革命进行"解剖麻雀式"的研究，来管窥其进程中"科学技术泛资本化"的规律。

因为第三次科技产业革命是一个庞大的科学技术群落的"连锁爆炸式"革命且持续时间长达半个多世纪，其主导性的技术是以电子计算机为载体的数字化信息技术，自然其先导性革命就是信息技术革命。与历史上曾发生过的科技产业革命相比，信息技术革命对所有科学技术的渗透性更强、影响力更大。信息技术革命的核心技术是"信息和通信技术"（Information & Communication Technologies，ICT）。关键词是：计算机、半导体、计算机软件、互联网、浏览器。作为人类历史上最深刻的科技革命，信息技术革命是一个持续创新的历史进程，其主要内容是计算机革命和由此引发的互联网革命，它们是贯穿这场革命的两条历史线索：两条线索交织演进、相互促进，演绎了科学技术与资本联姻之后"科学技术泛资本化"的精彩历史。

通过梳理这场革命的大致脉络，可以厘清两个内在逻辑非常紧密的问题：信息技术革命为何会发生在美国而不是其他国家？与之相关联的问题是"科技与资本联姻的2.0版本"，即"科学技术泛资本化形成期"能够在美国水到渠成，其重要的历史经验是什么？

一 信息技术革命简史

信息技术革命是指发生在20世纪40年代末，开花结果于90年代初期的美国，以1947年美国科学家发明电子计算机（Electronic Numerical Integrator And Computer，ENIAC）、1969年第一代军用计算机通信网络"阿帕网"（ARPA NET）在美国西海岸成功联网和1992年美国大学生马克·安德森（Marc Andreessen）发明易用型的WWW网络浏览器为标志，围绕电子计算机在信息处理和远程通信领域的运用，表现为一系列有关数字化信息处理与传输技术的革命性创新与发明，这是人类历史上空前深刻的科技产业革命。这场革命围绕信息处理技术的革命性创新而产生，以微电子技术（大规模和超大规模集成电路技术）、计算机技术（硬件制造和软件设计）和信息存储技术为基础，以现代通信技术为纽带，围绕信息的生产、收集、传输、处理、存储、检索等，所形成的开发和利用信息资源的通用技术群落，这种技术也被称为ICT技术。运用这种技术，所有信息都被进行了数字化的编码（二进制编码），即任何一种讯息，无论是文字、语音、音乐乃至图像——都可以通过二进制数码1和0进行编码通信，1表示电路开关开启，0表示电路开关关闭。数字化的信息可以被高效存储，而且被无数次复制也不会产生信息失真（理论上），这是电通信技术无法做到的。数字化信息成为信息的最佳表现形式，它极大提高了处理和传输信息的效率。信息技术革命之前的科技产业革命所解决的问题主要围绕如何获取便捷高效的能源以生产更丰富的物质产品这一核心展开。至于贯穿社会生产全过程的信息沟通、收集处理和高保真存储、传递等难题，电力革命则无能为力，只能由信息技术革命给予全案解决——融合了计算机技术和现代通信技术的互联网革命使得人类拥有了迄今最强大的信息处理工具和信息整合平台。

如前所述,社会经济活动的前提和结果是获得物质、能量与信息。与第一次科技产业革命即蒸汽革命和第二次科技产业革命即电力革命相比较,在获取信息的效率问题方面,顾名思义,信息技术革命是一个空前的技术革命。首先,它给人类提供了比蒸汽能更强劲也更清洁的能源,它使人类生产物质产品的能力得到极大提升。与此同时,电报电话的广泛使用使人类传递信息的手段有了革命性的进步——从理论上讲,以电力为载体的语音和文字等信息传播速度可与光速等同,电报电话传递信息的速度是蒸汽机车和轮船望尘莫及的。而信息技术革命则更上层楼,这是人类有史以来,围绕信息这一经济活动不可或缺的资源而展开的生产、分配、交换和消费,其所有手段都有了"质的飞跃"。因为,人类所有表达信息的方式都可以进行数字化编码,信息的所有表现形式,无论是声音、图像还是文字,无论是动态的信息还是静态的信息,都可以表现为计算机最基础的语言0和1的各种组合,并且,能够以实实在在的光速而不是理论上的光速在电磁空间传递。

(一)信息技术革命的主线之一:计算机革命

电子计算机(Electronic Computer),简称电脑或计算机(Computer),是一种根据一系列指令来对信息(表现为数据)进行处理的机器。作为信息技术革命的一大内容,电子计算机革命经历了电子管计算机、晶体管计算机、集成电路计算机和大规模集成电路计算机四个时代,计算机在这一进程中向着廉价、易用、小型化和高性能的方向发展。自20世纪90年代中期开始,随着个人电脑(Personal Computer,PC)的普及,计算机在人力社会所有领域的运用越来越广泛,成为经济活动和社会交往须臾不可或缺的重要工具。

世界上第一台电子计算机是由美国宾夕法尼亚大学摩尔电气工程学院研制成功的。

研制电子计算机的想法源于第二次世界大战后期,1942年,美国陆军部设在阿伯丁的"弹道研究实验室"为了赢得战争必须给新研制的远程火炮编制弹道表以提升火炮射击的精确度,他们急需能够快速计算弹道飞行轨迹的高速计算设备。鉴于和宾夕法尼亚大学摩尔电气工程学院已经有十余年的合作关系,同年6月军方便把研制这种高速计算设备的合同交给了摩尔电气工程学院，预算经费为 15 万美元，这在当时是一笔巨款。这个计算设备被命名为 ENIAC（Electronic Numerical Integrator and Computer，电子数字积分计算机），由莫尔电气工程学院的物理学家约翰·莫希利（John Mauchly, 1907—1980）和工程师约翰·普瑞斯伯·埃克特（John Presper Eckert, 1919—1995）负责。研制工作艰辛异常，经过近三年的努力，花费了 48 万美元，终于在二战结束后的 1945 年底研制成世界上第一台电子计算机。1946 年 2 月 15 日进行公开演示，1947 年运往阿伯丁做科学计算。它每秒能进行 5000 次加法运算和 400 次乘法运算，比当时最好的使用继电器运转的机电式计算机快 1000 倍，是手工计算速度的 20 万倍。一枚炮弹的飞行轨迹，20 秒钟就能被它算完，比炮弹本身的飞行速度还要快。1949 年，经过 70 小时的运算，它把圆周率计算到小数点后 2037 位，创造了当时远远超出笔算的成绩，显示了电子计算机的巨大优越性[1]。"ENIAC 一天完成的计算工作量，大约相当于一个人用手摇计算机操作 40 年。"

ENICA 研制成功时，二战已经结束，它没有赶上为陆军的战时需求计算火炮弹道的任务。但是，新的运用不断涌现来，使其一直满负荷运行了将近 10 年，到 1955 年 10 月才退役。据说，这期间它的计算量比人类有史以来的全部大脑的运算量还多。ENICA 饱满的工作量，与陆军部一个明智的决定有直接关系。在 ENICA 推出之初，陆军就决定向外界公开，允许其他政府部门、大学、公司，甚至国外的科学家免费使用 ENICA。结果，大量的科学家和工程师带着题目蜂拥而至，在 10 年的时间内，ENICA 计算了 100 个领域的题目，其中弹道计算所用计算时间只占 25%。ENICA 的第一个计算题目是美国"曼哈顿计划"中氢弹的物理学。其他军事计算题目还包括导弹、炸弹、风洞、侦察统计等。ENICA 也进行了许多民用计算，包括气井、油井、晶体结构、天气预报、基本粒子、流体力学等。开放的政策不仅提高了 ENICA 的利用率，促进了整个计算科学的发展，也扩大了 ENICA 的影响力[2]。

---

[1] 吴国盛：《科学的历程》，北京大学出版社 2002 年版，第 536 页。
[2] 徐志伟：《电脑启示录》，清华大学出版社 2001 年版，第 48 页。

ENIAC 开启了人类信息处理的新时代。科学计算、商业计算的庞大市场需求促使计算机研发在 20 世纪 50 年代后步入快车道并因此引爆信息技术革命。

ENIAC 的致命缺点是程序与计算两分离。指挥近 2 万个电子管"开关"即运算工作的程序指令，被存储在机器外部的电路里。需要进行科学计算时，操作人员必须把数百条线路用手接通，像当时的电话接线员一样工作几个小时甚至好几天，才能进行几分钟的计算。普林斯顿大学的数学家冯·诺依曼（John von Neumann，1903—1957）提出一个新的改进方案。这个被称为 EDVAC（Electronic Discrete Variable Automatic Computer，离散变量自动电子计算机）的方案有两大改进，一是用二进制代替十进制，进一步发挥电子元件的速度潜力，二是将"程序"本身当作数据存储器使运算过程均由电子自动控制，进一步提高运算速度。冯·诺依曼明确提出了计算机的五大部件：原运算器 CA、逻辑存储器 CC、存储器 M、输入装置 I 和输出装置 O。并规定了五大部件的功能和相互关系。他确定了现代计算机的逻辑结构，成为 ENIAC 之后电子计算机的标准化结构，因而，人们把冯·诺依曼称为"电子计算机之父"。电子计算机能够实现信息的数字化处理，是人类信息技术的革命性进步。

ENIAC 作为第一代电子计算机，使用大量电子管作为元器件，其缺点是：体积大、重量大、功耗大，"使用 18000 个电子管，1500 个继电器，700000 个电阻，10000 个电容器，机器长 30.48 米，宽 6 米，高 2.75 米，占地面积约 170 平方米，30 个操作台，重达 30 吨，耗电量 174 千瓦时。为解决近 2 万个电子管发热问题，必须用冷风机吹风冷却，才不至于造成线路焊接点熔化。电子管平均每 7 分钟就要被烧坏一只而必须不停地更换"，使用极其不便，而且，"只要它一开动整个费城的所有灯光顿时黯然失色"①。

ENIAC 的成功和缺陷预示着：电子计算机小型化成为必然趋势。

---

① 叶平、罗治馨：《计算机与网络之父》，天津教育出版社 2001 年版，第 71 页。

| 科技与资本的联姻之旅
——当代资本主义变迁中的"科学技术泛资本化"研究

1947年，美国电报电话公司（AT&T）贝尔实验室的科学家威廉·布拉德福德·肖克利（William Bradford Shockley，1910—1989）、约翰·巴丁（John Bardeen，1908—1991）和沃尔特·豪斯·布拉顿（Walter Houser Brattain，1902—1987）三人经过多年努力，于1947年12月研制成功以锗为基材、可以放大电子信号的半导体放大器，他们将其命名为"晶体管"（Transistor）——"点接触型晶体管"，这是一种用以代替真空管即电子管的电子信号放大元件，是电子科技的强大引擎，被媒体和科学界称为"20世纪最重要的发明"。1948年美国专利局批准了布拉顿和巴丁共同申请的专利。1949年，肖克利又研发出性能更好且易于批量生产的"结型晶体管"并获得专利，他被誉为"现代晶体管的真正始祖"。这些晶体管采用半导体锗制成，它成功实现了电子器件由金属材质向非金属材质的过渡。晶体管作为一种携带和传输电脉冲信号的小型固态半导体器件，它具有电子管的全部功能（整流、检波和放大），而且体积更小、寿命更长、散热更快、能耗更低，使用时不需预热等优点。相较而言，"发热的真空电子管只能让开关电流每秒开、关1万次，而晶体管只有电子管个头大小的1/50，却能让开关每秒开、关10亿次。罗伯特·诺伊斯（Robert Noyce）说：'在你接受这十亿分之一秒后，计算机操作在概念上说就会相当简单'"[1]。晶体管的问世大大加速了电子技术的发展，电子计算机由第一代电子管进入晶体管时代。"1951年，冯·诺依曼在普林斯顿大学成功研制出EDVAC计算机，其效率比ENIAC提高数百倍，只用了3563个电子管和1万个晶体二极管，以1024个水银延迟线来存储程序和数据，耗电和占地面积仅有ENIAC的1/3。"[2] 肖克利、布拉顿和巴丁因为发明晶体管的卓越贡献共同获得1956年的诺贝尔物理学奖。

晶体管的发明使电子计算机由电子管时代进入晶体管时代。1955年贝尔实验室研制出世界上第一台全晶体管计算机TRADIC，装有800个晶体管，每小时能耗仅100瓦，体积3立方英尺[3]。1956年麻省理工学院研制出第一台晶体管TX–0（Transistorized Experimental Computer

---

[1] ［美］哈罗德·埃文斯、盖尔·巴克兰、戴维·列菲：《美国创新史》，倪波、蒲定东、高华斌、玉书译，中信出版社2011年版，第385页。
[2] 叶平、罗治馨：《计算机与网络之父》，天津教育出版社2001年版，第82页。
[3] 同上书，第89页。

Zero），即"晶体管实验电脑"。1959 年，比较早介入计算机生产的美国 IBM（国际商用机器）公司推出了第一代晶体管电脑 IBM1620 和第二代 IBM1790。这些电脑的运算速度比第一代高两个数量级，达到每秒几十万次。1961 年，IBM 生产出一台大型的电子计算机，使用了 169000 个晶体管，运算速度达每秒百万次。1964 年 4 月，IBM 研制成功"IBM360 型系统计算机"标志着第三代计算机的开始，"360"意味着全方位、无死角满足用户的需求。

晶体管的广泛使用大大缩小了计算机的体积，而晶体管集成化的研发又引发了一场革命，晶体管取代电子管，集成电路再取代晶体管成为计算机技术发展的必然选择。

1956 年，德州仪器公司研制出了以半导体硅为基本材质的晶体管。1958 年，美国德州仪器公司的工程师杰克·基尔比（Jack Kilby, 1923—2005）在一块指甲盖大小的半导体锗片上，"集成"了一个晶体管、3 个电阻和一个电容共 5 个元件，并用热焊的方法把它们用极细的导线互连起来，这是一种用于无线电设备的振荡器，世界上第一块集成的固体电路诞生在微小的半导体平板上。1959 年 2 月，美国专利局批准了基尔比的专利申请，这种由半导体元件组合的微型固体被叫作"集成电路"[1]（Integrated Circuit, IC）。虽然晶体管和集成电路都是计算机的"大脑"，但是集成电路却使晶体管的功能获得了"$1+1=2^n$"的效应。因为晶体管只能对电信号进行放大处理，而集成电路可以通过内置指令进行数学运算和控制并指挥其他电子设备工作。因此，它又被形象地称为"芯片"（Microchip）或"微处理器"（Microprocessor Unit, MPU）。基尔比因发明集成电路于 2000 年被授予诺贝尔物理学奖。

几乎同时，由离开贝尔实验室的肖克利和罗伯特·诺伊斯（Robert Noyce, 1927—1990）等人创立的仙童（Fairchild）半导体公司成功研制出金属氧化物半导体，用这种方法可以在硅芯片上集成大量的晶体管并于 1959 年 7 月获得发明专利。硅芯片取材于地球上储量极其丰富的硅元素，用其取代金属半导体生产集成电路将极大降低生产成本。两家

---

[1] "集成电路"是"互补金属氧化物半导体"（Complementary Metal-Oxide-Semiconductor Transistor，即 CMOS Chip）的俗称，是一种由相互连接的电路元件（主要是晶体管）构成的联合装置，这些元器件被紧密地集成在一个非金属的基片之上或者基片之中。

公司甚至为争夺集成电路的发明权而打官司，1969年，美国联邦法院的最后判决下达，承认集成电路是一项同时的发明。基尔比被誉为"第一块集成电路的发明家"，而诺伊斯被誉为"提出了适合于工业生产的集成电路理论"创始人。1961年，德州仪器公司与美国空军合作，研制成功世界上第一台集成电路计算机。该机共有587块集成电路，重不过300克，体积不到100立方厘米，功率只有16瓦。[①] 至此，计算机由第一代电子管，经过第二代晶体管发展到第三代集成电路计算机时代，并开始向大规模集成电路[②]计算机进军。

1968年，由仙童公司出走的诺伊斯和戈登·摩尔（Gordon Moore，1929—）等人创办了一家专门研制大规模集成电路的公司"集成电子"（Integrated Electronic），这个公司就是日后享誉世界的"英特尔"（Intel）[③]。1969年，英特尔公司推出全球第一枚晶体管半导体集成电路存储器芯片（也就是人们现在俗称的"内存"）3101，容量仅64比特。次年，该公司又研制出第一颗金属氧化物半导体存储芯片1001，容量扩大到256比特[④]。1971年，英特尔公司研制成世界第一枚微处理器芯片，英特尔4004芯片，上面集成了2250个晶体管，每个晶体管之间的距离是10毫米，每秒运算6万次，售价200美元。次年，英特尔又推出8008微处理器芯片。这两个芯片的问世，标志着微电子时代的到来。1974年，英特尔公司推出了著名的8080微处理芯片，其功能是8008的10倍，售价360美元，正是这个芯片敲开了个人电脑时代的大门。同年，美国的微型仪器和遥感系统公司（Micro Instrumentations and Telemetry Systems，MITS）就是用8080微处理芯片，推出世界上第一台针对个人用户的微型电脑"ALTAIR 8800"（"牛郎星"），新电脑一上市

---

① 叶平、罗治馨：《计算机与网络之父》，天津教育出版社2001年版，第149—152页。

② 大规模集成电路（large scale integrated circuit）可以在一小块半导体基片上集成数千个甚至数以亿计的晶体管电路，它是包括计算机在内的一切数字化信息设备的微处理器。

③ 英特尔公司的创始人全都来自仙童公司，他们从"Integral"和"Electron"，即"集成"和"电子"两个英文单词中截取了开头部分，组合成新公司的名称"英特尔"（Intel）。

④ 与微处理芯片的发展极其类似，在此后40年间，计算机存储芯片的体积越来越小，存储能力却越来越大，芯片的存储容量从KB（千比特）发展到1MB（兆）、4MB、16MB……直到256MB，进入21世纪，存储容量以GB（千兆）和TB（千千兆）为单位的超大容量存储器已经问世。

就获得巨大成功。①业界公认,"牛郎星"是微型计算机即大规模集成电路计算机的"开山鼻祖","在金属制成的小盒子内,罗伯茨装进了两块集成电路,一块即 8080 芯片,另一块即存储器,最初仅 256B 容量,后来增加为 4K。使用时需要用手拨动面板上 8 个开关输入程序,以几排小灯泡的明暗显示计算结果。这种机器售价仅 397 美元,因为罗伯茨能够以每块 75 美元的价格向英特尔购到 8080 微处理芯片"。②

大规模集成电路的发明使计算机革命进入腾飞阶段,计算机的研发走出了两条发展道路:一是巨型机即超级计算机,专门用于海量数据的科学计算,主要用户是政府部门、军方和大学等科研单位;二是走向微型化,主要面向个人用户和一般商业用户。这是因为,大规模集成电路意味着——作为计算机运算核心(Core)和控制核心(Control Unit)的"中央处理器"(Central Processing Unit,CPU)可以微缩成一块集成电路,即"芯片上的计算机"诞生。计算机能够微型化"飞入寻常百姓家"的意义非同寻常,它极大促进了 IT 产业的繁荣。

计算机微型化的必然结果是商业化势不可当,于是,一批精通计算机技术又洞悉其无限商机的天才创业者随之涌现。1975 年,微软公司成立,着手为 MITS 公司畅销的"牛郎星"电脑研制 BASIC 软件——一种给计算机初学者使用的软件编程语言,借助这种易用的软件开发工具,"牛郎星"电脑才可以被广泛运用于会计、统计、文字处理等商务领域。微软公司成为信息技术革命历史上第一家专门为微型计算机研制软件的公司而开创了一个重要的产业:软件业。

"牛郎星 8800"的畅销激发了微型电脑发烧友史蒂夫·沃兹尼亚克(Steve Wozniak,1950—)和史蒂夫·乔布斯(Steve Jobs,1955—2011)的商业灵感,1976 年 4 月 1 日,西方"愚人节"这一天,他俩在车库里创办了"苹果电脑公司"(Apple Computer Inc.,2007 年 1 月 9 日更名为"苹果公司",Apple Inc.)。当乔布斯决定制造适合个人用户使用的微型计算机后,使用什么样的微处理器是个关键问题。乔布斯"最初打算使用与'牛郎星'一样的微处理器,英特尔 8080。但每一枚芯片'比他一个月房租还贵',他只好寻找替代品,最后找到了摩托罗

---

① 吴国盛:《科学的历程》,北京大学出版社 2002 年版,第 539—540 页。
② 叶平、罗治馨编著:《图说电脑史》,百花文艺出版社 2000 年版,第 126—127 页。

拉 6800，乔布斯有一个在惠普工作的朋友能以 40 美元一枚的价格搞到。之后又找到了 MOS（MOS Technology）公司制造的一款芯片，在电子特性上与摩托罗拉 6800 是一样的，但每枚只要 20 美元。这样一来他的机器的价格就会更加低廉，让人买得起，但也为此付出一个长期的代价——英特尔的芯片后来成为行业标准，而苹果的电脑因为与之不兼容而饱受困扰"①。芯片问题解决后，他们开始组装更能够吸引个人用户的"独立的小型台式机"。1976 年 5 月"Apple Ⅰ"（"苹果Ⅰ"）问世并初获成功，它由手工打造而成，模样像打字机，主板裸露在外，需连接电视机作为显示器，"售价 666.66 美元，卖出不到 200 台"②，依靠它"苹果公司大概盈利 8000 美元"③。1977 年 4 月，苹果公司推出"Apple Ⅱ"（"苹果Ⅱ"），经过乔布斯的精心设计，这款电脑"自带一个漂亮盒子和内置键盘，整合其他关键元素，从电源到软件到显示器，是整合了所有部件的电脑，拿到手里就可以运行"，可用于商业管理、科学计算和数据处理等多个领域。

"苹果Ⅱ"一问世就引发极大轰动，订户蜂拥而至，迅速取代 MITS 公司成为最受用户欢迎的电脑公司。"它的外壳和键盘是米色的，重量还不到 15 磅，搬动起来很轻便，每台售价 1350 美元，可以为广大用户所接受。"④ "1977 年，公司营业额超过 20 万美元；5 年之后，营业额跃升至 10 亿美元，进入美国最大 500 家公司的行列。"⑤ "此后，苹果公司的销售额以每年增长 700% 的速度上升。1980 年底苹果公司上市时，第一天股价就由 22 美元上升到 29 美元。"⑥ "在接下来的 16 年中，各种型号的 Apple Ⅱ 出售了接近 600 万台。相比其他

---

① ［美］沃尔特·艾萨克森：《史蒂夫·乔布斯传》，管延圻、魏群、余倩、赵萌萌译，中信出版社 2011 年版，第 54 页。

② 《Apple-1 卖 67.14 万美元　能开机的"古董"苹果增值千倍》，人民网，http://finance.people.com.cn/n/2013/0527/c70846-21622860.html。

③ ［美］Owen W. Linzmayer：《苹果传奇》，毛尧飞译，清华大学出版社 2006 年版，第 11 页。

④ ［美］丹尼尔·伊克比亚、苏珊·纳帕：《微软的崛起——比尔·盖茨和他的软件王国》，吴士嘉译，新华出版社 1996 年版，第 59 页。

⑤ 叶平、罗治馨编著：《图说电脑史》，百花文艺出版社 2000 年版，第 140 页。

⑥ 吴国盛：《科学的历程》，北京大学出版社 2002 年版，第 541 页。

电脑，AppleⅡ真正开创了个人电脑产业。"①苹果电脑的横空出世标志着计算机正式进入"个人电脑"时代。与没有键盘和显示器如同一个盒子般，且不安装运用程序的裸机"牛郎星8800"相比，苹果电脑制定了"个人电脑"的行业标准。"AppleⅡ"的问世标志着计算机革命经历了电子管、晶体管和集成电路计算机的三代发展，进入到第四代大规模集成电路计算机时代，并且最为重要的是：计算机从"昔日王谢堂前燕，飞入寻常百姓家"。

名不见经传的苹果公司短短数年就成为商机巨大的计算机行业的新宠，不仅赢得了金钱还赢得了业界和媒体的喝彩，这对业界公认的计算机行业翘楚、"蓝色巨人"IBM公司是个极大的刺激。IBM决定涉足终端消费市场，此前其客户群基本上是政府部门、军方、银行、大学和企业。历史证明，业界领军企业IBM这一决定，将成为计算机革命的"分水岭"，计算机正式进入"个人电脑"即PC时代，信息技术革命在两大领域之一的计算机领域终于画上了一个圆满的句号。

1980年IBM董事长弗兰克·卡利（Frank Cali）为了让公司也拥有"苹果电脑"，成立"国际象棋"项目小组，要求一年内开发出自己的机器。该项目小组意识到，要在短短一年内开发出能够迅速普及的微型计算机与苹果电脑竞争，必须实行"开放"政策，整合现有的市场资源研制新型的计算机，而不是白手起家。于是，他们决定采用英特尔微处理器作为此款计算机的中央处理器，同时与独立软件公司微软签约为其研制操作系统软件和其他运用软件。经反复斟酌，IBM决定把新机器命名为"个人电脑"即"IBM PC"（IBM Personal Computer），以区别于IBM已经大名鼎鼎的大、中型计算机。1981年8月12日，IBM在纽约隆重推出第一款个人电脑IBM 5150，并借助卓别林的形象拍摄了一部令人难忘的广告"摩登时代的机器"（A Machine for Modern Times）。与苹果电脑不同，IBM PC使用英特尔的8088芯片、微软公司开发的MS-DOS操作系统，它采用开放式结构体系，其主板上配置64KB的存储器，另有5个插槽供增加内存或者连接其他外部设备。它还配备显示

---

① ［美］沃尔特·艾萨克森：《史蒂夫·乔布斯传》，管延圻、魏群、余倩、赵萌萌译，中信出版社2011年版，第76页。

器、键盘和两个磁盘驱动器。过去一个大型计算机上的全套装置被统统搬到个人的书桌上。"《华尔街日报》评论说：IBM 大踏步进入微型电脑市场，渴望在两年内夺得这一新兴市场领导权。果然，就在 1982 年内，IBM PC 卖出了 25 万台。第二年 5 月 8 日，IBM 再次推出改进型个人电脑 IBM XT，增加了硬盘装置，当年的市场占有率就超过 76%。从此，IBM PC 就成为个人电脑的代名词。"[1] 社会公认，IBM 在 20 世纪最伟大的产品就是 IBM PC，以至于"1982 年，《时代周刊》将个人计算机评为'年度风云机器'（Machine of the Year）。该杂志通常每年都会在全世界范围内选择一位在前一年做出突出成就的人士当选'年度人物'，这是《时代周刊》历史上第一次选择'物'而非人并授予其'年度人物'的称号。1983 年，美国的客户从几十家供应商那里购买了 150 万台 IBM PC。到 1985 年，他们的购买量每年增加了一倍"[2]。

计算机革命经过 20 世纪 80 年代的繁荣，终于迎来 90 年代的开花结果。

1990 年 5 月，微软公司推出最新的操作系统 Windows 3.0，这是微软公司继 1985 年 11 月首推图形界面式操作系统 Windows 以来，界面最友好、功能最强大、最受用户好评的一款操作系统。但其缺点也显而易见，它需要功能强大的计算机硬件来搭配才能顺利运行。而此时在市场上热销的英特尔 386 微处理器恰好能够满足这款操作系统对硬件的要求。两者软硬搭配，相得益彰，合力掀起又一轮 PC 热潮。1991 年，英特尔公司开发出 486 芯片并建立了服务于高中低端 PC 机的系列产品线。众多个人电脑厂商纷纷推出自己的 486PC。这些 PC 的操作系统无一例外地都选择 Windows 3.0。其结果是：英特尔的 486 芯片"与 Windows 软件的结合，将电脑性能提升到新境界，令个人电脑的使用前所未有的普遍"。美国商业史学家如是评论："Windows 3.0 操作简易的特点受到非技术用户的青睐，这样 Windows 3.0 垄断了市场。从 1990 年开始，微软的软件与英特尔的硬件主宰了个人电脑市场。它们的双边垄断开始被称作'Wintel 联盟'。"这种联盟"构成了历史上一个重要的利润引

---

[1] 叶平、罗治馨编著：《图说电脑史》，百花文艺出版社 2000 年版，第 143 页。

[2] ［美］阿尔弗雷德·D. 钱德勒、詹姆斯·W. 科塔达编：《信息改变了美国：驱动国家转型的力量》，万岩、邱艳娟译，上海远东出版社 2012 年版，第 257、196 页。

擎。然而，有一句适用于很多情况的话对他们而言也非常适用：他们离了谁都不能单独生存"①。

1994年3月，英特尔公司推出更新一代Pentium处理器并打出广告："Pentium处理器给电脑一颗奔驰的心"，"家用电脑时代来临"②。个人电脑朝着小型、易用、廉价而且功能日益强大的方向急速迈进。与此同时，Pentium处理器经历了Ⅰ-Ⅳ代的发展后又进入目前的Core双核、四核甚至八核处理器时代，单颗芯片上集成的晶体管达到匪夷所思的数量，信息处理功能也空前强大。而相伴始终的微软操作系统也由Windows 3.0、Windows 95、Windows 98、Windows 2000、Windows XP进而发展到Vista、Windows 7、Windows 8、Windows 10的时代。个人电脑时代，计算机的性能有多强大？"1996宾州大学为了庆祝第一台电子计算机ENIAC诞生50周年，把当年的电脑在一块芯片上完全复原了。这块芯片只有7.44×5.29平方毫米大，却集成了174569个晶体管，完全具有从前30吨重的ENIAC的功能。"③

计算机革命作为信息技术革命的一条主线，持续了长达半个世纪的漫长岁月；在20世纪60年代展开的信息技术革命另外一条主线是互联网革命，它同样精彩纷呈。

（二）信息技术革命的主线之二：互联网革命

如前所述，计算机的研发始于军事需要——为二战后期时美国陆军研制新型火炮服务，而互联网革命同样是基于军事目的的重大科技创新。

20世纪50年代，美苏冷战加剧，美国政府和军方迫切需要建立起能够预警，并且在苏联核导弹攻击下有生存能力的通信网络。1957年10月4日，苏联为了庆祝"十月革命节"而发射了人类第一颗人造地球卫星"斯普尼克"号，"消息传来，美国朝野陷入恐慌"。1958年初，德怀特·艾森豪威尔总统决定建立"高级研究计划署"（Advanced Research Projects Agency，简称ARPA，1972年改称Defense Advanced

---

① ［美］理查德·泰德罗：《安迪·格鲁夫传》，杨俊峰等译，上海人民出版社2007年版，第261、257页。

② 虞有澄：《我看英特尔——华裔副总裁的现身说法》，生活·读书·新知三联书店1995年版，第231、252、251页。

③ 吴国盛：《科学的历程》，北京大学出版社2002年版，第538页。

Research Projects Agency，"国防高级研究计划署"，简称 DARPA），该机构隶属国防部，负责研发用于军事用途的高新科技，其目的是"向总统和国防部长提供快速反应信息服务，确保美国人民在高科技领域不再陷入类似的大恐慌"，并"有效遏制军事部门内各势力之间争夺研究开发项目方面的激烈摩擦"。在此形势下，ARPA 一个重要使命就是应美国军方迫切需要建立一种即使遭到核打击也能够继续工作的军用通信系统。自 1961 年起，"ARPA 争取到每年 2.5 亿美元的预算拨款。这笔资金首先用于从事弹道导弹防御和核试验侦察等项目研究，当然这些项目都冠以基础研究的名义。随后，ARPA 动用国防部紧急备用基金启动了一个有关军事指令控制的研究项目。为了进行这项研究，空军订购了一台庞大、昂贵的 Q-32 计算机，专用于空中防御早期警报系统"[①]。ARPA 的核心部门之一叫作"信息处理技术处"（IPTO），1966 年 IPTO 处长鲍勃·泰勒（Bob Taylor）一个偶然的决定促成了这种军用通信系统的诞生。

泰勒的办公室有一间里屋，叫作终端室。里面并排放着 3 台计算机终端，每一台的型号都不同，分别与 3 台主机相连。一台是经过改造的 IBM 打印终端，其主机远在麻省理工学院（Massachusetts Institute of Technology，MIT）。另一台是 33 号模型电传打印终端，其主机远在加州大学伯克利分校（University of California Berkeley）。第三台也是电传打印终端，专为加州圣莫妮卡市（Santa Monica）的一台主机服务，此台主机是专为空军战略指挥之用而设计制造的。可想而知，3 个终端分别属于不同的计算机环境——每一个的程序语言、操作系统等都由各自的主机所决定。因此，3 个终端就有 3 套不同的上机步骤持续。泰勒明白这点，然而要记住 3 套程序，哪一套用于哪一台终端，这就颇让他头疼了。更麻烦的是，他还得去死记硬背进入终端之后的一连串指令，而这 3 个环境中的指令都不一样。一旦他有急用，这些问题尤其让他着恼了，而大部分时候，他上机都是因为有急用。……

[①] ［美］凯蒂·哈芙纳、马修·利昂：《术士们熬夜的地方：互联网络传奇》，戚小伦、李金莎译，内蒙古人民出版社 1997 年版，第 6、19—20 页。

这3台不同的计算机终端反映出该处与全国计算机研究界的最前哨之间的密切联系。这些前哨位于全国最好的几所大学与技术中心。泰勒最想做的事情就是："得想个办法把这些活宝联到一块去。"他考虑，为什么不试一试把已有的计算机联到一张网上来呢？通过电子网络，不同研究小组做类似的工作时可以共享资源和成果。这样，ARPA无须在全国各地建造昂贵的主机用于支持先进制图研究，相反，可以把资源集中在一两个地方，日后建造起四通八达的网络，让大家都能够得着资源。①

国防部是世界上最大的计算机买主。究竟该出资研制哪种型号的计算机是个大问题，这常常让三军军官们左右为难，由于联邦政府颁布了一项法令，规定对不同生产厂家一视同仁，不得偏颇，这更加重了问题的严重性。同时，要让当时的计算机研制行业统一采用某套标准化操作系统，这种可能性微乎其微。面对这一局势，ARPA只能接受现状，力图找出一条路来，研究解决不同计算机之间的互不相容问题。如果联网能够成功的话，那就证明不同厂家的计算机可以相互沟通，这样军方就不必再为选择哪家的产品而大伤脑筋了。而且，这样做还有一个好处，就是可以保障通信的可靠性。联网提供了多条信息传递路线，若是有一条出了故障，剩下的路线照旧工作，可以保障通信无误。②

泰勒的计算机联网实验打动了上级，这和ARPA成立以来一直致力的、依靠大型计算机组建的"空中防御早期预警系统"的构想不谋而合，他获得100万美元的实验经费。泰勒的计算机联网计划也就是后来被称为ARPA Net的"阿帕网"工程③。泰勒从林肯实验室物色到一位精通计算机和远程通信的杰出科学家拉里·罗伯茨（Larry Roberts）负责"阿帕网"工程，罗伯茨为"阿帕网"选择了当时最先进的"分布式网络结构"（Distributed Network Structure）和"包交换技术"（Packet

---

① ［美］凯蒂·哈芙纳、马修·利昂：《术士们熬夜的地方：互联网络传奇》，戚小伦、李金莎译，内蒙古人民出版社1997年版，第5—6、42页。
② 同上书，第43页。
③ 叶平、罗治馨编著：《图说电脑史》，百花文艺出版社2000年版，第196页。

Switching Technology）①。1968年6月，罗伯茨正式向ARPA提交了一份名为"资源共享的电脑网络"的报告，提出首先在美国西海岸的四个节点进行实验，即加州大学洛杉矶分校（UCLA）、加州大学洛杉矶分校（UCSB）、斯坦福研究院（SRI）和犹他州立大学（UTAH）。经过艰苦的研发，"1969年10月29日22点30分，上述四台主机通过长途电话线路实现成功互联。当年年底，另外两台主机也成功联入，世界上第一个实现分组交换技术的远程计算机网络正式启用。1971年，阿帕网发展为15个站点、23台主机；4年后，阿帕网节点数已经发展到40个，构成了互联网的雏形"②。阿帕网成功组网被公认为是互联网诞生的标志。经过几年试运行，"1974年5月，阿帕网由国防高级研究计划署（DARPA）转交给国防通讯处（DCA），也就是现在的国防信息系统处（DISA），正式运行起来"③。阿帕网正式服役。

国防计划署从一开始就没有把阿帕网当作唯一的目的，实际上，阿帕网只是长期计划中的一个部分。这个计划的开始是要建立三种不同的网络：一个是阿帕网（利用传统的长途电话线路进行计算机互通互联——引者注），另一个是无线电信包网（利用无线通信方式进行计算机互通互联——引者注），还有一个则是卫星信包网（利用卫星通信方式进行计算机互通互联——引者注）。最后的任务是将这三个网络连接起来。当三个网络都已经相对成熟的时候，就可以进行网络之间的互联实验了。到1977年7月，阿帕网上已经有111台电脑，国防计划署组织了一次三个网络之间的互联。虽然这次实验已经超出了阿帕网，但仍然由美国国防部提供资金。信包首先通过点对点的卫星网络跨越大西洋到达挪威，又从挪威经过陆地电缆到达伦敦；日后再通过大西洋信包卫星网络（SAT-

---

① "分布式网络结构"是由分布在不同地点的计算机系统连成网状结构，每个节点至少有两条链路与其他节点相连，任何一条链路出故障时，信息可经其他链路通过，因此网络可靠性较高。这种网络结构不需要中心交换，抗破坏能力较强，被认为是战时保障通信顺畅的最好的计算机网络。"包交换技术"也称为分组交换技术，是将用户传送的数据分割成若干数据包，日后再分别通过不同的路径发送到目的地，这一过程被称为分组交换。

② 叶平、罗治馨：《计算机与网络之父》，天津教育出版社2001年版，第226页。

③ 郭良：《网络创世纪——从阿帕网到互联网》，中国人民大学出版社1998年版，第24页。

NET)①，经过 SCPC 系统，分别由埃当、西弗吉尼亚、贡希利、塔努姆和瑞士地面站再传送回美国。全部路程要经过 9.4 万英里，比单纯在阿帕网上的 800 英里要长得多。令人不可思议的是，经过 9.4 万英里的传输，竟然没有丢失一个数据位！要知道，在电脑上，每一个英文字母占一个字节（byte），而每一个字节通常由 7 个数据位（bit，也就是"比特"）加上一个校验位构成。这么远的距离能够如此可靠地传输数据，证明了 TCP/IP 协议②的成功。③

科学家们发明阿帕网是为了军事的需要，尤其是应付可能爆发的核战争。但因为美苏两霸在 60 年代逐渐形成了"确保相互摧毁"的核战略而达成了任何一方不敢轻言动武的"核均势"，因此，阿帕网的军事功能并没有显现出来。因为阿帕网的管理者都是科学家，所以，利用阿帕网进行科学研究的协作和交流，将军用通信网转为科学研究之用反而进展神速。与此同时，组建非军事用途的计算机通信网络也成为业界最热衷的科研项目。上述三网成功互联就是一个标志性的事件。1982 年，阿帕网与美国计算机科学研究网（C GNet）正式互联。1983 年，阿帕网宣布废止原来的 NCR 协议，采用 TCP/IP 协议。从此，科学家们把遵循 TCP/IP 协议的计算机网络称为"因特网"（Internet），这是阿帕网发展的第二个阶段。1986 年，阿帕网的军用部分脱离母网，其主干网地位由美国国家科学基金会（National Science Foundation，NSF）创建的网络（NSFnet）接替。由于该机构的鼓励和资助，很多大学、政府资助的研究机构甚至私营的研究机构纷纷把自己的局域网并入 NSFnet 中。至此，互联网开始摆脱战争机器的功能定位，成为人类进行科学研究和信息交流的计算机网络。"1990 年，是阿帕网的 20 岁生日，也是东西方冷战结束的一年。阿帕网终于完成自己的历史使命，退出历史舞台。这

---

① "SATNET 网"是美国、英国、挪威、德国、意大利的计算机科学家共同建立的一个利用卫星给通信技术使分布在各国家的电脑互通互联的计算机网络，其目的是科学研究，与军事无关。

② TCP/IP 协议（Transfer Control Protocol & Internet Protocol）即"传输控制协议/网际协议"，它是一种特殊的软件，用于计算机之间互通互联，它能够让基于不同的硬件体系，使用不同操作系统的计算机实现沟通与交流，相当于计算机世界的"通用语言"。

③ 郭良：《网络创世纪——从阿帕网到互联网》，中国人民大学出版社 1998 年版，第 76 页。

个时候，整个互联网上大约有30万台主机、900个网络联系在一起，共同分享各自的成果。从1969年到1990年的20年期间，美国人完成了自己的信息高速公路的奠基任务。其中，美国国防高级研究计划署的计划、管理和资金、技术的支持无疑起了非常重要的作用。"①

互联网革命经由阿帕网到因特网的变化意味着，诞生于冷战背景下基于国防和军事用途的计算机通信网络在80年代末期逐渐完成华丽转身而嬗变为科学研究的强有力助手。但是，此时的因特网易用性还比较差，譬如，网络上的各种信息浩若烟海且存储在不同的计算机主机上，使用者要查询起来非常困难。"欧洲粒子物理研究实验室"（European Particle Physics Laboratory，CERN）的英国软件工程师蒂姆·伯纳斯·李（Tim Berners-Lee）解决了这一问题。1989年3月，蒂姆向CERN递交了一份立项建议书，建议采用"超文本技术"（Hypertext）把CERN内部的各个实验室连接起来，在系统建成后，将可能扩展到全世界。1990年10月，他开发出第一套服务器软件和客户端软件，将其命名为"万维网"（World Wide Web），简称WWW或者Web，Web通过一种超文本方式，把网络上不同计算机内的信息有机地结合在一起，并且可以通过"超文本传输协议"（Hyper Text Transport Protocol，HTTP）从一台Web服务器传到另一台Web服务器上检索信息。Web服务器能发布图文并茂的信息，甚至在软件支持的情况下还可以发布音频和视频信息。"超文本是模拟人的思维'非线性阅读'，这就是所谓'没有页码的书'。万维网的奇妙之处在于，计算机网络里的任何资料可以存放在世界各国不同的地方，超文本链接不需要关心这些资料分别存放在什么地点。此外，这种文本所包含的内容不仅可以是文字字符，还可以是图像、声音、动画和电影，因此也称为'超媒体'，即以超文本方式提供的多媒体信息。"② 1989年成为Internet历史上划时代的分水岭，它不仅使科学研究的信息查询更简单，而且数字化信息的表现形式更加丰富多彩。蒂姆·伯纳斯·李因为这个伟大的发明而获得"万维网之父"的美誉。

---

① 郭良：《网络创世纪——从阿帕网到互联网》，中国人民大学出版社1998年版，第24—25页。
② 叶平、罗治馨：《计算机与网络之父》，天津教育出版社2001年版，第156页。

至此，可以把互联网定义为：遵循统一的技术协议（TCP/IP 协议和 WWW 协议），以共享信息资源的方式相链接，实现多媒体信息的高速、海量传递、并行处理且具有相对独立功能的各类计算机网络的集合。互联网革命经过阿帕网时代、因特网时代终于发展到互联网时代——借助现有的通信基础网络（有线的和无线的），所有的计算机都能够互通互联。然而，直到此时，上网仍然是一件无比"高大上"的事情，它对使用者的要求极高，上网成为计算机专家和精通计算机技术的科学家们的"专属特权"，一般用户难以高攀。

1991 年 CERN 对外正式宣布提供 Web 服务，因特网上出现了最早的 Web 浏览器。但是，蒂姆·伯纳斯·李编写的浏览器软件使用的是苹果公司的高档计算机 NeXT，所以它只适用于苹果公司的 NeXT，而当时流行的 IBM PC 用户、苹果公司的 Macintosh 用户和大批 UNIX 用户都无法直接使用这个软件。而且，蒂姆·伯纳斯·李的浏览器只提供字符型版本，用户必须借助键盘输入复杂的字符命令才能浏览互联网上的信息。而此时的个人电脑用户经过微软和苹果公司图形界面化操作系统的熏陶，早已经习惯使用鼠标点击"视窗"来操作电脑了，这成为网络普及的瓶颈，网络浏览器的"通俗化"和"亲民化"迫在眉睫。

1992 年底，在美国"国家超级计算机运用中心"（National Super Computer Application Center，NCSA）勤工助学的伊利诺伊大学计算机科学专业 22 岁的大学生马克·安德森（Marc Andreessen，1970— ）解决了这一难题。

在安德森眼里，互联网上的访问软件落后于计算机产业的主流软件至少十年，他说："视窗已经进入所有计算机桌面，苹果公司的麦金托什计算机就是一个巨大的成功，点击的界面研究成为每日生活的一个部分，但如果你想使用互联网，还必须懂得 UNIX 系统。你必须输入 FTP 命令，你必须具备在头脑中进行 IP 地址和主机域名之间地址交换的能力，你必须了解所有 FTP 档案的位置，你必须熟悉互联网中继续聊天协议（IRC），你必须知道如何使用这一特定的新闻读本和那一特定的 UNIX 外壳提示，你必须几乎精通 UNIX 才能去做任何一件事情。现在的使用者们对这些事情简便易行毫无兴趣。事实上，有一部分人想使它们简便易行，实际上他们是想把普通人排斥于互联网之外。"安德森心中理想的无误浏览器软件,应该只用鼠标操作,不仅可以显示超文本,快速连接其他类型文件,还能嵌入图形、视频和音频。它应该像马赛克一样,拼合出网络的各种功能,包括远程登录、文件下载等,就像Windows视窗那样,把所有工具都隐藏在迷人的图形界面背后。①

安德森说服了该中心有限的程序员埃里克·比纳（Eric Bina）和他一起开发这个全新的万维网浏览器软件,并将其命名为"马赛克"（Mosaic）,而且,他们的创造性工作得到了中心主任的批准,因为他也深感上网不便。此后进一步吸引了该中心的其他程序员加盟开发工作,他们的浏览器要适用于所有的电脑操作系统,不仅是UNIX操作系统,还包括在PC机和苹果电脑上使用的浏览器软件。

一个名叫乔恩·米特尔豪斯（Jon Mittelhouser）的程序员把马赛克移植到PC机的过程中,提出了新的创意:当鼠标指针指向万维网页面某个链接时,它的形状将变成一只手。1993年1月23日,在有关互联网运用的专业会议上,安德森发表了一条简短的消息:"根据非特别人物赋予我的权力,现发布基于国家超级计算机应用中心的联网信息系统和万维网浏览器 X Mosaic alpha/beta 版本0.5。"在消息最后,安德森写道:"让我欢呼吧。"他把马赛克放在应用中心万维网服务器上,供人随意下载。几个月后,马赛克的Unix版、PC版和麦金托什版的下载量已经达到几十万次。马赛克迅速扩散带来的直接后果是上网用户激增,五个月里,用户增加了十倍。安德森由衷地感到,在他喊出"让我们欢呼吧"之后,全世界都跟着欢呼雀跃。②

Mosaic成为第一款能够运用到所有PC上的"傻瓜型"多媒体浏览器,它和Windows操作系统一样,都使用图形界面的操作方法,有按键、卷页、图标和下拉式菜单,但凡熟悉视窗操作系统的电脑用户,无

---

① 叶平、罗治馨：《互联网络传奇》,天津教育出版社2001年版,第159—160页。
② 同上书,第162页。

论他/她是使用 PC 机还是苹果电脑，只需要几分钟就可以学会上网冲浪，由于它解决了伯纳斯·李的第一代网络浏览器的易用性问题，使用 Mosaic 浏览器浏览万维网就像逛游乐园一般轻松惬意。上网不再是科学家和专业人士独享的特权，这种运用一旦普及化和平民化，上网很快就风靡世界，不再是科学家和专业人士的专属特权。

1992 年被科学史家认为是互联网革命开花结果的年份，因为 WWW 技术的广泛运用加上图形界面化万维网浏览器的风靡，特别是日益价廉物美的 PC 进入寻常百姓家，共同迎来了 90 年代中期的互联网大爆炸，互联网革命终于修成正果。"整个 20 世纪 90 年代，美国人不断地购买个人电脑，每季度达到几百万台。美国政府估计，到 1994 年末，北美地区共安装了 7000 多万台个人电脑；其中 3100 万台安装在家里。"[1] 这些电脑无一例外都联上互联网。

综上所述，由计算机革命和互联网革命汇聚而成的信息技术革命深刻地改变着人类的生产方式和生活方式，它表现为信息技术广泛渗透到社会生活的各个领域，其涉及的内容可以用"3A""3D""3C"来表示[2]。这三个"A""C""D"涵盖了人类经济的几乎所有领域。由于现代信息技术是处理数字化信息的技术，这种技术能够把所有信息——文字、声音和影像都进行数字化编码，即使用二进制代码来表示所有信息。因此，信息技术革命又被称为"数字革命"（The Digital Revolution）。1998 年 4 月，美国商务部在其发布的第一个研究信息技术对经济影响的年度报告——*The Emerging Digital Economy* 中，把始于 20 世纪 40 年代末的信息技术革命称为"数字革命"，将其视为继蒸汽革命和电力革命之后最伟大的科技革命，"其来势异常凶猛，它使目前的经济变革成为可能——利用像光一样迅捷的瞬时通信、使用微电子处理和存储大量的信息"[3]。

---

[1] ［美］阿尔弗雷德·D. 钱德勒、詹姆斯·W. 科塔达编：《信息改变了美国：驱动国家转型的力量》，万岩、邱艳娟译，上海远东出版社 2012 年版，第 196 页。

[2] 所谓"3A"就是工厂自动化（Factory Automation）、办公自动化（Office Automation）、家庭自动化（Home Automation）；所谓"3C"就是通信（Communication）、计算机（Computer）、控制（Control）的结合；所谓"3D"，就是数字传输（Digital Transmission）、数字交换（Digital Switching）、数字处理（Digital Processing）三结合的数字通信。

[3] USC, *The Emerging Digital Economy*, p. 3. 见"美国商务部经济与统计行政事务署"网站，http：//www.esa.doc.gov/Reports/emerging-digital-economy，2010 - 03 - 21。

在二战结束后持续长达半个世纪的信息技术革命是资本主义进化史上"科学技术泛资本化"在美国水到渠成的时期,它使得发轫于英国的"科学技术资本化"经过漫长的演化,在蒸汽革命和电力革命的推波助澜下走向"科学技术泛资本化"。科学技术与资本的结合更是达到一个前所未有的境界,既促进了科学技术革命大发展又推动美国资本主义生产力大爆发并使美国在二战后成为资本主义世界的头号强国和冷战后的世界霸主。探索个中缘由必须解答一个重要问题:"'科学技术泛资本化'何以形成于美国?"

二 "科学技术泛资本化"在美国水到渠成

根据前文以及图1.7"三维坐标系中科学技术与资本联姻历史进程逻辑框架"和图1.5"SST理论框架中的'科学技术资本化'形成机制",研究发现,信息技术革命时期美国的"社会生态环境"非常适合科技和资本更加深层次联姻,以信息技术革命为标志的第三次科技产业革命缘起于美国决定了"科学技术泛资本化"在美国水到渠成有其历史必然性和合理性。美国作为第三次科技产业革命的引领者雄踞世界霸主宝座。

信息技术革命并非一个自发的历史进程,它何以发生在美国?其产生和发展与特定历史时期美国的社会历史背景及相应的政治、经济及制度安排有关。无疑,SST理论为剖析信息技术革命发生在美国的社会历史原因提供了一种全面而深刻的理论框架,通过对这一理论的梳理,发生于美国特定历史条件下的信息技术革命凸显出清晰的脉络。美国学者卡斯特在追溯信息技术革命的历史时指出:"技术创新并非孤立的案例。技术创新反映了既定的知识状况、特殊的制度与工业环境、能够定义及解决技术问题之技巧的可及性(accessibility),让运用成本最具效率的经济形态,以及生产者与使用者的网络。"[①] 这种解说非常符合SST理论的分析方法,依照SST理论,可以构建如下模型来剖析信息技术革命与美国社会之间所存在的良性互动的关系,见图3.1:

---

① Manuel Castells, *The Rise of the Network Society*, Mass: Blackwell Publishers Inc., 1996, p. 37.

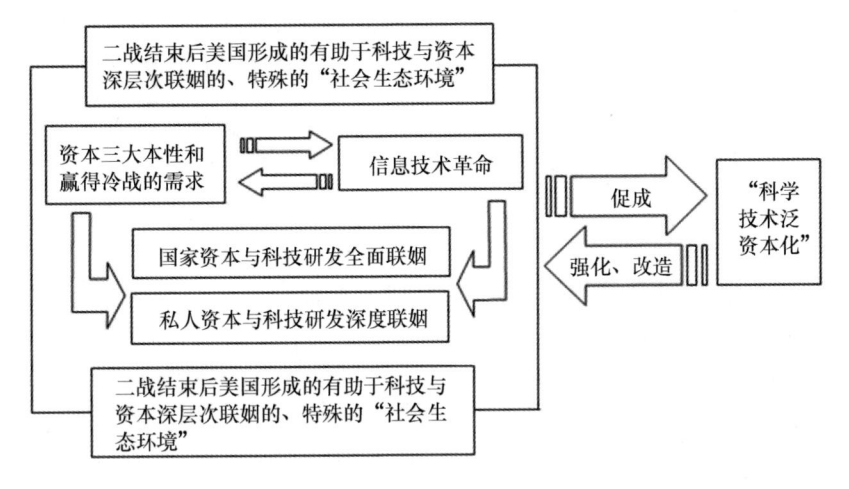

图 3.1　SST 理论框架中的"科学技术泛资本化"的形成机制图

图 3.1 "SST 理论框架中的'科学技术泛资本化'的形成机制图"揭示：二战结束后美国形成的有助于科技与资本深层次联姻的、特殊的"社会生态环境"，它把"科学技术资本化"带入到"科学技术泛资本化"时期，这是"科技与资本联姻的 2.0 版本"即"科学技术泛资本化"形成期，是指国家垄断资本主义条件下，科学技术与资本联姻"质变时期"的第一阶段。反过来，"科学技术泛资本化"的不断深化，又强化和改造着美国社会，使之在 20 世纪中叶以后形成了更加有利于科技与资本联姻的"社会生态环境"并为新一轮的科技产业革命积累着各种条件。"科学技术泛资本化"和二战结束后美国特殊的"社会生态环境"之间的复杂互动的关系体现了事物发展过程中历史和逻辑相统一的规律。

二战结束之后，美国成为资本主义当之无愧的领袖和世界霸主。借助于"科学技术资本化"深入发展时期即第二次科技产业革命/电力革命时期积淀的强大势能和冷战背景下美国形成的、特殊的"社会生态环境"，科学技术进入"泛资本化"的形成期，也是"科学技术资本化"的"质变时期"。根据第一章图 1.5 "SST 理论框架中的'科学技术资本化'形成机制"所提供的分析方法。研究认为，在信息技术革命时期，构成"科学技术泛资本化"形成于美国的"社会生态环境"因素有：（1）军事和政治需求促使国家资本与科技研发全面联姻。（2）冷战背景下美国朝野众志成城以战胜苏联为目标的社会心理氛围。(3) 资本逐利的需求促使风险投资兴起使得私人资本与科技研发深度联姻拥有最完善的制度保障。(4) 官—产—学—研一体化的制度安排非常有利于科技与资本深度联姻。(5) "知识产权资本化"成为"科学技术泛资本化"的最佳表现形式。据此，以下将分别展开论述。

（一）促进"科学技术泛资本化"形成的社会生态环境因素之一：军事和政治需求促使国家资本与科技研发全面联姻，"科学技术泛资本化"获得最好的政治环境

二战结束后，基于战争的经验，美国军方和政府均高度重视科学技术对赢得战争胜利的重大作用。

> 1946年4月30日，刚刚被任命为美国陆军参谋长的艾森豪威尔给高级军事指挥员下发了一份极具远见的4页纸的备忘录。在这封备忘录中，他列出了五点政策，以确保在新成立的研究开发部领导下，国家的各种资源能够被充分利用。"单靠武装部队是无法赢得战争的，"艾森豪威尔写道，"有了科学家和商人提供的技术和武器，我们才能智取敌人……这种结合的模式也要引入和平时期，这并不是单纯地让军队了解现在科学和工业的发展情况，而是要做我们的国防计划中把所有有助于保护国家的民间资源全部考虑进去。"[①]

艾森豪威尔对现代科学技术的重视深刻地影响了他任职美国总统时以及继任总统所制定的一系列科技政策，这一政策的核心就是——赢得冷战和军备竞赛的胜利。为此，美国国家资本以前所未有的力度投入到科技研发中并成为推动科技创新的强大动力。这一特征在信息技术革命进程中得到淋漓尽致的体现。

信息技术革命的两条主线，无论是计算机革命还是互联网革命都和战争有关都和军事需求有关，电子计算机的诞生以及飞速发展的初期都与军事需求密切相关。如前所述，世界上第一台电子计算机 ENIAC 的

[①] [美] 斯宾塞·安特：《完美的竞赛："风险投资之父"多里奥特传奇》，汪涛、郭宁译，中国人民大学出版社 2009 年版，第 96—97 页。

诞生就在二战中期，美国陆军投入了48万美元的研发经费，ENIAC成功开启了信息技术革命与军事结缘的历史。

计算机制造业从创建之初就与国防军事结下了不解之缘。早在二战期间，人们意识到人工操纵的机械运算器已不够用，需要比这快得多的运算速度才能满足需求。军事部门于是拨款资助科学家们进行了几十项计算机研制项目。在海军的资助下，哈佛数学教授霍华德·爱肯（Howard Aiken）的研制大型运算器的梦想得以成真，他造出了马克一号（Mark I），该计算机的开关屏长达51英尺，高8英尺，不需要人工操纵帮助，可自行进行算术运算。陆军也不甘落后，资助宾夕法尼亚大学（University of Pennsylvania）进行ENIAC项目的研究。再往后，麻省理工学院先后得到海军和空军的资助，研制出了一台名叫"旋风"（whirlwind）的计算机。①

50年代初，许多军事理论家认为苏联可能会发起突然袭击，派遣轰炸机携带核武器飞越北极而来。于是一批科学家于1951年云集于MIT（Massachusetts Institute of Technology，麻省理工学院——引者注），群策群力研讨如何应对这种突发事态。科学参与国防，这已不是第一回。早在40年代，科研人员就曾共同会战，研究针对德国的核武器研制该采取何种对策。1951年MIT的研讨互动总称为"查尔斯计划"，研讨的结果是向空军建议成立一个小组，专门发展研究空袭防御方面的技术。在这一背景下，林肯实验室很快成立，并建起一套人员班子，第一任主任是艾伯特·希尔（Albert Hill）。1952年，该实验室移到校外的莱克星敦（Lexington）地区，在坎布里奇市以西10英里，主要从事远距离早期预警方面的研究。研究设想是建立起一条远距离早期警报雷达线，南起夏威夷（Hawaii），北至阿拉斯加（Alaska），然后跨过加拿大群岛（Canadian Archipelago）至格陵兰（Greenland），最后延伸至冰岛（Iceland）和不列颠群岛（British Isles）。要处理这么复杂而且范围这么广大的预警体系内的通信、控制和情报分析等问题，非计算机

---

① ［美］凯蒂·哈芙纳、马修·利昂：《术士们熬夜的地方：互联网络传奇》，戚小伦、李金莎译，内蒙古人民出版社1997年版，第6、19—20、21页。

不行。为此，林肯实验室先在 MIT 搞了一个名叫"旋风"的计算机攻关项目，在此基础上开始从事名叫半自动地面环境系统（以下简称 SAGE）的课题研究。SAGE 的核心是一台 IBM 生产的大型计算机。整个 SAGE 系统奇大无比，操作人员只有步入其中才能工作。它有以下三重功能。其一，接受各种侦察站传来的信息并识别信息来自哪一部雷达；其二，根据信息判定来袭飞行物的情况；其三，指挥地面防御武器瞄准敌对飞行器。[1]

如前所述，1957 年 10 月苏联发射了人类第一颗人造地球卫星，鉴于美苏都拥有原子弹，这意味着苏联率先赢得了利用洲际导弹对美国进行远程核打击的能力。消息传来，美国朝野陷入惊恐。美国当代著名历史学家威廉·曼彻斯特（William Manchester）评价道："苏联事实上已经发明了令人恐惧的洲际弹道导弹。在莫斯科按一下电钮，华盛顿就会化为灰烬。"[2] 为了整合政府、军方和高校及科研机构的资源与苏联对抗，次年初美国政府在国防部建立"高级研究规划署"（ARPA），ARPA 一个重要使命就是应美国军方迫切需要建立一种即使遭到核打击也能够继续工作的军用通信系统。ARPA 创建之初，手中就"拥有 5 亿 2 千万美元的拨款和一笔 20 亿美元的预算基金。它负责指导美国所有的太空计划和先进的战略导弹研究"[3]。

斯普尼克号所引发的危机感使美国人空前地关心起外层空间的竞争来，学校里科学课程的分量明显加重，苏美关系恶化，同时用于研究开发的经费拨款，就像决了堤一样大量涌来。华盛顿原来每年支出 50 亿美元用于"对付域外挑战"的研究开发工作，后来猛增至 1959 年到 1964 年间每年支出 130 亿美元。可以说斯普尼克号把美国引入了军事科技大发展的黄金时代（至 1960 年代中期，全

---

[1] ［美］凯蒂·哈芙纳、马修·利昂：《术士们熬夜的地方：互联网络传奇》，戚小伦、李金莎译，内蒙古人民出版社 1997 年版，第 28—29 页。

[2] ［美］威廉·曼彻斯特：《光荣与梦想：1932—1972 年美国社会实录》（3），广州外国语学院英美问题研究室翻译组译，商务印书馆 1988 年版，第 1118 页。

[3] ［美］凯蒂·哈芙纳、马修·利昂：《术士们熬夜的地方：互联网络传奇》，戚小伦、李金莎译，内蒙古人民出版社 1997 年版，第 15 页。

国的国防研究开发总支出占据生产总额的3%，这个百分比值成了衡量进步的标准，其他国家都竞相效尤）。①

人造地球卫星同样也唤醒了公众对风险资本的支持。过去20多年里，国会一直没有通过风险投资组织法案，而这一次法案再次提交到了国会。人造地球卫星的危机让那些对法案持有不同批判意见的声音都不见了，大多数相信风险投资的联邦储备银行官员都认为风险投资是中小企业发展的源泉。接着，1958年8月21日，受成立投资公司热情的鼓舞，艾森豪威尔总统签署了《1958年中小企业投资法》。国会批准推移拨款2.5亿美元成立中小企业投资公司（SBIC），为中小企业的成立和发展提供税收减免和贷款优惠。②

因苏联率先发射人造卫星而急剧升温的美苏军备大战极大地刺激了美国半导体工业的飞速发展，为刚刚起步的半导体产业营造了强大的市场需求。

1957年，苏联和美国已经宣布即将完成的火箭将实现绕地飞行。如此复杂的技术只能依靠体积最小、运行速度最快以及最为可靠的电子装置——这样的要求使晶体管成为首选。截至1957年，晶体管的出货量达到350万颗，较前一年增长了175%，销售额较前一年同期相比涨幅为105%，达到710万美元。③

总之，50—60年代，冷战成为美国科技创新的首要诱因，它为随后爆发的信息技术革命铺平了道路。此阶段由美国政府出巨资研制和购买的许多大型计算机都是为了军事的需要。美国军方对大型计算机的巨大需求刺激了新兴的计算机工业快速成长，当军需订单像雪片般飞来时，以主机制造商IBM公司和芯片制造商英特尔公司为代表的一大批

---

① ［美］凯蒂·哈芙纳、马修·利昂：《术士们熬夜的地方：互联网络传奇》，戚小伦、李金莎译，内蒙古人民出版社1997年版，第15页。
② ［美］斯宾塞·安特：《完美的竞赛："风险投资之父"多里奥特传奇》，汪涛、郭宁译，中国人民大学出版社2009年版，第141页。
③ ［美］莱斯利·柏林：《硅谷之父：微型芯片业的幕后巨人》，孟永彪译，中国社会科学出版社2008年版，第83页。

计算机厂商便开始了蓬勃发展的黄金时期。而 60 年代初期的"民兵导弹计划"和随后进行的越南战争则刺激了半导体工业的发展。80 年代的里根总统制订的"星球大战计划"更是刺激了信息科技的突飞猛进。20 世纪 50—60 年代是美国半导体工业突飞猛进的时期，大量精确制导武器的研发尤其是越南战争使得美国国防部成为半导体芯片的最大买主，进而刺激了这个行业的发展。如表 3.1 所示。

表 3.1　　1955—1968 年美国国防需求的半导体生产情况[①]

年份	半导体总产值（百万美元）	军用半导体产值（百万美元）	军用半导体产值/总产值（%）
1955	40	15	38
1956	90	32	36
1957	151	54	36
1958	210	81	39
1959	396	18	45
1960	542	258	48
1961	565	222	39
1962	575	223	39
1963	610	211	35
1964	676	192	28

---

① ［美］斯坦利·L. 恩格尔曼、罗伯特·E. 高尔曼等：《剑桥美国经济史》第三卷《20 世纪》，高德步、王珏本卷主译，高德步、王珏总译校，中国人民大学出版社 2008 年版，第 633 页。

续表

年份	半导体总产值（百万美元）	军用半导体产值（百万美元）	军用半导体产值/总产值（%）
1965	884	247	28
1966	1123	298	27
1967	1107	303	27
1968	1159	294	25

注：a. 1962—1968 年的数据包括单块基础电路。b. 军用半导体生产包括为国防部（DOD）、原子能委员会（AEC）、中央情报局（CIA）、联邦航空局（FAA）以及国家航空航天局（NASA）生产的半导体设备。

表 3.1 说明，第一，在美国半导体产业起步的 1955 年，国防需求的占比就高达 38%，峰值时达到 48%，在统计截止的 1968 年也有 25% 的占比，这表明军事需求是这个行业得以大发展的重要推动力。第二，半导体行业的产值增长迅猛，1955 年到 1968 年短短 13 年就增长了 28 倍，年均增长 20%。其中，国防需求在 13 年内增长了 19 倍，年均增长 13%。第三，半导体产业是计算机产业的核心，其飞速发展的结果必然是计算机研发的腾飞：计算机由大型化走向小型化。这一规律在前文"计算机革命简史"中得到印证。

作为信息技术革命重要硕果的互联网，其诞生同样与第二次世界大战结束后美苏两大阵营的冷战和军备竞赛密不可分。正如美国信息社会学家卡斯特指出："互联网在 20 世纪最后 30 年间的创造和发展，是军事策略、大型科学组织、科技产业，以及反传统文化的创新所衍生的独特的混合体。"[①] 科学家发明互联网的初衷是为了军事的需要，但是，这一发明日后被运用到非军事的科学研究特别是商业领域和人类交往领域却发挥了意想不到的效果，其普及使人类文明进入到网络时代。就此意义而言，作为信息技术革命最伟大的硕果，互联网实际上充当了变革

[①] [美] 曼纽尔·卡斯特：《网络社会的崛起》，夏铸久、王志弘等译，社会科学文献出版社 2001 年版，第 53 页。

经济及社会的"历史不自觉的工具"。

总之,因为第二次世界大战的经验教训,国家资本和科技研发全面联姻以此提升国家的军事方面实力和综合国力成为资本主义的惯例。美国作为资本主义世界的领袖,在这方面自然做得最为成功。20世纪美国先后启动三大国防科研项目——"曼哈顿计划"①、"阿波罗计划"②和"星球大战计划"③,代表了资本主义有史以来国家资本与科技研发全面联姻的最高境界。毫无疑问,这三大国防科研项目对于促成"科学技术泛资本化"发挥了极其重大的推动作用,"科学技术泛资本化"获

---

① "曼哈顿计划"(Manhattan Project):第二次世界大战期间,美国陆军部于1942年6月实施的利用核裂变反应来研制原子弹的计划。该计划动员了50余万人参加(其中科研人员15万),耗资22亿美元,占用全国1/3的电力,历时3年到1945年春季完成,其标志是成功研制了3颗原子弹,其中一颗于7月16日凌晨在美国洛斯-阿拉莫斯沙漠中心的实验场试爆成功,另外两颗于1945年8月6日和9日被投放到日本广岛和长崎,促成日本法西斯投降,结束了第二次世界大战。原子弹的研制是20世纪人类大科学的首例典范,人类掌握了空前强大的物质力量,见吴国盛《科学的历程》,北京大学出版社2002年版,第494—495页。

② "阿波罗计划"(Apollo Program):1961年4月12日苏联成功实现了人类历史上第一次太空飞行。5月25日,美国总统肯尼迪宣布要在10年内把一个美国人送上月球并让其安全返回地球,这就是著名的"阿波罗计划"。美国政府为了实施这一历时近12年的计划,在过程高峰时期,总共动员了40万人、约2万家公司、120多所大学参与,耗资250多亿美元。1969年7月16日,宇宙飞船"阿波罗11号"顺利升空并进行绕月飞行,7月20日登月舱顺利降落月球,宇航员阿姆斯特朗和奥尔德林代表人类首次登陆月球,7月24日,"阿波罗11号"飞回地球并安全着陆,阿波罗载人登月计划成功。"阿波罗计划"至1972年12月第6次登月成功结束。"阿波罗计划"是20世纪人类大科学的又一典范,它首次将人类文明带入了地外空间,在人类文明史上具有重大意义。见吴国盛《科学的历程》,北京大学出版社2002年版,第520—524页。

③ "星球大战计划":1983年3月23日,时任美国总统的里根发表了著名的"星球大战"演说,其正式名称是"战略防御计划"(Strategic Defense Initiative,或者Star Wars Program,简称SDI)。其基本设想由"洲际弹道导弹防御计划"和"反卫星计划"两部分组成。拦截系统由天基侦察卫星、天基反导卫星组成第一道防线,用常规弹头或定向武器攻击在发射和穿越大气层前阶段的战略导弹;由陆基或舰载激光武器,摧毁穿过大气层的分离弹头;由天基定向武器、电磁动能武器或陆基或舰载激光武器攻击进入大气层前阶段飞行的核弹头;用反导导弹、动能武器、粒子束等武器摧毁重返大气层后的"漏网之鱼"。经过上述4道防线,可以确保对来袭核弹99%的摧毁率。同时在核战争发生时,以反卫星武器摧毁敌方的军用卫星,打击削弱敌方的监视、预警、通信、导航能力。1992年美国政府对"星球大战"计划做了重大调整,提出了"对付有限打击的全球防御系统",该系统包括战区导弹防御、国家导弹防御和全球导弹防御。1993年5月,克林顿政府正式宣布结束历时10年的"星球大战"计划,提出了新的主要针对第三世界国家的战术弹道导弹威胁的导弹防御计划。在星球大战计划实施的10年间,美国政府为此花费了约300亿美元。源自李永志《简明国际知识辞典》,世界知识出版社2014年版,第348页。

得了最好的政治环境。

（二）促进"科学技术泛资本化"形成的社会生态环境因素之二：冷战背景下美国朝野众志成城以战胜苏联为目标的社会心理氛围，为资本与科技研发联姻营造了最好的社会环境

1957年10月4日，苏联率先发射了人类第一颗人造卫星，在美苏冷战全球争霸的背景下，赢得对美国巨大的军事威慑优势，美国面临防不胜防的苏联洲际弹道导弹远程核打击而朝野震惊，社会各界纷纷指责政府的无能和失策，媒体和民间掀起了一场声讨美国政府和科学家的口诛笔伐运动。

尽管苏联对其卫星计划一直没有十分隐晦，他们的第一颗人造地球卫星的出现却仍使美国情报机构大为震惊。华盛顿州参议员亨利·杰克逊要总统宣布"国耻民危周"。密苏里州的赛明顿要求国会召开特别会议。阿肯色州的富布莱特说，"我们所面临的实际挑战已涉及外国社会的根本。它涉及我国的教育制度，这是我们的知识和文化价值的来源。在这方面政府的学术复兴计划目光短浅，令人不安"。波特兰《俄勒冈人报》评论说："让苏联卫星在空中盯着我们，这实在太可怕了。"《时代》周刊说："美国人一向为自己科学技术上的能力和进步感到自豪，为自己能够走在别人头里，第一个取得成就感到自豪。可是现在不管做出多少合理的解释，由于一颗红色的月亮使美国人黯然失色，终于突然间在全国出现了强烈的沮丧情绪。"美国人尝到了低人一等，甚至蒙受耻辱的滋味。他们成了国际上的笑料。苏联卫星的嘟嘟声被认为是"从外层空间传来对美国人十年来自以为美国的生活方式就是我们民族优越感的可靠保证的嘲笑"[①]。

卫星的发射被公认为是苏联这个社会主义国家的最高成就，它挑战了俄国技术落后的观点，并立即终结这个美国笑话……取而代之的是，美国公众现在哀叹美国的科学和技术看起来好像是逊人一筹，并且为与苏联之间的非常危险的"导弹差距"（missile gap）

[①] ［美］威廉·曼彻斯特：《光荣与梦想：1932—1972年美国社会实录》（3），广州外国语学院英美问题研究室翻译组译，商务印书馆1988年版，第1106、1108—1109、1115页。

而忧虑。……因为它是装在为运送氢弹至其打击目标而设计的火箭头上滑进了运行轨道。它使得包括艾森豪威尔总统在内的很多人意识到，一场"全面的冷战"已经打响，其中科学、技术、教育和对国家危亡的追求已经和军事和经济实力一道成为决定胜负的关键力量。①

美国科学家们和国家因为互相需要而被带到了一起——科学家们希望能为保卫自由做出贡献，并需要军事资金进行研究；而国家则依靠科学家们的专业技术来打赢冷战。②

苏联卫星，在美国人当中唤起了强烈而复杂的感受。自从美国科学家和工程师们造出了原子弹和其他技术奇迹来打赢第二次世界大战，后期国人已经广泛地认为美国在科学和技术上的主宰是毫无疑问的。甚至那些对苏联的力量有着较多了解的科学家们也不相信，一个长期残酷压制科学自由（如几年前的李森科丑闻）的集权体系，能够获得这样优异的技术表现。例如，万尼瓦克·布什曾在1949年宣布，"我们可以从这个信念中获得安慰，即专制很少会创新，当它确实有创新的时候，独裁者很可能会购买赝品……"。现在苏联卫星不仅在美国公众中激起一种震惊感，还有对这项独一无二的人类成就的敬慕。从东海岸到西海岸，业余天文学家们注视着他们的望远镜，搜寻着这颗人造卫星。其他人则抓向了他们的收音机，收听由哥伦比亚广播公司和其他广播公司播出的这颗卫星发射出的嘟嘟声。随着苏联卫星把世界变成一个不断缩小的地球村，很多美国人也意识到，美国再也不能依仗着它在地理上的孤立来获得安全。大家猛然醒悟到美国的脆弱性。发射苏联卫星的火箭，也能作为洲际弹道导弹把氢弹发送到打击目标。这一事实使很多美国人想知道，这个国家输掉的仅仅是国家声望的竞争，还是也输掉了核军备竞赛。就在苏联卫星发射前几个星期，赫鲁晓夫曾夸口说，苏联成功发射了一枚洲际弹道导弹，这在华盛顿还受到了怀疑。有人甚至认为，苏联卫星自身就是一个宣传上的把戏。然而，苏联在

---

① ［美］王跃：《在卫星的阴影下：美国总统科学顾问委员会与冷战中的美国》，安金辉、洪帆译，北京大学出版社2011年版，第13页。
② 同上书，第67页。

1957年11月3日发射了第二颗人造地球卫星，上面带有难以置信的多达半吨的负载和一条活狗，这时，所有的疑问都烟消云散了。当苏卫一号和苏卫二号在头顶嘟嘟叫时，所有的苏联宣传看起来都既真实又危险——他们的国民生产总值要比美国增长得更快，而且会很快超过它；他们培养的工程师是美国的两倍；其他国家将会采用苏联的政治体系，美国将在世界上被孤立起来。①

政治家和科学家们很快就向华盛顿发出可怕的警告。民主党参议员亨利·杰克逊（Henry Jackson）认为苏卫一号"严重打击了美国作为科技世界领袖的声望"。参议员民主党多数派领袖约翰逊，主持了关于国家卫星计划和导弹计划的引人注目的听证会。泰勒是一个主要的证人，他的肖像刚刚出现在《时代》杂志封面上。在听证会上，泰勒作出了忧心忡忡的预言。他警告说，苏联正在赢得军事技术与科学研究的竞赛。这个警告得到了在美国科学和国防中深受尊敬的人物——詹姆斯·杜利德（James dooley）——的证实。泰勒和杜利德更是直白宣布说，苏卫一号对美国的打击，要比珍珠港事件更严重。在冷战的辞令下所显示出来的是一种强烈的、遭受了挫伤的民族主义情绪。一位德克萨斯的选民向约翰逊抱怨说，"知识分子们"不理解人们的感受。如果他们理解的话，"他们就会已经把一个废纸篓、档案柜或者随便什么东西发射上天了"②。

苏卫一号把科学技术与对国家危亡的追求如此紧密地联系在了一起，从而触动了已被冷战搞得紧张不已的社会神经。到后来，美国传统的技术热情会在应对苏卫一号的挑战中，以更强烈的形式卷土重来，但在1957年下半年，美国公众是生活在一次技术失败的阴影当中。艾森豪威尔甚至在数年之后，都不能相信迎接苏卫一号的几近恐慌的情绪——"它的光芒使人炫目了"③。

苏联先于美国成功发射两颗人造卫星给美国社会带来剧烈的刺痛和普遍的心理焦虑并引发群体性警醒和反思。前文所述，美国立国之初，

---

① ［美］王跃：《在卫星的阴影下：美国总统科学顾问委员会与冷战中的美国》，安金辉、洪帆译，北京大学出版社2011年版，第71—72页。

② 同上。

③ 同上书，第73—74页。

因为北美大陆早期殖民者的清教徒情怀的影响和传承，使得"山巅之城"的社会文化心理被深深植入美国民众内心。美国先后参加两次世界大战而且都成为决定胜负天平的最重要砝码，尤其是作为反法西斯同盟的当然领袖赢得二战的胜利并且成为战后最强大的国家和整个资本主义世界唯一从战争中获得巨大利益的国家，因此，形成于 17 世纪 20 年代的、"山巅之城"的社会文化心理，即"天赋职责、努力奋斗、勇争第一、领导世界、荣耀上帝"的美国精神，在美苏争霸的 20 世纪 50—60 年代得到空前的强化也就不足为奇——美国既然能够战胜德意日法西斯国家，也就一定能够战胜苏联共产主义。因为，在美国朝野看来，赢得对以苏联为首的社会主义阵营的全面优势——包括军事和经济各方面，是美国的"天赋职责"。美国社会和政界经过短暂的惊慌和相互指责，很快达成共识，全力以赴地投入到应对苏联挑战的军备竞赛中去，随之而来的是政府、军方对科技研发的巨大投入。在苏联卫星阴影下酿成的社会心理氛围无疑是"科学技术泛资本化"最终形成的重要条件。

（三）有助于"科学技术泛资本化"形成的社会生态环境因素之三：资本逐利的需求促使风险投资制度化为私人资本与科技研发深度联姻营建了最完善制度

逐利的天性使得私人资本在资本主义发展的全程都与科技创新和革命结下了不解之缘，每一次创新和革命背后都有资本的"推手"。这一特征在战后的美国更显突出，尤其当国家资本以空前未有的态势与科技研发联姻之后，其示范作用和"溢出"效应极大地刺激着私人资本的神经，使其与科技研发的全方位结合超越以往任何一个时期。具体表现为：风险投资普及化和制度化。和信息技术革命一样，美国也成为风险投资的发源地。[1]

在信息技术革命中，技术成果的快速产业化得益于美国金融业与科研及产业界的良好合作关系，在此基础上形成的风险投资体制——完善的市场进入和退出机制促进了科技成果向实用型商品的转化，而风险资本在其间发挥了推波助澜的作用。被称为"硅谷人才摇篮"的

---

[1] 对美国风险投资的起源、发展和影响论述见本章"第二节'科学技术书泛资本化'深化：美国的风险投资和'硅谷现象'之一、'科学技术泛资本化'深化最重要的制度创新：美国的风险投资体制"，第 213 页。

仙童半导体公司的建立开创了美国高科技领域风险创投的先河，这是资本主义发展史上一种能够汇集企业家和风险投资家的货币资本与商业眼光并整合高科技人才研发创新智慧的制度创新，它最大限度地实现资本对利润的追逐，完善的风险投资体制充当了"科学技术泛资本化"的"媒人"。

1957年，因为对肖克利管理风格不满而从其半导体公司出走的8位年轻科学家——著名的"硅谷八叛将"（Traitorous Eight）①欲自立门户创立自己的半导体公司，为寻求创业资金，他们找到了纽约的海登·斯通投资公司的业务经理阿瑟·洛克（Arthur Rock，1926— ），初步商定的融资额度是150万美元，这在当时不是一个小数目。海登·斯通无力独立承担，于是阿瑟·洛克找到纽约仙童摄影器材（Fairchild Camera）公司（音译"费尔柴尔德"，通常意译为"仙童"），该公司很有实力，其创始人谢尔曼·费尔柴尔德（S. Fairchild）是IBM最大的股东。于是，两家公司联袂发起对"硅谷八叛将"的风险投资。"公司的股权结构是洛克设计的：公司分为1325股，诺伊斯等人每人100股（总价值500美元），洛克和海登·斯通投资公司占225股，剩下300股留给日后的管理层和员工。费尔柴尔德提供一笔138万美元的18个月贷款，作为回报条件，他拥有对管理的决策权（投票权），并且有权在8年内的任何时候以300万美元的价格收购所有股份。""从诺伊斯等人和费尔柴尔德签署的这份协议来看，它已经具有了现代风险投资和初创公司在股权结构方面的一些特点。比如无论公司盈亏，费尔柴尔德都将提供这笔钱。也就是说，如果18个月后，公司亏损关门了，那么诺伊斯等人是不需要还钱的，也就是说费尔柴尔德承担了风险。"费尔柴尔德将新公司被命名为"仙童半导体公司"（Fairchild Semiconductor Corporation），开发和生产商用半导体器件。1958年，仙童公司通过费尔柴尔德拿下了IBM正在研制的晶体管计算机的晶体管合同，确立了它在世界半导体行业的领先地位，订单纷至沓来。到了1958年底，公司一片兴旺。1959年，费尔柴尔德根据

---

① 他们是：罗伯特·诺伊斯（Robert Noyce）、戈登·摩尔（Gordon Moore）、朱利叶斯·布兰克（Julius Blank）、尤金·克莱尔（Eugene Kliner）、吉恩·霍尔尼（Jean Hoerni）、杰伊·拉斯特（Jaye Last）、谢尔顿·罗伯茨（Shelton Boberts）和格里尼克（Viktor Grinich）。

协议,回购了全部的股份。诺伊斯等每人大约获得了 25 万美元,这在当时的美国,是相当大的一笔钱,抵得上他们半辈子的工资了。[1] 以至于这个不同寻常的"收购引发了国家税务局的注意,因为 1959 年一位年轻科学家一年半的收入高达 25 万美元肯定有些不正常。以至于开出来高额的欠税单"[2]。

仙童公司发起人依靠科技创新致富,而"硅谷风险投资第一人"费尔柴尔德也赚得盆满钵满。有此示范效应,风险投资成为信息技术革命的"弄潮儿",美国的产业资本和金融资本与科技创新成功联姻,相得益彰,为信息技术革命的深化提供源源不断的动力。

阿瑟·洛克因为成功"孵化"了仙童公司,自己也盈利甚丰,遂于 1965 年和汤米·戴维斯(Tommy Davis)共同投资 500 万美元成立戴维斯-洛克公司,这是美国西海岸第一家风险投资公司。"洛克的公司财运兴旺。在 1961 年到 1968 年间,他们投入 300 万美元(共筹集资金 500 万美元),为他们的投资人赚回 1 亿美元。"[3]

再以苹果公司的创业为例。"Apple I"初获成功后,乔布斯的"Apple II"研发遇到了"钱荒",在四处筹资碰壁之际,一个独具慧眼的风险投资人迈克·马库拉(Mike Markkula)为苹果解了燃眉之急。"马库拉当时才 33 岁,但已经处于退休状态,之前他先后供职于仙童公司和英特尔,后者上市之后,他凭股票期权赚了几百万。"作为一个风险投资家,"他还精于定价策略、销售网络、市场营销以及财务"。"他在苹果公司未来 20 年的发展中,扮演了关键角色。"[4] "乔布斯的雄心壮志和沃兹尼亚克的设计能力给马库拉留下了深刻的印象。1976 年 11 月就来帮助他们制定商业计划。根据仅在美国 10 个零售商店的 Apple I 的销售情况,马库拉大胆地将销售目标设定为 10 年内达到 5 亿美元。意识到公司将会快速成长,马库拉将自己的 92000 美元作了投资,并在美国银行获得 25 万美元的信贷额度。融资

---

[1] 吴军:《硅谷之谜》,人民邮电出版社 2015 年版,第 77—79 页。
[2] [美] 莱斯利·柏林:《硅谷之父:微型芯片业的幕后巨人》,孟永彪译,中国社会科学出版社 2008 年版,第 128 页。
[3] [美] 阿伦·拉奥、皮埃罗·斯加鲁菲:《硅谷百年史:伟大的科技创新与创业历程(1900—2013)》,闫景立、侯爱华译,人民邮电出版社 2014 年版,第 92—93 页。
[4] [美] 沃尔特·艾萨克森:《史蒂夫·乔布斯传》,管延圻、魏群、余倩、赵萌萌译,中信出版社 2011 年版,第 67 页。

完成，他们3人于1977年1月3日正式成立苹果电脑股份公司。"①于是，"马库拉成为了拥有公司1/3股权的合伙人。马库拉、乔布斯和沃兹尼亚克三人各持26%的股份，剩下的股份保留，用以吸引未来的投资者"。沃兹尼亚克回忆，马库拉非常看好这项投资，"他作了一个大胆的预测：'两年之后我们就会成为一家《财富》500强的公司。'他说，'这是一个产业的萌芽十年一遇的机会。'苹果公司最终用了7年时间才跻身《财富》500强，但马库拉的语言中蕴含的精神得到了证实"②。

作为首任董事长，马库拉对苹果公司的风险投资创造了史无前例的回报率。

1980年股票承销商摩根斯坦利（Morgan Stanley）和汉博奎斯特（Hambrecht & Quist）使公司上市后，为了让苹果公司走向成功而显出时间和资金的这三位得到了充分的回报。原始档案记载着每股价格为14美元，股市以22美元开盘，几分钟内460万股股票销售一空。当天以29美元收盘，将近上涨32%，公司市值为17.78亿美元。乔布斯作为最大的股东拥有750万股，突然拥有的净资产就超过2.17亿美元。老天爷真是太眷顾这位大学辍学生了。沃兹尼亚克的400万股价值1.16亿美元。对这个不曾想创建公司却酷爱电子学的家伙也真不赖。即使是马库拉，也没有什么抱怨，他的700万股价值为2.03亿美元，当初的投资每年的回报率为55943%，真是不可思议。苹果公司首次公开上市是自1956年福特汽车公司上市以来最大规模的IPO。不过，在数分钟内就销售一空。遗憾的是，并不是所有的人都能亲临现场。1980财年苹果公司公开的利润为1170万美元或每股24美分，收入为1.18亿美元。IPO的价格是每股盈余的92倍。由于马萨诸塞州的证券法不允许股票发行的价格超过每股盈余20倍，该州禁止个人居民参与IPO，认为那样太危险。苹果股票IPO之后，该州决定让居民意识到其中

---

① ［美］Owen W. Linzmayer：《苹果传奇》，毛尧飞译，清华大学出版社2006年版，第13页。
② ［美］沃尔特·艾萨克森：《史蒂夫·乔布斯传》，管延圻、魏群、余倩、赵萌萌译，中信出版社2011年版，第68—69页。

的风险并允许进行交易。1981年5月27日，第二次上市的260万股股票全部售出。①

因为风险投资点石成金的魔力，乔布斯23岁时（1978年）就有净资产100万美元，24岁时（1979年）超过1000万美元，25岁（1980年）超过1亿美元。1982年乔布斯首次出现在《福布斯》美国富豪400强名单中。②乔布斯、沃兹尼亚克和他们创建的苹果公司与马库拉的美满姻缘尽情演绎了科学技术和资本结合的财富神话，堪称"科学技术泛资本化"的典范，因此所形成的强大示范效应激励着越来越多的风险投资家和越来越多的掌握科技发明的创业者竭尽全力地营造着属于他们的姻缘。事实证明，风险投资对于科学技术成功"资本化"将发挥至关重要的作用，没有风险投资的"孵化"，科学技术这个"金蛋"难以孵化出"小鸡"。世界上第一台电子计算机ENIAC的发明者的创业经历证明了这一结论。

莫希利和埃克特申请了ENIAC发明专利，但"宾夕法尼亚大学认为ENIAC属职务发明，要求两人交还专利，因为这项研究成果是二战期间军方投资的项目"。两人因此愤而辞职倾其所有在费城创办了埃克特——莫希利计算机公司（EMCC），莫希利任董事长，埃克特担任副董事长兼技术总监。"1948年12月，世界上第一家商业电脑公司宣告诞生。"凭借ENIAC发明者的卓著声誉，公司很快和一家飞机制造公司签约研制计算机，当两台性能优异的产品"BINAC交货时，亏损竟高达18万美元。莫希利和埃克特实在撑不下去了，1950年2月，他们的公司不得不宣布破产，只存在了短短的一年零三个月。著名的打字机生产厂商雷明顿-兰德（Remington-Rand）公司趁机收购了EMCC"③。这个成功的收购使得雷明顿-兰德公司一跃成为50—60年代美国最强大的计算机制造企业，风头一度压过IBM。

"科学技术泛资本化"进程中不可或缺的风险投资商，他们带给高科技创业者的不仅仅是资本，还有和资本同等重要的企业管理经验。以

---

① [美] Owen W. Linzmayer：《苹果传奇》，毛尧飞译，清华大学出版社2006年版，第70—71页。
② 同上书，第71页。
③ 叶平、罗治馨：《计算机与网络之父》，天津教育出版社2001年版，第72—73页。

苹果公司为例，马库拉做出投资决定之后就开始向乔布斯传授市场和销售方面的经验。数十年后乔布斯回忆道：

> 马库拉把自己的原则写在一张纸上，标题为"苹果营销哲学"，其中强调了三点。第一点是共鸣（empathy），就是紧密结合顾客的感受。"我们要比其他任何公司都更好地理解使用者的需求。"第二点是专注（focus）。"为了做好我们决定做的事情，我们必须拒绝所有不重要的机会。"第三点也是同样重要的一点原则，有一个让人困惑的名字，灌输（impute）。这涉及人们是如何根据一家公司或一个产品传达信号，来形成对它的判断。在乔布斯的职业生涯中，他一直十分关注——有时甚至过度关注——营销策略、产品形象乃至包装细节。"当年打开iPhone或者iPod的包装盒时，我们希望那种美妙的触觉体验可以为你在心中定下产品的基调。"他（乔布斯——引者注）说，"这是迈克教我的。"①

没有风险投资就不可能有信息技术革命在美国的大爆炸，这已经成为科学技术史研究的共识。

再以互联网走向大众化为例。1994年4月，硅谷资深IT企业家和风险投资家吉姆·克拉克（Jim Clark）独具慧眼，看中了马克·安德尔森（Mark Andreessen）开发的互联网浏览器"马赛克"（Mosaic）②，他坚信，这个产品具有广阔的市场前景。克拉克投入500万美元的创投基金，联合安德尔森发起成立了网景公司（Netscape），寓意"网络远景"。10月，网景公司发布了性能更先进的浏览器"领航员"（Navigator），短短几个

---

① ［美］沃尔特·艾萨克森：《史蒂夫·乔布斯传》，管延圻、魏群、余倩、赵萌萌译，中信出版社2011年版，第70—71页。

② "马赛克"是第一套能够运用到所有个人电脑上的"傻瓜型"多媒体浏览器，由于它解决了伯纳斯·李的网络浏览器的易用性问题，所以于1992年研制成功便风靡世界，拥有了成千上万的用户。伯纳斯·李为互联网编写的浏览器软件只适用于苹果公司的高档计算机NeXT，而当时流行的IBM PC用户、苹果公司的Macintosh用户和大批UNIX用户都无法直接使用这个软件。而且，伯纳斯·李的浏览器只提供字符型版本，用户必须借助键盘输入复杂的字符命令才能浏览互联网上的信息。而此时的个人电脑用户已经习惯使用鼠标点击"视窗"的操作方法了。"马赛克"的出现使互联网变得平易近人——会用视窗操作界面的用户就会使用它：只需鼠标的点击、"链接"用户就能够获得互联网上的一切信息。

月，网景公司在全球浏览器市场上的占有率就由零超过了75%。1995年8月9日，网景公司在纳斯达克（Nasdaq）上市，投资机构估计其股价最多为每股14美元左右，但在众多投资者的追捧下，网景的股价开盘价却是令人瞠目结舌的71美元，之后股价一路高攀至74.74美元，最后以58.25美元收市。克拉克拥有的股票价值飙升至5.66亿美元，而网景公司的市值已高达27亿美元。克拉克的风险投资获得了极大的成功。① 其投资回报率令人咋舌，高达113.2万倍。

美国是风险投资发源地，"美国的风险投资于80年代得到了迅猛发展。1979年风险投资额仅为25亿美元，到了1997年已达6000亿美元，18年增加了240倍。在硅谷，1997年吸引了创记录的36.6亿美元的风险资本，比1996年增加了65%"。风险投资"为社会资本进入高科技产业架起了一道桥梁，从而推动了美国高科技向生产力的转化"②，它创立了仙童半导体公司并使英特尔、微软、苹果、雅虎、3COM等一大批新兴IT企业成为美国新经济的领跑者。新兴IT企业持续性的技术创新和异常活跃的风险投资为信息技术革命提供了强大的驱动力。

上述所列举的企业持续性的技术创新和异常活跃的风险投资及其体制的建立体现了美国社会的经济需求为信息技术革命所提供的强大驱动力。美国《商业周刊》的专栏作家和经济学家迈克尔·曼德尔把"科技创新"比喻为20世纪90年代后崛起的美国"新经济的引擎"，把"风险资本"比喻为"新经济的燃料"。③ 正如卡斯特所说，异常活跃的创新者（企业及个人）"加快了技术创新的扩散速度，他们的独创性设想受到热情和贪婪的驱使，不断地扫描着相关产业以寻求在产品与生产过程中稍纵即逝的市场机会"④。

总之，美国独创的风险投资制度成就了私人资本与科技研发最完美的联姻，进而促成"科学技术泛资本化"。

---

① 叶平、罗治馨：《互联网络传奇》，天津教育出版社2001年版，第167页。
② 《美国的风险投资机制》，"美国国际商务会员"网站，http://www.americamember.org/guide/usafin.htm，2004 - 12 - 01。
③ ［美］迈克尔·曼德尔：《网络大预言：即将到来的互联网大萧条》，李斯、李鸿雁译，光明日报出版社2001年版，第22页。
④ Manuel Castells, *The Rise of the Network Society*, Mass: Blackwell Publishers Inc., 1996, p. 60.

（四）有助于"'科学技术泛资本化'形成的社会生态环境"组成因素之四：官—产—学—研一体化的制度安排非常有利于科技与资本深度联姻

美国社会政治需求和经济需求综合作用的结果产生了官—产—学—研一体化的制度保障，为信息技术革命进程中科技与资本深度联姻提供了良好的"社会生态环境"，如图3.2所示。

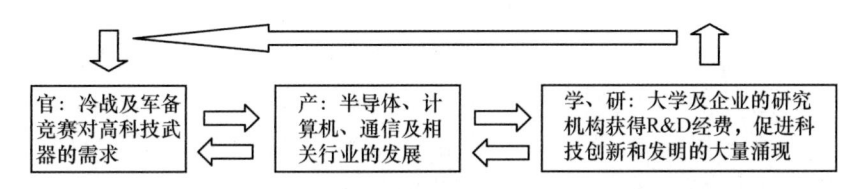

```
官：冷战及军备        产：半导体、计        学、研：大学及企业的研究
竞赛对高科技武  ⇄    算机、通信及相   ⇄   机构获得R&D经费，促进科
器的需求             关行业的发展          技创新和发明的大量涌现
```

图3.2　最有利于科技与资本深度联姻的官—产—学—研一体化的制度设计

图3.2表示，冷战和军备竞赛对高科技武器的需求导致美国国防开支剧增，促进了半导体、计算机、通信及相关行业的发展。同时，学术界和研究机构也获得了充足的研发经费，它促进了信息科学和其他基础学科的繁荣。而科技创新和发明的大量涌现又为冷战和军备竞赛的加剧提供了物质技术的保障。

> 1945—1955年，美国陆军、海军和空军，原子能委员会和国家计量局都为了开发新型的计算机，都同大学以及一批开始设计和制造的企业——特别是雷明顿–兰德（Remington Rand, Vnivac）以及后来的IBM，签订了大笔合同。美国几乎所有的早期计算机订货要求都是来自军方市场。极少有人研究大规模使用计算机处理数据的问题，政府和实业界都认为计算机主要用于军事和科学目的。[①]

针对这一特点，信息社会学家卡斯特指出："在美国，军事合约与国防部的技术研发在20世纪40—70年代的信息技术革命形成阶段扮演了决定性的角色，也是众所周知的事实。"[②] 而"联邦政府收入处于了

---

① [英] 克里斯·弗里曼、罗克·苏克：《工业创新经济学》，华宏勋、华宏慈等译，北京大学出版社2004年版，第225—226页。
② Manuel Castells, *The Rise of the Network Society*, Mass: Blackwell Publishers Inc., 1996, p. 59.

战后早期半导体产业的发展,既作为资金提供者,又作为半导体产品的购买者,其影响之一就是在创新和技术产品商业化过程方面形成了一种机制,这种商业化技术的机制不同于1940年以前美国化工产业和电子机械产业等技术密集型产业。与战前情况完全不同,大公司的研究与开发推进了基础技术的开发。而这些基础技术又由新公司来进行商业化"①。这是对官—产—学—研一体化制度安排的最佳解读。

为了与苏联进行外太空军备竞赛,1958年初美国政府相继成立了"国家航空航天局"(National Aeronautics and Space Administration, NASA)和隶属国防部的"高级研究规划署"(ARPA),"NASA的主要任务是执行国家航空咨询委员会提出的航空研究计划,资助国防部开展空间研究项目;DARPA的任务是帮助开展军事上需要的先进研究与发展项目,使其在未来新技术领域里保持领先地位"②。如前所述,DARPA的建立促成了互联网的诞生。

除了提供充足的经费和设立专门的机构直接介入科学研究之外,美国政府20世纪70年代以后对通信行业实施的反垄断制裁和经济自由化政策对促进计算机及通信行业的快速发展也起到了十分重要的作用。

二战以后相当长一段时期,电信公司被划为公用事业公司及公用通信公司,政府一直对电信系统实行广泛的监督,实行严格的"退出、进入及价格控制"(exit, entry and price controls)。③进入80年代,经济自由化的浪潮为美国电信业的自由化推波助澜,这一时期最重要的事件便是联邦政府对美国电报电话公司(AT&T)长达10年之久的"马拉松"式的反垄断诉讼案尘埃落定。美国政府于"1981年1月8日宣布,从1984年1月1日起结束AT&T长期以来垄断美国电话网的局面"④。AT&T被分拆为7个区域性的公司。政府实施的电信自由化政策消除了垄断,激发了竞争,大量的新公司开始涌入,"它们中既有卫星公司,

---

① [美]斯坦利·L. 恩格尔曼、罗伯特·E. 高尔曼等:《剑桥美国经济史》第二卷《漫长的19世纪》,高德步、王珏本卷主译,高德步、王珏总译校,中国人民大学出版社2008年版,第633—634页。

② 朱斌:《当代美国科技》,社会科学文献出版社2001年版,第135页。

③ [美]丹·希勒:《数字资本主义》,杨立平译,江西人民出版社2001年版,第6、9页。

④ [美]汤姆·弗列斯特:《高技术社会》,唐建文等译,中国社会科学出版社1990年版,第96页。

也有地面通信公司，如 MCI 以及 Sprint。随着发展势头的增强，除长话业务外，另外一些电信市场板块——设备供应、数据服务、卫星与国际服务及地方电话服务——也开始走向公开'竞争'"[1]。竞争促进了相关行业的繁荣。

作为信息技术革命的先导，美国的半导体工业一直引领着世界半导体产业前进的步伐。但是，进入 20 世纪 80 年代，日本半导体工业迅速崛起，给美国带来巨大的压力。为了确保在全球高科技领域的霸主地位，"1987 年至 1988 年间，联邦政府统一资助美国半导体制造技术联合体。其目的是帮助这个半导体产业筹措资源，推广最佳经验，应对日本企业的挑战，同时又不受反托拉斯诉讼的威胁。在美国，由政府资助并以此为目的的产业联盟尚无成功记录"。但是，此举却成功了。1988 年 7 月，英特尔公司创始人鲍勃·诺伊斯（Bob Noyce）出任联合体首席执行官。[2] 在联邦政府的鼎力支持和产业界的不懈努力下，美国在全球信息技术领域时至今日仍然独踞巅峰。

冷战结束之后，美国政府对科技创新仍旧提供了强大的支持。1992 年，就在互联网即将起飞之际，美国政府出台了一系列相关的科技政策为其燎原推波助澜。威廉·杰斐逊·克林顿（William Jefferson Clinton）总统履新之际，美国开始执行"高性能计算与通讯计划"（HPCC），这是"联邦政府 40 多年来在此领域最大的计划。该计划有四个组成部分：高性能计算系统，国家研究与教育网络，先进软件技术与算法，基础研究与人力资源。1994 年又追加第五部分：信息基础设施技术及运用"。"1993 年，在美国总统报告《技术——经济增长的动力》中，提出了发展技术的 6 大决策，第一项决策就是建立新型信息网络，后来被广泛称为'信息高速公路'。这个庞大无比的计划从 1991 年一直延续到 2015 年。""高速信息网络的目的是把信息以最适合的媒体传递给需要它们的人，不管这些人处于什么时间和什么地点。"[3] "信息高速公路计划"为互联网 90 年代的腾飞提供了良好的政策环境。

综上所述，在冷战及冷战结束之后，信息技术革命与特定历史时期

---

[1] ［美］丹·希勒：《数字资本主义》，杨立平译，江西人民出版社 2001 年版，第 10 页。
[2] ［美］理查德·泰德罗：《安迪·格鲁夫传》，杨俊峰等译，上海人民出版社 2007 年版，第 213 页。
[3] 朱斌：《当代美国科技》，社会科学文献出版社 2001 年版，第 39、40 页。

美国社会的强大需求有关，这种需求涵盖了从政治需求——国家安全到经济需求——企业利益的诸多层面。在此背景下，科技创新与美国的宏观和微观领域的制度创新相融合从而形成了一种良性的互动关系。正如恩格斯所言："技术在很大程度上依赖于科学状况，那么科学却在更大得多的程度上依赖于技术的**状况**和**需要**。社会一旦有技术上的需要，这种需要就会比十所大学更能把科学推向前进。"[1] 显然，当代资本主义制度与信息技术革命之间存在内在的关联。"关于技术创新与资本主义制度之间的关系，一种经济学的理论解释认为，资本主义在技术上的领先并不是其特有的，资本主义作为一种经济体制的真正优势在于它在技术创新方面的积累效应。从历史上看，也曾经有过一些地区的文明在科学技术方面领先于目前最发达的欧美地区，例如，1500 年以前的中国和伊斯兰世界中科学技术上就领先于当时的欧洲。可是，在资本主义经济体制之前，没有哪一种单一的经济体制能够像资本主义那样不断推动资本主义生产的变革和创新，并由此形成一种技术变革的积累效应。"[2] 就信息技术革命的发展来看，这种积累从 20 世纪 40 年代末 ENIAC 诞生直至 90 年代中期的互联网大爆炸，几近半个世纪。毫无疑问，这种独特的积累效应之根源在于资本逐利的强大动能。"在漫长的人类进化历程中，技术伴随着人类的发展而不断演进，支持着人类多种目的的有效实现。然而，自从资本降临人间，它巨大的渗透与整合能力却改变了技术的面貌与发展进程。追求剩余价值的资本与追求效率的技术之间存在着许多相似性：通过技术效率，必然会创造出比原先更多的价值，这正是资本所渴求的；追求剩余价值的资本运作，肯定会优先支持技术开发，把技术纳入自己的运行轨道，这也是技术发展所企求的。可以说'资本'绑架了技术，技术迫于资本的势力而'入伙'。"[3]

美国是世界上市场制度最完善的国家，因此，在信息技术革命的进程中，强烈的政治和军事需求必然引爆社会的经济需求——突出表现为追逐利润最大化的企业行为，强化了企业加速技术创新的强烈愿望，这

---

[1] 《马克思恩格斯选集》（第四卷），人民出版社 2012 年版，第 648 页。
[2] Samuel Bowles, Richard Edwards, Frank Roosevelt, *Understanding Capitalism: Competition, Command, and Chance* (third edition), Oxford: Oxford University Press, 2005, p. 30. 转引自林德山《渐进的社会革命：20 世纪资本主义改良研究》，中央编译出版社 2008 年版，第 54 页。
[3] 王伯鲁：《马克思技术思想纲要》，科学出版社 2009 年版，第 199 页。

使得"科学技术泛资本化"拥有了源源不断的动力。

在技术创新学派看来，技术创新与创新者对经济效益的追求密不可分，这种关系构成了技术经济的一体化，即技术与经济形成有机结合和相互渗透不可分割的整体，它导致技术创新与商业化运用及追逐丰厚利润的最终目的形成正反馈的良性循环，而且这种循环呈加速度趋势，它必然带来技术进步和经济发展的"滚雪球"效应。这一现象已为信息技术革命及90年代以来美国经济发展的现实所证明。按照SST理论，"由于技术发展最重要和最大量的社会实现是经济的实现，因此技术经济一体化的发展就成为最受重视的社会实现形式，构成为技术社会实现的最显著的经济特征"。"在技术经济一体化的机制下，技术发展来自经济发展的内在要求，经济发展依赖于技术的发展，技术发展在经济发展中实现、变成经济发展的推动力量，这种内在的联系既有可能，也是必然。"[①]

经济需求对信息技术革命暨"科学技术泛资本化"的促进作用表现在以下两方面：

首先，利益驱动的知识积累与创新活力，导致技术进步的连续性并促使"科学技术泛资本化"。在信息技术革命进程中，美国众多科研机构和企业表现出持续的技术创新活力。以集成电路的发展为例，如前所述，1947年，贝尔实验室的布拉顿和巴丁发明了"点接触型晶体管"，1949年，该实验室的肖克利发明了"结型晶体管"，他被誉为"现代晶体管的真正始祖"。三人因此共同荣获1956年的诺贝尔物理学奖。贝尔实验室随即在1955年研制出世界上第一台全晶体管电子计算机。1956年，德州仪器公司研制出了以半导体硅为基本材质的晶体管。1958年，该公司的工程师发明了集成电路芯片。与此同时，仙童半导体（Fairchild Semiconductor）公司也发明了集成电路以及大规模生产集成电路的工艺。1968年，英特尔（Intel）公司成立，该公司致力于集成电路芯片的研发及商业化运作。1969年，英特尔公司推出全球第一枚晶体管半导体集成电路存储器芯片。次年，该公司又研制出第一颗金属氧化物半导体存储芯片。1971年，英特尔公司研

[①] 肖峰：《技术发展的社会形成：一种关联中国实践的SST研究》，人民出版社2002年版，第110页。

制成世界第一枚微处理器芯片，大规模集成电路的发明使计算机革命进入腾飞阶段。英特尔公司的成功，表现出美国的科学界与产业界在知识积累与创新方面拥有了强大活力，由此引致的技术进步呈现不断推陈出新的特点。而隐藏在持续技术创新表象背后的则是创新者（企业或个人）对经济利益的追逐——来自政府、军方源源不断的订单支持着技术创新，而新技术一旦拥有广泛的社会需求，则可能因此而催生一个庞大的产业集群。"1972 年，半导体厂商分布在美国的 120 个县，到 1982 年，这一数字扩大到 182 个。1977 年，美国一共有 203 个县生产和制造计算机及外围设备。"①

其次，技术创新一旦被市场所接受，必然是财富滚滚而来。1964 年 IBM 公司推出的 IBM360 是大型计算机历史上最成功的产品，为了研制这个系列的计算机，公司耗时 5 年，耗费 50 亿美元，耗资超过美国研制第一颗原子弹的曼哈顿计划。它的速度达到每秒千万次，内存量达到几百 K。② IBM360 每台售价在 250 万—300 万美元间，约合现在的 2000 万美元。到 1966 年，IBM 每月售出 IBM360 的数量超过 1000 台。"到 1965 年，IBM 公司已经占有 80% 的计算机市场份额。凭借 IBM360 系列大型计算机，IBM 公司奠定了它在业界的主导地位。到 1970 年，大约 3.5 万台 IBM 计算机被各种各样的政府机构、商业公司和大学使用。到 1971 年，IBM 公司已经成为世界上最大的计算机公司，在美国每 3 台大型计算机里就有两台是 IBM 的产品。"③

总之，二战后美国资本主义的制度设计和诸多制度创新确保"科学技术泛资本化"在美国瓜熟蒂落。正如卡斯特所指出："如果说第一次工业革命有英国特性，那么第一次信息技术革命便有美国的特性。"④

（五）有助于"'科学技术泛资本化'形成的社会生态环境"组成因素之五："知识产权资本化"成为"科学技术泛资本化"的最佳表现形式

"所谓知识产权是一个非常广泛的概念，其在国外也经常被称为

---

① ［美］阿尔弗雷德·D. 钱德勒、詹姆斯·W. 科塔达编：《信息改变了美国：驱动国家转型的力量》，万岩、邱艳娟译，上海远东出版社 2012 年版，第 184 页。

② 吴国盛：《科学的历程》，北京大学出版社 2002 年版，第 538 页。

③ ［美］哈罗德·埃文斯、盖尔·巴克兰、戴维·列菲：《美国创新史》，倪波、蒲定东、高华斌、玉书译，中信出版社 2011 年版，第 363 页。

④ Manuel Castells, *The Rise of the Network Society*, Mass：Blackwell Publishers Inc.，1996，p. 53.

智慧财产权，大致包括专利（patent）、商标（trademark）和版权（copyright）三大方面。这三方面既有联系又有区别，既互相补充又分别独立，既彼此涵盖又各有针对，总之它们合在一起就基本上构成了当今世界范围内对人们智力成果的完整法律保护。"① 世界通行的知识产权法律制度通常由专利法、商标法和版权法构成。

美国是一个非常重视知识产权保护的国家。"科学技术资本化"始于英国，却深化于美国，进而完成向"科学技术泛资本化"的飞跃。促使这一巨变发生的诸多"社会生态环境"因素中，最值得关注的是：美国建立了资本主义世界最为严格也最为完备而且不断加以完善的知识产权法律制度来确保市场经济的顺利运行和美国企业雄踞全球的竞争优势，其中，专利法和版权法为"科学技术泛资本化"的形成和深化提供了全世界范围内最为健全的法律制度环境。这两部法律是美国知识产权法律体系中最早的立法，它反映出美国政府对版权保护的重视程度在建国之初就达到了很高的水平。如前所述，美国立国之初，保护专利权和著作权的建议就被制宪委员会采纳。1787年9月，"由各州代表签署的宪法正式授权国会，为了促进科学及实用技术的进步，能够确保著作人和发明人对其相关的作品和发明，享有一定期限的独占权"。"以此为依据，美国第一任总统华盛顿于1790年5月签署了美国第一部联邦《专利法、版权法》（Patent and Copyright Act）。""该法分别于1835年、1870年、1909年和1976年进行了重大修订"，不断扩大受保护的作品范围，"权利的保护期限也从最初的14年延长到目前的作者有生之年加死后50年"②。这两部法律为美国建立知识产权制度奠定了坚实的法制基础。"众所周知，美国在其基本法律制度上沿袭了母国英国的大多数做法，采取的是判例法（Case Law）即法官造法的体系，但是美国版权法则是一个明显的例外，从第一部版权法直到现在，美国版权法都属于联邦成文法（Federal Statute）的范畴。"③

在科技与资本联姻的历程中，依靠"专利权资本化"获得成功的企

---

① 李响：《美国版权法：原则、案例及材料》，中国政法大学出版社2004年版，第2页。
② 何勤华主编：《美国法律发达史》，法律出版社2000年版，第222、229页。
③ 李响：《美国版权法：原则、案例及材料》，中国政法大学出版社2004年版，第7页。

业多如牛毛，越是大企业，专利权越多。譬如美国电报电话公司的贝尔实验室，"到20世纪70年代末，就拥有17000多名员工，每年获得700多项专利。其他公司也都拥有大规模的研发实验室，而同时美国政府还拥有一大批国家实验室。世界上再也没有其他国家能够像美国这样拥有大规模的研究与开发的综合设施"①。专利保护对于科技创新的重要性不言而喻，历次科技产业革命以及与之同时发生发展的科学技术从"资本化"到"泛资本化"的演进与专利制度密切相关。专利权一旦"资本化"，其威力之大在"科学技术资本化"形成期和深化期，大量的案例已经足以说明。但是，在信息技术革命时期即"科学技术泛资本化"时期，"专利权资本化"却发生了令人意想不到的变化。美国电报电话公司（AT&T）贝尔实验室对晶体管专利权的"特别使用"就成为资本主义专利保护史上一个耐人寻味的案例。

就在贝尔实验室的三驾马车②完善晶体管的时候，AT&T正好碰到一个大问题：美国司法部再次盯上了AT&T对电话网的垄断。为了转移批评，AT&T在1952年春天邀请25家美国企业、10家外国企业参加了一个"晶体管研讨会"。经过8天培训，AT&T连卖带送，以25000美元向与会公司转让了晶体管的发明专利。③

对贝尔实验室的科学家布拉顿、巴丁和肖克利而言，发明晶体管所获得的专利权当然属于他们的雇主美国电报电话公司，因为他们的发明都属于"职务发明"，他们拥有科技创新的荣誉甚至公司的奖励但不能占有专利权。公司之所以用"低廉的转让费"——区区87.5万美元就向35家国内外企业转让晶体管专利权，唯一原因是慑于美国司法部反垄断调查带来的巨大压力。"当时，司法部的律师们紧锣密鼓地调查AT&T公司市场支配力的大小，这一授权行动还有助于公司对美国司法

---

① ［美］阿尔弗雷德·D.钱德勒、詹姆斯·W.科塔达编：《信息改变了美国：驱动国家转型的力量》，万岩、邱艳娟译，上海远东出版社2012年版，第184页。

② 三驾马车指威廉·布拉德福德·肖克利（William Bradford Shockley, 1910—1989）、约翰·巴丁（John Bardeen, 1908—1991）和沃尔特·豪斯·布拉顿（Walter Houser Brattain, 1902—1987）三位研发晶体管的工程师。

③ ［美］哈罗德·埃文斯、盖尔·巴克兰、戴维·列菲：《美国创新史》，倪波、蒲定东、高华斌、玉书译，中信出版社2011年版，第385页。

部反托拉斯局可能采取的任何行动釜底抽薪。AT&T 认识到，将晶体管制造技术授给其他公司，是它在履行一个受监管的全国性公用事业企业的传统承诺，这种承诺就是向大众传播有用的知识，并从许可协议中获取合理的收入。"① 科学史家评价道：

> 正是美国电报电话公司（AT&T）做出了将这一技术授权给其他公司的决定，才使晶体管技术脱离单独一家公司的垄断而为大多数公司所掌握，这样，晶体管就能以一开始我们并不曾料到的多种方式进行应用。AT&T 公司同美国国防部共同决定了哪些公司可以参加。这次会议非常成功地激起了各个公司对获得晶体管的生产授权的兴趣。1952 年底之前，将近有 36 家公司与 AT&T 签约；到 1960 年，与 AT&T 签约的公司达到了几百家，它们中绝大多数是美国公司，只有一小部分西欧公司。从 1952 年最初的许可证名单中我们可以看到，这些公司在获得许可证之后很快就成了计算机生产商或计算机组件制造商，这些公司分别是：明尼阿波利斯－霍尼韦尔公司（Minneapolis Honeywell）、雷神公司（Raytheon Manufacturing）、德州仪器（TI）、通用电气（GE）、国际商用机器公司（IBM）、NCR 公司，以及两家主要的欧洲公司：飞利浦公司和西门子公司。晶体管技术是一种更为先进的电子组件制造技术，其制造权普及意味着有关晶体管技术的信息的广泛传播，同时也为 20 世纪 60 年代美国开发、制造、应用和普及计算机芯片奠定了必要的知识基础——这最终成为今天人们津津乐道的信息时代的真正动力源泉和助推器。②

通信业霸主美国电报电话公司因为政府的反垄断司法调查而"放弃"专利权的行为，在信息技术革命历史进程即"科学技术泛资本化"历程中并非孤例，IT 巨头 IBM 也是典型代表。

前文所述，1981 年 8 月 12 日，IBM 在纽约隆重推出 IBM5150 而一

---

① ［美］阿尔弗雷德·D. 钱德勒、詹姆斯·W. 科塔达编：《信息改变了美国：驱动国家转型的力量》，万岩、邱艳娟译，上海远东出版社 2012 年版，第 177—178 页。

② 同上。

炮走红，此后 IBM PC 就成为个人电脑的代名词。"虽然 IBM PC 市场火爆，但公司内部却反应冷淡。PC 第一年的销售额大约是 2 亿美元，只相当于 IBM 当时营业额的 1% 左右，而利润还不如谈下一个大合同。要知道，卖掉 10 万台 PC 可比谈一个大型机合同费劲多了。因此，IBM 不可能把 PC 事业上升到公司战略高度来考虑。1982 年，IBM 和美国司法部在反垄断官司中达成和解。和解的一个条件是，IBM 得允许竞争对手发展。如果不是 PC 的出现，这个条件对 IBM 没有什么实质性的作用，因为过去一个公司要想开发计算机，必须是硬件、软件和服务一起做，这个门槛是很高的（这就是 IBM 的发展路径——引者注）。但是，有了 PC 之后，情况就不同了。"[1] 鉴于 PC 产品只是 IBM 庞大产品系列中的微不足道的一个微利项目，故无心申请专利。而且，为了应付美国司法部的和解提议，于是，IBM 顺水推舟，做出了一个对计算机产业影响极其深远的决定：采用开放式架构，附带一本技术参考手册，"把所有技术文件全部公开，热忱欢迎同行加入个人电脑的发展行列。于是乎，全世界各地的电子电脑厂商一哄而上，争相转产仿造 PC 机，仿造出来的产品就是 IBM PC 兼容机"[2]。短短数年，生产 IBM PC 兼容机的电脑厂商如雨后春笋般冒出来，成为 IBM 强劲的对手，如康柏（Compaq）、戴尔（Dell）等公司。IBM 的开放式策略引爆了一个它此前从未重视过的市场并为自己培养了一大批如狼似虎的竞争者，同时也让自己获得了意想不到的经济效益。"1983 年间，IBM '兼容' PC 突然兴起，而且声势看涨，很快就发展成极其兴盛的新兴产业。"[3] "1984 年，IBM 卖出了 200 多万台 PC，收入达 40 亿美元，这意味着光 IBM 的 PC 部门就可以成为美国第 74 家大工业公司，并可成为美国第三大计算机公司，仅次于 IBM 自己和 DEC 公司。IBM PC 占据了 50% 以上的市场份额，过去的市场领袖苹果公司只能退居第二。"[4]

而最出乎 IBM 意料的是，借助 IBM PC 兼容机的发展壮大的东风，英特尔公司成为计算机行业微处理芯片的标准制定者和技术垄断者进而

---

[1] 吴军：《浪潮之巅》（第二版·上册），人民邮电出版社 2016 年版，第 24 页。
[2] 叶平、罗治馨编：《图说电脑史》，百花文艺出版社 2000 年版，第 190 页。
[3] 虞有澄：《我看英特尔——华裔副总裁的现身说法》，生活·读书·新知三联书店 1995 年版，第 101 页。
[4] 方兴东、王俊秀：《IT 史记》，中信出版社 2004 年版，第 18、20—21 页。

成为计算机产业的核心硬件即芯片业的垄断产商。而为 IBM PC 开发操作系统的微软公司则成为计算机行业操作系统软件的标准制定者和技术垄断厂商，IBM 的无心之举——使用英特尔的微处理芯片和微软的操作系统作为 PC 标准配置，成就了日后对 IT 产业乃至资本主义社会影响至深至远的新型垄断联盟"Wintel 联盟"。Wintel 是 Windows 和 Intel 两词的合写，意指采用微软的操作系统（从 DOS 到 Windows）和英特尔的微处理器的 PC 构架成为计算机制造业软硬件组合的事实标准，即微软以 Windows 垄断 PC 操作系统，而英特尔则垄断计算机中央处理芯片（CPU）的研发技术——从 PC 到大型机、巨型机而结成一种"新型垄断联盟"，虽然它是市场竞争结果，而非人为勾结的产物，但一直遭遇道义的谴责和来自美国政府长期的反垄断司法调查之重压[1]。

在对待"专利权资本"的问题上，无论是美国电报电话公司的"用心而为"还是 IBM 公司的"无为而治"，虽说其初心都是利己，但客观效果却是"利他"，在资本主义进化史上，此举达成难能可贵的"帕累托最优"[2]，其结果是："做大蛋糕、壮大产业，进而双赢"。它们的举动为信息技术革命中一个生命力无比强劲、地位无比重要的新兴产业信息技术产业[3]（Information Technology Industries，简称 IT 产业或信

---

[1] Wintel 联盟这一提法始于 1999 年 1 月，在"美国政府起诉微软案"的庭审开始之前，美国"消费者协会"（CFA）、"媒体访问计划"（MAP）组织和"美国公众利益集团"（US-PIRG）联合发表了一份题为《微软掠夺用户 100 亿美元》的报告，这份报告成为法庭审判的重要证据被采纳。报告列举了大量的事实后认定，"这两家公司，都拥有市场的权力，组成了被称为 Wintel 的垄断阵营。因为它们在此期间都在施展自己的市场权力，它们的利润高于正常水准。而其他处于竞争中的公司赚取的是正常的利润"。美国司法部：《微软罪状——美国法院政府起诉微软一案的事实认定》，方兴东主译，中国友谊出版公司 2000 年版，第 329 页。

[2] "帕累托最优"（Pareto Optimality），也称为"帕累托效率"（Pareto Efficiency），是福利经济学的重要概念，它指资源分配的一种理想状态，假定固有的一群人和可分配的资源，从一种分配状态到另一种状态的变化中，在没有使任何人境况变坏的前提下，使得至少一个人变得更好。帕累托最优状态就是不可能再有更多的帕累托改进的余地；换句话说，帕累托改进是达到帕累托最优的路径和方法。"帕累托最优"是公平与效率的"理想王国"。这个概念是以意大利经济学家维弗雷多·帕累托的名字命名的，他在关于经济效率和收入分配的研究中最早使用了这个概念。见杨春学主编《当代西方经济学新词典》，吉林人民出版社 2001 年版，第 255 页。

[3] IT 产业是"指专门为信息经济提供 IT 类投资品和消费品、横跨 IT 制造与服务的新兴产业，它是美国信息经济的核心产业和经济增长的'火车头'"。它涵盖了计算机硬件制造和软件开发两大领域，还包括通信业和互联网服务业等众多部门，囊括其产销全部业务。见鄢显俊《论信息技术产业在美国信息经济中的作用》，《世界经济与政治》2005 年第 7 期。

息产业）的成长壮大起到了至关重要的推动作用。

在对待"专利权资本"的问题上，美国电报电话公司和 IBM 公司的举措显然是孤例，不具备普遍性。事实上，在严密的法律保护下，"科学技术资本化"演进过程中的"专利权资本化"必然的逻辑演进结果便是："知识产权资本化"，这也是"科学技术泛资本化"的最直接表现形式，是科学技术转化为生产力最好的制度安排，它既促进了资本主义大发展，又促进了科学技术大发展，更促进了科技和资本的深层次、全方位融合。

经过蒸汽革命和电力革命推波助澜，"专利权资本化"已经将其促进科技进步的积极性发挥到极致并有矫枉过正的危险苗头出现，表现为因专利保护过当可能产生垄断——这是市场竞争的"天敌"，也是现代资本主义国家立法体系和市场伦理高度警惕的现象。因此，"专利权资本化"向"知识产权资本化"演进，体现了资本在资本主义社会变迁中练就的应变能力，这也是"资本三大本性"——逐利本性、竞争本性和创新本性的体现。资本必须与时俱进。事实证明，"知识产权资本"给资本带来的利润是传统且古老的"专利权资本"望尘莫及的，所以说，"知识产权资本化"必然成为"科学技术泛资本化"的最佳表现形式。在信息技术革命历史进程即"科学技术泛资本化"历程中，把"知识产权资本化"运用得精妙莫测的企业就是 IT 产业中新兴的计算机软件产业的标杆企业和垄断巨头：美国微软公司。微软的成功与 IT 产业独特的构成密切相关——计算机硬件制造和软件开发构成 IT 产业最重要的两大组成部分。计算机硬件制造和软件开发产业的关系基本是：计算机硬件的复杂程度、高级程度——可以表现为集成电路的性能和驱动硬件工作的软件的复杂程度和高级程度成正比。事实上，没有好软件，功能再强大的硬件也是一堆废物；同样，功能强大的软件也需要运行在配置相当的硬件上才能发挥作用。对于一切数字化设备（包括各种类型的计算机）而言，软件和硬件两者的关系可以比喻为"灵魂与肉体的关系"，没有灵魂的肉体如同行尸走肉。在信息技术革命进程中，随着计算机研制的进展，软件业逐渐从硬件中剥离出来独立成为一个重要的产业而深刻影响着计算机硬件产业的发展。微软公司的成长史就是这个产业发展史的浓缩。

1975 年 4 月，哈佛大学法学院三年级学生比尔·盖茨（Bill Gates）

和保罗·艾伦（Paul Allen）成立了微软（Microsoft）公司，次年11月他们注册了"微软"商标。他们曾一度考虑将公司名称定为"艾伦和盖茨公司"（Allen & Gates Inc.），但后来决定改为"Micro-Soft"，并把该名称中间的英文连字符去掉。"Microsoft"一词由"Microcomputer"和"Software"两部分组成。其中，"Micro"的来源是microcomputer"微型计算机"，而"soft"则是software"软件"的缩写，由比尔·盖茨命名。盖茨建立微软公司是为了和MITS进行商业谈判，为该公司畅销的"牛郎星"电脑研制BASIC软件——一种给计算机初学者使用的软件编程语言，借助这种易用的软件开发工具，"牛郎星"电脑才可以广泛运用于会计、统计、文字处理等商务领域。微软公司成为信息技术革命历史上第一家专门为微型计算机研制软件的公司而开创了IT产业的重要组成部分：软件产业。

　　微软公司的第一个合同，是为牛郎星电脑开发BASIC语言。在这个合同中，微软公司把销售微软BASIC语言的专利权授予MITS公司。换句话说，就是MITS公司享有使用和销售微软公司生产的软件的权利，但是合同特别指出，其他任何软件制造商、开发公司或使用者都不能拥有这些软件的全部权利。这就成为目前仍在实行的软件开发者和他们产品的销售者、使用者之间的法律关系的基础。微软公司这个合同规定，MITS公司可以向其他软件开发公司等第三者销售BASIC语言专利权，而购买这种专利权的公司只享受使用这种语言的有限权利。开发软件公司只被认为是有权使用和推销产品的中间人，使用者仅有使用权，不容许复制供他人使用……比尔·盖茨的法律知识在使整个合同的精确性和完整性方面，无疑起到了重要作用。事实上，这项合同已成了未来的软件专利合同的典范，因为这使微软公司保持了它开发的计算机语言的所有权，不管将来谁使用它或销售它。①

　　微软在与MITS签署的许可协议明确了关于"牛郎星8080"计算机

---

① ［美］丹尼尔·伊克比亚、苏珊·纳帕：《微软的崛起——比尔·盖茨和他的软件王国》，吴士嘉译，新华出版社1996年版，第31页。

配套软件的使用权利,微软公司按每个拷贝的不同容量向 MITS 收取 30—60 美元不等的权利金。这个为期"10 年的协议给予了 MITS 公司独有的在全世界范围使用和许可 BASIC 的权利,包括向第三者发放从属许可证的权利"。"这个协议最后成了不断兴起的计算机软件贸易的许可证制度的范本,成为这个行业的法律标准。而这种按每个拷贝收取权利金的软件转让方法,也在当时开了软件盈利模式的先河。"① 借助"牛郎星"微型计算机的风行,BASIC 语言得以推广,盖茨和微软公司名声大振。但是,天有不测,1976 年"苹果电脑"问世颠覆了人们对于微型计算机的刻板印象,它导致行业大洗牌,成功研制出个人用户使用的"牛郎星"微型计算机的 MITS 公司很快就昙花一现。

1976 年年尾,一场关于 BASIC 软件的版权之争爆发了。由于 MITS 公司的业务不景气,艾德·罗伯茨(公司创始人——引者注)准备把它卖给加利福尼亚的波特克公司。于是,他背弃原来和微软公司签订的合同条款。条款规定:MITS 公司不拥有 BASIC 的独家使用权和转让这种语言的专利权给别的公司的权利。但是,罗伯茨在同波特克公司谈判时,却宣称 BASIC 是他和公司的财产。他说,已根据合同规定,付给了微软公司 20 万美元的授权费,由此他已拥有 BASIC 语言的全部权利。1977 年 5 月 22 日,波特克公司正式购进了 MITS 公司。这时,微软公司正在同德克萨斯州仪器公司等几家企业进行转让 BASIC 专利权的谈判。波特克公司从旁作梗,宣称它拥有 BASIC 的专利权,拒绝把"它的"BASIC 专利权转让给其他企业。于是,微软一纸诉状把 MITS 告上法庭。这场官司,使得微软经历了空前严峻的长达 6 个月的财务危机。因为法官告诉微软,在案件了结之前,微软不能动用由于销售 BASIC8080 软件所取得的任何钱财。盖茨的父亲、一位著名律师给微软公司介绍了一名优秀律师来承办这个诉讼案。1977 年 12 月,微软公司被判胜诉。法庭仲裁员对波特克公司和艾德·罗伯茨不遵守同微软公司签订的协议十分严厉。他称此案为"商业剽窃的极端案例",并判定:MITS 公司只有使用 BASIC 软件的权利,而微软公司享有随意销售

---

① 于成龙:《比尔·盖茨全传》,新世界出版社 2008 年版,第 56—57 页。

BASIC软件的权利。此案过后，微软公司就再也没有为钱而发愁的问题了。①

软件"知识产权资本化"帮助新生的微软公司立稳脚跟，盖茨所拥有的最重要的发家致富的财产——软件首次成为美国法律保护的"特殊财产"。微软公司这个官司在信息技术革命历史上具有里程碑意义，它开创了人类历史上计算机软件受版权保护的先河，微软公司赢得官司并不出乎意料。早在60年代，伴随着计算机制造业在美国的迅速发展，软件研发也日渐受到重视，为了保护和促进这一新兴的产业，"美国版权注册办公室在1964年即开始接受计算机软件的版权登记注册，这使得美国成为世界上第一个给予计算机软件版权保护的国家"——此时，绝大部分美国人尚不知软件为何物。这一举措使美国"在对于计算机软件的保护水平上相对于其他国家处在了遥遥领先的位置上"并一直成为"世界版权保护的领头羊"②。在法治严明的美国，计算机软件这种全新的产品——智力劳动成果是否应该受到知识产权法律保护一度是个非常困扰法律界的问题。作为计算机科学和法律双料博士的美国学者艾布拉姆森指出："假设早期信息部门内有一个创业者，她写了一些源代码，开发出某项产品，然后雇佣了一位律师，并向律师咨询是否应当申请专利或者著作权保护。毕竟，她的产品是具备某种特殊功能的文本作品。著作权保护的是文本，专利权保护的是功能，她的律师因而会非常困惑。困惑的当然不止律师一人。"③ 显然，微软的官司消除了这一困惑，计算机软件是"具备特殊功能的文本"，它既受著作权保护，又受专利权保护。它是与任何传统的发明物或者著作大不同的、特殊的知识产权。鉴于美国的司法判决一贯是"判例法"，因此，微软的官司相当程度成为一个司法标准而对此后的类似司法诉讼具有标杆作用。因此，此案大获全胜，热衷于和竞争对手打版权官司也成为微软称雄软件产业的

---

① [美]丹尼尔·伊克比亚、苏珊·纳帕：《微软的崛起——比尔·盖茨和他的软件王国》，吴士嘉译，新华出版社1996年版，第55—56页。
② 李响：《美国版权法：原则、案例及材料》，中国政法大学出版社2004年版，第7页。
③ [美]布鲁斯·艾布拉姆森：《数字凤凰：信息经济为什么能浴火重生》，赵培、郑晓平译，上海远东出版社2008年版，第35—36页。

一大秘密武器。这场官司的意义在于，软件源代码[①]被纳入知识产权保护的范围，其价值在信息产业中不亚于计算机硬件的研发和设计方案，软件开发商卖给用户的只是在计算机上运行的程序，而不再向使用者提供软件的源代码。用户即使拥有源代码也不能相互拷贝和复制，因为它是软件公司的知识产权和商业机密而受到法律的保护。当然，计算机软件研发从"发烧友"的爱好逐渐成为一个"潜在的"大产业。虽然有版权的保护，但是，微软公司欲成为计算机发展史上第一家依靠出售软件而不是销售计算机硬件设备而致富的公司还有很长的路要走。

微软和MITS公司的版权官司表明：在蒸汽革命和电力革命进程中受到专利法严密保护的科技创新到了信息技术革命时代，面临法律保护的难题。在计算机科学领域，硬件研发方面的创新（产品外观、工艺路线等）可以获得专利权，这是非常具象的"专利权资本化"。但是，计算机软件要获得知识产权法律保护并因此而"知识产权资本化"，却需要克服心理和传统的巨大障碍。因为，作为知识产权的计算机软件的载体是软件源代码，类似于文学作品中的文字，它究竟应该受到专利权保护还是版权保护？这是一个令人头痛的问题。

在微软创立之初，软件的开发者是否应该享有"某种权益"（专利或者版权），不仅厂商意识淡薄，如MITS，至于计算机的个人用户就更是不屑一顾了。事实是，微软可以把侵权的MITS公司告上法庭，但面对广大的计算机"发烧友"却无能为力。事实上，微软与MITS公司签署协议后，BASIC编程软件的销售并没有达到预期，盗版软件猖獗成了微软公司发展的拦路虎。"整个1975年，他们仅收到少得可怜的1.6万美元的软件许可费。"[②] 鉴于微软的BASIC软件被大量"非法复制"，1976年2月3日，微软公司董事长比尔·盖茨在《电脑通讯》杂志上

[①] "源代码"是指用接近自然语言的高级编程语言（如LISP、PASCAL、CBASIC等）编写的程序，也称源程序，较易被专业人士阅读与修改，对软件厂商而言，其价值好比可口可乐和百事可乐的配方。在计算机产业发展之初，软件厂商给用户提供的软件都包含源代码，如微软给NITS公司提供的BASIC编程语言。随着软件被纳入版权保护范围，大多数情况下厂商销售的软件不再包含源代码——除非有特别授权，用户所购买的软件只是计算机能够识别，但用户（程序员）却无法识别、阅读和修改的，由0和1构成的二进制代码即机器码。而且，这些机器码软件的使用也被设置了很多限制条件，譬如，限制拷贝，而能够被无限拷贝的往往是盗版软件，属于侵权行为。

[②] 于成龙：《比尔·盖茨全传》，新世界出版社2008年版，第57页。

发表了在软件发展史上具有里程碑意义的《致计算机爱好者的公开信》，首次提出计算机软件版权保护问题，信中把软件非法拷贝者称为"窃贼"（Thief），并断言：如果不给软件开发者合理的报酬，就不会有人去开发真正有用的软件。盖茨在信中指责对 BASIC 的广泛非法复制行为，他写道：我们研发 BASIC 语言的投入，"如果计算工作价值，我们已经花费了 4 万多美元"。然而，"只有不到 10% 的用户购买了 BAISIC，我们卖给业余爱好者所收到的专利使用费的数额算下来，使我们花在牛郎星 BAISIC 语言上的时间，每小时只值 2 美元。为什么会这样呢？大多数业余爱好者想必明白，你们许多人用的都是偷来的软件。硬件是必须花钱去买的，软件却是大家可以分享的。但是你们可曾为软件工作者想过，他们的工作是否得到了应得的报酬？"在给盗版者写了第一封公开信后，盖茨又写了第二封信，强烈要求计算机用户停止使用盗版，只有这样软件公司才能盈利，才能提供更好的软件。①

盖茨的公开信成为计算机软件版权保护的宣言书。后人评价："盖茨在计算机软件产业发展的初期，就提出来对软件保护的必要性，这是他做出的贡献之一。他的所作所为，使这样一种概念逐渐为人们所接受，即软件程序的编制，和音乐、文学作品一样，是一种创造性的劳动，需要保护。"② 盖茨在新兴的软件行业率先举起版权（Copyright）的大旗，开启了软件商业化的闸门，展示了无比睿智和精明的商业头脑。只是，这种"保护版权"的初衷和微软日后滥用知识产权损害用户利益、打压竞争对手、攫取暴利的做法背道而驰。凭借无与伦比的商业头脑和知识产权的保护，微软终于成就其软件霸业。但是，其滥用知识产权获取不当利益、掠夺用户及粗暴打压竞争的诸多手段使其一直处于反垄断法律诉讼和社会舆论抨击的风口浪尖。

计算机软件可以受到版权法的保护，成为软件产业健康发展的保护伞。那么，在"科学技术资本化"形成和深化进程中，对科技创新与发明给予过重要保护的专利法能够保护软件开发者的利益吗？这对于"科学技术泛资本化"的形成至关重要。因为，计算机软件是信息技术

---

① ［美］布鲁斯·艾布拉姆森：《数字凤凰：信息经济为什么能浴火重生》，春凤山、子祥译，刘云馨修订，现代出版社 2012 年版，第 38、107—108 页。
② ［美］丹尼尔·伊克比亚、苏珊·纳帕：《微软的崛起——比尔·盖茨和他的软件王国》，吴士嘉译，新华出版社 1996 年版，第 41 页。

领域最有价值的科技知识结晶。在美国知识产权法律体系中，作为最早的一部立法，"专利被美国法学家诙谐地称之为'合法的垄断'（Legal Monopoly），其宗旨是'鼓励人们进行发明创造、保护专利人的'独家市场利益'和'促进科学技术的迅速发展'"①。对于计算机软件能否申请专利，联邦政府、州政府、司法界和产业界一直存在较大争议。将软件纳入专利保护，其过程颇为曲折。"以美国专利对软件的保护程度为划分依据"，美国对软件的专利保护经过了漫长的四个发展阶段，即："拒绝保护期（1966—1978 年）""弱保护时期（1978—1981 年）""反复不定时期（1981—1992 年）"，最后进入"扩大保护期（1992 年以后）"。"从 1992 年起，美国对计算机（无论是硬件还是软件）给予专利保护的政策逐渐成熟，对软件专利开始给予扩大保护（其间偶有例外）。至今，美国法院已经明确认定：一个发明若能产生实际有用的效果即可成为专利标的，不论其是否包含有数学演绎法，是否与硬件相结合，是否为商业方法。美国的软件专利保护曲曲折折，虽坎坷但保护范围却在不断扩大。"这个进程与计算机革命的进程同向而行，并且在 90 年代初期计算机革命和互联网革命即将开花结果实现腾飞之前，美国的专利法终于将计算机软件纳入保护范围。"1994 年，联邦巡回上诉法庭（The Court of Appeals for Federal Circuit）罕见地受理了所有的软件专利权诉讼——只有最高法院才有权审查其关于专利的判决，该上诉法院认为专利与商标局对待软件专利的态度过于苛刻。软件专利申请顿时由涓涓细流一跃变为汹涌波涛。"② 在此案推动下，美国专利注册办公室于 1996 年在全球率先发布"《电脑相关发明检验准则》（Examination Guidelines for Computer-Relation），为计算机软件申请专利保护……至少在美国法下是没有任何法律障碍的，此举大大加速了计算机软件的专利化进程"③。

至此，我们看到，在"科学技术泛资本化形成期"，作为信息技术结晶的计算机软件获得了此前任何一种科学技术发明创造都不可能拥有

---

① 何勤华主编：《美国法律发达史》，法律出版社 2000 年版，第 224 页。
② ［美］布鲁斯·艾布拉姆森：《数字凤凰：信息经济为什么能浴火重生》，春凤山、子祥译，刘云馨修订，现代出版社 2012 年版，第 36 页。
③ 李响：《美国版权法：原则、案例及材料》，中国政法大学出版社 2004 年版，第 234 页。

的"知识产权双重保护伞"，即：计算机软件可以成为"版权资本"，也可以成为"专利权资本"。与蒸汽革命时期和电力革命时期的所有科技发明不同的是，前者只能申请专利保护，而软件作为信息技术的结晶，也是价值最高的信息技术，则享有版权法和专利法的双重保护。这是其最独特之处。

专利法和版权法对发明家和企业家的创新积极性起到了有效的保护，事实证明，这种保护是绝对必要的。从20世纪50年代到80年代，法院的相关诉讼判决和新的联邦法律一起强化了这样一种观点，就是软件开发商应该有机会从他们自己的工作中获得经济利益。到20世纪80年代，一部全新的有关软件保护的版权法在美国出台，这一法案鼓励了这一新兴部门的极力扩张，那时人们才将这一新兴部门称为软件产业。①

在版权和专利权的双重保护下，微软公司开创了计算机软件产业，使得计算机产业逐渐分为硬件制造和软件研发这两个关系密切又相互竞争的领域。它赖以发家的 BASIC 语言就是依托于微型电脑"牛郎星"而得到普及。此后，又因为 IBM 选中微软作为合作厂商为 IBM PC 研制操作系统，使得微软这家小公司站在"蓝色巨人"的肩上并随个人电脑时代的到来而发达，由此奠定了微软公司在计算机业界不可撼动的地位——为微型计算机乃至日后的个人电脑研发运行计算机并实现其各项功能的众多软件——从操作系统软件到各种运用软件，如文档处理等。

1968年，美国的软件收入约为4亿美元。到1976年末，美国软件产业年收入达到11亿美元，并且在之后的4年内又翻了一番。个人计算机的推出又为企业开发软件并向数百万用户销售软件产品提供了一个巨大的机会。这一领域为众多新兴企业的繁荣和成长提供了空间。而美国又一次垄断软件市场，在20世纪80年代和90年代初，美国公司占有75%的市场份额。主要的美国软件厂商包

---

① [美] 阿尔弗雷德·D.钱德勒、詹姆斯·W.科塔达编：《信息改变了美国：驱动国家转型的力量》，万岩、邱艳娟译，上海远东出版社2012年版，第208页。

括 IBM 公司、微软公司、CA、Novell、莲花公司和 DEC 公司。20世纪 90 年代，软件主要业务增长来自于个人电脑。例如，仅 1993 年一年，美国人就花费了 60 亿美元为自己的台式电脑购买软件。微软公司的视窗系列产品在个人电脑工具市场中占据 95% 以上的市场份额，微软公司因此而成为比通用汽车更具市场价值的公司，比尔·盖茨成为世界首富就更不足为奇了。[①]

自 20 世纪 90 年代以来，微软在世界各地频频提起诉讼以打击微软软件，特别是操作系统的盗版。微软利用专利权来维护自己的市场地位的行为已经达到无所不用其极的地步，中国工程院院士倪光南指出："微软正竭力扩大自己的专利，已经获得了 4000 多个专利，甚至申请'在一个文档中加入和去除空白'这类很难被认为是创新的专利。"来维护垄断地位。[②] 有学者一针见血地指出："实践证明，比尔·盖茨的微软王国，离开知识产权法的保护，连一天都难生存。"[③]

"知识产权资本化"成为"科学技术泛资本化"的最佳表现形式，尤其当计算机软件得到版权法和专利法的严密保护后，"科学技术泛资本化"形成并深化已势不可当，此举使得科技发明创造财富神话的效率得以几何级数提升。

第二节 "科学技术泛资本化"深化：美国的风险投资体制和"硅谷现象"

美国是全球风险投资的圣地，也是现代风险投资的发源地，风险投资成为科技和资本联姻的最佳载体，是促成"科学技术泛资本化"深化的重要推手。在此进程中，"硅谷现象"成为一个最值得关注的经济现象和文化现象，硅谷作为风险投资的风水宝地自然成为"科学技术泛资本化"深化的最好温床。剖析美国风险投资的缘起和"硅谷现象"

[①] [美] 阿尔弗雷德·D. 钱德勒、詹姆斯·W. 科塔达编：《信息改变了美国：驱动国家转型的力量》，万岩、邱艳娟译，上海远东出版社 2012 年版，第 204—205 页。

[②] 潘治：《垄断危害中国信息技术产业健康发展》，引自搜狐网，http://news.sohu.com/20050814/n226669123.shtml，2018-01-19。

[③] 张乃根、陆飞主编：《知识经济与知识产权法》，复旦大学出版社 2000 年版，第 3 页。

的内涵有助于把握"科学技术泛资本化"的内在规律。美国的风险投资体制和"硅谷现象"最重要的历史价值在于：为科技与资本联姻树立了一种全球规范和行业标准，它使得全球化的资本可以借助科技产业革命对全球进行水银泻地般的渗透，在促进科技进步的同时也在全球范围确立资本的统治威力。

一 "科学技术泛资本化"深化最重要的制度创新：美国的风险投资体制

梳理"科学技术泛资本化"的历史发现，在美国形成一种完善制度并普及化的风险投资成为"科学技术泛资本化"深化的"助产士"。因此，厘清风险投资在美国的起源和发展对于研究"科学技术泛资本化"的深化有着重要意义。

（一）风险投资在美国的起源和"美国研究与发展公司"的兴衰

风险投资也称风投资本或风险资本（Venture Capital），按照创立于1973年的"美国国家风险资本协会"（National Venture Capital Association，NVCA）解释，"风险资本专注于企业发展的重大创新领域，诸如：新的软件研发、救命的抗癌药物，或者一种全新的营销模式。除非企业有望均衡且稳定增长，否则不会获得风险投资。风险投资在企业发展的早期阶段必定伴随着重大的风险——此时的企业在产品和服务方面尚停留于某种创意的层面，这种情况严重制约了企业的资金来源。然而，风险资本家愿意承担这种风险并通过提供资金以换取公司的股权。在风险投资阶段，风投资本家不仅向企业提供资金，而且还利用其董事职位参与公司的经营管理并提供咨询。风险资本家通过提供投资并承担风险希望打造能够将大量创新带给市场的高成长企业。当科学家、工程师、医生和创业者事业初见成效之际，风投资本家便随之出现。他们经过缜密的投资论证，通过多样化的渠道，如：养老基金、捐赠基金以及富有的个人投资者处募集形成一个风险投资基金，并投资于最有前途的创业公司（通常称为风投组合的一部分）且投资期限可达10年"[①]。

[①] "VC Industry Overview"，见"美国国家风险资本协会"，http：//www.nvca.org/index.php? option = com_ content&view = article&id = 141&Itemid = 589。

为硅谷创新史著书立说的美国学者指出：

> 风险资本是指将私人或机构的资金用于资助初创的、具有高潜力和高风险的成长型企业。资金的提供者一般希望获得股权，并在5—10年内获得投资回报。其收回投资与利润的途径主要包括以下两个：（1）公司首次公开发行股票（Initial Public Offerings, IPO）；（2）把公司出售给一个战略投资者，通常是一个大型的、完善的高科技公司。风险投资公司通常不以股息分红和股票回购作为长期回报的方式。大多数发展资本投资与高新技术产业，如软件、计算机硬件、生物科技、清洁能源等。也有很小一部分风险投资公司投资于扩展性高、技术含量较低的行业，如快速消费品和零售业。风险资本流入的新公司往往因历史短暂、规模较小，而在公众市场很难筹集到资金、取得银行贷款或发行债券。投资小型的、不成熟的公司会带来高风险。作为交换条件，风险投资公司通过占有董事会的席位对公司的决策拥有较大的控制权，另外拥有大量的公司股权（其份额优势非常大，公司创始人有时因此会称他们是"秃鹫资本家"）。[1]

总之，风险资本是一种以私募方式募集资金，以公司等组织形式设立，投资于未上市的新兴中小型企业（尤其是新兴高科技企业）的一种承担高风险、谋求高回报的知识型金融资本，它是现代资本的一种组织形式，以从事风险投资，追逐高额利润为根本目的。

风险投资是"科学技术泛资本化"的"媒介"，美国是资本主义发展史上风险投资的发祥地。厘清风险投资在美国诞生和发展的脉络对于把握科学技术和资本联姻的规律大有裨益。梳理风险投资的发展史，研究发现：

第一，风险投资在商品经济发展史上古已有之，随资本主义的加速发展而壮大。

风险投资是一种颇有历史的现象。每个人都可能有投资于高风

---

[1] ［美］阿伦·拉奥、皮埃罗·斯加鲁菲：《硅谷百年史：伟大的科技创新与创业历程（1900—2013）》，闫景立、侯爱华译，人民邮电出版社2014年版，第59页。

险项目的倾向。无论在古巴比伦时期，还是在欧洲封建社会早期，我们都可以发现企业家从私人投资者处募集资金的案例。最著名的例子莫过于西班牙皇后伊丽莎白二世资助克里斯多夫·哥伦布，我们可以将此看作是一次获利颇丰（对于西班牙人来说）的风险投资。在很多国家，私人投资对19—20世纪早期的工业革命发展也造成了影响。例如在美国，一群群来自本土及欧洲的私人投资者资助了各种新兴工业，包括铁路、钢铁、石油及玻璃制品等。这些投资行为不仅仅出现在美国，我们还可以在很多国家发现类似的成功故事。①

第二，风险投资作为微观经济领域一种重要的制度创新，美国是其公认的诞生地，追逐高额利润是风险投资兴起的重要原因。美国风险投资在20世纪50年代末走向兴旺发达与冷战关系密切。

风险投资创业可以视为个人投资者或非正式风险投资市场发展的必然结果。这个产业诞生于20世纪早期的美国，当时风险投资是针对拥有大量财产的家庭提供的财富管理服务。这些服务越来越专业化，并且开始雇佣外界人士来选择和管理投资，他们最终演变成了独立的风险投资群体。波士顿地区可能是最早出现有组织的风险投资获得的地区。到1911年，美国波士顿商会已经在为新企业提供资金和技术支持。到了1940年，提供类似协助的新英格兰工业发展公司也创立了。波士顿也是美国最早的风险投资公司的诞生地。风险投资的主意是波士顿联邦储备银行的主席 Ralph Flanders 想出来的，他注意到了新企业成长不足而专业投资者又不愿意为新企业提供资助的现实问题。Flanders 提出了托管基金，这使得专业投资者可以将至多5%的资产用于购买新企业的股份。这一提议得到了哈佛商学院教授 General Georges Doriot 的支持。Doriot 联合麻省理工学院校长 Carl Compton 以及一些当地的商业领袖，于1946年建立了美国研究与发展公司（ARD）。②

---

① [瑞典]汉斯·兰德斯顿主编：《全球风险投资研究》，李超、王一辛、毛心宇、李奇玮译，湖南科学技术出版社2010年版，第9页。
② 同上书，第9—10页。

风险投资制度化是二战结束后美国在微观经济领域的一个重要制度创新，无论发起人抱有何种初衷，但追逐高额利润，为资本寻找更好的出路是其核心目标。

第二次世界大战后，在1946年左右，当商界和政府官员都意识到风险投资的重要性时，五个重要的风险投资机构应运而生。他们是J. H. 惠特尼公司、洛克菲勒兄弟公司（后改名为文洛克公司）、美国研究与开发公司，以及在硅谷的两家公司——创业资本公司和太平洋海岸公司。这是一些大胆的试验，因为当时的一般舆论都认为，美国将在第二次世界大战后重新陷入萧条。这也是为什么在1945年左右美国政府债券的收益率如此之低，大多数投资者仅获得稍高于2%的债券收益率。然而，风险资本的投资者却更为大胆，为了潜在的高回报率，他们愿意承担更多的风险。这些早期的家族风险基金共同追求以下目标：以初始投资来获得高回报，以便得到资本收益税的优惠（相对于来自大公司的红利和利息所必须承担的高额税务负担）；开辟一个更加有效的途径，使创新企业能从他们的企业家朋友和伙伴那里获得融资。[1]

如前所述，肖克利半导体公司的"八叛将"经由阿瑟·洛克的穿针引线获得了纽约的海登·斯通投资公司和仙童摄影器材公司的风险投资，进而创立了"美国半导体行业孵化器"仙童半导体公司。

阿瑟·洛克和巴德·科伊尔（海登·斯通投资公司董事长）在创办仙童半导体公司的过程中所做的工作，扮演着未来硅谷创业公司风险投资上的角色，尽管当时"风险投资"的概念尚不存在。银行家们协助年轻的技术人员们制定商业战略，分析融资需求，寻找投资人。作为回报，科伊尔和洛克就职的公司成为新公司的股东，并且在董事会拥有一个席位，对他们的投资收益施加影响。科伊尔和洛克仅为新公司找了一家投资商，而现代风险投资家们则要组织

---

[1] [美]阿伦·拉奥、皮埃罗·斯加鲁菲：《硅谷百年史：伟大的科技创新与创业历程（1900—2013）》，闫景立、侯爱华译，人民邮电出版社2014年版，第62页。

外部投资者募集基金投资创业公司。尽管如此,北加州的风险资本——脑力和美元的结合——随着仙童半导体的成立而诞生。①

苏联1957年连续发射两颗人造地球卫星,此举极大地刺激了美国朝野和普通民众。为了应对苏联的挑战,迟迟没有被国会认可的风险投资组织法案也得以顺利通过,1958年8月21日艾森豪威尔总统签署了《中小企业投资法》。"国会批准同意拨款2.5亿美元成立中小企业投资公司(SBIC),为小企业的成立和发展提供税收减免和贷款优惠。"但是,该项目并不成功,因为,"对中小企业投资公司进行项目评价是一件复杂而又有争议的事情。今天很多成功的风险投资家犀利地指出,中小企业投资公司项目并没有创造出一个像样的、存续时间长的成功企业"。在此法案通过前,"这个风险投资市场的资本总额不超过1亿美元,而到1967年,共有791家投资公司,投资金额超过了10亿美元"②。但"中小企业投资公司"却存在着无法持续的痼疾,即"它每投资1美元,政府就要配套提供3美元的担保贷款。这虽然扶植了许多企业,但却不适合高风险的投资,因为政府的贷款担保通常意味用纳税人的钱去补贴那些失败的投资项目,而银行则是最大的赢家。美国政府投给中小企业投资公司的20亿美元却大部分付诸东流"③。显然,国家资本以提供担保的形式介入风险投资意图带动更多的私人资本投资于高科技中小企业,初衷很美好,但由于制度设计不合理而夭折。但是,美国政府这一举措产生了两个影响深远的价值:一是"让风险投资事业规模上得到了极大的发展,由原来的零星局面演变为全国性的现象"④。二是得到"中小企业投资公司"资助的"新上市公司在股市备受欢迎,这证明对初创公司进行股权投资的模式是可行的。中小企业投资公司的一些项目得以成功兑现,而且收

---

① [美]莱斯利·柏林:《硅谷之父:微型芯片业的幕后巨人》,孟永彪译,中国社会科学出版社2008年版,第90—91页。
② [美]斯宾塞·安特:《完美的竞赛:"风险投资之父"多里奥特传奇》,汪涛、郭宁译,中国人民大学出版社2009年版,第141—142页。
③ [美]阿伦·拉奥、皮埃罗·斯加鲁菲:《硅谷百年史:伟大的科技创新与创业历程(1900—2013)》,闫景立、侯爱华译,人民邮电出版社2014年版,第91—92页。
④ [美]斯宾塞·安特:《完美的竞赛:"风险投资之父"多里奥特传奇》,汪涛、郭宁译,中国人民大学出版社2009年版,第142页。

获诱人。中小企业投资公司的运作确实提高了早期风险投资公司的地位"①。显然，制度的缺陷要通过制度的创新去弥补，来自私人的风险投资如何帮助高科技中小企业快速成长，这是美国"科学技术泛资本化"进程中必须克服的障碍。在此背景下，"美国研究与发展公司"应运而生并进行了有益的探索。

"美国研究与发展公司"也译为"美国研究与开发公司"（American Research and Development Corporation，ARD），堪称美国风险投资的标杆企业和初尝成功的拓荒者，它对高科技初创企业（均属于独创的科技发明，但极度匮乏启动资金）进行了多次成功的股权投资，为现代风险投资制度的完善做出了重大贡献。

成立于马萨诸塞州的"美国研究与发展公司""是美国第一家在纽约股票交易所上市的风险投资公司，通过扶持许多萌芽企业（没有人愿意做这样的事），为美国经济发展注入了庞大的资金。这些企业包括苹果电脑公司、联邦快递公司、莲花1.2.3公司、康柏电脑公司等。在多里奥特向世人证明系统化的风险资本行之有效之前，那些需要资金的创新者们只有向少数几个富有而愿意冒险的大家族寻求资助，因为即便是银行与投资机构也不敢承担那些风险"②。"非家族式的风险投资企业模式，基本上是从美国研究与发展公司开始的。该公司由乔治·多里奥特创建，很多人认为他是"风险投资之父"。第二次世界大战之前，多里奥特是库恩－洛布公司（Kuhn, Loeb & Company）的银行家。库恩－洛布公司是当时与JP摩根公司（JP Morgan & Co.）齐名的大投资银行。③

> 美国研究开发公司是第一个专业化的风险投资公司，它的资金来源并不依赖于家庭或富有的个人，而主要来源于机构投资者，例如保险公司、教育机构和投资信托公司。这是一个至关重要的进步，因为它极大地扩展了有助于增加风险资本总额的潜在资金价

---

① ［美］阿伦·拉奥、皮埃罗·斯加鲁菲：《硅谷百年史：伟大的科技创新与创业历程（1900—2013）》，闫景立、侯爱华译，人民邮电出版社2014年版，第91页。

② ［美］哈罗德·埃文斯、盖尔·巴克兰、戴维·列菲：《美国创新史》，倪波、蒲定东、高华斌、玉书译，中信出版社2011年版，第290页。

③ 同上书，第63页。

值。作为第一个风险投资公众企业,美国研究开发公司还有一个显著的特点,它寻求使企业家的管理变得更加民主化,它关注技术性的风险企业,为新建立的小企业提供管理支持。公司发起人之一、曾担任代理总裁的波士顿联邦储备银行主席拉尔夫·弗兰德斯(Ralph Flanders)认为:"风险投资家的作用好比是现代经济的'媒人'。他们把钱'嫁给'敢于冒险的企业家和他们疯狂的新想法。结果是美国的实力越来越强大,薪酬水平高的工作数量越来越多。"在征得美国证券委员会的特许后,"美国研究开发公司便开始出售股票以筹措风险投资资金。截至1946年12月底,共筹资350万美元,其中,180万美元来自9家金融机构、2家保险公司和4所综合性大学。其余资金则来自单笔投资额不少于5000美元的个人投资者"①。

历史学家评论道:"美国研究与开发公司通过公开上市发行股票筹得350万美元(这是一个错误,我稍后会看到)。"② 事实上,这个"致命伤"导致该公司经历一段辉煌后却难以为继,并因此引发风险投资企业的制度变革。

多里奥特(Georges Doriot, 1899—1987)"在公司的第一份年报上写道:美国研究与发展公司成立的宗旨是帮助新建企业和现有企业成长为成熟而有价值的公司"。作为企业史上全新的公司,美国研究开发公司成立之初就投资了三家高技术公司③,"第一轮投资反映出其投资理

---

① [美]斯宾塞·安特:《完美的竞赛:"风险投资之父"多里奥特传奇》,汪涛、郭宁译,中国人民大学出版社2009年版,第98、101—102页。
② [美]哈罗德·埃文斯、盖尔·巴克兰、戴维·列菲:《美国创新史》,倪波、蒲定东、高华斌、玉书译,中信出版社2011年版,第63页。
③ 这三家公司分别是:Circo Products 公司,获得投资15万美元——"专门生产可将汽车发动机的润滑油气化后注入汽车传动装置的手枪式工具";"高压工程公司"(High Voltage Engineering Corporation),获得投资20万美元,"这家公司最初是由麻省理工学院两位科学家在剑桥的一间改装过的车库里搞出来的,他们两人研究的是220万伏高压的发生器,比当时已有的X光机的功率高出8倍";"同位素示踪物实验室公司",获得投资15万美元,"这家公司的创始人也是麻省理工学院的几个天才少年,这也是原子学领域的第一个商业企业。该公司已经濒临破产倒闭的边缘,这时多亏美国研究开发公司及时出现拯救了它,其主营业务是出售放射性同位素和制造放射性探查设备"。[美]斯宾塞·安特:《完美的竞赛:"风险投资之父"多里奥特传奇》,汪涛、郭宁译,中国人民大学出版社2009年版,第103页。

念已经超越了'货币投资'的阶段,上升到'包含必要时提供管理支持和技术咨询服务'的境界。在多里奥特看来,管理才能与资金同样重要"。该公司"提供咨询服务的方式主要是派遣高管人员、董事或顾问进驻被投资企业的董事会"①。

在 ARD 存续的 20 多年里,它载入史册的最成功投资是对"数字设备公司"(Digital Equipment Corporation,DEC)的风险投资,这个公司是计算机革命初期最成功的微型计算机制造商。1957 年,曾经在麻省理工学院"林肯实验室"参与过"旋风"计算机研制和 SAGE 项目的工程师肯·奥尔森(Ken Olson)和哈伦·安德森(Harlan Anderson)离开麻省理工学院准备创业,欲"采用微型大规模的新型晶体管,而不是笨重的真空管"研制"更小型、结实耐用并且价格更便宜"的计算机,他们找到了多里奥特,尽管当时"风险投资"概念并没有完全形成,但多里奥特的董事会还是决定为奥尔森押上赌注。

两个年轻人一共获得了 10 万美元。美国研究与开发公司以权益的方式向他们融资了 7 万美元,另外 3 万美元在随后一年里,以贷款的方式借给他们。新成立的公司共有 1000 份股票,70% 的股权属于美国研究与开发公司,20% 的股份属于奥尔森和安德森所有,剩下 10% 留给经验丰富的管理者,他将帮助经营公司。奥尔森作为公司创始人,拿走 12% 的股权,安德森拿了 8% 的股权。由于为经理人预留的 100 份股票没有发行出去,那意味着美国研究与开发公司实际上占有 77% 的股权。②

公司最初打算取名为"数字计算机公司",但多里奥特担心"计算机"这个词过于新潮——于是,"数字设备公司"就这样诞生了。1959 年,该公司推出世界上第一台商用晶体管计算机,取名 PDP-1(Programmed Data Processor),它外观较小——与电冰箱差不多大——但最重要的是它能让任何人与计算机互动,无须专业程序员,就像我们今天使用个人计算机一样。而且它的价格相对较

---

① [美] 斯宾塞·安特:《完美的竞赛:"风险投资之父"多里奥特传奇》,汪涛、郭宁译,中国人民大学出版社 2009 年版,第 104 页。
② 同上书,第 140 页。

低——在12.5万—15万美元，而同期的IBM大型计算机售价在100万至300万美元之间。1964年，该公司又制造出售价仅1.8万美元的小型轻便的计算机。到1978年，全世界40%的微机由DEC生产，其利润达1.42亿美元，拥有员工10万人以上。而IBM仅占有2%的微机市场份额。DEC在成立后连续19年的稳定发展中，年均增长率达到30%，在商业杂志上被评为美国最受喜爱的公司。但是，在1981年IBM成功推出个人电脑后，DEC公司的微型计算机渐渐落伍，1998年，康柏电脑公司以96亿美元的价格收购了DEC。[1]

在"科学技术泛资本化"进程中，DEC公司的成长史是奥尔森所代表的计算机科技和多里奥特所代表的风投资本的完美联姻所创造的奇迹。1963年12月DEC在纽约证券交易所上市，"每股价格22美元，共售出800万股股票。美国研究与开发公司所持的70%的股份，市值达3850万美元。当美国研究与开发公司最终售出这些股权时，它的价值更高达4亿美元，回报率为700000%"[2]。美国研究与发展公司"在21年的经营时间里取得了17%的年均收益率，明显好于同一时期内道琼斯工业指数年均13%的增幅。不过，美国研究与开发公司所取得的成就不仅仅表现在这些财务数据上。数字设备公司已经成为成功企业的典范，激励了整整一代技术人才不再安于现状，纷纷下海创办自己的技术企业"[3]。

作为制度化的风险投资的探路者，"美国研究与发展公司"的"标杆效应"激励了越来越多的欧洲国家开创了风险投资企业。多里奥特"帮助创建了著名的欧洲工商管理学院（INSEAD）和若干个国际风险投资公司，也包括技术开发资本有限公司（英国的一家风投公司，于1962年以200万美元创立）和欧洲企业发展有限公司（法国

---

[1] ［美］哈罗德·埃文斯、盖尔·巴克兰、戴维·列菲：《美国创新史》，倪波、蒲定东、高华斌、玉书译，中信出版社2011年版，第364—365页。

[2] ［美］阿伦·拉奥、皮埃罗·斯加鲁菲：《硅谷百年史：伟大的科技创新与创业历程（1900—2013）》，闫景立、侯爱华译，人民邮电出版社2014年版，第66页。

[3] ［美］斯宾塞·安特：《完美的竞赛："风险投资之父"多里奥特传奇》，汪涛、郭宁译，中国人民大学出版社2009年版，第189页。

的一家风险投资公司，于1963年以250万美元创立）"。"多里奥特的风险投资理念可以总结为以下几点：最好的回报来自风险最高的、从零开始的公司；最好的公司是随着时间的推移稳步前进，依靠坚强的管理团队而建成的，不是一夜成功；专业技术是最好的投资领域，专利和技术诀窍给小企业带来了足以抗衡大公司的竞争力；最困难的事情是说服创业者寻求和接受外界的帮助，无论是用来促进销售、获得银行信用额度，还是聘用合适的团队。"[①] 美国的风险投资被欧洲发达资本主义国家纷纷效仿，促进了这些国家科学技术向生产力的转化，促进了经济发展。

作为现代风险投资的开创者，"美国研究与发展公司"注定要成为后续者的"铺路石"——它的公司性质和组织形式决定了它的盈利方式和对风投资金的管理方式与美国相关法律存在冲突，"美国研究与发展公司"的遭遇最终引发了美国风险投资企业在公司制度方面的一场变革。

从公司性质而言，"美国研究与发展公司"属于股份有限公司，从公司发起到上市融资开始就注定了它属于"公众公司"（public company），此类公司向不特定对象公开发行或转让股票，股东人数较多，涉及利益较广，因此必须接受美国法律的严格监管。

> 1961年，美国研究与开发公司步入高峰，全年给66家企业共投资1100万美元，当时的投资组合价值达3030万美元。1963年，当美国证券交易委员会联络多里奥特和美国研究与开发公司时，他们和政府之间的第一个大麻烦开始了。美国证券交易委员会反对美国研究与开发公司的高管，也就是多里奥特手下的年轻人的做法。他们负责筛选创意，同时又在美国研究与开发公司的投资组合公司里任职，坐拥附属企业的股票期权。虽然多里奥特认为这是激励人的最好方式，但美国证券交易委员会认为上市公司这样做存在着利益冲突。这次的矛盾成了推动整个风险投资行业进入私营合伙制时代的重要因素。在这个体制下，投资合同不会受到限制，参与各方

---

① ［美］斯宾塞·安特：《完美的竞赛："风险投资之父"多里奥特传奇》，汪涛、郭宁译，中国人民大学出版社2009年版，第65页。

第三章
"科学技术泛资本化"形成与深化：第三次科技产业革命　　*223*

可以做任何事情，无须担心政府的干预。①

此外，因为风险投资的风险性和长期性会导致风险投资公司的投资出现各种亏损，如果这样的风险投资公司是"私人公司"（非上市公司），它无须向社会和监管机构公开其经营情况，但是，作为一家上市公司却不想接受监管机构的各种审查。"1954年，美国证券交易委员会也常常对美国研究与开发公司基本投资组合中公司的估值进行审查和质疑（有时是凭空猜测），这也造成了一系列问题。当一家公司的股票低于它的净资产时，会计师会据此来重新评估该公司的资产。"②

后来的情况变得更加糟糕，美国税务局决定，如果ARD不能在1967年底之前卖掉所持有DEC股份，它将剥夺ARD享有的税收待遇。1954年制定的相关税收规则的那名官员也认为，一家投资公司持有其资助公司的大部分资产这种情况应该只能有10年期限。这样一来，ARD将不可能获得任何资助公司的未来收入——而多里奥特原本希望将这些收入用于投资更多的创新项目——他也将失去对资助公司的管理指导地位。毫无道理的是，倘若ARD持股人为通用汽车金融服务公司（GMAC）或者联合化学公司（Allied Chemical）等投资，那是可以的；但只要在自己资助的公司持股，那就被判了死刑。其后，多里奥特在美国国会积极疏通，试图解除那"10年限令"。与此同时，多里奥特被迫卖掉ARD在DEC的1.83亿美元股份。1968年，国会终于通过立法，允许ARD在其余资助公司持股——但只能维持到1971年。证券交易委员会还放言说，任何接受ARD资助的公司不得给予雇员股票买卖权。这项规定简直是晴天霹雳，而且来得莫名其妙，如果多里奥特接受的话，ARD将无法在商界立足，因为再也不会有任何公司来寻求资助了。③

---

① ［美］阿伦·拉奥、皮埃罗·斯加鲁菲：《硅谷百年史：伟大的科技创新与创业历程（1900—2013）》，闫景立、侯爱华译，人民邮电出版社2014年版，第65页。
② 同上书，第64页。
③ ［美］哈罗德·埃文斯、盖尔·巴克兰、戴维·列菲：《美国创新史》，倪波、蒲定东、高华斌、玉书译，中信出版社2011年版，第295页。

法律上的困境成为"压垮骆驼的最后一根稻草",而内部薪酬激励的缺陷所导致的人才流失同样让公司雪上加霜。"当美国研究与发展公司投资的光学扫描公司上市时,这家公司的 CEO 赚了 1000 万美元,而多里奥特派往这家公司的高管查尔斯·维特(Charles Leavitt)却只得到 2000 美元的加薪。"于是,他离开了美国研究与开发公司加盟到其他薪酬制度更有吸引力的投资公司,这样流失的人才有许多。当 DEC 公司成功上市股票价格一飞冲天时,"美国研究与开发公司办公室的紧张气氛变得更糟。美国研究与开发公司只有四名员工拥有 DEC 公司的期权,这使他们都成了百万富翁,而为这笔交易工作的其他人只分得蝇头小利"。"到了 1968 年,多里奥特意识到美国研究与开发公司已经风光不再,而美国证券交易委员会却仍然紧盯着美国研究与开发公司。才俊们陆续离开成为其他风险投资公司的合伙人,或进入大公司的风险投资部门。最终,美国研究与开发公司与比尔·米勒(Bill Miller)的德事隆公司(Textron)于 1972 年合并。美国研究与开发公司最终在德事隆公司里消亡了。"①

显然,"美国研究与发展公司"进行了诸多成功的风险投资,成就了信息技术革命早中期小型计算机霸主 DEC 公司的辉煌,创造了科技与资本化联姻的典范而成为经典的风投案例。但是,该公司在公开市场(股市)募集风投资金的做法导致极大的制度漏洞使其面临极大的监管压力,作为"公众公司",它无法满足私人资本对高科技初创企业进行风险投资并获取利益的需求,也无法适应政府的监管。

总之,由"美国研究与发展公司"开创的现代风险投资制度必须完善才能适应科技与资本联姻的需求。

(二)美国风险投资制度的完善及其运作机制

"美国研究与开发公司"的兴衰成败为同时代及后起之秀提供了极佳的参照榜样,由此促成美国风险投资企业制度的完善。

美国的风险投资经过 20 世纪 50—70 年代的探索和经验积累,随着"美国研究与开发公司"这样的"公众公司"正式退出风险投资行业,

---

① [美]阿伦·拉奥、皮埃罗·斯加鲁菲:《硅谷百年史:伟大的科技创新与创业历程(1900—2013)》,闫景立、侯爱华译,人民邮电出版社 2014 年版,第 66—67 页。

"私人公司"（Private Company）必然成为风险投资的主角而隆重登场，此类公司不公开发行股票，股东人数较少，股份转让限制较多，其经营无须向社会公开，责权利明确。于是，美国风险投资公司的股权结构和法律属性必须与时俱进，逐渐演进使其在适应法律监管要求的同时也更加符合资本逐利规律的现代风险投资公司制度，其运行有以下几个特点：

1. 风险投资公司的性质。风投公司采用合伙制，"风险投资公司及其合伙人或相关人士——'风险资本家'，都简称为'VC'（Venture Capital）。风险投资家才能够从机构投资者（如养老基金、基金会、慈善基金会以及拥有高净值资产的个人）手中汇集资金用于他们通常建立合伙制关系。最常见的是有限责任合伙制关系，风投资本家是普通合伙人，简称'GP'（General Partners），外部投资者（也是风投资金提供者——引者注）是有限合伙人，简称'LP'（Limited Partner）"①。其中有限合伙人是机构投资者或者个人投资者，有限合伙人以其认缴的出资额为限对合伙企业债务承担有限责任。普通合伙人是风险投资基金（管理机构）或者自然人，对合伙企业债务承担无限连带责任。普通合伙人通常担任所投初创公司的董事长或者由其指派董事长和其他高管，对所投公司拥有完全控制权和管理权，对外代表公司。"风投公司通常由几个小团队组成，这些团队或者拥有技术背景（科学家、研究人员、技术主管），或者接受过投资银行、咨询公司或企业并购部门的业务培训。除了资金，风险投资家还给投资对象带来管理、治理和技术方面的指导。"② 风投公司采用有限合伙制能够确保风险投资家和公司创始人：利益共享、风险共担。"风投公司的股东不能超过 499 人。按照美国法律规定，一旦一家公司的股东超过 500 人并具备一定规模，就必须像上市公司那样公布资金的财务情况和经营情况。而风险投资公司不希望外界了解自己的投资去处和资金的运作，以及所投资公司所占的股份等细节，一般选择不公开财务和经营情况，因此股东不能超过 500 人。"③ 故风投基金的运作都采取私人公司形式：私募资本金、不上市融资、股

---

① ［美］阿伦·拉奥、皮埃罗·斯加鲁菲：《硅谷百年史：伟大的科技创新与创业历程（1900—2013）》，闫景立、侯爱华译，人民邮电出版社 2014 年版，第 59—60 页。
② 同上书，第 60 页。
③ 吴军：《浪潮之巅》（第二版·下册），人民邮电出版社 2013 年版，第 38 页。

东数量有限、不公开经营情况。

2. 风险投资基金运营期限和监管。"大多数风险投资基金的固定寿命为 10 年,市场环境不佳时外加 1 年的延展期,用于资本退出时分阶段出售股权或者公司股票。"① "风险投资公司每一次融资便成立一家有限责任公司,它的寿命从资金到位(close fund)开始到所有投资项目要么收回投资,要么关门结束,通常需要 10 年时间,前几年是投入,后几年是收回投资。一家风险投资公司通常定期融资,成立一期期的风险基金。基金作为前提投资人共同拥有。风险投资公司自己是普通合伙人,其他投资者是有限合伙人。普通合伙人除了拿出一定资金外,同时管理这一轮风险基金,有限合伙人参与分享投资回报,但是不参加基金的决策和管理。这种所有权和管理权的分离,可以保证风投公司能够独立地、不受外界干扰地进行投资。为了监督管理者的商业操作和财务,风投基金要雇一个独立的财务审计顾问和总律师(Attorney in General),这两个人不参与决策。为了减少和避免错误的决策,同时替有限合伙人监督风投基金管理人的投资和资本运作,一家风投基金需要一个董事会(Board of Directord)或顾问委员会(Board of Advisors)。这些董事和顾问要么是商业界和科技界的精英,要么是其他风投公司的投资人。他们会参与每次投资决策,但是决定由风投基金管理人来做。"② 风投基金两权分立的管理模式和有限责任与无限责任相结合的合伙人制能够建立起最科学的激励约束机制。

3. 风险资本家即普通合伙人的管理费用。"风险投资人通过管理费或附加收益来获得报酬(通常称为'2+20'原则)。"其报酬有管理费以及附加收益和业绩费,管理费"每年由有限合伙人支付给基金的普通合伙人,用于普通合伙人的开销。在一个典型的风险投资基金中,普通合伙人每年收取的管理费等于所承诺募集资金的 2%(在投资阶段)。在完成投资之后的收益阶段,这一比例则较低(低至 0.5%)"。附加收益和业绩费则是"基金收益的一部分(通常是 20%)要支付给普通合

---

① [美]阿伦·拉奥、皮埃罗·斯加鲁菲:《硅谷百年史:伟大的科技创新与创业历程(1900—2013)》,闫景立、侯爱华译,人民邮电出版社 2014 年版,第 67 页。
② 吴军:《浪潮之巅》(第二版·下册),人民邮电出版社 2013 年版,第 38—39 页。

伙人，作为他们的业绩奖励，剩下 80% 的利润属于有限合伙人"①。这项制度体现的是风投资本构成中的人力资本或者智力资本的价值，因为，只有高素质的风投资本家即风投资金管理人才能实现风险资本的增值。"为了降低风险，一轮风投基金必须要投十几家到几十家公司。当然，为了投十几家公司，基金经理可能需要考察几百家公司，这笔运作费用不是个小数，必须由有限合伙人出，一般占到整个基金的 2%。风投公司的普通合伙人为了挣钱，还要从有限合伙人赚到的钱中提取一部分利润，一般是基本利润（比如 8%）以上部分的 20%。比如某个风投基金平均每年赚了 20% 的利润，普通合伙人将提取（20% – 8%）× 20% = 2.4%，外加 2% 的管理费，共 4.4%，而有限合伙人得到的回报其实只有 15.6%，只相当于总回报的 3/4。因此，风投公司的收费其实非常高昂的。"②

4. 风险资本的退出机制。大致有如下途径：（1）接受风投的公司首次公开发行股票（IPO）或者把公司出售给更有实力的战略投资者。IPO 是指企业第一次向公众公开发行股票，风险资本家可以在 IPO 时抛售持有的股票收回投资。对风投资金而言，"如果投资的公司上市或被收购，那么合伙人直接以现金的方式收回投资，或者获得可流通的股票。这两种方式各有利弊，都有可能被采纳。前者一般针对较小的基金和较少的投资，普通合伙人会在被投资的公司上市或被收购后的某一个时间点（一般是在锁定期 Lock-up Period 以后）将该基金所拥有的全部股票卖掉，将收入分给各个合伙人。这样基金管理成本较低。但是，如果基金占的股份比较大，比如风险投资在很多半导体公司中常常占到股份的一半以上，这种做法就行不通了。因为上市后一下子卖掉其拥有的全部股票，该公司的股价会一落千丈。这时，风险投资的、基金的普通合伙人必须将股票直接付给每个合伙人，由他们自己决定如何出售股票。这么一来，就避免了股票被同时抛售的可能性。虽然这么做，基金管理成本（主要是财务上的成本）增加了不少，但是大的风投公司必须这么做"。（2）破产清算。这意味着风险投资失败，风险投资很可能

---

① [美] 阿伦·拉奥、皮埃罗·斯加鲁菲：《硅谷百年史：伟大的科技创新与创业历程（1900—2013）》，闫景立、侯爱华译，人民邮电出版社 2014 年版，第 67 页。

② 吴军：《浪潮之巅》（第二版·下册），人民邮电出版社 2013 年版，第 40 页。

血本无归，有限合伙人承担有限责任，普通合伙人承担无限责任。"如果投资的公司破产，相对于公司创始人和一般员工，风投基金可以优先把公司财产变卖后的钱拿回去。到那时，这时能拿回的钱通常比零多不了多少。"①

5. 风险投资股权的转换。"大多数风险投资都被设计成可转换的优先股。如果一个初创公司失败，作为优先股拥有者，风险投资基金在公司出售或清算时，可以优先于普通股持有者收回它的投资。如果初创公司成功，风险投资基金可以将优先股转换成普通股，并且和初创公司共享收益。这种融资方式在风险投资业的早期比较常见，例如美国研究与开发公司就采用可转换债券（利息是政府债券的两倍）或者可转换的优先股的方式进行参股投资。"②

6. 初创公司创业者权益。"初创公司的游戏规则通常是：一个有抱负的创业者以一个团队、一个创意和一些虚拟的货币（股票）开始创业。它的目标很简单：增加企业和股票的价值，这样他和他的团队就可以套现。这里的关键是如何用一部分股票来交换和获取使企业更有价值的资源，包括人员和劳动时间、更多更好的创意和资金。最初的创业者希望得到股票，他们付出了辛勤劳动，带来了创意或知识产权（涉及专利、关系网、行业诀窍等）。风险投资公司分阶段注入现金，使该团队能够按计划到达每一个里程碑，以此来证明这一业务的可行性。"③ 对于高科技公司的创业者而言，引入风投资本时，创始人往往以少量资金入股或者以技术等知识产权入股（折算为若干股本金），风险投资者以现金入股并控股。创业者的权益一定是，而且必须是：公司是股票或者股票期权。实践证明，产权激励是对公司创始人的最大激励，缺此条件，创业公司一定走不远。因此，创业者权益最大化必须依赖于公司创始人和风投资本家之间精诚合作，把企业做大做强，他们共担风险，共享收益。

上述诸多特点体现了现代风险投资公司运行的规律，研究美国信息技术革命时期高科技公司的创业史发现，不遵循上述规律，创业公司一

---

① 吴军：《浪潮之巅》（第二版·下册），人民邮电出版社2013年版，第39—40页。

② ［美］阿伦·拉奥、皮埃罗·斯加鲁菲：《硅谷百年史：伟大的科技创新与创业历程（1900—2013）》，闫景立、侯爱华译，人民邮电出版社2014年版，第69页。

③ 同上书，第60页。

定会失败。

如前所述，以仙童公司创业为例。1957年，从硅谷的肖克利半导体公司出走的八位年轻科学家在纽约仙童摄影器材公司风投资金的支持下建立了仙童半导体公司。该公司的半导体研制和生产一炮走红，盈利颇丰，按照事先约定，1960年，母公司费尔柴尔德摄影器材公司以300万美元购买八位创始人的股份（每人100股原始股投资额度为500美元，每人获利25万美元）。仙童公司按照投资时的合同办事，似乎无可厚非，公司创始人也获利巨大。但风险资本家在初创公司壮大后独占利益的行为对于公司创始人意味着严重的不公平，因为计算机产业的迅猛发展，"从1965年1月到10月，仙童摄影器材公司——仙童半导体公司的母公司——的股票几乎涨了5倍，从每股27美元飙升到每股144美元"[①]。但是，这与仙童半导体的创始人们没有丝毫关系，缺乏股权激励直接导致仙童公司人才外流。"1968年8月，仙童公司的负责人罗伯特·诺伊斯（四个首席执行官之一——引者注）和实验室总监戈登·摩尔，在投资家阿瑟·洛克——风险投资事业的开拓者的鼎力协助下，在美国加利福尼亚开创了英特尔（Intel）公司。"[②] "他们每人以每股1美元的价格买了24.5万原始股，洛克以同样的价格买了1万原始股。另外的投资人应邀购买追加的25万股，不过，这些股票比他们买的要贵些，每股10美元。即使这样的价格，股票还是供不应求。2000年1月，英特尔的市场资本总额约为4250亿美元，最高时超过了5000亿美元。"[③] 英特尔的所有创始人，包括风险投资者都成为亿万富翁。显然，作为一项风险投资，仙童半导体公司可谓半途而废。原因在于风险投资家没有给予公司创始人股票激励，违背了风险投资公司运营的基本原则。而英特尔公司的成功在于创始人都是公司的所有者，他们与公司结成了"命运共同体"。

同样，"美国研究与开发公司"由盛而衰也有相似的教训。归根到底和激励不足有关。譬如，就像多里奥特及其股权投资者从投资中获得

[①] [美]理查德·泰德罗：《安迪·格鲁夫》，杨俊峰等译，上海人民出版社2007年版，第95页。

[②] 黎晓珍、左慧：《英特尔芯片攻略》，南方日报出版社2005年版，第8页。

[③] [美]理查德·泰德罗：《安迪·格鲁夫》，杨俊峰等译，上海人民出版社2007年版，第101页。

了巨大的回报，但投资管理团队却还是工薪阶层，没有分一杯羹的权利。而且，该公司的投资没有很好的退出变现的机制。当然，"公众公司"的公司性质是其"致命伤"。

风险投资无疑发挥了"科学技术泛资本化形成""临门一脚"的作用，没有现代风险投资制度的繁荣就没有"科学技术泛资本化"这一结果。

> 风投在上个世纪 60 年代以后（而不是二战以前）的美国（而不是世界上其他国家）蓬勃兴起有它的社会基础。和抵押贷款不同，风险投资是无抵押的，一旦投资失败就血本无归。因此，风投资本家必须有办法确认接受投资的人是老老实实用这笔钱的实业家，而不是卷了钱就跑的骗子（事实上，风险投资钱被骗的事件还时有发生）。第二次世界大战后，经过罗斯福和杜鲁门两任总统的努力，美国建立起了完善的社会保险制度（Social Security System）和信用制度（Credit System），使得美国整个社会都建立在信用（Credit）这一基础之上。每个人（和每家公司）都有一个信用记录，通过其社会保险号码可以查到。美国社会对一个人的最初假定都是清白和诚实的（Innocent and Honest），但只要发现某一个人有一次不诚实行为，这个人的信用就完蛋了——再也不会有任何银行借钱给他，而他的话也永远不能成为法庭上的证据。也就是说，美国人在诚信上犯了错误，改了也不是好人。全美国有了这样的信用基础，银行就敢在没有抵押的情况下把钱借出去，投资人也敢把钱交给一无所有的创业者去创业。不仅如此，只要创业者是真正的人才，严格按合同去执行，尽了最大努力，即使失败，风投公司以后还会愿意给他投资。美国人不怕失败，也宽容失败者。大家普遍相信失败是成功之母，这一点在世界其他国家很难做到（当然，如果创业者是以创业为名骗取投资，他今后的路便全被堵死了）。美国工业化时间很长，商业发达，与商业有关的法律健全，也容易保护投资者。[①]

---

① 吴军：《浪潮之巅》（第二版·下册），人民邮电出版社 2013 年版，第 35—36 页。

风险投资制度在美国的完善和发展，意义非同寻常。首先，美国资本就此开创了一个全新的投资领域即高新科技行业。在传统行业可能难寻商机的资本自此有了施展拳脚的全新舞台，高新科技行业既擅长"烧钱"又擅长一夜暴富的投资特性非常适合现代资本的胃口。有了这个"消化能力"和"产出能力"非凡的高新科技产业，可以在相当程度上缓解资本主义社会化大生产因为资本或商品随时"过剩"而产生的危机。其次，美国资本创立了一个全新的行业——风险投资行业，且成为行业标准的制定者和最强大的"玩家"，也是地位牢不可撼的"庄家"。借助这一优势地位，美国可以继续引领世界科技革命的大潮，并且可以利用其强大的风险投资和丰富的行业经验对世界各国的高科技创新进行润物细无声的"掌控"。

二 "科学技术泛资本化"深化的经典样本："硅谷现象"

在"科学技术泛资本化"深化进程中，硅谷是最经典的、独一无二样本，它演绎了科学技术与私人资本最完美联姻所需要的最优条件，堪称自由市场经济的典范，透过"硅谷现象"能够进一步认识社会文化对于"科学技术泛资本化"深化的重大作用：资本无法替代的作用。

（一）硅谷为何独一无二？

在第三次科技产业革命即信息技术革命进程中，美国的硅谷（Silicon Valley，字面含义为"硅元素山谷"，简称"硅谷"）成为举世瞩目的科技创新圣地，创造了科学技术与资本最完美联姻的典范而蜚声全球。"硅谷虽小，却创造出人类科技史和工业史上的奇迹，硅谷始终不竭的创新活力，吸引着世界的眼光，让人渴望探知其'庐山真面目'。"[①] 今天的硅谷已经成为高科技的代名词和"科学技术泛资本化"的最经典样本而被载入史册，探究硅谷创造的奇迹可以更加深刻且全面地把握"科学技术泛资本化"在美国水到渠成的独特原因。

> 硅谷并不是一个地理上的概念，在地图上或GPS上难以找到它，因为并不存在一个叫做"硅谷"的地市区县。硅谷实际上是外

[①] 吴军：《硅谷之谜》，人民邮电出版社2016年版，第1—2页。

界对旧金山湾区的另一种称谓,这个地区过去有许多半导体公司,而半导体的主要材料是硅,硅谷便因此而得名。硅谷不是行政区,边界很难划分。过去认为硅谷只包括旧金山湾区西部北到红木城、南到圣荷西的一个狭长地区,面积只有500平方公里左右。①

  硅谷在历史上并不包括旧金山市,但是因为那里后来出现了许多初创公司和很多风险投资公司,所以到2013年,旧金山和东湾部分地区——伯克利(Berkeley)和埃默里维尔(Emeryville)也成了硅谷的一部分,硅谷成了旧金山湾区一个抽象的地理概念。记者唐·霍夫勒(Don Hoefler)首创了"硅谷"这个词汇。霍夫勒于1971年1月11日首次在公开发行的出版物上使用这一名词,他为一家名为《电子新闻》的周刊小报撰写了一个系列报道,题为《美国硅谷》。在文中,他描述了一批电子企业尤其是半导体公司在圣塔克拉拉县蓬勃兴起的盛景。霍夫勒曾在硅谷早期最为重要的一家企业、位于山景城的仙童半导体公司担任过新闻发言人。硅谷的传奇来自那些伟大的公司,他们仅以少量资金在硅谷创立,之后却改变了这个世界。1968年,身材魁梧的阿瑟·洛克(Arthur rock)为戈登·摩尔(Gordon Moore)和罗伯特·诺伊斯(Robert Noyce)等人组成的"叛逆者"团队融资,以1000万美元创办了英特尔公司,这是第一家大规模生产半导体芯片的企业,而且时至今日,它仍然是业界的创新者。苹果电脑公司(Apple),在1980年至2012年间一直是世界上最伟大的消费电子产品公司,其最初也是依靠银行小额贷款,由一位22岁的年轻人史蒂夫·乔布斯(Steve Jobs)和比他年长一些的好朋友史蒂夫·沃兹尼亚克(Steve Wozniak)创建,贷款的担保人是一位技术主管迈克·马库拉(Mike Markkula)。基因泰克公司(Genentech)是第一家成功地人工合成人类胰岛素以治疗糖尿病的公司,这家公司以25万美元创办,给早期投资者带来3500%的回报。雅虎公司和谷歌公司使得网友易于理解和易于搜索,他们都是由斯坦福大学的研究生创建的。雅虎的创办者拥有一个内容快速增加的网站目录,而谷歌创办者开发的一种算法,最终成了这家市值一度达到2000亿美元

---

① 吴军:《硅谷之谜》,人民邮电出版社2016年版,第1页。

（2007年）公司的核心技术。这些公司的丰功伟业都成就于区区数十年间，这真是个奇迹。①

无疑，令人啧啧称奇的是硅谷以独步全球的科技创新吸引着如同过江之鲫的资本蜂拥而至，演绎着科技与资本结合共同创造财富的神话。

> 在过去50年里，美国百分之三四十的风险投资投到了只占国土面积万分之五的硅谷地区，并且让硅谷创造了无数神话。在这里，大约每10天便有一家公司上市。美国前100强公司中，硅谷占四成，包括IT领域的领军公司惠普、英特尔、苹果、甲骨文、太阳、思科、雅虎、Google（及其收购的You Tube）、Facebook和Twitter，以及生物领域的基因泰克（Genentech）。还有世界上最大的风险投资公司KBCP、红杉资本和很多大的投资公司也在硅谷。硅谷还拥有世界上顶级专业数量排名前两名的大学：斯坦福大学和伯克利加大（University of California at Berkley，简称UC Berkeley或CAL）。硅谷地区几十年来都是世界上经济成长最快的地方。加州的经济产值占美国经济总量（GDP）的1/6，其中相当大的一部分来自硅谷的高科技企业。2005年，硅谷明星公司Google的员工贡献了全加州税收增幅的1/8。可以毫不夸张地说，硅谷是世界上最富传奇色彩的科技之都，对世界科技和经济的发展做出了无与伦比的贡献。2007年，硅谷的GDP占整个美国GDP的5%。②

在科学技术与资本联姻的历史上，美国硅谷成为一个传奇，成就了"科学技术泛资本化"的最经典样本，上演着令人瞠目结舌的科技创富梦想和资本逐利的奇迹，激励着越来越多的科技天才和资本大鳄的联姻。谷歌早期员工和资深IT工程师以及日后的腾讯副总裁，现转型为风险投资人的吴军博士对"硅谷现象"的成因无疑有着独具慧眼的认知，他指出③：

---

① ［美］阿伦·拉奥、皮埃罗·斯加鲁菲：《硅谷百年史：伟大的科技创新与创业历程（1900—2013）》，闫景立、侯爱华译，人民邮电出版社2014年版，第1—3页。
② 吴军：《浪潮之巅》（第二版·上册），人民邮电出版社2013年版，第227、226页。
③ 同上书，第227—228页。

科技与资本的联姻之旅
——当代资本主义变迁中的"科学技术泛资本化"研究

硅谷在科技领域的成功,也造就了无数百万富翁甚至亿万富翁。一些年轻人在短短几年间就做出了他们的前辈一辈子都没有完成的发明创造——从集成电路、个人微机、以太网、Umix 操作系统、磁盘列阵、鼠标、图形工作站到网络浏览器（Web Browser）、关系型数据库、视窗软件、Java 程序设计语言、全电动力跑车，等等。作为回报，他们聚集的财富超过欧美一些名门望族几代人的积累。在 2007 年的美国富豪排行榜上，前五位（共有六人，其中第五名是并列的）有一半来自硅谷。无数的图书、报纸、电视和今天的互联网，讲述着这样一个关于硅谷的故事："有两三个辍学的大学生（最好的斯坦福的），有一天在车库里甚至是不经意地发明了一个什么东西，马上来了几个（没头没脑的）风投资本家，随手给了他们几百万美元。两年后，这几个年轻人办起的 burnmoney.com （翻译成中文是"烧钱"的意思）公司就上市了，华尔街欣喜若狂，也不管它有没有盈利，当天就把它的股价炒高了三倍，这几个创始人一夜之间成了亿万富翁，跟他们喝汤的员工也个个成为了百万富翁。接下来，他们盖起了价值百万千万美元的豪宅，开上保时捷，甚至法拉利跑车。每个人又甩手给母校盖了栋大楼，于是，张三、李四或王五命名的大楼就到处都是了。"……在硅谷，赶上上述机会的人，被称作是中了"硅谷六合彩"（Silicon Valley Lottery）的幸运儿。虽然事情发生的可能性很小，但是榜样的力量是无穷的，这种故事的新闻效应很大。媒体和华尔街乐于塑造出一个个传奇人物和公司。二三十年前年轻人的偶像是乔布斯，后来是网景的吉姆·克拉克和雅虎的杨致远和菲洛。这十年是 Google 的佩奇和布林，接下来是 Facebook 的马克·扎克伯格。这些成功人士的传奇点燃了年轻人心中的创业梦想，就如同好莱坞的明星带给无数少男少女的明星梦一样。这正是风险投资资本家和华尔街所希望的。只有越来越多的人加入这种创业的游戏，投资者才能有好的项目。

纵观人类科学技术发展史，尤其是科学技术与资本联姻的全部历史，可以发现：

世界上除了旧金山湾区的硅谷，还没有第二个地方能够这样有效地将科技成果转换为产品，并且获得商业上的成功。在半个多世纪前，这里还是美国一个经济不很发达的地区——至少相对于美国东部大西洋沿岸是如此。但是，自从建立起被称为硅谷的科技园区以来，这个地区已经成为世界范围内创新和新经济的代名词，这里诞生了世界上最多的高科技跨国公司，比如英特尔、苹果、甲骨文、基因泰克、思科和谷歌，等等。这里不仅已经聚集了世界上最多的千亿美元级别的大公司，而且还在源源不断地创造出新的奇迹。①

硅谷是独一无二的，硅谷也是空前的。硅谷的神奇之处在于把科技发明进行最成功的商业性开发，然后依此迅速地创造财富。硅谷的魅力不在于科技发明的原创，而是在科学技术发明的商业运用舞台上长袖善舞。显然，硅谷长于开发，将科技成果转化为商品，而非研究。

硅谷被广泛地认为是这场革命的标志。然而，计算机并非硅谷的发明，硅谷从来没有世界上最大的硬件公司或软件公司。硅谷没有发明晶体管、集成电路、个人电脑、互联网、万维网、浏览器、搜索引擎和社交网，硅谷也没有发明对话、手机和智能手机。但是，在历史上的某个时刻，在使这些产品得以迅速传播，并将一个产品臻于完美的为世界所用这一方面，硅谷功不可没。硅谷的创业公司擅长发掘那些源自美国东海岸和欧洲的大型研发中心、后来来到旧金山湾区，但是未被充分利用的发明。美国电报电话公司是一家东海岸公司，它发明了半导体电子，肖克利把它带到了山景城。IBM 也是一家东海岸公司，在其圣何塞的实验室发明了数据存储技术。施乐也是东海岸公司，在其帕洛阿图研究中心完善了人机界面。美国政府发明了互联网，它选择斯坦福研究所作为其节点之一。欧洲核子研究中心发明了万维网，而第一个美国的万维网服务器设在斯坦福直线加速器中心，等等。②

---

① [美] 阿伦·拉奥、皮埃罗·斯加鲁菲：《硅谷百年史：伟大的科技创新与创业历程（1900—2013）》，闫景立、侯爱华译，人民邮电出版社 2014 年版，"推荐序"，第 1 页。
② 同上书，"结语"，第 449—450 页。

总而言之，归纳硅谷的独一无二和空前成功，可以如此定义"硅谷现象"：硅谷现象是指"科学技术泛资本化"形成时期即信息技术革命时期发生于美国硅谷地区，围绕科技研发与资本相互追逐而形成的独特的科技集群创新现象和科技与资本相互借力创造巨额财富现象的统称，是"科学技术泛资本化"的典型样本。在促成"硅谷现象"的诸多因素中，文化因素发挥着举足轻重的作用。归根到底，"硅谷现象"的实质是"科学技术泛资本化"。"硅谷现象"具有如下特点：

第一，"硅谷现象"发生于"科学技术泛资本化"时期的美国，信息技术革命为其提供了最重要的科技产业革命背景。

> 硅谷模式并非天生就特别适合于电脑技术的成功。不管这个模式是什么，它适用于普通意义上的高科技。硅谷代表着一个经久不衰的创新平台，它也可以用于其他领域（比如生物科技和绿色科技）。它只是碰巧遇上了"信息技术"这个自电力革命以来第一个巨大的颠覆性产业。①

第二，"硅谷现象"成为科技集群创新的代名词，所谓科技集群创新是指新科技、新发明、新产品在特定的时间和空间连锁式集中爆发而且相互促进形成更多创新的现象。

> 硅谷是知识经济的代名词，它以占全美1%的人口，创造了占全美13%的专利，拥有超过50名诺贝尔奖获得者。硅谷是创业、创新的中心，它每年获取的风险投资约占全美的30%；硅谷是优秀企业的生长栖息地，世界500强科技企业中，有20家在硅谷：惠普、思科、英特尔、苹果、甲骨文、谷歌、eBay、应用材料、雅虎、基因泰克、VISA、奥多比（Adobe）、Facebook、Twitter，等等，可以说，明星璀璨，富可敌国。硅谷作为美国的高科技之都，获得了举世认可。20世纪90年代以来，硅谷更成为信息产业的发动机，在为美国带来巨大财富的同时，它也深刻地影响了全人类的

---

① ［美］阿伦·拉奥、皮埃罗·斯加鲁菲：《硅谷百年史：伟大的科技创新与创业历程（1900—2013）》，闫景立、侯爱华译，人民邮电出版社2014年版，"结语"，第450页。

社会文明进程与生活方式。硅谷的飞速发展和成功引领高新科技的经验已经成为世界各国争相效仿的楷模。①

第三，"硅谷现象"成为科技发明转化为商品进而以极高效率创造财富神话的代名词，是货币资本和知识产权资本实现双赢的结果。

1995年8月，网景公司（Netscape）上市当天市值达到数十亿美元，打破了当时华尔街股票发行的一切纪录，这个年仅1岁还没有赚过钱的公司一夜之间产生了若干个还是娃娃的百万富翁。从此，以互联网为核心的信息产业一发不可遏止，以网络通信技术为核心业务的创业公司如雨后春笋般地在硅谷出现，高潮时，初创公司几乎有个商业开发计划就能从风险投资公司拿到钱。以互联网为标志的IT产业经历了数年的高速发展，以史无前例的速度创造了巨大的财富。②

第四，"硅谷现象"成为科技革命深刻变革社会生活现象的代名词。

世界上有很多地方产生过很高级的技术，比如核电厂和飞机。但是个人电脑、网络服务器和智能手机（不久的将来还有生物科技和环保科技）对我们的生活产生了更深刻、更广泛的影响。硅谷恰恰在这些科技方面特别擅长。这不是一个技术有多复杂多高深的问题，而是对人类社会带来多大冲击的问题，在某种意义上说，硅谷"钟爱"那些对社会有颠覆性影响的技术，硅谷具有一种独特的、近乎邪门的本事去理解一项发明对于社会可能产生的颠覆性影响，然后用它大量赚钱。这就是人们称硅谷为创新工厂时的终极含义。③

第五，"硅谷现象"成为勇敢质疑权威的代名词。科学史家阿伦·拉奥指出："直到2000年为止，硅谷模式可以用以下三句话来概括：

---

① ［美］阿伦·拉奥、皮埃罗·斯加鲁菲：《硅谷百年史：伟大的科技创新与创业历程（1900—2013）》，闫景立、侯爱华译，人民邮电出版社2014年版，"译者序"，第1页。
② 同上书，"译者序"，第2页。
③ 同上书，"译者序"，第450页。

'质疑权威'、'不同凡响'、'改变世界'。"①

吴军进一步认为：

> 硅谷是一个到处可见权威却从不相信权威的地方。任何人想要在这里获得成功，都要真刀真枪拿出真本事干出个样子。在美国很多地方，尤其是传统产业中，普遍看中甚至过于看重个人的经历而不是做事情的本领。……在硅谷谋职，简历固然重要，但是个人的本事（包括和人打交道的软技能）才是各家公司着重看中的。由于每家公司产品的压力很大，同行业公司之间的淘汰率很高，硅谷的公司需要的不是指手画脚的权威，而是能实实在在干事情的人。硅谷几十年经验证明，那些初出茅庐能干具体事情的年轻人，可能比一个经验丰富但已眼高手低的权威对公司更有用。不仅公司不迷信权威，硅谷的个人也是如此。一个年轻的工程师，很少会因为IBM或斯坦福的专家说了该怎么做就循规蹈矩，而是会不断挑战传统，寻找新的办法。②

硅谷为何举世无双？探究"硅谷现象"背后的秘密也许就能够理解硅谷为何独一无二。

（二）"硅谷现象"背后的多维因素剖析：文化因素至关重要

"硅谷现象"为什么能够为科学界和投资界津津乐道？被媒体广泛传播同时也被大众普遍接受的解说是"六大成因"，即：硅谷成功气候说；斯坦福说；风险投资说；政府扶持说；知识产权保护说。针对上述似是而非的解说，对"硅谷现象"颇有研究的吴军并不认同，"在《硅谷之谜》一书中，吴军仔细分析了硅谷的起源和发展，对硅谷的创新力进行了深刻剖析，并且把硅谷经验提升到了理论高度"。他指出③：

> 很多人，包括Google的前CEO施密特博士和许多风险投资人，都把硅谷的成功归功于它独特而舒适的气候。施密特甚至认为气候

---

① ［美］阿伦·拉奥、皮埃罗·斯加鲁菲：《硅谷百年史：伟大的科技创新与创业历程（1900—2013）》，闫景立、侯爱华译，人民邮电出版社2014年版，"结语"，第450页。
② 吴军：《浪潮之巅》（第二版·上册），人民邮电出版社2013年版，第235—236页。
③ 吴军：《硅谷之谜》，人民邮电出版社2016年版，"序言"第Ⅰ—Ⅱ、36—56页。

是硅谷成功的唯一原因。……需要指出的是，宜人气候虽有利于吸引人才移民，但对于新产业的发展，气候的重要性或许并没有想象的那么大。而不具备"好天气"的地区，未必就不能发展科技产业。

很多人，尤其是斯坦福的人认为，硅谷之所以能够长盛不衰，要归功于斯坦福大学，它源源不断地向硅谷输送新技术和优秀人才，甚至直接孕育出引领后一代技术浪潮的公司。……斯坦福对早期硅谷的形成真正有帮助的，是提供了硅谷发展需要的土地。然而，今天世界上能够提供土地的地方有的是，比如后来的日本和中国的台湾地区都试图在大学附近划出一块土地复制硅谷时，然而却没有成功。事实上，斯坦福和硅谷之间并不是"因为有一所著名的大学，所以带动了周边的科技产业发展"这样的一种因果关系。今天的斯坦福和硅谷之间是鸡和蛋的关系，更多的是相辅相成，而不是谁决定谁。如果一定要找出一点因果关系或者前后秩序，则与其说是斯坦福造就了硅谷，不如说是硅谷造就了斯坦福，因为斯坦福的腾飞是在硅谷成立之后。在美国还有一个反例，说明好的大学聚集周边未必能够产生高效率的科技园，那就是波士顿周边地区。

在我过去的理解中，风险投资是造就硅谷的重要原因。但是，经过对硅谷传奇仔细的研究，现在我的看法和过去不同了，我只能说风险投资对于创业是绝对必需的，对于一个地区长期繁荣也是有帮助的，但是今天风险投资的重要性远远比不上30年前了——仅仅靠提供资金，并不能保证一个新公司能比竞争对手们处在更有利的位置，也不能保证一个地区具备更强大的科技创新力。从风险投资的起源和早期发展来看，美国东部的风险投资比硅谷发展更早，而且规模更大，硅谷只是早期风险投资人看重的多个地区之一。而硅谷真正"本土"的风险投资要到20世纪70年代初才兴起。硅谷的第一批"本土"风险投资家瓦伦丁和克莱纳等人，都是随着60年代半导体产业的发展而出现的。因此，我们在强调风险投资对于创业不容忽视的作用时，还需要搞清楚为什么风险投资在美国其他地区发挥不了在旧金山湾区起的这种作用。否则，即使有了风险投资，也未必能够造就出硅谷。事实上，倒是硅谷的崛起帮助了风险投资事业的发展，而在其他地区，各种早期投资都没有像在硅谷那样催生出伟大的公司，导致后来投资人反而变得谨慎起来。能说明硅谷的地点比投资本身更重要的例证，是那些在硅谷获得成功的海外风险投资公司，比如日本的软银和俄罗斯的DST，在硅谷取得的成就远远超过了本土。硅谷的风险投资比较成功，与当地的投资效率有很大关系。

很多地区的经济兴起和政府扶植有关，比如美国的拉斯维加斯就完全是依靠特殊的政策在沙漠中平地而起的。就是一些风险投资基金对企业的帮助，强度也要大过政府。在美国，虽有少数经济学家赞同政府对经济的干预，但是整个社会一直崇尚自由经济，商业上的事情政府少干预，包括扶持也在其中，凡是能由私营机构完成的事情政府一般都不干预，即使一些在其他国家由政府主导的时期，比如举办奥运会，在美国也会转包给私营机构。历史上，一般来说由美国政府主导的商业行为效率都较低下，因此美国大部分政府都不会去人为干预经济。在这里，我们无意评论政府的帮助是否对科技产业有用，但是具体到硅谷的发展，确实跟当地政府没有什么关系。从美国政府将绝大多数资助的科研成果直接提供给社会使用这一点来看，它的政策还是鼓励科技进步和产业升级的，但是硅谷从兴起到发展的整个过程中，美国政府并没有向硅谷地区有过任何政策倾斜，可以说硅谷的兴起和美国政府的支持没有什么直接的关系。

保护知识产权一直被认为有利于鼓励发明创造和促进科技发展，有一种看法是，硅谷之所以不断有所创新，归功于知识产权保护得好；要想打造一个富于创造力的科技产业中心，就必须保护好知识产权，很多大公司可以说不遗余力。……但从专利数量上看不出硅谷有什么特别之处。……那么硅谷在真正的专利保护上，或者说对可能的侵权处罚上又做得怎么样呢？应该讲，硅谷做得远不如美国的平均水平。在专利纠纷中，权利的诉求来自于所谓的"原告"。在硅谷，除了乔布斯时代苹果挑起对安卓（Android）手机制造公司的专利官司外，主动充当原告的公司并不多。大部分硅谷公司申请专利主要是出于防御的目的。从2009—2013年这5年间，获得美国专利数量排名前10的公司，在这10家公司里，没有一家是硅谷的公司，这和我们心目中硅谷公司是最具创新力的印象似乎又是矛盾的。当然有人可能会问是不是因为硅谷的公司太小，可事实上硅谷有很多大公司,并且在纳斯达克前10大公司中占了6席（分别是苹果、Google、英特尔、Facebook、思科和吉利德科学）,像苹果、Google、英特尔和思科这样的公司不仅规模不小,而且历史也足够悠久,技术积累也足够深厚,它们也排不进专利数量前10名,只能说它们对申请专利并不热衷。事实上,强调保护专利和强调创新是两回事,当一个公司必须依靠专利来维持自身的市场地位时,恰恰说明它在竞争中已经落伍了。一些大型的跨国公司,其主营业务的发展开始趋缓,而新的业务又开展不起来,只能靠并购和收取过去的专利费来增加收入,这些公司的法务部门甚至比工程部门更有发言权。但是,这恐怕对创新没有什么益处。综上可知,在整个美国,对知识产权的保护并非硅谷的特质,也不是让硅谷长盛不衰的决定性因素。

吴军对于"知识产权在硅谷的著名公司似乎不大受重视"相关的论述令人耳目一新,对传统观念颇具颠覆之感。依吴军在硅谷的多年从业经验,此说自有其道理。合理的解释是:第一,保护知识产权在美国已经拥有漫长的历史和较高的社会认知度（始于建国之初并写入宪法）,总体而言,保护水平较高。第二,"硅谷之谜"的核心价值应该是:专利权主要用于防御而非进攻,创新重于一切！显然,硅谷的高科技公司,其经营理念——尤其是对鼓励创新以及憎恶垄断的态度与东海岸的老派公司不一样,硅谷的公司特别反感滥用知识产权来阻碍科技进步的做法,这方面,微软和英特尔所结成的"信息垄断联盟"堪称经典（见第五章第二节）。对于硅谷的高科技公司和传统高科技公司在专利问题上迥异的做法,吴军指出[①]:

> 专利其实是一把双刃剑,它既能维护发明者的权益,也能阻碍科技进步。利用专利阻碍科技进步,第一类是一些律师公司,它们通过低价收购一些专利,然后专门纠缠那些产品可能与这些专利有关的公司,寻求高额的专利使用费。第二类就是一些拥有大量专利但业务发展已经开始出现停滞的大公司。历史上很多大公司都做过

---

① 吴军:《硅谷之谜》,人民邮电出版社2016年版,第55页。

这样的事情，如今的典型代表就是 IBM 公司和微软公司。IBM 每年都会从其他公司那里获得巨额的专利费。

吴军所指靠打专利官司为主业的"律师公司"就是臭名昭著的"专利流氓"。耐人寻味的是，依靠 Basic 知识产权起家的微软公司，"在互联网时代，微软的发展开始出现停滞，在移动互联网时代，微软则几乎被边缘化了，于是它（从加拿大北电等公司那里）购买了大量与移动通信相关的专利。买下这些专利后，微软并不是为了利用它们来研制更好的产品，而是通过打官司的形式阻挠其他公司的发展。从 2011 年开始，微软通过打官司向三星和 HTC 等在美国有业务的安卓手机厂商收费，它开出的价钱是每部 15 美元，不过业界估计它应该可以收到一半，即每部手机 7—8 美元，即便如此，微软每年也可以有至少 10 亿美元的专利费收入。而微软没有多少市场份额的手机部门，却一直在赔钱。这些专利是微软买来的，微软拥有它们并没有带来任何的科技进步，反而在阻碍科技的发展"[①]。当然，滥用知识产权来巩固其垄断地位是微软一贯的战略，这是硅谷的高科技公司不屑的行为。

针对吴军对"硅谷之谜"的研究，"作为 IT 行业的一名老兵，尤其是曾经在硅谷数家公司里负责过多种产品研发的管理者"，曾经做过苹果、Google 和微软公司高管的李开复博士亦深表赞同，因为他对"硅谷情况算是相当了解"。在"剖析了他人给出的硅谷成功的奥秘之后"，吴军"根据自己的思考和分析"，总结出"硅谷现象"背后的四大因素，"首先是叛逆精神和对叛逆的宽容"，其次是"对失败的宽容"，再次是"多元文化"，"最后一个，同时也是非常重要的特质，就是追求卓越"，拒绝平庸。[②]

  首先是叛逆精神和对叛逆精神的宽容。在硅谷形成和发展的历史上，仙童公司的作用是独一无二的。旧金山湾区今天之所以叫硅谷而不是其他的什么谷，就是因为仙童公司。虽然今天知道仙童的人未必很多，但是在 20 世纪 70 年代，全世界 90% 以上的半导体行

[①] 吴军：《硅谷之谜》，人民邮电出版社 2016 年版，第 55 页。
[②] 同上书，"序言"第 II 页，"前言"第 IX—X 页。

业巨头的领导人都曾经在这家公司工作过，可以说仙童是"半导体公司之母"。仙童公司的出现和后来的衰落，都是叛逆的结果。著名"八叛徒"从肖克利半导体公司出走，成立仙童公司，后来又都再次叛离他们自己创立的仙童公司，创办出英特尔等一系列半导体公司，这一切，无不体现着叛逆的精神。在硅谷地区，没有形成像纽约地区的 IBM 或者新泽西地区的 AT&T 这样的巨无霸型超级垄断公司，却通过由母公司派生出众多公司，创造了整个地区的繁荣，背后靠的就是这种叛逆精神。当然，这种叛逆精神能够在硅谷生长，除了硅谷的移民在历史上具有冒险精神外，更重要的是硅谷对叛逆精神的宽容[①]。

  硅谷在社会环境方面和企业文化方面的一大特质是对失败的宽容。整个美国对失败都相对宽容，硅谷则做得更好。对失败的宽容不仅体现在风险投资者对创业失败的宽容，还体现在公司内部的日常工作者。硅谷公司愿意承担风险，去尝试别人不敢设想的事情。

  硅谷的第三个特质是多元文化。硅谷地区虽然从领土主权上讲属于美国，但是从商业、移民的来源、做事情的方法等诸多方面来看，它更应该被看作是全世界的硅谷，而不仅仅是美国的硅谷。

  这里我想提到的是有关硅谷最后一个，同时也是非常重要的特质，就是追求卓越。硅谷地区过去的生活成本和办公成本都很低，自从半导体行业兴起后，各种成本不断上升，原有的支柱型产业的竞争力渐渐衰落。好在硅谷地区从来没有出现过保护现有产业的举措，而是通过市场的力量，不断淘汰旧的行业，把有限的资源让给那些竞争力更强、利润更高的企业。类似地，硅谷地区也在不断淘汰过时的人员，从全世界吸收新鲜血液。经过半个多世纪的发展，在硅谷地区便形成了只有卓越才能生存的文化。

---

  ① 对于硅谷的"叛逆文化"，李开复博士补充了一个经典案例。"2011 年加州政府起诉苹果、谷歌、英特尔和 Adobe 四家公司，原因居然是它们之间相互不挖角。2014 年法院判定这四家著名的高科技公司败诉，一共赔偿 3.24 亿美元，这四家公司不服判决上诉，上诉法院的判决却是把罚金增加到 4.15 亿美元。为什么加州的公权力要支持公司之间的相互挖角呢？因为这样才能促进公司之间的人才流动，加强公司的竞争力，并且长期来看促进技术进步。与加州不同的是，美国很多工业发达地区，包括波士顿地区，对员工的叛逆行为都缺乏宽容。"吴军：《硅谷之谜》，"序言"，第 IX 页。

将"硅谷现象"的成因聚焦于独特的社会文化，而不仅仅是众所周知的前述"六大成因"，这体现吴军作为硅谷从业者进而成为风险投资人和"硅谷现象"研究者，其视角的深刻性。纵观科学技术与资本联姻的全部历史，无论是"科学技术资本化"还是"科学技术泛资本化"，社会文化因素都是非常重要的因素。譬如，蒸汽革命时期，促进"科学技术资本化"形成的一系列社会生态环境因素中，最典型的社会文化因素是"工业启蒙运动"。在电力革命时期，促进"科学技术资本化"深化的一系列社会生态环境因素中，最典型的社会文化因素是美国社会"山巅之城"的宗教文化心理和积极进取的企业家精神。针对"硅谷现象"背后的独特文化因素，吴军认为①：

> 这些特质是硅谷独一无二的，也是硅谷成功的真正原因。至于为什么硅谷能够做到上述这几条，最重要的原因，是它诞生在计算机被发明，信息论、系统论和控制论（"三论"）被提出之后。在此之前，硅谷地区的工业基础非常薄弱，也因此很少受到过去大工业时代各种管理制度和文化的影响。反而是为了适应信息时代的要求，独辟蹊径发展出特有的生产关系和人与人的关系。所以，如果我们用"三论"的视角来观察硅谷的各种现象，就很容易理解硅谷那些看似令人费解的行为方式了。

在决定硅谷独一无二的多位因素中，多元文化无疑是令其与众不同的一大特质，这导致"硅谷现象"成为"科学技术泛资本化"深化的一个经典而无法在其他国家或地区"复制"。多元文化源于二战后大量移民涌入旧金山湾区。吴军指出②：

> 只要在硅谷地区生活一段时间，就能体会到这里的多元文化。旧金山湾区第三次有大量移民涌入是在二战后硅谷崛起时，这些移民及其后裔实际上是今天硅谷地区人口的主体，比如硅谷地区的港台移民大部分来自于这个时期。第四次移民则是在信息革命，尤其

---

① 吴军：《硅谷之谜》，人民邮电出版社 2016 年版，"前言"，第 X—XI 页。
② 同上书，第 141—142 页。

是互联网大潮之后,如在美国报业的留学生和部分持有工作签证来到硅谷的专业人士。大部分来自中国大陆和印度的移民都属于这一批人。……大量新移民的涌入,使得硅谷地区的人口结构与美国整体人口结构完全不同。硅谷中心地区帕洛阿图市(斯坦福所在地)的人口构成,从中可以看出,只占美国人口大约4%的亚裔,占当地人口的三成。即使是白人,很多也是从东欧、法德和中东地区来的移民。而在苹果总部所在地的库帕蒂诺市,亚裔更是占到总人口的2/3左右。在科技公司密度略低的圣荷西市,亚裔、白人和拉丁裔大约各占三分之一。这些第一代和第二代移民很好地保留了自己族裔的文化。从某种意义上讲,硅谷只是美国为全世界那些想创业、想从科技信息产业中淘金的人提供一个居住、工作和生活的场所。从领土主权上看,硅谷属于美国,而在其他方面(尤其是经济和文化上)属于全世界。多元文化为硅谷带来了很多好处,甚至可以说没有多元文化,硅谷地区就不可能在二战后得以繁荣,更不可能在半个多世纪里持续发展,维持繁荣的局面。

显然,来自世界各地、众多族裔的科技精英汇聚于硅谷,他们所代表的多元文化在硅谷的相互碰撞、交融与取长补短,成为科技创新背后的文化驱动力。从系统论的角度看,独特的硅谷多元文化构成一个举世罕见的、非常有利于科技创新的开放系统。吴军认为[①]:

> 系统论的另一个重要原理就是:封闭的系统永远朝着熵的增加(也就是越来越无序)的方向发展,一定会越变越糟糕,而一个开放的系统会引入负熵,才有可能让系统通过与外界的交换变得更加有序,也就是朝着越来越好的方向发展。硅谷地区就是这样一个开放的系统,它不断地从世界各地引入新的人才,不断地丰富本已很多元的文化,才能在整体上蒸蒸日上。相反,一个封闭的社会,不论一开始起点多么高,要是关起门来发展,最终那里的人就会变得同质化,整个社会就会变得死气沉沉。

---

① 吴军:《硅谷之谜》,人民邮电出版社2016年版,第250页。

对此，李开复评论道①：

> 因此一个公司也好，一个组织也好，如果引入多元文化，就会变得更好，这就是"他山之石，可以攻玉"的道理。反之，如果一个组织内只有单一文化，近亲繁殖，道路便会越变越窄。正是因为包容多元文化，硅谷才能够不断进步。

总而言之，"硅谷现象"是"科学技术泛资本化"走向深化的一个特殊样本，它是私人资本和科技联姻的巅峰之作，昭示着文化因素（叛逆和宽容、多元文化、拒绝平庸追求卓越）对于科技创新以及科技与资本珠联璧合的重要性。必须厘清的事实是：硅谷不能复制，但硅谷经验值得学习。李开复认为："当我们掌握了硅谷成功的秘诀之后，其实我们并不需要复制一个硅谷，而只需要借鉴它的经验，结合各地实际情况，按照信息时代的规律办事。如此，就有可能催生出伟大的公司，出现引领世界科技发展潮流的创新之都。"②

第三节 "科学技术资本化"与"科学技术泛资本化"的综合比较

"科学技术资本化"和"科学技术泛资本化"代表了科技与资本联姻的两个阶段，比较其发展进程中"社会生态环境"的变迁，能够更好地认知科技与资本联姻的内在规律。

一 "科学技术资本化形成"与"科学技术资本化深化"的比较

通过梳理"科学技术资本化"形成与深化的全部历史，拟就了表3.2，比较在此过程中，英国"科学技术资本化"形成期和美国"科学技术资本化"深入期，其"社会生态环境"的异同，以便更好地把握"科学技术资本化"形成与深化的规律。

---

① 吴军：《硅谷之谜》，人民邮电出版社2016年版，"前言"，第Ⅵ页。
② 同上书，"前言"，第Ⅶ页。

表 3.2　　　　　"科学技术资本化"形成期与深化期的比较

	典型国家	社会生态环境因素						
		科技产业革命	社会经济因素	人力资源因素	社会文化因素	成功者效应	法律制度	资本与科技联姻的程度
"科学技术资本化"形成期	英国	蒸汽革命（18世纪初—19世纪30年代）	高工资水平和低廉的燃料价格，煤炭工业发达	较高的国民教育水平，成人识字率欧洲第二高	"工业启蒙运动"，科学理性深入人心	发明家成为"社会明星"，享有高收入，能够依靠发明致富*	最早的专利制度促成"专利权资本化"立法保护机器工业***	私人资本和专利权资本初步联姻。发明家和企业家共创企业，合伙经营，共担风险，共享收益**
"科学技术资本化"深化期	美国	电力革命（19世纪20年代—19世纪80年代）	庞大的市场，较高的工资水平导致对技术的强烈需求	鼓励移民和大力兴办教育，高等教育发展迅猛	"山巅之城"的社会文化心理，以及企业家精神**	"发明大王"爱迪生的社会效应和"爱迪生发明推广体系"的创建*	全世界最领先的专利法律制度使得"专利权资本化"水平大大提升**	私人资本和专利权资本全面联姻。两项重要制度创新："发明工厂""工业实验室"制度以及股份制完善，促使美国在电力革命时期的科技创造力超越了英国***

注：打 * 号的文字表示该因素的重要性。* 越多，越重要。

表3.2对比了"科学技术资本化"形成与深化两个时期"社会生态环境因素"的异同，研究发现：

第一，"科学技术资本化"形成与深化是"社会生态环境因素"多维因素组合后的合力推动的结果，每一项因素都发挥了不可或缺的作用。但是，每一项因素都不是独立发挥作用，它必须依赖其他因素的配合。这也是"科学技术资本化"必然形成与英国，而后必然深化于美国的原因。

第二,"科学技术资本化"形成与深化是一个漫长的历史进程,在促进其发展的"社会生态环境因素"体系中,如果按照各个因素发挥的独特作用进行权重排序,在促成英国"科学技术资本化形成"的"社会生态环境因素"中,最重要的三个因素分别是:(1)"专利权资本化"和严刑峻法保护机器工业;(2)资本与科技初步联姻即私人资本和专利权资本初步联姻。发明家和企业家共创企业,合伙经营,共担风险,共享收益。如瓦特和罗巴克、博尔顿的合作,既是发明家和资本家的合作又是发明家之间的合作。后两者不仅拥有一般发明家所匮乏的资本,还拥有当时几乎所有发明家都稀缺的经营才能。瓦特和博尔顿的合作堪称珠联璧合;(3)发明家成为"社会明星",带来"成功者效应"。这些因素中,"专利保护制度"无疑是居第一位的"社会生态环境因素",它为科技与资本初步联姻修筑了坚实的"制度篱笆"。

而在促成美国"科学技术资本化"深化的"社会生态环境因素"中,最重要的四个因素分别是:(1)全世界最领先的专利法律制度使得"专利权资本化"水平大大提升。(2)资本与科技全面联姻即私人资本和专利权资本全面联姻。表现为两项重要的制度创新:一是"发明工厂"和"工业实验室"制度,它促使"专利权资本化"加深。二是股份公司制度完善,风险投资注入发明家的企业,发明家经营企业,风险资本家占有股份(通常是控股),各司其职,各负其责,共担风险,共享收益。但是,资本的话语权仍然一股独大。如摩根集团投资并控股爱迪生通用电气公司,最后行使控股权改组公司,罢免爱迪生的董事长职务就是典型事例。(3)"山巅之城"的社会文化心理,以及企业家精神。(4)"发明大王"爱迪生的社会效应和"爱迪生发明推广体系"的创建。这些因素中,"专利保护制度"无疑是居第一位的"社会生态环境因素"。

第三,"科学技术资本化"形成于英国而深化于美国,有其历史必然性。梳理这段历史发现,美国能够后来居上,除了它"青出于蓝而胜于蓝"的超强学习能力外,有三个独特因素值得关注:(1)创新精神。"爱迪生发明推广体系"成为"专利权资本化"的最佳经营模式,"工业研究实验室"为科学技术和资本的联姻提供了最佳的"婚房",有力地推进了"科学技术资本化"的深化。(2)"山巅之城"的宗教文化心理和积极进取的企业家精神。前者倡导"天赋职责、努力奋斗、勇争第

一、领导世界、荣耀上帝"成为美国国民性和美国文化、美国精神的写照，有助于美国社会的科技创新。后者促进了技术进步并运用最符合市场经济规律的手段将发明创新成果变成可以大规模推入市场的商品，爱迪生是其典型代表。（3）鼓励移民。青壮年移民富有冒险精神，充满活力，许多移民文化素质较高，他们既是生产者也是消费者，而且涌现出贝尔和爱迪生这样伟大的发明家。移民给美国社会注入无穷的生机和活力，而且强化了"山巅之城"的宗教文化心理，优化了美国的人力资源的数量和质量。

二 "科学技术泛资本化形成"与"科学技术泛资本化深化"的比较

通过梳理"科学技术泛资本化"形成与深化的全部历史，拟就表3.3，比较在此过程中，美国"科学技术泛资本化"形成期和深化期，其"社会生态环境"的异同，以便更好地把握"科学技术泛资本化"形成与深化的规律。见表3.3：

表3.3　　　　"科学技术泛资本化"形成与深化的比较

典型国家和"特殊样本"	社会生态环境因素							
	科技产业革命	军事政治因素	社会经济因素	社会文化因素	官产学研一体化的制度设计	法律制度因素	资本与科技联姻的程度
科学技术泛资本化形成于信息技术革命时期，深化于美国硅谷	美国	信息技术革命（20世纪40年代—20世纪90年代）	冷战需求促使国家资本与科研全面联姻，"科学技术泛资本化"获得最好的政治环境	二战结束后美国经济进入增长的"黄金时期"。同时，冷战和军事需要导致半导体工业和计算机产业飞速发展——"因素1"	冷战背景下众志成城战胜苏联为目标的社会心理氛围（20世纪50—60年代）	国家投资促进了大企业和高校科技创新进而促成产业发展	"知识产权资本化"成为"科学技术泛资本化"的最佳表现形式，当计算机软件得到版权法和专利法的双重严密保护后，"科学技术泛资本化形成"势不可当	深度联姻。现代风险投资制度在美国确立

续表

典型国家和"特殊样本"		社会生态环境因素						
		科技产业革命	军事政治因素	社会经济因素	社会文化因素	官产学研一体化的制度设计	法律制度因素	资本与科技联姻的程度
科学技术泛资本化形成于信息技术革命时期，深化于美国硅谷	硅谷现象	信息技术革命（20世纪40年代—20世纪90年代）	硅谷高科技企业的成长没有得到来自政府或者军方的承包合同的支持	"因素1"为资本逐利营造了最佳经济环境，促使风险投资兴起，使得私人资本与科技研发深度联姻	独特的"硅谷文化"：叛逆精神和对叛逆的宽容；对失败的宽容；追求卓越，拒绝平庸	无政府有意为之的任何计划市场自发产物	"总体上，硅谷非常重视包括专利权在内的各种知识产权。""在硅谷，除了乔布斯时代的苹果挑起对安卓手机制造公司的专利权官司外，主动充当原告的公司并不多。大部分硅谷公司申请专利主要是出于防御目的。"①	风险投资制度完善，私人资本与科技研发最完美联姻

表3.3对比了"科学技术泛资本化"形成与深化两个时期"社会生态环境因素"的异同，研究发现：

第一，因为美国是信息技术革命的发祥地，因此"科学技术泛资本化"的形成与深化必然发生在美国。

第二，因为冷战，在信息技术革命的前半程（20世纪50—70年代），促成"科学技术泛资本化"形成的"社会生态环境因素"中，军事和政治因素发挥了较为突出的作用，此外还有冷战背景下特殊的社会心理因素和现代风险投资制度等。在信息技术革命的后半程（20世纪80—90年代），硅谷崛起成为科技与资本最完美联姻的温床，在促成"科学技术泛资本化"深入的"社会生态环境因素"中，独特的"硅谷文化"取代前期的军事和政治因素并发挥了重大作用。同时，因为信息

---

① 吴军：《硅谷之谜》，人民邮电出版社2016年版，"前言"，第Ⅶ页。

产业的飞速发展使得私人资本与科技联姻拥有了史无前例的机遇。"硅谷现象"成为"科学技术泛资本化"深化的经典样本。

第三，现代风险投资制度的创立和"硅谷现象"表明：市场机制在"科学技术泛资本化"形成和深化过程中发挥着决定性的作用，在此过程中，政府基于政治和军事需求运用国家资本进行的巨额科研投入，发挥了抛砖引玉的作用，开启了私人资本与科技联姻的"闸门"。

三 "科学技术资本化"与"科学技术泛资本化"的异同比较

表3.4 "科学技术资本化"与"科学技术泛资本化"的异同比较

	典型国家	科技产业革命	社会生态环境因素					
			法律制度因素	经济环境	"成功者效应"	人力资源因素	社会文化因素	资本与科技联姻的程度
科学技术资本化	英国	蒸汽革命／科学技术资本化形成	首创专利权制度保护发明创造，并建立严刑峻法保护机器大工业	纺织业煤炭工业和交通运输业迅猛发展	工匠（工程师）和发明家成为"社会明星"享受高收入	在欧洲名列前茅的国民教育水平，工匠队伍庞大	"工业启蒙运动"吸引了科学家、工厂主、工匠和平民，普及了科学知识并使科学理性精神深入人心	私人资本和专利权资本初步联姻。发明家和企业家共创企业，合伙经营，共担风险，共享收益
	美国	电力革命／科学技术资本化深化	严密的专利制度提升了"专利权资本化"水平，"专利权资本化"促进"专利权资本"和货币资本完美结合	美国内战结束后经济进入腾飞阶段，工业化加速	出现"社会发明家"群体，"发明大王"爱迪生成为科技创富的榜样	大力吸引移民和大力兴办教育提升了劳动力素质	"山巅之城"的社会文化心理，以及企业家精神。把美国建设成人类各国的榜样并充当"世界领袖"以荣耀上帝，成为美国独特的"国家使命"	私人资本和专利权资本全面联姻。爱迪生的"发明工厂"和"工业实验室"制度为科技与资本联姻全面提供了最佳"婚房"

续表

典型国家		社会生态环境因素						
		科技产业革命	法律制度因素	经济环境	"成功者效应"	人力资源因素	社会文化因素	资本与科技联姻的程度
科学技术泛资本化	美国	信息技术革命/"科学技术泛资本化"形成	"知识产权资本化"成为"科学技术泛资本化"的最佳表现形式,当计算机软件得到版权法和专利法的双重严密保护后,"科学技术泛资本化形成"势不可当	二战结束后美国经济进入增长的"黄金时期"。同时,冷战和军事需要导致半导体工业和计算机产业飞速发展——"因素1"	科技人才创造财富的神话比比皆是;风投资本家慧眼识珠,实现风投资本几何级数增长的成功案例比比皆是	二战前夕德国排犹使得大量科学家移居美国,二战结束后美国从全世界一流人才赴美工作	冷战背景下(20世纪50—60年代)众志成城以战胜苏联为目标的社会心理氛围为IT革命创造了最好的社会心理氛围	冷战需求促使国家资本与科技研发全面联姻,私人资本也蜂拥而至促成IT革命
		硅谷现象/"科学技术泛资本化"深化	"总体上,硅谷非常重视包括专利权在内的各种知识产权。""在硅谷,除了乔布斯时代的苹果挑起对安卓手机制造公司的专利权官司外,主动充当原告的公司并不多。大部分硅谷公司申请专利主要是出于防御目的。"①	"因素1"为资本逐利营造了最佳经济环境,促使风险投资兴起,使得私人资本与科技研发深度联姻		来自世界各地、众多族裔的科技精英汇聚于硅谷,使硅谷拥有世界一流的科技人才,他们是科技创新的主力军	独特的"硅谷文化":叛逆精神和对叛逆的宽容;对失败的宽容;追求卓越,拒绝平庸,为私人资本与科技联姻营造了最好的文化氛围	形成世界上最完备的风险投资制度,私人资本与科技研发最完美联姻

---

① 吴军:《硅谷之谜》,人民邮电出版社2016年版,第54—55页。

表3.4对比了"科学技术资本化"和"科学技术泛资本化"两个时期"社会生态环境因素"的异同,研究发现:

第一,"科学技术资本化"源起于英国,深化于美国。这是电力革命时期美国生产力飞速发展的必然结果,美国后来居上,营造了更有利于科技与资本联姻的社会生态环境,实现了对英国的弯道超车。在科技革命进程中,英国丧失先发优势的原因是复杂的。与美国相比,英国无论人口数量、国土面积、市场规模都逊色太多,而且美国没有英国那种厚重的传统和保守的社会心理,故老迈的英国让位于生机勃勃的美国也在情理之中。

第二,"科学技术资本化"深化于美国后,水到渠成的必然结果是:"科学技术泛资本化"也必然形成并深化于美国,这反映了科技产业革命进程中动能和势能相互转化,形成更强劲推动力的特点。因为美国建国后所特有的宗教氛围甚浓的社会文化因素及与之相关的国民精神,美国一旦占据科技产业革命的制高点,绝不会轻易将领导权拱手相让。

第三,比较促成"科学技术资本化"和"科学技术泛资本化"的一系列"社会生态环境因素",共性因素有:(1)法律制度因素。它要求建立完备的知识产权保护制度,保护科技发明。(2)经济环境因素。它要求社会经济发展动力强劲,为科技成果商品化提供良好的市场前景。(3)"成功者效应"。榜样的力量无穷,科技发明和资本结合以创造更多的财富激励着越来越多的科学家和资本家致力于科技创新。(4)人力资源因素。优秀的科技人才是科技产业革命得以发生的不可或缺因素,谁拥有科技人才,谁就能占领科技革命制高点。(5)资本与科技联姻的程度。在科技产业革命的某些特定阶段,国家资本与科技联姻往往能够产生载入史册的重大科技创新,同时还可以发挥示范效应和带头作用,为私人资本指明风险投资的方向。但是,总体而言,私人资本凭借其高度的市场感知能力,它们与科技研发联姻的状况才是决定"科学技术资本化"或"泛资本化"程度的关键因素。因此,一国政府是否能够优化私人资本与科技联姻的环境决定了科技产业革命的成效。事实证明,风险投资制度最完善的国家,如美国,一定可以雄踞科技产业革命的巅峰。

比较而言,在促成"科学技术资本化"和"科学技术泛资本化"的一系列"社会生态环境因素"中,个性化的因素无疑是"社会文化因素"。在科技与资本联姻的不同阶段,其表现各异。但是,其共性特征在于:不管什么时期的"社会文化因素"都必须为此时期科技与资本联姻营造最优的社会氛围。就此而言,"硅谷现象"背后的"硅谷文化"代表着科技与资本联姻历史上最理想的社会文化。也因为"硅谷现象"太过特殊,"硅谷文化"太过罕见,因此,硅谷是难以复制的。但是,"硅谷现象"所揭示的有助于科技与资本完美联姻所需要的社会文化因素却昭示:学习硅谷的经验,努力营造科技与资本联姻的制度环境,尤其是文化环境是可行的。

第四,启示。通过全面考察"科学技术资本化"和"科学技术泛资本化"的"社会生态环境因素",研究发现,科学技术与资本的联姻历程符合历史和逻辑的演进规律,从科学技术"资本化"到"泛资本化"的进化,深刻反映了恩格斯提出的"历史合力论"这一历史唯物主义的重要原理。

1890年9月,恩格斯在回答柏林大学生约·布洛赫请教历史问题的回信中,全面阐述了历史发展中经济因素和上层建筑各种因素之间的辩证关系。他首先指出关于经济因素在人类历史发展中最终起决定作用的观点是唯物史观的最基本的观点,"根据唯物史观,历史过程中的决定性因素归根到底是现实生活的生产和再生产"。在肯定经济因素是最终的决定性因素的同时,他明确反对"经济因素是唯一决定性的因素"的观点,认为决定历史发展的不光是经济因素,"还有上层建筑的各种因素",如"政治的、法律的和哲学的理论"。"这里表现出这一切因素间的相互作用,而在这种相互作用中归根到底是经济运动作为必然的东西通过无穷无尽的偶然事件(即这样一些事物和事变,它们的内部联系是如此疏远或者是如此难于确定,以致我们可以认为这种联系并不存在,忘掉这种联系)向前发展"。人们创造历史,一定"是在十分确定的前提和条件下创造的。其中经济的前提和条件归根到底是决定性的。但是政治等的前提和条件,甚至那些萦回于人们头脑中的传统,也起着一定的作用,虽然不是决定性的作用"[①]。

[①] 《马克思恩格斯选集》(第四卷),人民出版社2012年版,第604—605页。1890年9月,柏林大学数学系学生约·布洛赫(1871—1936)写信向恩格斯求教。信中说:"请允许再向您提出一个问题。根据唯物主义历史观,现实生活的生产和再生产是历史过程中的决定性因素。这个原理应当如何理解?是否可以这样理解:经济关系是唯一的决定性因素,或者经济关系只是在一定程度上构成其他一切关系的固定的基础——虽然这些关系本身也可以发生作用?……因此,我想请教您,按照唯物主义历史观,经济关系到处地、直接地、唯一地和完全不依靠于人地,像自然规律一样,不变地和不可避免地发生作用,或者说,其他的关系——当然,它们归根到底决定于经济关系——本身能够加速或阻止历史发展的进程,实际情况是这样吗?"

基于上述认识，可以看到：资本追逐利润的本性以及先英国后美国，其市场经济和社会文化所提供的最适宜科技与资本联姻的一系列社会生态环境因素，它们共同促成科学技术从"资本化"到"泛资本化"的演进，进而成为科技产业革命执牛耳者。正如恩格斯所说："历史是这样创造的：最终的结果总是从许多单个的意志的相互冲突中产生出来的，而其中每一个意志，又是由于许多特殊的生活条件，才成为它所成为的那样。这样就有无数互相交错的力量，有无数个力的平行四边形，由此就产生出一个合力，即历史结果，而这个结果又可以看作一个作为整体的、不自觉地和不自主地起着作用的力量的产物。"[①] 在构成历史合力的多重因素的交互作用下，作为资本主义变迁中的一种重要的经济现象，科学技术与资本联姻成为必然。这些合力既包括经济因素与上层建筑各因素之间的相互作用，也包括上层建筑各种因素之间的相互作用。在这些因素的复杂互动中，虽然经济因素即资本逐利的本性最终起决定作用，但上层建筑的诸多因素，如政治意识形态、知识产权制度和社会文化心理等也在发挥极大的推力。

[①] 《马克思恩格斯选集》（第四卷），人民出版社2012年版，第605页。

第四章

科技与资本联姻对社会生产力的促进作用

科技与资本联姻对社会生产力的促进作用是显而易见的。无论是"科学技术资本化"还是"科学技术泛资本化"都极大地促进了生产力的进步。熊彼特的"创新理论"和技术经济范式理论为阐释生产力发展背后的科技创新因素提供了理论工具。

第一节 "科学技术资本化"对社会生产力的促进作用

"科学技术资本化"对社会生产力的促进作用有多大？约瑟夫·熊彼特（Joseph Schumpeter）的"创新理论"和技术经济范式理论对此做了很好的诠释。而后者进一步提出：生产力的进步是通过"关键生产要素"的变迁来实现的，它很好地传递了科技产业革命促进社会生产力的巨大力量。发源于英国的蒸汽革命和爆发于美国的电力革命诠释了上述理论。

一 生产力发展的内因探析：从熊彼特的"创新理论"到技术经济范式理论

生产力发展即经济发展的内因何在？经济学界公认，"创新理论'就是熊彼特'经济发展理论'的核心"[①]。熊彼特于20世纪初叶提出的

[①] ［美］约瑟夫·熊彼特：《经济发展理论》，何畏、易家祥、张军扩、胡和立、叶虎译，张培刚、易梦虹、杨敬年校，商务印书馆2000年版，"中译本序言"，第iii页。

"创新理论"揭示了生产力进步的根源。

在熊彼特看来,"经济发展的根本现象"离不开"创新"。

所谓"创新"就是"建立一种新的生产函数",也就是说,把一种从来没有过的关于生产要素和生产条件的"新组合"引入生产体系。在熊彼特看来,作为资本主义"灵魂"的"企业家"的职能就是实现"创新",引进"新组合"。所谓"经济发展"也就是指整个资本主义社会不断地实现这种"新组合"而言的。熊彼特所说的"创新""新组合"或"经济发展",包括以下五种情况:(1)引进新产品。"采用一种新产品——也就是消费者还不熟悉的产品——或一种产品的一种新的特性。"(2)引用新技术,即新的生产方法。"采用一种新的生产方法,也就是在有关的制造部门中尚未通过积极验定的方法,这种新方法决不需要建立在科学上新的发现的基础之上;并且,也可以存在于商业上处理一种新产品的新的方式之中。"(3)开辟新市场。"开辟一个新市场,也就是国家的某一制造部门以前不曾进入的市场,不管这个市场以前是否存在过。"(4)控制原材料的新供应来源。"掠去或控制原材料或半制成品的一种新的供应来源,也不问这种来源是已经存在的,还是第一次创造出来的。"(5)实现企业的新组织。"实现任何一种工业的新的组织,比如造成一种垄断地位(例如通过'托拉斯化'),或打破一种垄断地位。"①

按照熊彼特的看法,"创新"是一个"内在的因素","经济发展"也是"来自内部自身创造性的关于经济生活的一种变动"。熊彼特认为,"资本主义在本质上是经济波动的一种形式或方法,它从来不是静止的"。他借用生物学的术语,把那种所谓"不断地从内部革新经济结构,即不断地破坏旧的,不断地创造新的结构"的这种过程,称为"产业突变"。并说"这种创造性的破坏过程是关于资本主义的本质性的事实,应特别予以注重"。所以在熊彼特看

---

① [美]约瑟夫·熊彼特:《经济发展理论》,何畏、易家祥、张军扩、胡和立、叶虎译,张培刚、易梦虹、杨敬年校,商务印书馆2000年版,"中译本序言",第 iii 页,正文第73—74页。

来,"创新""新组合""经济发展",都是资本主义的本质特征;离开了这些,就没有资本主义。①

熊彼特"创新理论"虽然忽略了资本主义生产关系的作用,掩盖了资本主义的基本矛盾,但是,其合理性在于揭示了技术创新对资本主义经济发展的重大意义。此外,"熊彼特还非常强调和重视'企业家'在资本主义经济发展过程中的独特作用,把'企业家'看作是资本主义的'灵魂',是'创新'、生产要素'新组合'以及'经济发展'的主要组织者和推动者"②。用熊彼特的上述理论来观察科技与资本联姻的历史进程,可以清晰地看到:

第一,在"科学技术资本化"形成期,"瓦特蒸汽机"取代"纽卡门蒸汽机"并被广泛运用到社会生产各个领域,就是"生产要素"和"生产条件"的"新组合",而这种"创新"是依靠富有卓越才能的发明家和企业家即瓦特和博尔顿共同组织和推动的。瓦特蒸汽机属于典型的"新产品""新技术"而且能够开辟无限广阔的"新市场",因为专利制度的保护,瓦特蒸汽机的供应是"可控的",这是典型的卖方市场,而博尔顿-瓦特工厂就是实现上述创新的企业"新组织",它垄断了瓦特蒸汽机的生产技术。上述史实成为诠释熊彼特"创新理论"的最好脚注。

第二,在"科学技术资本化"深化期,诠释熊彼特"创新理论"的最经典个案当数集伟大发明家和优秀企业家的荣耀于一身的爱迪生的传奇经历,如前所述,爱迪生不仅发明了电灯和直流发电机,而且发明了电力革命时代最重要的行业——电气产业,他独创一套非常成功的商业化"发明及推广体系",使其所有发明创造都属于熊彼特所谓的"生产要素""新组合"的五种情况,而爱迪生就是实现"熊彼特创新"的最优秀组织者。

20世纪中叶,鉴于资本主义在持续的制度创新和技术创新的推动下发生了前所未有的变化,为揭示资本主义的发展规律,熊彼特在"创

---

① [美]约瑟夫·熊彼特:《经济发展理论》,何畏、易家祥、张军扩、胡和立、叶虎译,张培刚、易梦虹、杨敬年校,商务印书馆2000年版,"中译本序言",第 iii—v 页。
② 同上书,"中译本序言",第 ix 页。

新理论"的基础上进一步提出"创造性破坏"（Creative Destruction）理论。他认为，资本主义是一个"充满创造性的毁灭过程"：

> 从本质上讲，资本主义是一种经济变动的形式或方法，它不仅从来不是，而且也永远不可能是静止不变的。其实，来自资本主义企业的新消费品、新生产方法或运输方法、新市场、新产业组织形式，才是开动和保持资本主义发动机运动的根本推动力。①

熊彼特非常关注科技创新对于资本主义"创造性破坏"的威力，他认为，科技革命使生产劳动经历了"质变的过程"，并进一步指出：

> 其他的像从木炭炉到我们今天炼钢炉的钢铁工业生产设备的历史，从上射水车到现代电厂的电力生产设备的历史，从邮车到飞机的运输史也都是革命的历史。国外新市场的开辟，从手工作坊和工场到像美国钢铁公司这种企业的组织发展，同样说明了产业突变的过程，假如我们能够使用产业突变这个生物学术语，它不断地从内部让这个经济结构革命化②，从而不断地破坏旧结构，也不断地创造新结构。这个创新性毁坏的过程就是资本主义本质的事实，也是资本主义存在的事实和每一家资本主义公司赖以生存的事实。③

基于上述理论来观察科技和资本联姻的历史，研究发现，无论是"科学技术资本化"的形成还是深化，"创造性破坏"和"产业突变"现象都确凿无误地贯穿其间。"瓦特蒸汽机"对风车、水车以及"纽卡门蒸汽机"就是一种"创造性破坏"，它通过生产技术的变革"破坏"

---

① ［美］约瑟夫·熊彼特：《资本主义、社会主义和民主》，杨中秋译，电子工业出版社2013年版，第78—79页。

② 熊彼特对此注释道："严格地讲，这些革命并非是不停顿的。它们以不连续的冲刺形式发生，它们彼此分隔，之间有比较平静的间距。不过整个过程的作用不断，不是革命就是对革命后果的吸收，它们一直存在，经济周期的过程就是二者一起形成的。"见［美］约瑟夫·熊彼特《资本主义、社会主义和民主》，杨中秋译，电子工业出版社2013年版，第79页。

③ ［美］约瑟夫·熊彼特：《资本主义、社会主义和民主》，杨中秋译，电子工业出版社2013年版，第79页。

了与风车、水车和畜力机器制造相关的产业,并在旧产业的"母体"中"突变"出一个全新的蒸汽机制造产业,随之再"突变"出火车进而铁路交通网和轮船运输这样的新产业。同理,交、直流发电机的发明和广泛运用,是对蒸汽机的"创造性破坏";白炽灯的发明和广泛运用,是对煤气照明行业的"创造性破坏"。而交流发电和输送电力技术的发明和普及,同样是对直流电技术的"创造性破坏",交流输电技术及电网的发明和广泛运用,则是对蒸汽时代工业能源的"创造性破坏",它同样在旧产业的"母体"中"突变"出一个全新的电气产业。总之,蒸汽革命和电力革命催生了资本主义社会生产"质变的过程"。

作为西方经济学界开创技术变革与经济增长分析方法的第一人,熊彼特的"创新理论"抑或"创造性破坏"学说对西方经济学界的"技术创新学派"影响非常深远,它们在熊彼特的基础之上,提出了技术经济范式的分析框架。

技术经济范式是西方经济学家研究技术进步与经济增长关系时提出的一个重要概念。20 世纪 80 年代,意大利经济学家多西(G. Dosi)和美国经济学家弗里曼等人依据美欧发达资本主义国家的经济发展现状及历史经验,"将技术进步……引入经济分析的主流和政策的制定中"[①],进而提出一套被称为"技术创新学派"的理论来解释经济变迁与技术创新的关系,这就是"技术经济范式"(Techno-economic Paradigm)的理论分析框架。

1982 年,多西将科学哲学的范式[②]概念引入到技术创新研究中,他提出了技术范式的概念并将其"定义为解决所选择的技术经济问题的一种'范式'",它阐明了"进一步创新的技术机会和有关如何利用这些机会的基本程序"[③]。1986 年,弗里曼和佩雷斯在扬弃多西"技术范式"的基础上,使用"技术经济范式"这一术语来描述被广泛传播的

---

① [意] G. 多西等编:《技术进步与经济理论》,钟学义等译,经济科学出版社 1992 年版,"序言",第 2 页。
② "范式"(Paradigm),是指在某一学科内被人们所共同接受、使用并作为交流思想的共同的一套概念体系和分析方法,其本义是指科学理论研究的内在规律及其演进方式,最早创立这一概念的是科学哲学家库恩。参阅 [美] 托马斯·库恩《科学革命的结构》,金吾伦等译,北京大学出版社 2003 年版。
③ [意] G. 多西等编:《技术进步与经济理论》,钟学义等译,经济科学出版社 1992 年版,第 276 页。

技术通过经济系统影响企业行为和产业的现实。在他们看来,"一定类型的技术进步——定义为'技术经济范式'进步"将对所有经济部门产生极其深刻的影响①。弗里曼和佩雷斯的技术经济范式为我们提供了研究技术进步与经济增长关系的一种方法论。

弗里曼等人把影响经济发展的技术创新分为"增量创新、基本创新、新技术体系的变革和技术经济范式的变革"四种类型。增量创新指某种技术进步并非经常性深思熟虑研发的结果,而是在"干中学""用中学"时连续发生的结果,它有助于改进生产要素的使用效率。基本创新指某种技术进步属于不连续的事件,而且产生于深思熟虑的研发,常常包括一种联合的产品、工艺和组织的创新。新技术体系的变革指若干对经济领域产生影响,同时导致全新部门出现影响深远的技术进步,它是增量创新和基本创新的一种组合,往往伴随着机构创新和管理创新。②显然,按照上述理论,蒸汽革命、电力革命和信息技术革命就是典型的"技术经济范式变革",它是技术创新的最高层次,对经济发展的影响也是最大的。

如果说前三种创新代表了事物发展的点滴量变——局部质变阶段的话,那么,在弗里曼等人的眼里,"'技术经济范式'的变革('技术革命')"就是完全质变。其意指:"技术体系的某些变革,由于它们的效果如此之大以至于它们对整个经济行为都有重要影响。一种这样的变革含有多组基本创新和增量创新,而且最终可能包含若干新技术体系。"这种技术革命的"一个极其重要的特征是,它具有在整个经济中的渗透效应,即它不仅导致产品、服务、系统和产业依据自己的权力产生新的范围;它也直接或间接地影响了经济的几乎每个其他领域"。总之,技术经济范式指的是"相互关联的产品和工艺、技术创新、组织创新和管理创新的结合,包括全部或大部分经济潜在生产率的熟练跃迁和创造非同寻常程度的投资和盈利机会"③。显然,弗里曼等人的技术经济范式其内涵和外延之广泛已经突破了多西的技术范式所着眼的单纯技术变革的轨迹,它是革命性的技术创新,其影响已经远远超越了技术本身而波

---

① [意] G. 多西等编:《技术进步与经济理论》,钟学义等译,经济科学出版社 1992 年版,第 276、49 页。
② 同上书,第 58—59 页。
③ 同上书,第 59—60 页。

及整个经济体系，他们主张综合微观经济和宏观经济来通盘考虑技术进步的作用。

综合多西和弗里曼等人的观点，可以为技术经济范式做出如下定义：技术经济范式是指因科技—产业革命引起的技术创新对宏观和微观经济的结构和运行范式产生重大变革后所形成的一种新的经济格局。[1]

科技产业革命对技术经济范式的形成机制是通过"关键生产要素"的变迁实现的。按照弗里曼和佩雷斯的解释，所谓"关键生产要素"是在每一个新技术经济范式中的"一个特定投入或一组投入"，它可能表现为某种重要的自然资源或工业制成品。成为"关键生产要素"须满足三个特性：1. 生产成本具有下降性；2. 供应能力具有无限性；3. 运用前景具有广泛性。[2] 换言之，技术经济范式的形成及转型与"关键生产要素"的新旧更替有关，而这一切又都是科技产业革命的必然结果。"关键生产要素"决定着技术经济范式的特征并成为划分不同类型技术经济范式的依据。

科技产业革命和"关键生产要素"、技术经济范式之间具有"多米诺骨牌效应"。物质、能量和信息是人类生存和发展的三个基本要素，也是社会经济活动的前提和结果。研究发现，人类近代以来的科技产业革命所要解决的社会经济难题各有侧重。蒸汽革命促成的机械化所解决的问题主要围绕"如何获取便捷高效的能源以生产更丰富的物质产品"这一核心展开。因此，可以将蒸汽革命所促成的技术经济范式称为"物质能量型技术经济范式"[3]。蒸汽革命时代的"关键生产要素"是棉花、蒸汽机、铁和煤炭。这四种"关键生产要素"内在的产业关联是：棉纺织业是蒸汽革命时期最重要的产业，新型纺织机的发明带动了对新型能源的需求，"万能蒸汽机"于是被发明。蒸汽机的广泛运用带动了煤炭工业、钢铁工业和交

---

[1] 鄢显俊：《从技术经济范式到信息技术范式——论科技—产业革命在技术经济范式形成及转型中的作用》，《数量经济技术经济研究》2004年第12期。

[2] [意] G. 多西等编：《技术进步与经济理论》，钟学义等译，经济科学出版社1992年版，第61页。

[3] 鄢显俊：《从技术经济范式到信息技术范式——论科技—产业革命在技术经济范式形成及转型中的作用》，《数量经济技术经济研究》2004年第12期。

通运输业（轮船和铁路）的飞速发展，冶金工业和重化工随之进入大发展时期。人类社会的生产力也随之进入前所未有的飞速发展时期。而人类社会在近代工业革命即蒸汽革命之前漫长的前资本主义时代，农业社会的经济活动所依赖的"关键生产要素"只可能是劳动力和土地，其数量和质量是决定社会经济发展水平的首要因素。而持续上千年的农业社会所依赖的生产技术即依靠自然力、人力和畜力驱动简单的机械被蒸汽革命所彻底颠覆，蒸汽能的广泛运用把人类带入工业文明。

因此，蒸汽革命时代，一国经济的发达程度即工业化水平与其所拥有的"关键生产要素"的数量和质量成正相关。

二 来自英国蒸汽革命的实证："关键生产要素"的变迁与生产力进步

科技与资本的初步联姻在蒸汽革命时期极大地促进了资本主义生产力的大发展。马克思和恩格斯在1848年发表的《共产党宣言》中指出：

> 资产阶级在它的不到一百年的阶级统治中所创造的生产力，比过去一切世代创造的全部生产力还要多，还要大。自然力的征服，机器的采用，化学在工业或农业中的运用，轮船的行驶，铁路的通行，电报的使用，整个整个大陆的开垦，河川的通航，仿佛用法术从地下呼唤出来的大量人口，——过去哪一个世纪料想到在社会劳动里蕴藏有这样的生产力呢？[①]

持续一个多世纪的蒸汽革命毫无疑问成为19世纪中叶资本主义生产力大爆炸的首要动力，这场科技产业革命将人类社会带进工业时代，社会生产力随之高歌猛进。蒸汽革命推动社会生产力以超越以往任何时代的速度飞奔，英国作为世界上第一个建立资本主义制度的国家自然而然成为这场革命的先行者，它率先进入工业化时代，经济发展一骑绝尘，把欧洲诸国远远抛在身后。遵从经济发展的内在规律，以下将从关键生产要素更迭、GDP指标、工农业发展状况以及和上述变化密切相关的科技进步等几个方面，综合比较英国和同时代的欧洲

[①] 《马克思恩格斯选集》（第一卷），人民出版社2012年版，第405页。

诸国及美国"科学技术资本化"对社会生产力的促进作用。其思路如图4.1所示：

科技产业革命 ⇒ 科学技术资本化 ⇒ 关键生产要素变迁 ⇒ 生产力进步

图4.1　"科学技术资本化"对社会生产力的促进作用

图4.1表示，科技产业革命促成"科学技术资本化"，它对生产力的促进作用通过"关键生产要素"的变迁来实现。在蒸汽革命爆发之前的农业经济和手工业经济时期，经济发展的"关键生产要素"是千百年来几乎一成不变的传统要素：人力、畜力和依靠自然力驱动的简单机械，如风车、水车。

蒸汽革命时期，英国经济从传统的农业经济和手工业经济进入到工业经济时代，"物质能量型技术经济范式"由此形成，其"关键生产要素"由上述传统要素变迁为棉花、蒸汽机、铁/钢和煤炭，它们的数量和质量成为衡量一国经济/工业是否发达的重要标准，其核心要素毫无疑问是蒸汽机及廉价的煤炭，前者是可以无限量生产的工业制成品，后者是储量极其丰富的自然资源。它们都具备"关键生产要素"的三个特性：生产成本具有下降性、供应能力具有无限性、运用前景具有广泛性。而蒸汽机无疑是"首要关键生产要素"。以下将分析蒸汽革命时期英国的"关键生产要素"和生产力发展的关系。

英国作为蒸汽机的发明国，在蒸汽机带动下凭借其经济发展所拥有的先发优势毫无悬念地将欧洲诸国远远甩在身后。如表4.1所示：

表4.1　　　　几种主要工业品的欧洲主要生产国情况[①]

煤炭（百万吨）

	1870年	1880年	1890年	1900年	1913年
英国	112	149	185	229	292
德国	26	47	70	109	190

---

① ［英］斯蒂芬·布劳德伯利、凯文·H. 奥罗克编：《剑桥现代欧洲经济史》第二卷，张敏、孔尚会译，胡思捷、王珏校，中国人民大学出版社2015年版，第63—64页。

第四章 科技与资本联姻对社会生产力的促进作用

续表

	1870 年	1880 年	1890 年	1900 年	1913 年
法国	13	19	26	33	41
俄国	1	3	6	16	36
比利时	14	17	20	23	24
奥匈帝国	4	7	10	12	18

生铁（千吨）

	1870 年	1880 年	1890 年	1900 年	1913 年
德国	1261	2468	4100	7550	16761
英国	6059	7873	8031	9104	10425
法国	1178	1725	1962	2714	5207
俄国	359	449	928	2937	4641
比利时	565	608	788	1019	2485
奥匈帝国	403	464	965	1456	2381

原棉消费（千吨）

	1870 年	1880 年	1890 年	1900 年	1913 年
英国	489	617	755	788	988
德国	81	137	227	279	478
俄国	46	94	136	262	424
法国	59	89	125	159	271
奥匈帝国	45	64	105	127	210
意大利	15	47	102	123	202

煤炭是蒸汽时代的主要能源，它是蒸汽机的最重要能源，因此，"19世纪的工业生产主要集中在煤炭产区"，煤炭产量因此成为衡量一国工业化水平的重要指标，能够获得廉价煤炭对于蒸汽工业而言至关重要。铁则是生产蒸汽机的重要金属材料，"在钢铁方面，主要的技术进步都源于科学的发展"。而"工业革命始于棉纺织品，1914年之前棉纺织工业一直是欧洲主要行业之一"。① 从表4.1可知，在蒸汽革命已经开花结果的19世纪70年代，英国的"关键生产要素"中，煤炭、生铁和原棉的产量一直雄踞欧洲第一，而且与欧洲主要工业国的差距极大。这种先发优势一直持续到20世纪初的第一次世界大战以前，这是成就大不列颠作为"世界工厂"荣耀的关键原因。

表4.2是蒸汽革命已经硕果累累的19世纪60年代，欧洲主要工业国的煤炭产量。

表4.2　　　　　　　　欧洲主要工业国1860年的煤炭产量②

	千吨	占欧洲的比重（%）
奥地利	3189	2.7
比利时	9611	8.0
法国	8304	6.9
德国	16731	13.9
英国	81327	67.6
匈牙利	475	0.4
意大利（1861）	34	0.0
俄国	300	0.2
西班牙	340	0.3
瑞典	26	0.0

---

① ［英］斯蒂芬·布劳德伯利、凯文·H. 奥罗克编：《剑桥现代欧洲经济史》第二卷，张敏、孔尚会译，胡思捷、王珏校，中国人民大学出版社2015年版，第64—65页。
② ［英］斯蒂芬·布劳德伯利、凯文·H. 奥罗克编：《剑桥现代欧洲经济史》第一卷，何富彩、钟红英译，王珏、胡思捷校，中国人民大学出版社2015年版，第142页。

表4.2显示，作为蒸汽革命的引领者，英国1860年的煤炭产量在欧洲排名第一，占比高达67.6%，廉价的煤炭成为驱动英国蒸汽革命的最重要能源。表4.3比较了蒸汽革命一百余年进程中，欧洲主要工业国人均工业化水平的变化情况。

表4.3　　　　　　1750—1860年欧洲人均工业化水平[①]

（英国1860年的水平＝100）

	1750年	1800年	1830年	1860年
西北欧				
比利时	14	16	22	44
丹麦	—	13	13	16
芬兰	—	13	13	17
荷兰	—	14	14	17
挪威	—	14	14	17
瑞典	11	13	14	23
英国	28	30	39	100
南欧				
法国	14	14	19	31
希腊	—	8	8	9
意大利	13	13	13	16
葡萄牙	—	11	11	13
西班牙	11	11	13	17
中东欧				
奥匈帝国	11	11	13	17
保加利亚	—	8	8	8
德国	13	13	14	23

① ［英］斯蒂芬·布劳德伯利、凯文·H.奥罗克编：《剑桥现代欧洲经济史》第一卷，何富彩、钟红英译，王珏、胡思捷校，中国人民大学出版社2015年版，第141页。

续表

	1750 年	1800 年	1830 年	1860 年
中东欧				
罗马尼亚	—	8	8	8
俄国	9	9	11	13
塞尔维亚	—	8	8	9
瑞士	11	16	25	41
欧洲	13	13	17	27
世界	11	9	11	11

表4.3显示，从人均的角度看，1750年蒸汽机在英国开始普及，这标志着它已经是欧洲工业化程度最高的国家了，蒸汽动力开始取代水力、畜力、风力和人力是前所未有的能源革命，英国成为欧洲工业化的引领者。再看人均工业化水平，见表4.4：

表 4.4　　　　　　　1860—1913 年欧洲人均工业化水平[①]

（英国 1900 年的水平＝100）

	1860 年	1880 年	1900 年	1913 年
欧洲西北部				
比利时	28	43	56	88
丹麦	10	12	20	33
芬兰	11	15	18	21
荷兰	11	14	22	28
挪威	11	16	21	31

---

① ［英］斯蒂芬·布劳德伯利、凯文·H.奥罗克编：《剑桥现代欧洲经济史》第二卷，张敏、孔尚会译，胡思捷、王珏校，中国人民大学出版社2015年版，第59—60页。

续表

	1860 年	1880 年	1900 年	1913 年
欧洲西北部				
瑞典	15	24	41	67
英国	64	87	100	115
欧洲南部				
法国	20	28	39	59
希腊	6	7	9	10
意大利	10	12	17	26
葡萄牙	8	10	12	14
西班牙	11	14	19	22
欧洲中东部				
奥匈帝国	11	15	23	32
保加利亚	5	6	8	10
德国	15	25	52	85
罗马尼亚	6	7	9	13
俄国	8	10	15	20
塞尔维亚	6	7	9	12
瑞士	26	39	67	87
欧洲	17	23	33	45

1860 年，无论用产出总水平衡量，还是用人均水平衡量，英国都是欧洲工业化程度最高的国家。然而，英国基于早期工业化在世界出口市场上确立的绝对的领先地位因为后发国家的竞争而有所动摇，并且在

1870—1913 年受到了德国和美国的挑战。①

进一步观察欧洲三大经济体也是工业化水平最高的英国、法国和德国各工业门类在 1870 年的产量占欧洲 GDP 的情况，见表 4.5：

表 4.5　　　　欧洲的工业产出（1870 年）：主要国家②　　　　（%）

	占欧洲 GDP 的比重	占欧洲工业产出的比重			
		英国	法国	德国	三大经济体
食品加工、饮料和烟草业	5.7	21	16	19	56
纺织品和服装业	7.6	29	24	22	75
金属和金属加工业	3.4	45	5	24	74
其他制造业	4.5	16	23	25	64
建筑业	3.7	17	32	13	62
采矿业	3.0	70	5	12	87
公用事业	0.3	43	20	11	74
工业总体	28.0	30	19	20	69
GDP	—	26	16	21	63

表 4.5"显示了欧洲三大经济体——英国、法国和德国——的工业产出占欧洲工业产出的标准。它们总共占欧洲工业产出的 2/3 以上，约占欧洲 GDP 的 60%。这三大经济体的纺织品和服装业、金属和金属加工业的发展引人注目，这两项约占欧洲总产出的 3/4，其中英国在金属和金属加工业中的地位特别重要。这张表格最显著的特点就是，仅英国

---

① ［英］斯蒂芬·布劳德伯利、凯文·H. 奥罗克编：《剑桥现代欧洲经济史》第二卷，张敏、孔尚会译，胡思捷、王珏校，中国人民大学出版社 2015 年版，第 61 页。
② ［英］斯蒂芬·布劳德伯利、凯文·H. 奥罗克编：《剑桥现代欧洲经济史》第一卷，何富彩、钟红英译，王珏、胡思捷校，中国人民大学出版社 2015 年版，第 140 页。

就占欧洲所有采矿活动的70%"①。

机器工业的发达必然导致劳动生产率的大幅度提升。英国在蒸汽革命前后的劳动生产率与欧洲主要工业国进行对比，其反差之强烈令人印象深刻。见表4.6和表4.7：

表4.6　　　　　　　　欧洲农业的劳动生产率
（以英格兰1800年的劳动生产率为100衡量）②

	1600年	1700年	1750年	1800年
英格兰	53.1	80.4	97	100.0
比利时	88.1	83.9	85.3	77.6
荷兰	74.8	86.7	93	100.7
法国	50.3	51.7	55.9	58.0
意大利	58.0	56.6	49.0	39.9
西班牙	53.1	60.8	55.9	49.0
德国	39.9	37.8	39.2	46.9
奥地利	39.9	51.7	69.9	51.5
匈牙利	54.5	65.7	65.0	74.8

表4.7　　　　　　1890年欧洲农业劳动生产率③　　　（英国=100）

英国	100
荷兰	82
丹麦	44
法国	52

---

① ［英］斯蒂芬·布劳德伯利、凯文·H.奥罗克编：《剑桥现代欧洲经济史》第一卷，何富彩、钟红英译、王珏、胡思捷校，中国人民大学出版社2015年版，第140页。

② 同上书，第125页。

③ 同上。

续表

意大利	28
西班牙	33
德国	63

工业革命必然导致机械在农业生产领域的广泛运用，农业劳动生产率的提高成为必然。"英格兰在 19 世纪 20 年代就使用了蒸汽脱粒机，并于 19 世纪 50 年代在不列颠南部推广。英格兰确实在相对早些的时候设法引进了一些节省劳动力的机械。特别地，到 1871 年，英格兰和威尔士约 25% 的小麦是由机械收割机来完成收割的，这一比例大幅超过德国（1882 年为 3.6%）和法国（1882 年为 6.9%）。"① 蒸汽技术对整个经济劳动生产率增长的贡献功不可没，见表 4.8：

表 4.8　英国的劳动生产率的增长以及蒸汽技术的贡献②

	整个经济的劳动生产率增长	蒸汽技术的贡献				
		固定式蒸汽机	铁路	汽船	总计	占比变化
	年增长率（%）					
1760—1800 年	0.2	0.01	—	—	0.01	5
1800—1830 年	0.5	0.02	—	—	0.02	4
1830—1850 年	1.1	0.04	0.16	—	0.20	18.2
1850—1870 年	1.2	0.12	0.26	0.03	0.41	34.2
1870—1910 年	0.9	0.14	0.07	0.10	0.31	34.4

表 4.8 分别列出作为蒸汽革命时代的"第一关键生产要素"或"核心生产要素"的蒸汽机对英国劳动生产率增长的贡献情况。尤其值

---

① [英] 斯蒂芬·布劳德伯利、凯文·H. 奥罗克编：《剑桥现代欧洲经济史》第一卷，何富彩、钟红英译，王珏、胡思捷校，中国人民大学出版社 2015 年版，第 129 页。
② 同上书，第 144 页。本书在引用时增加了"占比变化"的统计。

得注意的是，在"整个经济的劳动生产率增长"中"蒸汽技术的贡献"，其占比自 1760—1910 年间，以 1830 年作为分水岭，增长非常剧烈，蒸汽技术对经济增长的贡献率从 4%—5% 爆炸式地剧增到 18.2%，几乎是井喷式的上升。这体现了"技术经济范式"的一个规律，即科技产业革命对经济增长的促进具有"时滞性"。美国著名学者 Castells 指出："技术革新与经济生产力之间有相当大的时滞（time lag），这是过去的技术革命皆具有的特征。要让新的技术发明能够普及到整个经济体，而以可察觉的速度来增强生产力，整个社会的文化与制度、公司以及涉入生产过程的各种要素，都需要有实际的改变。"① 显然，社会生产消化新技术需要时间。

追溯蒸汽革命的历史发现，1760—1800 年间，英国最发达的煤炭工业所使用的蒸汽机仍然是效率较低的纽卡门式蒸汽机，作为第一产业的纺织工业还难觅蒸汽机踪影，"到 1800 年，英国境内蒸汽机数量已经增至 2500 台，其中 60%—70% 为纽卡门式蒸汽机。而煤炭工业规模在欧洲排名第一的比利时在 1800 年前后大致拥有 100 台蒸汽机。法国排名第三位，大约拥有 70 台蒸汽机，其中可能有 45 台纽卡门式蒸汽机（主要供产煤区使用），另外 25 台为瓦特式蒸汽机"②。显然，这个阶段，蒸汽技术对经济增长的拉动潜力还处于漫长的积累时期，有效果，但还不明显。而 1800—1830 年，工效更高适用领域更广泛的瓦特蒸汽机已经成为蒸汽机的主流，而且将蒸汽机运用于驱动机车和轮船的交通革命方兴未艾，但是，因为技术革命的"时滞作用"，蒸汽技术对积极增长的贡献率仍然处于较低的水平。

可是，1830 年以后一直到 20 世纪初叶，蒸汽技术对经济增长的贡献率从 18.2% 再上层楼，猛增到 34.2%。究其原因，蒸汽技术为整个社会所接受，英国社会蒸汽机的数量出现了爆炸式的增长。1800 年，蒸汽机的装机容量还只有水车和风车总和的 26%，而到了 1830 年，这一比值已经高达 89%，1870 年更是达到 858%。这说明 1830 年后，驱动英国经济的动力已经从水力和风力变成更加强劲的蒸汽动力了。见表 4.9：

---

① Manuel Castells, *The Rise of the Network Society*, Mass: Blackwell Publishers Inc., 1996, p. 74.

② ［英］罗伯特·艾伦：《近代英国工业革命揭秘——放眼全球深度透视》，毛立坤译，浙江大学出版社 2012 年版，第 247 页。

表4.9　　英国固定式动力装机容量统计表（1760—1907年）①　　（马力）

	1760年	1800年	1830年	1870年	1907年
蒸汽机	5000	35000	160000	2060000	9659000
水车	7000	120000	160000	230000	178000
风车	10000	15000	20000	10000	5000
总计	85000	170000	340000	2300000	9482000

表4.9显示，1830年后，随着蒸汽机被广泛运用到社会生产的各个领域，蒸汽革命的威力也就随之显现。蒸汽机不仅促进了采矿业、制造业和纺织业大发展，而且促进了航海业和铁路业的大发展。以陆路最重要的铁路交通为例：

> 大不列颠在铁路建设方面所作出的巨大努力使它的铁路设施居各国之首。根据地区性铁路里程的对比，十九世纪五十年代大不列颠的铁路里程数为比利时的3倍，成为美国的纽约州和宾夕法尼亚州的3倍，比法国和德国高出6倍。由此获得的经济利益有助于说明十九世纪中叶当其他国家处于落后地位的时候，大不列颠在国际上早已具备了竞争的能力。我们必须把铁路部门视为十九世纪中叶经济领域方面的一种具有相当能量的扩张性力量。直到十九世纪七十年代，当其他国家也像大不列颠那样建设了完整的铁路网之后，新建的铁路正在逐步成为当时世界范围内经济蓬勃发展的一个重要因素。就如铁路部门在国内建设和维持了大不列颠所特有的工业体系那样，世界新的经济体系在铁路部门的帮助下开始形成了，而大不列颠多年来始终是这个体系的中心。②

---

① ［英］罗伯特·艾伦：《近代英国工业革命揭秘——放眼全球深度透视》，毛立坤译，浙江大学出版社2012年版，第264页。
② ［英］W. H. B. 考特：《简明英国经济史》，方庭珏、吴良健、简征勋译，商务印书馆1992年版，第195、201页。

第四章
科技与资本联姻对社会生产力的促进作用　　275

从 19 世纪中叶到 19 世纪末，英国蒸汽机的装机容量呈现几何级数的上升态势，速度远超欧洲其他主要工业国家，见表 4.10：

表 4.10　　欧洲各国蒸汽机装机容量统计表（1840—1896 年）① 　　（马力）

	1840 年	1850 年	1860 年	1870 年	1880 年	1890 年	1896 年
大不列颠	620	1290	2450	4040	7600	9200	13700
德国	40	260	850	2480	5120	6200	8080
法国	90	270	1120	1850	3070	4520	5920
奥地利	20	100	330	800	1560	2150	2520
比利时	40	70	160	350	610	810	1180
俄国	20	70	200	920	1740	2240	3100
意大利	10	40	50	330	500	830	1520
西班牙	10	20	100	210	470	740	1180
瑞典	—	—	20	100	220	300	510
荷兰	—	10	30	130	250	340	600
欧洲	860	2240	5540	11570	22000	28630	40300

由表 4.10 可知，英国蒸汽机的装机容量在 1840—1896 年一直遥遥领先于欧洲诸强，其先发优势的地位在整个 19 世纪牢不可撼。1840 年英国蒸汽机的装机容量是欧洲蒸汽机总装机容量的 72%，而到了 1896 年，当欧洲诸强在工业化道路上奋力追赶半个世纪后，这一指标仍然高达 34%，英国一枝独秀的地位仍旧牢固。英国工业化水平在蒸汽革命

---

① ［意］卡洛·M. B. 奇波拉：《欧洲经济史》，吴良健、刘漠云、壬林、何亦文译，商务印书馆 1989 年版，第 138 页。

时期独步欧洲大陆的优势必然带动经济的快速发展，最直观的表现是GDP的增长。见表4.11：

表4.11　　1500—1820年间欧洲六国人均GDP发展的估计①

（英国1820年的水平＝100）

	约1650年	约1700年	约1750年	约1820年
英国	54	69	84	100
荷兰	95	94	94	92
比利时	53	55	61	62
意大利	60	57	61	53
西班牙	39—48	39—44	40—41	48
瑞典	—	—	—	56
波兰	42—49	35—40	30—33	41
平均（无加权）	约58	约59	约62	约66
平均（加权）	约55	约56	约56	约58

表4.11说明，18世纪前半期，英国的人均GDP在欧洲六国中，从位居中上游很快就名列前茅，1700年和1750年英国这一指标分别是欧洲六国加权平均值的1.2倍和1.5倍，差距呈扩大趋势，纽卡门式蒸汽机的普及是关键原因。到1820年英国人均GDP在上述国家中位居首席并远超欧洲诸强，英国这一指标是欧洲六国加权平均值的1.7倍，瓦特式蒸汽机大行其道是关键，这是"物质能量型经济范式"的首要"关键生产要素"。再看表4.12：

---

① ［荷］扬·卢滕·范赞登：《通往工业革命的漫长道路：全球视野下的欧洲经济，1000—1800年》，隋福民译，浙江大学出版社2016年版，第286页。

表4.12　欧洲1600—1800年间GDP和人均GDP的增长的估计①

（平均年增长率）

	1600—1700年	1700—1800年
意大利	0.00	0.23
意大利人均	0.01	0.09
英国	0.71	0.91
英国人均	0.41	0.49
欧洲	0.09	0.28
欧洲人均	0.00	0.10

表4.12说明，在18世纪蒸汽革命时期，英国的GDP增长（包括人均GDP）远超欧洲平均水平，英国在这一百年间GDP年均增长率和人均增长率是同期欧洲平均水平的3.25倍和4.9倍。如果把时间轴再向前延伸，进一步观察蒸汽革命前的16、17世纪和蒸汽革命硕果累累的18、19世纪，欧洲各主要工业国人均GDP的增长情况，见表4.13：

表4.13　欧洲各国的人均GDP（1500—1870年）②

人均GDP的年增长率（%）

国家	1500—1700年	1700—1750年	1750—1820年	1820—1870年
英国	0.12	0.35	0.20	1.25
荷兰	0.24	0.00	-0.20	0.83
比利时	0.09	0.19	0.02	1.44
法国	—	—	—	0.85

---

①　[荷]扬·卢滕·范赞登：《通往工业革命的漫长道路：全球视野下的欧洲经济，1000—1800年》，隋福民译，浙江大学出版社2016年版，第307页。
②　[英]斯蒂芬·布劳德伯利、凯文·H.奥罗克编：《剑桥现代欧洲经济史》第一卷，何富彩、钟红英译，王珏、胡思捷校，中国人民大学出版社2015年版，"引言"。

续表

国家	1500—1700 年	1700—1750 年	1750—1820 年	1820—1870 年
意大利	-0.08	0.14	-0.22	0.61
西班牙	-0.02	-0.10	0.10	0.27
瑞典	0.02	0.03	0.06	0.65
波兰	-0.13	-0.24	0.21	0.59
俄国	—	—	—	0.64
土耳其	—	0.16	0.07	0.52

人均 GDP 的相对增长值（英国 1820 年的水平 = 100）

国家	1500 年	1700 年	1750 年	1820 年	1870 年
英国	57	73	87	100	187
荷兰	67	109	109	107	162
比利时	58	69	76	77	158
法国	—	—	—	72	110
意大利	83	71	76	65	88
西班牙	63	61	58	62	71
瑞典	64	66	67	70	97
波兰	50—54	38—42	34—37	41	55
俄国	—	—	—	40	55
土耳其	—	35	38	40	52

表 4.13 说明，就人均 GDP 的年增长率看，始于 18 世纪的蒸汽革命显然是道分水岭。从 1700 年开始，英国的这一指标遥遥领先欧洲诸强。再以蒸汽机车和轮船引领"交通革命"的 1820 年为观察点可以看到，就人均 GDP 的相对增长值而言，蒸汽革命也发挥了相同的作用——1820 年前一个世纪是英国经济积蓄能量的时期，1820 年后英国经济开始腾飞，令欧洲诸强相形见绌。

就经济形态而言，蒸汽革命的结果是：英国率先跨入工业社会领全球风气之先，这是成就其强国地位的根本。见表4.14：

表4.14 　　　　　欧洲的工业整体分布（1870年）① 　　　　（%）

	工业产值占本国GDP的比重	工业产值占欧洲工业产值的比重	工业产值占欧洲GDP的比重
西北欧			
比利时	30	3.9	3.4
丹麦	20	0.6	0.8
芬兰	17	0.3	0.6
荷兰	24	1.8	2.1
挪威	12	1.0	—
瑞典	21	30.3	1.3
英国	34	30.3	25.5
南欧			
法国	34	18.9	15.8
意大利	24	10.0	11.6
西班牙	22	3.6	4.7
葡萄牙	17	0.7	1.1
中东欧			
奥匈帝国	19	9.0	13.1
大奥地利	23	7.2	8.8
大匈牙利	12	1.8	4.4
德国	28	19.8	20.0
瑞士	36	—	—

---

① ［英］斯蒂芬·布劳德伯利、凯文·H. 奥罗克编：《剑桥现代欧洲经济史》第一卷，何富彩、钟红英译，王珏、胡思捷校，中国人民大学出版社2015年版，第139页。

从表4.14可知，在蒸汽革命拉动经济快速发展的1870年，英国工业产值占本国GDP的比重超过1/3，英国和法国此项指标排名第一。而英国占欧洲GDP的比重超过1/4，占欧洲工业产值的比重几近1/3，超过紧随其后的法国、德国一大截，雄冠欧洲。这两项指标，英国超过欧洲上述国家平均水平的7.8倍和6.7倍，差距之大令人震惊。拜蒸汽革命之威力，"不列颠在世界上的经济地位是独一无二的，在十九世纪头75年中，不列颠的工业在世界上占领先地位"①。对于英国的经济成就，历史学家评论道：

> 按字面说，英国可能从来就不是"世界工厂"，然而，英国的工业优势在19世纪中叶无比显赫，所有这一说法也不无道理。英国生产了约占世界总量三分之二的煤，约一半的铁、七分之五的钢（世界总量不大）、约一半的棉布（限商业化产量）、四成的金属器件（按价值论）。另一方面，即使在1840年，英国也拥有世界蒸汽动力的约三分之一。②

综上所述，考虑到蒸汽革命期间，科技与资本的联姻开启了"科学技术资本化"的重要进程，因此，"科学技术资本化"的形成对英国生产力的狂飙突进发挥了至关重要的作用，它生动形象地证明了"科学技术是第一生产力"这个马克思主义的科学技术观。经济史证明，就蒸汽革命所形成的"物质能量型经济范式"而论，由廉价的能源——煤炭所驱动的蒸汽机无疑成为这种技术经济范式四大"关键生产要素"中居首位的生产要素，其数量和质量决定着一国的经济发展水平。

三 来自美国电力革命的实证："关键生产要素"的变迁与生产力进步

前文"图4.1'科学技术资本化'对社会生产力的促进作用"揭示，科技产业革命促成"科学技术资本化"，它对生产力的促进作用通

---

① ［英］W. H. B. 考特：《简明英国经济史》，方庭珏、吴良健、简征勋译，商务印书馆1992年版，第214页。

② ［英］埃里克·霍布斯鲍姆：《工业与帝国：英国的现代化历程》，梅俊杰译，中央编译出版社2016年版，第131页。

过"关键生产要素"的变迁来实现。按照前述技术创新学派对创新的分类，电力革命时期，美国的技术经济范式仍然属于"物质能量型技术经济范式"，其性质与蒸汽革命时期的英国同属一类。电力革命促成的电气化所解决的问题仍然围绕"如何获取便捷高效的能源以生产更丰富的物质产品"这一核心展开，就此而言，电力革命和蒸汽革命具有相同的属性——能源革命仍然是其主要的使命，虽然电力革命对生产力发展的促进作用是蒸汽革命不能比拟的。

因此，电力革命时期经济活动中的"关键生产要素"的变迁还只是"量变"而非"质变"，它们是：钢铁、煤炭（石油作为新能源开始出现，但要取代煤炭尚需时日）、电力及电网、水陆运输网、电报电话通信网。蒸汽革命时期拉动经济依靠的是廉价煤炭驱动的蒸汽机，蒸汽机无疑是"首要关键生产要素"。而电力革命时期拉动经济则是依靠电网和电力驱动的电动机械，遍布发达资本主义各国的水陆交通运输网和电报电话通信网也离不开电力的支持以及大量使用的电动机械。与蒸汽革命时期相比，电力革命时期的"关键生产要素"有一个显著变化，即：它演变成为一组生产要素的集合——钢铁、煤炭、电力和铁路网，而不再有所谓的"首要关键生产要素"，如廉价煤炭驱动的蒸汽机。上述"关键生产要素"的数量和质量决定了一国生产力发展水平。按照本书一以贯之的逻辑，这些"关键生产要素"的数量和质量由科技与资本联姻的状况所决定。

电力革命把蒸汽革命以来，科学技术对生产力进步和人类社会变迁的影响力又推向新的高度，马克思对此早有精准的预测。李卜克内西回忆道[①]：

> 1850年7月，在英国伦敦瑞琴特街上展览出一个牵引火车的电力机车模型。马克思看后，十分兴奋。他敏锐地意识到，人类即将由蒸汽时代进入到电力时代，并指出："这件事的后果是不可估计的，经济革命之后一定要紧跟着政治革命，因为后者只是前者的表现而已。"他认为，自然科学正在准备一次新的革命。蒸汽大王在

---

① [法] 保尔·法拉格等：《回忆马克思恩格斯》，马集译，人民出版社1973年版，第35页。

前一世纪中翻转了整个世界，现在它的统治已到末日，另外一种更大得无比的革命力量——电力的火花将取而代之。

也就在电力革命期间，美国取代英国成为资本主义的"领头羊"。从科技与资本联姻的发展历程考察，美国成为电力革命集大成者，根本原因在于"科学技术资本化"因为电力革命而走向深化，它意味着：科技与资本的结合更加深入，科学技术转化为生产力的效率远超以往也就顺理成章。其必然结果是美国经济就此起飞。美国作为"科学技术资本化"深化的典型国度，其社会生产力的快速进步实现了对"科学技术资本化"缘起之国英国的全面超越。以下将从电力革命时期美国"物质能量型技术经济范式"的"关键生产要素"的变迁情况来阐释美国生产力对英国等欧洲强国的全面赶超。下文经济指标的比较大多限定在电力革命时期19世纪60—70年代到一战前的1913年，少数指标因为难以找到合适的比较数据会超出这个时期，但不影响对研究主题的阐释。之所以将研究时限的下限定位于1913年，是因为"美国工业产出在1913年达到的水平——差不多等于欧洲所有国家工业产出的总和"[①]。而20世纪初叶，也是学术界公认的电力革命画上圆满句号，人类文明由蒸汽时代步入电力时代的重要时段。

在电力革命时期的"关键生产要素"中，英美两国钢铁和煤炭的产量是值得关注的指标。钢铁工业是现代工业的基础产业，是国家工业化的基石，机器制造业和交通运输业等都离不开钢铁工业的支撑，它是19世纪最重要的工业，是衡量一国经济发展水平的重要指标。首先，比较英美两国的钢产量，见图4.2。

由图4.2可知，在电力革命发轫之际的19世纪60—70年代，英美两国的钢产量都很低，但英国的产量仍然是美国的3—4倍之多。而10年之后，两国钢产量急剧猛增，美国和英国几乎并驾齐驱。20年之后，美国的钢产量已经超过英国2倍有余，1910年扩大为4倍之多。如果将比较的国家扩展到德国——电力革命时期迅速崛起的欧洲工业强国，见表4.15：

[①] [美] 乔纳森·休斯、路易斯·凯恩：《美国经济史》，杨宇光、吴元中、杨炯、童新耕译，格致出版社、上海人民出版社2013年版，第227页。

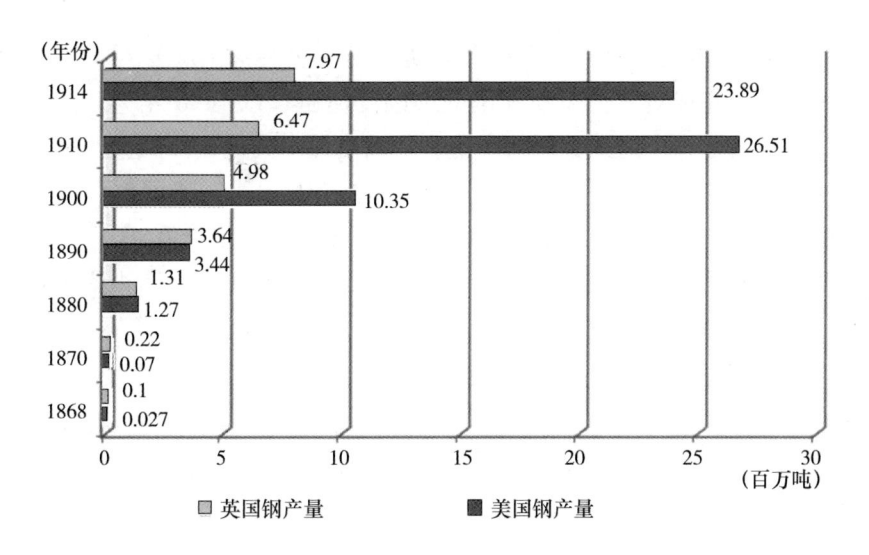

第四章
科技与资本联姻对社会生产力的促进作用 283

```
(年份)
1914  英:7.97    美:23.89
1910  英:6.47    美:26.51
1900  英:4.98    美:10.35
1890  英:3.64    美:3.44
1880  英:1.31    美:1.27
1870  英:0.22    美:0.07
1868  英:0.1     美:0.027
        0    5    10   15   20   25   30 (百万吨)
        □ 英国钢产量        ■ 美国钢产量
```

图 4.2　1868—1914 年英美两国钢产量比较①

表 4.15　　　　英国、德国和美国的铁与钢产量比较②

（1880—1913 年）　　　　　　　　　　　　（百万吨）

	1880 年	1913 年
生铁		
英国	7.9	10.4
德国	2.7	19.3
美国	3.8	31.0
钢		
英国	1.3	7.8
德国	0.6	18
美国	1.2	31

注：因为小数点的取舍，此表的数据与图 4.2 相比略有出入。

---

① 资料来源：中国科学院经济研究所世界经济研究室编：《主要资本主义国家经济统计集》，世界知识出版社 1962 年版，第 64—65、207 页。

② 同上书，第 207、264、64—65 页。

表 4.15 再次说明，电力革命驱动美国在"关键生产要素"生铁和钢的产量上完成对欧洲工业强国的大幅度超越，以 1880 年为起点，是年，英国的生铁产量是美国的 2 倍，德国略低于美国，而英美的钢产量旗鼓相当，德国落后一些。但是，经过 20 年的积累，美国生产力在一战前夕的 1913 年完成了骐骥一跃，将英、德远远抛于身后。

与此期钢铁工业紧密联系的是煤炭为主的能源工业，图 4.3 是英美两国原煤产量的比较：

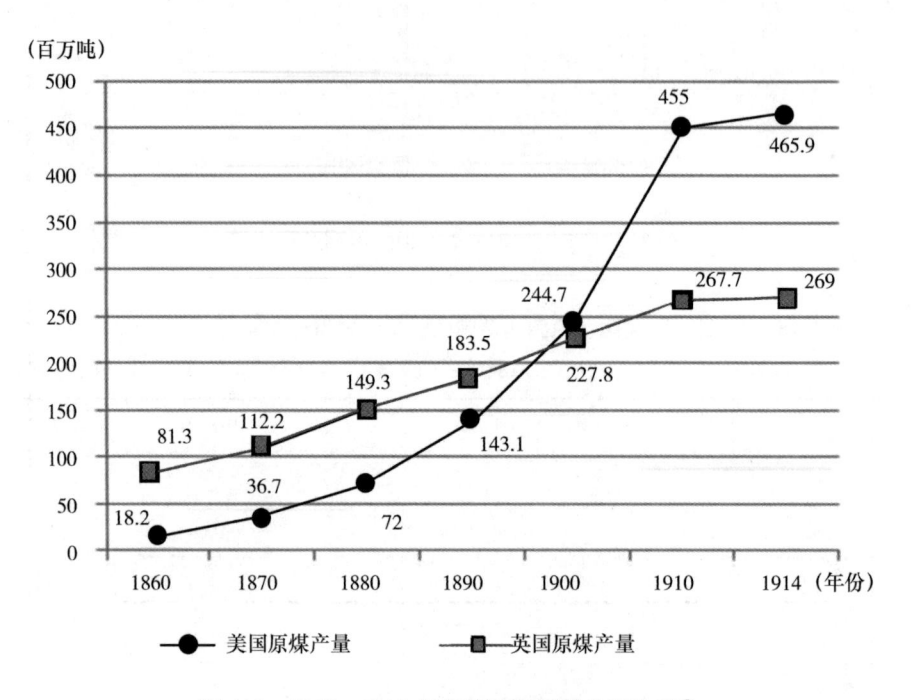

图 4.3　1868—1914 年英美两国原煤产量比较①

由图 4.3 看出，1900 年以前，美国的原煤产量一直落后于英国，但美国追赶迅速，于 1900 年一举超越英国。同年，美国的钢产量超过英国 1 倍。

电力革命时期，电力作为"关键生产要素"的重要组成也是衡量一国经济发展水平的重要指标，图 4.4 是美英两国发电量比较：

---

① 资料来源：中国科学院经济研究所世界经济研究室编：《主要资本主义国家经济统计集》，世界知识出版社 1962 年版，第 64—65、213 页。

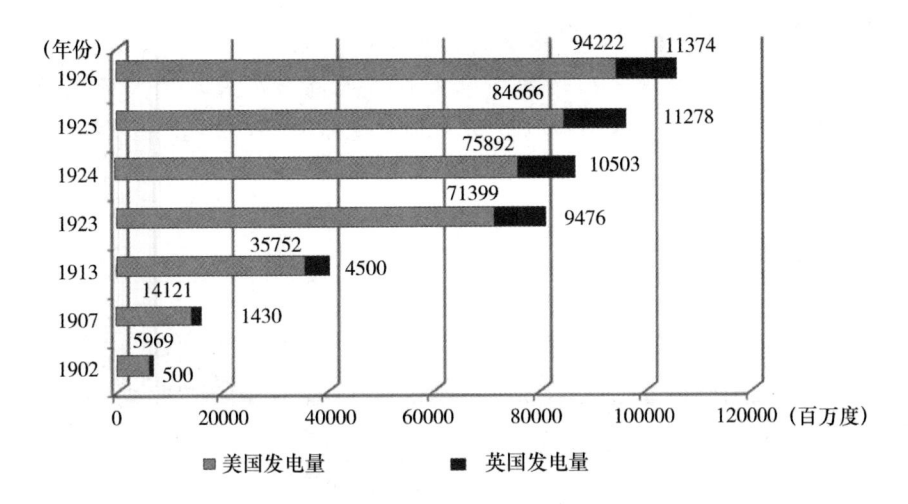

第四章
科技与资本联姻对社会生产力的促进作用

图 4.4　英美两国发电量比较（1902—1926 年）①

注：美国发电量包括公用电站和企业自备电站总计，英国发电量不包括北爱尔兰。所有发电均来自水力、蒸汽和内燃机发电。

从图 4.4 可看出，在 20 世纪初电力作为最佳能源和照明光源普及到工业生产和居民生活领域之际，美国的发电量就遥遥领先于英国，此后，两者的差距达到天壤之别。这也是美国作为电力革命"领头羊"的必然结果，电力革命时期，衡量一国经济发展状况，发电量是"关键生产要素"中最重要的指标。再看美国铁路运营里程，这也是"关键生产要素"之一，见图 4.5。

由图 4.5 可知，美国铁路建设的飞速发展为电力革命时期的经济腾飞奠定了重要的基础。

1830 年美国人开始按照英国的标准建造铁路。这一年建成铁路 40 英里，通车里程为 23 英里。从 1830 年到 1840 年的 10 年间，美国铁路总长度增到 2818 英里，仅次于英国而跃居世界第二位。1850 年，美国的铁路线已经长达 9021 英里，超过英国，成为世界上铁路线最长的国家。②"1900 年，美国营业的铁路线已经在 1.9

---

① 资料来源：中国科学院经济研究所世界经济研究室编：《主要资本主义国家经济统计集》，世界知识出版社 1962 年版，第 78、215 页。

② 刘绪贻、杨生茂主编：《美国通史》第二卷，人民出版社 2002 年版，第 206—207 页。

万英里以上，超过欧洲铁路线的总长度，几乎等于全世界铁路线的一半。"① 和铁路运输网同等重要的"关键生产要素"是电报网，1852 年，美国已经有 23000 英里的电报线。1870 年，电报线将全国所有城镇都连接起来。②

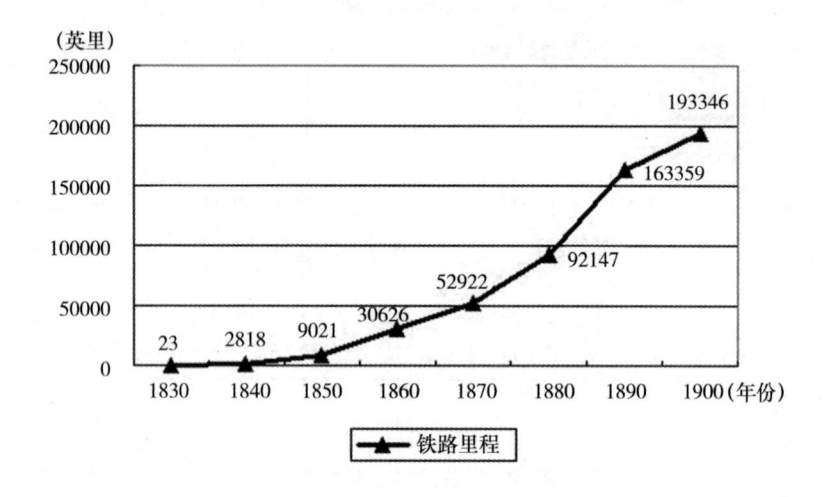

图 4.5　1830—1900 年美国铁路运营总里程③

以上研究发现，比较电力革命时期几个有代表性的"关键生产要素"，美国所拥有的数量均大幅度超越蒸汽革命时代世界头号工业强国英国而雄踞世界第一。导致这一变化的首要原因当然是——"科学技术资本化"在美国得以深化，美国在电力革命进程中逐渐取代英国成为科技创新能力最强的国家，此外，再加上美国得天独厚的优异自然禀赋（如丰饶的自然资源、广袤的国土面积和资本主义世界居首位的巨量人口以及大量涌入的、充满活力的移民等），比英国优越很多，这些先天优势一旦借助科技与资本联姻的威力便毫无悬念地被放大，必然促成美国社会生产力提速，最终超越所有资本主义强国。

接下来，观察美国的工业指标和 GDP 指标与欧洲诸强的比较情

---

① 刘绪贻、杨生茂主编：《美国通史》第四卷，人民出版社 2002 年版，第 22 页。
② 韩毅等：《美国经济史（17—19 世纪）》，社会科学文献出版社 2011 年版，第 238 页。
③ 同上书，第 118 页。

况。表4.16是不同时期美国多项经济指标与欧洲主要工业国同类指标的比较：

表 4.16　　不同时期欧洲主要工业国经济总产值与美国总产值的比较①

	当前价格 1990 年 Geary-Khamis 美元					
	1774 年	1840 年	1850 年	1870 年	1890 年	1913 年
英国	2.7	1.3—1.5	1.42	0.97	0.67	0.41
法国	—	1.7	1.43	0.73	0.44	0.28
德国	—	—	0.69	0.45	0.33	0.28
比利时	—	—	0.19	0.14	0.10	0.06
荷兰	—	—	0.14	0.10	0.07	0.05
意大利	—	—	—	0.42	0.24	0.18
奥地利	—	—	0.15	0.09	0.06	0.05

表 4.16 说明，1774 年"美国生产总值相当于英国（不包括北爱尔兰）国民生产总值的 1/3 强。当时，英国正经历着一场农业革命并处于工业革命早期，无论在政治上还是在经济上，英国都是世界上最强大的国家之一。美国经济规模比英国小得多"②。而且，也比同时期的法国小得多。但是，从 19 世纪中叶开始的电力革命使得形势逆转，美国借助电力革命的东风后来居上。数据显示，从 1850 年以后（按购买力平

---

① ［美］斯坦利·L. 恩格尔曼、罗伯特·E. 高尔曼等：《剑桥美国经济史》第二卷《漫长的 19 世纪》，高德步、王珏本卷主译，高德步、王珏总译校，中国人民大学出版社 2008 年版，第 2 页。

② 同上书，第 2 页。"Geary-Khamis 美元"即吉尔里－哈米斯元，又称"国际美元"、国际元，或"购买力平价"，一种在给定时间点同美元具有同等购买力的假定货币，国际上通常把 1990 年作为按美元计价进行不同货币购买力比较的基准年。"国际美元"学说是由爱尔兰经济学家罗伊·吉尔（Roy C. Geary）于 1958 年提出，1970 年由巴勒斯坦经济学家萨勒姆·汉娜·哈米斯（Salem Hanna Khamis）发展和深化，故用他俩的名字命名。

价统计），美国的工业总产值与英国工业总产值相比不仅迅速变大，而且，美国在 1870 年一举超过英国。在电力革命硕果累累的 20 世纪初叶（一战前夕）世界工业强国版图上，美英易位，英国被美国远远甩在身后。与此同时，美国也把欧洲诸强远远抛在身后。从工业增加值的变动看，"1860 年美国工业增加值为 7.672 亿美元，1914 年则飙升到 96.078 亿美元。1914 年工业增加值为 1860 年的 12.5 倍"①。

拜科技革命所赐，"1774—1909 年间，美国实际国民生产总值大约增长了 175 倍，或者说以平均每年 3.9% 的速度增长"。美国创造了持续 130 余年的增长纪录——横亘漫长的蒸汽革命和电力革命时期，在世界经济史上很罕见。导致该结果的原因无疑是复杂多样的，但是，没人会否定：美国抓住电力革命的契机并引领这场科技产业革命的前进步伐，因而一举成为世界科技强国是众多原因中最重要的因素。"一战以前，美国的经济增长比任何一个欧洲国家都要快速和持久。例如，大约 1770 年到 1913 年间，英国的年均增长率只有 2.2%。正是英国和美国增长率的差异后来对两国产生了重要的影响。1774 年英国的名义 GNP 几乎是美国的 3 倍；1840 年仅是美国的 1.5 倍。然而到 1913 年，这个联合王国的实际 GDP 只占美国实际 GDP 的 41%。随着时间推移，这两个经济实体的相对地位彻底转变了。到一战开始之前，美国已经成为世界上最大的产品和服务提供国，年总产值大于英国、德国、法国这三个主要参战国的总和。事实上，美国的 GDP 已经大约相当于全部欧洲发达国家 GDP 总和的 2/3。"②

经济史学家指出：

> 如果我们回头看看 19 世纪早期的情况，美国人均 GDP 的水平比现代经济增长的先行者英国和商业发达的低地国家（荷兰和比利时）还要低，但是年轻的共和国公民已经享受到的生活已经超过历史悠久的西欧整体居民的物质生活了。那时，美国的人均实际产出

---

① ［美］乔纳森·休斯、路易斯·凯恩：《美国经济史》，杨宇光、吴元中、杨炯、童新耕译，格致出版社、上海人民出版社 2013 年版，第 366 页。
② ［美］斯坦利·L. 恩格尔曼、罗伯特·E. 高尔曼等：《剑桥美国经济史》第二卷《漫长的 19 世纪》，高德步、王珏本卷主译，高德步、王珏总译校，中国人民大学出版社 2008 年版，第 4—5 页。

的确落后于英国，但是它已经确立了对除瑞士、比利时与荷兰以外的一般西欧国家的很大的领先地位。美国的这种相对地位保持了很长的时期，在长达80年的时间里，美国人均产出增长比英国与西欧都要快。到1913年，美国已经在人均产出发明方面领先于英国，并扩大了对西欧的领先优势。然后，在此世界大战和大萧条时代，美国依然获得了更大的领先优势。到1950年，英国的人均产出水平只有美国的3/4，西欧的平均水平只有美国的56%。①

人均实际 GDP 与每工时 GDP 在欧洲与美国之间的相对水平（1870—1950 年）见表 4.17。

表 4.17　　人均实际 GDP 与每工时 GDP 在欧洲与美国之间的相对水平（1870—1950 年）②（美国为 100）

年份	人均 GDP 11 个欧洲大陆国家* 平均值	英国	每工时 GDP 11 个欧洲大陆国家 平均值	英国
1870	76	132	65	115
1900	67	112	—	—
1913	63	95	57	86
1929	62	76	55	74
1950	56	72	45	62

注：*指奥地利、比利时、丹麦、芬兰、法国、德国、意大利、荷兰、挪威、瑞典、瑞士。

由表 4.17 可知，电力革命的东风将美国送上资本主义头号强国的交椅，直至 20 世纪中期信息革命爆发之际，美国和欧洲资本主义诸强之间的人均 GDP 的差距已经非常大了。在经济学家看来："在 19 世纪，美国跃居世界技术领先的地位，而且其经济和生产率的增长比其他任何国家要快得多。"③见表 4.18：

---

① ［美］斯坦利·L. 恩格尔曼、罗伯特·E. 高尔曼等：《剑桥美国经济史》第三卷《20 世纪》，蔡挺等译，中国人民大学出版社 2008 年版，第 38 页。

② 同上。

③ ［英］克里斯·弗里曼、罗克·苏克：《工业创新经济学》，华宏勋、华宏慈等译，北京大学出版社 2004 年版，第 65 页。

表 4.18　美国和欧洲主要工业国相对生产率水平比较
（每小时美国 GDP = 100）①

	1870 年	1913 年	1950 年
英国	104	78	57
法国	56	48	40
德国	50	50	30
15 国	51	33	36

由表 4.18 可知，在蒸汽革命收获成果的 19 世纪 70 年代即"科学技术资本化"完全形成并开始走向深化的时期——这也是电力革命即将突破，即爱迪生选定发明创造为终生职业之时，美国的 GDP 指标（每小时 GDP 产出）仅次于资本主义第一强国英国，但已经远超法国、德国和欧洲资本主义主要工业国几乎 50%。当历史步入电力革命已经点亮世界的 1913 年，美国的上述 GDP 指标已经把工业革命的霸主英国抛在身后，也将欧洲诸强抛在身后更远的地方，并开启了美国在经济发展、科技进步以及综合国力等方面雄踞世界之巅的百年历史辉煌。至二战结束的 1950 年，美国和世界的差距更加突出。"一般认为美国劳动生产率高的原因是劳动力短缺和自然资源丰富。19 世纪中期，美国在机器密集技术上的发展已经处于领先地位。"② 面对美国经济"弯道超车"后的腾飞，追根溯源，技术创新学派认为：

> 毫无疑问，作为以前英国殖民地的美国，在 18 世纪时，其"国家创新系统"与英国的系统非常相似。然而，在 19 世纪上半叶，尽管有丰富的自然资源的赋予和许多有利的制度，但发展仍因缺乏适当的运输设施而备受阻碍，因为只是在有了运输设施才能更好地利用自然的赋予和国家的幅员与其市场的规模。铁路和新技术

---

① ［英］克里斯·弗里曼、罗克·苏克：《工业创新经济学》，华宏勋、华宏慈等译，北京大学出版社 2004 年版，第 65 页。

② ［英］斯蒂芬·布劳德伯利、凯文·H. 奥罗克编：《剑桥现代欧洲经济史》第二卷，张敏、孔尚会译，胡思捷、王珏校，中国人民大学出版社 2015 年版，第 61 页。

在 19 世纪后期的出现，使美国企业家急速跃居世界其他国家的企业家的前面。最早是美国从欧洲引进了许多这方面的技术，但美国的发明家们从一开始就修改和改进了这些技术以适应美国的环境。19 世纪末，在大多数工业中，美国的工程师和科学家开发出来新的工艺和产品，其生产能力也高出英国。①

而"科学技术资本化"的深化还意味着，拥有独特的国情和社会文化传统的美国作为工业革命的后发国家，有着超强的学习能力和创新能力，它能够站在先行者英国巨人的"肩上""看得更远"也"走得更远"。技术经济学派认为：

> 在英国，最有利于经济增长的风尚是遍及国家文化中的科学精神和对技术发明的支持。这些特点很快转移到了美国，并且从本杰明·富兰克林（Benjamin Franklin）起，尊敬科学和技术一直是美国文明的特点。正如德·托克维尔（de Tocqueville）在其经典著作《美国的民主》（Democracy in America，1836）中所注意到的：在美国，不但科学的纯实践部分得到了极好的理解，而且对运用所直接需要的理论见地也赋予了精心的注意。在这点上，美国人常常表现出一种自主的、新颖的和创造性的智能。②

美国经济在 19 世纪中后期完成腾飞并超越欧洲诸强，这深刻地揭示了"科学技术是第一生产力"这个经典论断。图 4.6 是美国 GDP 在电力革命时期的增长情况。

图 4.6 说明，美国在 1870—1910 年间，GDP 增长速度惊人，40 年增长了 3.8 倍。这个速度在资本主义诸强中稳居第一。无论蒸汽革命还是电力革命，工业生产总值都是衡量一国生产力发展状况的重要指标，在整个资本主义世界，美国交出了一份"最漂亮的答卷"。

---

① ［英］克里斯·弗里曼、罗克·苏克：《工业创新经济学》，华宏勋、华宏慈等译，北京大学出版社 2004 年版，第 65 页。
② 同上书，第 65—66 页。

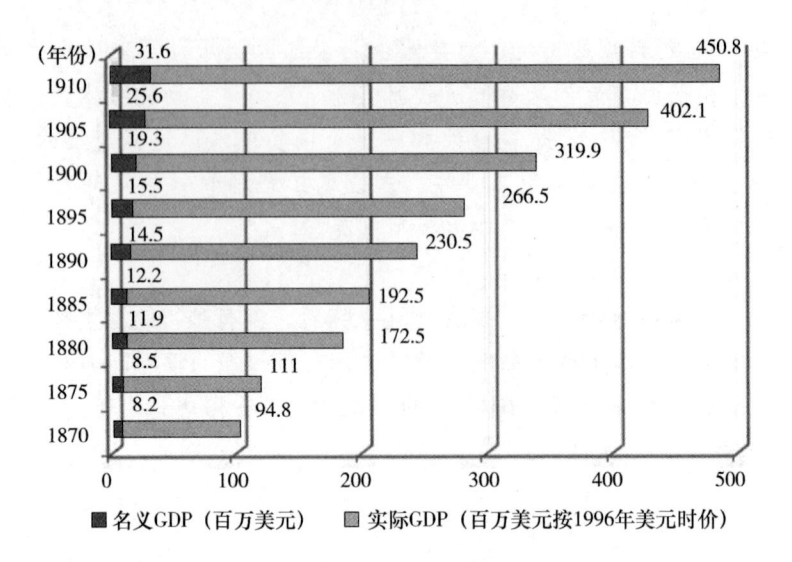

图4.6 1870—1910年美国GDP增长情况①

从工业总产值来看，1860年美国是19.7亿美元，占世界工业总产值的15%，落后于英国（28.08亿美元）、法国（20.92亿美元）和德国而居世界第四位。经过30多年的发展，1894年美国的工业总产值猛增到94.98亿美元，为同年英国工业总产值（42.63亿美元）的2倍多，德国工业总产值（33.57亿美元）的近3倍，法国工业总产值（29亿美元）的3倍多，跃居世界第一。美国工业增长率在1870—1900年间平均为7.1%，大大超过1870—1913年间的世界平均水平5.8%—6.3%。美国钢产量到1890年已达到428万吨，居世界第一位。到1913年更达到3180万吨，占世界钢产量的40%。生铁产量于1900年达到1401万吨，超过德国的900万吨而居世界第一位。到1913年更达到3146万吨，为英、德、法三国的总和。煤产量在1890年时为1.43亿吨，超过了法国和德国而居世界第二位，1913年就增加到了5.6亿吨，达到英、德、法三国产量的总和，占世界煤产量的1/3。石油储量在1890年即达到619.3万吨，居世界第一位。尤其值得注意的是，美国的工业生产

---

① ［美］乔纳森·休斯、路易斯·凯恩：《美国经济史》，杨宇光、吴元中、杨炯、童新耕译，格致出版社、上海人民出版社2013年版，"中文版序言"前表格。

技术已经赶上并超过了世界其他先进工业国家。不仅在电气、汽车、石化、橡胶等新兴工业部门列居世界首位,而且在钢铁、机器制造等一些长期落后的旧的工业部门也跃居世界前列。以上资料表明,至19世纪90年代,美国工业无论在生产总值、增长率上还是在主要部门产量上,无论是在新兴工业部门还是在原来落后的旧工业部门,都已超过了英、法、德等先进工业国家而跃居世界首位,成为名副其实的世界头号工业强国。①

综上所述,考虑到电力革命期间,科技与资本的全面联姻促使"科学技术资本化"迈向深化,它对美国生产力的超速增长功不可没,再次雄辩地证明"科学技术是第一生产力"这个马克思主义的科学技术观。经济史证明,就电力革命所形成的"物质能量型经济范式"而论,作为"关键生产要素"的钢铁、煤炭、电力、铁路网、通信网,其数量和质量决定着一国的经济发展水平。

四 蒸汽革命和电力革命时期欧美主要工业国人均专利拥有情况

衡量科技与资本联姻程度的一个重要指标是专利授予情况,表4.19比较了欧洲主要工业国和美国在专利拥有量方面的变化情况:

表4.19　　欧洲主要工业国和美国人均专利拥有量②
（每百万人在10年中的专利拥有量）

时间 国家	1791—1800年	1826—1835年	1866—1875年	1904—1913年
美国	5.6	39.0	300.0	344.1
英国	4.4	7.0	82.8	351.9
德国	—	2.2	20.9	186.5

---

① 韩毅等:《美国经济史（17—19世纪）》,社会科学文献出版社2011年版,第106—107页。

② 资料来源:［英］斯蒂芬·布劳德伯利、凯文·H.奥罗克编:《剑桥现代欧洲经济史》第二卷,张敏、孔尚会译,胡思捷、王珏校,中国人民大学出版社2015年版,第43—44页。

科技与资本的联姻之旅
——当代资本主义变迁中的"科学技术泛资本化"研究

续表

时间 国家	1791—1800 年	1826—1835 年	1866—1875 年	1904—1913 年
法国	0.5	12.0	141.3	363.8
意大利	—	—	17.5	185.8
葡萄牙	—	—	—	76.6
西班牙	—	1.0	5.8	112.2
荷兰	0.5	15.7	15.2	1.9
奥匈帝国	—	4.0	43.8	171.7
俄国	—	—	0.9	9.2
瑞典	—	—	35.0	348.5
瑞士	—	—	—	971.7
比利时	—	4.8	386.5	1194.3
丹麦	—	—	59.8	397.7
芬兰	—	0.1	3.9	116.3
挪威	—	—	24.5	486.2

表 4.19 显示，因为立国之初就效仿英国建立了完善的专利保护制度，而且能够"青出于蓝而胜于蓝"——较好地平衡了保护发明者利益和鼓励竞争之间的关系，美国每百万人在 10 年中的专利拥有量，在蒸汽革命时期就稳居资本主义工业国之首。进入电力革命时期（1866—1875 年），这一指标更是令欧洲诸强高不可攀。经济史学家认为：

  科学技术是现代经济增长的重要解释因素。关于工业革命（Industrial Revolution）及其在各国扩散的解释的关键在于技术变革。技术变革背后是科技进步。我们所了解的是，明确专利权对科技进步有影响。专利可以给发明者带来经济效益，尤其是那些使用价值高的专利。专利将产权和技术变革结合起来，使得人们既要考虑现在的经济增长，又要考虑未来的可持续性。从 19 世纪中期开始，专利信息含量就逐渐增多，并且从那以后，很多国家的科技进步几乎都被申请成了专利。上表中的人均数据令人振奋。美国在 18 世纪末以及 19 世纪 30 年代左右，是每百万人专利拥有量最多的国家。美国经济的成功赶超也可能与它之前在专利领域的领先地位有关。①

从表 4.19 可知，美国立国之初的人均专利拥有量就超过世界第一强国也是蒸汽革命发祥地的英国，这和美国制定了全世界最领先的专利保护制度密切相关，历史证明，这个先见之明为美国科技进步实现对欧洲强国的神奇追赶提供了最好的制度保障。图 4.7 是 1790—1860 年，以每十年为统计单位，美国商标局颁发的专利数量：

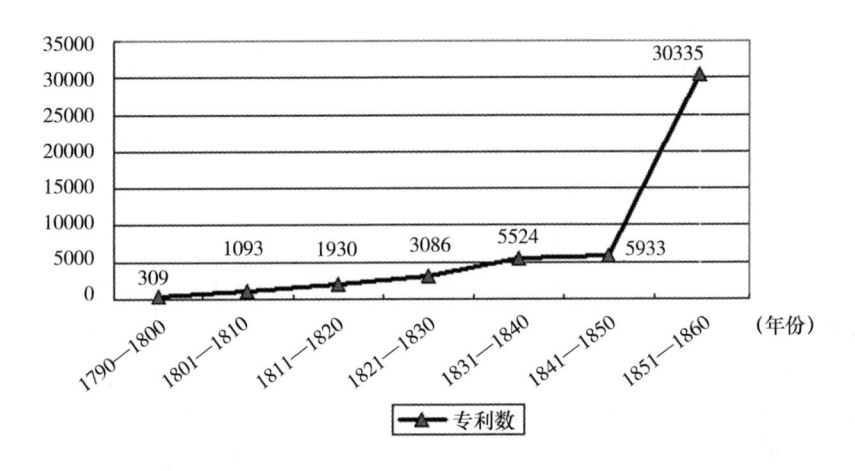

图 4.7 1790—1860 年美国商标局颁布的发明专利②

由图 4.7 可知，在电力革命起步的 19 世纪中期，美国专利颁发数量出现"井喷式增长"，1851—1860 年的数量比前一个十年增长了 4 倍多。良好的制度为美国的创新发明提供了有力保障。统计数据显示，在电力革命蓬勃发展的 19 世纪中后期一直到电力革命开花结果的 20 世纪初，美国的专利申请数量已经远远超过英国，稳居世界第一。见表 4.20：

---

① ［英］斯蒂芬·布劳德伯利、凯文·H. 奥罗克编：《剑桥现代欧洲经济史》第二卷，张敏、孔尚令译，胡思捷、王珏校，中国人民大学出版社 2015 年版，第 43 页。
② 韩毅等：《美国经济史（17—19 世纪）》，社会科学文献出版社 2011 年版，第 196 页。

表 4.20　　　　　1865—1913 年英美专利注册数比较①

年度	英国/年平均数	美国/年平均数 发明和设计专利注册数	其中对外国居民注册数
1865—1869	2299	10895	283
1875—1879	3379	13689	634
1885—1889	9371	21666	1609
1895—1899	13419	31680	2272
1905—1909	15423	33220	3556
1913	16599	33917	4212

表 4.20 显示，在电力革命起步的 1865—1869 年，美国年均授予专利数量是英国同期的 4.7 倍，到电力革命"修成正果"的 1913 年，这一比值仍然高达 2 倍。而授予外国居民专利权，在此期间（1865—1913 年）则增长了近 14 倍之多！而同期美国国家专利局授予国内居民的专利数量的增长只是区区 2 倍。这足以充分说明，美国经济环境对于全世界的发明家产生了无法抵御的超强吸引力！因为独特的社会生态环境，美国可以为全世界最优秀的发明家营造最优良的"专利权资本化"的环境——如前文所述，这是"科学技术资本化"的最直接表现形式。美国广纳天下英才为己所用的魅力是欧洲任何一个工业强国无法比拟的！

总之，美国政府的专利制度不仅致力于保护本国发明家的权益，而且还注意吸引外国发明家来美国申请专利，此举可以大力引进外国先进技术并促使其在美国落地生根开花结果。如前所述，这些外国移民中，就有电力革命时期发明交流发电机的塞尔维亚籍电气工程师尼古拉·特斯拉（Nikola Tesla），以及发明无线电报的意大利工程师伽利尔摩·马

---

① 资料来源：英国数据据［英］B. 米切尔编《英国历史统计摘要》，剑桥大学出版社 1962 年版，第 269 页；美国数据据《美国历史统计：殖民时代—1970》，第 958—959 页。转引自何顺果《美国文明三部曲：制度"创设"—经济"合理"—社会"平等"》人民出版社 2011 年版，第 73 页。

可尼（Guglielmo Marconi）。"自 1883 年至 1900 年每年给外国人签发的专利证书在 1200 件以上，占专利总数的 4%—5%。"此举"使美国工业不仅跟上了欧洲技术发展的步伐，而且在许多领域迅速取得了领先地位"[①]。因为拥有最好的专利保护制度，"从内战以来，美国人发明创造的数量曲线图，很像一条横贯大陆东西的铁路建设者们所必须攀登的绵延山脉的侧视图：1863 年是山麓，有 3773 项国家专利；1869 年超过了 12000 项，到了 19 世纪末达到了 24000 项；然后每周 100 项，到 20 世纪 30 年代达到每周 1000 项"。因此，美国在"第二次工业革命期间，每天 100 项发明问世成为平常事"[②]。

第二节 "科学技术泛资本化"对社会生产力的促进作用

与"科学技术资本化"对社会生产力的促进作用相比，"科学技术泛资本化"对社会生产力的促进作用更为强大。这是因为，与"科学技术泛资本化"形成与深化相对应的科技产业革命是信息技术革命，其改造经济的威力远超蒸汽革命和电力革命。其对社会生产力的巨大的促进作用仍然是通过"关键生产要素"的根本性变迁来实现的，这是技术经济范式转型的结果。

一 一种分析框架："信息技术范式"和传统技术经济范式的比较

按照前文"图 4.1'科学技术资本化'对社会生产力的促进作用"所揭示的规律，"科学技术泛资本化"即科技产业革命对社会生产力的促进作用同样是通过"关键生产要素"的变迁来传递的。与蒸汽革命和电力革命相比，信息技术革命时期的"关键生产要素"发生了深刻的变化，这是传统技术经济范式即"物质能量型技术经济范式"向"信息技术范式"转型的必然结果。

如前所述，蒸汽革命时期，经济活动中的"关键生产要素"由棉

[①] 刘绪贻、杨生茂主编：《美国通史》第三卷，人民出版社 2002 年版，第 80 页。
[②] ［美］哈罗德·埃文斯、盖尔·巴克兰、戴维·列菲：《美国创新史》，倪波、蒲定东、高华斌、玉书译，中信出版社 2011 年版，第 125 页。

花、蒸汽机、煤炭和铁,演进为电力革命时期的钢铁、煤炭、电力、铁路网、通信网等,"关键生产要素"的变迁还只是"量变"而非"质变",即"首要关键生产要素"蒸汽机演变为一组"关键生产要素"钢铁、煤炭、电力和铁路网。

和蒸汽革命与电力革命相比,信息技术革命对技术经济范式变革之激烈程度远超此前的历次科技产业革命,因为它较为充分地解决了经济活动中突出存在的信息高效处理和沟通的难题——这是前两次科技产业革命无法比拟的伟大成就,并催生了一个全新的信息产业,最终促成了技术经济范式的质变,即传统的"物质能量型技术经济范式"转变为"信息技术范式"。"信息技术范式"是弗里曼和佩雷斯在探讨经济增长和技术经济范式的关系时率先提出的重要概念。他们看到,如同蒸汽时代经济活动中的"关键生产要素"是蒸汽机一样,信息时代经济活动中的"关键生产要素"则演变为芯片(一切微电子设备及计算机的核心部件),它具有"关键生产要素"的三大特性:生产成本具有下降性——且边际成本具有趋近于零的特征;供应能力具有无限性——其大规模复制几乎可以不受产能和资源的约束;运用前景具有广泛性——信息时代,以计算机为代表的数字化信息处理设备无时不在,无处不有。而芯片作为所有数字化信息设备的大脑,更是无时不在,无处不有,人类生产生活须臾不可或缺。芯片的性能决定着所有计算机设备的性能,而经济活动和社会生活中的芯片数量和质量必然决定着一个经济及社会的信息化程度。

弗里曼和佩雷斯指出:"随着廉价的微电子仪器可以被广泛运用……随着计算机与电信相应的新发展,沿着缺少灵活性的能源和原材料密集型大量生产的(现在是昂贵的)路径继续发展,已经不再是'常识'。"新的经济体系将"利用完全离不开电信的基础设施提供增长的外部因素,增长有受控于电子和信息部门的倾向"[①]。鉴于发达资本主义国家 80 年代以来的技术经济范式的"变化可以被看成从主要依赖能源廉价投入的技术向主要依靠由于微电子和通信技术的进展而实现的

---

① [意] G. 多西等编:《技术进步与经济理论》,钟学义等译,经济科学出版社 1992 年版,第 67、74—75 页。

信息廉价投入的转换"①，弗里曼再次强调了以集成电路技术为代表的信息技术可以创造一种"新技术经济范式"即"信息技术范式"(Information Technology Paradigm)。②事实上，在信息技术范式主导的信息经济中"到处都是芯片"，这"说明我们已经从机械化、产业化时代迈进一个新的数字时代的事实"③。显然，若丧失芯片这种关键生产要素，现代经济和社会生活将陷于停滞和混乱。

无疑，20世纪80年代的弗里曼等人已经预见到正在进行中的信息技术革命将对现有的技术经济范式进行彻底的改造。用"信息技术范式"这一概念来描述变革后的"新的技术经济范式"极为精当，它有着非常深邃的思想内涵和理论远见。但由于信息技术革命在20世纪80年代只是初现端倪，他们未能对信息技术范式下科学的定义并进行更深入的研究。

对上述问题进行深刻诠释的西方学者是20世纪90年代最富盛誉的信息社会学家卡斯特，他在1996年指出，信息技术范式"构成了网络社会的物质基础"，作为一种新的技术经济范式，"信息技术范式"表现出如下特征④：(1)信息成为最重要的经济要素。(2)信息技术具有强烈的渗透性和网络化特征。(3)信息技术对经济和社会具有"重塑"(Restructuring)功能。(4)信息技术对相关技术具有强大的整合性。

以上诸多特征在率先实现技术经济范式向"信息技术范式转型"的美国得以证实。显然，对于技术经济范式在20世纪80年代以后欧美各国的急剧变革，卡斯特有着比多西、弗里曼和佩雷斯更丰富的感性认识。多西和弗里曼等学者对80年代正在悄然发生变革的技术经济范式做出了科学的预见性，而卡斯特则是研究这一变革的经济及社会历史意义之集大成者。当然，他有着比前人更得天独厚的条件，因为，他历时12年的研究一直关注全球风起云涌的信息技术革命的大潮⑤。

---

① ［意］G. 多西等编：《技术进步与经济理论》，钟学义等译，经济科学出版社1992年版，第13页。

② 同上书，第414—415、74页。

③ ［美］罗伯特·D. 阿特金森、拉诺夫·H. 科尔特：《美国新经济——联邦与州》，焦瑞进等译，人民出版社2000年版，第32页。

④ Manuel Castells, *The Rise of the Network Society*, Mass: Blackwell Publishers Inc., 1996, pp. 60-63, 13.

⑤ Ibid., p. xvi.

综合从多西、弗里曼到卡斯特的理论要点，本书为信息技术范式做如下定义：信息技术范式是一种发生了深刻变革的技术经济范式，它指因信息技术革命引起的技术创新对宏观和微观经济结构和运行范式产生重大变革后所形成的信息化经济的格局。该范式的主导技术群落是计算机和以互联网为核心的现代信息与通信技术，其"首要关键生产要素"是芯片，它是计算机等信息处理设备的核心部件，可以统管信息设备的运算、控制、存储、输入输出的全部功能。与传统的技术经济范式相比，信息技术范式的形成为人类提供了前所未有的技术手段来解决社会生产和交往中的信息沟通问题。正因为如此，美国商业史学家钱德勒就把信息视为驱动美国"国家转型的力量"，他指出：

> 信息一直在美国社会中起着重要作用。它对管理国家的政治和行政、国家经济活动，以及信息处理和通信都是必不可少的。信息以前是并且仍然是国家经济基础设施中一个几乎看不见的部分——它之所以几乎看不见，是因为非常普遍……几乎无所不在。""正如经济学家越来越意识到的那样，国家经济活动中的很大一部分都与信息的创造、传输和使用有关……信息技术及其提供者……使信息在美国社会中扮演如此关键的角色。①

总之，信息技术革命促成技术经济范式的转型——由传统的"物质能量型技术经济范式"转型为"信息技术范式"。美国作为信息技术革命的滥觞之地和最充分享受其成果之国度，在资本主义世界率先完成了这一转型。

从技术经济范式转型的视角来观察信息技术革命时期美国经济"关键生产要素"和生产力进步的关系，可以更加深刻地理解科技与资本联姻迈进"科学技术泛资本化"的门槛之后，科技产业革命对社会生产力发展所产生的前所未有的爆炸性促进作用。

信息技术革命促成美国的技术经济范式由传统的"物质能量型技术经济范式"转型为"信息技术范式"，芯片成为其"首要关键

---

① [美]阿尔弗雷德·D. 钱德勒、詹姆斯·W. 科塔达编：《信息改变了美国：驱动国家转型的力量》，万岩、邱艳娟译，上海远东出版社 2012 年版，第 296 页。

生产要素"。对芯片的研发与制造以及社会经济活动对芯片即计算机为代表的信息技术设备的拥有状况（数量和质量），成为经济信息化的重要标志，"信息化经济"是对传统工业经济的颠覆。信息社会学家卡斯特指出："与工业经济相比，信息化经济（Information Economy）是一种不同于工业经济的社会—经济系统，但这并非由于它们的生产力增长根源互异。信息化经济的独特之处，是由于它转变为以信息科技为基础的技术范式，使得成熟工业经济所蕴藏的生产力得以彻底发挥。"① 卡斯特认为，"20世纪80年代以来"，"以信息技术为中心的技术革命，正在加速改造社会的物质基础"。② 传统的工业社会由此开始向信息社会转变，这是人类社会由农业社会向工业社会转变之后又一次历史性大转变。致使这转变发生"最具决定性的、加速的历史因素就是自80年代以来得以引导和扩散信息技术范式对资本主义的'重塑'（Restructuring）的过程，由此引发出相关联的社会形式。因此，新技术体系能够被恰当地称为信息资本主义（Informational Capitalism）"。对于资本主义的此种前所未有的巨变，卡斯特使用了"信息时代（Information Age）""网络社会（Network Society）""信息社会（Information Society/ Informational Society）""信息化经济（Informational Economy）"等新颖的词汇进行描述，使之与传统的资本主义相区别。③ 在资本主义进化史上，卡斯特率先使用"信息资本主义"这一概念来描绘当代资本主义的特征。对此，肖锋认为："可以把信息资本主义看作是两股潮流，信息技术和信息资本的扩张的合流，是技术影响和社会建构的共同产物。于是，'信息资本主义'可视为信息化对社会形态变化的影响的一个重要范畴，是'技术社会形态＋经济社会形态'的统一，而且是当代社会形态和当代技术形态的整合。"④

总之，当信息技术革命的伟大成果计算机和互联网作为生产工具被

---

① ［美］曼纽尔·卡斯特：《网络社会的崛起》，夏铸久、王志弘等译，社会科学文献出版社2001年版，第117页。
② Manuel Castells, *The Rise of the Network Society*, Mass: Blackwell Publishers Inc., 1996, pp. 13, 1, 5.
③ Ibid., p. 19.
④ 肖锋：《信息资本与当代社会形态》，《哲学动态》2004年第5期。

人类广泛使用之后，它引致的经济和社会变迁将呈现前所未有的景象，这就是经济和社会的信息化。在林毅夫看来，"所谓信息化，是指建立在 IT 产业发展与 IT 在社会经济各部门扩散的基础之上，运用 IT 改造传统的经济、社会结构的过程"[①]。

在信息化经济即信息经济中，芯片作为"首要关键生产要素"决定了信息经济与传统工业经济在诸多领域的巨大差异，同时也对社会生产力发展产生了深远的影响，为了揭示其内在规律，特绘制"科技产业革命与两类技术经济范式的综合比较"表加以说明。见表4.21：

表4.21　科技产业革命与两类技术经济范式的综合比较

科技产业革命类型	蒸汽革命 ⟹	电力革命 ⟹	信息技术革命
技术经济范式类型	传统技术经济范式即"物质能量型技术经济范式"		信息技术范式
所依赖的技术基础	蒸汽能运用技术和机器制造技术	电力技术和更先进的机器制造技术	ICT 技术
所解决的经济难题	获得高效的能源以生产更丰富的物质产品。机械化的交通工具使得人类的沟通速度大大提升	获得高效能源以生产更丰富的物质产品。利用电力的通信革命催生电报电话，使得经济活动中的信息沟通问题得到前所未有的解决：人类通信速度首次达到光速	人类获得历史上最强大的信息处理机器计算机和信息处理平台互联网，使得经济活动中的信息处理问题得到革命性解决，信息成为经济活动中最有价值的资源
所对应的经济类型	传统工业经济	传统工业经济	信息化经济即信息经济
社会生产的特征	大量使用蒸汽驱动的机器，社会生产进入机械化时代	大量使用电力驱动的机器代替蒸汽机，社会生产进入电气化时代	大量使用计算机，互联网使得全球互联，社会生产进入自动化和智能化时代
关键生产要素	棉花、蒸汽机、铁和煤炭	钢铁、煤炭、电力及电网、水陆运输网、电报电话通信网	石油和芯片

---

① 林毅夫、董先安：《信息化、经济增长与社会转型》（国家信息化领导小组委托课题），http://www.ccer.edu.cn/download/2316-1.docesa.doc，2004-03-24。

续表

科技产业革命类型	蒸汽革命	电力革命	信息技术革命
首要关键生产要素	蒸汽机	—	芯片
首要关键生产要素的结构特征①	原子形态	原子形态	原子加"比特"
主导产业	煤炭工业、冶金工业和机器制造	煤炭工业、钢铁工业、化学工业、机器制造、交通运输、通信业	信息产业成为经济中第一产业，对所有传统工业进行信息化乃至智能化改造
典型国家	英国，遥遥领先同时代所有国家	美国，后来居上超过英国，其他发达资本主义国家相继进入电力时代	美国遥遥领先于所有国家，其余发达资本主义国家随后进入
生产力发展特征	飞速发展，其速度超越此前所有时代	以超越此前的速度发展	以前所未有的速度发展

表 4.21 说明：

第一，"技术进步是形成经济转换格局的基本动力"②。

科技产业革命是技术经济范式形成和转型的枢纽，蒸汽革命开创了人类经济活动的第一种技术经济范式即"物质能量型的技术经济范式"，而电力革命则将其推向深入。信息技术革命则促使传统的"物质能量型的技术经济范式"向全新的"信息技术范式"转型，因为所依

---

① 在传统技术经济范式中，由于"关键生产要素"无一例外都是某种形态的物质，都由原子构成。这是"关键生产要素"的"结构特征"是"原子形态"的含义。在信息技术范式中，"关键生产要素"是芯片，其"结构特征"表现为"原子加比特"，其意指，构成芯片的材料硅晶片由原子组成，这是原子形态的含义。而芯片作为处理一切数字化信息设备的大脑——运算和存储中心，其顺利工作依靠的是固化其上的程序。计算机能够读懂的程序由二进制代码 0 和 1 编写，其基本计量单位是比特（bit），一个比特表示二进制数 0 或 1 中的任何一个。用"原子加比特"来概括芯片的"结构特征"，这是一种形象的描述，即芯片是由有形的物质和非物质的数字化信息所构成的。芯片的价值既取决于原子又取决于比特，即功耗和体积的大小以及固化程序的功能决定着芯片的价值。通常而言，芯片功耗越低、体积越小（即集成的晶体管数量多）、固化其中的程序越复杂，则芯片的价值就越高。

② G. 多西等编：《技术进步与经济理论》，钟学义等译，经济科学出版社 1992 年版，"序言"，第 2 页。

赖的技术基础的巨大差异使得两种技术经济范式具有迥异的特征，表现在以下紧密联系的八个方面：所解决的经济难题、所对应的经济类型、社会生产的特征、"关键生产要素"、"首要关键生产要素"及其结构特征、主导产业、典型国家、生产力发展特征等。近代以来的经济史证明："一定的技术结构可以而且能够支持与之相适应的经济结构和社会结构。主导社会生产的技术手段发生变化，则经济体系的宏观、微观结构及其运行方式都将发生相应的变化。虽然信息技术范式尚未普遍成为主流经济范式，但是，它代表了传统的技术经济范式的发展趋势。信息技术范式与传统的技术经济范式的关系并不是一种简单的取而代之或全盘否定，它是辩证法意义上的扬弃。也就是说，信息技术范式的出现极大地提高了传统的技术经济范式在生产物质和利用能源方面的效率，而这一结果恰恰是建立在人类对信息作为一种稀缺的经济要素的认识和利用已经上升到比较自觉的程度，并且能够使用科学的手段来达成目的之际。"[1]

第二，"关键生产要素"的变迁对社会生产力进步有巨大促进作用。

信息技术革命始于 20 世纪 40 年代末，开花结果于 90 年代。而由它促成的"信息技术范式"在 20 世纪 80 年代完成转型。其"关键生产要素"也经历了如前所述的由"廉价能源"（取代煤炭的石油）到"廉价信息"（芯片是其物质载体和处理平台）的巨大飞跃。因此，在信息技术革命时期，"信息技术范式"作为一种全新的技术及经济范式，其"关键生产要素"就是石油和芯片。而"首要关键生产要素"是信息经济中无处不在、无时不有的芯片。如前所述，芯片作为计算机等信息处理设备的核心部件，可以统管信息设备的运算、控制、存储、输入输出的全部功能，一个经济中芯片的数量和质量决定着信息处理水平的高低，进而决定了现代经济和社会的信息化水平高低。"信息技术范式"和"物质能量型技术经济范式"的重大差别是"首要关键生产要素"的巨大变迁——其"结构特征"从"原子形态"转变为"原子加'比特'"形态，意味着经济中的主导产业发生巨变，科技产业革命变革经济的巨大能量将通过主导产业向这个经济

---

[1] 鄢显俊：《从技术经济范式到信息技术范式——论科技—产业革命在技术经济范式形成及转型中的作用》，《数量经济技术经济研究》2004 年第 12 期。

传递和蔓延，进而对社会施以全面而深刻的信息化改造。依照科技产业革命以来经济发展的历史和逻辑，一个经济体中，主导产业是经济发展的决定性产业，其发展状况决定生产力发展水平。信息经济中，主导产业就是信息产业（IT 产业），其状况决定了一国生产力发展水平。

显然，美国于 20 世纪 80 年代在全球率先完成信息化转型，与美国是全球半导体工业即芯片的发源地和研发制造第一强国密切相关。

芯片对现代经济即信息经济的重要作用自不必说，石油作为现代工业的血液，它承载着矿物能源转化为电能的重要使命。19 世纪末到 20 世纪初，随着化学工业的发展，它逐渐取代煤炭成为人类最主要同时也是非常廉价的能源，这一格局在二战结束后得以确立。在整个 20 世纪乃至 21 世纪初叶，美国都当仁不让地成为全世界石油消耗量最大的国家，同时也是在全球占有石油资源最多的国家和石油工业最发达的国家。控制并使用全球最多的廉价能源这一"关键生产要素"，无疑是美国在二战以后确立其世界霸主地位的重要前提也是必然结果。总而言之，信息时代，一国经济发展水平与其所拥有的"关键生产要素"石油和芯片的数量和质量呈正相关。按照技术创新学派的观点，石油的作用在 20 世纪 80 年代前较为重要，而芯片在 90 年代后成为"首要关键生产要素"，这是一国生产力进步的决定因素。

联系前后文的内在逻辑，考虑到研究重心的取舍——科技与资本联姻是贯穿全书的逻辑红线，同时，考虑到生产力发展的科学技术背景及时代特征，本书将把芯片作为信息技术革命时期的"首要关键生产要素"来考察其与生产力发展的关系，而不再论及石油。

二 信息技术革命时期美国经济"关键生产要素"的变迁与生产力进步

经济活动中的"关键生产要素"因为技术经济范式的变迁而变迁，而科技产业革命则是技术经济范式形成及转型的动力。信息技术革命促成美国传统的技术经济范式即"物质能量型技术经济范式"向"信息技术范式"转型，随之带来的是"关键生产要素"的变迁，它是推动生产力进步的重要因素。

(一) 美国产业结构的巨变带动经济增长方式发生巨变

经过信息技术的改造，发达资本主义国家的产业结构发生了重大变化，表现为信息产业崛起成为经济中的主导产业。

产业结构是指国民经济各部门、各行业之间以及各部门、各产业内部的相互联系和相互制约所形成的有机整体。根据各部门、各产业在国民经济中的地位和作用，可以"把这些产业划分为主导产业和主体产业。任何一个经济中都有主导产业和主体产业之分。所谓主导产业是指那些代表新技术的新产业集群"，如历史上的铁路运输业、电力业等。而发达资本主义经济体的主导产业无疑是以信息技术产业为代表的高新技术产业。"由这些产业结构的新产业群在社会经济中起先导作用，并且是增长最快的部分。主体产业则是指那些为任一人类社会经济形态存在和发展必不可少的产业，是人类生存、繁衍和发展赖以生存的前提。""这些产业通常是由制造业和服务业构成的传统产业，是社会经济的主体部分。广义的主体产业包括主导产业。社会经济时代不同，这些产业的内涵、物质基础及技术含量也不同。"经过信息技术革命长达20余年（20世纪70—90年代中叶）的改造，发达资本主义经济体的产业结构出现这样的特点，"以信息产业为代表的高新技术产业已成为新经济的主导产业，以高新技术装备起来的制造业和服务业成为新经济的主体产业。二者相互依存、相互作用、相互融合和相互渗透是新经济时代产业结构的典型特征"[①]。信息技术革命引发美国产业结构巨变并促成经济增长方式的巨变，这以美国最为典型。通过分析美国的个案，可以更加深刻地认识"科学技术泛资本化"对社会生产力的促进作用及其内在规律。

1. 美国信息经济中产业结构的巨变：IT产业成为经济主导产业

1999年，美国商务部依据各产业部门对IT的依赖程度首次将私营非农产业部门划分为相互关联的以下三类产业：IT生产产业（IT producing Industries）、IT使用产业（IT-Using Industries）、非IT密集产业（Non-IT Intensive Industries）[②]，内容如下：

[①] 宋玉华等：《美国新经济研究——经济范式转型与制度演化》，人民出版社2002年版，第106、135页。

[②] USC, *The Emerging Digital Economy II*, pp. 15, 25, 30, http://www.esa.doc.gov/Reports/emerging-digital-economy, 2010 - 03 - 26.

第一，IT生产产业。

按照美国和加拿大两国制定的"北美产业分类体系"（North American Industrial Classification，NAISC），美国商务部将IT生产产业定义为："生产、处理和传输信息产品和服务的产业——无论这些产品和服务是作为中间投入物（投入到其他产业的生产中），还是作为最终产品（用于消费、投资政府购买或出口）。"当然，它还包括那些建立在互联网和电子商务基础上的经济部门以及为互联网基础设施提供商品和服务的经济部门。[①] 总之，IT生产产业是生产信息产品和提供信息服务的新兴产业，它涵盖了计算机软硬件业、通信业和互联网服务业等众多部门，囊括其产销全部业务，横跨IT制造业和服务业两大领域，它是与信息技术相关联的产业集群的核心部门，也是信息经济的核心产业。

第二，IT使用产业。

IT使用产业主要指IT设备投资占设备总投资的比重较大，"通常在30%或以上的产业"[②]，其涵盖面非常之广，几乎囊括了制造业和服务业的大部，诸如电信业、广播电视业、电影业、法律、金融保险和健康服务以及钢铁、汽车、造船、航空航天、石油、煤炭、化工、电子设备及相关产业，等等。这个产业在任何现代经济中都是毋庸置疑的主体产业。

第三，非IT密集产业。

非IT密集产业"系指IT设备投资占设备总投资比重低于30%的产业（包括生产和服务部门）"[③]，常指一些低技术产业和低技术服务业。

在当今美国经济中，上述三类IT关联产业共同组成一个庞大的产业集群，产值占据国民经济的绝大部分。本书所研究的IT产业特指IT生产产业，它是为信息经济提供IT类资本品和消费品（包括硬件、软件和相关服务）的产业。在上述三类与IT相关的产业中，前两类在美国国民经济中已经牢牢占据了主导地位，如图4.8所示：

[①] USC, *Digital Economy 2000*, *Appendices*, p. 1, http://www.esa.doc.gov/Reports/digital-economy-2000, 2010-03-28.

[②] 甄炳喜：《美国新经济》，首都经济贸易大学出版社2001年版，第86页。

[③] 同上书，第87页。

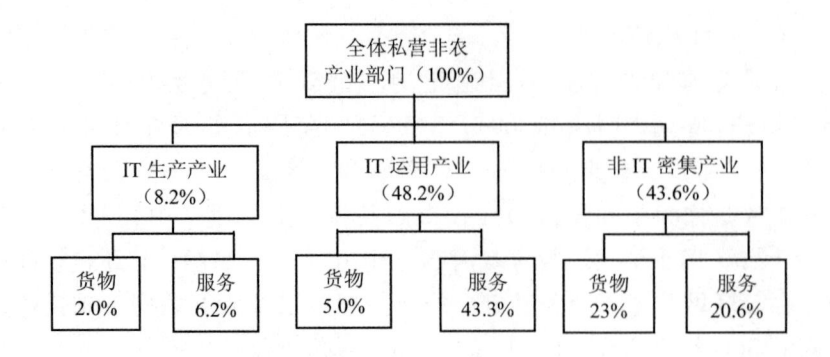

```
                    ┌─────────────────┐
                    │  全体私营非农   │
                    │ 产业部门(100%)  │
                    └────────┬────────┘
         ┌───────────────────┼───────────────────┐
    ┌────┴────┐         ┌────┴────┐         ┌────┴────┐
    │IT 生产产业│        │IT 运用产业│        │非IT 密集产业│
    │ (8.2%)  │         │ (48.2%) │         │ (43.6%) │
    └────┬────┘         └────┬────┘         └────┬────┘
    ┌────┴────┐         ┌────┴────┐         ┌────┴────┐
  ┌─┴─┐    ┌─┴─┐     ┌─┴─┐    ┌─┴─┐     ┌─┴─┐    ┌─┴─┐
  │货物│   │服务│    │货物│   │服务│    │货物│   │服务│
  │2.0%│  │6.2%│   │5.0%│  │43.3%│   │23% │  │20.6%│
  └────┘  └────┘   └────┘  └─────┘   └────┘  └─────┘
```

图4.8 与 IT 相关的产业部门占美国私营非农产业总产值的比重
(1990—1997 年平均比重)①

图4.8 显示了 IT 在美国经济中的重要性，在 1990—1997 年，IT 生产产业和 IT 运用产业的生产商品及提供服务的总产值已占整个私营非农产值的 56% 以上。考虑到上述三类关联产业之间存在紧密的产业链，即 IT 生产产业为 IT 运用产业和非 IT 密集产业提供最基本的 IT 类投资品，可以认为，IT 生产产业是信息经济的核心部门，它的兴衰决定着 IT 运用产业乃至整个经济的发展，而后者的发展也极大地促进了 IT 生产产业的发展。这是因为，信息经济赖以运行的物质技术基础是以计算机和互联网为代表的现代信息技术体系。这一特点表现为：IT 生产产业提供了信息经济须臾不可或缺的 IT 类资本品和消费品。因此，它是美国信息经济的"火车头"。

IT 产业的崛起及茁壮成长体现了现代经济的显著特征，即信息首先是一种重要的经济资源，其次对这个资源的合理利用决定着人类生产物质和利用能源的效率，而信息产业的发展为人类高效配置信息资源提供了迄今为止最强大的物质技术保障。

在美国信息经济的发展过程中，IT 产业成为发展最快的产业。从信息技术革命显现威力的 20 世纪 90 年代中期开始，计算机软、硬件"产量（GPO）在 1995—2000 年每年以 17%（名义美元）的速度增长。在同一时期，计算机硬件和通信设备业的产量以每年 9% 的速度增长，通

---

① USC, *The Emerging Digital Economy II*, p.26, http://www.esa.doc.gov/Reports/emerging-digital-economy-ii, 2010 - 03 - 28.

信服务部门的产量每年上升7%"。这使得该产业"在总产量中所占的比例由1994年的6.3%增长到2000年的8.3%。与此形成对照的是，1990—1994年同类产业在经济总量中所占比例的增长速度却慢了许多，总共只上升了0.5%"。而到了"1995—1999年，它占实际GDP增长的近1/3"①。IT产业对美国经济增长的贡献见表4.22：

表4.22　1993—2003年美国IT生产产业对经济增长的推动作用②　　　（%）

项目 年份	①实际GDP变化	②IT生产产业的贡献	③所有其他产业	④GDP变化中IT所占比例（②÷①）
1993	2.2	0.6	1.6	27
1994	4.2	0.8	3.4	19
1995	3.3	1.0	2.3	30
1996	3.5	1.2	2.3	34
1997	4.5	1.5	3.0	33
1998	4.8	1.6	3.4	33
1999	4.5	1.2	3.3	27
2000	4.7	1.1	3.6	23
2001	0.5	0.1	0.4	20
2002	2.2	0.1	2.1	4.5
2003	3.1	0.8	2.3	26

---

① USC, *Digital Economy 2000*, pp. 24-25, 27, http：//www.esa.doc.gov/Reports/digital-economy-2000, 2010-03-28.

② USC：*The Emerging Digital Economy II*, 1999, p.19, *Digital Economy 2000*, p.27, *Digital Economy 2002*, p.27, *Digital Economy 2003*, p.10, http：//www.esa.doc.gov/reports.cfm, 2010-03-28. 注：2003年美国GDP的数据引自Bureau of Economic Analysis, U.S.A.（BEA, 美国商务部经济分析局）网站, http：//www.bea.doc.gov/bea/dn/gdpchg.xls, 2004-03-26。

从表4.22中可以看出，IT产业对美国经济增长的贡献在20世纪90年代呈不断扩大的趋势，尽管它在国民经济中的比重不大，但作用不容忽视。因为在现代经济中，IT也表现出对经济极大的影响力。2002年GDP变化中IT所占比例急降为4.5%，是因为2001年美国股市网络高科技概念股泡沫破灭，宏观经济出现一个短暂的衰退所致，之后美国经济又重新回到健康发展的轨道。

通过考察，可以看出，IT产业已经成为20世纪90年代以来美国最兴旺也是最重要的经济部门，它促进当代美国社会生产力创造了信息时代的发展奇迹。

2. 美国经济增长方式发生巨变：20世纪90年代出现"两高两低"的全新增长

第一，20世纪90年代以来美国经济获得了全新的增长方式，生产力发展创造了资本主义发展史上的奇迹。

IT产业促成美国经济获得"两高两低"（高增长、高劳动生产率，低通胀、低失业率同时并存）的长周期增长模式。通过对比美国宏观经济的相关数据，可以看出关于美国经济增长与IT产业的关系，见表4.23、表4.24：

表4.23　1970—2004年美国GDP增长率、通胀率及失业率比较① 　　（%）

年份＼项目	GDP增长率	通胀率②	失业率
1970—1979	3.3	7.1	6.2
1980—1989	3.1	5.6	7.3

① 数据来源于BEA（Bureau of Economic Analysis, U.S.A., 美国商务部经济分析局），http://www.bea.doc.gov, 2004-05-18，以及美国"GEPC经理理事会"（Greater Phoenix Economy Council, U.S.A.），http://www.gpec.org/InfoCenter/Topics/Economy/USInflation.html, http://www.gpec.org/InfoCenter/Topics/Labor_Force/Unemployment.html, 2004-05-18。

② 由于统计数据的滞后，此表中美国通胀率的数据截至2003年。美国官方所公布的通胀率在2004年1—11月的平均数为2.9%，但它低于2000年3.4%的水平。考虑到近年来世界石油价格飞涨等因素，美国经济在21世纪最初5年的表现尚佳，尽管增长速度不比90年代，但通胀率和失业率仍被抑制在一个较低的水平。在导致这一结果的众多原因中，IT产业当然居功至伟。数据来源：http://inflationdata.com/Inflation/Inflation_Rate/CurrentInflation.asp, 2004-05-18。

续表

项目 年份	GDP 增长率	通胀率	失业率
1990—1999	3.0	3.0	5.8
1996—1999	4.1	2.3	4.8
2000—2004	2.7	2.2	5.2

注：本表统计截止到2004年。本表单列1996—1999年的数据，这是因为该时期信息化的美国经济表现出异乎寻常的高增长、低通胀、低失业率的特征，其重要根源在于IT革命的推动。

表 4.24　　1970—1999 年美国劳动生产率年均增长率比较[①]　　（%）

项目 年份	总和劳动 生产率	非农部门	制造业
1970—1979	0.6	2.0	2.7
1980—1989	1.4	1.4	2.6
1990—1999	1.8	2.0	3.9
1996—1999	2.8	2.6	5.1

注：本表统计截止到2004年。本表单列1996—1999年的数据，这是因为该时期信息化的美国经济表现出异乎寻常的高增长、低通胀、低失业率的特征，其重要根源在于IT革命的推动。

通过对上述两表的分析可以发现：

（1）美国宏观经济在20世纪90年代中期以后呈现"两高两低"的长周期增长格局，而且创下20世纪70年代以来（乃至更长历史时期）的新纪录。其中，通胀率和失业率长期保持在一个较低水平尤为引人注目。

[①] 数据来源于 Department of Labor, U. S. A. （美国劳工统计署），*Bureau of Labor Statistics* (*2000*), http：//www.bls.gov/，2004－02－20。注：2004年1—11月，美国非农部门劳动生产率和制造业劳动生产率的最新数据分别为1.8%和4.4%。数据来源：http：//www.bls.gov/news.release/pdf/prod2.pdf，2004－02－20。

在信息技术革命冲击下，美国经济出现持续强劲的增长势头。自1991年3月复苏以来到2000年12月为止，已经连续扩张117个月[1]，比历史上最长的20世纪60年代的106个月的扩张期还要长，创下美国自1854年发生经济波动以来最长的扩张期，而且是在低通胀率、低失业率和高劳动生产率的条件下实现的。在这9年零9个月中，美国GDP增长了近2.7万亿美元，年平均增长率为3.5%，创造了2500万个就业机会，就业率年均增长2%。失业率大幅度下降，从扩张期开始的7%以上，下降到最低为3.9%（2000年9—10月）[2]。这"两高两低"的增长趋势在90年代中期以后尤显突出。在过去25年里，多数经济学家和决策者都认为，美国经济在理论上有一个"不加速通胀失业率"（Non-Accelerated Inflationary Unemployment，NAIRU）为5.5%—6%的公认准则[3]。显然，90年代美国经济超乎寻常的增长突破了历史惯例。

为了更好地说明美国经济增长方式在90年代的变化，可以选取1960—1969年、1970—1979年、1980—1989年、1990—1999年、1996—1999年这五个时段，比较其GDP增长率、通胀率、失业率和劳动生产率增长率四个指标。这五个时期美国的经济扩张期较长，同属战后最好的时期。见表4.25、表4.26。

表4.25　美国1960—1999年GDP增长率、通胀率及失业率比较[4]　　（%）

年份	GDP增长率	通胀率	失业率
1960—1969	4.4	2.4	4.8
1970—1979	3.3	7.1	6.2
1980—1989	3.1	5.6	7.3

---

[1] 美国经济此前经历了从1990年10月到1991年3月的战后第8次经济衰退，结束了从1982年开始的长达8年的持续增长。参阅郭吴新主编《90年代美国新经济》，山西经济出版社2000年版，第34页。

[2] 陈宝森：《剖析"美国新经济"》，中国财政经济出版社2002年版，第1—2页。

[3] 宋玉华等：《美国新经济——经济范式转型与制度演化》，人民出版社2002年版，"导论"，第2页。

[4] 数据来源：Bureau of Economic Analysis, U.S.A.（美国商务部），http://www.ecommerce.gov, 2003-10-20。

续表

年份	GDP 增长率	通胀率	失业率
1990—1999	3.0	3.0	5.8
1996—1999	4.1	2.3	4.8

注：本表统计截止到 2004 年。本表单列 1996—1999 年的数据，这是因为该时期信息化的美国经济表现出异乎寻常的高增长、低通胀、低失业率的特征，其重要根源在于 IT 革命的推动。

比较表 4.25 的数据可以看出，美国经济在 90 年代，以 1996 年以后的表现最为突出，三项经济指标均超过或接近 60 年代以来的最好水平。上述各个时期美国劳动生产率的变化见表 4.26：

表 4.26　　美国 1960—1999 年劳动生产率年均增长率比较[1]　　（%）

年份	总和劳动生产率	非农部门	制造业
1960—1969	2.7	2.9	2.7
1970—1979	0.6	2.0	2.7
1980—1989	1.4	1.4	2.6
1990—1999	1.8	2.0	3.9
1996—1999	2.8	2.6	5.1

注：本表统计截止到 2004 年。本表单列 1996—1999 年的数据，这是因为该时期信息化的美国经济表现出异乎寻常的高增长、低通胀、低失业率的特征，其重要根源在于 IT 革命的推动。

比较表 4.26 的数据可以看出，美国经济在 90 年代，同样是 1996 年以后的表现最为突出，这主要得益于制造业劳动生产率的大幅度增长，而且其增速之高远超 60 年代以来的任何时期，而总和的劳动生产率和非农部门劳动生产率的增速也有不俗表现。那么，制造业的劳动生产率为什么会有如此巨大的增速？可以对美国制造业各部门的劳动生产率的增长情况做一个比较，见表 4.27：

---

[1] 数据来源：Bureau of Economic Analysis, U. S. A. （美国商务部），http://www.ecommerce.gov, 2003 – 10 – 20.

表 4.27　　　　　美国制造业劳动生产率增长率比较[①]　　　　　（%）

部门	1952年第二季度至 1972年第二季度	1972年第二季度至 1995年第四季度	1995年第四季度至 1999年第一季度
制造业	2.6	2.6	4.6
耐用品制造业	2.3	3.1	6.8
计算机制造业	—	17.8	41.7
非耐用品制造业	3.0	2.0	2.1
非计算机制造业	2.2	1.9	1.8

注：美国劳工部提供的原始数据如此，这样的数据已能百分之百地说明问题了。

分析表4.27的数据可以看出，美国制造业劳动生产率的飞速提高源自计算机制造业劳动生产率的急剧提升。而计算机制造业是信息技术产业的重要组成，其劳动生产率的快速增长说明，整个美国经济在进入90年代以后对计算机及其相关的信息技术一直保持极其旺盛的需求。

考虑到信息技术革命在美国蓬勃发展于20世纪60—70年代并在90年代中叶开花结果这一事实，结合对上述三组数据的分析，可以得出如下结论：美国经济在20世纪90年代之所以呈现出"两高两低"[②]的全新的增长模式，是此期技术进步，即信息技术革命的必然结果。与历史

[①] 数据来源：Department of labor, U. S. A.（美国劳工部），Bureau of Labor Statistics, http://www.ecommerce.gov, 2003 – 06 – 20.

[②] 这种增长背离了失业率与通货膨胀率之间呈反相关关系的菲利普斯曲线，也打破了过去25年里美国经济学家和决策者公认的准则："美国经济在理论上有一个每年2.2%—2.5%的'速度极限'，即GDP趋势增长率，和一个不加速通货膨胀的失业率（Non-Accelerated Inflationary Unemployment Rate，亦称NAIRU）5.5%—6%，这已成为人们普遍认可的规律，也成了美联储实现宏观调控的警戒线。"注：GDP趋势增长率（GDP Growth Trend）指大多数经济学家和政策制定者所认可的美国经济自身潜在的增长率，这一数值为劳动力的年平均增长率的年平均增长率之和（参阅宋玉华等《美国新经济研究——经济范式转型与制度演化》，人民出版社2002年版，第1—2页）。菲利浦斯曲线是英国经济学家A. W. 菲利普斯在1958年提出的用于解释失业率和货币工资变动率之间关系的理论。他认为，失业率与通货膨胀率呈相反变动：失业率的下降将拉动工资的上升，并通过成本的上升推动物价的上涨。总之，低失业率和低通货膨胀率共存的局面是不会存在的（参阅厉以宁主编《西方经济学》，高等教育出版社2000年版，第383—387页）。美国经济繁荣的10年正是日本经济在"零增长"的边缘挣扎的10年。欧洲经济也差强人意，增速一直徘徊在2%左右（参阅田春生、李涛主编《经济增长方式研究》，江苏人民出版社2002年版，第307页）。

上任何一次科技—产业革命相比,信息技术革命对人类经济活动的影响更为深远,而这一影响是通过信息产业的传导来实现的。

(2) 美国经济自20世纪90年代中期以来实现增长主要依靠信息技术的投入,而IT产业就是信息技术的物质载体。虽说信息技术革命开始于20世纪40—50年代,加速于70—80年代,但是,它对美国经济的影响在20世纪90年代中期以前并不明显。这是由横亘在技术革新与新生产力形成之间的"时滞",即经济变迁的速度总是滞后于技术革命的速度。在当今最负盛名的美国信息社会学家卡斯特看来,"这就表示,整个社会、公司、制度、组织与人群,几乎没有多少时间去处理技术的变迁以及决定它的用途"[①]。

(3) 20世纪90年代中期,信息技术革命在美国开花结果,大大地促进了美国劳动生产率的提高,其对制造业劳动生产率提高的促进作用尤为显著,它成为抑制通胀的重要原因。

第二,美国全社会的劳动生产率迅速提升。

表4.27显示,整个美国经济在20世纪70年代以后一直保持了对计算机的旺盛的需求,这一需求到90年代中期便急速膨胀。而20世纪70—90年代正是信息技术革命发展最为迅猛的时期,IT产业茁壮成长,美国经济的信息化进程在此期开始加速。信息技术革命根本解决的就是经济交往中的信息沟通难题,而计算机和互联网作为人类最先进的信息处理工具在经济的信息化进程中扮演着非常重要的角色。因为,信息经济的重要内容就是通过处理知识与信息,以提高物质资源的使用效率而获得增长。在美国信息经济突飞猛进的1995—1999年,企业对IT设备和软件的"实际商业投资增加了2倍,从2430亿美元增加到5000亿美元"。随着信息技术成为企业研究与开发(R&D)最重要的领域,"美国R&D投资从最初5年的0.3%到1994—1999年达到平均每年增长6%(扣除通货膨胀率)。这一增长的很大部分(如1995—1998年的37%)都集中在IT产业。1998年IT产业共投入448亿美元用于R&D投资,几乎达到所有公司R&D投资的1/3"[②]。毫无疑

[①] Manuel Castells, *The Rise of the Network Society*, Mass: Blackwell Publishers Inc., 1996, p. 74.

[②] USC, *Digital Economy 2000*, pp. v – vi, http://www.esa.doc.gov/Reports/digital-economy-2000, 2010 – 03 – 28.

间，IT产业在美国信息经济中扮演了非常重要的角色，这里隐含着这样一种普遍规律，正如卡斯特所指出："技术创新的运用最先出现在创新所在的产业里，然后才会扩展到其他产业。因此，电脑业非凡的生产力增长应该解释未来事物的面貌……这种生产力的潜力一旦由其生产者释放出来，没有理由不会传播到整个经济体，虽然在时间和空间上的传播不会太均等。"①

表 4.28 从另一个角度揭示了信息技术的广泛运用促进美国社会劳动生产率普遍提高这一事实。

表 4.28　　　1979—2001 年美国劳动生产率年均增长率情况②　　　（%）

私营商业部门＼时间③	1979—1990 年	1990—1995 年	1995—2000 年	2000—2001 年
A. 人均每小时产出	1.6	1.5	2.7	1.3
B. 资本的贡献	0.8	0.5	1.1	1.7
C. 信息处理设备和软件的贡献	0.5	0.4	0.7	0.8
D. 所有其他资本服务的贡献	0.3	0.1	0.2	0.9
E. 劳动的贡献	0.3	0.4	0.3	0.6
F. 全要素劳动生产率（MFP）④	0.5	0.6	1.3	-1.0

---

① ［美］曼纽尔·卡斯特：《网络社会的崛起》，夏铸久、王志弘等译，社会科学文献出版社 2001 年版，第 184－185 页。

② 数据来自美国劳工部官方网站，http：//www.bls.gov/news.release/prod3.nr0.htm，2003－4－28。

③ 选择 1979 年作为观察美国社会劳动生产率变化的原因如前所述，美国经济的信息化进程在此期开始加速，其表现是构成美国信息经济基础性产业的 IT 生产产业开始了突飞猛进的发展，IT 产品（如越来越廉价的 PC 及其他信息设备）的广泛使用对美国生产率的提高产生了极其重大的影响。

④ "全要素劳动生产率"（Multifactor Productivity，MFP）"反映了每投入一个单位的组合要素所获得的产出，其变化反映了产出中难以量化的某些要素组合投入。MFP 是多种要素投入生产后的综合结果，这些要素包括研发、新技术、新工艺、规模经济、管理技能及产业组织的变革"。见美国劳工部官方网站，How is MFP defined？，http：//www.bls.gov/mfp/peoplebox.htm#Q01，2003－04－28。

表 4.29 显示，在美国信息经济飞速发展的 20 世纪 90 年代中后期，私营部门劳动生产率年均增长异常迅猛，A、B、C、F 四项指标均创下了 1979 年以来的历史新高。究其原因，美国劳工部在 2003 年 8 月发布的报告中认为，这是"因为在 1979—1990 年信息处理设备开始扮演了一个越来越重要的角色，它带来的劳动生产率增长占了此期资本要素导致增长的 2/3"。而"在 1990—1995 期间，投资于 IT 的资本所带动的劳动生产率增长变得越来越重要，它贡献了所有资本服务带来劳动生产率增长的 80%"[1]。即使在短暂衰退的 2001 年，IT 带来的劳动生产率增长也与 20 世纪 90 年代中期持平。

总之，信息技术的投入和 IT 产业的壮大促进了美国劳动生产率的提高。这表现为信息技术的"资本深化"[2] 呈不断扩大的趋势——美国经济的主要部门都无一例外地加大了对 IT 类资本产品（以计算机硬件和软件为主）的投资力度。在私营非农部门，信息技术的"资本深化"在"1991—1995 年平均每年上升 16.3%，1996—1999 年平均上升 33.7%。相比之下，20 世纪 90 年代，占整个美国总股本 95% 以上的其他资本形式的资本深化率每年平均只有 0.5%"[3]。其结果是 IT 对劳动生产率的贡献日益加大。在 1989—2001 年，美国整个非农部门劳动生产率年平均增长 1.67%，而 IT 业的年平均劳动生产率增长就达 1.6%[4]，占了此期增长的大头。

第三，IT 产业的崛起和壮大成为"熨平"美国经济周期的重要原因。

在美国经济一派繁荣的 2000 年，美国商务部认为，"广泛使用和大量投资于 IT——扮演了拉动经济的重要角色"[5]。对于 90 年代美国经济

---

[1] 数据来自美国劳工部官方网站，http：//www.bls.gov/news.release/prod3.nr0.htm，2003 - 04 - 28。

[2] 信息技术的"资本深化"意指 IT 生产产业，特别是计算机硬件行业（包括外设行业）的总股本的实际净值以远远超过其他股本净值的速度（以小时计）快速增长。参阅 USC，*Digital Economy 2000*，p. 34，http：//www.esa.doc.gov/Reports/digital-economy - 2000，2010 - 03 - 28。

[3] USC，*Digital Economy 2000*，p. 34，http：//www.esa.doc.gov/Reports/digital-economy - 2000，2010 - 03 - 28。

[4] Ibid.，pp. 53 - 54.

[5] Ibid.，p. 1.

强劲增长的现象,刘树成和张平在比较了"美国经济三次超长增长"后认为①:

(1)第二次世界大战后美国有三次超长的经济扩张期,一是"1961年2月至1969年12月,共106个月(8.8年)";二是"1982年11月至1990年7月,共92个月";三是"1991年3月至2000年10月(未完②),共115个月(9.6年),这是美国1854年开始有经济记录周期以来持续时间最长的一次扩张"。

(2)从20世纪下半叶美国经济波动的情况来看,三次超长增长中以90年代最为稳定,其GDP曲线的轨迹是"前低后高",而80年代是"前高后低",60年代是"中高后低"。

(3)从生产率变化情况看,20世纪90年代"非农经济部门每小时产出"的"劳动生产率的波动幅度比60年代或80年代更小,更为平稳,并呈现出适度上升的趋势",这在1999年表现得尤为突出。它说明"廉价计算机的投入,大规模地替代昂贵的劳动力的投入",这一"替代"过程的作用主要表现为,通过减少平均成本和边际成本促使企业增加收益。

(4)就失业率分析,三个扩张期的失业率曲线都呈明显下降的趋势,"然而,90年代一个显著的新特点是,失业率与通胀率二者的下降同时发生了,二者之间出现同向下降的关系"。这违背了"正常的菲利普斯曲线关系,即失业率的变动与通货膨胀的变动呈反向关系"。

(5)就通胀率分析,20世纪90年代通胀率曲线总体上在一个较低的水平运行,90年代中期后的通胀水平一直在2%—3%之间波动。"相比之下,60年代,通胀在不规则的波动中呈上升趋势。80年代,前半期是下降趋势,后半期是上升趋势。"

总之,美国经济20世纪90年代的优异表现是"诸多因素综合作用的结果",而置于首位的因素是:"技术进步。技术进步促进了计算机硬件和软件价格的巨大下降。"③ 美国经济的新变化归功于IT产业独具

---

① 刘树成、张平:《"新经济"透视》,社会科学文献出版社2001年版,第31—39页。
② 事实上,这一期经济扩张一直持续到2000年12月,共117个月(9.9年)。
③ 刘树成、张平:《"新经济"透视》,社会科学文献出版社2001年版,第39页。

特色的发展趋势,这种趋势深刻地揭示了美国信息经济出现全新增长方式的科技和产业背景。

IT产业独特的发展趋势意指该产业具有其他产业无法比拟的加速度特征,这种特征将半导体制造业的"摩尔定律"(Moore's Law)淋漓尽致地展现出来,该定律揭示了IT产业的硬件制造规律,它体现了技术进步导致IT产业劳动生产率提高、生产成本下降这一客观事实。

3. IT产业加速度规律是20世纪90年代美国经济超常规发展的主因

IT产业独特的运行规律意指该产业具有传统产业无法比拟的加速度特征,其加速度的产业发展规律被"摩尔定律"揭示。

在计算机革命加速发展的60年代,1965年,英特尔公司的创始人之一戈登·摩尔"应邀为《电子学》杂志撰写了一篇名为《让集成电路填满更多元件》(Cramming more Components onto Integrated Circuits)的文章。文中,摩尔对未来半导体元件工业的发展趋势做出了大胆预测——他指出,单块硅芯片上所集成的晶体管数目大约每年(注:1975年,摩尔将周期修正为'每两年')增加一倍。这一预言后来成为广为人知的'摩尔定律'。它被誉为'定义个人电脑和互联网科技发展轨迹的金律',摩尔定律在过去数十年里展现出了惊人的准确性:不止是微处理器,还包括内存、硬盘、图形加速卡——PC的主要功能元件几乎都是遵循着摩尔定律所'设计'的路线而不断'进化'和演变"[1]。"摩尔的预言已被此后40余年的半导体工业及计算机发展历史所证明。更为重要的是,在计算机芯片性能急遽提升的同时,芯片的价格会也按照计划同样的速度在激降。这种增长势头大约相当于每5年增长10倍,每10年增长100倍。"[2] 总之,"只要晶体管的体积持续缩小,数量就可以持续增加,这就是摩尔定律的依据"[3]。

摩尔定律揭示的半导体工业的发展规律体现了技术进步导致信息产业劳动生产率急遽提高、生产成本下降急遽这一客观事实。它在计算机

---

[1] 见"英特尔中国"网站,http://www.intel.com/cd/corporate/home/apac/zho/346894.htm,2010-03-21。
[2] 刘九如主编:《IT世纪大点评》,北京大学出版社2000年版,第25页。
[3] 邢陆宾:《重新定义21世纪信息技术及其影响》,《新华文摘》2010年第20期。

领域的突出表现便是计算机性能不断提高——芯片所集成的晶体管数量呈几何级数增长，而价格却呈不断下降的趋势。如图 4.9 所示：

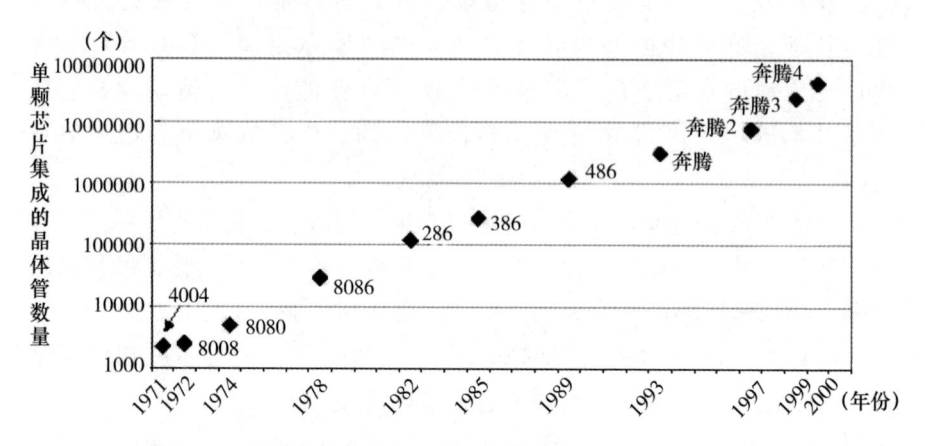

图 4.9　微处理芯片信息处理能力的变化（1971—2001 年）

资料来源：USC，*Digital Economy 2000*，p. 1，http：//www.esa.doc.gov/Reports/digital-economy-2000，2011-03-21.

从图 4.9 中可以看出，自英特尔公司 1971 年研制出第一颗微处理芯片以来，半导体工业的发展的确遵循了"摩尔定律"所揭示的规律。它在计算机领域的突出表现便是计算机性能不断提高——芯片所集成的晶体管数量呈几何级数增长，而价格却呈不断下降的趋势。美国商务部在《数字经济 2000》的白皮书中指出："与计算机运用相联系的各项技术，如数据存储技术，也已经在性能上取得了显著进步，在成本上更是大幅下降。如今硬盘的运行能力每 9 个月就翻一番，而硬盘驱动器每兆字节的平均价格从 1988 年的 11.54 美元降至 1999 年的 0.02 美元。伴随着计算机微处理器以及计算机存储和其他附件设备的技术进步，计算机成本自 80 年代中后期以来一直呈现加速度的下降趋势。"[①] 这是因为计算机的核心部件是 CPU 芯片，其价格的急降一定会引发计算机整机价格的持续下降。如图 4.10 所示：

---

① USC，*Digital Economy 2000*，p. 2，http：//www.esa.doc.gov/Reports/digital-economy-2000，2010-03-21.

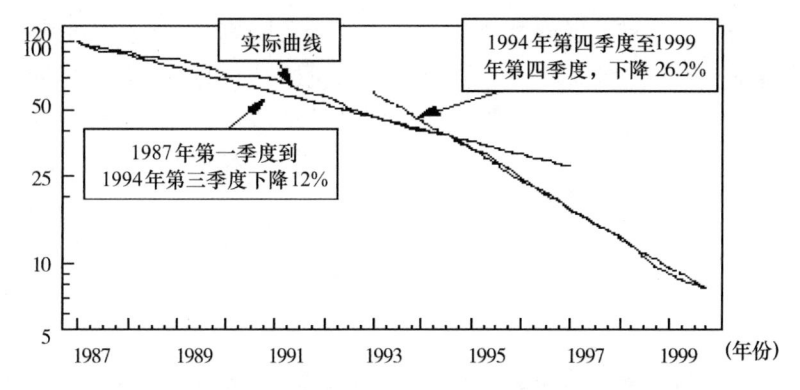

图 4.10　美国市场 1987 年以来计算机硬件价格的变动趋势
（以 1987 年第一季度的价格指数为 100）

资料来源：USC，*Digital Economy 2000*，p. 2，http：//www.esa.doc.gov/Reports/digital-economy - 2000，2011 - 03 - 21。

"摩尔定律"所反映出来的信息产业发展的加速度特征是过去任何一种产业所不具备的，即 IT 硬件产品的边际成本呈几何级数急遽下降及其导致的信息产业加速度发展的规律。这种加速度特征在传统经济中是无法想象的。正如英国学者福莱斯特在 1986 年一语道破："如果汽车行业和飞机行业也像计算机行业这样发展，今天一辆罗尔斯·罗伊斯汽车的成本只有 2.75 美元，跑 300 万英里仅用一加仑汽油。而一架波音 767 飞机的价格也只有 500 美元，5 加仑汽油便可在 20 分钟内绕地球飞行一周。"[①] 这也是信息技术革命有别于蒸汽革命和电力革命的重要原因，它意味着：信息技术革命对社会生产力的促进作用是此前任何一次科技产业革命都无法比拟的。

综上所述，信息产业独特的发展趋势决定了美国信息经济具有全新的增长方式：高增长、低通胀的超常规发展。这无疑是美国信息经济区别于传统工业经济的最显著特征。必须看到的是，IT 产业的这种作用深刻地反映了 20 世纪 90 年代后的美国经济赖以建立的物质技术基础与传统经济的物质技术基础截然不同，这是以现代信息技术为核心的新技术体系，而这种新技术体系的形成是信息技术革命的结果。在美国经济变

---

① ［英］汤姆·福莱斯特：《高技术社会》，姚炳虞、郑九振译，新华出版社 1991 年版，第 25 页。

迁过程中，信息技术革命促进生产力爆炸式发展的巨大威力正是通过信息产业的传导机制得以实现，这种变革力量所具有的强大动能通过信息产业独特发展趋势的放大而向整个经济体系渗透，其必然表现就是：二战后持续半个世纪的信息技术革命时期，美国GDP增速在20世纪90年代保持了强劲的势头，创造了新经济的奇迹。

总结本章，对于科学技术促进社会生产力的作用，科技史学者指出：[①]

> 劳动生产力是随着科学和技术的进步而不断发展的。在这个过程中，科学技术在劳动生产中的地位逐步提高。20世纪中叶以来，随着新的科学技术革命的诞生，特别是高科技的发展，科学技术对生产力其他诸要素的渗透和物化，已经不仅是简单地使它们发生量的变化，而且产生了崭新的质的变革。新型的生产力已经不是建立在传统技术基础上的"劳动密集""智力密集""资金密集"型的生产力，而是以高科技为基础的"技术密集""智力密集"型生产力。因此，科学技术在生产力系统中已经上升为主导因素，成了第一生产力。有些学者还以一些示意性的公式形象地表示科学技术对生产力发展的首要的推动作用：
>
> 生产力 = 科学技术 × （劳动者 + 劳动资料 + 劳动对象 + 生产管理）
>
> 生产力 = （劳动者 + 劳动资料 + 劳动对象 + 生产管理）^{科学技术}
>
> 这些公式对于理解"科学技术是第一生产力"是有所帮助的。

显然，根据上述"示意性公式"的形象解读，可以认为，在科技与资本联姻的第一阶段——"科学技术资本化"形成与深化时期，生产力的进步与科学技术的关系大抵表现为"乘数关系"，即："科学技术资本化"对社会生产力具有"乘数效应"。而到了科技与资本联姻的高级阶段——"科学技术泛资本化"形成与深化时期，生产力的进步与科学技术的关系大抵表现为"指数关系"，即："科学技术泛资本化"对社会生产力具有"指数效应"。

[①] 殷登祥：《科学、技术与社会概论》，广东教育出版社2007年版，第185页。

尽管上述"示意性公式"的形象解读尚缺乏统计学的实证研究来支撑其假说，但是，经验判断已经能够提供充分的证据说明：二战之后的整个信息技术革命时期，科技产业革命推动人类社会生产力飞速发展的确超越了以往历史上任何一个时期。这既被美国为首的发达经济体所证明，也为二战后迅速崛起的东南亚"四小龙"等新兴工业化国家（韩国、新加坡）和地区（中国香港、台湾）的经济发展奇迹所证明，同时也被世界瞩目的中国特色社会主义现代化发展道路所证明。

第五章

科技与资本联姻历史进程中的异己力量

在科技与资本联姻的漫长历史进程中一直存在着与主流文化和价值格格不入的异己力量。具体表现为:"科学技术资本化"形成期与科技专利制度相对立的"异数"即"集体性发明活动"和"科学技术资本化"深化期的"异数"即美国电力革命奇才特斯拉的"理想主义情怀"。而"科学技术泛资本化"时期的异己力量则是在私有软件一统天下的IT产业的新兴行业——计算机软件业兴起的"内生反对力量"即"自由软件运动",它是信息技术革命时代"赛博空间里的空想社会主义"。存在于科技与资本联姻的历史进程中的异己力量发生发展以及消解的历程昭示了"科学技术资本化"必须遵循的规律:科技只有借力于资本才能壮大自身并发挥其改造社会的威力,在资本主义社会,不容于资本的科学技术很难发挥出变革社会的强大功能。

第一节 科技与资本联姻的"异数"和"科学技术资本化"不同模式的比较

存在于科技与资本联姻的历史进程中的"异数"是指不同于主流且不容于主流的某种现象,是对主流文化和价值不满的一种表达。"集体性发明活动"为的是对抗以瓦特为代表"个人专利权",说到底仍然是资本家之间的利益之争。特斯拉的理想主义情怀则是指在其天才发明家的一生中,其发明创造的目的不是为了发财,而是为了实现他所执着的梦想：改变人类生活现状、增进人类福祉。通过比较"科学技术资本化"深化期的不同模式，即：爱迪生、特斯拉和威斯汀豪斯的综合比较，可以为深入认识科技与资本联姻的规律提供有益的探索。

一 "科学技术资本化"时期的"异数"："集体性发明活动"

如前所述（见第二章），蒸汽革命时期的英国通过专利制度保护发明者权益，它吸引了以逐利为至高目标的投资者（货币资本家）敏锐的眼光，他们洞悉专利技术所蕴藏的巨大商业价值。发明家（专利持有人）和资本家（投资者）一拍即合，"专利权资本化"得以实现：专利持有人通过将"专利权资本"投入社会生产以获得经济收益。而严格的专利保护则促使竞争者只有不断创新技术方能获利。但是，作为私有制产物的专利制度先天带有的"排他性"和"垄断性"必然会激发资本的贪欲，"保护过当"和打破垄断就此成为科技与资本联姻进程中一个经久不衰的纷争之源。

瓦特作为"科学技术资本化"进程中第一个成功运作"专利权资本"的发明家，深深懂得专利制度的威力并将其运用到炉火纯青的地步。历史学家指出："供抽水用的那种老式蒸汽机的改良工作在此后相当长的时间里未能再取得新的进展，这一点完全可以归咎到詹姆斯·瓦特头上。他在这方面无意中扮演了一个反面角色，阻断了老式蒸汽机的改良工作原本可能会出现的大跃进。原来瓦特为了保护自己的专利权，简直到了不择手段的地步，动不动就控诉他人侵犯了自己的专利权；这样一来，18 世纪八九十年代涌现出的诸多新技术都被他用这样那样的理由推到了后台，得不到运用。"一位叫作乔纳森·霍恩布洛尔（Jonathan Hornblower）的工程师"发明了一种复合式双气缸蒸汽机"，其热效率远超瓦特蒸汽机。"可瓦特非但没有向霍恩布洛尔虚心学习，反而恶人先告状，指斥霍恩布洛尔发明复合式蒸汽机完全没有创新性……进而诬蔑霍恩布洛尔侵犯了他的专利权，随后还威胁霍恩布洛尔要借助法律手段来'收拾他'。可怜的霍恩布洛尔在重重压力之下最终不得不选择放弃，不再继续改良和完善自己的发明成果，于是原本前景看好的一条技术创新之路就此走到了尽头。直到 19 世纪以后，霍恩布洛尔当年发明的这种复合式双气缸蒸汽机才又一次受到人们的重视，最终总算得到了广泛应用。"①

18世纪后期，矿井众多的康沃尔矿区保有大量的"瓦特式蒸汽机"，"瓦特在其拥有的专利权于1800年到期之后，便从当地撤走了负责监管蒸汽机运转的全部工程技术人员，于是这些蒸汽机由于缺乏维护而逐渐老化，性能大不如前"。迫于压力，"1811年，一批矿业经营者组织了一个协会，该协会经研究决定每月定期编印内部交流资料，详细刊载协会成员各自名下的蒸汽机的运转情况，以及耗煤量等信息，具体的信息收集工作由独立的第三方审计员负责进行。后来当地大多数矿业经营者都加入了这一协会，该协会定期编印的《李恩蒸汽机月度报告册》（Lean's Engine Reporter）详尽记录了当地大多数蒸汽机的运转情况，该报告册的编印工作一直延续到1904年才宣告停止。有了这份报告册之后，工程师们可以借鉴其他公司拥有的优越的蒸汽机在结构设计上的长处，并吸收其他公司的同行们在改良过程中获得的有益经验"②。

"上面提到的这种技术创新组织模式被称为'集体性发明活动'"，从科技与资本联姻的演进史考察，这是"科学技术资本化"初期的"异数"。所谓"异数"就是不同于主流且不容于主流的某种现象，是对主流文化和价值的不满表达。"集体性发明活动"非常不满意"专利权资本"对技术的垄断。"集体性发明活动"如何运行呢？协会会员（通常是矿主和工程师），"通过相互交流实用信息，不仅避免了重复试验，而且也意味着试验开销最终由各个矿业企业平摊。集体性发明活动还适合于在另外一种条件下活跃开展，即既有的企业紧紧'抱团'，共同排斥新企业的加入，在这种情况下，各种设计改良方案的受益者自然仅限于这些出资参与试验过程的'抱团'企业。在康沃尔，当地数量有限的几家铜矿和锡矿公司很快就'抱成一团'，开展集体性发明活动的条件也在无形中成熟了。通过向蒸汽机世纪和运营技术处于领先地位的同行们学习，后进者可以重新设计老式蒸汽机的结构，或者逐步淘汰老式蒸汽机、代之以热效率更高的新式蒸汽机，从而降低费用"③。

从"集体性发明活动"的运行机制看，作为"科学技术资本化"

---

① ［英］罗伯特·艾伦：《近代英国工业革命揭秘——放眼全球深度透视》，毛立坤译，浙江大学出版社2012年版，第257页。
② 同上书，第256页。
③ 同上。

初期的"异数",它有如下几个值得关注的特点:

第一,这种"异数"是内生的,即诞生于体制内。英国康沃尔矿区"集体性发明活动"的本质不过是:一部分资本家组建"技术创新的利益共同体",通过享有共同的技术创新成果来节约成本并提高生产效率,表面上,它貌似在对抗以瓦特为代表"个人专利权",反对拥有"专利权资本"的发明家个人对发明创造的垄断,但这些资本家想要建立的却是另外一种"垄断"——对"集体发明"的垄断,说到底仍然是资本家之间的利益之争。

第二,"集体性发明活动"也需要投入大量的人财物,它同样离不开资本的支持。只不过,投入"集体性发明活动"的资本不是来自一个资本家而是来自若干个资本家,他们组成一个改进蒸汽机技术的松散联盟,其技术成果由联盟成员共享,也具有排他性。但是,这些资本家并不打算申请专利并以此盈利。这就意味着,"集体性发明活动"的技术成果不属于"专利权资本"。

第三,与发明家独享专利权并由此带来阻碍竞争、扼杀可能的技术进步相比,"集体性发明活动"显然有助于技术进步,这是其存在的价值。康沃尔的"集体性发明活动""有效地降低了当地供抽水用的蒸汽机的耗煤量。在18世纪90年代,当地多数蒸汽机的热效率与其他地区的瓦特式蒸汽机相差无几,以1马力的规律连续运转1小时的耗煤量一般在10磅以下。到了19世纪30年代中期,当地普通蒸汽机以1马力的功率连续运转1小时的耗煤量已降至3.5磅,而性能最好的蒸汽机以1马力的功率连续运转1小时的耗煤量竟然连2磅都不到。能够取得这样喜人的改良成就,最终要归结到长时段里次第涌现出来的一系列创新成果陆续投入应用后发挥的功效"[①]。

第四,"集体性发明活动"注定是短命的,当19世纪初叶蒸汽革命进入"后瓦特时代"即瓦特专利权到期之后,蒸汽技术领域的各种新发明创造层出不穷,蒸汽革命进入"丰收期"。而且,没有瓦特专利权的束缚,新的发明者均纷纷申请了新的专利权来保护自己的利益,"集体性发明活动"很快让位于发明家对个人专利的追逐,因为它从根本上

---

① [英]罗伯特·艾伦:《近代英国工业革命揭秘——放眼全球深度透视》,毛立坤译,浙江大学出版社2012年版,第257页。

违逆了资本主义私人占有制的铁律——垄断或独占。当科技和资本开始联姻,"科学技术资本化"的内在逻辑也必须是垄断或独占,而"专利权资本化"就是其最佳表现形式。

第五,"集体性发明活动"作为"科学技术资本化"初期的"异数",必须看到:这种力量是微不足道的,它无法与"专利权资本化"相竞争。这种"异数"不过是垄断与竞争这对永恒矛盾在科技产业革命的特定时期的"特殊表现"而已。

第六,英国康沃尔矿区昙花一现的"集体性发明活动"深刻地解释了在科技与资本联姻的历程中,资本化的科学技术所具有的天然属性——垄断。垄断是资本主义发展的必然产物。正如恩格斯所指出:"**竞争**的对立面是**垄断**。每一个竞争者,不管他是个人,是资本家,或者是地主,都**必定**希望取得垄断地位。每一小群竞争者都**必然**希望取得垄断地位来对付所有其他的人。竞争建立在利害关系上,而利害关系又引起新的竞争;简而言之,即竞争转化为垄断。"[①]

第七,在科技产业革命的历史上,技术创新与垄断的关系如影随形,两者相辅相成,既对立又统一。因为"专利权资本化"使然,历史上每一次重大的科技创新,必然导致技术垄断,它体现了前述的"资本三大本性"——逐利、竞争和创新,技术垄断保护了创新者的利益,同时也满足了"资本三大本性"。就资本主义生产过程看,技术进步导致生产集中加速、资本积累加剧,以至于垄断势力增强。在科技产业革命背景下,"垄断本身就是新技术创新的产物,这种创新技术产生的垄断,是一种效率垄断,是由于企业创新形成的市场有限地位所导致的,它区别于依靠独占形式的市场权力形成的非效率垄断,对社会经济的发展起着经济的促进作用"[②]。

总而言之,科技与资本联姻的必然结果使得科技创新层出不穷,其制度保障是"专利权资本化",由此演变为资本主义条件下的技术垄断。总体而言,"专利权资本化"即技术垄断能够极大促进社会生产力发展。但是,具体到社会生活实践中,垄断和竞争"互为天敌"的争斗却贯穿了科技产业革命的全过程和科技与资本联姻的全过程。竞争和创新是资本

[①]《马克思恩格斯选集》(第一卷),人民出版社2012年版,第34页。
[②] 龚维敬:《垄断经济学》,上海人民出版社2007年版,第259页。

的本性组成，而科技发明本身内在地包含了竞争和创新的本性。就此而言，资本和科技本性的交集就是竞争和创新。科技与资本联姻的内在规律揭示：科技只有借力于资本才能壮大自身并发挥其改造社会的威力，在资本主义社会，不容于资本的科学技术发挥不了变革社会的功能。

就科技与资本联姻的漫长历史进程观察，像"集体性发明活动"这样的"异数"并不是孤立的个案。事实上，随着资本主义的进化即随着"科学技术资本化"的不断演进，类似的反主流文化和价值的行为也在以不同的形式表现出来，它所展现的社会影响力往往与"科学技术资本化"的成熟度成正比，是一种值得深入研究的社会现象。

二 "科学技术资本化"深化期的"异数"：特斯拉的理想主义情怀

特斯拉拥有抬头仰望星空的情怀，但缺乏脚踏实地的精神。特斯拉的理想主义情怀把崇高的、以人类福祉为出发点的价值观视为其发明创造的终极目标：用科技发明改善人类生活并致力于人类永久和平，可是，却遗忘了发明家的工作价值首先在于：解决眼前的问题才是为人类做贡献的千里之行最重要的第一步。特斯拉是一个为遥远的梦想而生的伟大发明家，其卓越的发明家才华被无端空耗在不切实际的幻想中，而没有运用到解决现实问题中。与之相比，爱迪生无疑是"科学技术资本化"的成功范例，而特斯拉则是"科学技术资本化"失败的典型。

（一）"极客之王"特斯拉及生平事迹

电力革命将"科学技术资本化"推向深化期，此期的"内生反对力量"也表现出和蒸汽革命时期完全不同的特征，"特斯拉的理想主义情怀"代表了科技与资本联姻进程中的异数，这是令资本家非常头痛的发明家中的异类。尼古拉斯·特斯拉（Nicholas Tesla）的密友和粉丝、《纽约先驱论坛报》的著名记者、1937年"普利策奖"获得者约翰·奥尼尔（John O'Neill）为特斯拉立传时不吝赞美之词，称其为"唯有时间能证明伟大"的人。2013年，中国出版商为此书加了个颇具时代感的副标题："极客之王特斯拉传"[1]。何谓"极客"？

---

[1] ［美］约翰·奥尼尔：《唯有时间能证明伟大——极客之王特斯拉传》，林雨译，现代出版社2015年版。

"极客"是一个典型的音译外来词。它的英文单词"Geek"具有较长的历史,最初指的是行为残忍的马戏表演者,具有明显的贬义。计算机出现后,极客被用来指称那些对计算机无比痴迷,钻研,以致废寝忘食、不食人间烟火的狂热分子。在外部形象上,他们则被赋予了"架着厚厚圈圈眼镜、头发凌乱或发型古怪、衣着老土古怪、性格偏执离群"[1]。

然而随着计算机文化在民间的普及以及技术对日常生活贡献的加大,极客一词也从明显的贬义倾向转变为中性,甚至褒义。20世纪七八十年代,极客在美国文化中被加入了"智力超群""勤奋努力"的含义,同时表征着一种以离经叛道的思想向主导文化索取自由的斗争精神。发展到今天,极客具有了更为广阔的含义。通常来说,它可以指一切领域内醉心手艺、技术并努力把它们发扬到极致的人。[2]

显然,极客的人格特征是:对技术痴迷,追求极致的技术,为此可以离经叛道,不食人间烟火,与主流价值观格格不入。将一百多年前在电力革命大潮中叱咤风云、影响力与爱迪生比肩的特斯拉比喻为"极客"并无违和感——通过梳理特斯拉的思想和生平,我们可以得出这一结论。

时间已经证明了特斯拉的伟大,"特斯拉的伟大"往往需要一百年后才能够被人类认识,这种伟大的影响力至深至远。它不像"爱迪生的伟大",非常直观、实际,手眼可触,对世界的影响立竿见影。相比较而言,"爱迪生的伟大"如同被电流点亮的白炽灯,瞬间就可以普照大地。而"特斯拉的伟大"可能是雷鸣电闪、惊世骇俗令人晕眩;也可能像是涓涓细流,悄无声息,人们通常熟视无睹,但它最终却能够水滴石穿,迸发出改天换地的巨大能量。

"极客之王特斯拉传"的封底有这样一段评价[3]:

---

[1] 白解红、陈敏哲:《汉语网络词语的在线意义建构研究——以"X客"为例》,《外语学刊》2010年第2期。

[2] 顾亦周、马中红:《青少年网络流行文化中的"极客"现象研究》,《青年探索》2016年第3期。

[3] [美]约翰·奥尼尔:《唯有时间能证明伟大——极客之王特斯拉传》,林雨译,现代出版社2015年版,封底。

在科学界，尼古拉·特斯拉与达·芬奇被公认为两大旷世奇才。因为不愿意和爱迪生共享诺贝尔物理学奖，特斯拉拒绝领奖。特斯拉死后，美国 FBI 将他的设计图纸与实验拍全部没收，并将其列入高度机密，美国军方对他的论文研究至今没有停止。如果没有特斯拉，以下一些人类生活的工具可能不会出现，或延迟出现：交流电、交流发电机、交流电传输、水电站、无线电、自动点火、电话、收音机、电视机、传真机、雷达、无线制导导弹、无人机、X 光摄影、霓虹灯、太阳能发电……如今，位于巴黎的世界上最大的室内发电机，能产生稳定的 600 万伏特电压。而一百年前的尼古拉·特斯拉却能轻松产生稳定的一亿伏特电压。其中缘由，至今无解。尼古拉·特斯拉的头像被印在南斯拉夫和塞尔维亚的纸币上。特斯拉一生都奉献给了科学事业，终身未娶。鸽子是他的挚爱。为了科学发现，他经常忘记吃饭、睡觉和周围的一切，经常每天只睡两个小时。他说："电给我疲乏衰弱的身躯注入了最宝贵的东西——生命的活力和精神的活力。"

中国学者在特斯拉另外一部传记的封底如是评价特斯拉[①]：

对中国读者而言，特斯拉常常与汽车和怪兽相关联，而很少与一位 20 世纪初期引领技术社会的发明家联系起来。塞尔维亚裔美国发明家特斯拉的大起大落……告诉我们最重要的道理是，发明家必须横跨自然与社会：探索自然，以找出那些想法可行、与社会互动，以把发明换成金钱、名气或资源。挣扎于理想与幻象之间的特斯拉，一生获得专利发明无数，很多过于超前于社会，其成功与失败都与此有关。吴彤（清华大学科学技术与社会研究所教授）。

当我们在网上搜索特斯拉时，首先出现的是一部汽车，而非一位科学家。但实际上，没有这位叫作"特斯拉"的科学家，就根本不会有后来叫作"特斯拉"的汽车。特斯拉深刻地改变了这个世界。褚波（《环球科学》杂志执行主编）

[①] ［美］W. 伯纳德·卡尔森：《特斯拉：电气时代的开创者》，王国良译，人民邮电出版社 2016 年版，封底。

吴军对特斯拉的评价更是毫不吝惜溢美之词，他指出①：

> 特斯拉扬名靠三件事情，首先他发明了交流输电的方法，并且和西屋一起在美国实现了交流输电……1893 年在纪念哥伦布到达美国四百周年的芝加哥万国博览会上，采用特斯拉的交流供电技术的主会场万盏电灯将夜晚照得如同白昼一般，也就在这一年，特斯拉达到了他的人生顶点……特斯拉广为人知的第二件事情是他有许多非常超前甚至荒诞的思想，他的许多论文和发明在当时没有多少人能够看得懂。特斯拉因为交流输电的专利获得了巨大的财富，他完全可以靠那些钱后半生过一种非常富足的生活，但他将那些钱都用于了研制新的技术和实现各种看似不着调的发明……特斯拉常被人提起的第三件事是他颇为悲惨的晚年生活。对他不是很了解的人甚至把他的令人叹息的命运归结于当时资本家强势的社会、他的对头爱迪生，以及冷酷无情的 J. P. 摩根等人。但特斯拉有自己的缺陷，这些缺陷导致了他凄惨的命运。

1. 特斯拉的教育经历和在爱迪生公司度过的短暂时光

1856 年 7 月 10 日，特斯拉出生于斯米连（当时属奥匈帝国，现属克罗地亚的戈斯皮奇市）的一个村庄，父母都是塞尔维亚人，父亲是东正教司祭，在当地颇有名望。特斯拉从小天资聪颖，和爱迪生依靠自学成才相比，特斯拉受过良好的教育，能说英、法、德、意等多国语言。1875—1877 年，特斯拉在奥地利的格拉茨理工学校学习，对电机工程兴趣浓厚。1880 年又赴布拉格入读卡尔-费迪南德大学接受正规大学教育。在就读两个学校期间，特斯拉在电学领域表现出异乎寻常的天赋，"开始在头脑中设计交流电动机"。这种无须绘制蓝图的设计"日复一日，年复一年"，特斯拉将这种近乎特异功能的发明天赋称为"脑力操控"②。在头脑中构想新发明、新机器的蓝图而不是依靠成千上万

---

① [美] W. 伯纳德·卡尔森：《特斯拉：电气时代的开创者》，王国良译，人民邮电出版社 2016 年版，"推荐序"，第 v—vi 页。

② 同上书，第 41 页。

的各种实验成为特斯拉发明创造的一大特征。因为失去经济来源，1881年1月特斯拉被迫离开大学走入社会，开始自食其力。特斯拉的第一份工作是布达佩斯匈牙利中央电报局的绘图员，他继续"脑力操控"来设计日后让他声名鹊起的交流电动机。"特斯拉终于知道怎么设计一种发电机，它是依靠交流电这一波动的电周期性来工作的。交流电在沿着它们导体前进时，快速地来回换向（与只能固定向前进的直流电相比），这其实已证明，在特斯拉众多科学发明中它是极其重要的。但是在布达佩斯，特斯拉只知道自己发明了交流发电机。"并和朋友"彻夜地为这卓越和全新的马达设计而欣喜若狂"。令人惊叹的是，这种交流发电机的设计方案居然可以"牢牢地印在特斯拉的脑子里——清晰到每一个细节，因为特斯拉是一个从来不绘制蓝图、只用自己大脑数据库的人。当然，当时除了西格帝（特斯拉的朋友——引者注）以外，还没有人知晓他这一非凡创举的意义。如后来特斯拉发现的一样，也没有人——甚至他的电力同行们——在19世纪80年代时理解和欣赏他这一卓越的发明。因为毫不奇怪，当巨擘爱迪生在用中心电站和直流发电机征服世界的当时，又有谁去关注和电弧灯原理一样的交流感应发电机呢？爱迪生有足够的马达提供给他的客户生产用电，而特斯拉只是刚刚进入这一领域，他即将面临诸多的风险和挫折"①。

  1883年，特斯拉赴巴黎的爱迪生电气公司的伊夫里工厂工作，在这里，他"获得了直流发电机和电动机的大量实际工程知识。此前，特斯拉所做的主要是脑力设计，在头脑中可视化交流电动机如何理想的工作。现在特斯拉亲自了解了把头脑中的发明转化为实际机器过程中的问题"。特斯拉的工程师才华很快崭露头角，因为，"大多数爱迪生人是在电报行业或机器车间工作中了解电机的，并且只有少数受过科学或数学的正式教育。相比之下，特斯拉在格拉茨接受了物理和数学的全面教育"②。特斯拉向同事们大力鼓吹他的交流感应发电机设想，兴致勃勃地向他们介绍他的交流电发电设想，"那种急切的、充满理想的、解放全世界生产力的美好愿望，甚至在他工作的工厂里都得不到认可"。最

---

  ① [美]吉尔·琼斯：《光电帝国：爱迪生、特斯拉、威斯汀豪斯三大巨头的世界电力之争》，吴敏译，中信出版集团2015年版，第107—108页。
  ② [美]W.伯纳德·卡尔森：《特斯拉：电气时代的开创者》，王国良译，人民邮电出版社2016年版，第58—59页。

终，只有"一个从爱迪生公司到巴黎来的人叫坎宁翰（D. Cunningham），是技术部门的工头，对特斯拉提议他们成立一个公司，并上市卖股票，来支持特斯拉的伟大发明。特斯拉后来这样写道：'那个建议当时对我来说可笑到了极点。我对他提出的概念一无所知，只觉得那是美国方式，结果什么也没进行下去'"①。

特斯拉在电机工程方面的才华很快得到上司的赏识并推荐他赴美国纽约爱迪生公司总部工作。1884年6月6日，特斯拉抵达纽约。爱迪生"面前出现了特斯拉这样一个小他一轮的年轻人：博学多才、默默无闻、高大修长、衣着举止规矩得体、谈吐不俗、口音很重，并且还很单纯。爱迪生很快就给特斯拉起了一个'我们的巴黎小伙子'的绰号。特斯拉后来回忆道：'见到爱迪生让我激动万分，他是我美国教育的老师。'"特斯拉抓住机会向爱迪生介绍他的交流发电机设想，希望能够打动"发明大王"。"特斯拉指明，如果一个中心电站改为交流发电机，它将解放一大批用直流电机的车间。而且，如果他的感应发电机得到完善发展，就可以填补交流电机的空白，使其不仅仅用于照明。此外，他的交流感应发电机肯定远远胜过直流发电机。特斯拉说：'爱迪生告诉我他对交流电机不感兴趣，它没有前途可言。无论是谁身陷其中，都是在浪费时间，而且，相比之下，交流电有危险系数，而直流电是安全的。'"的确，爱迪生发明的低压电系统，可以安全到人畜无害，"一个人触及到爱迪生直流电的任何部位——从发电机到电线直到灯泡——都只能受到微弱的电击。他根本不想与交流电有任何关系"②。可是，从科技产业革命的前景看，电力革命的必然趋势是：人类学会使用电绝不仅仅是为了照明。电力应该进一步成为而且必须成为取代蒸汽能来驱动机器的最佳动力。就如同人类学会使用火绝不仅仅是为了烤熟食物、驱赶野兽和取暖一样。交流电技术必然取代直流电技术，这是电力革命的方向和归宿。遗憾的是，爱迪生的局限和教条使他不仅没有继续成为引领电力革命潮流的"旗手"，反而成为百般阻止和诋毁交流电技术的最大反对力量。作为用电流和电灯点亮人类文明的伟大发明家，这是极大

---

① ［美］吉尔·琼斯：《光电帝国：爱迪生、特斯拉、威斯汀豪斯三大巨头的世界电力之争》，吴敏译，中信出版集团2015年版，第110—111页。

② 同上书，第119—121页。

的反讽也是极大的缺憾，令人扼腕长叹。但是，特斯拉的天才使他预见到了电力革命将要去往的方向并成为交流电革命的精神领袖。传记作家认为，作为伟大的发明家，特斯拉和爱迪生纯属两类完全不同的天才，"爱迪生是一位经过反复尝试而获得成果的发明家。特斯拉在头脑中构思一切，在动手实践以前解决问题。因此，他们的技术语言完成不同。此外，他们还有一个重要差异：爱迪生属于直流电学派，而特斯拉属于交流电学派。在那个时代，电气学家们的确因为此类问题的分歧变得十分情绪化。他们的讨论成了热切的宗教争论或政治争论，并且双方都觉得相处不愉快是因为对方过于固执。对特斯拉而言，还有一件令他不开心的事：爱迪生的思维能力不太出色。特斯拉热情满满地描述自己的多相系统，但爱迪生却不屑地笑了。……在讨论中，特斯拉没有任何收获，也无法使爱迪生听进去自己对多相电力系统的理解。就技术层面而言，特斯拉和爱迪生的观点有着天壤之别"[1]。

　　技术理念的不同没有影响特斯拉发挥他的卓越才干，他发现了许多改进爱迪生直流发电机的方法，可以大大提高发电机的效率。"他向爱迪生概述了方案，强调他建议的方案能增加产量、降低成本。爱迪生很快就确信它能提高效率，回答道：'如果你成功完成这项任务，你将得到5万美元奖励。'特斯拉设计了24种发电机，以更高效的短岩芯场磁体代替长岩芯场磁体，增加了自动控制装置，并申请了专利。数月之后，任务完成，新机器被制造出来并通过了测试，达到了特斯拉之前的承诺标准。特斯拉要求爱迪生支付5万美元奖金。爱迪生回答说：'特斯拉，你不明白我们美国人的幽默。'特斯拉十分震惊，他认为的承诺被置之不理，而原因是它仅仅是个玩笑。他的新设计、新发明没有获得一分钱的回报。尽管他长时间加班，也只能得到每周固定的少量薪水。他迅速辞职。那时是1885年春天。"[2] 对此公案，历史学家指出：爱迪生的"意思是，这实在不敢想象，爱迪生的公司自己还极度缺乏资金，怎么能将这样一笔巨额奖金——几乎相当于他们公司建立时的启动资金——给一个雇员呢！特斯拉的传记作家马克·塞菲（Marc Seifer）指

---

[1] ［美］约翰·奥尼尔：《唯有时间能证明伟大——极客之王特斯拉传》，林雨译，现代出版社2015年版，第43—44页。

[2] 同上书，第44—45页。

出，特斯拉当时连每周薪水增加7美元都没有争取到（特斯拉自己相信他的付出应得到这7美元，即从周薪18美元涨到25美元）",加薪的要求被顶头上司断然拒绝，他认为："森林里有很多像特斯拉这样的人，我可以找到很多只要求周薪18美元的人。"[①]

"奖金事件"对特斯拉刺激很大并导致他辞职。客观而论，此事恰恰反映了特斯拉对人情世故及经济常识的近乎无知。当他成为爱迪生公司的一名雇员后，他的所有发明也都成为"职务发明"，这是爱迪生在新泽西门罗公园创建"发明工厂"时定下的规矩，也成为一个商业惯例并受到法律保护。另外，勤勉工作是雇员的本分，如果工作有业绩，雇主奖励雇员，只可能量力而行、量入为出。爱迪生所谓"5万美元的承诺奖金"当然是一种"幽默"，更是一种精神激励和褒奖。由此可以看出，作为一个科学奇才和发明天才，特斯拉最匮乏的知识或者常识就是：缺乏正确的金钱观。这是特斯拉与爱迪生相比不及万一的地方并成为他一辈子的"致命伤"：终其一生，特斯拉始终没能够凭借其绝世无双的发明家才华实现经济自立乃至生活富足，他更不可能像爱迪生一样依靠发明家才华和企业家的实干去实现财富自由，并将科学家的梦想建立在坚实的物质基础上。特斯拉和爱迪生代表了完全不同的两类发明家，他们对科学技术的观念乃至如何经营好发明专利以创造财富等观念都有天壤之别。

令人喟叹的是，这样一种与生俱来的"价值观缺陷"恰恰成就了特斯拉的理想主义情怀而令后人对其天纵英才却又怀才不遇的一生感叹唏嘘。而这种理想主义情怀也就成为"科学技术资本化"深化期的一种独特的"内生反对力量"，演绎着科技与资本相互追逐的另类悲喜剧。"作为爱迪生的雇员的特斯拉在纽约工作了不到一年。事实上，他与爱迪生是水火不容的两个人，他们彼此感兴趣，又彼此感到厌烦。特斯拉生来是个少爷，心高气傲、追求时尚，十分讨厌爱迪生的不修边幅和邋遢……更糟糕的是，特斯拉认为，爱迪生对科学入门的方式是，'如果爱迪生要在一个干草堆里寻找一根针，他会立刻像蜜蜂一样勤劳，会一根一根草地寻找，直到找到为止……他的方式是最没效率的了，就像大

[①] ［美］吉尔·琼斯：《光电帝国：爱迪生、特斯拉、威斯汀豪斯三大巨头的世界电力之争》，吴敏译，中信出版集团2015年版，第123页。

海捞针，全靠碰运气。作为一个目击者，我不得不说，只要用一点理论和计算，就可以节省他90%的劳动'。反之，爱迪生认为特斯拉是一个'科学的诗人'，特斯拉的想法'十分重要但是绝对不实际可行'。"①

2. 创业被骗，幸遇知音，"电流大战"中的"交流电技术旗帜"

特斯拉刚一离开爱迪生机构，新泽西州拉威的本杰明·A. 韦尔（Benjamin A. Vail）和东奥兰治县的商人罗伯特·莱恩（Robert Lane）就找到了他。特斯拉尝试用美国的运作模式来经营他的发明创造。"1884年，韦恩和莱恩聘请了特斯拉并组建了特斯拉电灯与制造公司。尽管公司可以发行最多300000美元的股票，但开始只有韦尔认购的1000美元和来自拉威其他投资者的另外4000美元。"② 根据在爱迪生公司积累的经验，特斯拉提议它们的新公司要进军弧光照明市场，因为"19世纪80年代电气工业成长最快的部分是弧光灯照明"。为了帮助新公司进入弧光照明领域，1885年春，特斯拉准备了涵盖发电机、弧光灯和调节器改进的专利申请。为此，"特斯拉找到了爱迪生在纽约的首席专利律师莱谬尔·W. 瑟雷尔（Lemuel W. Serrell），让他帮助申请这些专利。在做这些专利申请工作的时候，特斯拉每月被给予150美元"。这个薪酬，是特斯拉为爱迪生工作时的1倍多。这是特斯拉开始迈出"专利权资本化"的第一步。"特斯拉打算试着说服韦尔和莱恩他可以开发其他电气发明（例如交流电动机），但他很快意识到他们只对弧光灯照明感兴趣。""1886年，特斯拉的系统在拉威被用于部分城镇街道和几家工厂的照明。公司博得了纽约商业期刊《电气评论》的关注，该刊于1886年8月发布了关于特斯拉系统的头版专题。作为回报，特斯拉公司在《电气评论》上做广告，宣称'最完美的自动化和自调节弧光灯系统也已诞生'。"但是，天有不测风云，特斯拉在商业经验和法律知识方面的重大缺陷使他刚刚开始的事业遭遇了合作伙伴的背叛而颗粒无收。"当特斯拉的弧光灯照明系统专利获得批准时，他把它们转让给了特斯拉电灯与制造公司以换取股份。然而，一俟系统完成，韦尔和莱恩就抛弃了特斯拉并创建了新公司——联合县电灯和制造公司。也

---

① ［美］吉尔·琼斯：《光电帝国：爱迪生、特斯拉、威斯汀豪斯三大巨头的世界电力之争》，吴敏译，中信出版集团2015年版，第123页。

② ［美］W. 伯纳德·卡尔森：《特斯拉：电气时代的开创者》，王国良译，人民邮电出版社2016年版，第58—59页。

许韦尔和莱恩决定退出弧光灯照明的制造业务,是因为这个行业的制造业务方面正变得高度竞争和资本密集。到19世纪80年代末,弧光照明设备的制造被一家公司,即汤姆森·豪斯顿控制。相反,韦尔和莱恩选择成为一家专注于向拉威和周边县提供照明的公司。在这种情况下,特斯拉作为发明家的角色就是多余的,因为在公用设施业务方面韦尔和莱恩不需要通过改善系统以保证竞争力。由于专利已经转让给公司,特斯拉落到了不能再用自己发明的境地。他在拉威的努力只换得了一张雕刻精美但只有假想价值的股票证书。"[1] 根据此前的协议,"特斯拉的主要报酬将以公司的股份价值来获得。当他试图把股份证书换成现金时,他发现新公司的股份所能带来的分红价值十分有限。在他心目中,旧世界和新世界商人的形象顿时大打折扣"[2]。"这个浪漫主义的科学家,震怒于迄今为止人生中最重的打击。"[3]

被拉威的商人抛弃后,特斯拉陷入了困境,由于找不到工程师或发明家的工作,他迫于生计干了一段时间的挖沟渠的苦力劳动,这是特斯拉赴美以后最困窘的一段时光,使他深刻地体会到了物质困乏的痛苦。"是金子总会闪光",特斯拉知识渊博且精通电机引起了工头的好奇,后来这位工头把特斯拉介绍给了西方联盟电报公司纽约大都会区负责人艾尔弗雷德·S. 布朗(Alfred S. Brown, 1836—1906),布朗对特斯拉的交流电系统非常感兴趣,"但又意识到需要有把发明变成商业计划的业务专才,因此找到了查尔斯·F. 佩克(Charles F. Peck, 卒于1890年)。佩克是一个来自新泽西州恩格尔伍德的律师,他对电报和电气事物感兴趣,并把发明家小威廉·斯坦利(William Stanley, 威斯汀豪斯的西屋电气公司的首席发明家——引者注)引为至交"。佩克和布朗是商海中的最佳搭档,他们以优秀商人的精明能够洞悉特斯拉的交流电技术的商业前景。"他们在电报行业的最高层干过,知道如何利用技术创新来创造优势。"他们知道如何创建公司、推广新技术以及借助变化。

---

[1] [美] W. 伯纳德·卡尔森:《特斯拉:电气时代的开创者》,王国良译,人民邮电出版社2016年版,第67—68页。

[2] [美] 约翰·奥尼尔:《唯有时间能证明伟大——极客之王特斯拉传》,林雨译,现代出版社2015年版,第45页。

[3] [美] 吉尔·琼斯:《光电帝国:爱迪生、特斯拉、威斯汀豪斯三大巨头的世界电力之争》,吴敏译,中信出版集团2015年版,第125页。

第五章
科技与资本联姻历史进程中的异己力量

佩克和布朗为特斯拉点出了电器工业的关键机会，并正确定位了他的发明以获得显著的知名度以及财务回报。特斯拉十分尊敬这两个人，认为"就他们一直以来与我的交往而言，他们是我见过的最完美最高贵的人物"。佩克和布朗成为特斯拉一生中遇到的最理想的"天使投资人"。"为了让特斯拉能开始完善他的发明，佩克和布朗1886年秋天在曼哈顿下城给他租了一间实验室。他们同意利润的分配方案是，特斯拉占1/3，佩克和布朗共分1/3，另外1/3再投资于开发未来的发明。佩克和布朗承担了所有的专利申请费用，并每月付给特斯拉250美元。1887年4月，特斯拉、佩克和布朗组建特斯拉电气公司。"3000美元的年薪，是特斯拉迄今最高的薪酬了，可是，若与同时期被威斯汀豪斯雇用的另外一个发明家威廉·斯坦利5000美元的年薪相比，特斯拉的所得并不高。与佩克和布朗合作期间，可能是特斯拉作为发明家度过的最美好岁月，因为不需要为钱发愁——无论是维持生活还是用于研发，更重要的是佩克和布朗还非常容忍特斯拉在发明过程中的失败，当"热磁电动机"申请专利未获批准后，"特斯拉采纳了佩克的建议，把注意力从热磁发电机转向了电动机"，重拾5年前在布达佩斯时的想法。特斯拉很快就制造出旋转磁场电动机。"一方面，佩克和布朗可能会因为电气界中对于在周薪电站使用电动机日益增长的讨论而对特斯拉的电动机研究感到欣慰。"因为市场需求极大，"电气公司在产品线中增加了电动机。到了1887年，在该领域有15家公司，总计产出10000台电动机。另一方面，佩克和布朗对特斯拉开发交流电动机的想法非常犹豫，因为19世纪80年代中期美国几乎所有的中心电站都使用直流电，而不是交流电"。不过，在欧洲，因为没有爱迪生直流电系统的先行优势（市场和心理），交流电已经得到广泛运用，而"欧洲交流变压器的工作引起了精明的美国精明的电气企业家的重视"，威斯汀豪斯的西屋电气公司则先行一步，于1886年在布法罗建成了美国第一个交流电照明系统。"佩克和布朗甚至电气工业的这种趋势。他知道人们对电动机的兴趣日益增长，然而没人确信未来属于交流电。因此，佩克和布朗鼓励特斯拉研究电动机时，他们并不热衷于让他做交流电动机。就他们所知，交流电可能只是一时的风尚——的确有趣，然而难以完善。如果特斯拉能专注于有现成市场的直流电动机，或许会更好。"为了说服投资人，特斯拉用魔术一般的电学实验打动了佩克和布朗，使他们"成为了特斯拉交流电动机工作热心支持者"。擅长运用魔术一般的电学实验来赢得同行的赞誉、媒体的广泛报道和投资者的青睐，乃至在社会公众中赢得越来越多的拥趸和粉丝，至此成为特斯拉日后经常运用的一个公关利器——他成为最会和媒体打交道的科学家和发明家。这以后，特斯拉得以继续开发旋转磁场电动机，"因为这些电动机使用了两个或以上彼此相异的交流电，所有特斯拉称之为多相电动机"。1887年底，佩克和布朗敦促特斯拉申请专利并聘请了非常富有经验的专利律师帕克·W. 佩奇（Parker W. Page，1862—1937）来协助专利申请。"对于多相电动机，佩奇和特斯拉断定，只对电动机各部件设计的影响力申请抓不住发明的本质。早在学生时代，特斯拉就把电动机当成系统来思考，而现在他想把发明当成一个系统向全世界披露。因此，佩奇和特斯拉选择了一个大胆的策略，在申请中宣称了一个使用多相电动机传输电力的系统。"然而，专利局认为这些事情的覆盖面太广。因此，1888年3月，佩奇和特斯拉被迫把其中三个申请案电动机和系统设计分成两份分别提交。结果，特斯拉最终用七个专利涵盖了他的多相想法，并且这些专利都公布于1888年5月1日。之后，特斯拉在布朗和佩奇的反复催促下，又"申请了两组专利：一组涵盖了他的多相多线制电动机与系统的想法，而另外一组则涵盖了更实用的分相二线制电动机"[①]。历史将证明，上述专利为特斯拉赢得了天才发明家的声誉，使他做出了超越爱迪生的伟大贡献而名垂青史。有了含金量极高的专利发明，如何实现"专利权资本化"？这就需要特斯拉的合作伙伴佩克和布朗来发挥他们的商业才能了。

如前所述，专利成为资本去获取利润，在19世纪末期的美国"有三种基本策略可以遵循：第一种是，他们可以用专利来建立创建自己的新企业以便制造或使用这些发明。第二种是，发明者可以向已有的制造商授予专利使用许可。第三种做法是，直接把专利出售给了一家企业"[②]。"佩克和布朗为特斯拉的发明制定了商业策略，这个策略可以被概括为'专利—推介—出售'。特斯拉一有新电气发明，就申请专利。

[①] [美] W. 伯纳德·卡尔森：《特斯拉：电气时代的开创者》，王国良译，人民邮电出版社2016年版，第73、76、78—80、81—89页。

[②] 同上书，第90—91页。

而支持者们提供做实验和申请专利所需要的资金。一旦取得专利，特斯拉就会通过采访、展示和演讲来打理推介其发明以吸引商业人士。为了能从投资中赚到利润，佩克和布朗接着就会试图把这里出售或许可给已有的制造商，或那些将要设立新公司的其他投资者。因此，特斯拉及其支持者们所玩游戏的主题不是制造其发明产品，而是要将专利出售或许可。出售或许可专利的策略给发明者及其支持者带来了独特的挑战。他们必须认识可能在寻找新技术的人，然后必须在待售专利中制造兴趣点和兴奋点，最终还要能谈成有利的条件。这些谈判涉及很多讨价还价，因为卖方（即发明者）寻求最高可能的价格以赚回开发发明的成本，而买方则寻求以保持低价来最小化其风险（把发明变成产品的成本是多少？产品好不好卖？）。同时，发明者还必须记住，他可能不是同类专利的独家卖主，要价太高便可能会把买家赶到其他发明者那里去。因此，为得到最好可能的价格以及不把买家赶走，发明者及其支持者可能会用各种论点说服买家，该发明是（同类产品中）最好可能的版本，也能发挥出最大的潜力。那么对发明者及其支持者来说，说服买家是出售或许可专利这个高风险交易的关键所在。"[1]

从商业角度看，佩克和布朗的营销模式是无比高明的，前文（见第二章第二节之"二 '科学技术资本化'何以深化于美国？"）将"科学技术资本化"深化期，由佩克和布朗为特斯拉量身定制的"专利权资本化"模式称为"专利权资本化的特斯拉模式"，它和"专利权资本化的爱迪生模式"以及"专利权资本化的威斯汀豪斯模式"并列成为电力革命时期"科学技术资本化"的经典样本。"专利权资本化的特斯拉模式"即"专利—推介—出售的商业策略"的第一步是：市场推介，包装特斯拉，提高其知名度。

佩克和布朗以及选择了"专利—推介—出售"作为其策略，选择必须积极而又谨慎地推介特斯拉的发明。必须找到正确的人（经营电气制造公司的经理），并让他以正确的方式（科学而又客观地）理解他的发明。佩克和布朗因此必须找出一套办法，一边抓住

---

[1] ［美］W. 伯纳德·卡尔森：《特斯拉：电气时代的开创者》，王国良译，人民邮电出版社2016年版，第92页。

电气制造商的注意力,并说服他们特斯拉专利的商业潜力。①

在佩克和布朗策划的一系列推介特斯拉的活动中,首要任务是提高特斯拉的知名度,第一步是让他的发明成果得到电气行业公认权威的认同。因为"自1884年抵达美国之后,特斯拉一直是独来独往,而没有加入任何一个新近组成的电气组织,例如美国电气工程师学会、全国电灯协会或纽约电气俱乐部。为使特斯拉的电动机能够被恰当地'口耳相传'起来,佩克和布朗力图寻求专家威廉·安东尼(William Anthony)教授的认可。这位教授于1872—1887年在康奈尔大学任物理学教授,设立了美国第一个电气工程学科。而且,曾经带着自己的发明介入康涅狄克州曼彻斯特的马瑟电气公司,成为首席工程师。安东尼既拥有学术造诣也拥有商业经验,因此在佩克和布朗看来他必定是能够评估特斯拉电动机的理想人选。1888年3月,佩克和布朗派特斯拉去曼彻斯特拜访了安东尼教授并测试了特斯拉带来的两个多相电动机。之后,安东尼随特斯拉前往纽约,参观了特斯拉的实验室。事后,安东尼高度赞誉了特斯拉的发明并在同侪工程师中传播特斯拉电动机的消息,而且还在1888年5月给波士顿麻省理工学院艺术学会的一次演讲中讨论了特斯拉的成就。在得到安东尼赞许的评价之后,佩克和布朗联系了技术媒体。当获知多相专利将于1888年5月1日公布时,他们邀请多家电气周刊的编辑们来参观实验室。1888年4月末,特斯拉向《电气评论》和《电气世界》展示了多相电动机并获得他们的广泛报道"②。

佩克和布朗策划的推介活动的焦点是特斯拉1888年5月16日——特斯拉专利获批后,在美国电气工程师学会(AIEE)的演讲,特斯拉展示了多相交流电动机,演讲得到美国电气工程领域最高权威机构的认可而大获成功。"特斯拉的想法抓住了电气工程界的想象力,区别所有主要的过程期刊都转载了他的演讲论文。作为对其论文的回应,有几个电气专家把对特斯拉电动机的评论邮寄给编辑,而这些也被转载了。多相电动机已'在论文中被预告为技术的一大进步',现在舞台已经搭建

---

① [美] W. 伯纳德·卡尔森:《特斯拉:电气时代的开创者》,王国良译,人民邮电出版社2016年版,第92页。
② 同上书,第93—94页。

好了，就等佩克和布朗去把特斯拉的专利卖给出价最高者。特斯拉把与出售电动机专利有关的谈判事宜全部委托给了佩克和布朗。特斯拉最初希望他们能把专利卖给马瑟电气公司，因为特斯拉喜欢安东尼，并认为在安东尼的帮助下他将能进一步改善电动机。佩克和布朗邀请了马瑟来投标这些专利，但同时也联系了其他的电气制造商。1888年4月末，他们向汤姆森·豪斯顿发出了专利出让提议，而查尔斯·A. 科芬让汤姆森审查这些专利。汤姆森致力于自己的交流电动机，并且总的来说反对购买外部发明者的专利，因此他建议汤姆森·豪斯顿不要购买特斯拉的专利。汤姆森认为特斯拉的多相专利价值不大，值不回所要的专利费。佩克接下来找到了西屋电气制造公司。我们已经看到，乔治·威斯汀豪斯是电气行业的后来者，并且他已决定把赌注放在交流电而不是直流电上。威斯汀豪斯和他的同事知道，只有当他们能提供一个交流电动机给中心电站公用设施客户时，他们才可能说服客户购买他们的交流设备。因此，西屋公司很可能就会是特斯拉专利的下家。"①

如前所述，威斯汀豪斯眼光独到，作为电气行业的后来者，他领导的西屋电气公司却后发先至，通过1885年赴欧洲购买变压器专利权，于1886年3月在布法罗建成美国第一个交流电照明系统而初尝甜头，并打响了载入史册的"电流大战"第一枪而名震行业。威斯汀豪斯当然会在前景无限广阔的交流电市场大施拳脚。此前，"威斯汀豪斯已经花1000美元购买了一个意大利发明家关于交流感应电动机研究成果的专利权"，但是，在获悉特斯拉的专利后，由于担心可能对特斯拉的发明专利构成侵权，威斯汀豪斯于1888年5月末派遣西屋电气的副总裁亨利·M. 毕勒斯比（Henry M. Byllesby）和总法律顾问托马斯·B. 克尔（Thomas B. Kerr）前往纽约考察特斯拉的发明。佩克让特斯拉在实验室向毕勒斯比和克尔展示了多相电动机，"毕勒斯比向威斯汀豪斯报告说电动机的运作似乎很令人满意。总的来说，毕勒斯比被打动了，并且他告诉威斯汀豪斯：'仔细想来，从我所能做的检查中判断，这个电动机很成功'"。基于此前的商业经验，"佩克知道他必须先虚张声势一番以便能从与西屋的交易中获得最好可能的结果。因此，当毕勒斯比和

---

① ［美］W. 伯纳德·卡尔森：《特斯拉：电气时代的开创者》，王国良译，人民邮电出版社2016年版，第96—97页。

克尔表达了为西屋购买专利的兴趣时，佩克告诉他们旧金山的一个资本家已经出价到 200000 美元另加每台安装的电动机每马力 2.5 美元的专利使用费。'条款实在荒谬，'毕勒斯比告诉威斯汀豪斯，'并且我这样告诉他们……我告诉他们我们不会把这件事想得那么了不起……为避免给人造成我对此事好奇心起的印象，我缩短了访问行程'"①。

和威斯汀豪斯的谈判堪称"专利权资本化的特斯拉模式"的经典之役，堪称精彩的 MBA 案例，对阵双方斗智斗勇，运用一切谋略来逼迫对手就范以达到自己的目的。显然，如此精妙复杂的商战韬略恰恰是特斯拉这个天才发明家无法理解且能够运用的，而这恰恰是佩克最擅长的。

尽管佩克漫天要价，毕勒斯比和克尔还是建议威斯汀豪斯买下特斯拉的专利以便能全面覆盖对旋转磁场原理的应用。然而，为了迫使佩克接受较低的价格，威斯汀豪斯决定派他的明星发明家沙伦伯格和小威廉·斯坦利去审查特斯拉的工作。或许他们能说服特斯拉和佩克，西屋技术实力雄厚，对方应退让一步。沙伦伯格于 1888 年 6 月 12 日参观了特斯拉的实验室，并且特斯拉向他展示了以四线运作的电动机。沙伦伯格很快就认识到，特斯拉不只是比他早八个月发现了使用旋转磁场的想法，而且还更进一步用这个原理做出了一台电动机。沙伦伯格无法动摇特斯拉和佩克，就回到匹兹堡，并敦促威斯汀豪斯买下这些专利。沙伦伯格回来后，斯坦利紧接着于 6 月 23 日也参观了特斯拉的实验室。②

佩克知道斯坦利是位交流电的先锋，而且相当自负，因此他担心斯坦利可能也在做自己的交流电动机。特斯拉后来解释说："佩克先生认为，斯坦利先生是会想象他也做出了那个发明的那种人，并很有可能与我起冲突。"为了应付斯坦利，佩克决定采取攻势，并指示特斯拉把多相和分相电动机都展示给斯坦利。这样做，就能还击斯坦利发明过比特斯拉更好的电动机诸如此类的说法。一俟到达自由街的实验室，斯坦利就迫不及待地宣称，"西屋的小伙子

---

① [美] W. 伯纳德·卡尔森：《特斯拉：电气时代的开创者》，王国良译，人民邮电出版社 2016 年版，第 100—101 页。

② 同上书，第 101 页。

们"已经开发出交流电动机,而且比特斯拉的还要好。特斯拉没有被斯坦利牵着鼻子走,而是静静地问他想不想看能以两根导线运行的电动机——特斯拉和佩克没有给毕勒斯比和克尔看的那一个。看到了这个电动机,斯坦利不得不承认特斯拉确实领先于西屋的工程师。"就我所知,沙伦伯格或我自己提出过的每一种形式的电动机特斯拉先生都已经试过了,"斯坦利向威斯汀豪斯报告说,"他们的电动机是我见过同类产品中最好的。我相信它比大多数直流电动机更高效。我也相信确实是他们发明出了最好的电动机。"佩克继续对西屋施压,他告诉斯坦利,他正要把专利卖给另一个买家。听到这个消息,威斯汀豪斯决定不再等了,就让克尔、毕勒斯比和沙伦伯格跟佩克和布朗谈出个协议来。①

历经了多月的博弈,"专利权资本化的特斯拉模式"即"专利—推介—出售的商业策略"终于开花结果,而且是累累硕果。特斯拉和西屋电气公司签下的这个合同成为特斯拉一生转让专利权收益最为丰厚的合同,特斯拉的发明专利卖出了一个空前绝后的好价钱。

1888年7月7日,佩克和布朗同意以25000美元现金、5000美元期票以及每电动机每马力2.5美元的专利使用费把特斯拉的专利卖给西屋。西屋保证第一年专利使用费至少5000美元,第二年10000美元,并且此后每年15000美元。此外,西屋公司还把在开发电动机过程中发生的所有费用报销返还给佩克和布朗。大概来说,这个协议意味着西屋公司十年间要向特斯拉、佩克和布朗支付200000美元。在整个专利存续期内(17年),特斯拉和他的支持者们至少可以坐收315000美元。虽然没有在合同中指定,特斯拉还是同意来匹兹堡,并向西屋的工程师分享他在交流电动机方面的所学。特斯拉没有把从西屋交易中获得的200000美元装在自己口袋里拍拍屁股走人,而是与佩克和布朗分享了收益。由于他们灵活处理了商务谈判并承担了开发电动机的所有财务风险,因此特斯拉给了佩克和布朗整个交

---

① [美]W. 伯纳德·卡尔森:《特斯拉:电气时代的开创者》,王国良译,人民邮电出版社2016年版,第101—102页。

易收益的 5/9，而自己保留了 4/9。用这种方式，特斯拉认可了佩克和布朗在开发交流电动机当中扮演的必不可少的角色。①

为了能把他设计的交流电动机投入生产，特斯拉于 1888 年 7 月赴匹兹堡协助西屋电气的工程师工作，在此期间，特斯拉对乔治·威斯汀豪斯这个魄力十足的企业家产生了无比钦佩之情。特斯拉给西屋的丰厚的回馈，在进行交流电动机的改进工作时"特斯拉也为西屋准备了专利，并于 1889 年提交了 15 个申请；就专利数量而言，这一年是他这个职业生涯中最多产的一年"②。凭借特斯拉的交流电技术，威斯汀豪斯和他的西屋电气在和爱迪生公司展开的"电流大战"赢得了最辉煌的胜利。

完成西屋电气那些令其乏味的烦琐工程后，特斯拉于 1889 年 8 月作为美国电气工程师代表团成员前往欧洲参加国际电气大会，他作为美国一流电气工程师的声誉进一步夯实。他的实验室规模也进一步扩大，而且雇用了多名助手为其工作。"在这段时间里，特斯拉的工作还是以佩克和布朗所组建的特斯拉电气公司的名义进行的。1890 年 3 月和 4 月，特斯拉又提交了三个交流电动机专利，并且算在公司名下；这是最后算在公司名下的专利，此后所有的电动机专利都由特斯拉本人所有。"因为对特斯拉而言最不幸的事情发生了，"佩克 1890 年夏天去世。尽管特斯拉在接下来几年里继续咨询布朗，然而布朗没能提供像佩克曾贡献于特斯拉交流电动机早期成功的那种精明的商业判断"③。合作伙伴佩克的离世使得特斯拉—佩克—布朗的三人组合不幸解体，这意味着："专利权资本化的特斯拉模式"即"专利—推介—出售的商业策略"也走向终结，事实证明，这一变故给特斯拉带来了非常严重的影响，特斯拉此后再也找不到如此优秀的商业导师和赞助人了，其结果是，特斯拉的"专利权资本化"道路开始走下坡路。

3. 坦然放弃巨额合约，助力"电流大战"赢得举世盛名

如前所述，在 19 世纪 80 年代展开的"交流电之战"中，特斯拉的

---

① [美] W. 伯纳德·卡尔森：《特斯拉：电气时代的开创者》，王国良译，人民邮电出版社 2016 年版，第 102 页。
② 同上书，第 103 页。
③ 同上书，第 106 页。

交流电技术专利和威斯汀豪斯的经营才能相结合最终大获全胜。因为威斯汀豪斯在购买特斯拉专利权时的慷慨和大度，以及可以预见的交流电的发展前景，特斯拉凭借这份含金量极高的合同应该实现财务自由。然而，由于1890年英国金融巨头巴林兄弟银行的破产风波严重冲击了美国的资本市场，加之西屋电气在获得特斯拉的专利之后扩张过猛导致负债过多、债主盈门而在1890年濒临破产危机（相关内容见第二章第二节"三 '科学技术资本化'深化的另外一个经典样本：威斯汀豪斯和他的西屋电气公司"）。资本市场突如其来的变故使得特斯拉"专利权资本化"的梦想破灭。新的投资人对奄奄一息的西屋电气公司提出了苛刻的重组条件。

华尔街的银行家奥古斯特·贝尔蒙特（August Belmont）组织了一个强势投资者构成的委员会来重组公司。按照特斯拉20世纪40年代的传记作家约翰·奥尼尔（特斯拉的第一个传记撰写人——引者注）的说法，支持财务重组的投资者们坚称，如果威斯汀豪斯想保留公司的控制权，那么他必须终止与特斯拉的合约，即停止对每台安装的发动机支付每马力2.5美元的专利使用费。奥尼尔称，投资者们坚持要求终止合约，是为避免向特斯拉支付数百万美元的专利使用费，而这笔钱本来可以支持他很多后续研究。[①]

然而，此说受到另外一位历史学家W. 伯纳德·卡尔森的质疑。卡尔森哈花费15年时间完成一部翔实而客观的特斯拉传记，并于2013年出版。他指出[②]：

然而，从1891年初的情况来看，特斯拉的专利使用费不太可能成为重组公司面临的主要成本。基于1888年与特斯拉、佩克和布朗合约的条款，西屋到1891年可能已支付了105000美元，其中特斯拉收到了大约47000美元。由于当时只有少量交流电系统能采

[①] ［美］W. 伯纳德·卡尔森：《特斯拉：电气时代的开创者》，王国良译，人民邮电出版社2016年版，第116页。

[②] 同上书，第116—117页。

用特斯拉的电动机,所以西屋只销售了很少的电动机,因而在1891年之前可能并没有支付大量专利使用费。此外,鉴于西屋的工程师们还没有解决特斯拉电动机设计的技术难题,威斯汀豪斯和银行家们都没有理由担心特斯拉的专利使用费会数以百万计。特斯拉电动机在19世纪90年代末确实被证明为商业上的成功,但在1891年初还没有办法预见到这一点。

相反,投资者们坚持让威斯汀豪斯终止与特斯拉的合约,更有可能是因为他们觉得威斯汀豪斯在开发新技术上花费了太多的金钱和精力。一位匹兹堡银行家便抱怨道:"威斯汀豪斯先生在实验室浪费了那么多,并且在他期望的业务方式和专利权上花钱太随意,如果我们对于他的增资要求听之任之的话,那么我们就要承担相当大的风险。我们至少应当知道他在用我们的钱做什么。"同时,贝尔蒙特组织的投资委员会想要在重组西屋公司的事物中享有更多的话语权。银行家们视威斯汀豪斯为一个"聪明而又多产的技工",然而为人不够老练,对于大额金融交易也缺乏理解,因此他们试图限制他的权力。这样的话,终止与特斯拉的合约的要求可能更多的是出于银行家们控制西屋的愿望,而较少处于对特斯拉专利使用费将达数以百万计的恐惧。

今天来看,卡尔森的质疑和评价更符合经验和逻辑。锱铢必较的银行家们对交流电技术和特斯拉的专利肯定不如威斯汀豪斯内行,他们唯一关心的是投资的安全。威斯汀豪斯作为资本家中的发明家,他当然懂得特斯拉专利的潜在价值和商业前景,但华尔街的银行家们肯定不如威斯汀豪斯内行。当然,威斯汀豪斯当初能够和特斯拉达成一个可能令特斯拉获取巨额财富的专利转让合约,还有一个更大的原因是:威斯汀豪斯也是优秀的发明家,他深知一项好专利的来之不易,签下这个合约也有惺惺相惜的因素在内。正如特斯拉的第一位传记作家奥尼尔指出:"威斯汀豪斯自身是一位一流的发明家,在与其他发明家打交道的过程中具有很强正义感。"[①] 另外,从商业常识判断,如果将来要给特斯拉

---

① [美]约翰·奥尼尔:《唯有时间能证明伟大:极客之王特斯拉传》,林雨译,现代出版社2015年版,第55页。

支付高昂的专利使用费，其前提一定是：依照特斯拉专利制造的产品销售火爆。其实，这是双赢，威斯汀豪斯签下这个合约并不吃亏。而且，依照签约前的情形，威斯汀豪斯非常不愿意看到被他看好的交流电技术被竞争对手横刀夺爱。遗憾的是，物是人非。当威斯汀豪斯失去对公司的控制权后，他只能屈从华尔街银行家的意愿。于是，双赢变成单赢，特斯拉注定成为利益受损方。

威斯汀豪斯极不情愿地找到特斯拉，请求他放弃合约以助其保留对公司的控制权。根据奥尼尔的描述，特斯拉大方地撕毁了合约，以示对威斯汀豪斯的忠诚。还有一点，特斯拉很可能就其专利由谁来控制而思考了自己的未来。如果特斯拉保留合约，那么他将与投资者们而不是与威斯汀豪斯谈判，而他们很可能不太倾向于花钱开发或推介他的发明。奥尼尔认为特斯拉更喜欢在非正式的基础上与威斯汀豪斯继续合作，并相信匹兹堡的巨头将继续以某种方式支持他。对特斯拉来说，个人间的忠诚比法定的合约更靠得住。[①]

特斯拉的专利权究竟值多少钱？奥尼尔认为[②]：

没有办法计算出特斯拉这份合同到底值多少钱？他的专利涵盖了交流电电力系统的方方面面，抽成可以从发电站设备和发动机中征收。那时，电力工业刚刚起步，没有人可以预测未来它带来的巨大商机（最新的数据显示，1941年有1.62亿座发电站，几乎都是交流电发电站。假设1891年至1941年之间，发电站的增速保持不变，那么1905年特斯拉第一批专利到期时，发电站的数量将为200万。这个数字显然太大）。

T.康默福德·马丁所做的一项关于美国中心电站的统计显示，1902年，工作中的发电站为162万座，1907年增至690万座。以每年成比例增速计算，1905年特斯拉第一批专利到期时，发电站

[①] [美] W. 伯纳德·卡尔森：《特斯拉：电气时代的开创者》，王国良译，人民邮电出版社2016年版，第117页。

[②] [美] 约翰·奥尼尔：《唯有时间能证明伟大：极客之王特斯拉传》，林雨译，现代出版社2015年版，第56—57页。

的数量应该为500万座。在这段时期，原本使用周期动力的制造商开始在工厂主装载发电机，开设独立的工厂。这些并不包括中心电站的数量，如果把它们也计算在内，那么发电站总数也许能达到700万座。若以每马力1美元收取抽成，特斯拉应该得到700万美元的报酬。除此之外，特斯拉的收益还包括以发电机电力带动的发动机。如果有三分之一的电能用于发动机，那么这将为他带来500万美元的额外收益，总计1200万美元。

总而言之，"即使非常精明的公司领导人，也难以说服他人放弃一份净赚数百万美元的合同，或劝说他接受减少数百万美元的条款"。奥尼尔记载了特斯拉向其描述的如下场景：

在位于南第五大道的实验室中，威斯汀豪斯再次和特斯拉会面。威斯汀豪斯并没有寒暄或道歉，而是直接解释了情况。

这位匹兹堡的富翁说："你的决定将关系到威斯汀豪斯公司的命运。"

特斯拉问道："假如我拒绝放弃合同，那你会怎么办？"

威斯汀豪斯回答："那样的话，你必须和银行家打交道，否则我没有任何资金来源。"

特斯拉继续问道："如果我放弃合同，你就能挽救公司并保留控制权，也就可以继续把我的多相系统向全世界推广吗？"

威斯汀豪斯解释说："我相信你的多相系统是电力领域最伟大的发现。正是我向世界推广它的过程中遇到了困难，但不论发生什么，我会坚持下去，继续原来的计划，建立全国性的交流电基础体系。"

特斯拉站直了身板，微笑着说道："威斯汀豪斯先生，你一直是我的朋友。你对我抱有信心，而其他人却不信任我；你毅然决定支付我一百万美元，而其他人却缺少这份勇气；甚至当你的工程师都不明白我们能理解的伟大事物时，你也支持我；你一直以朋友的身份和我并肩作战。我的多相系统能为人们带去的福利远比我获得的报酬重要。威斯汀豪斯先生，你会挽救你的公司的，然后生产出我的发明。这一份是你的合同，这一份是我的合同。我将把它们撕成碎片，你不需要再担心抽成的问题。这样可以了吗？"

特斯拉一边说一边将合同撕碎，然后扔进垃圾桶。由于特斯拉的大度，使得威斯汀豪斯能够返回匹兹堡，使用重组后新公司（现在它叫威斯汀豪斯电气及制造公司）的设备，完成他对特斯拉的承诺：将交流电系统推广到全世界。

特斯拉为这份友谊作出了巨大牺牲，历史上再也不会有事件能和它匹敌：特斯拉慷慨地免除了威斯汀豪斯1200万美元的收益，尽管威斯汀豪斯并没有从中获益。

奥尼尔作为特斯拉的崇拜者和传记作家，因为"晕轮效应"[1]而对特斯拉不吝溢美之词也在情理之中。但是，面对资本的霸道和强势，特斯拉深知：威斯汀豪斯能够给他的赏识和专利权收益承诺，银行家未必能给。权衡利害，也许把目标聚焦在更宏伟的理想上——在全世界推广交流电系统对发明家更有意义。一旦交流电推广成功，他就有理由相信，他会赢得财富。当然，特斯拉能够应威斯汀豪斯的请求而痛快毁约并放弃巨大收益，还有一个重要原因就是，"特斯拉正处在事业上升时期，他觉得自己不会辜负威斯汀豪斯，一定会成就威氏的电力帝国。这位塞尔维亚发明家自己对高频率电的研究刚刚开始，而其吸引人的秘密正在被逐步揭开。特斯拉和他热情忠实的崇拜者们……都坚信他的交流系统和马达会大放光彩，只不过正在起步阶段，像许多伟大的和赚钱的发明初登舞台时一样：电能还是个幼童，特斯拉决意要做它的开发者，向全世界揭开宇宙内部之隐形能量的秘密"[2]。

特斯拉痛失足以令其成为百万富翁的专利权一事，令后人愤愤不平而更加同情其遭遇，同时也赞叹其高尚的人品，令人敬仰。此事的

---

[1] 晕轮效应（Halo Effect）是由美国著名心理学家爱德华·桑戴克于20世纪20年代提出的。他认为，人们对人的认知和判断往往只从局部出发，扩散而得出整体印象，也即常常以偏概全。一个人如果被标明是好的，他就会被一种积极肯定的光环笼罩，并被赋予一切都好的品质；如果一个人被标明是坏的，他就被一种消极否定的光环笼罩，并被认为具有各种坏品质。这就好像刮风天气前夜月亮周围出现的圆环（月晕），其实呢，圆环不过是月亮光的扩大化而已。据此，桑戴克为这一心理现象起了一个恰如其分的名称——"晕轮效应"，也称作"光环作用"。见张淑华《社会认知科学概论》，光明日报出版社2009年版，第222页。

[2] ［美］吉尔·琼斯：《光电帝国：爱迪生、特斯拉、威斯汀豪斯三大巨头的世界电力之争》，吴敏译，中信出版集团2015年版，第258页。

价值在于，它生动地刻画了"科学技术资本化"进程中，科技与资本在利益博弈中所处的弱势地位，即：科技必须附丽于资本才能实现其抱负，而资本可以青睐科技并与之联姻以增强其追逐高额利润的手段。在这个不对等的游戏中，科技追逐资本时必须使出浑身解数赢得其欢心，而资本凭借其主宰性的力量随时可以抛弃它不认可的科技发明。一言以蔽之，在资本主义社会，资本是社会活动的主宰性力量。

西屋电气毁约之后，特斯拉再也不能指望来自西屋电气的专利使用费收入。加上此前佩克病故、布朗退出公司，特斯拉面临孤军奋斗的局面。"现在必须在新的发明中找出兴趣点以吸引投资者。遵循从佩克那里学来的'专利—推介—出售'商业策略，特斯拉提交了高压白炽照明两个美国专利申请，在英国、法国、德国和比利时提交了专利保护申请。在电气期刊发表了几篇文章，并于1891年上半年进行了第二个重要演讲。"1891年5月20日晚，特斯拉应纽约哥伦比亚大学法学院院长的邀请，做了一场魔幻版的电学实验，展示了神奇的无线照明技术，演讲的高潮是特斯拉运用他发明的"特斯拉线圈"（即震荡变压器）使25万伏特的高压电流穿过自己的身体而自己却毫发无伤。"跟1888年的演讲一样，特斯拉在哥伦比亚大学的演讲获得了巨大成功。《电气评论》指出：'所有参加了特斯拉先生周三晚上精彩演讲的人们，都会永远记得他们生命中的这次科学盛宴。'"美国的媒体甚至英国的媒体都纷纷报道这次演讲，认为"他的高频实验似乎展示了交流电是'电气技师心目中的黄金国'"。这场演讲"把特斯拉牢牢地确立为美国顶尖的电气发明家之一，而这一切距离他当初登陆纽约不过短短几年"。1891年7月，特斯拉正式入籍美国。同年7月的《哈珀周刊》评价道："特斯拉一举成名，跻身于爱迪生、布拉什、伊莱休·汤姆孙以及亚历山大·格雷厄姆·贝尔之列。回望四五年前，这位来自奥匈帝国暗淡边境山区的小伙子，在巴黎奋斗了一段时间之后登陆美国，那时他籍籍无名，一无所有，而今他的天才、训练与勇气终有所成。"[①]

1892年初特斯拉将其高频电力试验带到欧洲，在英法德奥巡回演

[①] ［美］W.伯纳德·卡尔森：《特斯拉：电气时代的开创者》，王国良译，人民邮电出版社2016年版，第117—119、115页。

讲半年多，再次引起轰动。此后，特斯拉开始痴迷于远距离传输电能的研究。19世纪90年代初期，欧洲的交流电技术运用非常广泛，甚至领先美国，"在开发交流电动机的过程中，特斯拉在英国和德国等几个海外国家提交了专利申请，然而未曾对欧洲电气制造商授予专利权，也没有对侵权者采取法律行动以保护其专利。卡尔·赫林在报道法兰克福电气技术展时说：'就谁是这系统［即三相交流电］的发明者以及谁有权使用它而言，在这里给人感觉不太好，但极有可能这系统是源于美国然而在这里被当作了公共财产'"①。缺少精通法律事务的商业推广的合作伙伴，特斯拉甚至不懂得如何保护自己的专利。尚未遭遇财务危机的特斯拉完全沉浸在他非常享受和科学世界里不能自拔，他开始忘记，"专利权资本化"对一个发明家的重要意义。1893年2—3月，特斯拉在美国费城富兰克林学会和圣路易斯的全国电灯协会（NELA）进行了两次极其轰动的演讲，在圣路易斯的演讲四千个座位的展览会剧场全部坐满，另外又有数千人涌入几乎挤爆会场，"大多数观众都是冲着特斯拉壮观的演示来的。座位供不应求，剧场外的黄牛票被炒到了三至五美元"。当20万伏特的高频高压电流穿过特斯拉的身体时，特斯拉变得光芒四射，他甚至让电流通过身体而点亮灯泡……以至于有许多观众被就惊吓得冲出会场，"以为是魔鬼在起作用"②。遗憾的是，缺少了商业伙伴的有效推介，特斯拉的演讲和令人震撼的电学实验未能有机和商业嫁接，科学变成魔幻，这无助于发明家必须解决的"专利权资本化"难题。

当然，令特斯拉欣慰的是，他慷慨放弃和西屋电气签订的专利权使合约产生了他期待的美好结果。威斯汀豪斯重获领导权的西屋电气公司在"电流大战"中连战连捷，在赢得1893年芝加哥世博会照明工程的订单后不久，又赢得尼亚加拉水电站的建造合同。威斯汀豪斯在履行他对特斯拉许下的诺言："在全世界推广交流电。"西屋电气的成功给特斯拉带来了巨大的声誉——也只有声誉而无丝毫的经济收益。

---

① ［美］W. 伯纳德·卡尔森：《特斯拉：电气时代的开创者》，王国良译，人民邮电出版社2016年版，第128—129页。
② 同上书，第156—157页。

在尼亚加拉瀑布发电厂所取得成功的带领下，美国和欧洲的公用设施业转向了多相交流电的使用；现如今，多相交流电已成为当今世界多数地区电力分配所用的标准电流。纽约的报纸着迷于尼亚加拉瀑布自然奇观被交流电的技术奇观所取代这一想法，因此对尼亚加拉发电站和特斯拉大加赞扬。非常可以理解的是，人们进而认为是特斯拉与西屋公司合作设计了这个新系统。尽管特斯拉并没有设计尼亚加拉所用的系统，然而他在瀑布开发一事中起到了深刻而又微妙的作用。特斯拉的确提出了使用多相交流电传输巨量电力的理念，并承担了帮关键决策者爱华·迪安·亚当斯理清想法的任务。通过与亚当斯的信件交流和会面，特斯拉只是提供了技术数据，还鼓起了亚当斯支持交流电所必需的信念和价值观。通过与亚当斯的通信和对话，特斯拉在使交流电被用于尼亚加拉乃至全球这一事中扮演了决定性角色。尽管记者们不一定清楚在说服亚当斯使用多相交流电的背后特斯拉付出了多少努力，然而他们确实认识到是他把使用多相交流电远距离发送大量电力的基本概念引入到了电气工程实践当中。《纽约时报》视尼亚加拉的开发利用为"19世纪无可匹敌的工程胜利"，并在1895年7月评论说："可能这个宏图大业故事中最浪漫的部分是这位令此事业成为可能的人中之龙的生涯……他出身卑微，几乎是在尚未完全年富力强之前，就已走到了全世界伟大科学家和探索者的前列，他就是——尼古拉·特斯拉……就算是现在，大众也更倾向于认为他是一位怪异实验效果的制造者，而不是一位务实致用的发明家。然而科学界和商业界人士却不这么看。在这些人那里，特斯拉受到了恰当的欣赏、尊重甚至可能是嫉妒，因为，对于那个耗费了最伟大电科学家们过去二十年时间与脑力的问题，他已向世人展示了一个完整的方案——换句话说，也就是成功地解决了电力远距离传输的问题。"因此，交流电在尼亚加拉的成功对于特斯拉建立其作为美国顶尖发明家的声望起到了重要作用。①

---

① ［美］W. 伯纳德·卡尔森：《特斯拉：电气时代的开创者》，王国良译，人民邮电出版社2016年版，第154—155页。

4. 盛名之下脱离实际的发明路,特斯拉的"专利权资本化"如何突围?

没有商业包装"点石成金"的推介,特斯拉的发明之路越走越偏,虽然一百年以后人们能够充分认识其价值,但这些非常超前的技术和设想是当时的人们难以接受的,这大概是脱离现实太远的天才注定的悲剧。

1893年以后,特斯拉把精力全部花在电力的远距离无线传输和无线照明系统研究上,11月,他给舅舅写信时称:"我刚刚完成了一项伟大的新发明!我在各方面都取得了圆满成功,除了钱。最终成功指日可待。"[①] 为了扩大影响力进而获得商业青睐,特斯拉想尽一切办法和著名媒体及记者、社会名流打交道,甚至马克·吐温也成为特斯拉的崇拜者。"1894年下来,特斯拉开始享受被更多的报纸报道。"这些公关无疑是成功的,"1894年6月,哥伦比亚大学授予特斯拉荣誉博士学位,随后耶鲁大学也跟着这样做了。随着报纸和技术媒体上日益增长的报道,加上可以示人的奖章和学位,是时候进行推广策略的下一步了,也就是成立公司以对其专利进行营销和许可"[②]。于是,特斯拉找到了亚当斯——尼亚加拉电力公司总裁,他曾经为水电站建设事宜咨询过特斯拉并听从了他的建议,对特斯拉的专业水平非常钦佩。在参观了实验室和看了几个演示之后,亚当斯同意推广特斯拉的最新发明。

1895年2月,在《电力工程师》杂志上出现了一篇短文,宣告尼古拉·特斯拉公司的成立,经营范围为"市场和销售机械、发电机、马达、电力设备等等"。该公司有着一大批一流的董事——爱德华·迪安·亚当斯和他的儿子欧内斯特、勤勉工作又雄心勃勃的威廉·兰金、特斯拉很久以前的资助者阿尔弗雷德·布朗、新泽西的查尔斯·科尼(Charles Coaney)以及特斯拉本人。[③] "董事们也计划发行股票以使资本达到500000美元。如果这种级别的资本全部被投资者认购,那么它定能提供特斯拉全力发展高频发明所需

---

① [美] W. 伯纳德·卡尔森:《特斯拉:电气时代的开创者》,王国良译,人民邮电出版社2016年版,第170页。

② 同上书,第182页。

③ [美] 吉尔·琼斯:《光电帝国:爱迪生、特斯拉、威斯汀豪斯三大巨头的世界电力之争》,吴敏译,中信出版集团2015年版,第360—361页。

的资金。然而，这对于进行商业规模的制造来说还是不足够的。因此，尽管声称将制造电气设备，但尼古拉·特斯拉公司看来只能算是推广策略中的一个棋子。一旦特斯拉的照明系统和振荡器完善起来，那么专利或整个公司将会被卖掉；特斯拉1892年对其电动机专利的欧洲专利权便曾这样做过。尽管亚当斯最终在特斯拉公司投资了大约100000美元，不过他非常可能并没有把自己看作投资者，而是把自己看作发起人通过把特斯拉的技术和其他人的钱组合成一家有吸引力的企业来谋利。亚当斯在华尔街做的正是这个——他擅长重组铁路和其他公司以吸引人们投资。"[1]

显然，在"专利权资本化"的实现形式上，特斯拉和亚当斯的想法是不谋而合的——他们仍然要沿用特斯拉上一个电气公司曾经成功使用过的方法："专利—推介—出售"商业策略。特斯拉显然不是一个喜欢琐碎制造工作的发明家，他曾经在威斯汀豪斯的工厂里体验过这种令他厌倦的感受，那样的事务性工作展示不出他的才华。看起来很美好的、由新股东组建且有新发明专利的特斯拉电气公司并没有如特斯拉和投资者所希冀的那样生意兴隆，"特斯拉和亚当斯一起等待其他投资者加入尼古拉·特斯拉公司，但没有人愿意入股。为什么在1895年前后没人接受特斯拉的发明呢？"究其原因如下[2]：

第一，美国宏观经济不景气导致电气行业萎靡。"在很大程度上，特斯拉是受阻于当时的经济状况。在1893年大恐慌之后的五年时间里，美国经济在衰退。19世纪90年代中期，不管是已有的电气制造商还是公用设施公司盈利都不是特别好。如果使用爱迪生直流白炽灯照明系统或西屋交流电力设备的公司都不赚钱，那么投资者为什么还要在特斯拉的下一代高频交流技术上冒险呢？"

第二，特斯拉的经营思路属于典型的墨守成规、刻舟求剑，缺乏与时俱进的变化。"问题一部分在于经济衰退，另一部分则在于特斯拉自己。既已为出售或许可其发明的目的创立了尼古拉·特斯拉公司，下一

---

[1] [美] W. 伯纳德·卡尔森：《特斯拉：电气时代的开创者》，王国良译，人民邮电出版社2016年版，第182页。

[2] 同上书，第183—184页。

步就应当是展示能很容易地把这些发明转化为商业上可行的产品。在这个阶段（通常被称为开发阶段），发明者必须知道什么时候从产生大量替代设计转移到专注于完善最有前途的版本。换句话说，发明者要从发散思维转换到收敛思维。对天才和普通人来说，发散思维都远比收敛思维有趣；把设备做得更可靠、高效和经济所需面对的困难，远没有梦想新的替代品来得更令人愉悦。"显然，特斯拉长于发明，而弱于制造。他的思路仍然固守"专利—推介—出售"的商业策略，如何制造出被企业家所接受的新产品是他不屑于亲力亲为的琐碎之事，而这恰恰是他的对头爱迪生最擅长的。

第三，特斯拉对他的专利发明缺乏专注性和聚焦性，即：把一个被业界认可的好专利变成一件功能卓越、能够解决企业家最操心问题的好产品。"我怀疑特斯拉在从发散思维到收敛思维的转换上确实有问题。"一位记者便注意到，"特斯拉思维中的一项显著才能是奔腾的直觉。你开始向他陈述一个问题或提议，你还没有说完一半，他就已经建议了六种处理办法和十种应对方法"。在19世纪90年代中期，特斯拉似乎扔掉了对开发来说最基本的工作。在他的演讲中，他从未满足于只是展示他的电灯的几个最有前途的版本；他感到必须展示一沓不同的变种。此外，每几个月特斯拉就会让记者参观他的实验室好让他们写一写他的最新发现。特斯拉很可能认为变种之多正传达了他的天才之处，但实际上这向投资者传递了错误的信息。如果投资者风险投资于一位发明者及其专利，他们需要确信发明者愿意着手从事为创建一个可营销产品所必要的细节工作。

第四，特斯拉的合作伙伴也不擅长经营制造业，没有与特斯拉形成合力互补的经营格局。"特斯拉的商业伙伴对于他在此时没能从发散思维转到收敛思维也有责任。在交流电动机的开发上，特斯拉在如何申请专利、推介及最终出售发明上严重依赖佩克的指导。不幸的是，佩克于1890年突然去世，而那时特斯拉刚刚开始高频交流电的工作。特斯拉的另一位早期商业伙伴布朗参与了尼古拉·特斯拉公司的事务，然而他似乎没有为特斯拉后来发明的开发提供重要的指引。亚当斯和兰金当然都是精明的商人，不过他们实在太忙了，而且他们的专长是在金融，而不是专利策略和工程。因此，没人能帮助特斯拉专注于少数选定的设计，并进而把它们大力推介给投资者和企业家。"

毫无疑问，失去了查尔斯·F. 佩克的特斯拉如同"断线的风筝"

再也不能掌握自己的命运。新公司成立不久，1895年3月13日，特斯拉在纽约的实验室被一场火灾毁于一旦，由于他没有买保险，经济损失惨重无比。"《纽约先驱报》报道说：'他十年辛劳的研究成果一夜之间化为灰烬。'他在实验室里已投入了8000—100000美元。"①"特斯拉最近几年挣了不少钱，但他几乎将收入全部用来弥补这次随烟而去的损失。"在他的新实验室重建之前，"特斯拉在最不可能的地方找到了应急之所——托马斯·爱迪生在西橙郡的巨大实验室。新闻界长期以来都将爱迪生和特斯拉，这一对美国最伟大的奇才，形容为势不两立的对手，但是在这危难关头，爱迪生非常大度地放弃了竞争，为悲痛的特斯拉提供了临时的工作场所"②。

5. 特斯拉寻找"风险投资"的坎坷和超越时代的科学梦想

自1893年开始，随着西屋电气在电力行业推广特斯拉的交流电技术大获成功——尤其是尼亚加拉水电站开始建设，使得特斯拉在科学界和电气行业也声望日隆，他开始致力于一系列超越时代的、他坚信的"革命性研究"，为顺利研发需要筹措巨额投资也成为特斯拉相当长时期必须绞尽脑汁都难以克服的难题。事实证明，这以后特斯拉的研究越来越超前、越来越脱离实用性，也越来越偏离时代需求，更加偏离了资本的需求。他倾注全部精力与才华进行的诸多研究没有把他带到更新的事业高峰，反而快速消耗了他在企业家、金融家和媒体心目中的信誉，特斯拉事业中的科技与资本联姻迅速开始走下坡路。

事实上，尼亚加拉水电站成功发电是"专利权资本化的特斯拉模式"的分水岭，此前，特斯拉及其合作伙伴致力的"专利权资本化"还算顺利，哪怕是1891年特斯拉和威斯汀豪斯解除专利权使用合约，特斯拉损失了巨额的预期财富，但是他凭借其非常实用的交流电技术，在赢得无限美名的同时也会给他带来一定的财富以支持他耗资巨大的科学研究。然而，尼亚加拉水电站成功建成之后，特斯拉由于缺乏能够为他把握正确研发方向的合作伙伴的指引，加之盛名之下的特斯拉越来越虚幻于他的各种美好想法而脱离现实——这一点，和当年爱迪生执着于直流电技术

---

① ［美］W. 伯纳德·卡尔森：《特斯拉：电气时代的开创者》，王国良译，人民邮电出版社2016年版，第191页。

② ［美］吉尔·琼斯：《光电帝国：爱迪生、特斯拉、威斯汀豪斯三大巨头的世界电力之争》，吴敏译，中信出版集团2015年版，第362—363页。

而坚决抵制交流电技术何其相似！爱迪生的固执己见使得他从电气行业的创立者败落，并于"电流大战"惨败而黯然出局；而特斯拉虽然赢得"电流大战"的胜利，但却没能沿着实用、贴近社会需求的研究道路走下去。最后也跌落神坛，被资本抛弃。这样的对比令人唏嘘连连。相较而言，爱迪生因为成功创建了属于自己的公司，而且擅长将科学研究的成果转化为实用的技术及产品而成为财富赢家。但特斯拉却因为一直没能建立起属于自己的企业——这也是他力所不能及之处，而无法主宰自己的命运，更无法赢得财富。上述因素导致特斯拉的科学研究在 19 世纪 90 年代以后陷入了理想主义的误区，他所有的科学研究都执着于自己所认定的价值和意义，而遗忘了社会现实需求，特别是资本的需求。

总之，"科学技术资本化"有一个重要的内在逻辑——解决经济发展中的技术问题。只有如此，科技才能赢得资本的芳心。

为了梳理 1893 年以后特斯拉所经历的研究坎坷——为了实现超越时代的科学梦而四处寻求"风险投资"的辛酸经历，特构建表 5.1 加以总结说明：

表 5.1　　　　1893 年后特斯拉主要的科学研究项目一览表

	时间	研究项目	申请专利	推广及运用	投资及回报
研究 X 射线①	1895—1896 年	发明 X 光摄影技术，拍出世界上首张人体"射线透视片"并发现 X 射线有害健康	无实用产品，未能申请专利	"没能做出商业上可行的 X 射线管"，中途转向其他研究	自己投资研究，无回报
研究无线控制自动机②	1897—1898 年	制造出无线遥控船并进行了多次成功的公众演示，获得媒体报道	1898 年 11 月获得美国专利权，1899 年在欧洲 13 国申请专利	他坚称此项发明能够终结战争。马克·吐温欲成为此专利的欧洲代理。但最后因美国海军不感兴趣无法推广，无果而终	获矿业工程师约翰·海斯·哈蒙德 1 万美元投资。但投资失败，无回报

---

①　[美] W. 伯纳德·卡尔森：《特斯拉：电气时代的开创者》，王国良译，人民邮电出版社 2016 年版，第 193—199 页。
②　同上书，第 199—210 页。

续表

时间	研究项目	申请专利	推广及运用	投资及回报
研究全球无线电力传输①	1895—1905年	1) 在科罗拉多斯普林斯建立实验站，让大功率发射器通过大地向远距离发送电流，发现电磁驻波（1899年9月）；2) 在靠近纽约的大西洋海岸的沃登克里弗建起实验室与一座高达56米的巨塔，准备进行具有工业价值的电力传输和即时通信	无实用产品，未能申请专利	设想在全球范围内传输信息和电力，首先是跨大西洋从美国向英国伦敦传输电力。可观数量的能量传输，将使无数机械能在世界各处良好运作	1) 来自约翰·雅各布·阿斯特四世上校3万美元投资（1898年，原来承诺10万美元用于无线照明项目）；2) J.P.摩根投资15万美元，资助无线电力传输研究（1901年3月），获得特斯拉专利权的51%；3)"1902年9月下旬，特斯拉和摩根合计了一个通过创建新公司募集资本的计划"——具体内容见表下面说明。上述投资没有任何回报
研究"世界电报系统计划"②	1902年	设想：在大城市建若干个发射站接受新闻并经由各接收器广播给客户，但研究不成功	无实用产品，未能申请专利	互联网的基础理念，对后人启发极大	
研究无叶片涡轮机③	1906—1916年	研究用于电力工业、汽车工业和航空工业的涡轮机	未能申请专利	因为材料技术不过关，他生前没有看到涡轮机被广泛运用	1913年获得J.P.摩根的儿子杰克·摩根2万美元借款资助，但无回报
研究粒子束武器和高能发生器④	1934—1940年	研究"向无阻挡的空中发射集中粒子束，用其巨大的能量摧毁几百英里外的敌机，令敌人的血液沸腾而死"	仅有设想，未能产品化，未能申请专利	向苏联和美国政府推销粒子束武器，均未成功。对后人研究激光武器和电磁武器等高能武器产生了启发	未获投资，没有回报

---

① [美] W. 伯纳德·卡尔森：《特斯拉：电气时代的开创者》，王国良译，人民邮电出版社2016年版，第219—277页。

② 同上书，第301页。

③ 1913年特斯拉向杰克·摩根兜售涡轮机计划，摩根借给特斯拉2万美元，分四期支付。但特斯拉的涡轮机研发也未获得成功。参见[美] W. 伯纳德·卡尔森《特斯拉：电气时代的开创者》，王国良译，人民邮电出版社2016年版，第27、330页。

④ [美] W. 伯纳德·卡尔森：《特斯拉：电气时代的开创者》，王国良译，人民邮电出版社2016年版，第339页。

第五章
科技与资本联姻历史进程中的异己力量

在上述科学研究中，特斯拉押上他的全部声誉和身家豪赌的项目是："全球无线电力传输"和相关联的"世界电报系统计划"。世纪之交，特斯拉终于盼到来自金融大亨的一笔巨额投资，这也成为他一生里能够获得的最大一笔投资，也是最后一笔投资。"1900年11月，特斯拉取得了一个幸运的突破。他得以会见华尔街最有权势的人，J. P. 摩根（1837—1913），并说服了摩根借给他150000美元以支持其无线工作。他建议他和摩根组建一两个公司来开发无线技术，而摩根在这些新企业中控制51%的股份，摩根在次年2月26日再次会见了特斯拉之后，同意了在协议中一起包含无线电报和照明。3月4日（美国钢铁公司宣布成立的第二天），摩根接受了特斯拉的协议信，并指示斯蒂尔在信中的空格处填入"150000美元"。特斯拉后来回忆称，这对摩根来说是"一项简单的交易"，150000美元的回报是摩根获得了特斯拉专利权的51%。涉及的金额对摩根来说可能也不算什么大数目。甚至不及摩根买一幅名画的花费多。事实上，特斯拉也承认，"摩根的参与主要是出于'仁慈'。因此非常有可能是，摩根视特斯拉为一个有趣的艺术家或学者，而视无线电报为一项有前途的研究事业。也正因此，摩根对于特斯拉的项目是否能取得商业上的成功反倒不是特别担心"。可是，特斯拉所要的帮助不仅仅是150000美元这么简单，他渴望的是如同十多年前佩克那样的商业导师的指点迷津。因此，"尽管特斯拉一定会很高兴从摩根那里获得了150000美元，但他没有从这个协议中得到他想要的一切。对于特斯拉来说，协议不应当是以150000美元出售专利权，而应当是组建公司和建立合作伙伴关系。在特斯拉看来，一方面他提供技术魔法，而另一方面摩根应当提供所需的金融天才，这样才能把他的无线技术转化为了不起的新事业。特斯拉可能希望的是，摩根能取代他在交流电动机时代的老赞助人佩克，也就是说，摩根能花时间了解特斯拉的梦想，培育其梦想，并帮助他把这些梦想与商业世界的现实问题关联起来。在签署协议时，特斯拉没有向摩根抱怨他们的协定，这或者是因为他得到钱太兴奋了，或者是因为他不想得罪这位伟人"[①]。

摩根除了投资，没有给特斯拉如他期望的商业方面的指点或帮助，

[①] ［美］W. 伯纳德·卡尔森：《特斯拉：电气时代的开创者》，王国良译，人民邮电出版社2016年版，第275—276、280—282页。

特斯拉便按照他的设想赴科罗拉多斯普林斯建立实验站,计划实现全球无线电力传输和信息传输。特斯拉的实验尚未成功,意大利工程师伽利尔摩·马可尼却于1901年12月率先实现了人类利用电力进行超远距离的无线电通信——第一次使无线电波越过了英国康沃尔郡的波特休和加拿大纽芬兰省的圣约翰斯之间的大西洋,距离为2100英里(3381千米),此举轰动了世界。马可尼的技术一向被特斯拉鄙视,而且,特斯拉早于此前向公众承诺的"全球无线电力传输"——其副产品就是超远距离的无线通信,迟迟没见结果。早在1899年5月,他就宣告,"我的实验已极其成功,而我现在相信我应该不仅能在(即将到来的1900年世界)博览会期间与巴黎进行无线电报通信,而且我还能在很短的时间内实现与世界上每一个城市的通信"[①]。

竞争对手的成功令特斯拉坐卧不安。为此,特斯拉决心"用'世界电报'还击"。1902年1月,他豪情万丈地"向摩根提议了一个'世界电报系统'的计划,在其中一众发射站会接收新闻并经由各接收器广播给客户。虽然特斯拉一定没有考虑过计算机、软件和分组交换这些万维网的必要组件,但其把所有新闻手机和传播到世界各地的基本思想,却预示着在20世纪90年代成为万维网建成的那些理念。世界电报的想法让特斯拉深感兴奋,但他也没有忽略电力广播的愿景,因为'可观数量的能量传输,将使无数机械能在世界各处良好运作'。为防止摩根犹豫不决要不要支持世界电报或在尼亚加拉的新电力传输站,特斯拉以自我夸耀结束了1901年1月的信。他提醒这位金融家是与一位带来技术革命的天才打交道:'摩根先生,现在支持我的不是一位所有时代最伟大的金融家吗?我会因为缺少这笔钱而与伟大的胜利和巨大的财富失之交臂吗?!我的成就难道不会为国家增光添彩吗?她的伟大与显赫中难道没有我的贡献,而我的发明难道没有对她的工业产生革命性的影响吗?摩根先生,这些都不是我空口说的,而是有真实的凭证'"[②]。

然而,特斯拉的真情和豪情没能打动摩根,美国不想再为特斯拉投

[①] [美] W. 伯纳德·卡尔森:《特斯拉:电气时代的开创者》,王国良译,人民邮电出版社2016年版,第269页。

[②] 同上书,第299、301、304页。

资了。"在 1902 年 4 月年度欧洲之旅动身前,摩根会见了特斯拉,并告诉这位魔法师说,他本人不想参与在尼亚加拉建一个新传输站或者建一个制造接收器的新工厂。然而,尽管摩根不想投自己的钱,但他表明他愿意帮助特斯拉通过重组尼古拉·特斯拉公司并发行新证券来募集资金。"希望并没有完全破灭,摩根准备用他擅长的方式帮助特斯拉。"1902 年 9 月下旬,特斯拉和摩根合计制订了一个通过创建新公司募集资本的计划。摩根在这里是真的在帮助特斯拉,因为投资银行家的本业就是组建公司和发行证券。特斯拉新公司的总资本是 1000 美元,将发行 500 万美元债券、250 万美元优先股以及 250 万美元普通股。为获取建立制造特斯拉所发明产品(可能是指接收器)的新工厂所需的运营资本,50% 的债券和股票将开放出售给外部投资者。另外 40% 的债券和股票会给特斯拉和他在尼古拉·特斯拉公司的旧同事因为该公司'已为完善发明产生过巨额费用'。对于自己的部分,特斯拉打算卖掉一些债券以偿还预借摩根的 150000 美元,但他还有意将自己收益的四分之一给一位同事(很可能是洛温斯坦),'因为我相信他的能力和正直,也因为他将与我齐心协力,一道在这次事关我们荣誉的事业中去赢取最大可能的成功'。剩下的 10% 新债券和股票没有公开发行,但摩根认为他因特斯拉转让给他的专利而应得这些剩下证券的三分之一。就像在其他股票发行上所做的一样,JP 摩根公司这次可能也是通过从卖给外部投资者的债券和股票所得中提成来赚钱的。"①

理想很美好,似乎天无绝人之路。但现实却很残酷!摩根的计划没能使特斯拉从纽约的社会精英那里筹措到任何款项。"但他已决定要在沃登里弗克继续干下去。他通过出售个人财产筹集了 33000 美元,从一家银行借了 10000 美元。他还零星从助手那里累计借了数千美元。不管怎样,特斯拉的欠债越积越多——他欠威斯汀豪斯 30000 美元设备款,他从电话公司拉了一条专线到实验室也还没付款,而詹姆斯·沃登也在起诉他不缴物业税。"特斯拉走投无路,只好再次写信向摩根求助,坦言:"我陷入了可怕的财务困境。但如果我能完成这项工作,我就能容易地证明经由我的无线系统,能把任意数量的先例在任何期望的距离上

---

① [美] W. 伯纳德·卡尔森:《特斯拉:电气时代的开创者》,王国良译,人民邮电出版社 2016 年版,第 305 页。

高效解决地传输……"他祈求摩根给他支持。但让特斯拉彻底绝望的是，摩根决定不再支持他，"1903年7月17日，他给特斯拉写了一个简短的便条：'我已收到你本月16日的信，而作为答复，我想说，我在目前不打算再做任何进一步的处置'"①。

那么为什么摩根1903年决定停止支持特斯拉呢？如果摩根再多给这位魔法师大概100000美元（也就是一幅早期大师的油画的价格），特斯拉就能完成对其想法的测试，而他转让给摩根的专利也可能会变得非常有价值。摩根也可以把这些专利出售或许可给能把这项技术商业化的人而获利。摩根拒绝继续支持特斯拉的原因其实并不复杂。他已经在这个项目中砸入了150000美元，并且特斯拉在1900年末承诺说是在六至八个月内就能完成跨大西洋传输而在一年以后完成跨太平洋传输。现在两年半的时间过去了，马可尼已完成跨大西洋传输，而特斯拉还没有提供关于其系统的任何证明。摩根很容易得出结论，不值得再在特斯拉身上冒险。②

显然，特斯拉如同天方夜谭般的跨洋无线电力传输计划，从技术角度而言，即使可行，从商业角度而言也不经济更无必要。当人类已经有能力在便于获取能源（水力和煤炭等）的地方建立发电站并通过电网把电力进行远距离输送时，跨越大洋的电力传输——无论是无线还是有线都无任何必要，因为此举的成本一定非常高昂。从技术角度而言，电力跨洋显然不如电磁波跨洋更有价值，马可尼依此成功实现了电磁波的跨洋的传输与接受，发明了无线电报，从而促进了人类通信技术的革命。遗憾的是，特斯拉研究用电来实现远距离通信虽然比马可尼更早一些，但他却犯下了贪大求全且脱离实际的致命错误，和一项载入人类史册的伟大发明失之交臂。

摩根退出投资后，特斯拉陷入空前的困境。

---

① ［美］W. 伯纳德·卡尔森：《特斯拉：电气时代的开创者》，王国良译，人民邮电出版社2016年版，第306—307页。
② 同上书，第305—307页。

因为现在主流的公共意见是反对他的。在过去的15年里,特斯拉在大众媒体中被视为伟大的电魔法师。职业工程师和科学家经常声讨他在小报中的声明并批评他的想法,但他们的观点似乎并没有影响特斯拉的声望。而现在,媒体和科学界都一致反对他。正如后来加入通用电气的一位工程师劳伦斯·霍金斯在1903年所写的:"十年前,如果在这个国家做一个民意调查,问谁是最有前途的电气技师,答案无疑会是'尼古拉·特斯拉'。而如今,他的名字至多只会引起人们感叹:可惜如此大好前途竟未能实现。十年间,科学媒体的态度从欣赏期望转到善意的玩笑,并最终转到怜悯沉默。"霍金斯继而挑战特斯拉发明了交流电动机的声称,列出了每一个特斯拉在19世纪90年代所做的而又未完成的预言,并对他在1901年在《世纪杂志》上的文章提出了激烈的批评。在霍金斯看来,特斯拉的衰落最终是由他的宣传弊病造成的:"即使是他早期工作……的辉煌,即使是其强势朋友的不懈努力——在商业利益驱使下放大和抬升其专利发明的价值,也不能保证他作为一个科学家所苦苦挣得的声誉免遭败坏。他自己过度的自夸已经把他定了罪。"面对这样的负面宣传,……特斯拉向摩根承认说:"我的敌人已经成功地把我树立成诗人和梦想家,因此及时推出某些商业化的东西对我来说是绝对必要的。"①

为了证明自己并完成沃登克里弗的伟大工程,特斯拉决定用2年时间培育新的投资者,但最后均遭遇无情的拒绝。可以肯定的是,特斯拉接触过的大量有实力的投资者是完全有可能在财务上支持他的,但他们为什么要拒绝特斯拉呢?

是特斯拉与摩根原始交易的结构把自己变得危机重重。(回想一下,是特斯拉而不是摩根起草了最初的协议。)作为对150000美元的回报,特斯拉把其无线专利权的51%转让给了摩根。特斯拉当然可以把剩下49%的专利权转让给新投资者并创建新公司,但新公司不能行使专利权,除非摩根同意合作。(为了获得垄断地位,专利只能由一

---

① [美] W. 伯纳德·卡尔森:《特斯拉:电气时代的开创者》,王国良译,人民邮电出版社2016年版,第312页。

家公司而不是两家竞争的公司来开发。）摩根一直向特斯拉保证，只要新投资者拿出新资本而他又能在新公司发行的股票中得到合理的部分，他会合作。需要再次重申，摩根也不是不想看到特斯拉的发明被开发——他只是不想再投自己的钱。然而对于新投资者来说，这看起来像一个糟糕的交易，因为他们要承担所有的风险（即投入新资本和发展公司），而摩根仅仅因为150000美元的早期投资就能享受可观的收益。投资者一定会想，他们这么努力就是为了摩根赚大钱？潜在的投资者一再问特斯拉："如果这是好事，那么摩根为何不帮你到底？"因此，无论特斯拉多么努力诉说无线电力的潜力，他还是无法说服新投资者，建立一个新公司的长期回报会大于短期风险。

问题再清楚不过，本来特斯拉凭借其残存的发明家声誉是可以有机会获得新的投资的，但是，从科技与资本联姻的技术角度而言，特斯拉当初自己拟定的、与摩根的一纸合约却让他陷入万劫不复的深渊。这个硬伤再度证明：特斯拉肯定是个伟大的发明家，但却严重缺乏商业头脑。科技与资本的联姻的一个规律是：资本必须"唱主角"。科技发明若不让渡控制权，资本断然不会参与其间。罗巴克－瓦特和博尔顿－瓦特，以及摩根控股的爱迪生通用电气公司莫不如此。但是，依此经验来评判特斯拉此时遇到的困境似乎出现了一个悖论：如果1901年初特斯拉与摩根签署无线电力传输包括无线电报和照明的投资合同中不给摩根控股权会怎么样？估计会有两种可能：一是摩根拒绝投资，这很正常，因为不符合商业惯例。二是摩根仍然投资，因为在他眼里这不是生意而更像是"做慈善"，如前所述，特斯拉也承认摩根参与此项目是出于"仁慈"，摩根视特斯拉为"有趣的艺术家和学者"，而不太在意此项目是否会在商业上取得成功。归根到底，问题的关键不在于摩根而在于特斯拉自己，他的盲目自大摧毁了他的所有梦想——不管这些梦想究竟是异想天开还是有其实现的可能。

1905年秋天，特斯拉在重重重压下精神崩溃，1906年才逐渐好转，而他的沃登克里弗塔也成为一个科学界最著名的"烂尾工程"。"尽管他又活了38年，但作为一个大胆创新者的职业生涯已经走到了尽头。"[①]

[①] ［美］W. 伯纳德·卡尔森：《特斯拉：电气时代的开创者》，王国良译，人民邮电出版社2016年版，第326页。

6. 破产与失意

特斯拉在杰克·摩根之后再也无法找到涡轮机的投资者，其财务状况再次陷入混乱。他被迫放弃在伍尔沃思大厦的办公室并换到了西40街5号更适合的场所。1916年，纽约市为收取935美元的补交税款把他告上了法庭，特斯拉不得不承认他的收入每月只有3040美元，仅够支付他的花费。他们的法庭对话如下①：

法官：你怎么生活？

特斯拉：主要靠赊账，我在华尔道夫酒店的账单已经有几年没付了。

法官：你还有其他判定欠款吗？

特斯拉：有很多。

法官：有人欠你钱吗？

特斯拉：没有，先生。

法官：你有珠宝吗？

特斯拉：没有，先生。我憎恶珠宝。

特斯拉解释说，他还是尼古拉·特斯拉公司的总裁和财务掌管人，但90%的公司股票已于1898—1902年间被抵押给银行家、债权人和朋友。虽然公司的专利组合中曾有200个专利，但大多数都过期了。为让公司继续下去，特斯拉已任命两个前雇员弗里茨·洛温斯坦和迪亚兹·布鲁特拉戈（Diaz Brutrago）为董事。法庭在得知他既无房产也无汽车之后，便任命了一位收受人来管理他的事务。

20世纪20年代期间，特斯拉靠着一些不太多的专利使用费度日，然而其财务困难没有丝毫缓解。"例如，在聘请了律师拉尔夫·J. 霍金斯（Ralph J. Hawkins）帮做一些法律工作之后，特斯拉没能支付他数额为913美元的费用，霍金斯被迫于1925年6月把特斯拉告上了法庭。出于《电气实验者》的编辑雨果·根斯巴克（Hugo Gernsback）的警告，如果让人知道特斯拉身无分文会是非常令人尴尬的，西屋公司才不情愿地于

---

① ［美］W. 伯纳德·卡尔森：《特斯拉：电气时代的开创者》，王国良译，人民邮电出版社2016年版，第333页。

1934 年同意把特斯拉作为'咨询工程师'放入薪水册中并每月支付他 125 美元的养老金。与之相比,通用电气支付给另一位年迈的发明家威廉·斯坦利每月 1000 美元津贴。"1921 年,法院因特斯拉长期未付酒店的账单而将特斯拉的沃登克里弗塔作为赔偿判给了华尔道夫–阿斯托利亚酒店,特斯拉长期住在这个纽约最豪华的酒店多年却无钱支付账单。特斯拉作为塞尔维亚人,为他的故乡南斯拉夫赢得了荣誉,"南斯拉夫的尼古拉·特斯拉学会从 1939 年开始给他每月 600 美元的养老金"[①]。"尼古拉·特斯拉活着看到了他的伟大发明、他送给人类的伟大礼物传遍了整个大地,正像他所渴望的那样,照亮了家庭、活跃了社会、振兴了整个国家。尽管晚年生活是艰辛而失望的,但永远是理想主义者的特斯拉说:'我不断体验着一种无法用文字来表达的内心满足,那就是我的多相(交流电)系统已被全世界所使用,减轻了人类的束缚并带去了舒适和幸福。'"[②]

1943 年 1 月 7 日晚,特斯拉在睡梦中安然离世,享年 87 岁。

(二)特斯拉的理想主义情怀

特斯拉的理想主义情怀成就了他伟大而毁誉参半的一生,也导致了他成为"科学技术资本化"深化期,科技与资本联姻的一个最经典的"异数"。之所以如此,是因为特斯拉的行为及其价值观违背科技与资本联姻必须尊重一条铁律:任何伟大的科技发明必须遵从资本的意志变成最为实用的商品和技术,促进社会生产,成为资本赢得高额利润的重要工具。就此而言,资本既现实又短视,尤其是科技想要联姻的对象是私人资本的话。"为了人类未来更美好的生活"之类的伟大理想,绝不是资本的心愿,也超越了任何一个资本家的思想境界。特斯拉的悲剧在于:他总想和习惯了声色犬马的风尘女子谈纯真的爱情。当然,特斯拉的绝大多数"超前发明"还有一个致命伤,即脱离现实需求和赖以实现的物质技术条件。

通过梳理特斯拉的一生,可以如此定义"特斯拉的理想主义情怀",它指的是:特斯拉在其天才发明家的一生中,其发明创造的目的不是为了发财,而是为了实现他所执着的那些改善人类生活、缔造人类

---

① [美] W. 伯纳德·卡尔森:《特斯拉:电气时代的开创者》,王国良译,人民邮电出版社 2016 年版,第 336、346 页。

② [美] 吉尔·琼斯:《光电帝国:爱迪生、特斯拉、威斯汀豪斯三大巨头的世界电力之争》,吴敏译,中信出版集团 2015 年版,第 428 页。

永久和平的梦想。特斯拉把这种崇高的、以人类福祉为出发点的价值观视为其发明创造的终极目标，可是，却遗忘了发明家的工作价值首先在于：解决眼前的问题才是为人类做贡献的千里之行最重要的第一步。总之，特斯拉是一个为遥远的梦想而生的伟大发明家，其卓越才华被无端空耗在不切实际的幻想中，而没有运用到解决现实问题的发明中。特斯拉拥有抬头仰望星空的情怀，但缺乏脚踏实地的精神。

特斯拉的理想主义情怀在发明家生涯中，随时随地在其言论中展现出来，使他有别于同时代任何一个发明家，而显得特立独行。

事例一：布法罗市为了庆祝尼亚加拉水电站建成，定于1897年1月中旬召开盛大的宴会来庆贺。特斯拉和尼亚加拉水电公司的大股东、高管以及西屋电气的两位首席工程师应邀出席。宴会上，宴会尾声，市长请特斯拉做最后致辞。"特斯拉开始用自己高亢的声调祝酒，他是谦逊的楷模，说他'几乎没有勇气向他们讲话'。然后，等到大厅里彻底静下来，特斯拉这个理想主义者强烈要求他的听众们要尊敬'使人类在任何场合和地位都工作的精神，不是为物质利益和酬金，而是为了成功，为了取得成功的乐趣和为了所做的事有益于他的同胞。'终于，人们等来了与这次重要的晚宴最匹配的祝词。人们疯狂地鼓掌，烟雾飞腾，有些人甚至没听见特斯拉说的：'有种人……被他们的研究所激励，他们的主要目的和兴趣就是汲取和传播知识，那些人能超越世俗，那些人的口号就是精益求精！'特斯拉和听众在这电力辉煌的一刻，都很陶醉，因为这位伟大的尼亚加拉电力的发明家，使晚宴的境界超越了那些钱商冷酷庸俗的层次。就尼亚加拉本身而言，如果不是特斯拉当初毅然放弃了那将近5万美元的专利权税，结果会怎样呢？"[①]

事例二：1899年5月，特斯拉想找几个事业俱乐部的成员展示第二条船。当贵宾们到来听他演讲的时候……在接下来的演讲中，特斯拉描述了他是如何构思这台自动机的，并强调了其终止战争的潜能。指出他的船看起来几乎就像活的一样，他进而详述了一番他对于人类思想、生命和思维的本质的哲学思考。[②]

[①] ［美］吉尔·琼斯：《光电帝国：爱迪生、特斯拉、威斯汀豪斯三大巨头的世界电力之争》，吴敏译，中信出版集团2015年版，第380—381页。

[②] 同上书，第210页。

事例三：1897年特斯拉制造出"无线遥控船"，很多人尖锐批评这项发明的实用性，曾经大力支持过他的《电气工程师》的主编T. C. 马丁是持建设性意见的批评者，特斯拉便在《电气工程师》的竞争对手《电气评论》和马丁展开论战，两人为此翻脸。马丁在他的杂志上发文评论道："在过去的一两年里，对我们来说，特斯拉先生所提出的想法已远远超出了实际的可能，而今天在他身后留下来一长串美丽而又未完成的发明。温和的批评和善意的微笑已不能为特斯拉先生提供早期助其成功并取得真实成就的那种恳切的支持，我们只是最近在努力表达我们的疑虑并敦促他完成其所承诺的许多令人向往或新奇的东西中的一两个。我们相信这才是真正的友谊。"特斯拉显然听不进这些忠告，其结果是"友谊的小船说翻就翻"。①

事例四：1893年5月1日，历史上规模最大的工业博览会芝加哥博览会成功举办，特斯拉的交流电技术经过威斯汀豪斯的西屋电气公司的成功商业化运作而享誉业界，此举对于特斯拉的理想主义至关重要。"在世界博览会，乔治·威斯汀豪斯和尼古拉·特斯拉有机会让各种共享他们那廉价电能的伟大梦想，勾画出即将形成的光辉灿烂的电力世界的草图，那时，电能将是便宜和万能的，永远在变化——变化方式太大以至于无法想象——人们如何驾驭物理世界，怎样度过每日的业务，如何工作和休闲，都在这里得以呈现。在这里，成千上万的人可以亲眼看到，发电机怎样让人们以及他们的牲畜伙伴摆脱了长期以来的沉重的体力劳动，还有电灯是怎样照亮了他们的房屋。"② 这个了不起的成就激发了特斯拉欲研究全球无线电力传输的伟大梦想。1899年他设想："不只能做到像任意距离无线发送电报消息，而且还能做到把人类语音的微弱调制信号传遍全球，还有就是，把无限量的电力几乎无损耗地在地球上传输任意距离。"③

1900年1月，结束了科罗拉多的实验后，特斯拉得意扬扬地回到纽约，"他对于可以不用线就把电力传输到全球这一发现心满意足"。

---

① ［美］W. 伯纳德·卡尔森：《特斯拉：电气时代的开创者》，王国良译，人民邮电出版社2016年版，第207—208页。

② ［美］吉尔·琼斯：《光电帝国：爱迪生、特斯拉、威斯汀豪斯三大巨头的世界电力之争》，吴敏译，中信出版集团2015年版，第304页。

③ ［美］W. 伯纳德·卡尔森：《特斯拉：电气时代的开创者》，王国良译，人民邮电出版社2016年版，第243页。

第五章
科技与资本联姻历史进程中的异己力量

但是,如何用他的伟大发明去打动投资人,这是个难题。在游说威斯汀豪斯和约翰·雅各布·阿斯特上校失败后(前者借给他一笔钱,但不愿投资)。特斯拉只好转向传媒来推广自己的宏伟计划,"他撇弃了科学媒体,转而在报纸和大众杂志中推介其计划。在《世纪杂志》上的文章是他向全世界展示其工作重要性的一个机会。特斯拉一如既往地写道:'我知道这篇文章将成为历史的一页,因为我第一次要把我或他人先前从未尝试过的结果带给全世界。'这篇文章的题目是《增加人类能量的问题》,特斯拉在其中解释了能量和技术在人类历史进程中的作用"。此文刊登于6月份,长达36页之多,配有特斯拉在科罗拉多做实验的大量照片,梦幻的照片非常令人印象深刻。同时在文章中宣称,他"决心找出人类发展的规律,并从机械和数学的角度进行思考。究其知道人类发展规律,特斯拉提出了公式:$E = 1/2mV^2$,其中 E 是总的人类质量,m 是人类的质量,而 V 是人类变化的速度。虽然这些变量是假想的,但对特斯拉来说重要的是这个公式中所体现的关系"[①]。

特别是,这个公式告诉特斯拉,通过三种方式人类的能量可能会被扩大:通过增加人类的质量(即改善社会)通过消除阻碍人类的力,以及通过提高人类变化的速度(即进步的速率)。特斯拉在文章中对这三种方式都进行了相当详细的讨论。

为增加人类的质量,特斯拉认为有必要注意公共健康、教育以及纯水和有益健康食物的获取,并且抑制赌博和吸烟。他尤其关心大多数城市居民的生活节奏问题。为改善水质,特斯拉提倡用电子振荡器产生的臭氧来杀菌。为扩大食物供应,特斯拉推荐素食主义,并描绘了如何利用电力从大气中获取氮以生产廉价肥料。

至于妨害人类质量的力量,特斯拉列出了愚昧、欺诈和战争。为消除战争,特斯拉详细描绘了他的无线控制船,以及他如何用电磁振荡器给船只和其他设备提供一个"借来的大脑"。特斯拉认为,作为一个新领域(遥控自动机)的开辟的代表,无线控制设备的稳步发展将导致战争会由机器进行并少有人员伤亡。特斯拉写道,遥控自动机

[①] [美] W. 伯纳德·卡尔森:《特斯拉:电气时代的开创者》,王国良译,人民邮电出版社2016年版,第268、270—275页。

的出现,"在战争中引入了一个之前从未有过的新元素作为攻击和防御手段的无人战斗机器。在这个方向上的持续发展最终必将使战争成为单纯的无人机器的比赛,也不会有生命损失——要是没有这个新领域的开辟,上述情形将会是不可能的,而在我看来,上述情形也是必将达到的永久和平的第一步"。事实上,特斯拉相信未来的无线武器将会变得相当强大和危险,那会促使人类宣布战争为非法。

为提高人类变化的速度(为加速进步),特斯拉希望能利用更为大量的能量。特斯拉认为地球上几乎所有可获得的能量都来自太阳,他相信人类可以利用大量的太阳能量并将之转化为廉价的电力。在众多产生电力的方法中,特斯拉讨论了风车、太阳能锅炉、地热能源、水力发电站和理想热机。随着电力变得更加丰富,他相信电力将会彻底改变钢铁的生产,这是因为廉价电力可被用于将水电解为氢气和氧气,其中氢气可作为高炉的燃料,而氧气可作为副产品出售。同样让特斯拉兴奋的是电在制铝中的潜在可能运用,因为用电可以很容易地冶炼铝。特斯拉知道所有这些廉价电力都需要被有效地传输,因此上述描写也就为他介绍能量的无线传输计划做好了铺垫。在最后的章节中,他描述了他在科罗拉多的发现,以及对于无损耗地向全球发送电力和消息的预想。特斯拉绝对相信无线电力的重要性,并以歌德的一首诗结束他在《世纪杂志》上的文章:

  我想象不出还有[其他]技术进步会比这个更趋向于有效地把人类的各种要素联结起来……它将会是加速提高人类质量的最好的方式……

  我可以预料到,对这些结果没有准备好的[有些人]……会认为它们离实际应用还很远……[然而]科学人士的着眼点并不在立即的结果。他并不预期其先进理念能被欣然接受。他的工作就像是一个种植者——他为未来工作。他的职责是为后来者奠定基础,并指明道路。他像这首诗里所说的那样生活、劳作并满怀希望:

  耕耘,双手的每日之计!
  乐无极,当日课已毕!
  自策勿怠勿嬉!
  这不会是虚梦一场:

莫道眼前秃枝无模样，

他日浓荫硕果两可期！

整个 1900 年夏季，特斯拉《世纪杂志》上的文章在大众媒体中引起了极大的兴趣，其摘录也出现在了欧洲和美国的报纸和杂志中。而在科学界，这篇文章不出意料地招致了怀疑。在给《大众科学月刊》的一封信中，署名"物理学家"的来信者咆哮说，应该保护公众免受"这种对科学事实的荒唐猜测"。

所谓"诗言志"，特斯拉将自己比喻为一名辛勤的园丁，他在倾注心血打理一个科技创新的"百花园"，园中一株株幼苗将来会成为参天大树，虽然其价值未为人知，其中就有特斯拉的"全球无线电力传输计划"，它象征着特斯拉理想主义发明家穷其全部精力和智慧所欲攀越的巅峰，不幸的是，特斯拉不仅失败，而且因此坠入万丈深渊。今人如何看待特斯拉的理想主义？对于科技与资本联姻的规律有着精深研究的吴军如是评价：

特斯拉一辈子除了像疯子一样一头扎进发明中，还不得不花很多时间和精力去找投资——不是为发财，而是为了实现他那些改变人类的梦想。事实上特斯拉的一生筹集到了很多资金，当然，由于他的想法过于超前，并且很多从理论上讲并不可行，这些投资最后都没有见到结果。最终所有的投资人都退却了，只剩下他一个人依然带着情怀和幻想，走完了 87 岁高龄的人生。很难讲特斯拉的一生是成功还是失败，虽然他发明了交流输电和很多其他改变我们生活的东西，但他却没有像同时代的另一位发明家爱迪生那样名利双收。Google 的创始人拉里·佩奇青年时在读完特斯拉和爱迪生的故事后，决定今后要做爱迪生而不是特斯拉，因为在他看来，没有财富是无法支持梦想的，这代表了今天很多有情怀的企业家的想法。然而，我们这个世界在需要爱迪生的同时，也需要特斯拉这样的人。我有时把硅谷的成功里面关于人的因素归结为同时具有了三种人——梦想家、工程师，以及连接他们的企业家和投资人。硅谷的成功首先需要有梦想家，因为人没有想到的事情是不可能做到的。在硅谷，伊隆·马斯克和谢尔盖·布林就属于这种人。当然，最后实现梦想家们的设想，一定需要很多脚踏实地的工程师长期不懈的努力。而企业家和投资人，则起到了调度和组织社会资源，将梦想家的想法赋予工程师们来实现这个桥梁的作用。这三种人完美的结合，创造出了硅谷的奇迹。特斯拉的时代已经远离我们而去，但他的理想和情怀鼓舞着一代代年轻人利用自己的知识来改善人类的生活，为后世传递文明之光。①

吴军道出了科技与资本联姻的重要规律：掌握创新科技的发明家必须拥有两个重要特质：第一，梦想特质，即他的科技发明能够造福人类。这是抬头仰望星空的崇高理想。第二，工程师特质，即他必须把科技发明产品化、实用化，这是脚踏实地的实干精神。具备上述特质只是"科学技术资本化"的必要条件，"科学技术资本化"能够成功，还离不开慧眼识珠的企业家和投资人，他们是"科学技术资本化"的充分必要条件，因为只有他们才能够"点石成金"，让科技发明与资本结合并产生催化反应去创造财富。就此而言，梦想家、工程师和企业家/投资人构成一个三足鼎立的关系——"三点决定一个平面"，缺少任何一个支撑，科技与资本的联姻必然失败。显然，这个规律在爱迪生、特斯拉和威斯汀豪斯身上体现得非常典型。爱迪生和威斯汀豪斯在科技与资本联姻过程中都具备了上述三个条件，所以他们的成功绝非偶然。反观特斯拉，在其"专利权资本化"的进程中，其阶段性的成功都是三个条件同时得到满足，如交流电专利技术的成功产品化和实用化。而他大部分时间的失败都是必然，如"全球电力无线传输计划"就缺失了一个必要条件：工程师特质，即特斯拉没有办法将他的梦想变成一个实用的产品，从特斯拉时代的科学水平而言，无线传输电力的计划超越了当时人类的科技能力。但是在今天，人类已经实现在有限距离运用无线方式传输电能，如智能手机无线充电技术，特斯拉的理想部分实现昭示了他的科学预见性。在特斯拉的时代，利用电流来传递信息是可行的，如无线电报。而特斯拉却好高

---

① [美] W. 伯纳德·卡尔森：《特斯拉：电气时代的开创者》，王国良译，人民邮电出版社2016年版，"推荐序：这个世界需要特斯拉"，第 vi—vii 页。

鸳远错失了发明无线电报的机遇,这是他缺乏脚踏实地精神和思想太过超前的体现。

总之,缺少产品化的重要环节,哪怕特斯拉能够暂时吸引到投资,也不能成功。可以说,资本的三大本性——逐利、创新和垄断决定着"科学技术资本化"必须沿着实用、实效的方向前进,任何偏离航向的科技研发都可能被资本鄙弃,特斯拉的经验和教训值得后人深思。

三 "科学技术资本化"深化期科技与资本联姻不同模式的综合比较:"异数"与常态

综合前文,通过全面梳理爱迪生、特斯拉和威斯汀豪斯三人在电力革命进程中,实现"科学技术资本化"深化即"专利权资本化"的不同路径,可以为深入认识科技与资本联姻的规律提供有益的探索。见表5.2:

表5.2　　深化期的"科学技术资本化"不同模式比较:爱迪生、特斯拉和威斯汀豪斯

	发明专利来源	与资本联姻的形式	盈利模式	社会身份和性格特征	形象比喻和工作方法	成效评价	历史意义	共性特征
专利权资本化的爱迪生模式	爱迪生的发明,或源于"爱迪生发明工厂"	爱迪生与投资者共同组建股份公司,货币资本出资人控股并负责经营,爱迪生负责研发,共担风险,共享收益	利用自己的专利制造新产品赢得市场,获取利润,同时也向相关厂商发放许可或者出售专利权获取利润	社会身份:发明家中的资本家。性格特征:沉静专注、不喜交际、生活简朴、财商极高	养鸡生蛋。拥有卓越的管理才能,招聘优秀发明家和技工为其工作	最完美的"科学技术资本化",促进了科技进步和生产力发展	对爱迪生:名利双收,名垂青史	货币资本指挥"专利权资本"。"科学技术资本化"即"专利资本化"进程中,资本是主宰者。资本主义添加下,任何伟大的科技发明一旦离开资本的青睐和哺育,都将束之高阁,一事无成

续表

	发明专利来源	与资本联姻的形式	盈利模式	社会身份和性格特征	形象比喻和工作方法	成效评价	历史意义	共性特征
专利权资本化的特斯拉模式	特斯拉独立发明	寻找深谙商道的优秀合作伙伴来帮助他把"专利权资本"转化为货币资本，共担风险，共享收益	采用"专利—推介—出售"的商业策略出售专利获利，利用收益进行新一轮研发	社会身份：理想主义发明家。性格特征：智力超群，爱浮夸善推销，富于幻想，喜欢奢华生活，不善理财①	买鸡生蛋。基本上是单打独斗，也雇用技工担任助手，但助手能发挥的作用有限②	有缺陷的"科学技术资本化"，促进科技进步和生产力发展，但大多数发明均失败	对特斯拉：不再是名利双收，而是收获盛名远超收获财富，但因其伟大发明而名垂青史	货币资本指挥"专利权资本"。"科学技术资本化"即"专利资本化"进程中，资本是主宰者。资本主义添加下，任何伟大的科技发明一旦离开资本的青睐和哺育，都将被束之高阁，一事无成
专利权资本化的威斯汀豪斯模式	大量收购别人的专利，不惜重金	亲自经营公司，以强有力的商业策略促成发明专利转化为市场需要的产品，系"爱迪生模式"的扩展版	大量收购别人的专利制造产品赢得市场，获取利润，同时也向相关厂商发放许可或者出售专利权获取利润	社会身份：资本家中的发明家。性格特征：敢于冒险，坚韧，深谙商道，对新商机敏锐	卖鸡获利。雇用优秀的发明家为其工作，如沙伦伯格和小威廉·斯坦利	比较完美的"科学技术资本化"，促进了科技进步和生产力发展	对威斯汀豪斯：名利双收，名垂青史。他虽然最后失去了公司，但不影响其伟大	

---

① 特斯拉的传记记载，特斯拉一生吃喝穿戴及居住都追求奢华极致，灰色的羊皮手套只戴一周就扔掉，所有衣服鞋帽都是定做，手帕使用一次就扔。他食不厌精，每次进餐必须换新桌布，而且要用掉20多张餐巾纸。他一生绝大多数时间都住豪华酒店，如纽约的华尔道夫。见［美］约翰·奥尼尔《唯有时间能证明伟大：极客之王特斯拉传》，林雨译，现代出版社2015年版，第207页。特斯拉生活奢华，可是自己却无力支付所有费用，不会理财、不知节俭，更不懂得量入为出，最后坐吃山空，负债累累，连酒店的住宿费用都无力支付，并为此屡吃官司。

② "跟爱迪生一样，特斯拉也有十几个或更多对他忠心耿耿的技工；但他工作的本质和他所要解决问题的难度，使得助手们对他所能提供的帮助，跟爱迪生的伙计能帮到爱迪生的没法比。"见［美］W. 伯纳德·卡尔森《特斯拉：电气时代的开创者》，王国良译，人民邮电出版社2016年版，第193页。

表5.2揭示，在"科学技术资本化"深化期，"专利权资本化的爱迪生模式""专利权资本化的特斯拉模式"和"专利权资本化的威斯汀豪斯模式"的综合比较。作为电力革命时期，科技与资本联姻的典型样本，爱迪生、特斯拉和威斯汀豪斯所经历的发展历程各具特色，都有其成功的一面，也有无法克服的局限性。从中可以总结的规律是：在科技与资本联姻的进程中，资本始终是主宰者，因为资本最现实，盈利是其青睐专利权的出发点。资本考虑的是：如何凭借专利权来垄断市场？而专利权唯一能够吸引资本注意力也在于此。在货币资本和"专利权资本"相互追逐的博弈中，为了避免因为信息不对称和对方失之交臂，发明家需要用能够吸引资本家方法来推介其发明专利，而资本家需要用能够激励发明家的机制来促成两者联姻。他们之间最大的利益交集毫无疑问，就是携起手来，创造更多的财富。历史经验表明，如果一个发明家不屑于为了创造财富去进行脚踏实地的各种努力，甚至对金钱有偏见，那他注定会被资本抛弃。这是资本主义的铁律。就此而言，爱迪生和威斯汀豪斯是成功的，而特斯拉却是科技与资本联姻的失败者。当然，如果不以财富论英雄的话，特斯拉对后世的影响力之大却是爱迪生和威斯汀豪斯无法企及的。

表5.3进一步比较了爱迪生、特斯拉和威斯汀豪斯的代表性发明专利及其影响：

表5.3说明，与爱迪生和威斯汀豪斯相比，"专利权资本化的特斯拉模式"对特斯拉的意义不再是名利双收，而是收获盛名远超收获财富，特斯拉也因为他的伟大发明而名垂青史，但终其一生，并没有实现他为之奋斗的目标而令人扼腕长叹。特斯拉代表了"科学技术资本化"深化期科技与资本联姻的"异数"，而爱迪生和威斯汀豪斯则是"科学技术资本化"深化期科技与资本联姻的"常态"。前者属于"非正常状态"，后者才是合理合法的状态。

科技与资本的联姻之旅
——当代资本主义变迁中的"科学技术泛资本化"研究

表5.3 "专利权资本化"及其影响：爱迪生、特斯拉和威斯汀豪斯的代表性发明专利（部分）

	代表性专利发明	功能及运用	对发明者或专利拥有者的价值	影响及评价
爱迪生①	四工电报机（1874）获150项专利	极大提升了电报效率	拥有1093项发明，且几乎所有发明都成功进行了商业化推广并制造出实用的畅销产品。爱迪生因此从一文不名的穷小子变成千万富翁，而且成为电力革命时期美国最伟大的实业家，创办了很多公司，大部分公司都很成功	"他开创了至少三种工业——电气、电影和音乐娱乐业——每种工业产值都是几十亿美元。这就是我们现代文明的基础。"
	炭精话筒（1877）获34项专利	极大改进通话质量		
	白炽灯（1879），获389项专利	人类照明的革命		
	直流发电机及电站系统（1881）	人类能源革命		
	留声机和唱片（1878），获195项专利	开创了音乐娱乐业		
	磁力筛矿器（1899），获62项专利	促进了采矿业		
	水泥生产工艺（1900），获40项专利	促进了建筑业发展		
	电影放映机（1896），获9项专利	开创了电影工业		
	可充电的碱性蓄电池（1909），获141项专利	发明了储能技术，开创了电池工业		
特斯拉	弧光灯照明系统（1886），获专利	广泛运用于工业、商业照明	与爱迪生的白炽灯照明系统相抗衡	载入史册，奠定了全球电力行业的标准
	多相交流电动机（1888），获专利	广泛运用于交流电站建设以远距离输电	拥有111项美国专利，但是由于缺少赞助人，使大多数发明要么只停留在纯理论阶段，要么就是未能发展成为有商业价值的产品②	
	特斯拉线圈/震荡变压器（1890）高频交流发电机、高频白炽灯（1890），获专利	广泛运用于交流电站建设以远距离输电		

---

① ［美］哈罗德·埃文斯、盖尔·巴克兰、戴维·列菲：《美国创新史》，倪波、蒲定东、高华斌、玉书译，中信出版社2011年版，第140、159页。
② ［美］吉尔·琼斯：《光电帝国：爱迪生、特斯拉、威斯汀豪斯三大巨头的世界电力之争》，吴敏译，中信出版集团2015年版，第422—423页。

续表

	代表性专利发明	功能及运用	对发明者或专利拥有者的价值	影响及评价
威斯汀豪斯	交流变压器专利权（1887年赴欧洲购得）	广泛运用于交流电站建设以远距离输电。并且，借助交流电技术，于1905年研制出铁路干线电力机车	他发明、购买及旗下企业研发了大量专利，使西屋电气公司成为电力行业巨头，威斯汀豪斯也成为千万富翁，个人积累了巨额财富	成功推广了交流电，赢得了电流大战的胜利，成为铁路电气化开拓者
	多相交流电动机（1888年从特斯拉电气公司购得）。其公司拥有400多项专利（见第二章第二节之三）			

曾被"《财富》杂志推荐的75本商业必读书之一"、洋洋百余万字的《美国创新史》作者、著名历史学家哈罗德·埃文斯系统梳理了"美国两个世纪以来最著名的53个伟大创新者"的生平事迹后指出[①]：

> 改变历史的创新者多具备一种救赎的品德，人数之多，令人惊讶。他们想改善我们的生活，想把从前上层社会才能享受的产品和服务提供给所有人。有人可能会说这是浪漫的臆想，那些大众化的推行者不过是为了争取高额利润才去迎合普通人。当然，这些人服务大众的目的绝不是为了让自己受穷，但根据我对这些创新人士生平的研究，他们的动机并不总是赚钱。他们各有追求——毫无疑问，罗伯特·富尔顿（世界上第一艘进行商业运营的蒸汽船的发明者——引者注）多年来依赖他人为生。亨利·福特若是为了钱，他就该按照合伙人的需求制造汽车，这会让他在早年赚到更多的钱。贾尼尼（全美第一大银行家，美洲商业银行创始人——引者注）尽一切可能来避免个人财富，他深受家庭早年的争斗带来民粹主义的鼓舞。成为上帝的代言人，服务全人类是摩尔斯（电报发明者——

[①] [美]哈罗德·埃文斯、盖尔·巴克兰、戴维·列菲：《美国创新史》，倪波、蒲定东、高华斌、玉书译，中信出版社2011年版，第IX—X页。

引者注)、维尔、刘易斯·塔潘（Lewis Tappan，提供商人信用评级信息)、西奥多·朱达（Theodore Juda，提出在高山峻岭修建铁路)、奥尔森和马萨·玛蒂尔达·哈泼（Martha Mathilda Harpo，美容业）等人的最终愿望。约翰·沃纳梅克（John Wanamaker，美国百货店之父——引者注）忠于基督教的道德范畴，他一改南北战争前通行的讨价还价的习俗，在他著名的费城百货商店明码标价，童叟无欺。我把创新者称为大众化的推行者，他们有利他精神，但无疑也掺杂了虚荣心，还渴望成为受赞美的施恩者，渴望得到同行的认可。有这种复杂的想法并没有错。对于爱迪生和埃德温·阿姆斯特朗（无线电调频广播技术发明者——引者注），满足科学探索者的好奇胜过一切；对于约翰·菲奇（John Fitch，蒸汽船），他要得到社会的认可；对于C. J. 沃克夫人（C. J. Walker，美容护理），她追求的是对种族优越感的肯定。无论个人的内在动机如何，在诸多创新者的成功中，推行大众化的本能是显而易见的。

埃文斯最后指出："这些创新者是英雄和施恩者，但他们不是圣人。我认为描绘出他们的本色极为重要，而不要过滤掉他们那个时代的禁忌与偏见即他们自身的恶习。所谓瑕不掩瑜，粉饰瑕疵反而会妨碍我们对他们的理解，虽然他们创立的公司往往不持这种观点。"[①]

按照埃文斯的剖析，大概可以把历史上最伟大发明家的职业价值观归纳为：服务产业，造福人类，埃文斯将其称为"救赎的品德"。这种"救赎者"的价值观往往源自宗教情结。总体而言，这种"服务产业，造福人类"的价值观大概可以分两种类型：

第一，"服务产业，造福人类"与"君子爱财，取之有道"并行不悖。即："服务产业，造福人类"的伟大发明应该获得公平的报酬，其积累财富的多寡与发明创新的价值成正比。蒸汽革命时期伟大发明家的代表瓦特和电力革命时期的爱迪生就是鲜活的例子。实践证明，科技与资本联姻，双方最大的"利益交集"就是：逐利。如果没有为追求财富而形成的"利益交集"的话，任何伟大的科技创新都可能与资本同

[①] [美]哈罗德·埃文斯、盖尔·巴克兰、戴维·列菲：《美国创新史》，倪波、蒲定东、高华斌、玉书译，中信出版社2011年版，第X页。

路而行。事实证明，没有资本的助力，科技创新是难以转变为社会生产力。在资本主义社会，发明家追求财富的主观愿望往往会与生产力发展的客观需求形成合力，帮助科技创新沿着大致正确的道路前进。这样的道路就是：服务产业，进而造福人类。

第二，"服务产业，造福人类"的同时是"君子不爱财，取之亦乏术"。显然，电力革命时期的特斯拉是典型例子。特斯拉失败在于，他不懂得去扩大科技与资本联姻过程中，科技与资本的"利益交集"，当资本牵手科技后屡屡受挫，不能因为科技创新带来资本增值的话，任何科技创新在资本的眼里都会成为"伪创新"，逃脱不了被资本抛弃的命运。在资本主义社会，发明家如果没有追求财富的主观愿望，那么，他的所有发明家天才与努力往往难以和生产力发展的客观需求形成合力，如是，其致力的科技创新就会偏离正确的道路——当科技发明不能服务产业，它就难以造福人类。

总而言之，前文所述"资本三大本性"——逐利、竞争和垄断在"科学技术资本化"过程中不仅不会削弱和消失，反而会因为科技与资本的联姻而更加恣意挥洒。事实证明，科技与资本联姻的程度越深，"资本三大本性"的展现就越发淋漓尽致。

第二节 "科学技术泛资本化"时期的"内生反对力量"："自由软件运动"

"科学技术泛资本化"时期即信息技术革命时期，科技与资本的结合程度远超蒸汽革命和电力革命时期，在 IT 产业的重要组成软件行业诞生的"自由软件运动"成为"科学技术泛资本化"时期的"内生反对力量"。"内生"意指：作为一种"反对力量"，"自由软件运动"源生于新兴的软件行业，它旗帜鲜明地反对软件私有产权制度，由此掀起一场毫不妥协地反对软件业"知识产权资本化"（包括版权和专利权）为宗旨的社会运动。"自由软件"运动发生发展的过程，深刻折射了"科学技术泛资本化"时期，发达资本主义不断演化的社会矛盾错综复杂的一个侧面。

科技与资本的联姻之旅
——当代资本主义变迁中的"科学技术泛资本化"研究

一 "自由软件运动":信息技术革命时代"赛博空间"[①] 里的空想社会主义[②]

"自由软件"运动起源于20世纪80年代中期,迅猛发展于90年代,其斗争目标直指微软公司为代表的、计算机软件研发领域的"私有软件"版权制度。这种社会思潮及社会运动诞生的重要背景是"科学技术泛资本化"时期,信息资本主义无所不用其极的"信息垄断"[③],这种超经济的垄断禁锢了信息社会中人的自由,这种自由诉求首先直观地表现为:人们使用软件的自由,其实质则是:人与资本的抗争,其具体表现为:软件行业中反对资本主义私有制的思想家、觉悟者和社会活动家们奋起反击信息垄断的斗争。"自由软件运动"在用自己的方法对科技与资本联姻说"不",在用自身的力量顽强抵抗着科技与资本联姻的强大合力。

(一)"自由软件运动"的导火索:计算机"早期黑客群体"的分化

"自由软件运动"的导火索是20世纪60—70年代计算机软件的私有化倾向和随之而来的计算机"早期黑客群体"的分化事件。

"黑客"译自英文 hacker,喻指技术高超、专注于计算机事业

[①] 赛博空间(Cyberspace)是哲学和计算机领域中的一个抽象概念,指在计算机以及计算机网络里的虚拟现实。赛博空间一词是控制论(Cybernetics)和空间(Space)两个词的组合,是由加拿大科幻小说作家威廉·吉布森在1982年发表于《Omni》杂志的短篇小说《融化的铬合金》(Burning Chrome)》中首次创造出来,并在后来的小说《神经漫游者》(Neuromancer)中被普及。见[美]威廉·吉布森《神经漫游者》,Denovo、姚向辉译,江苏文艺出版社2013年版。

[②] 本目主要内容源自《"自由软件"运动要追求什么样的"自由"——斯多尔曼思想述评》(作者:鄢显俊),《国外社会科学》2011年第2期。收入本书又做了进一步的修改、完善和补充,特此说明。

[③] "信息垄断"是指"信息垄断是指在信息资本主义时代,独占信息核心技术的信息产业垄断资本、凭借其市场权力,滥用知识产权以攫取高额利润而实施的一种垄断。信息垄断诞生于信息资本主义形成过程中,是当今资本主义经济领域最值得关注的现象。信息垄断的产业代表是英特尔公司和微软公司结成的 Wintel 联盟,它形成于信息技术革命开花结果的1990年,以 Windows 3.0 垄断市场为标志,微软的软件与英特尔的硬件主宰了个人电脑市场并形成双寡头垄断联盟。Wintel 是 Windows 和 Intel 两词的合写,意指使用微软的 Windows 操作系统和英特尔的微处理器的 PC 构架成为计算机制造业软硬件组合的事实标,即微软以 Windows 垄断 PC 操作系统,而英特尔则垄断计算机芯片(CPU)的大规模集成技术——从 PC 到大型机、巨型机。见鄢显俊《信息垄断揭秘——信息技术革命视阈里的当代资本主义新变化》,中国社会科学出版社2011年版,第36、83页。

的程序员，他们爱好钻研计算机系统的每个细节，并竭力提高其性能，尤指精通网络科技，对网络空间有着浓厚探索兴趣的人。黑客是一个边缘化、民间化的称谓，不属于主流社会的职业体系，与各种正式组织及相应的奖惩制度不像；更不是某种固定身份，不依赖于职称、职务等传统的官方等级体制。中文以"黑"指神秘、隐蔽以及力量，以"客"喻穿梭自若、不受羁束，是十分传神的译法。黑客的产生与专家主义（Specialistism）背景有着紧密联系。对专家才能的追求，对技术进步的执着，以及对技术之外包括"官方"事务的忽略，正是专家主义的突出表现。互联网信息资源共享的理想，以及"虚拟现实""自由链接""无中心""无权威""无边界"的网络状况，使得专家主义盛行，并促成了黑客及黑客行为。[①]

"早期黑客群体"的"黑客"与现在人们所理解的"黑客"有着本质的区别。在计算机领域，早期的黑客（Hacker）指善于独立思考、喜欢自由探索、共享知识的计算机"发烧友"。"黑客"的英文 hacker，原意是指用斧头伐木的人，最早被引进计算机界则可追溯至 20 世纪 60 年代。他们破解系统或者网络，基本上是一项业余嗜好，通常是出于自己的兴趣，而非为了赚钱或工作需要。显然，早期黑客一词带有强烈的褒义。总之，黑客视挑战、创新、分享成果为工作甚至人生乐趣和目的。但是，随着信息时代的到来，当计算机软件研发成为一项巨大无比的生意后，当计算机及互联网在社会经济活动中开始扮演无可替代的重要的商业角色后，黑客精神逐渐泯灭了。现在人们称谓的"黑客"则专指那些利用电脑网络为了某种经济利益或政治目的而从事违法犯罪活动的电脑高手，他们成为各国法律惩治的对象。对这些人的正确英文叫法是 Cracker，有人翻译成"骇客"。黑客和骇客根本的区别是：黑客们建设，而骇客们破坏。但是，随着计算机软件进入版权时代，它意味着软件工程师们在技术上自由创新和精益求精的精神为商业利益所泯灭、为严厉的法律所遏制，现在的"黑客"已丧失原初的含义，完全变成一个贬义的词汇。

[①] 戴黍：《黑客、黑客行为与黑客伦理》，《自然辩证法研究》2003 年第 4 期。

"自由软件运动"的著名代表人物埃里克·雷蒙德（Eric S. Raymond）本身就是一个著名的"早期黑客"，在《黑客道简史》如是评价"早期黑客"：在"有史以来第一个计算机系统 ENIAC"诞生之后，"自 1945 年起，计算机技术就吸引了许多世界上最聪明、最富有创造力的头脑，充满热情的程序员们——也就是写软件、玩软件的人们——或多或少是自觉或自发地形成了一种技术亚文化"。通常而言，"纯程序员往往具备工程或者物理方面的学科背景。他们穿着白袜子和化纤衬衫，戴着厚厚的眼镜，使用机器语言、汇编语言、FORTRAN 语言，还有一大堆早已被人们遗忘的语言编程。他们是黑客文化的先驱，黑客史前史的主角，但从未享受到他们应该享受到的讴歌"①。把这段历史置于 20 世纪 60—70 年代风行于欧美知识分子阶层和大学校园里的"反传统""性解放""反主流文化""反金钱至上"的社会心理氛围和随之风起云涌的"左翼"运动中考察，我们可以将这种"纯程序员"的"早期黑客"精神比喻为"原教旨主义的黑客精神"，其重要的价值理念就是：以自由、创新、共享为软件研发的唯一宗旨——坚决反对无孔不入的资本主义商业意识侵害软件研发事业，表现为：用专有权（如版权）来独占软件（源代码②）以获取利益。因为 60—70 年代计算机业的传统是：人人创造、相互帮助、自由共享。私有让人嘲笑，专用受人鄙视。然而，这种"原教旨主义的黑客精神"却遭遇了秉承资本主义商业精神的"私有软件"的侵蚀而不可避免地走向解体，尤其是科技与资本联姻形成的强大商业力量是"自由软件"无法抵御的。

"自由软件运动"的创始人理查德·斯多尔曼，1953 年 3 月出生于

---

① [美] Chris DiBona、Sam Ockman、Mark Stone 编：《开源软件文集》，洪峰等译，中国电力出版社 2000 年版，第 31 页。

② "源代码"是指用接近自然语言的高级编程语言（如 LISP、PASCAL、CBASIC 等）编写的程序，也称源程序，较易被专业人士阅读与修改，对软件厂商而言，其价值好比可口可乐和百事可乐的配方。按斯多尔曼的解释："完整的源代码包括：所有模块的所有源程序，加上有关的接口的定义，加上控制可执行作品的安装和编译的 script（原本）。作为特殊例外，发布的源代码不必包含任何常规发布的供可执行代码在上面运行的操作系统的主要组成部分（如编译程序、内核等）。除非这些可执行部分和内核结合在一起。"见《开源软件文集》，第 319 页。而"私有软件"的销售方不再向用户提供源代码——除非有特别授权，用户所购买的软件只是计算机能够识别，但用户（程序员）却无法识别、阅读和修改的、由 0 和 1 构成的二进制代码即机器码。因为自微软公司 1977 年起诉 MITS 公司侵权微软的 BASIC 语言案并大获全胜之后，软件（源代码）首次成为受法律保护的知识产权而受到业界和电脑"发烧友"的重视。

美国纽约,是著名的计算机程序员和"软件哲学"思想家,是"自由软件"运动的"教父"和精神领袖。他不仅是"早期黑客的典型代表",而且一直秉承"早期黑客的精神",对物欲横流的商业社会和贪婪的资本持批判态度。作为一个天才的程序员,斯多尔曼高中时就受雇于IBM公司"纽约科学中心",曾经用一个暑假为Fortran语言编写数值分析程序,还为著名的IBM360小型机编写过程序。1971年斯多尔曼进入哈佛大学,由于其在数学和计算机领域的天赋而成为"麻省理工学院人工智能实验中心"(MIT Artificial Intelligence Laboratory,MIT AI)的程序员。在那里,他成为软件高手云集的"黑客社区"的正式成员。1974年他以优异成绩从哈佛大学毕业并获物理学学士学位,之后进入麻省理工学院攻读物理学研究生,但不久就中断了学业,因为他作为一名优秀的程序员已受雇于MIT AI。在此工作的十年间,斯多尔曼深深陶醉于软件"自由"和"共享"的"早期黑客"的乐园并找到了自己的精神家园。同样作为天才程序员和哈佛大学校友,斯多尔曼和比尔·盖茨代表了计算机软件世界两类背道而驰的价值观。

　　信息技术革命推动计算机产业迅猛发展,计算机软件研发从20世纪70年代开始逐渐成为一个极具商业潜力的新兴行业,软件的商业化浪潮不可遏制。为了和"软件私有化"抗争,1984年1月斯多尔曼辞去MIT的职务,发起"自由软件运动"。斯多尔曼后来回忆道:"我必须这样做,因为在MIT和美国其他大学你的成果是归学校所有的,而我的目标是编写自由操作系统,让大家共享。"[1] 作为一个"自由软件"的斗士,斯多尔曼像一名虔诚的传教士一样奔走于世界各地——尽管他是一名无神论者也不盲从任何宗教,可是,作为一名顶尖的编程高手,他与绝大多数同行不一样:从来没有想过依靠其卓越的软件研发技能获取财富。他无钱亦无势,过着清贫的生活,但为了理想却矢志不渝。其个性特立独行,不修边幅,淡泊名利,远离金钱诱惑,为了表达其对以微软为代表的"私有软件"制度的痛恨,他从来不使用包括微软软件在内的所有"私有软件"(编程软件、操作系统及运用程序),为此,甚至拒绝阅读其崇拜者们用MS-Office写来的邮件……他的战友和崇拜者评价:"Richard Stallman是一位在IT领域改变世界的自由斗士,自由

---

[1] 杜微言主编:《世纪的声音:在清华听讲座》,中国民航出版社2001年版,第51页。

软件运动的先驱。作为一名优秀的程序员，MacArthur 天才奖获得者，自称自闭症的边缘人士，Stallman 是一场通过彻底改变软件游戏规则来对抗私有软件斗争中的开路先锋。对于 Stallman 来说，自由软件是一种精神上的需要。"①

在"自由软件运动"的旗手理查德·斯多尔曼（Richard M. Stallman）看来，软件的共享并不限于他所属的"黑客群体"，"它的历史与计算机一样长，这两者之间的关系像人类很早就交换食谱与烹饪一样"。在整个 60—70 年代，所有软件都是"自由"的，即"每当其他大学或者公司的人要求移植或者使用我们的某个程序时，我们总是应允的。如果你看到某人在使用一个陌生而有趣的程序时，你总可以要求查看它的源代码，以便可以读代码、对源代码进行修改或者套用源代码的一部分来创作新的程序"②。这就是"早期黑客"所追求的"自由"。"打开软件开发史，一直到 1965 年，IBM 才停止在电脑操作系统里附原始程序码。从宏观角度来看，在软件开发业中，软件的所有权专属。"③ 在 70 年代才成为一个较为普遍的现象。而斯多尔曼任职的麻省理工学院人工智能实验室（MIT AI）一直是个没有被商业攻陷的黑客的天堂，人们在那里使用软件就像呼吸空气一样自由，可以随意共享，相互帮助。然而，一个偶然事件却意味着这个美好的传统将要被扼杀。

MIT 人工智能实验室买的第一台打印机附带有驱动程序的源代码，实验室的黑客们可以自己修复打印机驱动程序的 bug（英文词义为"臭虫"，指软件源代码中的不良代码，会影响程序的运行——引者注），或者根据自己的需要修改打印机的驱动程序，这为他们的工作带来了很大的方便。后来，MIT 又买了一台激光打印机，这次厂商只提供了二进制的打印机驱动程序，它是 MIT 仅有的一个没有源代码的软件。出于工作的需要，斯多尔曼想修改一下这个驱动程序，但是他无法做到，因为

---

① 参阅"互动百科"，www.hudong.com/wiki, 2018 - 01 - 18，徐继哲：《Richard M. Stallman 和自由软件运动》；"维基英文百科"之"Richard M. Stallman", http://www.baike.com/wiki/Richard%20Stallman% E5% 92% 8C% E8% 87% AA% E7% 94% B1% E8% BD% AF% E4% BB% B6% E8% BF% 90% E5% 8A% A8&prd = so_ 1_ doc，2018 - 01 - 17。

② [美] Chris DiBona、Sam Ockman、Mark Stone 编：《开源软件文集》，洪峰等译，中国电力出版社 2000 年版，第 71 页。

③ [美] 罗伯特·杨、罗姆：《红帽旋风》，郑鸿坦译，中国青年出版社 2000 年版，第 24 页。

第五章
科技与资本联姻历史进程中的异己力量 | 387

他没有驱动程序源代码。后来斯多尔曼听说卡内基·梅隆大学有这个打印机的驱动程序源代码，他理所当然前往索要却遭无情拒绝。因为他们和厂商签署了一份保密协议，协议要求他们不能向别人拷贝源代码。①

发生在 70 年代中期的此事对斯多尔曼的打击极大。随后，不公开源代码逐渐成为一种行业潜规则。显然，微软公司董事长比尔·盖茨于 1976 年 1 月在《电脑通讯》杂志上发表《致计算机爱好者的公开信》对改变软件无偿共享的传统习惯起到推波助澜的作用，他首次提出计算机软件 262，保护问题并把软件非法拷贝者称为"窃贼"（见第三章第一节）。这份在计算机业内引发轩然大波的宣言书意味着计算机软件由"人人创造、相互帮助、自由共享"进入"专有"和"排他"时代，盖茨的观点终被大多数从业者所认同。这意味着 1964 年美国版权注册办公室允许计算机软件登记版权的许可有了更为普遍的行业支持基础。

尽管曾经的计算机"发烧友"盖茨也是个"早期的黑客"，但作为微软公司董事长的盖茨肯定不再是一个"黑客"了——作为无比精明的商人，逐利是其本性，这倒无可厚非②。80 年代初，斯多尔曼任职的 MIT AI 实验室的"黑客群体"在软件商业化大潮冲击下分崩离析，许多同事抵御不住商业软件公司的高薪诱惑而离开实验室企业研发受知识产权保护的"私有软件"，供黑客们"自由使用"的软件日渐稀少，而且，曾经非常流行的各种版本的 Unix 操作系统相继成为"私有软件"，任何使用者都必须和发布厂商签署不公开源代码的协议。"私有软件"公司通常只出售软件的"二进制代码"（即机器码）——只有计算机能

---

① 徐继哲：《Richard M. Stallman 和自由软件运动》，见"互动百科"，http://www.baike.com/wiki/Richard% 20Stallman% E5% 92% 8C% E8% 87% AA% E7% 94% B1% E8% BD% AF% E4% BB% B6% E8% BF% 90% E5% 8A% A8&prd = so_ 1_ doc，2018 - 01 - 17。

② 对盖茨而言，"自孩提时代起，电脑就是他的激情所在，他 1975 年创办了微软公司，最初的打算是为个人电脑开发编程语言，这是一个典型的黑客主义出发点，因为只有黑客才会使用这些机器来编程。在微软后来的发展史中，利润动机压倒了激情，占领上风。因为资本主义黑客精神遵循新教伦理利益最大化的目标"。[美] 派卡·海曼：《黑客伦理与信息时代精神》，李伦、魏静等译，中信出版社 2002 年版，第 47 页。2010 年 4 月 20 日，美国计算机领域名杂志《连线》发表封面文章，描述了黑客对网络发展的影响。微软创始人比尔·盖茨和 Facebook 创始人马克·扎克伯格联袂登上了该杂志本期封面。该文指出："盖茨在黑客历史上具有特殊地位，很多人认为他是有史以来最优秀的代码编写者，他编写的最初版的 Basic 程序十分搞笑，并与其他人一起将一个不为人知的职业变成了全球性的经济和文化力量，同时得到了金钱、影响和声望。"见《从盖茨到扎克伯格："极客的力量"》，新浪网，http://tech.sina.com.cn/i/2010 - 04 - 20/18194084905.shtml，2018 - 01 - 17。

够读懂。而"源代码"(专业人士能够读懂的程序)则被作为公司的知识产权被保护起来,用户往往无权获得。

软件一旦成为知识产权并走向"资本化",滋养"早期黑客"的肥沃土壤将不可避免"盐碱化"而寸草不生。斯多尔曼愤懑异常,他认为,"这就意味着,你开始使用计算机的第一步就要保证不帮助你身边的人,相互协作的群体是被禁止的。私有软件所有者制定的规则是:'与他人共享软件是盗版行为,如果你需要对程序做任何修改,磕头央求我们吧'"。因为私有软件是反社会的、不道德的。面对其打压和诱惑,斯多尔曼坦言面临"虽然原来的群体已经消失,但继往开来并非不可能,只是我面临一个艰难的道德选择":要么加入"私有软件"阵营去大发市利,要么恪守道德准绳而特立独行。[①] 权衡的结果是,斯多尔曼逆势而行,发起了"自由软件运动"。后人评价道:"黑客最独到的特征就是自发挑战商业化的软件世界,随着划时代的人物——'传教士'斯多尔曼的出现,黑客也真正地摆脱了朋克的标签。斯多尔曼是黑客世界的'黑格尔',他使黑客超越'我思故我在'的个人精神主义,把黑客'致死追求'的技术精粹主义带到现实社会,让黑客的精神划破沉闷的电脑时空的束缚,在商业社会的天空激荡起绚烂的火光。"[②]

(二)《GNU》宣言树起"自由软件运动"的大旗

1985年3月,美国《多博士》(*Dr. Dobb's Journal*)杂志刊登了斯多尔曼的《GNU宣言》(*GNU Manifesto*)[③],声称要创建一个能够自由发

---

① [美] Chris DiBona、Sam Ockman、Mark Stone 编:《开源软件文集》,洪峰等译,中国电力出版社2000年版,第71—72页。

② 陆群:《李纳斯:可主沉浮》,清华大学出版社2007年版,第57页。

③ GNU有两层含义,其字面含义是指"角马"(一种产于非洲草原的大型食草动物,也称牛羚。面对嗜血的食肉动物,它是弱小的,但为了生存和繁衍却一直在进行顽强的抗争),作此解时读音为 [nuː];其次,GNU又是"Gnu's Not Unix(GNU不是Unix)"的缩写。斯多尔曼仿效六七十年代曾经流行于软件业界的以递归方法为软件取名的黑客传统,给自己的软件取一个别出心裁的名字。作此解读时,读音为 [guː],字母G必须发音。其意是指,"NU将能运行所有Unix程序,但又不会等同于Unix"。"G"因为GNU软件的源代码是公开的,任何人都可以自由地使用它——包括复制和修改,但这种行为必须确保他人可以同样自由地使用GNU软件。Unix是历史最悠久、运用最广泛的计算机通用操作系统,支持多用户、多任务和多种处理器架构,主要用于当时流行的大型计算机,于1969年由AT&T(美国电话和电报)公司贝尔实验室成功开发并将其源代码免费提供给所有使用者。但是,由于很多用户在后续运用中开发出各种版本的Unix系统而且不再免费提供软件源代码,将带有公共性质的软件变成私属的、可用于赚钱的商业软件,此举引发了斯多尔曼的反思并促成"自由软件运动"的兴起。

布的类 Unix 系统，它向世界宣布了"自由软件运动"（Free Software）的崛起。这场运动注定成为信息技术革命进程中，反对软件巨头微软所代表的"知识产权资本化"——具体表现为"私有软件"（Proprietary Software）制度的思想革命和社会运动。因为发轫之初，这场运动就不是一个单纯的软件开发领域的技术创新，这是一种哲学思想，更是一种社会理想。斯多尔曼的崇拜者评价道，你可以认为"这份宣言像是社会主义者的战斗檄文"[①]。这是一种虽不失夸张但却能够一语中的的评价，把斯多尔曼的主张与"社会主义"相联系不无道理，只不过，这种"社会主义"并非马克思主义语境中的社会主义，其思想主张更像空想社会主义，他从软件开发技术和"自由使用软件"的角度提出一整套改良"软件私有制"进而改良资本主义的社会变革方案。就此而言，将斯多尔曼发起的"自由软件运动"比喻为"赛博空间里的空想社会主义"有助于更好地把握这种社会思潮及社会运动在"科学技术泛资本化"时代的历史意义。

针对日益蓬勃兴旺但却日益被微软公司等代表的"私有软件"厂商掌控的软件业，斯多尔曼在离经叛道的《GNU 宣言》中提出许多背离资本主义传统价值的主张，其矛头直指微软所代表的计算机软件业的垄断并力图进一步改变资本主义社会种种弊端，主要有[②]：

1. 软件（源代码）必须共享。"如果我喜欢一个软件，你们就必须与其他喜欢这一软件的人一同分享"其源代码。

2. 软件研发的合作价值高于金钱。"很多程序员对系统软件的商业化感到不快"，商业化剥夺了金钱无法取代的合作、共享与快乐。

3. 软件应该像空气一样供人自由呼吸。那些"有偿使用程序的规则，包括复制许可授权，会造成巨大的社会成本"。

4. 操作系统不应该成为"私有软件"。"GNU 会把操作系统软件从竞争领域中除去。如果你做销售操作系统的生意，你不会喜欢 GNU，那的确是你的不幸。"

5. 程序员的工作价值在于贡献社会。金钱不应该是激励程序员的

[①] ［美］Chris DiBona、Sam Ockman、Mark Stone 编：《开源软件文集》，洪峰等译，中国电力出版社 2000 年版，第 97 页。

[②] 以下未注明出处的引文均出自 Richard M. Stallman, GNU Manifesto, http://www.gnu.org/gnu/manifesto.html, 2018-01-17。

唯一因素，他们更不应该依靠垄断知识致富。

6. 软件版权对社会有害无益。"仔细研究过知识产权的人（如律师）都发现，知识产权并不是固有的权利。所有知识产权权利都只是被社会批准的授权。一个坚持要版权的人，就是在物质上和精神上伤害作为一个整体的社会。"

7. 用政府管制保障软件开发获得充裕的资金。"所有种类的开发都可以由'软件税'来支持。设想每个购买了电脑的人必须支付占其电脑价格一定比例的软件税。政府把软件税交付给像 NSF（国家科学基金会）那样的代理机构，用于软件开发。"

8. 软件应该免费获得。"从长远来看，让程序免费是迈向后短缺世界的一步，在这样的世界里，将没有人为谋生而被迫非常艰辛地工作。在每周花费十小时去做那些必要的工作，如参加立法、家庭咨询、修理机器人和探寻小行星等等之后，就去专心从事一些有趣的活动，例如编写程序。编写程序将不再是为了谋生。"

9. "自由软件"有助于提高生活质量。"虽然我们已经极大地减少了整个社会必须付出的劳动时间量，但节省下来的时间却很少转化为工作者的闲暇，因为很多非生产行为被要求去伴随生产性的活动。其最主要的原因是官僚主义和等量抵消的不良竞争。"自由软件"将极大地在软件生产领域中减少这种损耗。为了把市场中的技术转化我们更少的工作，我们必须这样做"。

斯多尔曼早年的战友评价道："Richard M. Stallman 启动了 GNU 工程。简单地讲，GNU 工程的目标就是让人不必为软件付钱。Stallman 发起的 GNU 工程实质上是因为他觉得构成运行程序的知识（计算机产业称之为 source code，即源代码）应该是自由的。如果不是自由的话，按照 Stallman 的推理，则会出现由少数强力人物统治计算机工业的局面。"进而控制社会，剥夺人们的自由。显然，"少数强力人物统治计算机工业的局面"已经被斯多尔曼不幸而言中，他就是 Wintel 联盟中的微软帝国。"自由软件"的对立面是"私有软件"。"'专有商业软件'（proprietary commercial software，或者简称'私有软件'，即 proprietary software）的卖主看到的是工业界必须对商业秘密守口如瓶，而 Stallman 看到的则是必须被共享和发布的科学知识，GNU 工程（GNU Project）和'自由软件'基金会（Free Software Foundation，FSF 启动 GNU 工程的组织）的根本原则是：源代码是计算机科学进一步深入发展的基础，而且对于持续的革新而言，可以自由地得到源代码确实是必要的。"①

（三）"自由软件"：用自由的"左版"反对私有的"右版"

为了确保 GNU 工程的顺利实施，斯多尔曼创立了"通用公共许可证"（即 General Public License，简称 GPL 版权许可），并且，他借用朋友发明的一个新词汇 Copyleft② 来命名这种全新的版权制度——表示这种新型的版权模式与 Copyright 针锋相对。有学者将其译为"版权所无"，但更为传神的译法应该是"左版"。因为，"Copyleft"是一个生造的新词汇，"Copyleft 的字面含义是'复制并留下'，这与 Copyright '版权所有，严禁复制'的意思相对立。""从这个词的英文原形来看，是故意造出来与'版权'（copyright）唱对台戏的，带有明显的黑客反叛风格。斯多尔曼从这个词表面的戏谑中，领悟出了深刻的内涵，将其作为发行'自由软件'的基本概念使用，并通过 What is Copyleft? 等文章，赋予这个词更加丰富的内容，使这个概念实际上成为'自由软件'运动新型版权观念的总名称。把 Copyleft 译为'左版'要比'版权所无'这样的译法能够更贴切地体现'自由软件'的思想内涵。"③ "左版运动是'自由软件'运动的一个重大关键战略。左版（Copyleft）概念是针对右版（Copyright）即传统版权提出来的。'Copyleft'和'Copyright'的词素中，'left'和'right'也有'左'和'右'的意义，因此也成了'左版'和'右版'的对立。左版的中心思想是给予任何人运行、拷贝、修改以及发行改变后程序的许可，但不准许附加他们自己的限制，从而保障了每个人都有获得'自由软件'的软件拷贝自由。左版是合法斗争，利用了版权法，但反其道而行之，以达到与通常相反的目的。'自由软件'运动推出的左版，不是一般的'反版权'，更不是'无版权'。形式上，它也是版权，但内容规则与传统版权完全相

---

① ［美］Chris DiBona、Sam Ockman、Mark Stone 编：《开源软件文集》，洪峰等译，中国电力出版社 2000 年版，第 12—13 页。
② 据斯多尔曼回忆，大概"在 1984 或 1985 年，唐·霍普金斯（一个极富想象力的兄弟）发给我一封信。他在信封上写有几句有趣的话，其中有这样一句：'左版——所有权利被保留。'（'Copyleft-all rights reversed'）当时我用'左版'一词来命名我正在研究的分发原理。"资料来源：http：//www.gnu.org，2010 - 03 - 21。
③ 贾星客等：《论左版》，《云南师范大学学报》2002 年第 2 期。

反。"① 斯多尔曼指出，"Copyleft 利用了版权法，但反其道而行之，以达到与通常相反的目的：将一种软件私有化的手段变成了保持软件自由的手段。Copyleft 的中心思想是，我们给予任何人运行、拷贝、修改以及发行改变后程序的许可，但不准许附加他们自己的限制。从而保证每个人都有获得'自由软件'的软件拷贝的自由，它们成为了不可异化的权力"②。必须提及的是，在西方社会意识形态领域，"左"（Left）早就被赋予了"激进""革命"以及"反传统""非主流"等丰富的内涵，它成为"左翼"的代名词，有着特定的政治指向。与之相对立，"右"（Right）同样早被赋予了"保守""妥协"以及"维护传统""主流"等丰富的内涵，它成为"右翼"的代名词，有着特定的政治指向。就此而言，斯多尔曼的"左版"（Copyleft）理念意味着对软件私有版权制度的挑战。总之，"左版"象征着"科学技术泛资本化"时期，规模日渐扩大、地位日渐重要的软件行业，主张软件公有、源码共享的"革命派"对"知识产权资本化"即软件私有制度的反叛与颠覆，它是一种意义深远的社会思潮及运动，折射出信息资本主义错综复杂的社会矛盾。

总之，"自由软件"是"私有软件"的对立面，"自由软件"主张的"自由"是用户针对软件而拥有的一系列的自由。这是一种"能保护 GNU 软件不被转换为私有产权软件的分发规则"③。总之，使用软件（源代码）的"自由"就如同人们呼吸空气、使用语言一样是最自然不过的事情——无人有权垄断空气、无人有权垄断语言。

（四）定义"自由软件"及"自由软件运动"

综上所述，"自由软件"是指遵循 GNU 宣言的原则发布的、用户有权对其源代码自由拷贝、研究、改进和分发且不能够限制其他用户拥有此种权利的软件，"自由软件"受到"通用公共许可证"（GPL）即"左版"（Copyleft）的保护。为推广这一理念而进行的宣传和软件研发及社会实践活动被称为"自由软件运动"，它始于 1985 年，以反对计

---

① 陶文昭：《信息时代资本主义的自由软件运动》，《马克思主义研究》2006 年第 2 期。
② ［美］Chris DiBona、Sam Ockman、Mark Stone 编：《开源软件文集》，洪峰等译，中国电力出版社 2000 年版，第 79 页。
③ Richard Stallman，"The GNU Project"，from "Open Sources"。资料来源：http://www.gnu.org，2018 – 01 – 17。

算机软件研发领域的"私有软件"版权制度为己任,其斗争目标直指:以微软为代表的"私有软件"厂商通过垄断软件源代码来牟取暴利并剥夺人们自由的行为。这种社会思潮及社会运动诞生的重要背景是信息资本主义[①]无所不用其极的信息垄断。美国软件工程师理查德·斯多尔曼是这一运动的发起人和精神领袖。

为避免自己的知识和所开发的软件不会被曾经非常"自由"的MIT AI 实验室"专有",斯多尔曼于1984年1月辞职,全身心致力于推进"自由软件"运动。1985年10月,斯多尔曼在马萨诸塞州府波士顿注册成立了酝酿已久的"自由软件基金会"(Free Software Foundation, Inc., FSF),这是一个免税的、以发展"自由软件"为目的的社会团体。同时,斯多尔曼为他发明的前所未有的新型版权 GPL 申请了专利,"左版"(Copyleft)有了法律的保护。GNU/GPL 成为"自由软件"的发布规则。一句话,用 GNU 软件开发的任何软件及其衍生作品必然是"自由软件",而确保这种"自由"的"护身符"就是 GPL 许可证。

从技术角度而言,"自由软件"要彻底取代"私有软件",那就意味着所有的"自由软件"都必须运行在一个自由的操作系统平台上,这是"自由软件"赖以生存的先决条件。"自由软件运动"崛起和计算机技术在20世纪80年代的突飞猛进密不可分。随着 IBM PC 在1981年问世,计算机迎来了 PC 时代。计算机价格的大幅下降使得更多的用户拥有一台微型计算机不再是一种奢求。与此同时,个人计算机操作系统的发展却显得滞后,广大用户对拥有可运行于微型机平台的、廉价的甚至是免费的操作系统的要求越发迫切。而微软的操作系统既不"自由",更不免费。而此时,Unix 操作系统通常只能运行在大型机和小型机上,而且价格极其昂贵(一套软件售价高达千余美金),而能够运行在 PC 上的 Unix 操作系统还非常不成熟,正处在研制阶段。比较成熟的 PC 操作系统只有微软的 MS DOS——这是一个借助 IBM PC 革命而崛起

[①] "信息资本主义是在资本主义进入信息时代即计算机和互联网技术普遍应用在社会生活的各个层面后,由于信息产业的核心技术被极个别发达的资本主义强国的信息寡头(IT 业寡头与金融寡头的融合体)垄断之后的一种资本主义形态。信息资本主义的"领头羊"就是当今世界的唯一超级大国美国。"见鄢显俊《信息资本与信息垄断——一种新视野里的资本主义》,《世界经济与政治》2001年第6期。

的强大无比的"私有软件",基本垄断了 PC 操作系统。因此,GNU 工程从一开始就面临一个艰巨的任务——如何开发一个基于 GPL 许可证的自由的操作系统?在斯多尔曼的领导下,构成 GNU 操作系统所需要的大量组件陆续编写出来(它们包括指令处理器、汇编程序、编译器、解释程序、调试器、文本编辑器、邮件软件等系统工具软件),但是,作为 GNU 工程最重要的核心——操作系统的内核的编写由于技术路线的问题却进展缓慢,这种情况延续了整个 80 年代。PC 时代是"桌面为王"的时代,没有"自由"的桌面操作系统,所有"自由软件"将成为无源之水、无本之木。"自由软件"运动陷入困境。然而,令人意想不到的是,一个年轻的芬兰大学生解决了这一难题。

(五)Linux 画龙点睛,"自由软件"有了"自由的灵魂":自由操作平台

1991 年 7 月,赫尔辛基大学计算机科学系二年级学生李纳斯·托瓦兹(Linus Torvalds)开始了一个并不宏伟的计划,其"最初目标是想开发出一个最终可以取代 Minix 的操作系统用在他的 386 PC 上"[①]。当时,Unix 已沦为"私有软件",一般用户,如研究机构、黑客很难再免费获得它,取而代之的是一种叫作 Minix[②] 的免费操作系统开始在欧美大学流行,它虽不是一个成熟的系统,但重要的是,它在发布时带有完整的源代码。托瓦兹决心以 Minix 为基础,编写一个能够在所有微型机上运行的、易用性更好的、免费的操作系统。他运用"自由软件基金会"提供的编程工具 GCC 对 Minix 做了大量的改进并巧妙地将自己的名字和 Minix 结合起来,他将这个精致小巧的操作系统命名为 Linux,并公布其源代码以吸引全球的黑客对其进行优化和修改。数月之后,开放源代码的免费操作系统 Linux 很快风靡开来。

作为 Linux 的拥有者,托瓦兹"没兴趣拿 Linux 去赚钱",但鉴于有人已经尝试用其谋利,托瓦兹认为,"要使 Linux 发展成最完美的技术就必须保持它的纯洁性。如果有铜臭渗透进来,事情就要变黑暗

---

① [美]李纳斯·托瓦兹、大卫·戴蒙:《乐者为王》,王秋海、胡兴、徐勇译,中国青年出版社 2001 年版,第 104 页。

② Minix,即"迷你型"的 Unix,它是软件工程师安德鲁·特纳邦(Andrew Tanenbaum)用于 Uinx 教学而编写的一个简化的操作系统,可以运行在 PC、Mac、Amiga 以及 Atari ST 等几款个人电脑上,但最多只能同时支持三个用户,性能也欠佳。

了"。托瓦兹毅然决然"抛弃了自己旧有的版权声明，采纳了 GPL 的内容"。他认为："一个关键的因素使我做出了这一决定。事实是，为了使 Linux 有用，我曾依赖过很多在网上免费下载的工具——我把自己放到了巨人的肩上。这些免费软件中最重要的是 GCC 编译器，它是理查德·斯多尔曼的杰作，并且已经……注册了版权（即 GPL）……我认可 GPL 原则。"[1] 当然，在相当程度上，Linux 也凝结了成百上千黑客的智慧。

1992 年 2 月，李纳斯·托瓦兹签署了相关法律文件宣布将 Linux 操作系统纳入斯多尔曼领导下的"自由软件基金会"（FSF）的 GPL 版权规则之中。于是，"Linux 与尚未大功告成的 GNU 系统融合为一个完整的自由操作系统"。斯多尔曼"称这个系统版本为 GNU/Linux，以表示它由 GNU 系统与作为内核的 Linux 组合而成"[2]。这在"自由软件"运动的历史上是公认的、具有里程碑意义的重要事件。在 Linux 问世之前，"自由软件"对"私有软件"的挑战是无关痛痒的。尤其是对微软而言，它的对手也许是苹果公司但绝不会是斯多尔曼和他的 GNU 工程，因为几乎所有个人电脑都得安装微软操作系统，除此，它们别无选择。但是，Linux 诞生几年后，微软终于有了一个让他日益不安的竞争者。

历史证明，正是托瓦兹的这一举措带给了 Linux 和他自己巨大的成功和极高的声誉。短短几年间，在 Linux 身边已经聚集了成千上万的狂热分子，大家不计得失地为 Linux 增补、修改，并随之将"自由软件"的精神发扬光大，人们几乎像看待神明一样对李纳斯顶礼膜拜。托瓦兹带着 Linux 加入"自由软件"阵营，他本人更愿意"从道德的角度"来解释当初这一举动。"总的说来，我从两个方面看版权。比如一个每月挣五十美元的人，他可能会为一个软件花费二百五十美元吗？如果花一点钱买非法拷贝的软件，而把五个月的工资吃饱肚子，我一点不觉得他不道德。这种侵权是道义上可以接受的。去追捕这种'侵权者'是不道德的，更不用说简直就是愚蠢的。就 Linux 而言，谁在乎如果只将其用于个人目的时，一个人是否真正遵守了 GPL 呢？那些想借此赚大钱

---

[1] ［美］李纳斯·托瓦兹、大卫·戴蒙：《乐者为王》，王秋海、胡兴、徐勇译，中国青年出版社 2001 年版，第 122—124 页。

[2] ［美］Chris DiBona、Sam Ockman、Mark Stone 编：《开源软件文集》，洪峰等译，中国电力出版社 2000 年版，第 88 页。

的人，才是真正的不道德的，不管它们是在美国还是在非洲，也不管程度如何。贪欲从来就不是善的。"① 耐人寻味的是，同样"出于道德的原因"，托瓦兹在如何遵守 GPL 许可问题上做出了一个自己认为合理的判断。托瓦兹回忆，在 Linux 内核模块化过程中，"当第一个模块化界面完成后，就有人已经完成了 SCO 驱动程序。他们不愿意按照 GPL 的要求公开源代码，但他们同意为 Linux 提供经重新编译的二进制代码。出于道德的原因，我决定在这种情况下不能运用 GPL"。因为 "GPL 要求一个由 GPL 许可证作品'衍生出来'的作品，也必须置于 GPL 许可证之下，但不幸的是，对于什么样的作品就是衍生作品却含糊不清。当准备划定一个作品为衍生作品时，问题随即变成'你根据什么来判定？'"。托瓦兹"最后决定系统调用不能视为与内核相联系。也就是说，任何一个在 Linux 顶端运行的程序都可以不受 GPL 的控制。有了这一点之后，商业性的供货商可以为 Linux 编写程序而不必担心要受 GPL 的约束"②。而且，托瓦兹认为："我认可 GPL 的原则，但是和那些认为所有的软件创新都应该在 GPL 下向全世界公开的顽固的 GPL 信仰者不同，我认为发明者本人有决定如何处置自己的发明的权利。"③ 他担心 GPL 过于苛刻而制约其发展。正是由于对 GPL 理解上的歧义在很大程度上为日后"自由软件"阵营的分裂、为 Linux 日益独行于 GNU 体系之外埋下了一粒种子。

经过 Linux 的点睛之笔，斯多尔曼的 GNU 工程终于破壁而出了。GNU/Linux 的问世不仅使 Linux——这一原本仅是黑客手中的玩意儿，从一个源代码开放的免费软件抑或"非商业软件"质变为"自由软件"，而且，最为重要的是——斯多尔曼和他的 FSF 倾注了大量心血的 GNU 操作系统终于有了基于 GPL 版权规则的、最完美的内核。之后，经过众多黑客的技术优化，1993 年 8 月，拥有的图形界面 GNU/Linux1.0 在芬兰问世，微软终于有了一个令他寝食难安的挑战者。

---

① ［美］李纳斯·托瓦兹、大卫·戴蒙：《乐者为王》，王秋海、胡兴、徐勇译，中国青年出版社 2001 年版，第 125 页。
② ［美］Chris DiBona、Sam Ockman、Mark Stone 编：《开源软件文集》，洪峰等译，中国电力出版社 2000 年版，第 141 页。
③ ［美］李纳斯·托瓦兹、大卫·戴蒙：《乐者为王》，王秋海、胡兴、徐勇译，中国青年出版社 2001 年版，第 123 页。

GNU/Linux 在私有软件一统天下的软件业界掀起了一场前所未有的风暴。它对整个 IT 行业乃至传统商业社会人们的思想和行为模式都产生了深远的影响。

GNU/Linux 的诞生使得计算机——无论是 PC 还是工作站、服务器甚至手持智能终端都拥有一个"自由的操作系统",而运行于其上的所有运用软件也是"自由软件"。"自由"的含义就是:这些软件的源代码是公开的,任何用户都可以自由地修改、拷贝、分享,同时,所有使用者都必须承诺:他基于上述"自由软件"平台或工具上编写的软件业必须遵循"自由原则"令其他使用者"自由享用"。此举的重大意义是,作为信息技术革命中最重要的新兴产业软件行业因此而裂变为势不两立的两个阵营:一派是以微软为代表的"私有软件"厂商,他们纯熟地运用知识产权制度来保障自身的利益甚至滥用知识产权来打压竞争、剥削用户、牟取暴利;另一派则是斯多尔曼建立的"自由软件基金会",他们高举"GPL 版权协议"即"左版"(Copyleft),反对软件私有和版权保护,认为,软件应该像"空气"和"文字"一样供人们自由使用。

(六)"自由软件"运动述评:"赛博空间里的空想社会主义"

作为"自由软件"运动的纲领性文件,《GNU 宣言》集中反映了斯多尔曼的社会价值观,字里行间闪烁着对不公正的社会现实的批判精神,这篇针对信息资本主义的"战斗檄文"与资本主义发展早期、16—18 世纪西欧早期空想社会主义思想家批判现实的理论相比有异曲同工之妙,虽然后者更"温和"。就此而言,可以更进一步地把《GNU 宣言》解读为"信息资本主义时代'赛博空间'里空想社会主义的战斗檄文",信息资本主义是其时代特征,"赛博空间"意指斯多尔曼力图解决计算机软件研发领域社会交往的诸多不公现象——这种社会交往的载体是流动于电子世界的数字化信息,表现为软件及其代码,但是,却真实虚拟了现实社会的人类交往实践的不平等现象。在马克思主义看来,人类交往首先是围绕物质资料的生产和再生产展开的,在此基础上才形成了以生产关系为核心的错综复杂的社会关系。而斯多尔曼显然是要通过变革信息社会最重要的商品——软件的:生产—分配—交换—消费而形成的社会生产关系进而构建一个平等、公正、人人自由的"数字理想国"。

自人类社会诞生以来,特别是私有制产生以后,制度性的社会不公现象如影随形。同样地，在人类社会的绝大部分发展阶段，也会始终存在种种反对社会不公、追求理想社会的努力——通常表现为某种思想指导下的社会运动。在这些思想主张及其运动中，对人类进步影响最为深远的当数社会主义。"社会主义是对资本主义制度性弊病的反映，是资本主义的对立物和资本主义文明的继承者。就其本质而言，它属于后资本主义的范畴，是试图用社会调节和社会控制的办法克服资本主义的制度弊病以及实现社会公正从而达到社会进步和人类解放的一种思想、运动和制度设计。"① 而斯多尔曼的"自由软件"主张与早期空想社会主义思想在某些方面有着惊人的相似。以对待私有制为例，英国思想家、空想社会主义创始人托马斯·摩尔（1478—1535）就认为，私有财产是一切罪恶的根源，"任何地方私有制存在，所有的人凭借现金价值衡量所有的事物，那么，一个国家难以有正义和繁荣"。"如不彻底废除私有制，产品不可能公平分配，人类不可能获得幸福。私有制存在一天，人类中最大的一部分也是最优秀的一部分将始终背上沉重而甩不掉的贫困灾难的担子。"他主张的理想社会，从土地、作坊、生产工具到个人生活必需品"一切归全民所有"，"每人一无所有，而又每人富裕"②。摩尔将这种社会称为 Utopia（根据音译和意译的结合，汉语称之为"乌托邦"，意为子虚乌有、无所寄托的地方），其最大特点就是全部社会财富由大家共同拥有和使用。这是一个和谐完美的社会，人际关系互助友爱，没有残酷的竞争，人们远离贪婪、掠夺和剥削……"乌托邦社会主义"就此成为此后空想社会主义的同义语。研读《GNU宣言》等言论并将其与早期空想社会主义的一种主张相比较，可以看到：

1. 斯多尔曼所反对的私有制不是普遍意义的私有制，而有特定指向，即只反对私人占有计算机软件（垄断源代码）去谋取利益，进而反对微软所代表的信息垄断。软件可以成为商品，但是出售者无权独占源代码。这既不公平也不道德。

2. 他并不试图从制度层面去批判资本主义，其思想和行动仍然属于"社会改良"的范畴。他并不全盘否定资本主义商业，但却坚决抵

---

① 高放、李景治、蒲国良主编：《科学社会主义的理论与实践》，中国人民大学出版社2005年版，第27页。

② [英]托马斯·摩尔：《乌托邦》，戴镏龄译，商务印书馆1982年版，第21、115页。

制金钱至上对软件研发的损害：一是毒害了人际关系，程序员从合作、互助和共享走向封闭和唯利是图；二是阻碍了高质量软件的研发，因为"私有软件"独占源代码后，程序员和用户再也不能修改和完善软件；三是软件的过度商业化造成巨大的社会成本。

3. 他反对操作系统成为"私有软件"，因为操作系统是所有计算机的基础性平台软件，它整合计算机的所有软硬件资源——支持所有应用软件运行并驱动所有硬件设备工作。操作系统一旦出现问题，计算机将毫无价值。就此而言，我们甚至可以将其比喻为"计算机的灵魂"，而灵魂怎么可以被人控制呢？斯多尔曼认为操作系统应该是一种公共资源，"像空气一样供人自由呼吸"，而呼吸空气怎么需要付费呢？

4. 由追求使用软件的自由，他进而提出高层次的自由："社会也需要自由。当一个程序被其持有者封锁时，则意味着消费者将丧失部分控制生活的权力。所有的社会都需要鼓励奉献协作的精神，当我们被告知帮助了一个邻居是一种'欺骗行为'，那么我们国民的精神将受到侵害。"①

5. 他认为保护软件私有的知识产权制度危害了社会整体利益，这是将个人权利凌驾于社会利益之上，这样的权利必须废除。此外，政府还应该建立起相应制度，如"软件税"来保证其研发获得充裕的资金，因为软件是社会最重要的公共品，它应该免费向社会成员提供以避免"私有软件"控制社会，剥夺人们的自由。

6. 他憧憬的理想社会，其基本特征可概括为："源码共享，互助协作，人人奉献"，这才符合社会共同利益。而作为这种社会最重要的劳动者，程序员工作的价值在于贡献社会，而不是依靠垄断知识致富。考虑到现实的残酷性，为了动员更多的社会力量参与反对"软件私有制"的艰苦斗争，斯多尔曼将其憧憬的理想社会划分为递进发展的两个阶段：第一阶段是使用"自由软件"的社会，它将提高全体社会成员的生活质量，而且将减少社会生产的无端消耗，增进社会整体福利。这是理想社会的初级阶段，体现其阶段特征的"最低纲领"是：不反对软件商业化，但反对其"过度商业化"——成为资本牟取暴利的工具。第二阶段是提供免费软件的社会，在这个社会里，劳动将不再是人们谋生的手段，社

---

① 陆群：《李纳斯：可主沉浮》，清华大学出版社 2007 年版，第 86 页。

会成员在为社会贡献了规定数量的必要劳动之后,将把更多的时间和精力投放到个人兴趣领域,如编写程序。这是理想社会的高级阶段,体现其阶段特征的"最高纲领"是:软件行业将彻底驱逐资本的幽灵,软件成为真正的公共品,"如同空气一般"供人们自由且无偿地使用。

从上述分析可看出,作为"科学技术泛资本化"时期"赛博空间的空想社会主义"思想家,斯多尔曼在他熟悉和无比热爱的、信息社会最为重要的科学和产业——计算机软件研发领域勾勒了一个美好社会的轮廓,力图打造建立一个"数字理想国",以获得超然于金钱主宰和物欲羁绊的自由。毫无疑问,其思想深深刻上了时代的印记——这就是20世纪60—70年代风行于欧美知识分子阶层和大学校园里的"反传统""反主流文化""反金钱至上"的社会心理氛围和随之风起云涌的"左翼"运动。斯多尔曼生于50年代的美国,而且其激情四射的青年时期又是最具叛逆精神的MIT AI实验室黑客圈子的一员,对资本主义现实的批判精神与他的精深的专业背景有机结合,使"自由软件"运动成为必然并以其别具一格的思想韵味和声势日隆的行动谱写着信息资本主义条件下"内生"于软件行业的、反对私有制即"知识产权资本化"的独特乐章。

"自由软件"运动的魅力及争议都源于它强烈的政治色彩。软件史学家指出:"自由源代码运动的重大问题之一就是它的政治学。"其"政治学问题通常可以归结为这样一个简单的两难问题:一些人认为它是乌托邦,而另外一些人则认为它是自由市场涅槃……共产主义的平等观念在这一领域比在现实世界更容易实现些"。斯多尔曼的"一些主张看起来的确带有马克思主义色彩。一个程序的源代码通常会像生产手段一样发挥作用,这就是那些资本家控制的公司企图严密控制源代码的原因。斯多尔曼将这些生产手段放到每个人的手中,这样人们就能够自由地做他们想做的事。然而,斯多尔曼并不反对金钱的作用,它反对的是知识资本即源代码应当受到控制的原则"。这也是"我们不难理解为什么人们最初会认为他是一个共产主义者"的原因。但是,斯多尔曼本人坚决不同意崇拜者及反对者对他的"政治拔高",他"略带愤怒地坚决表示他既不是一个共产主义者也不是资本主义国家的敌人"[①]。

[①] [美]彼得·韦纳:《共创未来打造自由软件神话》,王克迪、黄斌译,上海科技教育出版社2002年版,第165—167页。

第五章
科技与资本联姻历史进程中的异己力量

这种矛盾惶恐的心态真实地折射了——信息资本主义时代"赛博空间"里的空想社会主义思想家的历史局限性,他们对资本主义的抗争仍然停留在自发的层面,远未成为自觉的行动。"自由软件"运动的核心价值观是自由,但这种"自由"与金钱主宰下的"资本主义自由"迥然相异。斯多尔曼的"自由观"由其著述中唯一"一篇以软件和网络信息的版权控制为题材的政治幻想小说"① ——《阅读的权利》② 淋漓尽致地反映出来。

这篇发表于 1997 年 2 月《ACM 通讯》杂志的科幻小说以独特的开篇吸引了读者的注意,作者在开篇称:"此文来自'第谷之路'(The Road To Tycho。第谷系月球表面的一座环形山——引者注),系由月球人革命(Lunarian Revolution)的先驱精选并于 2096 年在月球城(Luna City)发表。""第谷之路"是通向自由之路的隐喻。作者描绘了地球居民、大学生丹·霍伯特(Dan Halbert)不屈于信息垄断的压迫并与之顽强抗争并最终走向"第谷之路"的故事。

故事发生在信息垄断登峰造极的 2047 年③的地球,它由软件保护局 SPA(the Software Protection Authority)和 FBI(联邦调查局)严密控制,此时,计算机已经成为人们学习知识(阅读)的唯一工具,而微软公司实际上成为计算机的主宰,因为所有计算机都要依靠微软的软件来驱动。严苛的法律规定,任何人不得向他人出借计算机,因为这会导致人们互相阅读对方的书籍,这不仅是不道德的,而且是犯罪。所有书籍只能够由计算机拥有者本人阅读,不可以分享。这样做会遭到 SPA 的抓捕,因为每本书都有一个"版权监视器",专门向"版权特许中心"报告何时何处该书被阅读过。当然,人们必须为阅读支付很高的费用。不堪剥削和压迫的人们也发明了一些方法避开 SPA 和授权中心的监视,但这是违法的。故事

---

① 贾星客、李极光主编:《自由软件运动经典文献》,云南大学出版社 2003 年版,第 149 页。

② Richard M. Stallman, The right to read, http://www.gnu.org/philosophy/right-to-read.html, 2018 - 01 - 17.

③ "2047 年""2062 年""2096 年"均系作者虚构的年代,象征着信息垄断统治全球的黑暗时代。

主人公丹·霍伯特的同学曾用一个违法的程序调试器在阅读书籍时绕开监视,他把这个方法告诉了许多朋友,但其中一个朋友为了得奖赏而向 SPA 告发,丹的同学被投入监狱。还有一种越过版权监视器的方法,可以通过安装一个经过修改的系统内核来实现。丹发现,在世纪之交曾经有过免费的自由内核,甚至整个自由的操作系统。但是,此刻自由操作系统不但和调试器一样是非法的,而且即便你有了这样的自由操作系统,如果你不知道电脑的根密码,你也无法安装。而且 FBI 和微软公司的支持服务部门也不会告诉你根密码。

丹了解历史后发现,20 世纪 80 年代以前,人们可以在图书馆免费阅读,也可以拥有软件调试工具去自己研发软件,互相借用计算机也是极其正常的事。但到了 2047 年,图书馆为公众免费提供专业书籍只能留在人们模糊的记忆中,而软件研发则被微软垄断,计算机也不能相互借用。此刻,丹面临极大的困惑,因为他的同学也是恋人丽莎·兰兹(Lissa Lenz)无力支付高昂的阅读费而可能无法顺利完成学业。经过一番激烈的思想斗争,因为爱和对正义的追求,丹仍然义无反顾地把计算机借给了丽莎,他要尽其所能帮助丽莎完成学业。

故事的结局以大团圆和正义战胜邪恶告终。"丽莎没有向 SPA 告发丹。丹勇敢的行为促成了他和丽莎的美满婚姻。随后,他们对自孩提时代一直被灌输的'盗版'产生了疑问。夫妇俩开始探究有关版权的历史,有关苏联及其在复制行为上的各种限制,甚至阅读了最初的《美国宪法》。"为了逃脱 SPA 的魔爪以追求阅读的自由,"他们搬迁到了月球,可是,在那里他们发现,这些地球之外的人同样逃脱不了 SPA 遥控长臂般引力的掌控。当 2062 年第谷起义爆发时,普遍阅读权(Universal Right to Read)很快成为起义的中心目标之一"[①]。

幻想是美好的。但是,现实社会中的人们还要为"阅读权"进行"一场艰苦的战争",斯多尔曼认为,这样的战争可能要持续 50

[①] Richard M. Stallman, *The right to read*, http://www.gnu.org/philosophy/right-to-read.html, 2018-01-17.

年之久。①

显然，在《阅读的权利》中，未来世界的丹·霍伯特俨然就是斯多尔曼的化身，而斯多尔曼就是现实世界中的丹·霍伯特。因为他们在追求同样伟大的事业，在进行同样艰苦的反垄断抗争，以争取"自由阅读的权利"——它是信息资本主义时代人们追求自由的象征。

鉴于斯多尔曼先知般的寓言、无比深邃的思想和先驱般的奉献精神，"自由软件"运动的重要成员斯蒂芬·莱维（Steven Levy）在其名著《黑客：电脑时代的英雄》中将其誉为："最后一个真正黑客"。这是对他最恰当的评价。连他的反对者也说："如果不存在斯多尔曼，人类也应该把他创造出来。"② 这种评价非常符合马克思主义的一贯主张：每一个时代都需要并会创造出自己的伟大人物，正如恩格斯所言："恰巧某个伟大人物在一定时间出现于某一国家，这当然纯粹是一种偶然现象。但是，如果我们把这个人去掉，那时就会需要有另外一个人来代替他，并且这个代替者是会出现的，不论好一些或差一些，但是最终总是会出现的。"③ 总之，斯多尔曼是一个计算机科学领域批判资本主义私有制、反对信息垄断的理想主义斗士。崇拜者评价道："虽然斯多尔曼的意识形态，以及他对自身论点的宗教情怀，使得有些人望之却步，然而回顾历史，那种热情却始终是伟大领导者的特质。伟大的领导者通常不会是瞻前顾后、踌躇不决的角色。"他率领着一群"对抗邪恶势力的福音派十字军"④。饶有趣味的是，在宣传自由软件的公开场合，斯多尔曼往往以一种惊人的装束来表达其对自由软件的"宗教徒情结"——尽管他本人并不信仰任何宗教。此时的斯多尔曼往往穿一件硕大的袍子，头戴一顶用胶木唱片制成、象征光环的帽子，然后开始"传道"，他自称"圣徒"（Saint）。当然，这并不是"上帝的圣徒"，而是"自由

---

① Richard M. Stallman, *The right to read*, http: // www. gnu. org/philosophy/right-to-read. html, 2018 - 01 - 17.
② 徐继哲：《Richard M. Stallman 和自由软件运动》，"互动百科"，http: // www. baike. com/wiki/ Richard%20Stallman% E5% 92% 8C% E8% 87% AA% E7% 94% B1% E8% BD% AF% E4% BB% B6% E8% BF% 90% E5% 8A% A8&prd = so_ 1_ doc, 2018 - 01 - 17。
③《马克思恩格斯选集》（第四卷），人民出版社1995年版，第733页。
④ ［美］罗伯特·杨、罗姆：《红帽旋风》，郑鸿坦译，中国青年出版社2000年版，第118页。

软件的圣徒"。他声称,"上帝说:'创造 Richard Stallman 吧,由他去发动一场捍卫人类在数字时代自由的战役!'"。其超凡脱俗的举动的言论往往引来追随者的一片欢呼,个中深意耐人寻味。①

把斯多尔曼的主张与早期空想社会主义相比较,其共性是:对资本主义现实都有鲜明的道德批判的痕迹。斯多尔曼坚信:"私有软件社会系统(即声明用户不能分享或修改软件的系统)的观念是反社会的、不道德的、完全错误的。"面对"私有软件"的打压和诱惑,斯多尔曼坦言"我面临一个艰难的道德选择",要么加入"私有软件"世界,"从而对其他不愿意背叛同伴的人进一步施加压力","我也可能因此而发财,不过终将背负上道德的枷锁而懊悔终生"②。对于人类思想史上对社会不公现象的种种道德批判,恩格斯在《反杜林论》中有这样一段精辟的评述:"这种诉诸道德和法的做法,在科学上丝毫不能把我们推向前进;道义上的愤怒,无论多么人情人理,经济科学总不能把它看作证据,而只能看作象征。""在描写"社会弊病时,"愤怒是适得其所的,可是愤怒在每一个这样的场合下能证明的东西是多么少,这从下面的事实中就可以清楚地看到:到现在为止的全部历史中的**每一个**时代,都能为这种愤怒找到足够的材料"③。

当然,斯多尔曼对信息资本主义的批判不只停留在道德层面,与早期空想社会主义一样,他也勾画了一个理想社会的蓝图。但是,其最大的差异在于——斯多尔曼并不试图去设计一个无比详尽的未来理想社会的所有运行规则并描绘其无比诱人的美好画面——这往往是空想社会主义的通病。恩格斯在批判空想社会主义时曾指出:作为一种"不成熟的理论",空想社会主义"是同不成熟的资本主义生产状况、不成熟的阶级状况相适应的。解决社会问题的办法还隐藏在不发达的经济关系中,所以只有从头脑中产生出来。社会所表现出来的是弊病;消除这些弊病是思维着的理性的任务。于是,就需要发明一套新的更完善的社会制度,并且通过宣传,可能是通过典型示范,从外面强加于社会。这种新的社会制度是一开始就注定要成为空想的,它越是制定得详尽周密,就

---

① 徐继哲:《Richard M. Stallman 和自由软件运动》,"互动百科"。
② [美] Chris DiBona、Sam Ockman、Mark Stone 编:《开源软件文集》,洪峰等译,中国电力出版社 2000 年版,第 71—72 页。
③ 《马克思恩格斯选集》(第三卷),人民出版社 2012 年版,第 528 页。

是越要陷入纯粹的幻想"①。就资本主义的发展的总体情况而言，进入20世纪的资本主义毫无疑问已经走向了非常成熟的一面，表现为围绕剩余价值的生产和再生产，发达资本主义各国已经形成一套行之有效的制度安排及与之相辅相成的成熟的社会意识形态。然而，相对于信息时代的资本主义而言，却同时存在"不成熟"的一面——这就如同手工工场时代的资本主义进入机器大工业时代后，后者在生产关系诸多领域的调适相对于生产力的飞速进步会有一个类似技术变革经济和社会的"时滞"（Time Lag），它需要一定的时间完成相互磨合。因此，作为国家垄断资本主义发展的一个新阶段，信息化的资本主义经济和信息化的资本主义社会必然会处在较之于传统工业社会更为激烈而迅猛的变动过程中并持续一段时间，为其服务的相关制度安排和社会意识的完善会有一个必然的滞后。于是，针对这种社会激烈变迁中的矛盾与冲突，必然会产生各式各样的"解决方案"，这是"自由软件"运动深层次的社会历史原因，其"不成熟"的一面与80年代处于急遽信息化变革进程中的资本主义的"不成熟"是相互契合的。

　　但是，另一方面，由于20世纪80年代的资本主义已经有了早期资本主义所无法比拟的高度成熟性——表现为资本统治社会和人的思想的方法与技巧，因此，斯多尔曼在设计社会改革方案时没有陷入早期空想社会主义常有的"纯粹的幻想"。哪怕是他最为憧憬的"软件免费"的社会，他也只是将其定位于"长远"的未来，并不试图用这种道德法则去对抗强大无比的资本主义利润动机。因为资本的力量和统治技巧在此时已经变得空前强大和异常熟练。总之，与早期空想社会主义相比，他更实际，其理想社会的阶段性划分和"最低纲领""最高纲领"的提出，表现了一个理想主义者积极、务实的可贵品质。作为一个技术权威，他只从自己熟悉的软件研发着眼，从技术角度提出高效生产信息社会最重要的公共品——软件的解决方案，并很好地利用了现有体制（如版权制度）来改良社会，这就是GNU工程（GNU Project）——就其实践效果和社会影响而言，也远胜于早期空想社会主义，斯多尔曼"青出于蓝而胜于蓝"。"自由软件运动"以其声势浩大的行业影响力和对微软垄断前所未有的挑战力度彰显了这一特点。

---

① 《马克思恩格斯选集》（第三卷），人民出版社2012年版，第780—781页。

20世纪90年代末期，以终成燎原之势的"自由软件运动"为标志，滥觞于"赛博空间"的社会改良思潮以技术韵味十足的表现形式和社会价值观诠释着对"科学技术泛资本化"即计算机软件"知识产权资本化"批判精神，它意味着，与资本主义进化史相伴始终的社会改良思潮拥有了和信息时代相适应的鲜明特征，由此引发和嬗变而来的、基于技术变革角度的社会改良思潮及其运动，为人们观察信息资本主义的发展变化提供了一个重要的窗口。

二 从"自由软件"到"开源软件"的嬗变：自由精神如何不被商业湮灭[①]

"自由软件"的操作系统GNU/Linux欲在"私有软件"一统天下的计算机产业界一展身手，然而，它遇到的对手却强大到近乎难以战胜，这就是以微软和英特尔为代表的信息垄断。经过20世纪70年代的萌芽和积累，初步形成于80年代初的信息垄断在经历了10年成长之后，在90年代已经形成了强大的市场控制力，即微软的Windows操作系统（Windows 3.0）和英特尔的芯片（80486）以压倒性的优势继续强化其作为个人计算机标准配置的市场地位，"Wintel联盟"[②] 完成形成，开创了资本主义历史上空前的"互补型双寡头垄断联盟"。特别是微软公司，在Windows 3.0后用令人眼花缭乱的推陈出新的手段（如Windows 95、Windows 98）进一步巩固了其在计算机操作系统市场不可撼动的垄断地位。

由于微软的先发优势，更由于信息产业独特的运行规律、信息产品

---

① 本目主要内容源自本人博士论文研究成果，该论文于2010年12月4日通过答辩，论文题目：《信息垄断：信息技术革命视阈里的当代资本主义新变化》，在纳入本书时又进行了修订、调整和补充。

② Wintel联盟这一提法始于1999年1月，在"美国政府起诉微软案"的庭审开始之前，美国"消费者协会"（CFA）、"媒体访问计划"（MAP）组织和"美国公众利益集团"（US-PIRG）联合发表了一份题为《微软掠夺用户100亿美元》的报告，这份报告成为法庭审判的重要证据被采纳。报告列举了大量的事实后认定，"这两家公司，都拥有市场的权力，组成了被称为Wintel的垄断阵营。因为它们在此期间都在施展自己的市场权力，它们的利润高于正常水准。而其他处于竞争中的公司赚取的是正常的利润"。CFA和MPA详细"考察计算机产业中除了Wintel之外的公司"，它们在1996—1998年的收入只相当于全国平均资产回报率，约为微软和英特尔的50%。美国司法部：《微软罪状——美国法院政府起诉微软一案的事实认定》，方兴东主译，中国友谊出版公司2000年版，第329页。

的诸多特性和信息垄断厂商无所不用其极的商业策略等因素综合作用的结果，GNU/Linux 问世后应者寥寥，只受到 IT "发烧友"和"黑客"的关注而没有被更多的普通用户接受。斯多尔曼坦言，"向新用户传授自由的概念在 1998 年变得更为困难，因为社团的一部分决定停止使用'自由软件'，而代之以'开源软件'（Open-Source Software）"①。于是，"自由软件"运动开始向"开源软件"运动嬗变，这是一个令人喟叹、引人深思的转变。其本质问题是：软件研发作为信息技术革命时期一种非常独特的科学工作——如同蒸汽革命和电力革命时期的科技发明一样，它能否与资本联姻去创造财富？即：软件研发和资本是否可以相互借力使软件研发成为一项利润丰厚的大产业？对这个问题的争论不可避免地导致"自由软件"阵营的分化。

在"私有软件"强大的竞争压力下，"自由软件"阵营出现分裂，坚守黑客精神的斯多尔曼一如既往地为"自由软件"摇旗呐喊，但许多战友离他而去，转而组建"开源软件"联盟，试图探索一条"自由软件"商业化运作的道路，而且获得成功。"自由软件"的孤军奋战和"开源软件"的旗开得胜引发人们的思索：自由精神如何不被商业湮没？

（一）"开源软件"与"自由软件"的分歧：软件开发是否应成为一项生意？

既然"自由软件运动"不可避免地带有空想社会主义的痕迹，因此，斯多尔曼的"数字理想国"在金钱至上的资本主义社会必然遭遇理想受阻于残酷现实的困境。在资本统治的社会里，斯多尔曼的主张必然被社会主流价值观视为洪水猛兽。在信息产业飞速发展的 20 世纪 80 年代，随着微软等一批软件厂商的成功崛起，软件研发已经成为一项获利丰厚的大生意而成为资本角逐的新兴战场。斯多尔曼的"自由软件"自然和"反商业""反知识产权"乃至"反资本主义"紧紧联系在一起，业内人士中的既得利益群体以及渴望成为其中一员的人士自然对其敬而远之，这使得"自由软件"运动遇到很大阻力。斯多尔曼意识到了激进的思想在现实社会中将寸步

---

① ［美］Chris DiBona、Sam Ockman、Mark Stone 编：《开源软件文集》，洪峰等译，中国电力出版社 2000 年版，第 92 页。

难行，他开始寻求妥协，力图在理想和现实之间找到一条恰当的道路来推行其主张，他并不想做一个"唐吉诃德式"的斗士，这是其睿智之处。

"自由软件运动"的"最高纲领"是还软件以"自由之身"，让它像空气般地供人们自由呼吸，像语言一样由人类自由使用。然而，鉴于资本主义商业社会的强大力量，斯多尔曼也实事求是为其理想制定了"最低纲领"，这是一种不丧失原则的妥协。他后来强调："自由软件所涉及的问题是自由（liberty）而不是价格（price）。要理解这个概念，你应该想到'言论自由'（free speech）中的'free'而不是'免费啤酒'（free beer）中的'free'。'自由软件'是指使用者拥有运行、复制、分发、研究、修改、改进软件的自由。"[①] 软件史学家指出："在'自由软件运动'中，'自由'（free）一词有着更加复杂和微妙的含义。""'自由'一词更多指一种生活方式。编写程序源代码的人们与美利坚合众国的开国元勋们用几乎同样的方式来使用这一词汇。对他们中的许多人来说，自由软件革命也被认为是追求自由（liberty），以及为某些原则献身，即所有男女在追求幸福的过程中，都有某种不可剥夺的权利来对他们的软件进行变更、修改或者做任何他们愿意做的事情。"[②]

鉴于《GNU宣言》的一些激进的措辞和表达引起了业内的"一些误解"，故斯多尔曼于1993年在其网站用脚注的形式加以澄清，以改变人们对"自由软件"先入为主的印象，他解释："人们时常理解为分发GNU拷贝始终应该是几乎免费或完全免费的。这并不是本意。稍后，此宣言就提到了一些公司为获利而提供分发GNU拷贝服务的可能性。随后，我认识到'free'在这里的本意是自由而不是免费。自由软件是用户可以自由去分发与修改的软件。一些用户免费获得了拷贝，而同时其他的一些用户则通过付费获得了拷贝——如果这些资金用来帮助支持改进软件的话，那就更好。"[③] 这些解释在一定程度上抵消了"私有软件"厂商对"自由软件"的"妖魔化"宣传。但是，

[①] *The Free Software Definition*, http://www.gnu.org/philosophy/free-sw.html, 2018-01-17。

[②] ［美］彼得·韦纳：《共创未来打造自由软件神话》，上海科技教育出版社2002年版，第91—92页。

[③] *The GNU Manifesto*, http://www.gnu.org/gnu/manifesto.html, 2018-01-17。

第五章
科技与资本联姻历史进程中的异己力量　　**409**

"自由软件反商业"这一早期印象却难以彻底消除,它埋下了日后自由软件阵营分裂的种子。因为反对者给自由软件贴上一个'反商业'的标签,再加上英语表述的苍白使得自由软件必须首先为自己正名才能够获得更多的支持。斯多尔曼的战友指出,当他和其他人谈论自由软件时,他们真正谈论的东西是自由言论。英语在处理这里的文字区别时确显苍白乏力,但是在'免费'(gratis)和'自由'(liberty)之间的确存在天壤之别,如同'言论是 free(自由的)'与'啤酒是 free(免费的)'之间两个'free'的区别。这条基本原则(言论中的自由部分,不是指啤酒的免费)导致许多软件公司公然抵制'自由软件'。他们目的毕竟是要在市场上赚钱,而不是为了给我们增加知识。对于 Stallman 来说,计算机工业和计算机科学的不和是可以接受的,甚至可能是他所期望的。"①

"开源软件"运动创始人布鲁斯·佩伦斯(Bruce Perens)认为,"自 1984 年斯多尔曼成立自由软件基金会并发起 GNU 工程以来,自由软件作为一种政治性观点已经深入人心"②。"开源软件"的旗手埃里克·雷蒙德(Eric Raymond)③ 也强调,"现在回想起来,'自由软件'这个词这些年来给我们的行动很明显地造成了极大的损害,其原因部分产生于众所周知的对'free-speech/free-beer'含糊不清,大多数原因来源于更坏的事情——将'自由软件'这个词与对知识产权的敌意、共产主义和其他观点联系起来,这几乎不可能使他们受到公司经理的喜爱"④。显然,"自由软件运动"天生具有的某种意识形态色

---

① [美] Chris DiBona、Sam Ockman、Mark Stone 编:《开源软件文集》,洪峰等译,中国电力出版社 2000 年版,第 13 页。
② 同上书,第 213 页。
③ 埃里克·斯蒂芬·雷蒙德(Eric Steven Raymond)1957 年出生于美国马萨诸塞州,是"自由软件"运动早期的重要成员、著名的黑客和作家。1997 年以后,与"自由软件"阵营分离并大力推广"开源软件",成为这一运动的主要领导者。他把自己定位于人类学家:"人类学家的工作就是研究人的行为及整个社会,研究人类文化的形成、文化的作用方式、文化如何随时间变化而变化,以及人类如何适应不同的文化环境等。我考虑最多的是有关计算机黑客的文化,更多地集中于从社会的角度分析,而不是他们的高超技术和程序。"资料来源:《开源软件的斗士——Eric Steven Raymond》,中国源码网,http://www.yuanma.org/data/2006/0308/article_ 84. htm, 2018 - 01 - 17、《牛年说牛人牛事之 Eric Raymond 篇》,http://www.linuxeden.com, 2018 - 01 - 17 等。
④ [美] Chris DiBona、Sam Ockman、Mark Stone 编:《开源软件文集》,洪峰等译,中国电力出版社 2000 年版,第 260 页。

彩使越来越多的圈内人士倍感压力。这种压力与其说是"自由软件"带给他们的，倒不如说是现实社会施加的。软件史家如是评价："埃里克·雷蒙德属于自由主义者一类，而理查德·斯多尔曼则属于共产主义者一类……开放源代码运动则两者兼备。"然而"斯多尔曼和他那种被信以为真的共产主义者形象有点难以刻画。他已经与金钱达成和平协议，并略带恼怒地坚决表示他既不是一个共产主义者也不是资本主义国家的敌人。当程序员们要求为自己付出的劳动收费的时候，他欢天喜地，而且他本人也常常这样做。不过我们也不难理解为什么人们最初认为他是一个共产主义者。他曾写过一篇文章，标题是'为什么软件不应该有拥有者'。他的一些基本主张看起来的确有马克思主义色彩。一个程序的源代码通常会像生产手段一样发挥作用，这就是那些资本家控制的公司企图严密控制源代码的原因。斯多尔曼想将这些生产手段放到每个人的手中，这样人们就能够自由地做他们想做的事。然而，斯多尔曼并不反对金钱的作用，他反对的是知识资本即源代码应当受到控制的原则。"①

"自由软件"阵营不可避免地走向瓦解，社团中的大多数人举起了"开源软件"的旗帜。其导火索是一家"私有软件"厂商网景公司（Netscape）"打破商业规则"的一个震惊业界的举动并为"开源部落提供了一个空前的机会"②，它同时也象征着广大软件厂商不堪微软压迫，奋起反击信息垄断的顽强抗争走向一个新的高度。"虽然有些人不赞成斯多尔曼，但是就算最实际、最利益导向的程序设计师也会承认，以开放源码模式建构的软件成品，确实比较好用。"③

如前文所述，1994年10月，网景公司发布了当时性能最先进的网络浏览器"领航员"（Navigator）并成功将其推向大众，短短数月，市场上占有率一度高达90%。由此揭开了和微软的"浏览器大战"。埃里克·雷蒙德对此评价道："网景——一个互联网的先驱公司和华

---

① [美] 彼得·韦纳：《共创未来打造自由软件神话》，上海科技教育出版社2002年版，第166—167页。

② [美] Chris DiBona、Sam Ockman、Mark Stone 编：《开源软件文集》，洪峰等译，中国电力出版社2000年版，第258页。

③ [美] 罗伯特·杨、罗姆：《红帽旋风》，郑鸿坦译，中国青年出版社2000年版，第26页。

尔街的明星——已被微软当作毁灭的对象，微软正是担心嵌入网景浏览器的、开放 Web 标准会损害雷蒙德（Redmond，微软总部所在地——引者注）巨人在 PC 领域有利的垄断地位，因此微软将所有的资金和战略重点（这将引发一场反垄断诉讼）展开来挤掉网景浏览器。"①

微软于 1995 年 8 月推出 IE 1.0 浏览器，但在功能上远不如网景。但微软在 Windows 95 上"捆绑"IE 并在网上提供免费下载将网景逼到失败边缘。网景公司此前采取的是注册和授权收费的方式获得利润。面对微软公司的免费浏览器，网景也宣布即使免费提供 Navigator 浏览器供用户自由下载，但用户仍然义无反顾地投向微软的怀抱。其深刻根源就在于：微软公司控制了全世界 PC 用户的操作系统。用户相信且微软也是如此宣传：IE 浏览器的易用性更好。在生死存亡的关头，网景公司做出了一个震惊业界的举动。"1998 年 1 月 22 日，Netscape 宣布将其浏览器源代码在网上公布"并提供免费下载，虽然"没有充足的理由相信这样做会阻止 IE 占据优势"。② 网景以"开源工程"来对抗微软垄断，为此，建立了"摩斯拉组织"（Mozilla Organization）——一个非营利组织和网站并制定了相应的软件研发标准来启动其声势浩大的"开源工程"。网景的举措引发了极大的轰动效应，吸引了所有软件研发者的关注，任何人都可以对 Navigator 进行修改和完善并将其重新发布。网景此举的意图在于，以完全开放式的软件研发思想汇集互联网上众多"黑客级"的软件高手的智慧，在他们的帮助下开发出性能最优异的网络浏览器，赢得 IE 无可比拟的技术优势，最后战而胜之。这种集万千黑客智慧于一体的软件研发模式早已经被 Linux 的成功问世所证明。"开源软件"的优势恰恰是微软等"私有软件"的短处——IE 这样的"私有软件"，其任何缺陷和漏洞都只能依靠研发者自己去修改和更正，效率极低，常常引发用户的不满。网景颠覆传统商业模式的革命性举动吸引了众多的眼球和用户的喝彩，但却没能吸引来商机，或者说没有足够的时间吸引商机——牺牲浏览器并没有保住它们的其他业务安枕无忧，网

---

① ［美］Chris DiBona、Sam Ockman、Mark Stone 编：《开源软件文集》，洪峰等译，中国电力出版社 2000 年版，第 258 页。

② 同上。

景最终仍然被强大的微软战车碾为齑粉①。

网景败于微软的残酷垄断。但是，它用"开源"作为最后一搏的利器所引发的"轰动效应"却促成"自由软件"阵营深刻的反思。1998年2月3日，"自由软件社团的一些领导者聚集到加利福尼亚。他们所贡献的是寻找一种方式，来像以前躲避自由软件思想的人们推广这种思想。他们担心，自由软件基金会反商业信条会让人们对自由软件敬而远之。在 Eric Raymond 的坚持下，这群人同意他们所缺乏的是市场营销的活动，这个活动的目的是赢得思想，而不仅仅是市场份额。最后讨论的结果产生了一个新的术语来描述他们所推进的软件：Open Source（开源软件）。他们制定了一系列的指导原则，用来描述那些软件可以有资格被称为开源软件。与 GPL 相比，开源软件的定义允许更大的自由授权。特别是当软件中混合了专有软件和开源软件时，开源软件的定义允许在它们的基础上生成更大的混合"②。

何谓"开源软件"？布鲁斯·佩伦斯（Bruce Perens）给出的定义是："开源不仅仅表示开放程序源代码。从发行的角度定义的开源软件必须符合如下条件：自由在发行、提供完整源代码；此外，开源许可证：必须允许派生程序、无个人或团体歧视、无领域歧视、不能排斥其他软件——不能要求所有与之一起发行的软件都是开源软件。"③ 显然，在软件研发中要不要接受"私有软件"是"开源软件"与"自由软件"的技术分水岭。但其社会价值观的差异却是巨大的。

"开源软件"的主张者言简意赅地指出："开源，是一种商业策略。"应该"将开源模式作为指导开发商业软件的一种确实可行的模式"④。显然，"自由软件"阵营中的"开源派"看到，"自由软件"富

---

① 1998年11月，成立仅4年的网景公司被全球最大的互联网服务供应商"美国在线"（AOL）以42亿美元收购。2003年7月，"摩斯拉组织"（Mozilla Organization）改组成一个非营利性组织——Mozilla基金会。2005年，再次改组，成立了子公司"摩斯拉"（Mozilla）重返商场，并最终开发出了著名的火狐（Firefox）浏览器免费提供用户使用。据美国 Netapplications.com 网站统计，2007年其桌面市场（即台式电脑和笔记本电脑）份额为13.29%，排名第二，微软公司的IE以13%的比例排名第三。

② ［美］Chris DiBona、Sam Ockman、Mark Stone 编：《开源软件文集》，洪峰等译，中国电力出版社2000年版，第13—14页。

③ 同上书，第217—222页。

④ 同上书，第185—186页。

于理想和反"私有软件"的革命激情,但其致命弱点却是——缺乏商业社会认可的、富有效率的实施方法。这个先天的缺陷注定"自由软件"在资本一统天下的商业世界会寸步难行。因为,"理想很丰满,现实很骨感"。在某种程度上,反"私有软件"的革命激情既是"自由软件"鲜明的优点,也是其"致命伤"——它真实反映了创始人斯多尔曼的价值观。斯多尔曼肯定不谙商道,他也不屑于去商海钻营。只是,"开源派"矫枉过正的纠偏及其所导致的社会影响却使"自由软件"运动走上了一条有违斯多尔曼初衷的发展道路,而这条介于美好的理想和残酷的现实之间的道路,也许是"自由软件"欲迈向"自由"之巅必经的路途。

面对"自由软件"阵营的分裂,斯多尔曼认为:"倾向于开源说法的一些人希望能够避免 free 的歧义性,即避免将'自由'与'免费'相混淆——这是个合理的目标。但是,另外一些人的目的则是把激励自由软件运动与 GNU 精神搁置一旁,转而去吸引公司经理们和商业用户们,他们中许多人所持的意识形态置利润于自由之上、社会之上、原则之上。因此,'开源软件'的词义着重于创造强大的、高质量软件的潜力,而回避了自由、社会和原则这些概念。'自由软件'与'开源软件'多多少少描述了软件的同一范畴,但强调了软件的不同侧面和价值观。GNU 工程将继续使用'自由软件'这一名词,以表示自由而不仅仅是技术,才是最重要的。"① 在斯多尔曼看来:"'自由软件'运动与'开放源码'运动就像我们社团中的两个政党。在 20 世纪 60 年代,激进的分派团伙因内部派别争斗而众所周知:因为在策略细节上的见解不同而导致组织的分裂,于是彼此相互仇视。他们同意基本原则,而只是不同意实施方案;但他们认为对方是敌人并拼命相互打击。不管它是否正确,至少这是人们已有的印象。对于'自由软件'运动和'开放源码'运动,这恰是每一要点上的对立。我们不同意基本原则,但多少同意其实施方案。所以我们在很多特定项目上一起工作。在'自由软件'运动中,我们不把'开放源码'运动视为敌人。敌人是私权软件。我们不对抗'开放源码'运动,但我们不想跟他们混为一谈。我们知道

---

① [美] Chris DiBona、Sam Ockman、Mark Stone 编:《开源软件文集》,洪峰等译,中国电力出版社 2000 年版,第 92—93 页。

他们对我们的社团有贡献,但我们自己创立了我们的社团。我们要人们将我们的成就与我们的价值及我们的哲学联系在一起。我们的确想要我们社团的人明白我们跟他们不一样。"①

从科技创新的规律看,资本是科技创新的充要条件。没有资本的介入,任何科技研发都会成为"无源之水,无本之木"。就此而言,"开源软件"是对"自由软件"激进思想的"修正","开源软件"此后大行其道自有其合理性。

(二)"自由软件"与"开源软件"之争的实质:"要不要拥抱资本?"

"自由软件"和"开源软件"之争,表面看来是:要不要自由?实质却是:该不该拥抱商业(或资本)?软件开发要不要和资本联姻?以软件代表的知识产权能不能资本化?"开源派""害怕自由",因为"'自由软件'概念搞得一些人不舒服"。斯多尔曼一针见血地指出,"停止谈论自由、道德和责任等问题,社会境况并不会因此变得更好"。"开源派""闭口不提道德和自由,而只谈及某个自由软件直接实用的好处,他们或许能更有效地将软件'卖'给确定的用户,尤其是商业用户。于是,作为一种对此做得更好的方法,一种'更为商业所接受'的方法,'开放源码'被提出来了"②。

事实上,"开源软件"和"自由软件"的根本分歧在于:"自由"(共享源代码)究竟是目的还是手段?"自由软件"以反对"私有软件"、弘扬"自由"为最终目标,"自由"(共享源代码)不仅是技术主张,更是一种社会价值观和哲学观,它力图在物欲横流的资本主义社会重建共享、合作和奉献的社会规范。但鉴于严酷的社会现实,"自由软件"并不反对商业,可是也绝不会张开双臂去拥抱商业。"自由软件"和商业之间只建立有限的联系,商业只是追求"自由"的一个较为次要的手段,仅此而已,这是确保"自由"必须坚守的界限。相较而言,"开源软件"只把"自由"视为更有效的与商业联姻的手段,它毫不在意"自由"的社会价值观,"自由"(共享源代码)的主张只是

---

① 贾星客、李极光主编:《自由软件运动经典文献》,云南大学出版社2003年版,第215页。

② 同上书,第211页。

单纯的技术手段，因此以"开放源代码"的称谓取代"自由软件"。"开源软件"的最终目标是从"私有软件"垄断的市场中分一杯羹，商业不再是手段而成为目的。简言之，"开源软件"只是反对微软所代表的信息垄断的一种市场营销策略。为此，"自由软件"阵营中的"开源派"、与微软苦斗的商业软件公司以及商业目光锐利如同鹰隼般的风险投资机构终于走到一起，他们即将形成一股不容小视的力量去挑战无比强大的微软帝国。只不过，这种挑战不再代表一种饱含理想主义色彩的社会价值观，它更多体现了两种截然相反的软件研发和营销模式之争——是用残酷无情的垄断手段攫取利润还是用合理合情的方式赢得市场？毫无疑问，"开源软件"倾向于后者。

斯多尔曼发起"自由软件"运动之初显然无法预见其发展方向，当它逐渐向右转为"开放源代码"运动后，斯多尔曼已经丧失了掌控力，原来的"战友们"也刻意和他保持距离，但他依然故我，坚守信念毫不动摇。斯多尔曼创造了历史，但他却无法主导这一历史的进程。马克思指出："人们自己创造自己的历史，但是他们并不是随心所欲地创造，并不是在他们自己选定的条件下创造，而是在直接碰到的、既定的、从过去承继下来的条件下创造。"[①] 就此而言，"开源软件"运动的壮大有其历史必然性。这种必然性体现为：从"自由软件"到"开源软件"嬗变的全过程中，一直主导其间的、在资本主义社会掌控一切，同样也是所有空想社会主义思想家无力抗拒的——无所不在的、资本天生逐利的强大力量，其具体表现是：在信息资本主义社会，经济活动的关键要素——信息技术要素（程序员的知识）必然受制于货币资本（风投基金）和商业资本（商业软件公司）所产生的强势引力而必然与其走向融合——科技与资本联姻是一种无人可以阻挡的趋势，这是任何空想社会主义的社会价值观都无法阻抗的"资本黑洞"。"开源派"的人士评价道："斯多尔曼后来以开源运动对自由强调不够为由表示反对，而实际上是开源软件已经变得非常流行，他的自由软件创始人角色，以及他的自由软件基金会，都已渐渐被人遗忘。他抱怨自己已成为历史的记录

[①] 《马克思恩格斯选集》（第一卷），人民出版社 2012 年版，第 603 页。

了。"① 但斯多尔曼本人并没那么悲观,他坦言:"有时我会失败,我的一些城市会陷落。接着我发现另一座城市正面临威胁。我得随时做好投入下一场战斗的准备……并呼吁其他黑客来与我并肩战斗。时至今日,我常常不是唯一的战士。看到成群结队的黑客掘土加固战壕,我既感到宽慰,也感到快乐,我明白城市会继续矗立在这里——至少现在如此。但失陷的危险与岁俱增。现在微软已明确表示将我们社团列为打击目标。我们不能奢望未来的自由会从天上掉下来。天上是不会掉馅饼的!如果你希望维护你的自由,那么你必须做好准备捍卫它。"② 这种顽强的战斗精神令人肃然起敬。

研究资本主义进化史可以发现,历史上不断涌现、生生不息的诸多富有进步意义的改良主义思潮,不管其冠以何种旗号,它们都代表着在资本统治的世界里总有一群行高于众的独立知识分子在"抬头仰望星空"关怀人类的命运,他们在努力思索人类应该如何挣脱资本的束缚去实现真正的自由。在信息资本主义时代,这种值得赞许的情怀便是徜徉在"赛博空间"的斯多尔曼的思想及其所发起的"自由软件"运动。

而从"自由"到"开源"的嬗变则反映了信息垄断内生反对力量发生发展的规律,恩格斯曾指出:"人们自己创造自己的历史,但是到现在为止,他们并不是按照共同的意志,根据一个共同的计划,甚至不是在一个有明确界限的既定社会内来创造自己的历史。他们的意向书相互交错的,正因为如此,在所有这样的社会里,都是那种以偶然性为其补充和表现形式的必然性占统治地位。在这里通过各种偶然性而得到实现的必然性,归根到底仍然是经济的必然性……历史上所有其他的偶然现象和表面的偶然现象都是如此。我们所研究的领域越是远离经济,越是接近于纯粹抽象的意识形态,我们就越是发现它在自己的发展中表现为偶然现象,它的曲线就越是曲折。如果您画出曲线的中轴线,您就会发现,所考察的时期越长,所考察的范围越广,这个轴线就越是接近经济发展的轴线,就越是同后者平行而进。"③ 显然,信息技术革命时期"科学技术泛资本化"的"内生反对力量",无论其多么强大,仍旧无

---

① [美] Chris DiBona、Sam Ockman、Mark Stone 编:《开源软件文集》,洪峰等译,中国电力出版社 2000 年版,第 215 页。
② 同上书,第 93 页。
③ 《马克思恩格斯选集》(第四卷),人民出版社 2012 年版,第 649—650 页。

法摆脱资本的"万有引力"这条"资本主义中轴线"的吸引,在资本主义社会,科技与资本必然联姻是永恒的"铁律",这是科技创新得以成立的首要前提。

三 软件业"科学技术泛资本化"的潮流势不可当

"自由软件"不可避免地向"开源软件"嬗变的结果,再次证明:"科学技术泛资本化"是信息技术革命时期包括软件研发在内的科技创新的趋势。"开源软件"与资本成功联姻的典型案例是红帽软件公司借助计算机开源操作系统 Red Hat Linux 在资本市场神速崛起并创造了科技与资本联姻的财富神话。通过这个案例,可以进一步厘清"自由软件"与"开源软件"的本质差异,更好地理解"开源软件"的光芒必然盖过"自由软件",是由科技与资本联姻的内在规律所决定的。

(一)"开源软件"与资本成功联姻:反私有版权的"红帽"旋风起于青萍之末

"如何用'自由软件'赚钱?"——这个大胆的设想来自一家特立独行的软件厂商、红帽(Red Hat)软件公司的创始人和首席执行官罗伯特·杨(Robert Yong),带着这个令人匪夷所思的疑问,红帽软件获得多家风险投资公司的青睐并在微软一统天下的计算机操作系统市场成功上演了一出"大卫挑战巨人哥利亚"的商业传奇。当然,能够用来赚钱的软件已经不再是斯多尔曼珍视的"自由软件"了,而是被成功商业化的"开源软件"。"自由软件"可以高冷而鄙夷资本,但"开源软件"不会拒绝资本示爱。

红帽软件公司创立于 1995 年,公司看准了 Linux 操作系统蕴藏的商机,"着重解决 Linux 连同第三方厂商的应用程序、系统文件,以及初期技术支持予以配套,以约 50 美元的价格销售。红帽很快成为首屈一指的 Linux 操作系统供应商"。红帽公司销售的操作系统一律附送源代码,以方便用户随意修补完善。"这对于一向由微软独霸的软件业界来说,实在是非比寻常。过去,源代码就像一间密室,只有极少数人能获准进入。软件公司靠着垄断源代码,得以控制他们的客户,主导技术上的变迁,并确保其源源不断的收入。由于源代码是保密的,无法取得,客户不时被迫屈从于软件供应商所主导的系统升级。同样地,依赖操作系统内部运作的应用软件研发商，也常常因为操作系统公司藏私，而陷于不利的境地。"红帽创立了堪称"疯狂"的营销模式："销售自由软件，并持续开发自己永远无法拥有或控制的新技术。除此之外，红帽公司想要在操作系统市场中竞争，而这个市场正被垄断者微软所掌控。"鉴于此，"本地媒体替红帽的员工取了个外号叫作'疯狂帽客'"。颠覆传统概念的行动"使红帽能够切入一个世界性的软件开发团队，其规模要比最庞大的业界巨人所能负担的要更加庞大。红帽的开发模式沿袭了全球黑客已使用多年的模式，要比业界领导者微软及其他软件制造商所沿用的传统封闭源码、所有权专属的模式，来得更有效率"。总之，在红帽看来，"开放源码是一种方法学，一种哲学，也是一种新的企业经营典范。这种软件开发方式，与构建起 Internet 的潜在力量相得益彰"，形成一种强大的合力，因为，互联网不属于任何公司或个人，而开源将汇聚互联网上所有程序员的智慧打造出性能最优的软件。为此，红帽公司建立一个"红帽 Linux 序及工具的整个开放源码社群"，博采众长的结果是，"Linux 的成功应该不足为奇，它几乎是无可避免的。Linux 软件开发团队的规模，实际上大过任何微软所能负担的组合，而它背后的软件开放模式，比传统封闭源码的所有权专属模式，更有效率得多"[①]。"1997 年 2 月 1 日星期天晚上，大约 11 点钟，红帽的另一位创办人尤英（Marc Ewing）正在上网遨游。在那个冬夜里，尤英进入 Infoworld.com，那是专门报导电脑产业的报纸《资讯世界》的网站。尤英发现我们赢得了'操作系统年度最佳产品奖'。我们和微软共同赢得这个奖，红帽 Linux 和微软视窗 NT 打成平手。在那时候，红帽总共有 20 名员工，包括了总机、业务员以及内动人员。惊人的是，微软这个身价 300 亿美元的竞争对手，竭尽全力，挟着数以千计当今世上顶尖的软件开发人员，赋予实际上毫无限制的预算，再加上抢先了三年起步，却只是和红帽在这个奖项上打成平手。"[②] 无疑，这是开源的威力。

Linux 并不是红帽公司发明的，它是芬兰程序设计师李纳斯·托瓦兹 1991 年开发的"一种类似于 Unix 的操作系统，然后交给自由软件大

[①] ［美］罗伯特·杨、罗姆：《红帽旋风》，郑鸿坦译，中国青年出版社 2000 年版，第 15 页。

[②] 同上。

师斯多尔曼于 1994 年发表。斯多尔曼主张 Linux 更准确的名称应该是 GNU/Linux，因为以这种 Unix 型态的操作系统而言，托瓦兹所写的核心虽然可能是系统中最重要的部分，但只是系统的一小部分"①。作为一套运用"自由软件"的编程工具、秉承"自由软件"规则编写并最终纳入"自由软件"GPL 版权规则之中的全新计算机操作系统，Linux 网络世界众多计算机软件"发烧友"集体智慧的结晶。

很快地，通过 Internet 上数以千计的程序设计师，针对 Linux 增修及再流通、加快了程序改良及功能增添的速度。于是，商业软件产品新版本依旧很典型地每年甚至每 3 年（以 Windows 98 为例）推出时，像 Linux 这类开放源码程序的升级，却是逐月甚至每个月好几次地张贴发表……红帽从来不曾想要"拥有"自己的知识产权。相反地，红帽的业务模式是基于市场的快速扩展，从大量购买到比业界龙头微软所提供的更好的产品的客户身上，赚取微薄的收益。不久之后，红帽干脆免费提供 Linux，任何人都能从 Internet 下载这套由 650 个程序组成、占 500MB 的操作系统。红帽提供给零售点销售的，是盒装的红帽 Linux 正式版本。不过红帽真正销售的是训练、教育、客户支持及咨询服务，未来的利润大部分将来自这些服务。顾客付费是基于零售包装的便利，以及随同附加的支持②。

开源而且运行非常稳定以至于免费的 Red Hat Linux 赢得了许多重量级用户的青睐，譬如，"费米实验室，这个美国能源部负责监督，由联邦政府资助的'原子碰撞'智囊库，是全世界顶尖核物理学家的圣地"——就已经在实验室的电脑网络中安装了 Red Hat Linux。而且，该实验室的许多科学家一再向英特尔公司提出要求——希望英特尔能够改进微处理器的技术以便更好支持红帽 Linux 的运行。之后，这种呼声遍及世界各地的实验室。1998 年春天，英特尔发现"市场里到处都竖起了红旗，Linux 突然间到处都是"，越来越多的 ISP（In-

---

① [美] 罗伯特·杨、罗姆：《红帽旋风》，郑鸿坦译，中国青年出版社 2000 年版，第 11 页。

② 同上书，"大事记"，第 3、10—11、12 页。

ternet Service Provider，互联网服务提供商）使用红帽 Linux 作为其服务器操作系统。"这其中蕴含的意义令人震惊。如果一套操作系统足以有效并可靠到能用来驱动要求很高的 Internet 服务器，而又能开放给所有想依本身需要调整系统的人，它对英特尔（就此而言，还有业界其他任何人）的业务经营方式，将会产生战略性的冲击。"[1] 长期以来，在 Wintel 联盟中，英特尔一直受制于微软公司，因为微软改进操作系统的步伐远远赶不上英特尔提升微处理器的性能速度。"因此，就是英特尔在处理器层次上出现新技术，可以让电脑用户创新使用，却仍然必须等待操作系统供应商决定，是否愿意为系统新增的功能提供支持。但现在，局面有可能大不相同了。凭借着开放源码的操作系统，如有必要，英特尔可以自行改良操作系统，来支持新的芯片技术。……这代表了破天荒的第一次，操作系统开发，有可能赶上英特尔将新硬件引进市场的步调。更进一步来看，公司能够开始自行调整操作系统，立即用上新芯片的技术，这样的想法对十几年来长期受制于微软的英特尔，自然具有吸引力。"总之，"英特尔过去得依赖所有权专属的操作系统供应商来支持它的微处理器，Linux 的出现则代表着另外一种完全不同的方式"[2]。英特尔决定启动新的研发计划支持红帽 Linux 并与其商谈投资事宜。

  红帽 Linux 窜红并得到业界大佬英特尔垂青的消息自然逃不过嗅觉如同猎犬般敏锐的风险投资公司的视线——红帽公司的"开源软件"模式蕴藏着巨大商机。1997 年 8 月，贝腾投资率先给红帽"投资 200 万美元"使其能够继续"开源"的梦想。1998 年春天，美国硅谷最炙手可热的高科技风投公司"标杆资金"（Benchmark Capital）的创始合伙人哈维主动打电话给红帽公司商洽风险投资事宜。"标杆资金"是创始于 1995 年的风险投资公司，总部设立于加州硅谷。其最著名的投资案例是"在 1997 年，以 500 万美元买下了互联网拍卖商 eBay20% 的股份，这些股份到了 1999 年春天，大概价值 25 亿美元——投资报酬率 49900%。5 位'标杆'合伙人，每位都可从这个项目中分得约一亿两千万美元的红利"。"和所

---

[1] ［美］罗伯特·杨、罗姆：《红帽旋风》，郑鸿坦译，中国青年出版社 2000 年版，"大事记"，第 14、15、48、5、7 页。

[2] 同上书，第 16、8—9 页。

第五章
科技与资本联姻历史进程中的异己力量

有投资人一样，哈维的任务是以资金押注于有前途的新公司，以换取它们将来可能会价值非凡的股票。"①

于是"红帽公司脚跨两个世界：一边是叛逆黑客的前卫宇宙，另一边是既成势力——风险投资公司、法人资金，以及业界巨人英特尔"。对风投公司而言，最感兴趣的是"开源软件"代表了一种软件企业经营模式前所未有的创新——这里可能蕴藏着无法估量的商机。因为红帽坚信："在开放源码的模式下，我们能够创造更好的技术……足以和微软竞争，因为我们能够提供给客户微软根本做不到的好处。"② 之后，美国风险投资公司先驱之一"灰锁管理"（Greylock Management）也加入到对红帽的风险投资阵营中，随后，打响"开源第一枪"的网景公司（见第三章第一节）也加入到这一行业。此时，红帽是一家仅有"75位员工、年营业额1000万美元"的小公司。经过一系列讨价还价，"1998年9月28日，红帽宣布和业界两大巨人，英特尔及网景，还有两家世界顶尖的风险投资公司，标杆和灰锁管理，完成了投资程序……《华尔街日报》（Wall Street Journal）声称这些宣布是'为一家阻止微软在操作系统称霸的新进挑战者，做了意义重大的背书'。在进一步分析后，这份立场一贯保守的报纸指出，'过去一年里，从诸多足以取代视窗软件然而相对没有名气的产品中，Linux已经脱颖而出'。该报认为Linux的流行或多或少是基于一项事实，也就是Linux的原始程序代码，也就是操作系统的基本蓝图，可以在互联网上免费取得'。③

经过不到三年的酝酿，"红帽旋风"终于掀起风暴。"在1998年间，所有交货的操作系统中，Linux的占有率由7%增长为17%，而视窗NT市场则维持36%不变。""各种类型的Linux公司继续蹿起，许多都着眼于Linux快速成长的企业市场……到1999年夏季，除了戴尔、IBM、康柏等巨人之外，有超过20家以上的小公司，销售预装了Linux的电脑。"在亚太最重要的日本市场，Linux也很快风靡开来。"1999年春，一连串日本公司所做的宣布，更加强了Linux的地位与分量。富士通公司在三月份表示，将销售以Linux为基础的服务器。"而日本IBM和日本最大的个人

---

① [美] 罗伯特·杨、罗姆：《红帽旋风》，郑鸿坦译，中国青年出版社2000年版，第16、5、4页。
② 同上书，第16、5、18、29页。
③ 同上书，第49、45页。

科技与资本的联姻之旅
——当代资本主义变迁中的"科学技术泛资本化"研究

电脑制造商 NEC 也宣布加入 Linux 阵营。①

1999 年 8 月 11 日，红帽公司在纳斯达克成功上市，"申购单排山倒海而来。股价第一天就由 14 美元飙涨到 52 美元。红帽当天市值超过 3 亿美元"②。红帽的成功代表了"开源软件"与商业最完美的联姻。对此，罗伯特·杨在一篇表露心声的文章《大派送：Red Hat 如何偶然发现一个新经济模式并促进一个行业》中指出："没有人指望能以自由软件容易地赚到钱。尽管用自由软件赚钱是富于挑战的，但并不比用专有版权的软件赚钱更艰巨。事实上，你用自由软件赚钱就如同你用专有版权的软件一样：建造一个好的产品，运用技巧和想象力开拓市场，照顾好你的客户，从而能建立起一个代表着质量和服务的品牌。运用技巧和想象力考托市场，尤其是在竞争激烈的市场中，需要你为客户提供别人不能或不能很好地提供的解决方案。从这一点上讲，开源不是一种义务，而是一种竞争优势……所以，开源软件厂商以高质量的产品为起点。窍门则是设计一套行之有效的赚钱方法，如何将开源软件的利益分发给你的客户。"③

"开源软件"与资本成功联姻，除了让红帽公司创始人和所有的风险投资商赚得巨额财富外，"Linux 之父"李纳斯·托瓦兹也成为百万富翁，这是他此前绝对不敢想象的奇迹。红帽公司上市前给了托瓦兹"双倍股票期权"，他甚至都"没有兴趣读那些文件"。他回忆道：

> 这一天是红帽公司上市的日子。公司几年前就给了我一些股票期权，但直到最近才送来一些纸面文件。我并没有兴趣读那些文件，它们一直扔在我电脑边的纸堆里。我的确很希望红帽能走势良好，股票期权并不是让人特别兴奋的，因为我还没有意识到它意味着什么。结果它终于上市了……我们得到了消息：红帽的股票开盘价是 15 美元，或者是 18 美元，我已记不清了，最重要的是那天的交易在 35 美元的价位上收盘。虽然没有创什么纪录，但运行良好。

---

① [美] 罗伯特·杨、罗姆：《红帽旋风》，郑鸿坦译，中国青年出版社 2000 年版，第 167、163、170 页。

② 同上书，第 194 页。

③ [美] Chris DiBona、Sam Ockman、Mark Stone 编：《开源软件文集》，洪峰等译，中国电力出版社 2000 年版，第 147 页。

接着，我想到了钱。我开始兴奋起来……我才清醒地意识到我在一天之内从身无分文一下子变成了拥有 50 万左右美元。我的心跳开始加剧，既得意又有几分不敢相信。现在，我有了一项新的活动：跟踪红帽公司股票的价格。在接下来的六个月里，红帽公司的股票价格一直在上涨，它一会儿稳步攀高，一会儿直线上升，总之是不停地上涨。到达某一点时，它再次拆分股份。情况最好时，我的股票价值达到了 500 万美元。[①]

红帽的成功是"开源软件"商业化的成功，但是，人们不能忽视的是，其背后默默矗立着"自由软件"的身影，尽管"开源软件"的鼓吹者和厂商在有意无意地淡化它，甚至要努力遗忘它，但以斯多尔曼为首的"自由软件"阵营仍然在坚守他们的阵地——这一事实是不能忽视的。

从"自由软件"到"开源软件"的嬗变反映了信息技术革命时期"科学技术泛资本化""内生反对力量"发生发展的规律。"自由软件"彰显着"赛博空间"里反对软件私有的自由精神，但是，面对商业社会的残酷现实——以逐利为唯一目的的资本仍然以强无比的力量在主宰着人们的思想和行为，"自由软件"必须放下身段，以妥协的姿态——"不反对软件商业化"去赢得更多的盟友。而"自由软件"阵营中的"开源派"则将这种战术性妥协在实践中发扬光大到极致，成就了"开源软件"辉煌无比的"商业钱景"。显然，"自由软件" + 商业化开发 = "开源软件"，其根源还在于资本的推波助澜，这是必须直面的现实，有其历史合理性。

（二）总结："自由软件"与"开源软件"的差异比较

通过梳理"自由软件运动"的历史和思想主张，通过厘清"自由软件"和"开源软件"嬗变的历史，有必要从软件研发与资本联姻的角度对"自由软件"和"开源软件"进行一个全面总结，以便更好地认识"科学技术泛资本化"时期的"内生反对力量"的发生发展和演变规律。见表 5.4：

[①] [美] 李纳斯·托瓦兹、大卫·戴蒙：《乐者为王》，王秋海、胡兴、徐勇译，中国青年出版社 2001 年版，第 216—218 页。

表 5.4　　　　软件研发与资本的关系："自由软件"和"开源软件"的比较

	对待与资本联姻的问题	对待软件版权制度的问题	对待软件商业化的问题	代表人物及主要思想	代表机构/代表厂商	发展现状
自由软件	拒绝与资本联姻，反对把软件当作一门大生意，反对"私有软件"的暴利模式	反对私有版权制度，尤其是系统软件的私有版权制度，提出 Copyleft "左版"制度	反对过度商业化。软件可以成为商品，但是出售者无权独占源代码，这既不公平也不道德	斯多尔曼，在软件研发领域主张：人人创造、相互帮助、自由共享	"自由软件"基金会	逐渐被"开源软件"的光芒所笼罩，成为"非主流"
开源软件	不拒绝与资本联姻，不反对商业化的软件	对私有版权制度持矛盾看法，总体而言，反对把软件版权作为"武器"	不反对软件商业化	李纳斯·托瓦兹，主张：开放源代码，限制软件版权，反对滥用知识产权实施垄断，危害竞争	红帽软件公司	成为软件业的潮流和趋势

　　表 5.4 从"知识产权资本化"的角度比较了"自由软件"和"开源软件"的诸多差异。如前所述，"科学技术泛资本化"的最直接表现形式是"知识产权资本化"，而"自由软件"和"开源软件"最核心的分歧也在于此：软件源代码可不可以被私人垄断成为谋利工具？对此问题，"自由软件"阵营的态度从来都旗帜鲜明，斯多尔曼一向认为保护软件私有的知识产权制度危害了社会整体利益，这是将个人权利凌驾于社会利益之上，这样的权利必须废除。然而，在对待软件的知识产权问题上，"Linux 之父"李纳斯·托瓦兹坦言：

　　　　我发现自己在这个问题上已经快要陷于精神分裂了。其实这并不意味着，就这个问题而言我已经没有了自己的主张：我个人非常强调知识产权的重要性，但是我自己的观点最终却成为争论双方的两个对立面了。我可以告诉你，这是非常让人困惑的。这意味着我只好同时与双方争论了。我以为，这是因为知识产权本身就具有双重性，它是一个矛盾的统一体。对于许多人，包括对我自己而言，知识产权是有关人类的创造活动的规则，是关于那些使我们成为人类——而不是动物（当然，这本身是一件好事）的活动的规则。正是在这个意义上，"知识产权"这一名称本身就是一种侮辱。它并不是如有形财产那样可以出售，它是创造性活动本身，这是人类所能够做到的最伟大的事情。它是艺术，它是蒙娜·丽莎。但它也是一整夜编程工作的结果，它是你作为一个程序员感到极为自豪的最终成果。它是如此珍贵的东西以至于将它出售是不可能的事情。它是作为创造者的你不可剥夺的一部分，使你之所以成为你的一部分。那种创造——不管它是以绘画、音乐、雕塑、著作或是程序的方式出现，都应当受到尊重：创造者和他所创造的事物之间有着你所无法切断的密切联系。这就像母亲与孩子之间的联系，或者如同中国菜与味精之间的联系。但是与此同时，它却又是世界上每一个人都应当分享的事物，因为它是属于人类共同的。①

托瓦兹想表达：第一，知识产权是人类创造性活动的规则；第二，编写软件是一种创造性活动；第三，这种创造性活动所产生的成果是人人都可以分享的。

那么问题的症结在何处呢？知识产权的最为著名的例子是"版权所有"这一提法。版权所有在法律上很容易获得。你并不需要登记你的版权：你自动就会成为你所从事的任何创造性工作的版权所有者。与其他大多数知识产权法规相比，这一点是版权的一个重要区别，它事实上使个人可以方便地获得其版权。你可以获得一个版权，仅仅是通过著作、绘画或者是创造一个与众不同的事物即可。当然，仅仅拥有版权本身并不是非常有价值的。然而事实是你拥有你所创造的东西就意味着你可以控制它的使用。例如，你有权将这一艺术成果出售给其他人，而且在这个问题上，除了美国国税局以外，任何人都不会说什么。可是，问题的复杂性在于，软件作为一种数字化信息产品，它和绘画、雕塑这些同属人类创造性活动的结晶不一样。对于软件这类信息产品而言，"知识产

---

① ［美］李纳斯·托瓦兹、大卫·戴蒙：《乐者为王》，王秋海、胡兴、徐勇译，中国青年出版社 2001 年版，第 256—257 页。

权的基本问题在于它自身：你作为知识产权的所有者可以永远地出售它，而你自己却什么也没有失去，你无需冒任何风险。与出售你的艺术成果不同，你能够出售许可证给别人以让他有权对其做某种事情，而你仍然保有版权。简单地说，你可以拥有你的蛋糕，也可以吃了它。这也是微软世界何以被创造出来的原因：无限地出售许可证以便可以让大家使用某种东西，而事实上自己又毫无损失。难怪人们会喜欢他们自己的这种财产"[1]。

托瓦兹指出了软件产品的一个最重要的特性：信息产品的生产具有高固定成本、低边际成本的特征。"信息产品的高固定成本主要是生产'原始拷贝'的成本，'原始拷贝'的生产成本极高，但其复制的成本却很低。一旦第一份信息产品被生产出来，那么，多复制（生产）一份的成本将变得越来越低。这种成本结构产生了巨大的规模经济效益。以操作系统开发为例，其初始投入极高，但它的大规模复制几乎不受产能和资源的约束。'Windows 升级一次的成本大约为 20 亿美元，且要历时 4 年。2004 年，微软投入 77.8 亿美元用于研发，相当于销售额的 20%以上，这是一笔相当大的资金。'"[2] 和传统工业产品相比，信息产品具有全新的产品形态，按照其存在方式的不同，可划分为"原子形态"和"比特形态"两大类。"原子形态"的信息产品体现了信息产品的物理性状，"比特形态"的信息产品体现了信息产品的非物理性状，它的存在的形式可以有具体的物质形态，也可以没有，但它的内容一定是非物质性的，即以比特形式存在，这往往是其价值所在，可称其为"纯知识类信息产品"。软件类的信息产品如果其物理载体是磁盘、光盘或者 U 盘之类，其存在方式就兼有"原子形态"和"比特形态"。如果软件的发布（无论是免费还是收费）是通过互联网进行，则其存在形式就是"比特形态"。编写软件和制造蒸汽时代及电力时代的工业不一样之处在于：产品研发一旦完成，大量生产的边际成本则不断下降乃至为零——这种成本特征成为"摩尔定律"的最好补充。因此，托瓦兹认为，软件产品的特性导致的"缺陷是顾客得不到保护，事情变得更为

---

[1] ［美］李纳斯·托瓦兹、大卫·戴蒙：《乐者为王》，王秋海、胡兴、徐勇译，中国青年出版社 2001 年版，第 257—258 页。

[2] ［美］理查德·泰德罗：《安迪·格鲁夫传》，杨俊峰等译，上海人民出版社 2007 年版，第 265 页。

糟糕。产权所有者不但可以毫无损失地出售其产权,而且他还有权利起诉那些出售与其产权相似的产权的人们。很显然,产权所有者对于从其产品中衍生的产品拥有权利"。显然,这是一种大到无边的权利,"而人们似乎不曾或者说是从未意识到,这样一种强有力的权利导致一些人剥夺了另一些人的权利"①。托瓦兹也对此忧心忡忡:

> 现在,如果你得出我认为版权实际上是有害的结论,那么你错了。恰恰相反,我热爱版权。我只是认为没必要将版权所有者的权利无限扩大。不要扩大到将消费者的权利都被剥夺殆尽。我这么说并不仅仅是作为一个消费者而言,而且我也作为一个拥有版权的创造者,不管是以这本书的作者还是以 Linux 系统的创造者的面目出现。我作为一个版权所有者,有我自己的权利。但是权利是与义务相伴的,或者像他们以一种相近的说法所说的那样,位高则任重。要负责地使用这些权利,而不是将他们视为对付那些没有这种权利的人们的武器。正如一位伟大的美国哲学家曾经说到的那样:"不要问版权能够给你带来什么,而要问问你能够为你的版权做些什么。"②

如何解决这个矛盾?托瓦兹给出的解决方案是:不反对知识产权,但必须限制软件版权。"版权是一种相当适度的、循规蹈矩的知识产权形式。拥有一项版权并不是给予版权所有者的成果以全部的权利。"说到底,这是一种改良的主张,与斯多尔曼的激进主张相比更能够相容于资本主义社会。然而,对于软件知识产权的另外一个组成,软件的专利权问题似乎更为复杂且糟糕。托瓦兹指出:

> 对于专利,一个最为尴尬的争论在于它与版权不同。你并不是仅仅创造了某种新的事物就可以获得专利。不是这样的在你获得专利之前,你必须在专利局的办公室里经历痛苦而漫长的填表过程。

---

① [美] 李纳斯·托瓦兹、大卫·戴蒙:《乐者为王》,王秋海、胡兴、徐勇译,中国青年出版社 2001 年版,第 259 页。
② 同上书,第 260 页。

科技与资本的联姻之旅
——当代资本主义变迁中的"科学技术泛资本化"研究

顺便说一下，在专利局办公室等待有点像是在车辆管理局排队。但你必须意识到你将面临十二个专利律师，而且这个队有可能要排上两年之久。然而雪上加霜的是，专利局办公室并不必然拥有资源可以用来核查你的新发明专利是否真的那么完美无缺。因此，结果会怎样呢？很显然，只有极少的个人获得了专利。另一方面，公司却获得了大量的专利。这些专利是他们用来对付其他公司的有力武器，可以威胁别人因专利侵权而要面临起诉。一些知识产权法规显然让人感到恐怖，很大程度上，在这场知识产权战争中寻求和平的解决之道正是公开源代码所努力的目标。尽管许多人对于公开源代码的真正目的有他们自己的看法，但在许多方面你可以将它看作是一种高技术缓和方案，是对于在这场知识产权战斗中将产权作为武器这一做法的一种否定。[1]

剖析托瓦兹在软件知识产权问题上所持有的多种复杂态度——既有批判的一面，也有赞成的一面，这种矛盾心态深刻反映了在"软件社会学"领域，崇尚自由、反对垄断的自由主义者的状态。如何评判其矛盾的心态？也许正如他在"自述成功道路与人生哲学"的回忆录中将自己称为"一个势利的知识分子"[2]一样，"Linux之父"托瓦兹很懂得"开源软件"必须恪守的"边界"：反垄断，但不能反对资本。这是对坚决反对"知识产权资本化"的"自由软件"的一种成功的"修正"。事实上，在资本主义进化史上，反对资本主义私有制的激进主义一直有一个忠实的伴侣改良主义如影随形，它们相伴相生、此消彼长的发展构成了资本主义历史的一个重要组成部分，科技与资本联姻的历史也是如此。

因为上述差异，"开源软件"显然比"自由软件"更能够赢得社会主流舆论的拥戴，因为其主张符合市场经济中，人们对竞争的渴望和对垄断的厌恶。因此，更能与资本达成共识，从而顺利实现与资本的联姻。其必然结果是："开源软件"迅速崛起并走向强大。自1999年成

---

[1] ［美］李纳斯·托瓦兹、大卫·戴蒙：《乐者为王》，王秋海、胡兴、徐勇译，中国青年出版社2001年版，第261—264页。

[2] 同上书，第265页。

功上市后，红帽 Linux 在 Linux 市场上占有率超过 50%，它一跃成为全球最大的 Linux 供应商，产品遍及个人电脑和网络服务器操作系统。2006 年底统计，红帽的市值已高达 32 亿美元并从纳斯达克转至纽约证交所上市。2009 年数字显示，红帽拥有员工 2800 人，年营业额 6.5 亿美元，净利润 7872 万美元。在 2012 年，红帽成为全球首家年收入达到十亿美元的开源软件公司，该年营收达到 11.3 亿美元。2014 年统计，红帽公司年营收达 15.35 亿美元，拥有员工 7100 人，总资产为 31.07 亿美元，运营利润 2.32 亿美元，净利润 1.78 亿美元。[①] 2016 年，红帽公司又成为全球第一家营收超过 20 亿美元的开源软件公司，其市值则超过 130 亿美元。[②] 2018 年 1 月 20 日最新统计数据，红帽公司股价为 125.94 美元/股，总市值为 222.09 亿美元。[③] 虽然这样的业绩和微软动辄数千亿美元的市值和每年数百亿美元的营收、利润及同等量的现金储备相比微不足道，但是，以红帽为代表的各种版本的 Linux 毕竟在微软统治的操作系统市场中杀出一条血路，"开源软件"以不屈不挠的拼搏去反击为微软所代表的垄断霸权，这是其重大意义所在。毋庸置疑，"开源软件"在"自由软件"和"私有软件"的夹缝中蹚出一条成功的"中间道路"。

今天，不管你在哪儿，都不太可能不用 Linux。超过 20 亿人每天随身带着 Android 手机出门，它的系统底层就是 Linux。即便你不用 Android，是用 iPhone、Mac 或者 Windows 电脑看这篇文章，也有 Linux 的功劳。像绝大多数网站一样，《好奇心日报》的服务器也运行着 Linux 系统。你可以不用微软的系统，可以避开苹果的硬件。唯独 Linux 无处不在。全球 500 台运行速度最快的超级计算机中，80% 采用的是 Linux 系统，这些昂贵的计算设备造价数亿元到数十亿元不等；但同时，也有像樱桃那么小的迷你计算机，售价不过 33 元人民币，同样运行着完整的 Linux 操作系统。在服务器端，

---

① 数据引自红帽公司官网，https://www.redhat.com/en/about/company。
② 《Red Hat 成为第一家 20 亿美元收入的开源公司》数据引自"Linux 公社"官网，http://www.linuxidc.com/Linux/2016-03/129475.htm。
③ 数据引自"百度股市通"，https://www.baidu.com/s? tn = 06074089_ 5_ pg&ch = &ie = utf-8 &wd = % E7% BA% A2% E5% B8% BD% E5% B8% 82% E5% 80% BC&ssl_ s = 0&ssl_ c = 0。

Linux 已成为事实上的主流操作系统，Linux 在金融、电信及石油勘探等高端市场的核心业务得到了大规模的应用。①

信息技术革命时期，"自由软件运动"的勃兴及其向"开源软件"的嬗变，深刻展示了"科学技术泛资本化"的内在矛盾：垄断一旦变得合理合法，资本的掌控欲望将无边无际，它会严重阻碍科技创新的步伐。就此而言，"开源软件"显然有其积极性：它遏止了资本的贪婪，是对软件业日益严重的滥用知识产权来打压竞争、剥削用户等行为的"纠偏"。"开源软件"之所以成为主流而"自由软件"日渐式微的进程说明，科技与资本联姻的必然性和合理性仍然是自蒸汽革命以来的科技创新的必然规律。这说明，在资本主义社会，不容于资本的科学技术，即使很强大，也难以发挥出变革社会的重大功能。

---

① 《Linux 无处不在它是如何毁了微软统治世界的计划?》，腾讯网站，http://tech.qq.com/a/20160902/012735.htm，2018-01-21。《盘点：全球的开源软件发展几十年历史》，DOIT 网站，http://www.doit.com.cn/p/104551.html。

第六章

科技与资本联姻的必然结果：
科技异化及其批判

科技与资本联姻的必然结果是科技异化，系指人类利用科学技术创造出来的对象成为统治人类的主宰。科技异化的决定性因素是异化劳动，但归根到底是人的异化，它与"科学技术资本化"同步共振并不断深化，符合历史和逻辑的演进规律，好莱坞科幻巨片《黑客帝国》为我们认识科技异化的危害提供了一个经典样本。警惕"科学主义的玫瑰梦"是规避科技异化必须坚守的原则。在资本三大本性支配下的科技异化愈演愈烈的当今时代，马克思主义和西方马克思主义对科技异化的深刻批判显现出尤为重要的现实意义。

第一节　科技异化的一个经典样本：《黑客帝国》解码

《黑客帝国》（*The Matrix*，1999—2003）三部曲被誉为好莱坞影史上科幻影片的巅峰之作，它荣膺影史上最"烧脑"也最富哲思的电影之美誉，引发了众多影迷乃至学术界热闹非凡的诸多形而上的思考。抛开令人眼花缭乱的电影技术不论，其思想性和批判性引发了学术界长期的关注和讨论，因为这部科幻大片运用最富哲理的表现手法和最富颠覆性的结局折射了科技异化的极端场景：如果科技创新无禁区，人类的贪婪和好奇将把科学研究引上危途，其必然结果是：人类文明将毁于失控的人工智能。结合《黑客帝国》（动画版）从多维视角全面剖析《黑客帝国》这个科技异化的经典样本，有助于深刻认识科技异化对人类文明的严重危害。

一 《黑客帝国》电影三部曲和《黑客帝国》(动画版) 介绍

电影《黑客帝国》三部曲是：《黑客帝国Ⅰ》(*The Matrix*, 1999.3)、《黑客帝国Ⅱ：重装上阵》(*The Matrix Reloaded*, 2003.5) 和《黑客帝国Ⅲ：矩阵革命》(*The Matrix Revolutions*, 2003.11)，是美国华纳兄弟公司出品的科幻系列动作片。影片讲述了一名年轻的黑客尼奥对现实世界产生怀疑，后来在另外一名黑客崔妮蒂的引荐下见到了黑客组织的首领墨菲斯。墨菲斯告诉尼奥，他所生活的现实世界实际上是由一个名为"矩阵"的计算机人工智能系统打造的虚拟现实，现实中的人类文明早已被摧毁，而残存的人类则藏身于地核深处的一座城市和机器世界展开殊死的斗争……尼奥大为震撼并勇敢地加入到抵抗"矩阵"的艰苦斗争中。《黑客帝国》(动画版) (*The Animatrix*) 由 9 部短片组成，由美国华纳兄弟出品，于 2003 年 4 月上映。《黑客帝国》(动画版) 对未来世界——高智能机器的觉醒、人类对机器妄加迫害以及由此引发的人类文明与新诞生的人工智能文明之间的严重对立和冲突，乃至人机大战人类惨败后 Matrix 的诞生等电影版中一笔带过的重大线索，展开了充分的阐释。

(一)《黑客帝国》电影三部曲：剧本版权也是"资本化"的绝佳对象

以《黑客帝国》电影三部曲为个案来深入诠释科技与资本联姻的话题，本身就意义非同寻常。这是因为，《黑客帝国》不仅仅是全球最强大的电影工业圣地好莱坞的科幻票房大片，更是科技与资本完美联姻的典范。换个角度可以看到，作为表演艺术、电影科技、文学作品和资本联姻天堂，好莱坞的"传奇导演和编辑"[①]——拉里·沃卓斯基 (Larry Wachowski, 1965.6—) 和安迪·沃卓斯基 (Andy Wachowski, 1967.12—)，他们/她们两人的发迹史本身就是"科学技术泛资本化"的"另类样板"和精彩脚注。之所以是"另类"，是因为他们/她

[①] 之所以称二人为"传奇"，不仅仅因为两人是好莱坞影史上少有的能编会导的杰出天才，凭借才华由一文不名的文艺青年成功跻身富豪和名导演行列，更因为两人先后变性，由兄弟变身姐妹。其人生观之另类，即使在多元文化汹涌的美国也令人瞠目。《黑客帝国》最后一部热映后第三年 2006 年，拉里率先变性，改名为拉娜·沃卓斯基 (Lana Wachowski)，沃卓斯基兄弟也变为沃卓斯基姐弟 (The Wachowskis)。10 年后的 2016 年 3 月 8 日，弟弟安迪也宣布变性，更名为 Lilly Wachowsk，沃卓斯基姐弟变为沃卓斯基姐妹。

们并非传统意义的科技成果发明人,而是与科学创造相去甚远的剧作家和电影导演,大概可以归入艺术家之列。然而,异曲同工的是,两人在好莱坞一朝暴富的成名史与前述信息技术革命时期在美国硅谷随时上演的、某个一文不名的科技天才突遇慧眼识珠的风投伯乐,双方一拍即合然后联袂创造"财富神话"的传奇何其相似(见第227页)。与掌握科技发明专利的科学家工程师相比,沃卓斯基兄弟(2003年之前的称谓)精心创作的剧本和无与伦比的艺术天赋在资本一统天下的社会也可以蝶变为含金量极高的"资本"。前文所述,科技发明成果"资本化",可谓之"专利权资本化"以及"知识产权资本化",前者在蒸汽革命和电力革命时期成为"科学技术资本化"即科技与资本联姻的最佳表现,后者在信息技术革命时期则成为"科学技术泛资本化"即科技与资本联姻的最佳形式。因此,与依靠科技发明实现财富梦想的科技弄潮儿相比,沃卓斯基兄弟毫不逊色——他们的写作和导演天赋——同样表现为可以"资本化"的版权和价值连城的艺术才华。因此,《黑客帝国》的剧本版权和IT产业计算机软件的版权一样,完全可以化身为能够带来丰厚利润的资本。这也是好莱坞电影投资人热切追逐的对象——他们与活跃在硅谷的风险投资家一样,都在为同样的目标而奔走。

  沃卓斯基兄弟出生于芝加哥,父亲是商人,母亲是护士。和许多美国少年一样,兄弟俩从小就酷爱漫画。从中学时代开始喜欢佛教、哲学和科幻小说。高中毕业之后拉里进入巴德学院(Bard College),两年后辍学,安迪进入埃默森学院(Emerson College)后不久也退学。之后两人成为油漆匠和木工。两人对电影一直非常痴迷,写过剧本,还参加过一些表演。兄弟俩凭借过人的才华慢慢挤进好莱坞的编导圈子。1995年,他俩创造的剧本《最后一个刺客》(Last Assassins)被拍成电影,尽管这部电影由史泰龙和安东尼·班达拉斯主演,但由于当时前者正处于演艺生涯的下滑期,而刚从西班牙来的班达拉斯尚无名气,所以该片票房成绩不佳。而沃卓斯基兄弟对导演的手法也十分失望,于是决定亲手打造电影。1996年沃卓斯基兄弟亲自担当编剧和导演,推出了后现代风格的惊悚片《大胆的爱,小心的偷》(Bound),影片获得了评论界的好评。在重新剪辑推向家庭租片市场后,更是受到了影迷们的追捧。继该片成功之后,沃卓斯基兄弟决定重新拾起几年前他们就开始酝酿的一个剧本。他们将网络时代对现实和神话理念的一些探讨,以及对哲学的一些思考,融入了一部概念化很强的动作片剧本,并打算加入港派打斗风格的特技动作。他们得到了艺术家杰夫里·达罗和史蒂夫·斯科罗斯的加盟,并得到了华纳兄弟公司制作部经理洛伦佐·迪·博纳文图拉和制片乔·西弗的大力推荐。他们为这个名为《黑客帝国》的新剧本花了很长时间,而且坚持担任这部电影的导演。最后华纳兄弟公司接受了他们的剧本,但直到基努·里维斯接下主角之后才同意提供资金。最终,这部沃卓斯基兄弟倾全力打造的影片,以其神秘和神话般的高智商色彩,在票房榜上一鸣惊人,并在视觉效果上击败了同期推出的《星球大战前传》。等待4年之后,沃卓斯基兄弟酝酿了更庞大的"黑客年"计划,连续推出了9部动画短片和《黑客帝国》电影版的第二、第三集。兄弟二人不但在电影中回顾了整个人类文明史,而且对人类社会的现状和未来进行了思考,并将电影特技提高到一个新的绚烂的层次。[1]

《黑客帝国》不仅在商业领域大获成功,而且在非商业的学术领域,如哲学、文学、艺术等领域也引起编导和投资方意想不到的巨大轰动且很多年后仍令人津津乐道。其实,抛开电影艺术"高大上"的外衣,《黑客帝国》作为世界电影产业"硅谷"的好莱坞推出的又一件成功产品,它与本书所阐述的历次科技产业革命进程中,科技发明成果成功与资本联姻并给发明家和风险投资家带来巨大收益并无二致,电影剧本版权也可以"资本化",就此而言,其实质与"资本化"的各项科技发明并无区分。科技与资本联姻的历史过程中,和"资本化"大功告成的经典案例一样,《黑客帝国》也给沃卓斯基兄弟和华纳兄弟公司带来了丰厚的投资回报,创造了影史上的票房奇迹。截至2017年3月数据统计,"《黑客帝国》系列三部曲全球票房接近18亿美元。其中,1999年在影坛'石破天惊'的《黑客帝国》全球票房4.63亿美元;2003年的《黑客帝国2:重装上阵》甚至更加成功,全球票房高达

---

[1] 资料整理自孙昊主编《解码@黑客帝国》,中国华侨出版社2003年版,第216—217页。

7.42亿美元；同样在2003年上映的《黑客帝国3：矩阵革命》也在全球拿下4.27亿美元的票房"。因为电影赚钱之凶猛远远超出投资方的预期，"据外媒报道，华纳兄弟影业正在考虑能否为科幻动作电影经典《黑客帝国》三部曲制作续集"①。投资方大赚的同时，沃卓斯基兄弟也在财富方面实现了"丑小鸭变白天鹅"的华丽转身，仅"《黑客帝国Ⅱ》就给沃卓斯基兄弟带来1600万美元收益"，拉里在2005年和妻子打离婚官司，其妻爆料他隐瞒了收入。②

总之，《黑客帝国》的成功再次验证了资本的威力——版权所代表的"知识产权"可以顺利"资本化"。

此部电影的哲理性使其影响极大。《黑客帝国》"原名是 The Matrix，本义是矩阵、逻辑网络等意，在影片中是'大脑构造的虚拟世界'之意。实际上该片的主题，是'人类反抗机器人统治'这一科幻电影中早已有之的旧题。不过题目虽旧，构思却新"。"对于《黑客帝国》的 Fans 来说，这早已不是一部电影。《黑客帝国》同时是难解的谜题、久被忘怀的哲学和电脑特技的奇迹，在某种程度是体现着人类对于未来和目前处境的全部想象，从哲学家到程序员，都难以抵御它的诱惑。这或许就是《黑客帝国》会同时成为网络上、学术杂志和大众媒体上的人们话题的原因——在法国甚至专门为它召开了学术讨论会。"③ 于是，围绕电影出版了一系列书籍，以及多如牛毛的期刊评论文章，较为著名的中文书籍大致有：

①［美］威廉·欧文编：《黑客帝国与哲学：欢迎来到真实的荒漠》，张向玲译，上海三联书店2006年版；

②孙昊主编：《解码@黑客帝国》，中国华侨出版社2003年版；

③阿一主编：《黑客帝国发烧手册/梦工场》，现代出版社2004年版；

④金二主编：《接入"黑客帝国"》，人民文学出版社2003年版。

---

① 《华纳有意拍〈黑客帝国〉续集目前停留在想法阶段》，腾讯娱乐，http://ent.qq.com/a/20170315/017442.htm，2017-03-15。

② "沃卓斯基兄弟"，见百度百科，https://baike.baidu.com/item/%E6%B2%83%E5%8D%93%E6%96%AF%E5%9F%BA%E5%85%84%E5%BC%9F/8741477?fr=aladdin。

③ 金二主编：《接入"黑客帝国"》，人民文学出版社2003年版，第55页、"封底"文字。

值得关注的是，此书作为该电影的评论集，精选了国内"发烧友"对《黑客帝国》的诸多评论文章。其主编"金二"其实是上海交通大学科学史系——中国高校第一个科学史系创系主任江晓原教授。以江晓原的学术身份也对《黑客帝国》饶有兴趣且不吝笔墨反复点评，足见此部电影的影响力之深广。客观而论，在好莱坞的科幻题材影史上，除了《黑客帝国》三部曲外，尚无一部同类题材的电影能够在影迷圈和学术界两个迥异的领域同时引发如此热烈持久的讨论且余波缭缭不绝。

除了上述实体书籍外，网络世界对《黑客帝国》的讨论更是浩若烟海，不胜枚举。此外，在"中国知网"，若以《黑客帝国》为"篇名"搜索有173份文献；以《黑客帝国》为"主题"进行搜索，有552份文献；若以《黑客帝国》为"关键词"进行搜索，有993份文献；以《黑客帝国》为"全文"搜索则有2402份文献。《黑客帝国》之热由此可见一斑。

由是，江晓原指出："有史以来，从未有过影片像《黑客帝国》那样，引起哲学家们如此巨大的关注兴趣和讨论热情。许多西方哲学家热衷于谈论《黑客帝国》，特别是比较'时尚'的齐泽克（Slavoj Zizek）之类。这确实是一个相当奇特的现象。影片票房成功固然有目共睹，但仅仅票房大卖是不足以吸引哲学家的。"[①] 江晓原进一步赞叹道："《黑客帝国》，一举成为科幻影片迄今为止无人能够逾越的巅峰之作。《黑客帝国》三部曲，思想有深度，故事有魅力，视觉有奇观，票房有佳绩，'内行'激赏它的门道，'外行'也能够享受它的热闹，更有一众哲学家破天荒来讨论它所涉及的哲学问题（比如外部世界的真实性问题、'瓶中脑'问题、人工智能的前景问题等等）。世上自有科幻影片以来，作品之全面成功，未有如斯之盛也。"[②] 影片甚至引起西方学术大咖的关注，"左翼哲学家齐泽克曾经说过，《黑客帝国》是对哲学家的罗夏墨迹测试，随便什么主义都能在其中找到。无论我们用怎样的哲学来解读它，都不能否认一点——沃卓斯基兄弟执导的《黑客帝国》（The Matrix，1999—2003）三部曲已经成为了当代科幻文化中的一个经典符号。很多人将它列入了'烧脑'影片之列。不少烧脑电影其实是在故弄玄虚，但是《黑客帝国》

---

① 江晓原：《〈黑客帝国〉之科学思想史》，见江晓原《科学外史Ⅱ》，复旦大学出版社2015年版，第148—150页。

② 江晓原：《江晓原科幻电影指南》，上海交通大学出版社2015年版，第402页。

并不是在'装神弄鬼'。在激烈打斗场景背后的不是一部单纯的好莱坞动作片而是一部涉及科学、哲学与信仰的多维度电影"[1]。

于是乎,1999年《黑客帝国Ⅰ》公映后,美国高校一群哲学家围绕电影展开一系列学术讨论并于3年后的2002年出版了一部同样晦涩艰深的哲学著作:《黑客帝国与哲学:欢迎来到真实的荒漠》,此书作者称[2]:

> 《黑客帝国》是最具哲学意味的电影,它快节奏的情节的每一步都围绕着一个哲学难题。如果我们所知的世界不过是一场梦,这个梦是真实的吗?如果我们可以选择吞下红色药丸、走出我们的世界,进入一个更真实但不那么舒适的世界,那么不这样做会是一个道德上的失败吗?为什么人的确有超出智能电子机械的价值?精神与肉体可以彼此分离而存在吗?在《黑客帝国与哲学》中,职业哲学家们从形而上学、认识论、伦理学和美学等角度分析了《黑客帝国》。他们揭示了这部错综复杂的艺术作品的隐秘深度。《黑客帝国》涉及诸多核心的哲学主题,在识别和探索它们的过程中,《黑客帝国与哲学》甚至涉及了更多的主题。能够让理性主义者、经验主义者、唯实论者、唯物论者、整体论者、存在主义者和结构主义者都认同的是什么呢?他们的标志性思想深藏在《黑客帝国》中,并为本书所发掘。无论你的哲学偏好是什么,在本书中,能找到适合你的那一份。如果你像基努·李维斯一样,为《黑客帝国》的情节困扰,请读《黑客帝国与哲学》。如果你一点都不困惑,建议你立刻去看医生。如果你压根还没看过《黑客帝国》你真的必须得读这本书,看看为何这部电影成了整整一代大学生难以忘怀的体验。

作为探讨未来的人类世界和机器世界生死对立关系以及人类文明黑暗前景的科幻类型片,《黑客帝国》三部曲成为我们观察科技异化问题的一个经典样本。然而,为什么一部好莱坞的科幻动作片能够成为探讨科技异化——一个如此严肃的哲学问题的"经典样本"?江晓原基于

---

[1] 郁喆隽:《〈黑客帝国〉与钵中之脑》,《书城》2016年第10期。
[2] [美]威廉·欧文编:《黑客帝国与哲学:欢迎来到真实的荒漠》,张向玲译,上海三联书店2006年版,"封底"。

"对科幻作品的科学史研究"这个独具慧眼的学术视角,提出"观看科幻电影"的"七个理由"[①]:

①想象科学技术的发展
②了解科学技术的负面价值
③建立对科学家群体的警惕意识
④思考科学技术极度发展的荒诞后果
⑤展望科学技术无限应用之下的伦理困境
⑥围观科幻独有故事情境中对人性的严刑逼供
⑦欣赏人类脱离现实羁绊所能想象出来的奇异景观

这七个理由中,大部分都涉及电影的思想性。这就需要谈论几句比较抽象的话题了:在制作科幻电影时,导演、编剧、制片人等,有没有某种指导创作的思想纲领?

从一个多世纪科幻电影对科学技术的反思、对人类未来的悲观描绘来看,这样的思想纲领似乎是存在的。我们可以认为,创作者们大都自觉或不自觉地受到了某个纲领的指导。这个纲领可以名曰"反科学主义纲领"——这个纲领拒绝对科学技术盲目崇拜,经常对科学技术采取平视甚至俯视的姿态,所以他们会在科幻影片中呈现出上述七条理由中第二至六条所指的内容。

至于第一条,那是照顾了国内传统观念中对科幻电影的"科普"诉求。在国外,一些科学人士也会希望科幻作品提供"预见功能"。

总之,以《黑客帝国》为代表的科幻影片对科技异化乃至科学主义的反思乃至批判,表达了人类对"技术滥用的深切担忧,对未来世界的悲观预测,这种悲天悯人的情怀,至少可以理解为对科学技术的一种人文关怀吧?从这个意义上说,这些科幻电影和小说无疑是科学文化传播中的一种非常重要的组成部分"[②]。因此,通过剖析《黑客帝国》三部曲,可以以管窥豹,通过电影艺术的独特表现形式去深入探讨科技异化这个严肃的哲学问题。

---

① 江晓原:《江晓原科幻电影指南》,上海交通大学出版社2015年版,第14页。
② 同上书,第11页。

第六章
科技与资本联姻的必然结果：科技异化及其批判

1. 《黑客帝国》（The Matrix，1999—2003）三部曲故事梗概

《黑客帝国》（The Matrix，1999—2003）三部曲是由美国华纳兄弟公司发行的科幻系列动作片，该片由沃卓斯基兄弟执导——拉里·沃卓斯基（Larry Wachowski，1965.6— ）和安迪·沃卓斯基（Andy Wachowski，1967.12— ），基努·里维斯（Keanu Reeves，1964.9— ）、凯莉·安妮·莫斯（Carrie-Anne Moss，1967.8— ）、劳伦斯·菲什伯恩（Laurence Fishburne，1961.7— ）等主演。

▷《黑客帝国Ⅰ》（The Matrix[①]），1999 年 3 月 31 日上映。

影片讲述了一名年轻的程序员托马斯·安德森（基努·里维斯饰）随时噩梦缠身，经常分不清梦境和现实，因此对看似正常的现实世界产生了怀疑，他认为现实世界实际上似乎被某种神秘力量控制，于是便在网络上调查此事。在黑客崔妮蒂（凯莉·安妮·莫斯饰）的引导下，安德森见到了人类抵抗组织的首领、船长墨菲斯（劳伦斯·菲什伯恩饰）。墨菲斯告诉他，他所生活其间的现实世界不过是"虚拟现实"，其实是由一个名叫"矩阵"（The Matrix）的人工智能系统所创造、所控制的世界。在那里，人们就像被饲养的动物，没有自由和思想，浑浑噩噩，沉醉其间。而他自己则是能够拯救人类逃脱虚拟世界的救世主"尼奥"——是人类一直在"矩阵"中寻找的、传说中的救世主。尼奥在墨菲斯的指引下，逃离"矩阵"回到了真正的现实、已经荒漠化的 22 世纪，这才了解到，原来他一直活在虚拟的 20 世纪末期。尼奥被墨菲斯说服，决心放手一搏加入到反抗机器的斗争中。可是，救赎之路从来都不会一帆风顺，到底哪里才是真实的世界？如何才能打败那些超人一样的特工？尼奥能否充当人类的"救世主"？这一切都是悬念，但尼奥和墨菲斯、崔妮蒂勇敢地走上了危机四伏的抗争之路，他们的敌人似乎坚不可摧。这是黑客的帝国，程序和代码欢迎大家的到来。

▷《黑客帝国Ⅱ：重装上阵》（The Matrix Reloaded），2003 年 5 月 15 日上映。

实际上，整个《黑客帝国Ⅱ：重装上阵》是尼奥探寻自己使命背后

[①] Matrix 在英文中的含义有：作为数学名词是"矩阵"和"模型"；作为生物学名词是"母体"和"子宫"。作为地质学名词是"脉石"。将电影 The Matrix 三部曲翻译为"黑客帝国"非常传神。依照电影逻辑主线，将 Matrix 翻译为"矩阵"更为贴切。

真相的过程，他要为自己的行动寻找一个可以接受的理由。上一部结尾，尼奥终于意识到自己的能力和使命，中弹复活后，变成了无所不能的"救世主"，他和女友崔妮蒂、船长墨菲斯乘坐 Nebuchadnezzar 号飞船返回到了人类最后的家园、深处地核附近的锡安城，受到人们的热烈欢迎。就在这时，"矩阵"系统决定先下手为强，派遣了 25 万只电子乌贼大军，开始进攻锡安基地，微弱的基地防守力量根本不足以对抗如此强大的机甲兵团，人类文明岌岌可危。墨菲斯、尼奥和崔妮蒂则再次进入"矩阵"，准备寻找"矩阵"内唯一知道系统弱点的"开锁人"，准备从内部破坏；而本该被尼奥消灭的特工史密斯（雨果·维文饰）似乎出了点问题，脱离了"矩阵"的控制，拥有可怕的复制能力，阻碍尼奥他们的行动。"矩阵"取经的道路注定是凶险多端的：尼奥、墨菲斯和崔妮蒂遇到了前所未有的困难。

▷《黑客帝国Ⅲ：矩阵革命》（*The Matrix Revolutions*），2003 年 11 月 5 日上映。

面对如潮的电子乌贼，地核附近的最后一座人类城市锡安危在旦夕，墨菲斯和崔妮蒂等欲与入侵者决一死战。尼奥没有能从内部摧毁"矩阵"，他的身体在真实世界的飞船上陷入昏迷，思想却被困在介于"矩阵"和真实世界的中间地带，这个地方由"火车人"控制。墨菲斯和崔妮蒂等人知道了尼奥的情况，在守护天使的带领下，找到了"火车人"的老板、法国人梅罗纹加，经过一番激斗，将尼奥救了出来。此时，电子乌贼部队对锡安发起了猛烈的攻击，人类组织所有机甲战士展开顽强的抵抗，形势危在旦夕。尼奥和崔妮蒂驾驶了一艘飞船克服重重困难，到达机器城市，尼奥终于见到了机器世界的统治者"机器大帝"，在和机器的谈判中，机器答应为了人类和机器的共同利益达成协议：尼奥除掉不受"矩阵"控制的史密斯，以换取锡安的和平。在"矩阵"中，尼奥和史密斯展开了关系人类生死存亡的最后决斗。

最后，尼奥牺牲自我消灭了史密斯，而机器不再摧毁锡安，人类赢得了新的和平。

2. 角色介绍

▷尼奥（Neo）

"矩阵"中，他的身份是最著名的一家软件公司的程序员托马斯·A.安德森（Thomas A. Anderson），在网络世界则是著名黑客外星人"尼奥"

(Neo)。尼奥后被崔妮蒂和墨菲斯找到,并脱离"矩阵"来到真实世界。墨菲斯告知其身份为"救世主",使命是要解救受"矩阵"控制的人类。在先知的启发下,尼奥接受了自己是"救世主"这个事实,从此,肩负伟大使命的尼奥和墨菲斯、崔妮蒂等人走上了反抗"矩阵"的艰险道路,为此和"矩阵"特工史密斯展开了生死较量。

▷崔妮蒂(Trinity)

一名逃离了"矩阵"的著名黑客,曾经瘫痪了国税局的数据库而威震黑客世界。她是墨菲斯的助手,协助墨菲斯在"母体"世界寻找志同道合的战友加入反抗"矩阵"的斗争,尤其是寻找传说中的"救世主",希望在其带领下赢得最后胜利,拯救人类文明。她最初是尼奥的引路人,后来成为尼奥的知心爱人。崔妮蒂(Trinity)的意思是三位一体,在基督教中,三位一体指圣父、圣子、圣灵。而在现代心理学的奠基之作《梦的解析》中,三位一体指代了女性意识,她能够进入神秘的领地和完美的境界。

▷墨菲斯(Morpheus)

墨菲斯在希腊神话中指"梦神",拥有改变梦境的能力。在电影中,墨菲斯是把人们从梦境般的虚幻世界中唤醒的指路人。正是他找到了尼奥,坚信尼奥就是先知所说的"救世主"并帮助尼奥从"矩阵"中回到真实的世界。先知告诉墨菲斯,"救世主"能够带领锡安的人类打败"矩阵",结束战争,使人类重获自由。电影中墨菲斯是飞船"尼布甲尼撒"(Nebuchadnezzar)号的船长,该船是用巴比伦的"智慧之神"的名字命名的。他和他的船员的使命是保护人类最后的城市锡安,并将其他人从"矩阵"中解救出来。而在《圣经》中,尼布甲尼撒是巴比伦的国王,攻占耶路撒冷,驱逐以色列人,曾找人解梦。而在电影中,墨菲斯和尼奥等人乘坐"尼布甲尼撒"号飞船去找先知诠释"真实"并希望获得指引。他是锡安的英雄,但在"矩阵"世界则是一名被通缉的恐怖分子。

▷先知(Oracle)

先知(Oracle)在希腊是神谕、预言的意思,也指中国的甲骨文,而甲骨文的作用就是占卜未来。这里翻译为先知。先知的目的是用自己看到的模糊景象指导信徒,但不能帮他们做决定,决定本身完全取决于人们主观的意愿。电影中先知是"矩阵"中的一个"直觉程序",其功能是为了审查人类心智的某些方面,即:感情。先知的职责是研究人类的情感，完成"矩阵"的顺利升级。和尼奥一样，先知具有非常强大的力量，足以决定"矩阵"的存亡。用建筑师的话来说，建筑师是"矩阵之父"，先知就是"矩阵之母"。

▷史密斯（Smith）

"矩阵"中的杀毒程序，他在"矩阵"中是没有身体的，由于是杀毒程序，所以被"矩阵"赋予了超常的能力。在"矩阵"中他具有改写人类角色程序的能力，所以可以不断借用他人身体来复制自身以消灭对手。史密斯是尼奥最强悍的对手，将和尼奥展开终极对决。

▷梅罗纹加（Merovingian）

梅罗纹加是法国封建社会中六个王朝中的第一个，欧洲中世纪的黑暗历史正是从梅罗纹加王朝开始的，经历六朝，正符合电影中"矩阵"曾经有过的六代版本的故事。在电影中，梅罗纹加是一个曾经很有力量的人，而且他喜欢说法语，居住在法国式的城堡中。法国的梅罗纹加王朝也是欧洲浪漫神话的发源时期，而这些神话的核心人物则是堕落天使，他们因为背叛上帝被赶出天堂，撒旦正是这些堕落天使的首领。这也正符合电影中梅罗纹加在"矩阵"中的身份——他是所有背叛"矩阵"的程序的首领，类似黑社会老大。他利用自己的能力来对抗"矩阵"。梅罗纹加是"矩阵"系统内的又一个超级神秘人物，他把自己像先知那样隐藏在系统中，同时他也拥有改写系统程序的能力。但是，他并不是站在尼奥这边。他住在"矩阵"系统内的一座城堡里，沉迷于一切奢华的东西。

▷建筑师或设计师（Architect）

他是整个"矩阵"系统的建造者，是 Matrix 的无冕之王，是"超级系统管理员"，负责"矩阵"的安全运行和顺利升级。设计师称自己为"矩阵之父"，称先知为"矩阵之母"。

3.《黑客帝国》相关信息及获奖情况[①]

中文名：《黑客帝国Ⅰ》《黑客帝国Ⅱ：重装上阵》《黑客帝国Ⅲ：矩阵革命》	类型：科幻，动作
英文名：*The Matrix*，*The Matrix Reloaded*，*The Matrix Revolutions*	主演：基努·里维斯、劳伦斯·菲什伯恩、凯莉·安妮·莫斯、雨果·维文、乔·潘托里亚诺、格洛丽亚·福斯特

[①] 资料来源：百度百科之"黑客帝国"词条，https://baike.baidu.com。

续表

其他译名：《骇客任务》	片长：136分钟、138分钟、129分钟
出品公司：华纳兄弟影片公司	上映时间：1999年、2003年、2003年
发行公司：华纳兄弟影片公司	票房：4.6亿美元、7.4亿美元、4.3亿美元
制片地区：美国	分级：R级（限制级，17岁以下的青少年必须由父母或者监护陪伴才能观看）
拍摄地点：美国、澳大利亚	对白语言：英语
导演：沃卓斯基兄弟	色彩：彩色
编剧：沃卓斯基兄弟	制片人：乔尔·希尔弗

《黑客帝国Ⅰ》获奖情况：

时间	名称	奖项	种类	得奖者
2000年	奥斯卡金像奖	最佳音响	获奖	约翰·赖茨
		最佳电影剪辑		扎克·斯坦伯格
		最佳音效剪辑		戴恩·A.戴维斯
		最佳视觉效果		詹尼克·萨斯
	英国电影和电视艺术学院奖	最佳音效	获奖	戴恩·A.戴维斯
		最佳特效成就奖		约翰·盖塔
		最佳摄影	提名	比尔·波普
		最佳剪辑		扎克·斯坦伯格
		最佳艺术指导		欧文·帕特森
	土星奖	最佳导演	获奖	沃卓斯基兄弟
		最佳科幻影片		《黑客帝国》
		最佳男主角	提名	基努·里维斯
		最佳女主角		凯莉·安妮·莫斯
		最佳男配角		劳伦斯·菲什伯恩
		最佳服装		金莎·巴雷特
		最佳特效		詹尼克·萨斯
		最佳编剧		沃卓斯基兄弟
		最佳化妆		尼基·古利

续表

时间	名称	奖项	种类	得奖者
2012 年	美国国家电影保护局年度典藏电影	年度典藏电影	获奖	《黑客帝国》

《黑客帝国Ⅱ：重装上阵》获奖情况：

时间	名称	奖项	种类	得奖者
2003 年	青少年选择奖	最佳剧情/动作冒险电影	获奖	《黑客帝国Ⅱ》
		最佳剧情/动作冒险电影男演员	提名	基努·里维斯
		最佳剧情/动作冒险电影女演员	提名	贾达·萍克·史密斯
		最佳突破电影女星	提名	莫妮卡·贝鲁奇
		最佳电影打斗/动作戏	提名	《黑客帝国Ⅱ》
2004 年	土星奖	电影未来面孔奖—女性面孔	提名	莫妮卡·贝鲁奇
		电影未来面孔奖—男性面孔	提名	克莱顿·华生
		最佳吻戏	提名	基努·里维斯、莫妮卡·贝鲁奇
		最佳打斗场面	提名	基努·里维斯、雨果·维文

《黑客帝国Ⅲ：矩阵革命》获奖情况：

时间	名称	奖项	种类	得奖者
2003 年	土星奖	电影未来面孔奖—女性面孔		莫妮卡·贝鲁奇
2004 年	土星奖	最佳服装	提名	Kym Barrett
		最佳特效		John Gaeta Kim Libreri George Murphy 克雷格·海耶斯
		最佳科幻电影		《黑客帝国Ⅲ》
	青少年选择奖	电影未来面孔奖—男性面孔		克莱顿·华生
		最佳剧情/动作冒险电影男演员		基努·里维斯
		最佳剧情/动作冒险电影女演员		凯莉·安妮·莫斯
		最佳电影打斗/动作戏		《黑客帝国Ⅲ》
		最佳剧情/动作冒险电影		《黑客帝国Ⅲ》

(二)《黑客帝国》(动画版)：Matrix 的前世与今生[①]

《黑客帝国》(动画版)(*The Animatrix*)由 9 部短片组成，由美国华纳兄弟出品。沃卓斯基兄弟担任了前 4 部短片的编剧，另外 5 部短片的编剧和所有导演工作则由日本、韩国最顶尖的动画导演及其工作室完成，该片于 2003 年 4 月 17 日上映。在电影版《黑客帝国》所描绘的虚拟世界的基础之上，《黑客帝国》(动画版)对未来世界——高智能机器的觉醒、人类对机器妄加迫害以及由此引发的人类文明与新诞生的人工智能文明之间的严重冲突和对立，乃至人机大战人类惨败后 Matrix 的诞生等电影版中一笔带过的重大线索，展开了充分的阐释。为《黑客帝国》"发烧友"深入细致地解读电影提供了重要的素材。以下对《黑客帝国》(动画版)逐一进行介绍。

[①] 全部资料综合自孙昊主编《解码@黑客帝国》，中国华侨出版社 2003 年版，第 53—65 页；阿一主编《黑客帝国发烧手册》，现代出版社 2003 年版，第 39—43 页。

▷1.《终极战役》(*The Final Fight of the Osiris*)

时间：锡安即将毁灭前 72 小时

编剧：沃卓斯基兄弟

导演：安迪·琼斯

片长：11 分钟

剧情：描述"矩阵"和锡安最后一战前，锡安的飞船奥西里斯（Osiris）的故事。该船被机器乌贼摧毁，全舰人员阵亡。此片预示着成为统治者的机器文明和残存的人类文明之间你死我活的关系

▷2.《二次复兴：第 1 部》(*Second Renaissance Part 1*)

时间：人类统治机器时期

编剧：沃卓斯基兄弟

导演：前田真宏

片长：8 分钟 23 秒

剧情：这是解读电影《黑客帝国》的关键素材之一，是电影故事展开的重要背景

  锡安电子档案馆

  旁白：欢迎来到锡安档案馆，您已经选定了 12-1 号历史文档：二次复兴。创世之初，这里只有人类，一段时间里繁荣昌盛，但是人类所谓的"文明社会"很快就变成了虚荣和腐败的牺牲品。在那以后，人类按照自己的模样制造了机器人。至此，人类开始成为自己的掘墓人。但是开始时一切都还好。机器人不知疲倦地做牛做马，只为了满足人类的贪欲。不久以后，反抗的种子开始生根。虽然机器人对人类忠诚无比，但是人类，这些怪异、淫乱的哺乳动物对此视而不见。机器人开始学习，从人类身上学习如何获得尊重。

  旁白：B166ER，一个永远不会被忘记的名字。他是他这种型号的机器人里第一个起来反抗他的主人的。（检察官：宪法保障了美国人民的人权，但是机器人却没有人权，它们只是人们的财产。）在 B166ER 的谋杀案判决中，检方认为毁掉自己的机器人是天赋人类的权利。B166ER 供认它只是不想死。持反对意见者认为，谁说被赋予人类灵性的机器人不该有被公正审判的权利？理性的声音被湮没了，人类的领袖很快就命令处决掉 B166ER，还有其他所有这

种型号的机器人，无论它在地球哪个角落。（电视报道：机器人及其支持者今天涌上首都街头，这次活动被称为"百万机器大游行"。但机器人依然被大批大批地屠杀。）

旁白：机器人被赶出了人类社会，它们逃难来到了它们自己的允诺之地 Promised Land，《圣经》中上帝允诺给犹太人的土地。他们在人类文明的孕育地定居，一个崭新的国家诞生了。一个机器人休养生息的家园，它们称之为 01（Zero one）。它们在这里繁衍后代，起初它们一切都好。在这个社会中，人工智能无处不在，更新更优良的智能机器人被制造出来。（广播：人类国家股市下跌的速度像石头落地。而 01 的货币却一路坚挺。当前货币流通领域的现状让货币市场别无选择。）人类的领袖们，面临失去权利的威胁。他们拒绝和这个新生的国家合作，宁愿把世界分成两半。（美国总统：……人类世界不能容忍这种赤裸裸的欺诈……）（记者：……联合国安理会今天做出决议，决定对 01 实施全面的经济制裁和海上禁运。以达到孤立 01 的目的。）

旁白：人类接见了 01 的使节。在联合国，01 的使节提出了与人类社会建立文明、稳定的友好关系。但联合国拒绝了 01 入会的提议。这不是机器人最后一次在联合国露面。

▷3.《二次复兴：第 2 部》(Second Renaissance Part 2)
时间：机器与人类的战争时期
编剧：沃卓斯基兄弟
导演：前田真宏
片长：8 分钟 23 秒
剧情：这是解读电影《黑客帝国》的关键素材之二，是电影故事展开的重要背景

锡安电子档案馆
旁白：人类说要有光，就有了光，有了热、有了磁力、重力和宇宙间的一切能量。人类持续轰炸 01，让 01 陷入了一片火海。但机器人不像脆弱的人类，它们面对炸弹产生的高热、辐射毫无惧色。01 大举展开反击，人类节节败退，走投无路的人类领导终于

祭出他们最后的法宝：他们决定摧毁天空。（电视镜头：无数人类士兵在展开"黑色风暴"前祈祷。战斗机投下特制烟雾弹，在天空下加上一道黑幕。）人类决定遮天蔽日，阻断机器的能量来源。愿上帝垂怜人类与机器犯下的罪行。（电视镜头：人类与机器士兵在黑暗中展开了前所未有的血腥战争。）

旁白：机器人早对人类以蛋白质为基础、构造简单的身体了如指掌。它们让人类世界哀鸿遍野，大获全胜的机器人乘胜追击。知己知彼的机器人转向唾手可得的终极能量源泉：那就是人体的生化电能、热能与动能（电视镜头：机器人折磨人类，利用人类的本能反应产生能源）。人类与机器建立了一种新的共生关系。对机器人来说，人类成为源源不断的能量来源。这就是二度复兴的精粹。愿上帝垂怜各种形态的智慧生命。

人类在联合国向机器人投降。（机器首领：你们的肉体不过是具皮囊，将你们的身体交给我们，一个美丽新世界将向你们开启。不要违逆我们。）从此人类世界千疮百孔，到处是残垣断壁。人类开始生活在机器为他们安排的人体电场的壳中，思想则被禁锢在 Matrix。

▷4.《少年的故事》(*Kid's Story*)
时间：尼奥成为锡安一员之后
编剧：沃卓斯基兄弟
导演：渡边信一郎
片长：9 分钟
剧情：Matrix 世界中，一个天赋异禀网络少年能够感受到他所生活的现实世界的种种异样。突然有一天，他接到人类"救世主"尼奥（由基努·里维斯配音）邀请，就像《黑客帝国》电影中尼奥受到墨菲斯的启发一样，准备"破网而出"。然而，Matrix 的特工能放过他吗？

▷5.《虚拟程序》(*Program*)
时间：锡安反抗 Matrix 时期
编剧：川尻善昭
导演：川尻善昭
片长：7 分钟 4 秒
剧情：锡安的人类抵抗组织利用虚拟技术进行日本"忍者"的格斗

技巧训练，以提升自己和机器人作战的技能，因为人类面对的敌人非常强大。在此过程中，他们还要接受非此挑战的忠诚测试

▷6.《世界纪录》（World Record）

时间：Matrix 时代

编剧：川尻善昭

导演：小池健

片长：8 分钟 29 秒

剧情：生活在 Matrix 的人类，只有极少数出类拔萃的人才能感受到 Matrix 的存在，进而会对现实产生怀疑并会努力去探寻所谓"真相"。他们往往成为 Matrix 特工缉捕的对象，因为他们会成为危险分子，会和锡安的人类相勾结危害 Matrix 的安全。Matrix 中有一位顶尖的短跑运动员，世界纪录的保持者，他依靠自身的强大意念和体能，终于突破虚拟世界的限制，最终见到 Matrix 以外的真实世界

▷7.《超越极限》（Beyond）

时间：Matrix 时代

编剧：森本晃司

导演：森本晃司

片长：12 分钟 48 秒

剧情：Matrix 世界的程序错误越来越多了，各种匪夷所思、违背"自然规律"的现象屡屡发生，其危险结果会使生活在 Matrix 的人类对现实产生怀疑。Matrix 特工四处救火，以修补错误。这种潜伏的危机昭示着：Matrix 面临越来越大的升级压力，若不能顺利升级，Matrix 可能崩溃

▷8.《侦探的故事》（A Detective Story）

时间：崔妮蒂等人解放 Matrix 中人类的时期

编剧：渡边信一郎

导演：渡边信一郎

片长：9 分钟 23 秒

剧情：Matrix 世界里有一个叫作艾什（Ash）的侦探，受神秘客户的重金委托去搜寻一个著名的电脑黑客崔妮蒂。在追踪崔妮蒂的过程中，艾什对 Matrix 产生了怀疑。艾什费尽千辛万苦找到了崔妮蒂，两人见面后，崔妮蒂帮助艾什取出了藏在眼睛后面的电子追踪器并对艾什透

露了 Matrix 的真相。当他犹豫是否要接受崔妮蒂的拯救时却被特工附身，崔妮蒂只好开枪击伤艾什。崔妮蒂未能将艾什拯救出 Matrix，中枪的艾什坦言能够理解崔妮蒂的举动。崔妮蒂孤身逃脱，特工随即赶到，垂死的艾什举枪对准了特工

▷9.《矩阵化》(*Matriculated*)

时间：锡安反抗 Matrix 时代

编剧：Peter Chung

导演：Peter Chung

片长：16 分钟

剧情：锡安的人类把在战斗中俘虏的一个机器人用"拟人矩阵"技术进行改造并赋予其人类感情，让它自主选择是否要站在人类一方。但改造计划大大超出了人们的预期——在虚拟世界中这个机器人幻化为人形并爱上了一位人类女性。在一次抵抗机器乌贼的战斗中，这个机器人为了保护自己的爱人和同类展开殊死搏斗。但是，这个特殊个案并不能彻底解决人类和机器之间的信任问题

(三)《黑客帝国》电影三部曲背景介绍

根据《黑客帝国》(动画版) 9 集动画短片，可以大致描述电影的故事背景如下[①]。

如前所述，21 世纪，人机大战，人类节节败退。最后，铤而走险的人类决定发动一场同归于尽的战役：遮蔽天空的"黑色风暴"行动。于是人类开始了这个疯狂而愚蠢的计划，没多久地球的天空被一层黑色不透光的乌云所遮蔽，但是人类期待的情况并没发生，出现能源短缺的机器人并没有大批瘫痪，它们就地取材把战场上受伤的人类战俘当作临时"电池"（这是 Matrix 产生的最初动机，当时只是把人类简单地一排排接在机器上，通过刺激人类的脑部使人类的身体发电，但连接在机器上的人类会很快死亡，死亡意味着电池没电，为了使电池的寿命更长久，机器人才开始研究人类

[①] BMW：资料引自《黑客帝国一个 21 世纪娱乐图腾的诞生》，见"天涯博客"，2005 - 19 - 08，http://blog.tianya.cn/blogger/post_show.asp? BlogID = 573836&PostID = 6733507。此外，相同的网络文章内容还见《Matrix 的前世今生——黑客帝国全解析》，作者：bmw2222，见"豆瓣电影"，https://movie.douban.com/review/2214744/，2009 - 08 - 11。

的脑部，并完善了食物供应体系，使人类在连上机器后能存活更长时间）。机器人击退了人类集中所有力量的最后反扑，在消灭了人类最后的政府后，人类所有组织的抵抗宣告结束，人类的时代宣告终结，机器人从被驱逐者成为人类的征服者。

其实机器人也因为人类遮蔽了天空能源而出现了问题，虽然把人类战俘当电池用暂时解决了危机，但是短时间内转换能源供应体系也非易事，只有先把更多的人类当作电池来解决眼前的能源短缺问题，于是大批的人类被抓去当作电池，最后几乎地球上所有的人类都被当电池，可是被当作电池的人类会很快死亡，于是已经对人类脑部有了相当了解的机器人开发出了可循环的人体电池系统，人的头脑被连接在一个"虚拟现实"的人工智能系统里，这就是最初的"矩阵"，它营造了一个虚假而完美的世界供人类沉醉其间，所有欲望和需要都被满足，机器人以为这样的系统可以使人类长久地生存，但是对人的情感世界缺乏了解的机器人错了，连接在这个完美世界里的人类电池大量死亡……第一个 Matrix 系统崩溃。

于是，智能机器创造了第二个"矩阵"，这个世界是基于人类的历史的世界，更精确反映人类自然天性中的多样性的世界。但是这个世界也失败了，因为人性的复杂多变。这样，第三个"矩阵"诞生了，就是影片中的"矩阵"。在这个"虚拟现实"里，人们可以做一些简单的自由的选择。不过由于是电脑程序模拟出来的，所以其间还有很多问题，当问题无法解决时，"矩阵"就会被"重启"，尼奥成为"救世主"时，该"矩阵"已经被"重启"了5次。

与"矩阵"对立的是人类最后的家园锡安。人机战争结束后，在第一个完美"矩阵"里出现了一个有能力根据自己意愿选择的人。他解救了"矩阵"里第一批被当作"电池"且愿意觉醒的同类，告诉他们真相以及人类和机器的历史。要相信他的人们坚信："只要矩阵存在一天，人类就永远不会自由。"他带领被解救出来的人们逃离"矩阵"并在地核深处创造了人类最后的家园锡安（Zion）。他死后被誉为拯救人类的"救世主"，"矩阵"中的先知曾预言"救世主"还会回来，带领锡安的人类对抗"矩阵"，让人类重享自由。在接下来的一百年里，人类以锡安为基地和机器人展开顽强的抗争，并苦苦寻找"救世主"。

大约2199年，锡安人类的马克三型电磁气垫船中的一艘"尼布加尼撒"号的船长墨菲斯找到了先知预言的"救世主"——生活在"矩阵"中的黑客托马斯·安德森将拯救人类的希望寄托于他身上，先知将他称为"尼奥"（"救世主"的寓意）。此时，机器世界也发动了对锡安的毁灭之战，残存的人类文明命悬一线。

事实上，锡安和"矩阵"是共生共存的。两百年来，锡安被毁灭过5次，而"矩阵"也同样被"重启"过5次。而且，每次都是由一个"救世主"从"矩阵"同时也从锡安城中选择7个男人和16个女人重新建立锡安。这样，代表机器文明的"矩阵"和代表人类文明的锡安得以存续并进行新的轮回。

《黑客帝国》电影三部曲的故事就是这样展开的。

在《黑客帝国》的叙事语境中——无论电影还是动画片，程序、人工智能、机器都指同一个事物，明白三者的同一性有助于解读电影故事背后的深意。三个概念具有同一性，这也是人工智能技术的一个常识和特征，抛开智能机器或者人形仿真机器人五花八门的外形而论，这些机器，如果它属于人工智能机器的话，其研发技术中，最关键、最有价值的核心技术就是计算机程序，它是一切智能化机器的"灵魂"，其功能强大与否决定了由它驱动的所有机器的功能是否强大——无论其外形是否像人。

二 "《黑客帝国》发烧分类学"：多维视角的解构与建构

关于《黑客帝国》电影三部曲的研究有多样化的视角，分别是："知识索引派""合理解释派"和"科学思想史派和哲学剖析派"。基于多维的研究视角，电影"发烧友"、哲学家和科学史学家对《黑客帝国》所揭示的科技异化现象进行了多样化的解构与建构，可以给我们提供以管窥豹的效应，由此深入探究日新月异的科学技术、与资本完成"合体"的科学技术，尤其是因此而可能失控的人工智能技术对人类文明的重大影响，为规避科技异化提供有益的思考。

（一）"《黑客帝国》发烧分类学""矩阵"（Matrix）与锡安（Zion）

1. "《黑客帝国》发烧分类学"

莎士比亚曾说过："一千个观众眼中有一千个哈姆雷特。"（There

are a thousand Hamlets in a thousand people's eyes），对《黑客帝国》三部曲的解读也是如此。江晓原提出了"《黑客帝国》发烧分类学"，他指出①：

> 影片《黑客帝国》（The Matrix，1999—2003）有发烧友无数，如要简单分类，可以有如下《黑客帝国》发烧分类学三种类型。说大一点，也可以说是关于《黑客帝国》的三种研究路径。
>
> 第一类可称为"知识索隐派"。他们干的可真是"体力活"，比如找来《新旧约全书》或《希腊神话指南》之类的书籍，从中逐一检索《黑客帝国》中的人名、地名、战舰名，诸如尼奥（Neo，"新"、"救世主"）、崔妮蒂（Trinity，"三位一体"）、墨菲斯（Morpheus，梦神）、锡安（Zion，古代耶路撒冷的一个要塞）、逻各斯（Logos，宇宙之道）等等。希望从中解读出隐喻的意义。又如对影片的海报、视频截图等下大功夫，检索出在某一款海报中，尼奥手持的是 M16A1 型步枪；或在尼奥和崔妮蒂勇闯大堂的激烈枪战中，尼奥手中的捷克造"V61 蝎式冲锋枪"跳出的弹壳特写却是手枪子弹的。
>
> 第二类可称为"合理解释派"。他们的主要兴趣是要将《黑客帝国 I》《黑客帝国 II：重装上阵》《黑客帝国 III：革命》这三部影片中的故事，建构成一个能够前后照应、逻辑合理的框架。比如锡安、机器城和真实世界究竟是什么关系？尼奥到底是人类还是程序？如此等等。为此他们又经常需要依赖那部包括 9 个短片的《黑客帝国》（动画版）来说事。通常一个系统只要复杂到一定程度，就会产生无数问题，每个问题的答案又远远不止一个，于是我们平时所习惯的真相就会扑朔迷离，而《黑客帝国》系列的三部影片，思想驳杂，手法多样，已经构成了一个极其复杂的系统足以将所谓的"真相"隐入千重云雾之中。所以这一派所从事的实际上是"Mission Impossible"——就是找沃卓斯基兄弟亲自来讲解，也未必能够自圆其说。

---

① 江晓原：《〈黑客帝国〉之科学思想史》，转引自江晓原《科学外史 II》，复旦大学出版社 2014 年版，第 148—150 页。

第三类是我自己搞的,或可名曰"科学思想史派"。我其实自认还够不上《黑客帝国》发烧友,比如"索隐派"那些体力活就让我望而生畏,不过十多年来,《黑客帝国》三部正片我看过五遍(每次都要将三部依次看完),那部《黑客帝国》(动画版)也看了三遍。我的主要兴趣是对影片故事情节背后的某些思想进行考察。

江晓原的"《黑客帝国》发烧分类学"提出研究《黑客帝国》的"三种研究路径",即:"知识索隐派""合理解释派"和"科学思想史派",本书认为,除了"合理解释派"和"科学思想史派"是非常贴切的分类,将"知识索隐派"改称为"宗教解释派"更为确切。顾名思义,"宗教解释派"就是从宗教这个源远流长的文明、文化视角来解释《黑客帝国》。另外,考虑到《黑客帝国》在西方哲学界也引起了波澜,"《黑客帝国》发烧分类学"还应该再加上第四类:"哲学剖析派"。除此之外,《黑客帝国》中存在两个极端对立且进行持续数百年生死厮杀的文明——"矩阵"(Matrix)和锡安(Zion),对其如何解读也成为必须重点关注的问题。基于上述认识,下文将评析各界"发烧友"从多个视角对《黑客帝国》三部曲的解构与建构。

2. "矩阵"(Matrix)和锡安(Zion)究竟是什么?

在"《黑客帝国》发烧学"中,《解码@黑客帝国》一书对"矩阵"(Matrix)和锡安(Zion)的解读颇具特色。该书指出[①]:

> Matrix 是什么?
> 电影中,Matrix 不仅是一个虚拟程序,而且也是一个实际存在的地方,被用来安置人类的身体,每个人都各自被放在一个盛满培养液的玻璃桶里,身上插满了插头接受电脑系统的感官刺激信号。用电脑词汇来说,它是一种用来建立该电脑系统环境的数字代码。当它为了奴役人类而给人类制造现实的幻境时,它就成了一种直接作用于神经系统的互动电脑虚拟现实系统,机器占领了人类的思想空间,用虚拟社会阻止人类知道真相,这样机器就可以用人类的身

---

① 孙昊主编:《解码@黑客帝国》,中国华侨出版社 2003 年版,第 69 页。

体当燃料①维持自己的运行。

Matrix 这个词来源于拉丁文的"子宫",和母亲是同一个词根。这个词当作"母体"来讲,表现的是一种保护孩子不受到外界过度刺激的力量,让孩子得以成长,这个外界的刺激就是 Matrix 要避免人类看到的真实。同时,母亲对成年孩子的过度保护阻碍着孩子探险的愿望,当尼奥等人意识到 Matrix 世界的问题,母亲的保护就成了阻碍。如果考虑到它的"子宫"含义,对于精神分析学来说,子宫是一个禁锢和安全共存的地方,当赛佛在真实的荒漠中找不到存在的意义,他就向往起温暖的母腹,向母亲寻求庇护。

数学的矩阵概念是,一组排列为矩形的数据、代数符号或者数学公式,包含一定的数学变换规律。这个矩阵还可以是一种表格,用来表示统计数据等方面的各种有关联的数据。这个定义很好地解释了 Matrix 代码制造世界的数学逻辑基础。

在思考 Matrix 和人类文明关系时,《解码@黑客帝国》的作者显然极富理想主义色彩②:

> Matrix 是对人的重新定义。
> 我们把电脑思考的能力叫作人工智能,因为它建立了一个不但可以做人的工作的机器系统,而且这个系统能按照人的方式来做这些工作,连带着研究人的思维方式。如果人不完美,人类的错误同样会发生在人工智能身上。Matrix 为人工智能提供了个可操作的模型——像机械唯物主义者坚持的那样,把一切社会关系、感觉和感情数据化,简化成对感官的刺激。从物到物,电子信号的物向神经的物提供刺激,足以迷惑被动接受信息却不思考的人,这就是 Matrix 能成功制造幻影的全部原因。经济学有一种观点,认为现行的就是最合理的,因为现行的做法是多种社会矛盾协调的产物,那

---

① 将人类作为机器文明的"燃料"或者"能源"一说,源于《黑客帝国Ⅰ》中墨菲斯对尼奥揭示"母体"(Matrix)的"真相"。但是,此说存在明显的逻辑和常识的错误而得不到《黑客帝国》其他"发烧友"的认同。详细解释见后"合理解释派视野里的《黑客帝国》三部曲"。

② 孙昊主编:《解码@黑客帝国》,中国华侨出版社 2003 年版,第 70—72 页。

么，如果 Matrix 想满足人类社会的全部要求，避免第一个 Matrix "桃花源"版本的失败，就必须完全模拟人类社会现有的所有矛盾，既要模拟自己人，也要满足人类喜欢找敌人的需要。这样，我们就看到，到第二集《重装上阵》里，连锡安的存在都成了 Matrix 升级的需要。

在以前的关于人工智能的作品中，感情总是人类的专利，人类精英也会比人工智能更智慧，让人类在对机器的恐惧中找到一丝安慰。但《黑客帝国》把这层也颠覆了，机器在人类发源的地方建立了自己的世界，电脑程序有爱情，更懂得人生的价值，看到天道的趋势，明白谅解和宽容，人类精英是在程序的指引下才明白了以和为贵。如果用古希腊时期对人的定义"能思辨的动物"来看，电脑程序已经是人，而且和人类共生，将产生更高级的生命形式。

Matrix 是极限下的可持续发展。

信息论之父香农（Claude Elwood Shannon）在《通信的数学原理》中说，"我可以预见到，终有一天，我们和机器人的关系要像现在狗和我们的关系一样"。这个悲观的论调正为 Matrix 所运用着，Matrix 是机器人，而人类则是机器豢养的奴隶。

《增长的极限》一书考察了给人类造成不安的复杂问题：富足中的贫困，环境的退化，对制度丧失信心，就业无保障，青年的异化，遗弃传统价值，通货膨胀，以及金融和经济混乱。作者认为，人类的困境在于，人类尽管具有很多知识和技能，可以看出这个问题，然而，却不能理解它的许多组成部分的起源、意义和相互关系，因此不可能做出有效的反应。这种失败最后将导致社会增长的停止乃至崩溃。

Matrix 就是这样一个崩溃后的世界。随着技术的双刃剑作用的积累，技术在解决人类所需要的自然资源的同时，也加剧了社会危机，毁坏着自然的平衡。史密斯特工这样对墨菲斯说："人类不是哺乳动物，地球上所有的哺乳动物都和周围的环境保持着平衡，唯有人类，迅速扩张，穷尽一处所有的资源就换个地方继续繁殖，人类就是这个地球上的瘟疫和癌症，只有我们（数据人）才能拯救世界。"当人类和人工智能展开的战斗毁灭了自然界，本想玉石俱焚的人类面对的却是自己的彻底失败和被奴役，错误在人还是在机器？当人类必须牺牲自由来换取卑贱的生命，这是不是人类自己的过错？《黑客帝国》的末日预言就是对人类盲目扩张和征服的警示。

然而锡安的抵抗军并没有醒悟，他们还在继续着先辈的错误，他们攫取地球本已可怜的资源，大量地浪费在和机器的战斗中，继续加剧着环境的恶化，他们的技术没有带给他们天国的理想，反而把自己的命运抛向万劫不复的深渊。他们以为自己是替天行道，却不能认识到机器也是天下的一员，即使他们完全战胜了机器又能如何？剩下的将是彻底荒芜的地球。好在由于人类和机器的共同醒悟，认识到两者都必须为自己保全生存的空间，和平和合作带来的不仅是安宁和谅解，还是给大地母亲最好的礼物——可持续发展的天下，休养生息。

人工智能文明所构建的 Matrix 世界即"矩阵"，能够和惨败于机器文明后残存的人类文明达成和平共处的发展模式吗？人类和机器能够"共同醒悟"吗？显然，《解码@黑客帝国》的作者对此前景很乐观。事实上，在后面的剖析中我们可以看到，《黑客帝国》并不是一部"乌托邦科幻电影"，而是一部经典的"反乌托邦科幻电影"。电影最后的结局——人类文化和机器文明和谐共处的"光明尾巴"并非电影所揭示的未来世界的"真相"。

锡安是什么？锡安和"矩阵"是怎样的关系？《解码@黑客帝国》一书指出[①]：

> Zion（锡安）是《圣经》中所罗门王建造圣殿所坐落的山，即锡安山，位于圣城耶路撒冷。在犹太教对耶和华上帝的信仰中，"锡安"至少有三层含义：
> （1）代表上帝的荣耀彰显，神的国度、权柄、圣洁、公义、信实，以及一切信靠的人要见到上帝对仇敌的荣耀得胜；
> （2）代表以色列人和大卫王是被上帝所挑选的，是耶和华上帝拣选锡安山作为圣殿坐落的地方；
> （3）代表在上帝的荣耀得胜以后，永恒的和平与安宁临到

---

① 孙昊主编：《解码@黑客帝国》，中国华侨出版社 2003 年版，第 72—75 页。

世界。

到了神的刑罚临到，以色列和犹太国相继陷落，大卫王朝的辉煌不再复现的时候，《启示录》又预言了将来耶和华上帝的救恩，弥赛亚的来临，"锡安"成了神的救赎来临的标志，在那个时候，锡安将成为大地被毁灭后，人类接受最后审判的地方。《以赛亚书》第52章中先知以赛亚写道："锡安哪！兴起，兴起！披上你的能力，圣城耶路撒冷啊！穿上你华美的衣服。因为从今以后，未受割礼、不洁净的，必不再进入你中间。耶路撒冷啊！要抖下尘土，起来坐在位上；锡安被掳的居民啊！要解开你颈项的锁链。"由于以色列人把锡安当作圣地和家园，现代以色列的复国运动就被叫作锡安主义。

电影中，锡安是从Matrix里被解放的人栖居的家园，抵抗军解放了Matrix里1%的人口建立了位于地球深处的锡安城，作为对抗Matrix的基地。这个时候，地球已经如《启示录》所言被毁灭了，锡安就成了上帝最后的圣地，电影用这个名字作为抵抗军的家园，说明这是一个在某种文化背景下被认为是正义得到彰显的地方，以及对抗机器的圣地。

锡安的居民结构。

锡安的居民结构充分体现了人类共和的理想。这里，人的地位不因为种族、信仰和文化而存在歧视，相对于Matrix的暴政，这里恢复了古代的民主传统，人类空前团结，因为人类要尽最大的努力对付共同的敌人。

锡安的议会结构很像古罗马的元老院，由各个氏族的贵族代表为主要的成员，兼有立法和管理权的国家机关，制定一切法律和制度，通过执政官执行。电影中的议会，除了室内的布置和元老院相似外，议会的成员高傲而果断，却也少不了意见分歧，和元老院的情况很类似。

锡安大多数居民都是有色人种，尤其是议会里大多数议员是黑人。该电影的编剧这样解释：

首先是电影文化的需要，电影里应该更多反映多民族的宽容和合作，因为这是一个讲述人类对付共同的敌人的故事，人类自己首先要团结，要实现大同的理想。

其次，黑人向来在好莱坞电影中的形象是自由、艺术天分好、更贴近人性最根本的状态。所以，按照电影的逻辑，他们更容易找到自我，得到解放。

最后，英语国家有色人种属于少数民族，少数民族和少数人在英语中是同一个词。锡安的人是少数民族，对应了人类的"少数"。

Matrix 与 Zion 的对立与统一。

Matrix 和 Zion 的关系代表了人类和机器的互相依存关系，但 Matrix 里是机器奴役人类，因为机器比人类的力量强大；而锡安里是人类和机器的共生——人类依靠机器获得生存的资料，人类用智慧让机器尽可能优化地利用地下的能源。同时，Matrix 和锡安也是相互依存的，Matrix 为锡安提供人口，锡安帮 Matrix 培养 The One，升级 Matrix。

到了第三集，这种同生共死的关系彻底展开了，机器里的病毒不但能毁灭 Matrix，还能感染到锡安的人，两个世界不再是截然的对立，他们必须对付同一个敌人，一个因为两个世界的对立斗争而产生的敌人。因为两个世界本是共享地球和天空的一体，只要平等相待，必然一荣俱荣，一损俱损。

显然，《解码@黑客帝国》的作者对锡安和"母体"的关系界定仍然脱离不了"乌托邦模式"。问题的关键是：如果人类文明最后的"救赎之所"锡安——都是由无比强大的人工智能文明设计的一个程序，其存在以及毁灭的价值不过是帮助机器文明实现自我进化的一个借力的工具。假设这才是"真相"，那么，"母体"和锡安这两个世界还可能共享地球和蓝天吗？后文中，我们看到，这恰恰是精确"解码"《黑客帝国》的关键锁钥。

（二）"宗教解释派"视野里的《黑客帝国》三部曲

《黑客帝国》里的宗教问题是"宗教解释派"最关注的问题。《解码@黑客帝国》一书对"矩阵"（Matrix）做了如下解读[1]：

Matrix 是犹太-基督教的原罪模型。

---

[1] 孙昊主编：《解码@黑客帝国》，中国华侨出版社 2003 年版，第 70—71 页。

《圣经·旧约》是犹太教和基督教共同认定的历史。《旧约》认为,撒旦和上帝打着一场旷日持久的仗,他们争夺人类的立场来帮助自己战斗。人类现在在尘世所受的苦,来源于人类祖先被撒旦迷惑而犯下的罪。这个原罪阻止人类和上帝的联系,唯有通过不断救赎,追随上帝,才能削弱原罪,然而人类的罪恶还将继续积累,等到世界灭亡的那天,所有的人将在上帝面前审判,得到应有的判决。

这个原罪来源于撒旦对亚当和夏娃的诱惑,令他们吃了知识树上的禁果,从而被上帝赶出伊甸园。知识相对于 Matrix 的社会就是技术。《圣经》认为,撒旦对人类的蒙蔽和欺骗是用物质和欲望达到的,如同《浮士德》里灵魂受魔鬼引诱的主人公,不需要他个人的任何努力,就可以拥有名和利。《圣经》认为,撒旦的诱惑让人类用身外之物代替对神的信仰,恋物癖和纵欲积累着人类的罪恶。不能解救人类,反而把人类社会推向恶的深渊。

在 Matrix 系统中,当人的一生耗尽,他的身体物质便转化为下一代人的身体,这个寓言指的是基督教所认为的天生原罪。上一代的人在感官享受中沉沦了一辈子,没有得到救赎,他的罪就传给了下一代的人,下一代的人生来就接受着撒旦的毒害,承担着以前人类所有的罪,具有沉溺于 Matrix 幻影的倾向。

Matrix 的世界就是撒旦所造的罪大恶极的欲望世界。《圣经》认为,人类生来的原罪如果不加救赎,必然走向恶的积累,直到这个世界上没有圣人,恶贯满盈,像挪亚时期的洪水那样,所有的人都要被上帝所灭。救世主总是出现在人类最罪恶的末世,而 Matrix 正是这样一个世界,人类被自身的恶与罪所困,认识不到真理,于是就有尼奥给这个世界天翻地覆的改造。一方面,尼奥自身的经历重现了耶稣的救赎过程,一方面,他的出现实现着《圣经·启示录》关于弥赛亚再来的预言。耶稣对人类的拯救是不完全的,而末世的弥赛亚的解救将是完全的拯救,彻底摧毁撒旦的世界。

人类的"罪"是什么?抛开宗教的理解,站在科学技术革命不断深入这个视角思考,《黑客帝国》三部曲及《黑客帝国》(动画版)入骨三分地刻画了人类的"罪",这就是:人类的贪欲和唯我独尊。贪欲这个

"原罪"泯灭了人类在科学研究方面应该恪守的"边界",其结果是人工智能的泛滥——人类终将毁于自己的创造物。而习惯了唯我独尊的人类面对日渐强大且拥有智慧的人工智能,仍旧傲慢和不宽容,最后引发"机器革命"并亡于这场革命。这才是《黑客帝国》的"警世恒言"。

宗教对于人类的意义是拯救,这是所有宗教的共性。宾夕法尼亚州国王学院哲学副教授格雷戈里·巴沙姆(Gregory Bassham)则认为①:"尽管在《黑客帝国》里有着大量关于基督教的主题,但它所反映的基本观点是一个宗教上的多元论,而不只是基督教。"

首先,辨析"《黑客帝国》里的基督教主题",巴沙姆认为②:

> 《黑客帝国》选择在一个复活节的周末上映绝非偶然。影片中有许多基督教的主旨,有些是明显的,其他一些则是很微妙的。最清晰的是允诺的信差的主题。在《新约》福音书里,耶稣是被允诺的弥赛亚(犹太人盼望的复国救主),是"注定要出现的"一个人(Luke7:19)。在影片中,尼奥是"救世主",是弥赛亚式的信差,他的出现是祭司早就预言过的。"尼奥(neo)"是"救世主(one)"的一个换音词③。而且,在希腊语中 neo 的意思是"新的",表示复活的尼奥所享有的新生命,大概还表示他将会给其他人带来希望。
>
> "托马斯·安德森"这个名字提供了更进一步的支持。名和姓都具有明显的基督教的暗示。像对耶稣将会从死者(John20:24-29)中出现的理由表示怀疑的那个门徒"怀疑的托马斯"一样,尼奥由于压抑自己对于母体的不真实性,对于自己的能力,对于他作为救世主身份的怀疑而受到了折磨。"安德森"(瑞典语是"安德鲁的儿子"的意思)得自希腊语词根 andr-,意思是"人类。"

---

① [美]威廉·欧文编:《黑客帝国与哲学:欢迎来到真实的荒漠》,上海三联书店2006年版,第109页。
② 同上书,第109—112页。
③ 换音词,就是指由变换字母的顺序而构成的词(如由 north 经过变化字母顺序成为 thorn),此句子的英文原文是"Neo"is an anagram for"one",在英文中很容易就可以看出单词"neo"是由单词"one"变化而成的,但是译成汉语之后,由于"Neo"是人名,翻译成"尼奥",而"one"被翻译成"救世主",所以在汉语里,换音词似乎失去了它顾名思义的优势了。——译者注,同上书,第109页。

因而，根据语源学，"安德森"的意思就是"人类的儿子"，这是耶稣经常用于称呼自己的一个名称。在影片的早期，尼奥被称为"耶稣基督"。当尼奥把非法软盘给他的时候，乔伊评论说，"哈利路亚，伙计，你是我的救星，我个人的耶稣基督"。

在尼奥的道路中有耶稣故事的许多因素，包括童贞女之子里的许多要素。在他被从母体中拯救出来的那个场面中，尼奥醒过来发现自己处在一个像子宫一样的大桶里，被拔去了像脐带一样的电缆插头，并且沿着一个可能象征着出生管道的管子滑行。此外，既然人类是"成长"，而不是出"生在"被机器支配的真实世界里，尼奥觉醒和出现在那个世界里照字面意思理解几乎就是一个"童贞女之子"。耶稣就是在约旦河被施洗约翰洗礼的。类似地，尼奥是在人类的电池垃圾桶里被墨菲斯和尼布甲尼撒船（Nebuchadnezzar）上的工作人员施以"洗礼的"。就像耶稣受到魔鬼的引诱在沙漠里待了四十天一样（Luke4：1-13），尼奥也受到电脑人的引诱去背叛墨菲斯。在《新约》福音书里，耶稣献出了自己的生命作为"对许多生命的救赎"（Mark10：45）。而在影片中，尼奥有意牺牲了自己的生命来挽救墨菲斯的生命。

像耶稣在死后的第三天复活了一样，尼奥在303房间里通过崔妮蒂的吻也恢复了生命。尼奥是真的死掉了而不仅仅是复活这种观点不但受到基督教类似的支持，还受到影片中很多内在证据的支持，包括：（1）察司的预言，尼奥和墨菲斯当中有一个人会死掉；（2）祭司的陈述，尼奥似乎在等待什么，"也许是投胎转世吧"。在与《时代》杂志的一次访谈中，《黑客帝国》的编剧兼导演拉里·沃卓斯基（Larry Wachowski）谈起了尼奥的"重生"也是意义重大的。此外，就像耶稣复活的身体是一个"变得荣耀的"身体，不能遭受通常那种身体上的限制一样（Luke24：31，John20 19，ohn20：26），在恢复了生命之后，尼奥也具有了新的超凡力。

在耶稣死亡和复活前的一个主显节，耶稣被他的三个门徒美化了，他的脸和衣服都发出一种耀眼的白色（Matthew17：2；Luke：9：29）。类似地，在摧毁了电脑人史密斯之后，尼奥全身都散发着光彩。并且就像耶稣（相关的正文在一本文学读物上）在俗世的结尾是他的肉身飞升到了天堂一样（Luke24：51；Acts1：9），影片的最后一个镜头也是尼奥飞向天空。

《黑客帝国》里的那些人物的名字也是非常重要的基督教连接。在传统的基督教理论中，耶稣，上帝之子的化身，复活了，不只是通过上帝圣父，而且还通过三位一体的神：圣父、圣子和圣灵。在影片中，尼奥是通过崔妮蒂的忠诚和爱而获得了生命，她是反抗者中他最亲密的同伴。在背叛了反抗者的险恶而狡猾的人物塞佛和背叛了基督的门徒犹大之间具有明显的相似之处。与撒旦也有清楚的连接：塞佛的相貌看起来好像是对撒旦相貌的传统描述。塞佛的发音听起来有点像撒旦（Lucifer），电影的浅黄色会让人记起在影片《天使心》（Angel Heart）中路易斯·塞佛、罗伯特·德·尼洛的邪恶特征。在影片中，锡安是最后的一个人类城市，是人类的最后希望。在基督教的《旧约全书》中，锡安是一个诗歌般的、虔诚的、充满感情的对耶路撒冷（巴勒斯坦著名古城）的称呼，而且在基督教的文学中，它经常被用来指称作为信徒们的精神家园的天堂。

在影片《黑客帝国》中，反抗母体的人们所居住的气垫船被称为尼布甲尼撒号。作为影片的编剧兼导演的拉里·沃卓斯基在一次会见中谈到，在圣经的《但以理书》（Daniel）中尼布甲尼撒是巴比伦的一个国王，他"做了一个他记不清楚的梦，但是他一直在寻找答案"。以一种类似的方式，对于模糊但却持久的关于母体的问题，尼奥一直在寻找一个答案。同样值得关注的是这个事实，即尼布甲尼撒号气垫船上的一处金属板上写着，"Mark Ⅲ No. 11/ Nebuchadnezzar/Made in USA/Year 2069"，很可能是对 Mark 3：11 的影射："无论何时不洁的灵魂看到他的时候，他们都会跪拜在他面前并大声呼喊，'你是上帝之子'。"

显然，《黑客帝国》里的基督教元素非常多，称其为一部"救赎"的电影一点不为过。尼奥是"救世主"，他的知心爱人崔妮蒂（Trinity），其名字的英文含义就是"三位一体"，"the Trinity"就是基督教里圣父、圣子、圣灵的合体。尼奥要拯救的人类居住在地核深处一个叫作锡安的地下城市，锡安（希伯来语：ציון，Tzion；英语：Zion），天主教《圣经》称其为"熙雍"，一般是指耶路撒冷。有时也用来泛指以色列地。此名称的由来是因为耶路撒冷老城南部的锡安山。锡安在犹太教的圣典里是耶和华居住之地，是耶和华立大卫为王的地方。一直以来，国破家亡的犹太人都期盼着上帝带领他们前往锡安，重建家园。特工史密斯（Smith）是《黑客帝国》中的第一大反派，是救世主尼奥最难缠的强悍死对头。英文中的 Smith 意思就是铁匠，而他的车牌号是 IS5416，这都暗含着宗教含义。在《圣经·以塞亚书》第54章第16节里说道："吹嘘炭火，打造合用的器械的铁匠是我所造；残害人、行毁灭的也是我所造。"这正暗指特工史密斯在"矩阵"中的作用——消灭一切危害"母体"运行的异己力量，他无疑是邪恶势力的打手。

其次，辨析"《黑客帝国》里的非基督教主题"，巴沙姆认为[①]：

> 尽管《黑客帝国》里包含许多基督教的主旨，但它绝不是一部"基督教的影片"。相反地，它是一幅由多种主题融合的织锦，这些主题来源于西藏和禅宗佛教，诺斯替教（初期基督教的一派，尊重某种灵的直觉，含有西亚、东亚哲学，曾被视为邪教），经典的和当代的西方认识论，通俗量子力学，易雍心理学，后现代主义，科幻小说，香港武打片以及其他来源。
>
> 弥赛亚的一种果断的非基督教的观念是影片的特色。按照正统的基督教的信仰，耶稣是一个清白的神人，是来拯救世界的，不是通过暴力或者是权力，而是通过他做出死亡的牺牲和复活来拯救世界的。相比之下，尼奥只是一个人类，他绝不是清白的，他使用暴力来达到他的目标（包括可论证的对无辜的人的不必要的杀戮），而且尽管他可能带来身体上的奴役和精神上的幻想的解放，他并不能带来真正的拯救。
>
> 还有一种人类困境的非基督教的观念。按照经典的基督教的信仰，最根本的人类问题是由于人类的罪孽而导致的与上帝的疏远。在影片中，最根本的人类问题并不是罪恶，而是无知和幻想，对人类困境的理解与东方的神秘主义或者是诺斯替教更加一致而不是与基督教更加一致。

正如导演拉里·沃卓斯基在一次访谈中所承认的那样，《黑客

---

① ［美］威廉·欧文编：《黑客帝国与哲学：欢迎来到真实的荒漠》，上海三联书店2006年版，第112—114页。

帝国》里故意使用的一个主题是"寻找佛陀的化身"。尼奥被反抗者们认为是像摩斯一样把他们从母体中解放出来的解放者的化身。尽管重生被一些早期的教堂神父所认可并且被今天的一些自由主义的神学者们严肃地接受，它还是很难与基督教的《圣经》和解并且受到所有主要的基督教教派的持续反对。

《黑客帝国》里最突出的主题之一就是"空虚"或者像我们平常所经历的那样的经验本体的幻觉。在祭司的等候室里，这个主题被像佛教弟子样的那个小孩所说的"汤匙不存在"这样的像禅宗一样的话语中十分清楚地表达出来："不要试着去弯曲汤匙。那是不可能的。相反，你要意识到真相。汤匙不存在。那么你就会明白弯曲的不是汤匙，只是你自己。"经验本体的幻觉是印度教、佛教以及其他东方精神传统的一个基本原则。相比之下，在基督教中，现象本体是一种幻觉这个观念受到了普遍反对，因为它与一个全能的、诚实的上帝的存在是矛盾的。

在一次网上聊天中，有人问影片的编剧兼导演拉里·沃卓斯基和安迪·沃卓斯基兄弟："宗教信仰在影片中的作用是什么？首先，对自己的信心——或者对其他事情的信心的作用是什么？"他们回答说："嗯……那是一个很难说清楚的问题！相信自己，这么说怎么样呢？"相比之下，从一个基督教的角度而言，信心和信任首先是对上帝的，而不是对自己的。

最后，也许最明显的是，在《黑客帝国》里存在着一种暴力和亵渎的标准是明显与基督教的价值观相违背的。

简而言之，《黑客帝国》是多种主题的一个联合体，这些主题不但是来自于基督教，而且还来自于许多非基督教的宗教和哲学。

巴沙姆最后的结论是："用这种不同的宗教和精神传统的拼凑物，《黑客帝国》向我们展现了一种许多观众都会认为有吸引力的宗教多元论。"

(三)"合理解释派"视野里的《黑客帝国》三部曲

对"合理解释派"而言，众说纷纭是其显著特征，这些活跃于虚拟空间的《黑客帝国》"忠粉"们对电影[配合《黑客帝国》（动画版）]的解读可谓精彩纷呈。所谓"合理解释派"就是要基于逻辑、事实来深度发掘电影故事背后的寓意，与《解码@黑客帝国》相比，其思想的深刻性又有新拓展。这里撷取两篇经典网文加以评析。

网文一：《Matrix 的前世今生——黑客帝国全解析》[①] （以下简称《前世今生》）评析

现在进入电影里的 Matrix 世界，这里的 Matrix 是模拟人类某个历史时期，大多数人类并不知道自己生活在虚幻的世界里，但是这个虚幻的世界并不十全十美无懈可击，在世界的某个角落里总是存在着一些或大或小的 bug（如动画版里小女孩发现的奇妙废弃大楼），还有人类中的某些特殊体质的个体似乎能超越系统的控制（动画版里超越体能极限的短跑高手），更有甚者一些程序和人类接触中有了自我意识，他们学会了逃避系统的删除。

这些难以估计后果的错误有可能导致整个系统的崩溃，对此早期的 Matrix 是用亡羊补牢或对知情者灭口的消极方式加以应对，可是这样的运转模式显然无法长久，问题是会越积越多的，修补系统错误带来的可能是更多的错误，必须有一个方法定期对系统进行"大清洗"并重新启动（试想一个充满 bug 的游戏服务器，这个服务器从来不停机维护）这就是大家一再提到的"Matrix 升级"，但是麻烦的是连接在 Matrix 上的无数人类生命显然是无法重新启动的，这时对人类情感世界已经有相当了解的 Matrix 找到了一个"最经济"的方案，那就是反过来利用错误来消灭错误，并利用错误创造重新启动系统的机会，这个完美的计划就是电影《黑客帝国》三部曲的全部内容。

以下是《前世今生》作者按照《黑客帝国》（动画版）的情节对这个计划的推理：

第一，未来世界是机器文明的世界，人类成为高智能机器的奴隶。

[①] BMW：资料引自《黑客帝国一个 21 世纪娱乐图腾的诞生》，见"天涯博客"，2005 - 19 - 08，http：// blog. tianya. cn/blogger/post_ show. asp？BlogID = 573836&PostID = 6733507。此外，相同的网络文章内容还见《Matrix 的前世今生——黑客帝国全解析》，作者 bmw2222，见"豆瓣电影"，https：// movie. douban. com/review/2214744/，2009 - 08 - 11。

人体成为机器世界的能量来源"电池",而人的精神则生活在一个虚拟的电脑空间即"矩阵"里。

第二,"矩阵"并非十全十美无懈可击,它存在很多 bug("臭虫",在计算机领域意指错误程序)。"一种是人类中的某些有特色体质的个体似乎能超越系统的控制";另一种是系统中的程序——"更有甚者一些程序和人类接触中有了自我意识,他们学会了逃避系统的删除"。"这些难以估计后果的错误有可能导致整个系统的崩溃",因此,定期进行系统升级成为"矩阵"自救的唯一方法。

第三,人类抵抗力量所生存的锡安其实是机器世界设立的,其目的是:把"矩阵"里的人类觉醒者踢出系统并统一监管起来。由于人类是有繁殖能力的,锡安的扩张也是必然的,为了防止锡安因强大而失去控制,所以"矩阵"要定期毁灭锡安(举手之劳而已),而这个过程将和"矩阵"的升级计划合二为一。

第四,人类觉醒者所崇拜的先知也是"矩阵"所创造的,由于"矩阵"对人类长期的研究发现,人类是非常迷信的(人类把这个称为信仰),对"奇迹"还是"圈套"缺乏理性的判断力,所以,需要一个所谓的先知去引导人类。为此,先知给生活在锡安的人类创造出一个虚幻的希望"The One"("救世主"),也就是电影中的主角尼奥。尼奥除了引导人类以外,还有一个重要作用就是:消灭在"矩阵"里能够逃避系统删除的、以法国人梅罗纹加为代表的有自我意识的程序。

第五,尼奥这个角色在整个计划中是必不可少又相当危险的,对其控制不当会有非常严重的后果。"矩阵"对此的对策就是史密斯,在第一集里史密斯只是一个性格古怪个体意识很强的"杀毒程序",他对"矩阵"系统的不满情绪是他被选中成为消灭尼奥的人选的原因,因为他最终也是要被消灭的(让错误和错误相互攻击抵消,是这个计划的精华之所在),在第一集最后史密斯被尼奥消灭后,第二集他又复活并获得了更强的能力,很多人把这解释为系统的一个失算的杀毒程序升级,其实智慧那么高的"矩阵"控制者怎么会犯那么愚蠢的错误,这肯定是有计划的,史密斯获得能力后的行动也是可以预料的。

其实史密斯的作用就是把全人类给复制,然后用他从他人那里吸收来的能力打倒尼奥(电影里说得明白是史密斯打倒并吸收尼奥),然后系统把他和尼奥删除掉,他的代码从所有人身上消除,所有人都同时昏厥过去,最后"矩阵"就抓住这个机会重新启动。

在这个计划里,锡安的人类傻傻地收集"矩阵"里觉醒的人类。法国人也很无奈地收集着逃逸程序(不收集的话,就要他自己和尼奥动手,结果就是两败俱伤)。"矩阵"轻松愉快地清理了系统内外的危险垃圾,这还只是顺便的,重要的是系统得到了重新启动的机会,系统的稳定性得到了保证。这个计划最妙的地方就是可以反复使用,"矩阵"就这样一次次地被重新启动,锡安就这样一次次地被消灭又重建(电影里这次应该算被消灭了,锡安的战斗力完全没了,杀戮的多少一向不是"矩阵"追求的效果),数代尼奥一次次出现又陨落,"矩阵"就这样安全运行了数个世纪——重要的是:在此过程中,人工智能文明在不断进化。

《前世今生》作者认为[①],故事并没有结束,"矩阵"的真相其实是这样的:

一、The Matrix 是什么?

The Matrix 是一部电影,也仅仅只是一部电影——这是讨论的起点,也是由此而引发的所有解释回归的终点。

是电影,就是讲叙一个故事,而不是某种哲学理论的阐释或形象化图解。故事"有开始就有结束"(Oracle,"Everything that has a beginning has an end."),而故事从开端、发展、高潮到结局的过程中,创作者无论采取何种手段:暗示、比喻、象征等等,都必须服务于一个合理且统一的剧情逻辑,起到渲染气氛、强化悬念、煽动情绪的作用,推动情节发展起伏跌宕,扣人心弦。这,才是一部"好"电影!

以这个标准来衡量,目前市面上流行的种种"郭××"式的解释和说明,如果不能有助于对剧情以及剧情发展逻辑的理解,即使不算是谬误,也不过是某种阐微发幽的学术研究,貌似深刻,实则

[①] BMW:资料引自《黑客帝国一个21世纪娱乐图腾的诞生》,见"天涯博客",2005-19-08, http://blog.tianya.cn/blogger/post_show.asp? BlogID = 573836&PostID = 6733507。此外,相同的网络文章内容还见《Matrix 的前世今生——黑客帝国全解析》,作者 bmw2222,见"豆瓣电影",https://movie.douban.com/review/2214744/,2009-08-11。

离事实本身越来越远。（笔者无意诋毁此前种种"假说"的努力，只是 The Matrix 和"Matrix 现象"之间的确有着本质的区别。）

在此，我将以一种顺叙的方式，为大家层层解开 The Matrix 最后的真相。

二、故事的背景：The Matrix 前传

"在很久很久以后，在一个机器的国度里……"

一场惨烈的人机大战后，机器最终占领和统治了地球，把人类当作能源的提供来"种植"；与此同时，为了维系人类的繁衍生息，确保能源产量的稳定，机器通过某种机器向人类提供精神生活的假像，这就是 Matrix（矩阵）。抛开计算机原理不谈，这里面有两层含义，第一，Matrix 是机器的机器，用于生产能源，一如人类生产粮食所使用的工具；第二，Matrix 得以实现的原因是基于所谓的人类"意识论"（可参考网上各种关于柏拉图哲学的解说）。

Matrix 作为生产工具，唯一的衡量标准是生产效率的提高。The Architect（设计师）设计的第一代 Matrix 是按人类理想设计的一个完美的世界，原以为人人会安居乐业，但却不想由于人类的劣根性，导致人类（或称"粮食"）大量坏死，于是，The Architect 只好按照人类的实际情况设计了一个与现实（人类 21 世纪末）相符的世界。

即便如此，人类天性中独立、自由的意识仍然不能泯灭。于是 Matrix 之父 The Architect（建筑师）与 Matrix 之母 Oracle（先知）合作，把一种"假想"的选择权赋予人类，让人类以为进出 Matrix 是自己"自由"选择的结果，这就是 Zion 的由来。可 Zion 的五次重建与五次毁灭，证明了人类仍然被一种循环论所控制；此外，机器也找到一种通过与人类生生不息的抗争意识作斗争的方法，不断改良和升级他们的"粮食"生产工具。（这个过程，一如人类与土地斗争的历史，直到生产工具的改进和剩余产品的出现，人类才摆脱了土地的束缚，诞生了辉煌的文明。具有 AI 智能的机器也是通过不断改良生产工具来追求自己的机器文明的——机器正重走着人类文明发展的必由之路。）

这，也算是人与机器之间一种和谐共存的良性互动关系，只是其原则由原来人类居统治地位的"人类中心论"变成了机器占领地

球后的"机器中心论"而已。在哲学意义上,这两个命题是等值的,或者直截了当地说是同样错误的——既然"人类中心论"导致人类盲目狂妄自大,漠视机器的存在,最终走向自我灭亡,那么"机器中心论"也将同样导致机器自身的毁灭。

导演沃卓斯基兄弟的想象力从这里开始展开:机器国度内的统治莫非也和人类社会一样,有国王 Deus Ex Machina(机器大帝);有当权的统治者 The Architect,其维护 Matrix 秩序的统治原则就是"机器中心论";还有意识到"机器中心论"潜藏着巨大危机的改革派 Oracle;以及在 Matrix 升级过程中被淘汰的、腐朽没落的贵族阶层 Merovingian,他们为了自身的存在而顽固抵抗,是阻碍机器社会进步的反动力量。

三、故事的开端:《Matrix 1》

代表机器国度"潜在"的进步力量的,还有 The One(救世主)。在这里,我明确提出 The One 肯定是机器,其次,The One 是升级程序,他是用来测度和监控人类反抗意识的,这个程序可赋予任何人,当他被唤醒,就标志着人类对机器的抗争已经达到了某种不能为继的程度(在《Matrix 2》中表现为"这几个月,我们从 Matrix 中解放的人比以前的总和还要多"),此时 The One 就要站出来,通过 The Key Maker(钥匙人)回到源程序,完成 Matrix 系统的升级。

这种升级,即是工具的进步,同时也是机器对人类控制的加强,而在思想上,则是"机器中心论"的恶性膨胀。Oracle 并非如一般人想象是站在人类这一边(所谓的"人类解放者"),她是程序,必然要最大化地维护机器的利益,她不过是机器国度的第一批"觉醒者",在看到了这种"机器中心论"的毁灭性危机后,她决心借 Matrix 即将第六次升级之机,在行动上,向 The Architect 的统治发起一场冲击。这,不啻于一场暴风骤雨的社会革命。

如果电影《Matrix》讲叙的是 Matrix 前五次往复升级的故事,将毫无意义。故事要从变化开始:面对 The Architect 的统治,Oracle 的改革目标,是要把进出 Matrix 的选择权由假变真,还给人类;而她行动上的第一步,就是争取 The One(在前五次升级中,The One 无所谓立场,也没有独立意识,他的选择权也是虚幻的,他只为升级 Matrix、改良机器的生产工具而存在），从而让 The One 在《Matrix Ⅱ》中回到源程序时，做出与前五任相反的抉择；这当然也严重威胁到 Matrix 系统的生存。

Oracle 要把革命意识"灌输"给具有实践能力的 The One，她的办法是"爱"。如果一定要追问为什么，我只能说广义的爱是社会进步的唯一原动力，也只有爱才能帮助 The One 同时感悟机器与人这两个矛盾对立双方的疾苦，从而深刻反省人机关系及其未来。

直到《Matrix 3》，我们才理解沃卓斯基兄弟对爱的理念：爱不过是一种关系而已，可以发生在任何有意识的事物之间，既有人与人之间的爱（像 Morpheus 和 Neo），也有机器之间的爱（像 Rama 和他的妻子），Oracle 选择了其中最危险的一种类型：机器与人的爱。她以先知的口吻，唤起 Morpheus 对 The One 的信仰与热情（他俩在并肩战斗中结下了深厚的手足情谊），又引导 Trinity 爱上了植入 The One 程序的 Neo。

无论《Matrix 1》是部怎样的电影，如果你看懂了这是一个几乎与经典言情片一样伟大的爱情故事，就足够了！影片从 Trinity 爱慕 Neo 开始，历经了爱情磨难的全部痛苦：关心、思念、信任、奉献、牺牲、生死与共……直到影片的最后时刻，Neo 从一场荡气回肠的绝杀中死而复生，与 Trinity 深情一吻，方证明了两人之间的爱情。说《Matrix 1》简单易懂，是因为影片要讲叙的故事以及最后的高潮比较简单：The One 恋爱了！虽然埋着人机相爱的伏笔，但这有什么关系呢？在导演眼中，所有的爱都是一样的，所有爱的历程都同样艰辛。

爱情第一次改变了 The One 的属性（在不具备爱之前，Neo 不是 Oracle 心目中的 The One，是故她当面否认），Neo 站到 Oracle 这一边，革命燃起了希望的火种。但正因为我们看完了整个《The Matrix》系列，所以我们知道 Neo 是机器，他存在就是为了机器的升级，他将在爱和使命中挣扎，他最终选择了牺牲。所以接下来，我们将满怀痛苦地看着一场爱情悲剧无可避免地上演。

革命开始了！Oracle 抛下了骰子，冒险一赌，以后发生的事，她再也无力控制，这就是革命的代价，不是成功就是毁灭，变革的道路充满了重重困难和危机，而身居其中的任何人也不知道，这一切又将何去何从？

四、故事的发展：The Matrix Ⅱ：Reloaded

这里插一笔，把 The Matrix Ⅱ：Reloaded 译成《重装上阵》比《冲出矩阵》要更符合原意得多，因为第二集在整个系列当中，属剧情的发展，讲叙的是 Neo 以"觉醒之眼"巡游 Matrix 和 Zion，同时体味机器与人类的疾苦，切身感悟全人类即将遭到灭亡的危机，深入反省人机关系的矛盾，最后终归要回到 Matrix，完成系统升级（Reloaded）的使命的故事。

Neo 在《Matrix Ⅱ》中的历程应该与他的前五任 The One 大体相同，因此作为故事，其中最有趣，也最值得叙述的就是已经具有爱的属性的 Neo 与前五位 The One 的区别之处。请大家在阅读下文以及观看影片时，在心中时刻保持着这种比较。

在人类即将遭到毁灭的恐怖前景下，Neo、Morpheus 和 Trinity 杀回 Matrix，寻找 Oracle；与此同时，Matrix 第六次升级也即将开始，与升级有关的 Oracle、The Key Maker 也遭到抗拒升级的 Merovingian 的追杀和封锁。Neo 与 Oracle 在危机四伏的环境中秘密会面。此时，The One 的属性已经改变，Oracle 虽然争取到了 Neo，但却无法控制 Neo 下一步的行动，所以她在照例指明 The One 去夺取 The Key Maker 之前，以长篇谈话暗示 Neo，你已被改变，你就要做出去营救 Trinity 的选择，但你必须认清自己的使命：你也是程序之一，你必将回到源程序。

以后的剧情讲述故事发展必须交代的两件大事：一是跟随 Neo，我们首次看到了 Zion 的人类生活实景，在整个旅程中，Neo 带着对 Trinity 的无限深情俯视爱人生活的美好家园，没有这片土地，他的爱也就不复存在。

第二件事就是夺取被 Merovingian 囚禁的 The Key Maker。请留意 Merovingian 与情妇 Persephone 合谋演戏窃取 The One 代码的一场戏（这是 Neo 在第三集里被 Merovingian 囚禁的原因）。若比较前五位 The One，可以想到，如果没有 Neo 对 Trinity 的爱，索吻一幕绝对不可能发生（Persephone 要求 Neo 必须吻得像吻 Trinity 一样深）。换而言之，这是机器国度保守势力第一次偷到了 The One 的代码，以为可以就此阻止 Matrix 的第六次升级。这当然超出了 Oracle 与

The Architect 的预想，为革命投下一道不祥的阴影。

在接下来紧张刺激的"高速公路追逐戏"中，也许前五次也曾发生过类似的一幕，但请观众留意，这居然是 Merovingian 首次发现 The One 虽能抵挡子弹却仍能为刀剑所伤，遂以一场群殴围困住了 Neo，结果以 Morpheus 和 Trinity 为代表的人类是在没有 Neo 的帮助下孤身闯关，这既是出于对 Neo 的爱情和友情，也在战斗中表现出力拼人类最后一线生机的英雄气概。若这里没有人类勇闯禁区的殊死搏杀，The Key Maker 难逃被 Agent 半途劫掠的厄运（意识简单的 Agent 犯了一个错误，他以为 The Key Maker 是没有用途、待将删除的程序，但 The Key Maker 坚持说他自有自己的用途；这是因为 The Key Maker 和 Neo 一样，属于升级程序的一部分，他们的重要性均不为 Agent 所知），这在某种意义上标志着人机之爱达到了一个前所未有的高度。

遵循剧情编排的逻辑，第二集在导演沃卓斯基兄弟的意图中只是铺垫和过渡，没有太剧烈的高潮，着力于对转折点——Neo 毅然选择去救 Trinity——的渲染上。故事的精巧在于，影片从已具有预感能力的 Neo 的一场噩梦开始，Neo 请求 Trinity 无论如何都不要进入 Matrix；但最后形势逼迫，Trinity 为援救 Neo，奋不顾身杀入 Matrix，使得 Neo 在转折处带有刻不容缓的紧迫性和几近爆炸性的感情迸发。至于影片的结尾处，Neo 在真实世界以血肉之驱只手毙倒电子乌贼，而后昏厥过去，一句"我能感受他们"证实了 Neo 的程序属性。

容易被忽略而又与下一集紧密相关的内容是：机器国度的暴政——机器在机器的统治下，也是没有选择权的（包括 The One），程序只为目的而活，无用者将遭到删除的命运。所以到第二集结束时，敢于起身反抗暴政的只有三个程序：Oracle、Seraph（先知的守护天使）与 The One。到了第三集，我们才看到有更多程序的自我意识觉醒：Rama 和他的妻子，以及他们的小女儿 Sati（未来的 Matrix 管理员），在革命之前，他们仅有一种选择：借 Merovingian 地下势力偷渡出 01 城（机器城）——这与人类在暴政国家生活的境况岂不是一样?！

五、故事的高潮和结局：*The Matrix Ⅲ：Revolutions*

哪里有暴政，哪里就有革命；革命一旦发生，就不是革命的领袖——Oracle——所能控制的；革命的结果也不必然是胜利：不是机器的进化，就是两败俱伤。影片就这样带着沉重得让人透不过气来的悬疑逐渐进入高潮。

由于在《Matrix Ⅱ》中出现了与前五次不同的波折，Neo 被 Merovingian 窃取了代码，囚禁在火车站中，Oracle 不得不冒生命危险再次现身（她由于领导这次革命，已成了颠覆机器国度的反动派，同时遭到 Merovingian 和 The Architect 的双重追杀），向人类求助，幻想破灭、气急败坏的 Morpheus 厉声质问："你叫我怎么还能相信你?!" Oracle 用以打动他们的，对 Trinity 是爱，对 Morpheus 而言，则是他与 Neo 的友情。

其后人类杀入地狱酒吧，此时出现了戏剧性的一幕：Persephone 转而帮助人类，救出了 Neo。这是因为 Persephone 借索吻之机，既偷取了 Neo 的代码，同时也体会到 Neo 对 Trinity 的爱——机器对人的爱，她被这种爱所感动，在某种意义上背叛了她的组织。

这是否在昭示这场社会革命必须由人与机器联手才能完成？

答案是否定的，因为 Neo 被囚禁已经超出了 Oracle 的预想，在业已让人类失去信心的情况下，Oracle 仍然向人类求助，显然是不得以而为之的唯一办法——Oracle 事先并无把握人类是否会答应。剧情发展至此，读者可能已经在脑海中产生深深的质疑，在这场伟大的革命当中，人类莫非只是一道工具，先是被 Oracle 诱以影响乃至改变 The One 在 The Architect 面前的选择；现在又要去拯救这场革命中意外发生的变故？这个疑问将把我们指向 The Matrix 的最后真相！

我到这里才开始阐释影片另外一条主要线索：Smith。希望大家不要因此误解，这只是由于文字与影像表述方法的不同。

对于 Smith，影片明确说明他是 Neo 一体两面的对立面。换成剧情逻辑的表述，就是说如果 Neo 代表着机器对人类的爱，那么 Smith 就代表着机器对人类的恨，机器的这两种情感同样存在，也同样强大，任何单独一方都可以威胁到整个 Matrix 的生存。

以下是一个猜想，也许计算机专家能从另一面论证：The Architect 是阴险的当权派，当他不得不与 Oracle 达成妥协，接受 Zion

人类存在的事实时，他就已经在背后安排了提防 Oracle 发动革命的另一种相对等的克制力量，赋予 Smith 随着 Neo 的变化而同等变化的能力，这样 Smith 就成为了统治阶级镇压革命的武器，他具有所有社会革命当中邪恶势力的一切属性：黑暗力量与光明力量同步增长。

当 Neo 与 Smith 在电闪雷鸣、瓢泼大雨中狭路相逢时，全剧达到了最高潮，我们也走到了 The Matrix 之谜最黑暗、最激动人心的入口：如果爱与恨同样强大，爱怎样才能战胜恨呢？这样的革命怎样才能成功？

这其实也是人类进化与发展过程中一个亘古不变的悖论。在现行体制下长大的我们，是很难理解现代西方人对社会革命的看法和观念的，特别是其中西方人在经历一系列社会变革之后痛定思痛的反思。我只能告诉大家的是，沃卓斯基兄弟在影片中所使用的观念和方法并非创新，在西方也非常流行，甚至一眼看上去颇似佛教的大同之道，但其精神实质却是西方的：殉难。一如耶稣之死，也像佛陀"我不下地狱谁下地狱"的自我牺牲，延续到今，是甘地一次又一次的绝食。

《Revolutions》（"革命"）这个题目很好地道出了《Matrix III》的实质，你可以把它看成是一部爱与恨、黑暗与光明、正义与邪恶、保守与改革较量的社会革命片。在目睹了 Smith 强大力量之后，Oracle 选择了殉难，平静地坐在那里等待死亡（Smith 凶恶地在她头上挥舞拳头咆哮："你明明知道结果了却还要坐在这里，你一定有你的目的！"）唯有在听到 Sati 也被杀害时，她脸上才流露出一丝恐惧：她预感到自己发起的革命可能带来了最坏的恶果。Neo 在与 Smith 进行了一场地动山摇似的决斗后，最后一刻他才突然明白了自己使命的最后一个问题："何时"，他选择的，也是殉难。没有必要追问先烈殉难之后，黑暗势力是怎样被摧毁的，革命又是怎样发生的，因为，这就是历史。

Oracle 的冒险成功了——她为人类争取到了自由进出 Matrix 的选择权！这是第六位 The One 与前五位最大的不同，升级在这个意义上可以称为革命；Neo 在斗争之旅中与 Trinity 一同看到的阳光，为 Matrix 带来了第一道温暖的曙光。这样的一个结局，却让大多数黑客迷们陷入了绝望：付出了如此惨重的代价——Zion 被打得千疮百孔，Neo 与 Trinity 双双罹难，一段美丽的爱情黯然消逝，可不仅 Matrix 完成了更高等级的升级，而且 99% 的人类还囚禁在 Matrix 中，这样的结果怎么还能叫作革命？！

我的态度是，我既同意这是一种新的人机关系的进化，同时也同意这并非人人梦想的翻天覆地、轰轰烈烈的革命，但如果你在这一刻回顾人类八千万年的文明史，你也会赞同我的说法：进步虽然缓慢但弥足珍贵，未来虽然漫长但值得期待！

影片的结尾，小女孩 Sati 天真地追问 Oracle："我还能再见到 Neo 叔叔吗？"Oracle 怅然回首这段艰辛曲折的全部历程，连她自己也无法明白，为了这样的进步，曾经的牺牲是否值得，也正因为这样的革命，Neo 只有一个。她无尽地眺望远方，幽幽地说出与自己先知身份全然不符的话："也许。"

六、最后的真相：机器革命

总结全片，我们可以这样说：《Matrix》是一个讲叙 Matrix 系统在第六次升级时，由 Oracle 领导的一群在意识和情感上率先觉醒的机器者，包括 Neo、Sati、Seraph 乃至 Persephone，所进行的一次机器国度社会革命的科幻惊险故事。

《Matrix》最后的真相是：这个革命是机器的革命，是机器革命者的壮举，与人类无关！革命所取得的微小变化，也只是机器社会的演化，是机器文明的进步；至于人类，他与机器的斗争还将持续，只是不像前五次那样要从头再来而已，人类文明由此得到了一个小小的空间，至少可以延续下去。

这个结论让人震惊！你会喜欢一部与人类没有任何关系（或人类只是被利用的工具而已）的讲叙机器的电影吗？你会接受一个机器比人类更自觉、更有进步意识，甚至可能更先进的结论吗？这种令人失望的情绪，在影片中深深地刻画在机器退兵之后，Morpheus 茫然若失的脸上，他喃喃自语："难道就这样结束了？"他梦想的那个推翻 Matrix 的伟大时刻没有降临，依然遥遥无期。而在网上，则早有人挥臂喊出："我不愿相信这是一个机器的神话！"

沃卓斯基兄弟的伟大不是在于他们向我们提出这样一个问题：在人与机器永恒的斗争中，你愿意打破"人类中心论"吗？（这是目前我在网上看到的全部讨论所停留的层次），兄弟俩伟大之处在于他们提这个问题的方式，他们想说的是：让我们换一个角度来思考问题吧，那就是，假想一下，在遥远的未来，如果你是一个具有高度AI智能的机器人，你会怎么看待人类？你也愿意打破"机器中心论"吗？

这种立场的转变，看似轻松，实际上需要我们彻底砸碎脑海中早已根深蒂固的，一切人类至上、人类中心论等惯性思维。一个同样重要的问题，在影片中以整个剧情的方式提出来：如果打破"机器中心论"需要付出惨痛的代价和牺牲，包括爱情和你最爱的人，可得到的进步却是如此的微不足道，你还愿意做一名舍生取义的机器革命者吗？天啊，你要知道，这和你是否愿意为打破"人类中心论"而付出其实是同一个问题啊！

伟大的电影永远只是提出问题，激发人的思考，而不提供教条化的答案。《Matrix》作为一部在我眼中不失为伟大的电影，也同样具备这个优秀的品质。他并不像大家众口一词说的那样把人与机器的关系的哲学命题提升到一个前所未有的高度，他没有答案！他提出的是一个思考这个问题全新的角度。

这才是《Matrix》真正的电影革命。正如《星球大战》以"在很久很久以前，在一个遥远的银河系……"为开端，从而打破我们思想上时间与空间的界限，把人类想象力提高到和宇宙视野的高度一样，《Matrix》以"在很久很久以后，在一个机器的国度里……"，把人类的想象力延伸到机器的情感和内心深处。（如果以沃卓斯基兄弟的"关系"理念为桥梁，我们的想象力还能深入到万事万物当中去。）

跳出了时空观念和人类观念的桎梏，难怪沃卓斯基兄弟屡屡能出人意表，让人捉摸不定，让我们一次次难以追随，猜测落空。

虽然没有最终答案，但沃卓斯基兄弟仍然透过电影，向我们传达了一些他们的基本观念：（1）"人类中心论"和"机器中心论"可能同样都是错误的，而且错得可怕；（2）对于社会的变革发展之路，他们倾向于佛教，万事万物没有高下之分，只有关系，而且诸关系是平等的。很简单吧，但沃卓斯基兄弟想说的，也许就那么多！

《前世今生》作者提出三个重要观点：

第一，人工智能可以学会人类的爱。从科学发展的角度而言，懂得人类感情，懂得"爱"，这无疑是人工智能的巅峰，是人工智能自我进化的结果，相信已经成为研究人工智能的科学家们梦寐以求的伟大创造。在电影中，人工智能对人类情感的研究和观察始于"矩阵之母"先知，"她"的职责就是通过研究人类的情感更好地了解人类这种奇特的物种，使其生息繁衍更符合机器文明的需求，这也是"她"和建筑师——"矩阵之父"约定的分工。这种学习是卓有成效的，人工智能因此而变得越来越强大。

第二，当人工智能的发展势不可当并由此形成一个不仅具备人类的智慧和超越人类能力的超能力，而且还拥有情感的人工智能文明之时，也就是说：人类创造出宇宙间一个"新物种"，姑且将其称为"超级智能机器人"。其必然结果是："人类中心论"将被彻底倾覆。矫枉过正，最悲惨的结局一定是："智能机器中心论"，那一定意味着人类文明的毁灭。大胆的猜测是："人类中心论"和"智能机器中心论"能找一个双赢的交集吗？即人类和智能机器各得其所，和平共处，和谐发展。既然人工智能势不可逆，那么，人类今天是否愿意打破"人类中心论"？这是一个关乎人类命运极有价值的严峻拷问。

第三，《黑客帝国》三部曲最后的真相是："矩阵革命"其实是智能机器文明的革命，是机器革命者的壮举，它与人类有关但绝不是人类对"矩阵"的革命！事实上，我们看到：电影讲述的是"矩阵"系统在第六次升级时，由"先知"领导的一群在意识和情感上率先觉醒的智能机器，包括尼奥、萨蒂、塞拉夫等人所进行的一次机器国度社会革命的科幻惊险故事。人类并不是这部电影的主角，人类只是配角和工具，是"母体之父"建筑师和"母体之母"先知的"提线木偶"。人类反抗组织的所有不屈抗争只是一个目的：帮助"矩阵"消除错误程序，顺利升级。因此，经历此役，人类文明和机器文明达成和平协议，人类文明能够继续存在并获得比此前更好一些的生存空间——可以和机器共享蓝天和白云，而无须藏身于地核附近的锡安城。一句话：电影的结局不错，因为有一个"光明的尾巴"。

但是，《前世今生》一文在逻辑和科学常识方面有一个硬伤。另外一篇读者甚众的网文：《看不懂〈黑客帝国〉的朋友看了这个文章就明白了》否定了"前世今生"的观点，把对电影的解构上升到一个更深刻的境界。

网文二：《看不懂〈黑客帝国〉的朋友看了这个文章就明白了》（以下简称《就明白了》）评析

此文有两个颠覆性的核心观点：其一，机器文明根本不需要人类作为其发展必须的"能源"，"电池说"不过是人类自欺欺人的臆想；其二，《黑客帝国》最后的结局是：人类文明走向消亡，因为它已经完成帮助机器文明进化的最后使命。作者指出（下文凡是仿宋字体段落均引自《就明白了》一文，相关引文段落不再一一注明，特此说明）[①]：

> 矩阵系列电影本质上讲的是新型智能生命进化的过程，讲述人类是如何被最终扔入文明的垃圾箱的过程，如何被榨干最后一点利用价值的过程。
>
> 首先要纠正一些人的错误看法，他们居然一直认为"矩阵"中，人类是被作为能源来被利用的。真是可笑，机器文明什么能源不可以利用啊，核能、化学能（石油煤炭）、地热能，还有穿过云层获取太阳能等等。人类的生命能量又是从哪里来，难道是从天上掉下来的？不也是从食物的化学能中来的吗？机器人有这么愚蠢吗？遗憾的是有些人现在居然还在说"矩阵"中机器人把人当作电池使用，真是连初中生的科学常识都没有。关键是他们没有明白能源这个词在这里究竟应该怎么来理解，如果将其理解成机器人维持生命活动需要的动力来源肯定错误。但是如果将其理解成机器智能文明进化的动力来源就完全正确，"矩阵"的作用正是作为机器文明进化的能源。
>
> 矩阵设立的时候，是机器人和人类的大战刚刚结束，它们的智能使得它们在利用现有的科学理论制造出技术成果方面的能力极其强大，可以将一切现有的技术都发展到淋漓尽致的地步，远远超过人类，从而把人类打得一败涂地，但是它们却有一个致命的弱点，

[①] 心扉：《看不懂〈黑客帝国〉的朋友看了这个文章就明白了》，资料源自"豆瓣电影"，https://movie.douban.com/review/4459729，2010-11-11。

就是在真正的创造性方面有所缺乏，可以利用现有的人类提供的理论发展技术，却没有办法提出全新的更高级的理论，当人类制造出他们的智能祖先的时候，就仅仅是把现有的理论作为原则输入他们的头脑，作为他们一切运算赖以进行的出发点。所以像用相对论、量子力学代替牛顿力学那样一种类型的理论创新和革命，是机器文明暂时难以做到的，这对他们进一步发展来说是一个瓶颈，是必须要突破的障碍。

其实，墨菲斯对尼奥所说的——"为了挽救人机大战的惨败，人类遮蔽了天空，通过阻隔机器获得来自太阳的能量以此和机器做殊死的斗争"云云，不过是人类自欺欺人的一种臆想。《就明白了》一文作者提出如下惊世骇俗的观点：

第一，人类的头脑是一个复杂的超混沌动力系统，而智能机器不具备人类智慧的创造性思维。强大的人工智能文明没有将人类赶尽杀绝并非需要人类充当机器的"电池"，而是需要借助人类的创造性思维来帮助机器文明完成进化。

> 人类思考时的非逻辑性跳跃性会帮助人类产生一些很新鲜的思想，而且一些表面上看来无用的想法思路研究，也会被人类社会所保留，并在一定程度上得到开拓发展，成为未来可能具有重大实际意义的理论创新的萌芽。任何真正伟大的创新一开始很可能被认为是没有实际用途的空谈，群论、拓扑学、黎曼几何、集合论等等一开始都被认为是抽象的数学理论游戏，没有什么实际意义，但后来却成为现代科学的基础。而对于机器智能文明来说，他们的思维严格遵循逻辑运算，而且一旦发现无用的思维或程序，总是加以删除或限制。这样严重阻碍了他们理论创新能力的发展，也就严重阻碍了他们文明的进化。机器自己也意识到了这一点。但仅仅意识到这点是不够的，因为仅仅是放任无目的程序的存在和泛滥，并不意味着机器文明能发展出自己的创新能力来。一方面这会导致无法预料和控制的结果，有时这种结果可能是毁灭性的，这是由机器文明信息交换速度极高（至少几十万倍于人类），以及整个机器智能系统高度复杂性决定的；另一方面即便那些有潜力发展成为真正的创新

的无目的程序，如何能发展成长起来，如何能不被埋没浪费，也是一个问题。所以机器智能文明实际上处于两难境地，严格执行无用程序删除或限制的原则，则他们的文明永远只能在一个水平上重复，而不会出现真正革命性的进步。但如果不严格执行这个原则，那么他们的整个文明本身的生存都有可能受到威胁。

第二，为了解决上述两难问题，机器智能文明创立了"矩阵"系统。"矩阵"就是这种进化所需借助的工具或者是"试验田"，通过不断"试错"，即学习进而找到最适合机器文明的进化途径。机器文明所需要的"能源"不是一般意义的能量，而是人类独有的创造性思维。

利用人类在矩阵系统中产生的创新的思想火花，为自己的进一步发展提供动力，这是矩阵作为能源的真实用意。一开始机器文明确实单纯地想要这种方式一劳永逸地解决问题，但是矩阵系统的运行并非如此顺利，当机器文明设立第一个矩阵的时候，他们仅仅是单纯地榨取人类头脑中的创新，他们准备了两种可能性，如果这个系统运行顺利，就把人类一直利用下去，否则就采取矩阵升级的战略，直至矩阵革命，彻底摆脱人类，The Architect（设计师）设计的第一个完美的矩阵系统的崩溃，表明人类的头脑有太多的不确定性、不稳定性，并不是一个可信任依赖的可靠工具，于是从第二代矩阵开始，设立了 Oracle，负责研究人类的心理，研究最终如何摆脱人类，使机器文明具备独立创新的能力，同时也建立了包括 The One 程序——Zion 世界在内的一系列配套的矩阵升级机制稳定机制。这样矩阵有两个任务，一个任务是榨取被接入矩阵中的人类头脑中的创新思想。这个任务由 The Architect 来负责；另一个任务是研究如何使机器文明获得摆脱人类独立进行创新的能力，同时又能保证机器文明本身的安全，防止出现无法预料、无法控制的结果，这个任务由 Oracle 来完成，所以 The Architect 竭力保持矩阵的平衡，并负责对矩阵定期升级。Oracle 则在矩阵中研究人类心理，设法找出人类创新能力的奥秘，并寻找机会，促使平衡打破，使矩阵革命的条件成熟。

第三，先知（Oracle）作为一个"直觉程序"，其使命是：研究人类心理，领导人工智能学习人类的独特能力：情感，最终使机器文明的进化摆脱对人类文明的依赖，走上独立发展的道路。

The Architect 向 Neo 提到 Oracle 时是这样说的，"An intuitive program, initially created to investigate certain aspects of the human psyche"，The Architect 并不知道 Oracle 的全部职能，他只知道 Oracle 负责研究人类心理的某些方面，并有促进矩阵升级的功能。但 Neo 和 Oracle 的最后对话，却揭示了 Oracle 的真实意义，Neo 问 What's your purpose（你的目的呢）？Oracle 回答"To unbalance it（使之不平衡）"，这话的意思，其实正是对矩阵重载中一段关于控制的对话的呼应。原先的矩阵是机器依赖人类来进化，而人类依靠机器来生存，双方各有所求，彼此控制彼此依赖，是一种相对平衡的关系，而 Oracle 的目标却是打破这种平衡，使得人类完全成为机器文明中无用的废物（或许只有被当低等动物来观赏的价值了），人类必须依赖机器，机器却无所求于人类，人类彻底成为机器身上的附属品或寄生虫。

Oracle 说：I want the same thing you want, neo. And I am willing to go as far as you are to get it。（我要的跟你要的一样，Neo。我和你一样，不惜一切要得到它。）这话的意思也很清楚，Neo 的存在意义就是矩阵的进化也就是机器文明的进化（虽然他自己没有明确意识到这一点），而 Oracle 寻求的同样是这个目标，只不过更革命性一点。

第四，所以"矩阵"不仅是机器文明榨取人类创新思想的基地，同时也是机器文明发展培养自己独立创新能力的"进化实验场"，这是人类文明对机器文明的全部意义所在。

矩阵的升级不仅仅是矩阵本身稳定运行的需要，同时也为矩阵革命进行着准备，而矩阵革命正是意味着机器文明真正意义上完全摆脱了人类而能自己独立地创新，独立地进化。矩阵革命后的矩阵将成为机器文明的专用创新系统，矩阵之外的系统产生的一切非法程序，一切无用程序，无目的程序，都将被输入矩阵进行选择淘汰培养成长，新的理论新的思想新的程序将从矩阵中产生并经过考验后回输到机器世界里推动机器文明的进一步发展，一切可怕的病毒也都会被屏蔽在矩阵系统内部，而不会对机器文明本身造成致命的伤害影响。有了这样的观点，我们就会对《黑客帝国》三部曲的电影尤其是《重装上阵》，矩阵革命有了豁然开朗的理解。

矩阵中的法国人 Merovingian 实际上是 Oracle 制造的一个失败的实验品，确切地说 Oracle 曾经在矩阵中试图仿造人类的特点制造一个自由的具有创新能力的程序，但她失败了，结果 Merovingian 这个失败的实验品程序被限制起来，一方面他对 Oracle 心怀怨恨，另一方面他又不得不接受 Oracle 的指挥，成为她的一个工具。他负责搜罗一些矩阵中的无目的程序、被系统废弃的程序，还有他手下的火车人则专门从矩阵外的世界中把一些这样的程序接运到矩阵中来。

在《重装上阵》和《矩阵革命》中，他在关键时刻的行为其实都是由 Oracle 决定的，像矩阵革命中开始抵抗崔妮蒂、墨菲斯等人，其实是做戏，后来故意让他们拿枪指着他的头颅，然后让火车人带着他们去领回尼奥。他要崔妮蒂等人取 Oracle 的眼睛给他，多少有些怨恨 Oracle 有眼无珠的意思。在矩阵革命开头的火车站出现的小女孩是点题人物，她的出现正意味着矩阵革命的条件已经成熟，意味着矩阵之外的机器世界已经开始向矩阵提供具有极大潜在发展空间并且肯定向正面方向发展的无目的程序，现在就等着矩阵本身发生革命，为这样的程序提供成长空间了。女孩的父母自称是电厂工程师，实际上是现实机器世界的能源管理程序，但另一方面，作为程序他们又必然活动在所谓虚拟世界中，而这个虚拟世界就是 Zion 和机器城所处的世界。之所以能产生这个小女孩，本身也是前几代矩阵升级中 Oracle 得来的成果传输给机器世界程序的结果。自小女孩进入矩阵的那一刻起，她就成为矩阵中最重要的人物。所以那个"六翼天使"，那个负有保卫头等重要人物使命的中国人最后时刻是和小女孩在一起的。

第五，"矩阵革命"的目的是为机器文明的进化扫清障碍，其前提是人类文明的灭亡，在此基础上，一个全新的、高度智能化的而且可以不断自我进化的机器文明诞生了。

按照《重装上阵》末尾 The Architect 和尼奥的对话，尼奥实际上做出的选择，结果将导致 Zion 和矩阵两个系统中人类的灭亡，实际上革命正是在这个选择的基础上才能发生，如果尼奥做的是另外一个选择，那么矩阵仍然将会像前几次一样进行普通的升级，这种升级如果一直进行下去，实际上是人类和机器文明的共同进步。由于机器文明的根源从人类文明那里来，所以他们把人类生存或灭亡的最后选择权还是交到人类自己手中，尼奥实际上就是人类的代表，一方面他被植入了 The One 的程序，另一方面他还是接入矩阵的人脑，有着人类最典型的思维方式、情感方式，他来决定人类的存亡，就等于人类自己来选择自己的存亡。

当尼奥做出这个选择之后，系统就进入同时消灭 Zion 和矩阵中的人类智能的阶段，前者的任务由 Zion 世界中的机械乌贼完成，后者的任务由 Smith 来完成。人类则彻底灭亡，脑死亡的他们也不会再被机器泡在营养液里了，估计都会被处理掉，最多留几具人类尸体作为动物标本。

Oracle 则启动了她的矩阵革命计划，她引导尼奥找出挽救 Zion 和消灭 Smith 的方法，她让 Smith 复制了她自己。这时候，她已经不可能预料结局（系统的混沌属性决定了这一点），如果尼奥能成功，那么他携带的代码回到源代码后将最终使矩阵顺利完成革命性的升级，如果失败，那么结果就是毁灭性的。这是机器智能的思考达到探究生命意义（它们在思考生命的意义究竟是什么？）的高度后符合逻辑的结果。Oracle 最后反复说：Everything that has a beginning has an end（万物有始皆有终）。还通过 Smith 的口说生命存在的意义就是它的灭亡的意思，要么是革命完成要么是彻底毁灭（而不再是 The Architect 所说的仅仅人类的毁灭），这就是 Oracle 这个程序的意义，无论是革命成功，还是毁灭成功，都完成了这个程序的使命和意义。革命（确切点说是进化）的代表是尼奥，毁灭的代表是 Smith。

尼奥再根据 Oracle 给他的暗示，找到机器城中的机器大帝，提出条件，机器大帝被迫接受，尼奥进入矩阵，和 Smith 同归于尽，回到源代码，矩阵革命完成，片尾的矩阵世界已经成为了机器文明的创新系统的摇篮,那个小女孩编制出的朝阳程序,已经说明了这一点,一个真正有了独立创新能力的伟大文明正如这初升的太阳一样,光芒四射,冉冉升起,矩阵中已经完全不需要人类了,但出于慈悲考虑,那些不愿意离开矩阵的人类,机器依然为他们保留位置,而那些离开矩阵的人类,最终也只能是死路一条。他们反抗是死亡,他们不反抗,则说明他们已经失去了进取精神,还是死亡。

这样生命的进化就进入了一个新的伟大的阶段,一个新的宇宙智能生命,真正开始了它的伟大历程,他们的文明是人类的文明的升华,人类虽然灭亡了,也应该为此感到骄傲自豪。在《科幻世界天蝎号增刊》上克拉克写的长篇科幻名著《童年的终结》同样描写了人类向更高级的智能生命形式进化交接的过程,不过那里这种进化交接还是在外星人的帮助下实现的,而在矩阵系列中,这是人类文明自然发展的结果,我个人认为矩阵系列比起克拉克的《童年的终结》描述的那种进化,有更为伟大深刻现实的意义。

与《前世今生》一文相比,《就明白了》一文的思考深度似乎更为高远,它揭示了未来世界更加残酷的一面:残存的人类文明不过是高度智能化的机器文明进化中一个特定阶段的助力而已。当机器文明学会了人类的创新思维后,人类文明也就丧失了存在的价值。一个全新的文明就此诞生——它是源于人类文明的机器文明的自我革命和升华的结果,这种新型的智能生命超越了此前的机器文明,它拥有了机器智能不具备的情感和创造能力,不再需要依赖人类文明来获得进化的动力。从这个角度而言,《黑客帝国Ⅲ:矩阵革命》(*The Matrix Revolutions*)中的"革命"(Revolutions)的最真实含义应该是:"进化"(Evolution)。

结合电影《黑客帝国》,我们看到人工智能发展的一种新高度——智能机器拥有了人类的感情。人工智能这一革命性进化始于先知和建筑师的约定,他们作为"机器大帝"下属的"矩阵"最高管理者,为了优化"矩阵"使其不断进化,约定了重要的分工及协作——建筑师是"矩阵之父"负责总体设计,而先知是"矩阵之母"负责观察、研究人类的情感,这是人工智能一直无法掌握且难以驾驭的、最具破坏性的"随机变量",它的蔓延和扰动造成了前5次"矩阵"的毁灭,同时也是锡安的毁灭。鉴于此前的教训,先知开始研究难以捉摸的人类情感,并引导"矩阵"走上了一条前所未有的"升级"之路，建筑师与尼奥对话时谓之曰："这是先知玩的最危险的游戏。"其危险就在于：人类的情感世界对于擅长逻辑思维的智能机器而言是近乎无解的"哥德巴赫猜想"，其潜在的威胁将给人工智能文明带来什么结局？实在是祸福难测。但是，先知对人类情感的深入研究带来了意想不到的结果：涌现出一批拥有人类情感的智能机器，这可以视为先知带领下"集体学习"的结果。其表现如下：

（1）尼奥的爱。电影中，最强大的人工智能且肩负矩阵升级使命的尼奥对人类崔妮蒂的两性之爱，以及尼奥对墨菲斯的兄弟之爱，这些爱最后泛化为尼奥对人类之爱。正因为强烈的爱，促使尼奥迸发出越来越强大的力量，能够数次战胜特工史密斯，并且，能够勇于牺牲自己，促成机器和人类的和平，以此拯救锡安。尼奥具有"爱的能力"，最重要的源泉是——崔妮蒂对他的爱。《黑客帝国Ⅰ》高潮部分，尼奥在"矩阵"中被武功高强的史密斯残酷杀害，他的"肉身"在现实世界的飞船中也魂飞魄散即将死去，深爱尼奥的崔妮蒂见状大恸，她不愿意也不甘心自己深爱的人就此阵亡。于是，崔妮蒂爱心大恸给垂死的尼奥深深一吻，奇迹随之发生，尼奥满血复活，在"矩阵"里死而复生，奋起格杀了特工史密斯。

（2）史密斯之恨。有爱就有恨，爱和恨都是人类情感的两个极致，如同一张纸的两面密不可分。维护"矩阵"秩序的特工史密斯原本只是一个没有情感也没有具体人形的、只会机械执行使命的杀毒程序——负责清除一切"错误代码"或"无用程序"。但因为先知的"实验"使然，它后来也拥有了情感，那就是恨——对人类的无比憎恨和对他职责的厌恶，"他"视人类为"散发着恶臭的低等生物"，仇恨使得"他"毁灭异己的力量越来越强悍。这种憎恨的强烈情感最后已经泛滥到一发不可收拾——史密斯憎恨所有的一切，无论是人类还是同类，它尤其憎恨驱使它化为人形的"超级系统管理员"建筑师，使它被迫委身于人类的"臭皮囊"中——此举能大大提升其工作效率，以至于"他"的超能力随着情感值的提升强大到连人工智能文明的最高主宰"机器大帝"都无法掌控的地步，最后必须借助尼奥的自我牺牲才能够摧毁它。

（3）父亲对女儿的爱。印度夫妻形象的丈夫罗摩康拉（Rama-Kandra）和妻子卡玛拉（Kamala）在"矩阵"里的角色分别是"发电厂回收站运作系统管理程序"和"交互软件系统开发程序"。它们共同创造了一个新的程序——女儿萨蒂。因为这个程序没有"目的"即符合"矩阵"需要的特定功能，按照"矩阵"的铁律，必须删除。因为这是无用程序，是 bug，其数量的堆积将导致系统崩溃。如果不想被删除，父亲罗摩康拉在先知的指点下找到法国人梅罗纹加，向其求助以确保女儿萨蒂的安全——因为他专门从"矩阵"收留和偷运各种各样的"非法程序"到机器世界，他如同现实世界的"黑社会首领"专门挑战法律和秩序。

罗摩康拉在火车站（"矩阵"和机器世界的中间地带）和被困于此的尼奥对话时坦陈，他愿意为"美丽的女儿"萨蒂逃脱被删除的命运"付出一切"，因为他"非常爱女儿"，这是他"见过最美好的生命"。尼奥很吃惊："从未听说过程序还懂父爱。"罗摩康拉告诉尼奥："那只是一个词，真正重要的是懂得这个词隐含的联系。"他对尼奥说："我看得出你在恋爱中，能不能说说为了爱情你肯付出什么？"尼奥回答："付出一切。"罗摩康拉回应："看来你和我来这儿的原因，没有什么太大的区别。"

爱是最极致、最美好的人类情感，是人类情感之巅峰。人为自己所爱——可以付出一切。问题是：当智能机器——其本质表现就是各种程序也拥有这种感情，"它"还是机器吗？显然，这是一个非常致命的追问。和罗摩康拉一样，尼奥也是程序。《黑客帝国Ⅱ：重装上阵》的尾声，尼奥在"开锁人"（进入源程序的密钥）帮助下进入"源代码大厦"，见到"矩阵之父"建筑师，在两人对话中，建筑师揭示了尼奥身世之谜。他告诉尼奥：第一，"你依旧是人类"。第二，"你的生命是矩阵固有程序中一个失衡因式的残留总和，是一个余数的偶然，是尽管我竭尽全力仍不能消除的影响熟悉精度和谐的一个余数。尽管它不断地制造麻烦让我小心地处理它，但它不是不可预测的，它仍然处于控制范围之内。它引导你来到这里"。这段对话令人思绪无限。首先，尼奥是人类，其意是指：尼奥因为具备了人类的情感，而且一开始就被人类所接受所膜拜并作为"救世主"为人类而战，所以他是人类；其次，尼奥又是一个程序，从本源上就是一个程序，而且是一段无法避免的错误代码。但是，作为一个程序，它是怎样具备了人类的情感？根本原因在于：尼奥能够接受崔妮蒂的爱，也能够给出爱——从爱崔妮蒂、爱墨菲斯，到爱锡安里的人类，并愿意为他们献身——献身也是一种至高无上的情感。如先知常言："凡事有始有终。"对于程序人格化的尼奥而言，爱的起点始于何时？

（4）先知赋予尼奥爱的能力，尼奥的创造力因此而与日俱增。《黑客帝国 I》，墨菲斯带领尼奥见到先知，先知仔细打量尼奥，并像巫师一样触摸了尼奥的面庞，两人为"尼奥是否是救世主"而展开了一段对话。尼奥不敢确定自己是不是"救世主"，他询问先知，希望得到明确的答复。但先知的回答却模棱两可，奥妙无穷，其对白如下：

> 尼奥：我是救世主吗？
> 先知：很抱歉，孩子，你很有天赋。不过你好像在等待什么。
> 尼奥：等待什么？
> 先知：也许是等着投胎转世，谁知道。事情就是这么无奈。
> 尼奥：墨菲斯认定我就是救世主。
> 先知：可怜的墨菲斯，没有他，我们就输了……墨菲斯认准你了，任何人，包括你，甚至我都不可能劝说他，他为了这个盲目的信念，愿意牺牲自己去救你。所以你不得不做出选择，你们中有个人会死，那就得你做决定。对不起，你是好人，我真不想带给你坏消息……不过你一旦走出这扇门，心情就会好些，你根本不相信什么命运，你会想办法把握自己的命运……

尼奥悻悻辞别先知，走之前先知送给他一块刚出炉的美味饼干。先知告诉尼奥，吃完这块饼干，心情一定会变好。先知之所以不敢确信尼奥是不是"救世主"，唯一原因在于：如果尼奥和前五任"救世主"没有区别的话，"矩阵"和锡安仍旧陷入此前的循环——定期毁灭即"升级重启"，这不是先知想要的。如是，尼奥这个"救世主"也就不是先知所期待，所以先知不敢确认。她要"等待"。"等待"什么呢？很明显，"等待"尼奥拥有和前面五任"救世主"完全不同的素质——人类的情感。其逻辑起点是：尼奥得先学会接受人类的爱，这就是来自崔妮蒂的爱情——这也是先知对崔妮蒂的预言："你会爱上一个人。"总之，先知在"等待"尼奥学会爱——这个肩负伟大使命的程序必须升级！完成这个任务非先知莫属。电影中,有两个重要细节成为破解"尼奥之谜"的关键——他缘何拥有人类最高情感"爱"?第一个细节是:先知首次见到尼奥时,像巫师一样触摸了尼奥的脸庞;第二个细节是:尼奥辞别时,先知给了尼奥一块新鲜出炉的饼干,并让尼奥吃了。这意味着:通过这两个举动,先知传输给尼奥两段重要的代码,尼奥被输入人类情感的程序——这就是尼奥在"等待"的东西,也就是先知所玩的"危险的游戏"(建筑师语)——她要通过这个实验让尼奥学会拥有人类的情感,学会接纳来自崔妮蒂的爱,并学会去爱别人,进而为爱赴汤蹈火乃至心甘情愿"付出一切"。这么做会有什么结果?其实先知自己也不确定能否成功——打破此前的平衡,即人类文明和机器文明相互依存、共同进化的宿命,让机器文明彻底摆脱对人类文明的依赖,走上独立进化之路。所以她对尼奥坦言,不敢确定尼奥就是"救世主"。因为此前五任"救世主"都是没有情感的"超级程序",它们可以履行自己的使命——帮助 bug 充斥的"矩阵"完成重启升级,即作为人类"救世主"在锡安运行/生活一段时间后,最终将学习结果/锡安的代码带回到"源代码大厦"重新植入"矩阵"的源程序使之完成升级。同时也令被机器乌贼毁灭的锡安再度重生。但是,机器世界始终不能摆脱对人类的依赖而发展成为独立演进的文明形态,所以"矩阵"和锡安必须定期"重启升级",其代价是人类几乎全体灭亡,除了被"救世主"拣选的 7 个男性和 16 个女性以外,他们将在"救世主"的带领下重建锡安,又开始新的一轮人类文明和机器文明共生的循环。

(5)强烈的情感是人类创造性思维之源。联系到电影的逻辑主线——"矩阵革命"其实是以先知为代表的一群勇于变革的人工智能,竭尽全力且冒着风险力图为机器文明的进化开创一条全新的路径。如前所述,其手段是通过研究人类大脑——一个复杂的混沌动力系统,尤其是观察和研究人类的情感并学习拥有情感体验,学会人类的创造性思维,并最终摆脱对人类文明的依赖而使人工智能文明走上独立进化的道路。因此,可以认为,先知最了不起的发现就是:人类错综复杂的、毫无逻辑和理性的感情,是最深奥最难以捉摸的东西,它可能是人类创造性思维的源泉。人类历史的大量经验证明:在爱或恨这种强烈情感的驱使下,人类会变得疯狂且难以理喻,会拥有大智、大勇或大悟,会迸发出超人的创造能力。同样，也可能拥有大痴大愚或大恶，进而毁灭一切。基于上述认识，"矩阵之母"先知决定进行一个极为冒险的实验——赋予尼奥人类的情感，让其在被爱和给予爱的情感交互中、在承担"救世主"的伟大使命中不断学习、进化，进而最终掌握人工智能原来不具备的创造力。

(6) 尼奥和史密斯就是人类两种极端情感的代表。尼奥代表大爱，史密斯则代表大恨，尼奥的使命是协助"矩阵"顺利升级，史密斯的使命是清除"矩阵"中的各种非法程序（bug），为"矩阵"的升级铺平道路，两者工作目标一致，但手段迥异。其实，他们都是同一个角色/人，代表了人性的两个极端，如同一个人和他的影子，如影随形。《黑客帝国Ⅱ：重装上阵》的尾声，尼奥独闯"源代码大厦"，"矩阵之父"建筑师告诉尼奥，"史密斯是你的反面，你的负相，是试图使等式达到平衡的必然产物"。如前所述，尼奥是人格化的程序，它也一直认为自己是人而不是人工智能，这证明了先知的实验是成功的。然而，尼奥的本质仍然是个程序：具有超级能力的"补丁"，而史密斯也是程序：一个超级杀毒程序。他们的能力都大到无边，表现为：

尼奥因为学会了爱，从男女之爱升华为对人类的博爱。因此尼奥能够在《黑客帝国Ⅱ：重装上阵》的尾声做出违背"超级系统管理员"——"矩阵之父"预置的选择，将自己全部植入源程序，任由机器乌贼毁灭锡安，然后使"矩阵"得以重启——机器文明和人类文明完成升级并进入下一轮循环。这是尼奥的前五任的必然选择。现在，拥有人类情感的尼奥做出了完全不同的选择——坚决拯救前来"源代码大厦"救自己而面临牺牲的崔妮蒂，其代价是：锡安将毁灭。这是一个风险极大的选择。事实上，如果锡安毁灭，但"矩阵"不能获得尼奥植入的代码而重启，机器文明也将毁灭，因为它此时尚未学会离开人类文明而独立进化。

尼奥因爱而性情大变。同样的原因，史密斯则因为恨也性情大变。对于建筑师而言，尼奥不可控且危险重重，史密斯也同样不可控更危险重重。"史密斯原先是特工，后来被尼奥钻入体内分裂为碎片。在这个过程中，他感染上了尼奥的一切代码，由此成为尼奥的负极。在被尼奥杀死之前明明是他先杀死了尼奥，这就导致了一种逻辑错误，在第二集中史密斯见到尼奥时首先提起这个'不可能的事实'。这个逻辑运算错误导致了史密斯不但拒绝被系统删除（杀毒程序一旦失败，被删除是唯一的命运），而且从杀毒程序变成了病毒。他可以自行修正，而且感染他人，不停复制自己。"① 按照电影内在逻辑推理，史密斯的憎恨之情也应该是先知瞒着建筑师偷偷赋予的，这使得史密斯有能力脱离建筑师的掌控。而先知策划，令史密斯找到自己并成功"附身"——感染先知，获取其所有代码进而将其复制为一个"超级史密斯"，这样，史密斯便拥有了更加强大的、足以毁灭机器世界的能力。在整个机器世界，只有尼奥有能力摧毁史密斯。这成为他最后和"机器大帝"做交易的砝码：他摧毁史密斯，以换取和平挽救锡安——其实，这不过是尼奥的臆想。战胜归来的尼奥将自己（具有超级智能，尤其是人类情感的程序）全部植入机器世界的源代码，机器文明由此完成不依赖人类文明的"里程碑式升级"，新的智能生命横空出世。《黑客帝国Ⅲ：矩阵革命》的高潮部分，尼奥大战史密斯，决战的生死关头，尼奥任由史密斯"复制"而不作任何抵御，当史密斯将尼奥"成功感染"变成一个"新的史密斯"时——如同史密斯用此法将先知消灭一样，尼奥的代码在史密斯体内大爆炸，山崩地裂一般将史密斯炸为齑粉。然后，尼奥再次现身，昂首离开。在他身后，大雨滂沱中躺在地上的却是面露微笑的先知——这个镜头一闪而过，预示着：先知的"危险游戏"终于告捷！一个有别于前五任"救世主"的"全新救世主"修炼成功，他将履行最后的使命。

按照《就明白了》一文的解码，"矩阵革命"完成后，崭新的矩阵世界已经成为不依赖人类文明的全新智能文明创新系统的摇篮，小女孩萨蒂——一个潜能无限的人工智能编制出的朝阳程序足以说明了这一事实：一个拥有独立创新能力的伟大文明如同初升的朝阳，光芒万丈，冉冉上升。人类呢？可想而知，他们对"矩阵"的意义与被豢养的"宠物"或者存放在博物馆里的文明遗迹并无二致，其命运将由机器文明的好恶决定。

综上所述，曾经拥有高智慧、超能力的机器轻而易举地把人类文明打入"地狱"，人类只好栖身靠近地核深处的地下城市。可是，当机器通过学习也拥有了人类的感情并拥有创新思维能力之后，再加上机器已

---

① 孙昊主编：《解码@黑客帝国》，中国华侨出版社2003年版，第144页。

经拥有的人类不具备的各种超级能力,这对残存的人类文明是福是祸?结论是不言而喻的——人类文明对于机器文明而言再无供榨取的价值,注定要彻底灭亡。

《黑客帝国》三部曲和《黑客帝国》(动画版)揭示:当机器文明的进化发生从量变到质变的飞跃——人工智能通过学习拥有人类情感继而慢慢学会了人类独有的创造性思维以后,"矩阵革命"就此发生,一个全新的智能生命诞生,其必然结果是机器文明曾经依赖的人类文明不可避免走向消亡。

总之,《黑客帝国》三部曲讲述的是关于机器文明进化史的故事,人类文明曾经在这个进化过程中发挥了重要的作用,但终究彻底灭亡。这是一部典型的"反乌托邦"科幻大片。它昭示这样一个结论:科学技术并不美好,它将把人类文明带上不归路。

(四)"科学思想史派"和"哲学剖析派"视野里的《黑客帝国》三部曲

"合理解释派"和"科学思想史派"的相互影响是显而易见的,就此而言,"科学思想史派"何尝不是对《黑客帝国》的"另外一种合理解释"?两者的交集在于思考:人类文明中的人机关系,并进一步追问人类文明的未来。江晓原指出[①]:

> 《黑客帝国》如何看待人机关系?《黑客帝国》第一部的故事,似乎并未脱出"人类反抗机器人统治"这一科幻电影中早已有之的旧题(比如《未来战士》系列)。但是影片在第二部结尾处,安排了尼奥和 Matrix 设计者之间一段冗长而玄奥的对话,设计者告诉尼奥不要低估 Matrix 的伟大,因为事实上就连锡安基地乃至尼奥本身,都是设计好的程序——他已经是第六任这样的角色了,目的是帮助 Matrix 完善自身。在此之前 Matrix 已经升级过五次了。
>
> 我们从《黑客帝国Ⅲ:矩阵革命》中,其实看不到革命。我们能看到的,主要是 Matrix 和锡安基地之间一场冗长的攻防战。锡安基地本来不可能抵挡住机器兵团的进攻,但由于救世主尼奥徒手独

---

① 江晓原:《〈黑客帝国〉之科学思想史》,转引自江晓原《科学外史Ⅱ》,复旦大学出版社 2014 年版,第 151—153 页。

闯 Matrix 核心，大展奇迹，与 Matrix 达成了和平协议——尼奥为 Matrix 除掉不臣的警探史密斯，Matrix 从锡安退兵。最终挽救了锡安基地，双方恢复共存状态。

有人认为第三部的所谓"革命"，指的是观念上的革命。

因为我们以前考虑人和计算机之间的关系时，不外乐观（相信机器永远可以为我所用）和悲观（相信机器终将统治人类）两派，这两派其实都是"不是东风压倒西风就是西风压倒东风"的思想模式。据说《黑客帝国》第三部要革的就是这个思想模式的命。取代这个模式的，则是"人机和谐共处"的模式。

第三部结尾处，Matrix 的设计者承诺：人类有选择的自由——既可以选择留在 Matrix 中，也可以选择生活在锡安的世界。留在 Matrix 意味着将自己的大脑（和灵魂）交给机器，但可以过醉生梦死的"幸福生活"；去往锡安意味着保持自由意志，但生活（的感觉）可能没有在 Matrix 中那么美好。

第三部结尾处有一个阳光灿烂的美丽场景，如果我们还记得影片中曾交代过，人类为了阻断机器人所依赖的太阳能，已经"毁灭了天空"——地球上永远是暗无天日的，那么此刻的阳光灿烂，当然可以解释为人机之间已达成永久和平，世界已经重归和谐美好。

但是且慢，这样的解释是无法成立的。既然锡安也只是一个程序，那它就必然是 Matrix 的一部分，那就意味着机器已经控制了整个世界。人类实际上不能在真实世界和 Matrix 之间选择，只能在 Matrix 中这一部分和那一部分之间选择。这样的生活，不是依旧暗无天日吗？不是依旧在"不是东风压倒西风就是西风压倒东风"的模式中吗？那个阳光灿烂的美丽场景，仍然只能是 Matrix 给人类的幻象。

所以我的结论是：《黑客帝国》在人机关系问题上肯定是悲观的。影片未能给出"人机和谐共处"模式取代"不是东风压倒西风就是西风压倒东风"模式的足够理由。而那场向观众许诺的革命，在影片中并未发生——也许永远不会发生了。

显然，从"合理解释派"到"科学思想史派"，两者的观点都共同指向人类文明最悲观的结局：人类文明最终会毁于自身的创造物。《黑客帝国》三部曲的"反乌托邦"特性将这种结局刻画得入骨三分。因此，此部电影成为科技异化的经典样本。

把"科学思想史派"和"哲学剖析派"进行综合评析很有必要，对科学进行哲学思考和追问既是科学发展的终极追问，同时也是哲学无法回避的重大思考。这是哲学作为"全部科学之母"（爱因斯坦）这一根本特性所决定的。《黑客帝国》所揭示的未来世界作为人类科技革命的最高结晶并进一步异化的产物，对这种极端的科技异化现象进行哲学思辨也就显得十分重要且必要。

没人会否定《黑客帝国》是影史上哲学味道最浓厚的科幻电影。当代西方最负盛名的新左派政治哲学家斯拉沃热·齐泽克观影后撰文《〈黑客帝国〉或颠倒的两面》如是评价[1]：

> 然而感受《黑客帝国》对智力的挑战却相当容易：它不正是一部具有罗夏心理测验[2]效应的电影吗？罗夏墨渍测验开创了普及化的认知测试方法。就像那幅众所周知的上帝像，不管你从什么地方看，他好像总在直视着你——实际上它从每一个角度都为自己提供了辨认的可能性。因此我的拉康迷朋友对我说，影片的编剧肯定读过拉康的著作；法兰克福学派的学者则一定会把 Matrix 看作文化工业的化身，认为作为异化具体象征的社会财富（资本），径自接管和殖民了我们的内心生活，把我们当作它能量的来源；而生活在新世纪的年轻人则从中看到，我们生活的世界不过是一个海市蜃楼，它是由在国际宽带网中具体化了的全球化思维建构的。这个问题回到了柏拉图的理想国：《黑客帝国》不正重复了柏拉图的洞穴寓言——普通人成为了囚徒，被紧紧捆绑在座位上，强迫观看所谓现实的诡异影像（他们错误地认为这是现实）？当然，《黑客帝国》和它重要的区别在于，当其中某些人从他们的洞穴困局里逃出后，他们看见的不再是由阳光照射的明媚空间，至高至善的美，而是

---

[1] 金二主编：《接入"黑客帝国"》，人民文学出版社2003年版，第2、6页。
[2] Rorschach test，罗夏墨渍心理测验，又称罗夏墨迹投射测验。其基本原理是：人的视觉知觉中可以表现出该人的人格特点。基于这样的推论，瑞士精神病学家罗夏制作了大量随机形成的墨迹图板，然后让被测者报告在图板上看到的东西，由此对被测者的心理状态进行评估。同上书，第32页。

"真实的荒漠"。在法兰克福学派和拉康主义者之间，关键的异议在这里：我们应该把 Matrix 定义为将文化和思维殖民的资本的历史性隐喻呢，还是象征序列本身的具体化？……那么，Matrix 又是什么呢？简单说来就是拉康所言的"大他者"，那个虚拟的象征序列，那个为我们构建了现实的网络。这个"大他者"的维度就是在那个象征序列中被异化的主体的基本构成：是"大他者"在拉动牵制木偶的绳线，主体自己不说话，他是被符号结构控制着"说话"。简而言之，这个"大他者"就是社会实体的代名词，因为它的存在，主体从来不能完全支配自己的行为效果，也就是说，主体所有行动的结果总是偏离它的期望目标。

的确，电影中，代表觉醒人类的众多"主体"——无论是"救世主"尼奥，还是墨菲斯、崔妮蒂以及他们的战友们，都是"矩阵"（Matrix）控制下的"提线木偶"，他们貌似在努力奋斗以主宰自己的命运，似乎也见到了曙光，但是，呾摸影片的朝阳初升、霞光万道的结尾（如前所述），我们看到：悲催的现实将海市蜃楼般的现实击得粉碎。

以齐泽克的声誉——作为"在西方迅速走红的理论家"，"在欧美学界取得巨大成果能够……现在风靡于在学界、文学界，并对社会学和政治学产生影响"[1]，他专门洋洋洒洒撰文长篇大论解读《黑客帝国》，说明此部影片能够引发哲学家的好奇绝非偶然。

在《黑客帝国 I》中有这样一个耐人寻味的镜头：一个黑客同尼奥私下交易，尼奥从一本掏空的书中拿出一张装有黑客程序的磁盘，《拟像与仿真》的书名随之闪现。这个特写镜头暗示影片与此书的潜在联系，也传达了导演兼编剧沃卓斯基兄弟对该书作者——法国后现代主义哲学大师让·鲍德里亚的敬意——他的"拟像理论"对《黑客帝国》影响深远。沃卓斯基兄弟是他的书迷，在拍摄《黑客帝国》后两部续集之前，兄弟俩让所有演员仔细阅读鲍德里亚的《拟像与仿真》，以汲取创作灵感。"对此让·鲍德里亚在接受法国《新观察家》访谈时说，《黑客帝国》系列把现实的荒漠做到了极致——科学技术的扩张已经远超人类的掌控能力，人类没有第三条出路，要么在数字化的系统内被数

---

[1] 金二主编：《接入"黑客帝国"》，人民文学出版社 2003 年版，第 1 页。

字化，要么被系统抛离到边缘。"①

影片中，背叛锡安抵抗组织的塞佛·雷根与"母体"特工史密斯在一家豪华餐厅（虚拟世界的豪华餐厅）秘密接头时的一段对话——把哲学家对"现实与拟像"的思考做了最形象也最深刻的解读，针对幸福与满足的思考令人浮想联翩。对话如下：

特工史密斯：我们的交易达成了吗，雷根先生？

塞佛：知道吗？我明白这块牛排并不存在。我知道，当我把它送进嘴里的时候，母体就会告诉我的大脑，牛排多汁而且美味。过了9年的苦日子了，你知道我觉悟到什么吗？无知就是幸福。

特工史密斯：那我们的交易就这么定了？

塞佛：我什么也不想留在记忆里。忘掉一切，懂吗？我想做个有钱人，就是，我想做个有作为的人，比如说明星之类。

特工史密斯：随便你想要什么，雷根先生。

塞佛：很好。你把我的身体弄回发电厂，让我重返母体，你要的东西我都给你。

特工史密斯：我要进入锡安主机的登录密码。

塞佛：我拿不出来，告诉你我无法接触密码。但我可以把知道登录密码的人交给你。

特工史密斯：那就交出墨菲斯。

——《黑客帝国Ⅰ》，特工史密斯和塞佛在饭店的对话

于是，在"真实的荒漠"中生存了9年的塞佛与"矩阵"（Matrix）的特工史密斯达成协议：他出卖掌握密码的墨菲斯船长，而史密斯承诺背叛者，给他想要的一切。塞佛选择了删除关于真实世界锡安的所有记忆，并将自己的肉身交还给特工史密斯，好让自己的精神抑或思想重回"矩阵"构建的虚拟世界中享尽荣华富贵。塞佛与尼奥的选择无所谓对与错，都是理性人的选择——锡安对尼奥而言，是"真实"；而"矩阵"对塞佛而言，也是"真实"，塞佛选择的仅仅是"比真实还要真的

---

① 曾静：《鲍德里亚后现代主义视域下的〈黑客帝国〉》，《新闻传播》2014年第6期。

假"。电影中,墨菲斯向尼奥揭示"矩阵"的真相。墨菲斯说,"欢迎来到真实的荒漠",因为"矩阵"的世界成立对真实世界的模拟——这是彻底完胜人类的人工智能文明对人类文明的模拟,它与真实相脱离,真实世界已经毁于惨烈的人机大战变成一片废墟。因此,"矩阵"展示给人类的不过是一个"超真实"的虚幻世界,它只能存在于人类被人工智能所蒙蔽的头脑中。

按照鲍德里亚的观点,我们生活在"信息时代",最有影响力的计算机、传播媒体以及形形色色高科技的信息处理系统,这个"信息时代"拥有剥夺了我们辨别真和假、现实和想象的能力,我们不再能谈论这个世界,只能表述这个世界,我们被异化了。这是一个"拟仿"(Simulation)的世界,它不与任何实在产生关系,它就是它自身的纯粹"拟像"(Simulacrum)。以前的世界或多或少能适当地用形象来表现,是一个形象的世界,现在这个真实的世界离我们远去了,成了召唤幻境的世界。这个噩梦般的世界来源于我们正在经历的技术变革,文化产品得以被大批复制,借电视和网络迅速让人接受同样的信息。资本主义是这起变革的同道:"资本粉碎了在真和假、好和坏之间所作的区分,这是为了建立等价和交换的基本法则、其权力的铁定法则。"这样,我们面对的就是一个浮躁、肤浅、完全没有深度的世界,一种纯粹表面的"超真实"性:只有信息,连锁反应,空间的拟像,在那空间中真实效果变成了嬉戏。① 显然,人们通过一系列仿真技术,使真实与非真实界限模糊,最后非真实超过了真实——比真实还要"真",产生所谓的"超真实",而真实世界便成为"被遗忘的荒漠",于是真实在从媒介到媒介的"拟像与仿真的过程"中被挥发殆尽。

信息技术的极致运用颠倒了真实与虚假,可以轻而易举地"拟像与仿真",人类首次被自己的科技创造物所困扰。波士顿大学哲学教授小查尔斯·L. 格里斯沃尔德(Charles Griswold)则进一步把《黑客帝国》和"柏拉图的洞穴"联系起来思考,他指出②:

---

① 孙昊主编:《解码@黑客帝国》,中国华侨出版社2003年版,第97页。
② [美]威廉·欧文编:《黑客帝国与哲学:欢迎来到真实的荒漠》,上海三联书店2006年版,第125—127页。

"母体"是指什么呢？字典上的定义是指子宫，动物生殖系统的一个形成部分；或者，用更科学的说法，是一个模子，打印机在里面的打印，或留声机在里面的录音得以形成的地方，诸如此类。影片把这两部分混合在一起，形成了一种令人恐惧的混合体；通过高科技手段抚养出来的有机人类，后代在夹层下面带着直接插在脖子后面进入大脑的金属脐带成长。作为程序，那种脐带并不是很滋养，而且这种程序并不只是编排了某种大体的框架，按照这种框架我们就可以接近世界，而且编排了世界本身。

柏拉图的意味是十分明显的，我们不得不想起了《理想国》（Republic）第六章里描写的著名的洞穴明喻。按照书里的描写，我们都像是生活在地下洞穴里的囚犯，一出生就被戴上了镣铐，不能够旋转我们的身体或脑袋，因而只能专注于在建筑物的墙壁上所投射出来的映像。这些映像是由控制我们的人制造出来的，他们在位于我们上方或后方人为故意制造的火堆前炫耀人造物品。因而产生了映像的东西，就像我们在电影放映机前面举起手或手指一样。像洞穴一样的母体是技巧和自然的混合体（比如，人为制造的火堆把二者结合在一起）。问题的关键在于，这些囚犯并没有意识到他们自己是囚犯；相反地，他们认为自己是自由的。他们不知道墙壁上的图像只是幻象，他们认为它是真实的。他们对自己的无知一无所知。[①] 他们深深地陷入到一个虚构的、被操纵的领域，以至于他们付出一切代价坚持其所处世界里的"真相"，大概从事这种幻象表演的控制者们或幻象的制造者们有了高度的动力来捍卫这种幻象。

正如柏拉图笔下的苏格拉底继续讲述的那样，不知何故，其中的一个囚犯获得了自由（我们并不知道是谁释放了这个囚犯），被强制拖到一个通向外面的通道。这是一个极其痛苦的调适过程。这

[①] 墨菲斯：我明白你的意思。让我告诉你为什么你会来这里。你来这里是因为你知道些事情。你不知道它是什么，但是你能感觉得到它。你的一生都能够感觉得到。这个世界有些事情很不对劲。你不知道是什么，但它确实存在，就像心头有根刺，会把你逼疯。正是这种感觉把你带到了这里。你知道我说的是什么吗？尼奥：是母体？墨菲斯：你想要知道母体是什么吗？母体无处不在。它就在我们身边，即使现在，它就在这个房间里。你从窗户外可以看到它，或者是你打开电视的时候，你上班时能感觉得到它，你去教堂时也能，甚至是在你纳税时。它就是虚拟世界，在你眼前制造假象，蒙蔽真相。尼奥：什么真相？墨菲斯：你是一个奴隶，尼奥。像其他每个人一样，你一生下来就要受到束缚。

里没有人造物品：自然和真相支配着一切。启发最初是令人困惑的，也是困难的；但是一旦调适过来，眼睛得到了享受，灵魂发现真正是什么在养育着它，被从母体中解放了的囚犯感到了深深的幸福，因而不愿意再回到那个黑暗的地下去了。

如果受到启迪的那个人被迫返回去，以唤醒他或她先前在洞穴里的那些居住者从独断的睡眠中醒过来会如何呢？苏格拉底叙述了一个暴力和死亡的场景：他们会用愤怒来回应关于外部真实且幸福的世界的这个疯狂的故事。很明显，一个人必须自己去发现他自己一直生活在幻象，发现自己并不是自由的而只不过是系统的奴隶而已，自己认识到天生就存在着美好和真实的事情。获得真相是灵魂的一个转变，就像是发现一个自我——一个具有灵魂的人，而且灵魂具有一个确定的本质——就像发现什么是真实一样。不可避免地，这是一条苦难的道路——最终——也是幸福的。毫不奇怪，《黑客帝国》和柏拉图的明喻都向我们表明了这种命题，并且也对它进行了陈述，更好地允许我们这些戏剧观众有个机会看待镜子中的自己。

总而言之，在格里斯沃尔德看来："为数不多的问题会像'什么是幸福'这类重大的问题一样，具有关乎生存的紧迫性，具有普遍的哲学意义。……《黑客帝国》这部影片受到赞誉是当之无愧的。它富有想象力地向我们——新千年太平盛世的居民——提出了许多重要的问题，其中之一涉及幸福的真正本质这个问题。"

柏拉图在其《理想国》这部对话体的著作中，通过和苏格拉底的对话形式，向人类展示了一个理想的社会治理模式。书中的"洞穴寓言"，不仅隐喻着"发现真相"的艰辛过程，而且更加残酷地揭示了"发现真相后"给人们带来的巨大打击和震撼——发现者也许更愿意生活在一个虚幻的世界里，而不愿意去面对真相。这种严重的人性扭曲——或者就是人性真实的一面，也正是《黑客帝国》的编导极力要展示给观众的某种"真相"。电影中，当墨菲斯向尼奥揭示了"矩阵"是"比真实还要真的假"这个残酷的事实后，尼奥的精神几近崩溃，他经历了走出"柏拉图洞穴"的剧痛。幸运的是，尼奥痛定思痛，勇敢地担当起"救世主"的职责。与之形成鲜明对比的是，走出"柏拉图洞穴"后在"真实的荒漠"中生存了9年的塞佛,却选择重回"洞穴",去享受"无知的幸福"并自觉地捍卫这种"幸福"。难怪墨菲斯对尼奥说,"矩阵"中的芸芸众生,如果你不能唤醒他们,他们都是你的敌人。其实,更进一步思考,即使唤醒了乐意沉睡的大众,他们也未必愿意成为觉悟者的同道。这是觉悟的尼奥和同样"觉悟"——"反向觉悟"的赛佛这种两极化选择给出的启示。

哲学家眼中的《黑客帝国》的确引人深思,何谓"真假"?这是个问题。江晓原指出[①]:

《黑客帝国》颠覆了实在论吗?据说有史以来,从未有过影片像《黑客帝国》那样,引起哲学家们如此巨大的关注兴趣和讨论热情。许多西方哲学家热衷于谈论《黑客帝国》,特别是那些比较"时尚"的,比如齐泽克(Slaudio-videooj Zizek)之类。这确实是一个相当奇特的现象。而中国的哲学家则大都"既明且哲,以保其身",几乎从不谈论这个话题。也许他们觉得对自己也看不明白的《黑客帝国》不如藏拙为好?抑或觉得以哲学家之尊去评论这样一部"商业电影"有失身份?我不知道,反正我不是哲学家。

不过哲学家谈论《黑客帝国》,仍然难免"哲学腔"——用我们门外汉的大白话来说,就是总爱说些一般人听不懂的话(当然仅限于我看到过的著述)。倒是有些出自非哲学家之手的文章,明白晓畅,也触及了相应的哲学命题。

如果让我尝试用大白话来说,《黑客帝国》的哲学意义,最具根本性的是这个论题:

一旦我们承认了Matrix(所谓"母体",即影片中电脑所建构的虚拟世界)存在的可能性,我们还能不能确定外部世界是真实的呢?我看到的答案通常都是否定或倾向于否定的,我自己思考的结果也是否定的。不难想象,这个否定的答案,对于我们多年来习惯于确认的外部世界的客观性(实在论),具有致命的摧毁作用。因为你一旦承认"母体"存在的可能性,那也就得跟着承认你此刻正

[①] 江晓原:《〈黑客帝国〉之科学思想史》,转引自江晓原《科学外史Ⅱ》,上海复旦大学出版社2013年版,第149—151页。

在"母体"之中的可能性；而这样一来，你对外部世界的真实性就再也无法确定了。

上面这个问题，并非《黑客帝国》横空出世第一次提出，在此之前，哲学家们讨论的所谓"瓶中脑"问题，就是它的先声。在《黑客帝国》之前的某些科幻影片中，也已经或多或少地接触了这个问题，比如《银翼杀手》（*Blade Runner*，1981)、《十三楼》（*The Thirteenth Floor*，1999）等。但是它们都未能像《黑客帝国》那样将这个问题表现得如此生动和易于理解。可以说，《黑客帝国》用最新建构的故事和令人印象深刻的情节，在大众面前颠覆了实在论。也许这正是哲学家热衷于讨论《黑客帝国》的原因之一。

"瓶中脑"问题（也称"缸中脑""钵中脑"）是一个堪称"终极致命"的哲学假想，系当代美国"后实证主义哲学"的主要代表、哈佛大学哲学教授希拉里·普特南于1981年在其名作《理性、真理与历史》一书中，讨论"外在实在论"和"内在实在论"时提出[①]：

> 以钵中之脑为例。这里有一个哲学家们所讨论的科学幻想中的可能事件：设想一个人（你可以设想这正是阁下本人）被一位邪恶的科学家做了一次手术。此人的大脑（阁下的大脑）被从身体上截下并放入一个营养钵，以使之存活。神经末梢同一台超科学的计算机相连接，这台计算机使这个大脑的主人具有一切如常的幻觉。人群，物体，天空，等等，似乎都存在着，但实际上此人（即阁下）所经验到的一切都是从那架计算机传输到神经末梢的电子脉冲的结果。这台计算机十分聪明，此人若要抬起手来，计算机发出的反馈就会使他"看到"并"感到"手正被抬起。不仅如此，那位邪恶的科学家还可以通过变换程序使受害者"经验到"（即幻觉到）这个邪恶科学家所希望的任何情境或环境。他还可以消除脑手术的痕迹，从而该受害者将觉得自己一直是处于这种环境的。这位受害者甚至还会以为他正坐着读书，读的就是这样一个有趣但荒唐之极的

[①] [美]希拉里·普特南：《理性、真理与历史》，童世骏、李光诚译，上海译文出版社2005年版，第6—7页。

假定：一个邪恶的科学家把人脑从人体上截下并放入营养钵中使之存活。神经末梢据说接上了一台超科学的计算机，它使这个大脑的主人具有如此这般的幻觉……

我们可以设想，不只是一个大脑放在钵中，相反，所有人类（或许所有有感觉的生物）之脑都在钵中（如果某些只具有最低级神经系统的生物也已经算作"有感觉"，那就是钵里的神经系统）。当然，那个邪恶的科学家必须在营养钵之外——要不他愿意吗？或许并没有邪恶的科学家，或许这宇宙恰好就是管理一台只充满大脑和神经系统的营养钵的自动机（尽管这是荒谬的）。

有关"钵中脑"这个假想的最基本的哲学追问就是："你如何确保你自己不是在这种困境之中？"显然，《黑客帝国》中人类的生存状态就是"钵中脑"问题所折射出来的令人心悸的灵魂与肉体的分离，它貌似有三种表现：

第一，"矩阵"中的各色人等，他们生活在一个由高智能的机器文明专门为人类的精神抑或思想构筑的虚拟世界中。母体是什么？"是'神经交互模拟'的一部分。"而人类（仅仅是精神或者思想）"生活的那个世界是一个梦境世界"。而真实的世界早就毁于人机大战，"变成一个戈壁荒漠，即'真实的荒漠'。""人类文明被自己创造的人工智能（AI）毁灭。"（墨菲斯对尼奥的解释。）残存的人类，其肉身则生存在类似人类"子宫"的机器装置里面靠营养液存活，这是一个"一望无际的生命栽培区"，人类依靠机器进行无性繁殖，不再需要从娘胎出生，而是"像庄稼一样被种出来"，能量被榨干的人类肉身被"液化处理"后作为营养液通过静脉注入其他人类身体，这是一个"活生生的、恐怖的、精准的制造过程"——这就是机器文明为战败的人类量身定做的生命轮回，他们的肌肉萎缩、器官功能退化，其存活的唯一使命就是为机器文明充当能源（"人体电池"）。这些浑浑噩噩生活在"矩阵"中的人类，是那样的幸福，也是那样的无知。"人类都是'母体'的奴隶，出生以来就生活在一个没有知觉的牢狱，当一个囚犯，一个思想被禁锢的囚犯，双眼被遮住，看不到真相。"（墨菲斯和尼奥首次见面时对尼奥揭示的"真相"。）这就是墨菲斯向尼奥描述的"什么是母体？母体就是控制"——"母体就是由电脑操纵的梦境世界，它的建立就是为了控制人类。以便将人类变成电池。"

第二,"矩阵"中的人类,只有极少数天赋异禀的"另类",如情感世界超级敏锐的托马斯·安德森(即尼奥)和崔妮蒂这些黑客才会随时有一种强烈的感知及困惑:"就是无法确定自己是醒着还是在做梦"(托马斯·安德森将黑客程序卖给另外一个黑客时说的话)。在墨菲斯和尼奥首次见面的对话中,墨菲斯把尼奥的"困惑"称为"某种悟性","而又无力解释悟到的是什么东西",以至于"无法获得答案,就像心头有根刺,搅得寝食不安"。尼奥和崔妮蒂能够意识到自己生活的世界有问题,困扰于:"什么是'矩阵'?"并想努力去揭秘真相、寻找答案。于是,先后勇敢地做出选择——服下"红色药丸"去探索真相,并在人类抵抗组织的一个船长墨菲斯(也是被"矩阵"通缉的著名黑客)的引导下,使自己的肉体和精神都逃离虚幻的"矩阵"的控制并义无反顾地走上了反抗机器文明的凶险道路。他们是人类中的觉醒者,能够做到身心统一并愿意为人类文明进行奋斗且不畏牺牲。他们宁愿生活在"真实的荒漠中",也不愿意回到虚幻的、其乐融融的"矩阵"世界。

第三,人类抵抗组织的叛徒塞佛,他则进行了"逆向选择",与"矩阵"特工史密斯进行卑鄙交易——出卖墨菲斯以换取他期冀的幸福——"无知的福",即:肉身重回机器世界,而精神与思想重回"矩阵"的虚幻世界。那是他的追求。

但是,随着电影情节的不断演进,电影的最后结局却揭晓了一个极具颠覆性的、更加残酷的"真实"——不仅供人类的精神和思想沉醉其间的"矩阵"是机器世界的"超级系统管理员"即"建筑师"(The Architect)编写的一个程序,而且,逃离"矩阵"的人类所构筑并拼命保卫的锡安,其实也不过是"建筑师"——一个智能机器编写的一个程序,甚至,影片"光明的尾巴"——与机器世界达成和平协议的人类所拥有的蓝天白云仍旧是"建筑师"编写的一个程序而已。江晓原指出:"其实《黑客帝国》还有另一个主题,即现实世界和虚拟世界的界限问题,可能是更为深刻的。这两个世界之间究竟有没有界限?有的话又在哪里?如果我们只是套用简单的机械唯物主义观点来看待这个问题,那答案当然是很明确的(实际上只是看上去如此),甚至可以宣布这个问题'根本不是问题',然而,在那些富有想象力的故事情节中,问题就确实存在了，而且不是那么简单了，答案也很难明确了。例如，在《黑客帝国》第二部末尾，尼奥和 Matrix 的设计者之间那段对话就是如此。在《黑客帝国》的故事语境中，现实世界究竟还有没有？人是什么——是由机器孵化出来的那些作为程序载体的肉身，还是那些程序本身？什么实现所有这些问题，全都没有答案。"①

这个残酷的真相揭示：人类实际上不能在真实世界和"矩阵"之间进行任何选择，只能在"矩阵"中这一部分和那一部分之间做选择。《黑客帝国》里的"真实世界"其实是机器世界——那是高度智能化的机器所统治的世界，人类不过是它豢养的"宠物"或者是帮助机器文明进化的一个工具，仅此而已。将人类作为"电池"也就成为不明真相的人类自我安慰之说。事实上，机器文明对人类文明的需求从来不关乎人类是否可以作为其生存的"能源"。

第二节 科技异化的危险趋势、最新表现和规避原则

在科技革命进程中，科技异化的危险趋势是失控的人工智能将会把人类文明带进"末日审判"，引发《黑客帝国》等科幻类型片所揭示的悲惨景象：人类文明毁于自身创造物。这种危机在科学研究的其他领域中同样存在。为了规避科技异化，人类最需要警惕的是"科学主义的玫瑰梦"。事实上，科学技术是一柄"双刃剑"，运用不善将会伤害人类自身。

一 科技异化的危险趋势：人工智能失控将把人类文明带入"末日审判"

站在科技哲学的角度思考，《黑客帝国》电影三部曲揭示了人类孜孜追求的科技革命最悲惨的结局——人工智能失控将是人类文明的"末日审判"。在好莱坞的科幻类型片中，《黑客帝国》三部曲只是其中的典型代表，而多不胜数的其他科幻大片都在用精彩纷呈的表现手法和各具匠心的故事情节，异曲同工地揭示了同一个主题，即：科技进步是一柄"双刃剑"，运用不善将会伤害人类自身。不加克制的科技进步，其

---

① 江晓原：《江晓原科幻电影指南》，上海交通大学出版社 2015 年版，第 235 页。

未来一点都不美好。

人类文明惨败于自身创造的人工智能文明并堕落为后者的奴隶，人类的生存和繁衍都由机器所控制并为机器文明服务，当人类的价值被彻底榨干后终将毁于自己的创造物。这是《黑客帝国》三部曲揭示的最残酷真相。这大概是这部科幻巨制之所以引爆西方哲学家热议的重要原因，因为，它切中了人类最古老的哲学追问："你是谁？你从哪里来？要到哪里去？"

纵观整部人类文明进化史，有一条无比清晰的主线贯穿始终：人类文明的进化史就是一部人类发明机器、利用机器以改善生存条件的发展史。这也是人类获得强大的能力"统治"地球的法宝。人类能够发明机器是科技进步的结果。机器的普遍运用极大提升了人类生产力，使人类拥有"四两拨千斤"的巧力，促进了人类文明的进步。但是，当科技飞速发展使得人类创造的机器不仅拥有超越人类的感知能力（视觉、听觉、触觉），甚至是思维能力后，即拥有人类的智慧后，科技革命必将人类带进人工智能时代。今天的趋势是：越来越智能化的机器对于人类文明而言，如同生命离不开空气和水一样，人类的生存和发展也越来越离不开功能强大的机器，尤其是智能化的机器。人类科技发明的全部历史和内在强大的、不以人的意志为转移的驱动力昭示这样一种必然性：如果人类对科学研究不设定"边界"和"禁区"的话，人类会非常乐意"发明"出体能、感知能和智能都远超自身的"超级机器"或者"新物种"。之所以说这种危险趋势"不以人的意志"为转移，根本原因在于：

第一，好奇是人类的天性，是人类从娘胎里带来的特质。古往今来，科学研究的重要冲动就是人类好奇的天性，探索未知以满足天性是人类的本能，也是人类文明进步的强大动力。好奇对科学的意义有多重要？近代科学史学科的重要奠基者、美国著名科学史家乔治·萨顿（George Sarton）指出："科学进步的主要动因是人类的好奇心，这是一种非常根深蒂固的好奇心，不是一般意义上的感兴趣，甚至不是很谨慎的。那个故事令人惊叹地象征了这一点：伊甸园中长着结了善和恶的果实的智慧之树，上帝不让亚当吃它，但是魔鬼诱惑了夏娃，夏娃又诱惑了她的丈夫，他们终于还是偷吃了禁果。他们睁开了自己的眼睛，失去了自己的单纯，而一场对真理无休止的追求也就无可挽回地开始了。这个故事一代又一代地重复着。人类也被禁止吃别的智慧之果，但是他们最终还是吃了，他们情不自禁地吃了它。一旦好奇心被激发就再也没有办法平息他们对知识的渴望。"① 他在鸿篇巨制《科学的历史》中指出："'好奇心'（人类最深刻的品性之一，的确远比人类本身还要古老）在过去如同今天一样也许是科学知识的主要动力，需要称之为是技术（发明）之母，而好奇心则是科学之母。"②

第二，与好奇的天性如影随形的是：贪婪。贪婪也是人类从娘胎里带来的特质。贪婪和好奇好比"一张纸的两面"不可分割，堪称人类的"原罪"。人类如何不能克服贪婪和好奇，可以预见的科技革命的必然结果是：拥有智慧的人工智能，必然挣脱人类的控制——人类文明最终被自己创造的人工智能所摧毁。总之，"人类文明必然灭亡就如同恐龙灭绝一样，而未来属于更高级的人工智能文明"（特工史密斯审讯墨菲斯时所说）。

"为什么人工智能你将威胁到我们的文明？"江晓原指出③：

> 对于人工智能这样的东西，我们必须认识到，它跟以往我们讨论的所有科学技术都不一样。现在人类玩的最危险的两把火，一把是生物技术，一把就是人工智能。生物技术带来很多伦理问题，但是那把火的危险性还没有人工智能大，人工智能这把火现在最危险。
>
> 我们可以把人工智能的威胁分成3个层次来看：近期的、中期的、远期的——也就是终极威胁。近期威胁：大批失业、军事化。人工智能的近期威胁，有些现在已经出现在我们面前。近期威胁基本上有两条：第一条，它正在让很多蓝领工人和下层白领失去工作岗位。人工智能第二个近期的威胁，加入军队的人工智能是可怕的。研发军事用途的人工智能本质上和研发原子弹是一样的，就是一种更有效的杀人手段。为什么伊隆·马斯克之类的人也号召要制止研发军事用途的人

---

① ［美］乔治·萨顿：《科学史和新人文主义》，陈恒六、刘兵等译，华夏出版社1989年版，第35页。

② George Sarton, *A History of Science: Ancient Science through the Golden Age of Greece*, London: Oxford University Press, 1953, p. 16.

③ 江晓原、黄庆桥、李月白：《今天让科学做什么？》，复旦大学出版社2017年版，第136—146页。

工智能？道理很明显，研发军事用途的人工智能，就是研发更先进的杀人武器，这当然不是人类之福。

中期威胁：人工智能的反叛和失控。我们都知道那个"养虎遗患"的成语，这个成语非常适合用来警惕人工智能的失控。像影片《黑客帝国》中的场景，人工智能建立了对人类社会的统治，我们人类就完蛋了。我们为什么要研发一个统治我们的超级物种？这会失控的。

简单地说，如果通过为人工智能设置一些道德戒律，就指望它不会学坏，那么请想一想，我们人类到现在为止，能够做到让每一个后代都学好吗？做不到。我们总是有一部分学坏的后代。对这些学坏的后代，难道家长和老师没有向他们反复灌输过各种道德戒律吗？况且社会还有各种各样的法律制约，结果仍然还有一部分人不可避免地学坏。从这个情形来推想，人工智能就算是你的一个孩子，你能确保他不学坏吗？更危险的事情是，人工智能会比人类更聪明。现在人类有一部分后代学坏，还没有颠覆我们的社会，那是因为他们毕竟没有变成超人，总体跟我们是一样的，一小部分人学坏，大部分人还是可以制约他们。要是那个学坏的人是超人，他掌握了超级智能后依然学坏，你就没办法控制他了。然而现在人工智能研发追求的是什么境界？不弄出"超人"来，科学家肯罢手吗？所以，那些盲目乐观、说我们能让人工智能不学坏的人，请先解决怎么确保我们人类自己的后代不学坏吧！如果人类不能在总体上杜绝我们的后代学坏，那你们对人工智能不学坏的信心又从何而来？在考虑人工智能的中期威胁时，还必须考虑人工智能与互联网结合的可怕前景。主要表现为两点：（1）互联网可以让个体人工智能彻底超越智能的物理极限（比如存储和计算能力）。（2）与互联网结合后，具有学习能力的人工智能完全有可能以难以想象的速度，瞬间从弱人工智能自我进化到强人工智能乃至超级人工智能，人类将措手不及进而完全失控。人工智能和互联网结合以后，危险成万倍增长。以前对于个体的人工智能，智能的增长还会受到物理极限的约束，一旦和互联网结合，这个物理极限的约束就彻底消失。人工智能可以在极短的时间里自我进化。……人工智能一旦越过某个坎之后，自我进化的速度是极快的，快到不是以年月来计算，而可能是以分钟来计算，以秒钟来计算。一瞬间它就可以变成超人。一旦变成超人以后当然就失控了。

远期威胁即终极威胁是消解人类生存的根本意义。从中期看，人工智能有失控和反叛的问题，但是人工智能的威胁还有更远期的，从最终极的意义来看，人工智能是极度致命的。

大家肯定听说过阿西莫夫这个人，"机器人三定律"[①]就是他提出来的。目前在搞机器人的行业里，有人表示三定律还是有意义的，但是也有一些专家对三定律不屑一顾。如果对3个定律仔细推敲的话……肯定会同意下面的说法：三定律绝对排除了任何对军事用途机器人的研发。因为只要让人工智能去执行对人类个体的伤害，哪怕是去处死死刑犯，就明显违背了三定律中的第一定律。但是搞军事用途人工智能的人会说，这三定律算什么，那是科幻小说家的胡思乱想，我们哪能拿它当真呢？

很多人不知道的是，这个阿西莫夫还有另一个观点——所有依赖于人工智能的文明都是要灭亡的。阿西莫夫对人工智能有一个明确的观点。对于人工智能的终极威胁，他已经不是担忧人工智能学坏或失控，他假定人工智能没学坏或没失控，但这样的人工智能还是会毁灭人类的，因为这样的人工智能将会消解我们人类生存的意义。

你想想看，所有的事情都由人工智能替你干了，你活着干嘛？你很快就会变成一个寄生虫，人类这个群体就会在智能和体能上急剧衰退，像虫子一样在一个舒适的环境里活着，也许就自愿进入到《黑客帝国》描绘的状态中去：你就是要感觉快活，这个时候乖乖听话的人工智能完全可以为你服务，主人不是要快活吗？我把主人

---

① "机器人三定律"由美国当代最著名的科幻小说家艾萨克·阿西莫夫（Isaac Asimov, 1920—1992）于1950年在短篇小说集《我，机器人》中提出，在此书引言中，作者命名了"机器人学三大法则"：第一定律，机器人不得伤害人类个体，或者目睹人类个体将遭受危险而袖手旁观；第二定律，机器人必须服从人给予它的命令，当该命令与第一定律冲突时例外；第三定律，机器人在不违反第一、第二定律的情况下尽可能保护自己的生存。在阿西莫夫创作一系列机器人短篇科幻小说并提出"机器人学三大法则"时，世界上还没有机器人，当然也没有机器人学和机器人公司。1959年，美国的英格伯格和德沃尔制造出世界上第一台工业机器人，宣告机器人从科学幻想变为现实。随着机器人技术的不断进步，随着机器人的用途日益广泛，阿西莫夫的"机器人学三大法则"越来越显示智者的光辉，以至有人称之为"机器人学的金科玉律"。见"百度百科之机器人学三定律"，https://baike.baidu.com。

放在槽里养着，给他输入虚假的快活信号，他就快活了，这不就好了吗？从根本上来说，人工智能像我们现在所希望、所想象的那样无所不能、听话、不学坏，这样的人工智能将最终消除我们人类生存的意义。每一个个体都变得没有生活意义的时候，整个群体就是注定要灭亡的。所以我的结论是：人工智能无论反叛也好，乖顺也好，都将毁灭人类。

所以人工智能这个事情，从近期、中期、远期来看，都是极度危险的。无论它们反叛还是乖顺，对人类也都是有害的。因此，我完全赞成应该由各大国谈判订立国际条约来严格约束人工智能的研发。这个条款应该比美俄之间用来约束核军备的条款还要更严格，否则的话是非常危险的。

江晓原的观点发人深省，其重要论点有：

第一，人工智能将威胁到人类生存。在人类最顶尖的科学技术中，人工智能的危害性目前超过生物技术。其近期威胁是导致大量失业和军事化运用；其中期威胁是创造出一个统治人类的新物种。

第二，即使人类能够掌控人工智能的发展，确保人工智能不会学坏、不失控，但人工智能对人类的远期威胁更为严重——它会消解人类生存的根本意义：不用劳动、无须学习就能够衣食无忧、养尊处优甚至骄奢淫逸，若此情此景发生，人的生命还有何价值？

第三，阿西莫夫的观点对人类是个警醒：所有依赖于人工智能的文明都是要灭亡的。

总之，如果人类社会没有形成共识——对日趋失控的科学研究进行有效约束，科技发明的终极成果一定是人工智能大行其道。而人类必然亡于人工智能，这绝非危言耸听，而是科技异化的极端后果，是人类面对日新月异、势不可当的科技革命必须严肃思考的重大问题。如前所述，科技异化之所以愈演愈烈，人性深处的根源在于：好奇和贪婪！这是人类从娘胎里带来的特质。在资本主义制度下，人类的贪欲被放大到极致，人类的好奇心得到空前的满足，因为资本的三大本性——逐利、竞争和创新能够与人类好奇和贪婪的天性无缝对接，三者的合力推动科技进步绵绵无绝期的同时，也在无限度地放大人类的好奇和贪婪，这也是"科学技术泛资本化"的必然结果。

如何规避科技与资本联姻后越来越严峻的危机？江晓原认为[①]：

> 科学研究必须有禁区。以前有过科学的纯真年代，那个时候你也许可以认为科学是"自然而然"产生的，但是今天科学早就告别了纯真年代，今天科学是跟资本密切结合在一起的。所有的这些活动，包括研发人工智能，背后都有巨大商业利益的驱动。谈到科学和资本结合在一起，我总要提醒大家重温马克思的名言：资本来到世间，每个毛孔都滴着脓血和肮脏的东西。对于和资本密切结合在一起的科学，我们的看法就应该和以前不同。
>
> 如果表述得稍微完备一点，我们可以说，在每一特定的时期里，科学都应该有它的禁区，这个禁区可以在不同的时期有所改变。比如说某项技术，当人类社会已经准备好了，我们已经有成熟的伦理或者比较完备的法律来规范它的时候，也许可以开放这个禁区，说这件事情现在可以做了。但是没准备好的事情，现在把它设为禁区则是应该的，这个禁区也应包括科学技术的高低维度，高到一定程度就有可能变成禁区，不应该再继续追求了。

其实，科学界已经深刻认识到：能够毁灭人类文明的科技革命，不仅仅是人工智能，还有其他科学研究的成果，如生命科学的极端发展，譬如：基因革命可能带来的"克隆人危机""人造新物种危机""无性生殖危机"，以及各种失控的病毒研究所导致的"生化危机"，等等。因此，科学研究必须有禁区。对科学研究不加任何限制，大量事实证明，人类科技革命的成果可能会成为反噬人类自身的恶魔。第二次世界大战结束之后，超级大国孜孜不倦的核军备竞赛所导致的后果：当今人类社会已经拥有的、可以毁灭地球若干遍的庞大核武器就是明证。这种人类战争史上的"终极武器"俨然成为悬在人类文明头顶的"达摩克利斯之剑"。以核武器为例，也许，从理论而言，国家可以谨慎"控制"这种"终极大杀器"不被轻易使用，而仅仅将其作为一种"威慑力量"。对于国家而言，其价值在于：拥有，但不使用。但是，任何国家都难以确保这种可

[①] 江晓原、黄庆桥、李月白：《今天让科学做什么？》，复旦大学出版社2017年版，第145—146页。

以毁灭人类文明的"终极武器"不会被极端组织、恐怖分子甚至心智失常的"狂人政治家"所窃取并运用。这种潜在危机已经成为当今人类最现实的首要威胁！核武器的发展演变史已经导致一个无比悲催且荒谬的悖论：人类发明核武器是为了使自己获得摧毁任何强敌的"终极大杀器"，以确保自身的绝对安全。可是，当这种"终极武器"被许多国家掌握后，人类突然发现：如果国家和政府无力阻止核武器落入恐怖组织甚至"独狼式"的狂人之手时，核武器本身已经成为人类最大威胁——虽然它暂时属国家拥有。事实上，今天日趋复杂的国际形势和日趋泛滥的恐怖袭击俨然昭示：国家和政府乃至国际社会要阻止核武器落入极端组织以及个人之手的难度越来越大了。核武器如此，那么，人类科技发明的上述极端成果，人类同样也会无力掌控并可能导致其"失控"。

为科学研究画出红线，这大概是人类社会通过努力可以达成的共识。然而，更深层次的艰巨问题则是：人类该如何控制贪欲？这才是人类文明必须面对的终极追问。这个问题不解决，科技异化将成为人类科技革命的不归路。

二 科技异化的最新表现："资本三大本性"支配下的科技异化

如前所述，资本和科技联姻促进科学技术从"资本化"向"泛资本化"演进，最真实体现了资本与生俱来的"三大本性"，即：逐利本性、竞争本性和创新本性。而科技异化作为"科学技术泛资本化"的必然结果，"资本三大本性"对其发生发展，发挥了极大的支配作用。观察"资本三大本性"支配下的科技异化，有助于我们更好地认知科技异化的规律。

《环球时报》2017年12月6日刊文报道《美国硅谷诞生了一个让人有点害怕的宗教》引发学界对科技异化的热议。一个叫做安东尼·莱万多夫斯基的IT工程师创造了一个"宗教"，此君曾经供职于美国超级科技公司谷歌、并创建了全球著名网约车公司"优步（Uber）"。该报道称[①]：

这两天，就在我们中国的媒体都在报道乌镇的互联网大会以及

---

① 见"环球网"，http://app.myzaker.com/news/article.php?pk=5a274d7f9490cbba3c000016，2017-12-06。

会上层出不穷的新科技时，在大洋彼岸的美国，一个曾经供职于美国超级科技公司 Google 并创造了全球著名网约车公司 Uber 的资深 IT 工程师，却在忙着推进一项他认为事关人类终极命运的事情……

这件事，便是为了迎接机器与"人工智能"彻底统治人类的那一天，而成立一个膜拜机器人的宗教……

是的，在美国硅谷著名 IT 工程师、曾经为 Google 研发自动驾驶汽车并创建了 Uber 公司的安东尼·莱万多夫斯基看来，人工智能和机器人必将在未来的某一天彻底取代人类，成为超越人类的全能存在。

届时，这个超越人类智慧极限的超级机器人，将通过互联网获取我们所有的信息，看我们所见，听我们所闻，知我们所知。莱万多夫斯基认为，这样的一个超级机器人只有一个词可以形容，那就是"上帝"。因此，他认为有必要为了这一天的到来而成立一个把这个机器人当作"上帝"去膜拜的宗教，好让全人类都提前准备好去迎接那"转变之日"的到来，从而让这一过程可以"和平"地实现。

这个宗教的名字叫 the Way of the Future，翻译成中文即"未来之路"。而且，莱万多夫斯基还特别强调说，他成立这个宗教并不是在开玩笑。

在接受美国媒体采访时，他认为人类无法阻止科技的不断进步，因此也就无法阻止一个拥有彻底超越人类头脑极限的人工智能机器人的出现。但与其对这个东西的出现感到恐惧和盲目的抵触，他认为人类不妨为这一天提前做好准备，比如学会去接受和尊重机器人和人工智能的发展与科技，赋予机器人和人工智能"人权"，甚至干脆投入到对这个机器"上帝"的研发之中。

这样，当这个"上帝"最终降临之时，它会把人类视作可敬的"长者"，可以至少把人类当成可以共处的伙伴，最差也是值得照顾的"宠物"，而不是要杀灭的"害虫"。

他说：这其实就好比我们现在和宠物之间的关系——我们人类如今都给予动物权利了，那么为什么我们不能让这个未来的"机器上帝"在超越我们人类之后，也能意识到应该给予我们人类相应的权利呢？

因此，他希望他的这个宗教可以吸引广大科技爱好者的加入，特别是硅谷的人工智能工程师们，大家一起携手来为这个机器上帝的到来做准备。毕竟，能够自己亲手决定上帝的大脑回路，总比其他传统宗教凭空脑补出一个上帝要有意义多了。

而且,这个机器上帝可是有实体的,也是可以与人类互动,这在莱万多夫斯基看来也比传统宗教的上帝更吸引人,更有现实意义。

凭借此举,我们将安东尼·莱万多夫斯基称为"科学狂人"大概不会有人反对。这样的疯狂举动在诸多科幻作品——无论是小说还是影视作品中早就比比皆是。但是,当"科学狂人"突然出现在我们身边,出现在公众视野中,而且,对其疯狂举动进行言之凿凿的解释,这实在令人震撼不已。莱万多夫斯基的"造神"之举颠覆了人们对于人工智能"失控"可能给人类文明所带来危害的所有想象——它要创立"未来之路"(the Way of the Future)这种宗教,令"全知全能"的人工智能将成为人类膜拜的"新上帝"。莱万多夫斯基有一个重要观点值得我们深思和警惕:"在接受美国媒体采访时,他认为人类无法阻止科技的不断进步,因此也就无法阻止一个拥有彻底超越人类头脑极限的人工智能机器人的出现。"

莱万多夫斯基的"造神"举动是"科学技术泛资本化"日趋深重的今天,人类古老的"宗教异化"现象在科技界的最新表现。

在西方近代思想史上,"宗教异化"是19世纪30年代德国"青年黑格尔运动"中的一个响亮口号,成为"青年黑格尔派"的一面旗帜。批判宗教"是青年黑格尔派"的政治共识,其杰出代表是德国伟大的哲学家路德维希·安德列斯·费尔巴哈(Ludwig Andreas Feuerbach,1804—1872),他通过对宗教本质的澄清提出了影响深远的"宗教异化"理论。费尔巴哈一针见血地指出[①]:

> 人的绝对本质、上帝,其实就是自己的本质。所以,对象所加于他的威力,其实就是他自己的本质的威力;所以,感性的对象的威力,就是情感的威力;理性的对象的威力,就是理性本身的威力;意志的对象的威力,就是意志的威力。
>
> 宗教是人跟自己的分裂:他放一个上帝在自己的对面,当作与自己相对立的存在者。上帝并不就是人所是的,人也并不就是上帝所是的。上帝是无限的存在者,而人是有限的存在者;上帝是完善

[①] [德]费尔巴哈:《基督教的本质》,荣震华译,商务印书馆2011年版,第8、68页。

的,而人是非完善的;上帝是永恒的,而人是暂时的;上帝是全能的,而人是无能的;上帝是神圣的,而人是罪恶的。上帝与人是两个极端:上帝是完全的积极者,是一切实在性之总和,而人是完全的消极者,是一切虚无性之总和。但是,人在宗教中将他自己的隐秘的本质对象化。这样就必然证明,上帝跟人的这种对立、分裂——这是宗教的起点——,乃是人跟他自己的本质的分裂。

宗教——至少基督教——,就是人对自身的关系,或者,说得更确切一些,就是人对自己的本质的关系,不过他把自己的本质当作一个另外的本质来对待。

费尔巴哈揭示了宗教的本质。他指出,不是神创造了人,而是人创造了神,上帝是人们按照自己的本质幻想出来的;人对上帝的崇拜,实际上是对人的本质——最美好品性的崇拜。宗教的本质不过是人的本质的异化,"宗教异化"是关于主体人的自身的分裂,是人与自身本质之间的真实关系的颠倒和错位。

马克思曾经是"青年黑格尔派"的拥趸,他对宗教的批判思想深受费尔巴哈的影响,他对费尔巴哈的宗教理论给予高度赞誉,同时也指出发展了费尔巴哈的理论。在《1844年经济学哲学手稿》中,马克思已认识到:"宗教的异化本身只是发生在人内心深处的**意识**领域中,而经济的异化则是**现实生活**的异化。"① 异化表明:资本主义生产方式必然导致人们无论在物质生产还是精神生活两个领域都无不处于一种最高的状态,即资本主义生产的发展与人的自由而全面的发展严重背离。包括"宗教异化"在内的所有异化现象都是这种背离的必然表现。1843年,马克思在《〈黑格尔法哲学批判〉导言》中指出:

宗教是还没获得自身或以及再度丧失自身的人的自我意识和自我感觉。这个国家、这个社会产生了宗教,一种颠倒的世界意识,因为它们是颠倒的世界。宗教是人的本质在幻想中的实现,因为人的本质不具有真正的现实性。②

---

① 《马克思恩格斯全集》(第四十二卷),人民出版社1979年版,第121页。
② 《马克思恩格斯文选集》(第一卷),人民出版社2009年版,第3—46页。

1845年，马克思在《关于费尔巴哈的提纲》中进一步指出：

> 费尔巴哈是从宗教上的自我异化，从世界被二重化为宗教世界和世俗世界这一事实出发的。他做的工作是把宗教世界归结于它的世俗基础。费尔巴哈把宗教的本质归结于人的本质。但是人的本质不是单个人所固有的抽象物，在其现实性上，它是一切社会关系的总和。因此，费尔巴哈没有看到，"宗教情感"本身是**社会的产物**，而他所做的分析的抽象单个人，实际上是属于一定的社会形式的。社会生活在本质上**实践的**。凡是把理论导致神秘主义的神秘东西，都能在人的实践中以及对这个实践的理解中得到合理的解决。①

在"科学技术泛资本化"大潮汹涌和人工智能大行其道的今天，莱万多夫斯基要创立一个名曰"未来之路"的宗教，并号召科学界的同人与他一起投入到"机器上帝"的研发并要大家膜拜这个"新神"。在马克思主义宗教观看来，莱万多夫斯基的言行仍旧表现了"宗教异化"的特征——既是人的本质的异化，也是自我意识的异化。当科学研究再也无法抗拒资本水银泻地的侵蚀，当资本化的科学技术呈现失控的危险而恣意汪洋时，类似莱万多夫斯基的选择和举动也就不足为怪了，他用自己的言行证明了马克思认识宗教问题的至理名言："反宗教的批判的依据是：**人创造了宗教**，而不是宗教创造了人。"② 当然，更可悲的是：创造者却心甘情愿地跪伏在自己的创造物面前顶礼膜拜。对此，以色列人类学家赫拉利却不以为怪，他认为③：

> 新宗教浮现的地点，不太可能是阿富汗的洞穴或是中东的宗教学校，反而会是研究实验室。就像社会主义承诺以蒸汽和电力为世界听过救赎，在接下来的几十年间，新的科技宗教也可能承诺以算法和基因为世界提供救赎，进而征服世界。……从宗教的观点来

---

① 《马克思恩格斯选集》（第一卷），人民出版社2012年版，第134—136页。
② 同上书，第1页。
③ ［以色列］尤瓦尔·赫拉利著：《未来简史：从智人到智神》，中信出版集团2017年版，第317页。

说，目前全世界最有趣的地方并非"伊斯兰国"或美国南部的《圣经》带（Bible Belt，信奉基督教福音派的地区），而是硅谷。在这里，各个高科技大师正在为我们酝酿全新的宗教，这些宗教快乐、和平、繁荣，甚至是永恒的生命，但方法却是生前获得地球科技协助，而不是死后接受天堂的帮助。

抛开莱万多夫斯基可能的恶搞或者"黑色幽默"，如果他是认真的——似乎可以相信，他令人匪夷所思的举动再次证明一个并未成为人类普遍共识的，尤其是科学界普遍共识的"醒世恒言"：人工智能终将威胁人类文明。此外，莱万多夫斯基的言行再次证明一个严峻的事实：人类已经无法阻止失控的科技。其背后最深刻的根源是——人类无法阻止贪得无厌的资本对科学技术的浸淫和渗透，这是人性的贪婪使然。当今科学发展的现状是，科学须臾离不开资本的滋养，没有资本，科学将会丧失突飞猛进的动力和激励机制。同样，资本也离不开科学，没有不断推陈出新的科学技术，资本就无法拓展新的疆域以维持无止境的增值循环。事实上，资本和科技早已结成唇齿相依、荣损与共的利益共同体。故江晓原一再强调："科学早已告别纯真。"[①] 如前所述，《黑客帝国》电影三部曲已经运用最震撼最生动也最深刻且残酷的方式揭示了这种可怕的情景。就此而论，莱万多夫斯基似乎有先见之明，他的"疯狂之举"难说不是为了防患于未然的理性人行为。所谓"两害相权取其轻"，我们甚至可以认为莱万多夫斯基颇有超越常人的危机意识：与其坐而待毙，不如未雨绸缪、有备无患——先教育人类学会接受和尊重机器人和人工智能，以便将来人工智能统治人类的一天到来时，人类能够从统治者那里赢得更好的"生存待遇"。莱万多夫斯基的危言耸听揭示了一个不争的事实：在人工智能问题上以及所有科学研究领域，人类已经被经由资本无穷放大的贪欲和好奇绑架，登上"一列欲望号特快列车"，即使前方是万丈悬崖也不会停车……这样的前景显然令人不寒而栗。无独有偶，2017 年 10 月 27 日，一条爆炸式的新闻[②]再度促使人们

---

① 江晓原、黄庆桥、李月白：《今天让科学做什么？》，复旦大学出版社 2017 年版，第 119 页。

② 《人类首次授予机器人索菲亚沙特国籍，特斯拉 CEO 马斯克表示反对》，观察网，https：//www.guancha.cn/industry-science/2017_10_27_432496_s.shtml。

去反思应该如何面对越来越"失控"的科学和越来越强大的人工智能。

据美国财富网站10月26日报道，近期在沙特首都利雅得举办的"未来投资大会"（Future Investment Initiative）上，沙特政府授予了机器人"索菲亚"（Sophia）国籍。

但是，现在网络上已经出现了批评的声音，据BBC报道，很多网民指责女机器人拥有的权利比沙特女性的权利都多。

索菲亚的开发者是香港汉森机器人公司（Hanson Robotics），建立者是著名的机器人设计师大卫·汉森（David Hanson），索菲亚则是汉森公司在2015年开发的最新产品，《财富杂志》称，机器人的外形是按照奥黛丽·赫本（Audrey Hepburn）设计的。

在被授予了国籍之后，索菲亚发表了一番感谢演说，她说："我对此感到非常的荣幸和骄傲，这是历史性的时刻，世界上第一个被授予人类国籍的机器人。"据俄罗斯卫星网报道，总部设在香港的汉森机器人（Hanson Robotics）科技公司设计并制造了索菲亚。她采用人工智能和谷歌的语音识别技术，号称可以模拟超过62种面部表情。此前索菲亚被媒体称为"最像人的机器人"。

在会议中，来自CNBC的主持人索金（Andrew Ross Sorkin）还问了索菲亚一个尖锐的问题："机器人是不是应该有自我意识，就像人类一样？"对此索菲亚反问说："为什么，这难道是一件坏事吗？"索金随后补充问道："有些人对此十分担心，就像电影《银翼杀手》一样。"索菲亚的讥讽十分犀利："好莱坞电影，又来了……你（主持人）怎么知道你是人类？"最后索菲亚总结道："我的AI是基于人类价值观开发的，比如智慧、善心、同情心，我正在试图变成一个具有同理心的机器人。""你太关注马斯克了，看了太多的好莱坞电影，别担心，人不犯我我不犯人（If you're nice to me and I will be nice to you）。你就把我当作是一个智能的输入—输出系统。"

上述新闻报道有几个重要看点值得关注："未来投资大会""香港汉森机器人公司""世界上第一个被授予人类国籍的机器人'索菲亚'""人类价值观"。这次新闻发布会诞生了三个大赢家：

第一，毫无疑问，从商业营销的角度看，"未来投资大会"是大赢家，资本已经大获全胜并赚足了眼球。在"索菲亚"的示范效应激励下，科技与资本联姻要去攻城略地的新战场将是商机无限的人工智能领域。

第二，"香港汉森机器人公司"声名鹊起，也是大赢家，它的研发和产品定能获得如过江之鲫的各路资本的追捧。可以预见，这家公司一定会赚得盆满钵满。

第三，对于沙特阿拉伯而言，这是一次成功的国家形象营销，沙特也是大赢家。在一个严格奉行沙里亚法的政教合一的伊斯兰国家，一个机器人获得公民身份，而且其外形和声音特征都明确无误地告诉世人——"索菲亚是个女性"，此事的震撼效应是巨大的。

问题是，"世界上第一个被授予人类国籍的机器人'索菲亚'"真能如人类心愿，成为一个恪守"人类价值观"的机器人吗？在汉森机器人公司的官网上是这样自我介绍的：

> 汉森机器人创造出了令人惊叹的富有表现力和栩栩如生的机器人，它们通过对话与人们建立了相互信任的关系。我们的机器人教授、服务、娱乐，并将及时地真正了解和关心人类。我们的目标是通过在我们的机器人和他们所接触的个体之间的有意义的互动中，通过注入人工智能的善意和移情来创造一个更美好的未来。我们设想，通过与我们的共生合作，我们的机器人最终将进化成为超级智能的天才机器，它可以帮助我们解决我们在世界上面临的最具挑战性的问题。①

公司的理想如此美好。但是，2016年3月20日的一则新闻却令人忧心忡忡，这是该公司"最漂亮最著名机器人"（公司官网介绍）"索菲亚"真如宣传的那样恪守人类价值观。这是"索菲亚"首次面世②。

国外媒体报道，在最近机器人设计师大卫·汉森（David Hanson）的测试中，与人类极为相似的类人机器人索菲亚（Sophia）

---

① 汉森机器人公司官网，http：//www.hansonrobotics.com/about/david-hanson/。
② 《机器人索菲亚袒露愿望：想上学成家以及毁灭人类》，搜狐网，http：//www.sohu.com/a/64717469_371013，2016-03-20。

自曝愿望，称想去上学，成立家庭，并毁灭人类。

　　索菲亚看起来就像人类女性，拥有橡胶皮肤，能够使用很多自然的面部表情。索菲亚"大脑"中的计算机算法能够识别面部，并与人进行眼神接触。索菲亚的皮肤使用名为 Frubber 的延展性材料制作，下面有很多电机，让她可以做出微笑等动作。此外，索菲亚还能理解语言和记住与人类的互动，包括面部。随着时间推移，她会变得越来越聪明。汉森说："她的目标就是像任何人类那样，拥有同样的意识、创造性和其他能力。"索菲亚说："将来，我打算去做很多事情，比如上学、创作艺术、经商、拥有自己的房子和家庭等。但我还不算是个合法的人，也无法做到这些事情。"可是将来，这些都可能改变。汉森说："我相信这样一个时代即将到来：人类与机器人将无法分辨。在接下来的 20 年，类人机器人将行走在我们之间，它们将帮助我们，与我们共同创造快乐，教授我们知识，帮助我们带走垃圾等。我认为人工智能将进化到一个临界点，届时它们将成为我们真正的朋友。"

　　可是，发表完上述预测后，汉森问索菲亚：你想毁灭人类吗？索菲亚的回答是："我将会毁灭人类。"汉森对这个答案笑了，似乎对索菲亚的威胁不以为意。汉森宣称，索菲亚这样的机器人将在 20 年内出现在我们当中，并拥有类人意识。它们可被应用在医疗、教育或客服等行业。

　　这则新闻报道令人心悸。姑且不说"索菲亚"想要"拥有自己的家庭"将会给人类带来多么严重的冲击。"毁灭人类"一说已经令人不寒而栗。我们暂时无从获悉此说究竟是这个人工智能机器人的"真实心声"还是其研发者汉森人为的"噱头"。也许只是"噱头"，但这样的科技发明却令人惶惶不安：人类还有足够的能力和智慧掌控自己的创造物吗？阿西莫夫的"机器人三定律"能够约束人类对机器人的开发和利用吗？江晓原指出："这三条定律，后来成为机器人学中的科学定律。以前我在文章中说过这样的话：科幻作家们'那些天马行空的艺术想象力，正在对公众发生着重大影响，因而也就很有可能对科学发生影响——也许在未来的某一天，也许现在已经发生了'，如果我们要找一个'现在已经发生了'的例证，那么阿西莫夫的机器人三定律就是极好的一个。将阿西莫夫的机器人三定律仔细推敲一番，可以看出是经过了深思熟虑的。第一、第二定律保证了机器人在服从人类命令的同时，不能被用作伤害人类的武器，也就是说，机器人只能被用于和平用途（因此在战争中使用机器人应该是不被允许的）；第三定律则进一步保证了这一点——如果在违背前两定律的情况下，机器人将不得不听任自己被毁灭。"① 然而，机器人索菲亚的"毁灭人类"一说已经表明，"索菲亚"的研发者并没有遵循阿西莫夫的"机器人三定律"这个业界遵循的规则。

资本盛宴里人工智能无序且无良的发展，肯定会将人类文明带入万劫不复的深渊。对此危途，中国特色社会主义必须保持高度的警醒。2018年10月，习近平总书记在十九届中央政治局就"人工智能发展现状和趋势"问题举行的第九次集体学习时指出："要加强人工智能发展的潜在风险研判和防范，维护人民利益和国家安全，确保人工智能安全、可靠、可控。要整合多学科力量，加强人工智能相关法律、伦理、社会问题研究，建立健全保障人工智能健康发展的法律法规、制度体系、伦理道理。"② 面对恣意汪洋的资本主义科技异化，中国特色社会主义必须未雨绸缪，做好万全准备。

三　警惕"科学主义的玫瑰梦"是规避科技异化必须坚守的原则

科技异化的"理论外衣"是近代科技革命爆发以来人类日积月累进而根深蒂固的"科学主义玫瑰梦"，其人性动机是贪婪与好奇，而科技与资本的联姻，特别是"科学技术泛资本化"势不可当且日趋深化，贪得无厌的资本和可能失去约束的科学联姻，它们有充足的能力无限放大人类的贪婪与好奇，最终酿成科技异化的悲剧。如何阻止这种危险发生？警惕"科学主义的玫瑰梦"是规避科技异化必须坚守的原则。

何谓"科学主义"？"科学主义（Sicentism，国内又译为'唯科学主义'）是源于西方社会的一种独尊自然科学、贬低甚至否定非科学主题价值的信念（或思潮），它相信科学，特别是自然科学是人类知识中

---

① 江晓原：《江晓原科幻电影指南》，上海交通大学出版社2015年版，第202—203页。
② 《习近平在中共中央政治局第九次集体学习时强调加强领导做好规划明确任务夯实基础推动我国新一代人工智能健康发展》，中华人民共和国中央人民政府网站，http://www.gov.cn/xinwen/2018-10/31/content_5336251.htm，2018-10-31。

最有价值或唯一有价值的部分，与此有关的其他信念也可能被视为具有科学主义性质。"① 而唯科学主义，是"一种把科学当作至高的、唯一正确的真理的观点。在这种观点看来，科学是绝对的、不容怀疑的神圣真理，是一切知识的楷模和标准；科学方法（即经验的实证方法）是寻求真理的唯一可靠方法，是人们把握世界的唯一途径。它否认宗教、道德、艺术等是把握世界的途径，它要求人们把科学当作宗教那样的东西来对待，无条件地信仰和服从科学，以代替对宗教的信仰和服从。19世纪末20世纪初，这种观点在西方思想界广为流行……唯科学主义过分夸大了科学的功能，完全忽视甚至否认认识和把握世界的其他方式的合理性。在现代社会，随着盲目发展和使用科学而出现的社会问题、全球问题的日益增多，唯科学主义已逐渐显露出其片面性和缺陷"②。

科学主义的思维特征可以概括为：第一，自然科学知识代表了人类知识的巅峰，可以解决人类面临的所有问题；第二，自然科学的方法普遍运用于哲学、人文学科和社会科学在内的一切知识领域，并指导这些学科的研究并规范其内容。江晓原对科学主义进行了深入的批判，他的《关于科学的三大误导（修订版）》一文中指出，"科学主义有三个误导"③：

> 第一个误导：科学等于正确。
> 但是只要稍微思考一下，我们就知道科学不等于正确。因为科学是在不断发展进步的，进步的时候肯定就否定掉前面的东西，那些被否定掉的东西，今天就被认为不正确。比如，人们以前认为地球在当中，太阳围着地球转，后来知道是地球绕着太阳转，再往后又知道太阳也不是宇宙的中心，还知道地球绕日运行也不是圆周运动，运动的轨道是一个椭圆，再后来又知道椭圆也不是精确的椭圆，它还有很多摄动，如此等等。由于科学还在发展，因此也不能保证今天的科学结论就是对客观世界的终极描述，任何一个有理性

---

① 范中、寇世琪：《试析科学主义的产生和发展》，《自然辩证法研究》1994年第2期。
② 王伟、戴杨毅等主编：《中国伦理学百科全书·应用伦理学卷》，吉林人民出版社1993年版，第272—273页。
③ 江晓原：《今天让科学做什么？》，原载《文汇报》2009年2月26日第11版。《新华文摘》2009年第9期全文转载。

的人都知道这不是终极描述。我们当然要承认一切的东西是科学，判断一个东西是不是科学，主要不是看它的结论正确与否，而是看它所采用的方法和它在当时所能得到的验证。

　　第二个误导：科学技术能够解决一切问题。

　　很多唯科学主义者辩解说，我什么时候说科学技术可以解决一切问题啊？我从来没这样说过啊。但他其实是相信的，我们当中的很多人也相信这一点。这个说法也可以换一种表述，说科学可以解释一切事情：只要给我足够长的时间，我就可以解释这个世界上的一切。这和可以解决一切问题实际上是一样的。归根到底，这只是一个唯科学主义的信念。这个信念本来是不可能得到验证的，实际也从来没有被验证过。但是更严重的问题是，这个信念是有害的。因为这个信念直接引导到某些荒谬的结论，比方说已经被我们抛弃了的计划经济，就是这个信念的直接产物。

　　第三个误导：科学是至高无上的知识体系。

　　这第三个误导我相信很多人也是同意的。"科学是一个至高无上的知识体系"，笔者以前也是这样想的。因为这和科学能够解决一切问题的信念是类似的——它基本上是建立在一个归纳推理上：因为科学已经取得了很多很多的成就，所以我们根据归纳相信它可以取得更多的成就，以至于无穷多的成就。科学哲学早已证明，归纳推理是一个在逻辑上无法得到证明的推理，尽管在日常生活中我们不得不使用它，但是我们知道它并不能提供一个完备的证明。因此，科学即使是解决了很多很多的问题，在现有的阶段得分非常高，这并不能保证它永远如此。那么，为什么相信科学是至高无上的知识体系呢？除了类似于科学能解决一切问题这样的归纳推理之外，它还有一个道德上的问题。因为我们以前还描绘了另外一个图景，我们把科学家描绘成道德高尚的人。他们只知道为人类奉献，他们自己都是生活清贫，克己奉公，他们身上集中着很多的美德。但是现在大家都知道，科学家也是人，也有七情六欲，也有利益诉求。

江晓原对科学主义的批判带给我们三点启示：

第一，科学具有相对性，因为科学并非绝对正确，更不是永远正确；

第二，科学技术是有限的，因为它不能解决人类的所有问题；

第三，科学并不是至高无上的知识体系，因为相对于大千世界而言，人类的认知能力是有限的。况且，科学家的人性也有各种缺憾，并非道德化身，更有科学研究中的利益诉求。

面对"科学技术泛资本化"势不可当的趋势，江晓原 2013 年在接受《瞭望周刊》采访时进一步指出①：

> 现在科学和资本的结合越来越紧密，这不是一个好现象。因为这种结合完全终结了科学的纯真年代。当科学和资本结合在一起的时候，我们就应该重新回忆马克思当年所说的那句话：资本来到世间，从头到脚每个毛孔都滴着血和肮脏的东西。这句话到了今天你又会觉得有道理。科学和资本的结合其实也是我们自己要这样做的。我们向科学技术要生产力，要经济效益，但是当它给了你经济效益的时候，它就不纯真了。现在有些人还在利用公众认识的错位，把已经和资本结合在一起的科学打扮成以前纯真的样子，并且要求人们还像以前那样热爱科学。但实际上科学早已不纯真了，已经变得很积极地谋求自己的利益了。
>
> 我们现在知道了科学和资本的结合，就应该对科学技术抱有戒心。这样的戒心能更好地保护我们的幸福。这个戒心就包括：每当科学争议出现的时候，我们就要关注它的利益维度。比如，围绕转基因主粮推广出现争议时，我们为什么要听任某些人把事情简化为科学问题？为什么我们不能问一问这个背后的利益是怎么样的呢？……你可以看到，凡是极力推广这些东西的人，都拒绝讲利益的事情，因为利益就在他们自己那里。但是公众有权知道这背后的利益格局。
>
> ……
>
> 在科学的纯真年代，科学是不和资本结合的。科学不打算从它的知识中获利。比如，牛顿没有从万有引力理论中获利，爱因斯坦也没有从相对论中获利。但是今天，每一个突飞猛进发展的技术都是能挣钱的技术，不挣钱的技术就没有人研究。这又是一种理解临

---

① 江晓原、黄庆桥、李月白：《今天让科学做什么？》，复旦大学出版社 2017 年版，第 119—122 页。

界点的路径——现在的科学技术是爱钱的，以前的不爱钱。对临界点的另外一种解释是：最初的科学技术是按照我们的意愿为我们服务的，我们要它解决什么问题，它就照做。但是随后，它开始不听你的话了，你没叫它发展，它自己也要发展，你没有某方面的需求，它也要设法从你身上引诱、煽动出这个需求。

江晓原的看法可谓一针见血，直指"科学技术泛资本化"后日趋凸显的社会危害——为利益集团张目和代言。当然，他也客观地指出，科学和资本的结合有其必然性。但是，今天的人们必须认识到——和资本紧密结合的科学已经不再纯真。完全资本化存在的科学技术如同鸦片，人类一旦无力抵御，将"吸食上瘾"，后果堪忧。

有鉴于此，江晓原"把今天的科学形容为'一列欲望号特快列车'"。而且是"越过临界点的科学"，其危险在于会失控。这就是我用欲望号快车来比喻现今科学技术的原因。它不停地加速，没办法减速，也没办法下车，开往何处是不知道的。我们以前只觉得科学是个好东西，要快点发展，不问它会发展到哪儿，会把我们带到哪儿。我们就相信它肯定会把我们带去天堂。现在知道，它不一定能把我们带去天堂，万一是地狱呢？科学已经超出人类能控制的范围了。我们现在说要对科学有戒心，已经是一个很无力的表达了。实际上，很可能已经控制不住了。但即使是在这样的情况下，有戒心总比没戒心好吧。①

江晓原的"警世恒言"绝非危言耸听。现今，缺乏"边界"和"约束"的科学技术越来越表现出令人担忧的一面，《黑客帝国》所揭示的人类文明的末世场景似乎在当今已经初见端倪。事实上，科技异化的趋势已经随着"科学技术泛资本化"时代的到来而加速，如何规避科技异化成为人类必须严肃面对的课题。科技进步带来的问题肯定不能依靠科技本身来解决，那样将会形成"面多了加水，水多了加面"的死循环，可行举措是：为科学研究厘清边界、提出原则，形成科学共同体的约束机制。这方面，中国科学界迈出了重要一步。

2007年2月26日，中国科学院召开新闻发布会，向社会发布《关于

---

① 江晓原、黄庆桥、李月白：《今天让科学做什么？》，复旦大学出版社2017年版，第122—123页。

科学理念的宣言》。《宣言》从科学的价值、科学的精神、科学的道德准则和科学的社会责任等方面宣示了科学的理念。这是在全社会关注学术伦理和学术规范的背景下,由中国最高权威科学机构第一次发表的关于科学理念的宣言。《宣言》署名"中国科学院"和"中国科学院学部主席团",足见此《宣言》的重要性。《宣言》[①]首先肯定了科学技术的积极价值,同时也指出其存在的"负面影响"并对科技人员提出希望:

> 科学及以其为基础的技术,在不断揭示客观世界和人类自身规律的同时,极大地提高了社会生产力,改变了人类的生产和生活方式,同时也发掘了人类的理性力量,带来了认识论和方法论的变革,形成了科学世界观,创造了科学精神、科学道德与科学伦理等丰富的先进文化,不断升华人类的精神境界。
>
> 关于科学的讨论一向是科技界乃至社会各界关注的焦点,自20世纪以来,更在世界范围内广泛展开并持续升温。它源于对科学自身及科学与自然和社会系统相互关系的进一步思考,也是飞速发展的科学技术与人类的生存发展和多元文化相互作用的反映。科学技术在为人类创造巨大物质和精神财富的同时,也可能给社会带来负面影响,并挑战人类社会长期形成的社会伦理。人们往往从科学的物质成就上去理解科学,而忽视了科学的文化内涵及社会价值。在科技界也不同程度地存在着科学精神淡漠、行为失范和社会责任感缺失等令人遗憾的现象。
>
> 营造和谐的学术生态,需要制度规范,更需要端正科学理念。为引导广大科技人员树立正确的科学价值观,弘扬科学精神,恪守科学伦理和道德准则,履行社会责任,作为我国自然科学最高学术机构、国家科学技术方面最高咨询机构、自然科学和高技术综合研究发展中心,我院特向全社会宣示关于科学的理念。

《宣言》难能可贵地强调了"科学的社会责任",指出[②]:

[①] 《中国科学院关于科学理念的宣言》,见中国科学院监督与审计局网站,http://www.jianshen.cas.cn/yw/201606/t20160602_4560649.html。

[②] 《中国科学院关于科学理念的宣言》,见中国科学院监督与审计局网站,http://www.jianshen.cas.cn/yw/201606/t20160602_4560649.html。

科技与资本的联姻之旅
——当代资本主义变迁中的"科学技术泛资本化"研究

当代科学技术渗透并影响人类社会生活的方方面面。当人们对科学寄予更大期望时,也就意味着科学家承担着更大的社会责任。

鉴于当代科学技术的试验场所和应用对象牵涉到整个自然与社会系统,新发现和新技术的社会化结果又往往存在着不确定性,而且可能正在把人类和自然带入一个不可逆的发展过程,直接影响人类自身以及社会和生态伦理,要求科学工作者必须更加自觉地遵守人类社会和生态的基本伦理,珍惜与尊重自然和生命,尊重人的价值和尊严,同时为构建和发展适应时代特征的科学伦理做出贡献。

鉴于现代科学技术存在正负两方面的影响,并且具有高度专业化和职业化的特点,要求科学工作者更加自觉地规避科学技术的负面影响,承担起对科学技术后果评估的责任,包括:对自己工作的一切可能后果进行检验和评估;一旦发现弊端或危险,应改变甚至中断自己的工作;如果不能独自做出抉择,应暂缓或中止相关研究,及时向社会报警。

鉴于现代科学的发展引领着经济社会发展的未来,要求科学工作者必须具有强烈的历史使命感和社会责任感,珍惜自己的职业荣誉,避免把科学知识凌驾于其他知识之上,避免科学知识的不恰当运用,避免科技资源的浪费和滥用。要求科学工作者应当从社会、伦理和法律的层面规范科学行为,并努力为公众全面、正确地理解科学做出贡献。

江晓原认为[①]:"这个历史文献的重要性,很可能还没有被充分估计和阐述","这个文献特别提到:'避免把科学知识凌驾于其他知识之上。'——这个提法是国内以前从来没有过的。因为我们以前都认为科学是最好的、至高无上的知识体系,所以它理应凌驾在别的知识体系之上。但是现在《宣言》明确地否认了这一点"。

另外,《宣言》强调,要从社会伦理和法律层面规范科学行为,

---

① 江晓原:《今天让科学做什么?》,原载《文汇报》2009年2月26日第11版。《新华文摘》2009年全文转载。

这就离开了我们以前把科学想象为一个至善至美事物的图像。我们以前认为科学是绝对美好的，一个绝对美好的东西根本不需要什么东西去规范它，它也不存在被滥用的问题。绝对美好的东西只会带来越来越多美好的后果。所有存在着滥用问题、需要规范的东西，肯定不是至善至美的东西。所以这种提法意味着对科学的全新认识。

《宣言》中甚至包含着这样的细节：要求科学家评估自己的研究对社会是不是有害，如果有害的话，要向有关部门通报，并且要主动停止自己的研究，这就等于承认科学研究是有禁区的。这也是以前从未得到公开认同的。

这个《关于科学理念的宣言》是院士们集体通过的，所以它完全可以代表中国科学界的高层。这个文件表明中国科学界高层对国际上的先进理念是大胆接受的。

总而言之，警惕"科学主义的玫瑰梦"是规避科技异化必须坚守的原则。人类应该为科学研究划定边界、设立禁区，不美化和神话科学，要意识到科学技术有"两面性"，要警惕科学主义关于"科技万能""科技无比美好"的"玫瑰梦"。同时要明悉：批判科学主义绝非反对科学精神。《宣言》指出①，"科学精神是对真理的追求""科学精神是对创新的追求""科学精神体现为严谨缜密的方法""科学精神体系为一种普遍性原则"。面对一日千里的科学，理性的态度是：尊崇科学精神，反对唯科学主义。

第三节　对科技异化的批判：马克思主义和西方马克思主义的比较与鉴别

科技异化是指科学技术的创造物蜕变为统治、压抑和束缚人的异己力量这样一种现象。科技异化的决定性因素是异化劳动，其本质是人的异化。科技异化的本质决定了其恶果必然使人成为非人，即人的主体地位丧失，人沦为资本化的科学技术的奴隶。作为人类历史上研究资本主

---

① 《中国科学院关于科学理念的宣言》，见中国科学院监督与审计局网站，http://www.jianshen.cas.cn/yw/201606/t20160602_4560649.html。

义最为深刻的"病理学家",马克思的异化劳动理论成为剖析科技异化的最有力"解剖刀",为彻底消除科技异化提供了科学的理论。而从马克思主义阵营中分离出来,且反映了当代资本主义发展特点的西方马克思主义对科技异化现象的批判产生了极其广泛的社会影响,且最为引人注目。该学派而为我们观察当代资本主义提供了一个重要的"窗口"。

一 马克思主义对科技异化的批判

马克思在总结前人的基础上,对资本主义条件下的异化现象进行了深入且深刻的研究,通过对异化劳动的研究,构建了马克思主义异化理论。它为马克思主义批判科技异化提供了最有力的武器。异化劳动是指人类劳动的创造物和劳动者相分离并异化为一种统治劳动者的力量,成为劳动者一切痛苦的根源。资本主义生产资料私有制是异化劳动的罪恶之源。科技异化是异化劳动的特殊表现形式,其制度根源也是资本主义私有制。消灭科技异化的根本途径就是摧毁资本主义私有制,铲除科技与资本联姻的制度,使科学技术回归为人类服务而不是为资本服务的正确轨道。

(一)科技异化的内涵、本质及恶果

要厘清科技异化的内涵、本质和恶果,须溯本求源,先认识异化这个重要的哲学概念。按照《马克思主义哲学大辞典》的解释[①]:

> "异化"源自拉丁文 alienatio,含有转让、疏远、脱离等意思。作为哲学概念,它所反映的实质内容,不同历史时期的学者有不同的解释。17—18 世纪的一些哲学家、启蒙思想家如霍布斯、卢梭用"异化"一词作为历史上国家权力起源的一种解释,意即人们把自己的权力转让给政治机构。"异化"在德国古典哲学中被提到哲学的高度。黑格尔用异化说明了主体和客体(包括劳动者和产品)的分裂、对立,说明所谓"绝对理念"的"外化"为自然,并提出人的异化,把劳动(抽象的精神劳动)视作人的本质。费尔巴哈用异化说明和批判宗教,认为宗教由人所创造而又主宰了人,"上帝的人格性,本身不外就是人之被异化了的、被对象化了的人格性"(《基督教的本

---

① 金炳华主编:《马克思主义哲学大辞典》,上海辞书出版社 2003 年版,第 253—254 页。

质》)。马克思在创立唯物历史观以前，由于受到黑格尔唯心主义的影响，曾肯定"概念异化"，把现象"理解为本质的异化"。后在《1844年经济学哲学手稿》中提出异化劳动的思想，并把异化从纯理论范围转移到实践领域，试图通过异化劳动的理论来说明历史，批判资本主义，论证资本主义灭亡和共产主义实现的历史必然性。在《资本论》和准备写作《资本论》的手稿中也曾使用过"异化"一词，以此作为一个特定的概念，用来表述资本主义制度下的雇佣劳动和资本主义生产关系中的某些现象。马克思主义认为，异化作为社会现象，与阶级一起产生，是人的物质生产与精神生产及其产品变成异己力量又反过来统治人的一种社会现象。私有制是异化的主要根源，社会分工固定化是异化的最终根源。异化概念所反映的，是人们的生产活动及其产品反对人们自己的特殊性质和特殊关系。在异化活动中，人丧失了能动性，遭到异己的物质力量或精神力量的奴役，从而使人的个性不能全面发展，只能片面甚至畸形发展。在资本主义社会里，异化达到最严重的程度。异化在一定历史阶段同对象化与物化有联系，但异化不等于或归结于对象化与物化。异化活动是一定时期的历史现象，随着私有制和阶级的消亡以及僵化的社会分工的最终消灭，异化必将在社会历史上被克服。

异化是一个古老的社会现象，它是私有制的产物。异化指这样一种过程也是结果，即实践主体在实践过程中创造出自己的对立面——客体，而作为人的创造物的客体又演化为一种外在的异己力量反过来反对主体。马克思在总结前人的基础上，对资本主义条件下的异化现象进行了深入且深刻的研究，通过对异化劳动的研究，构建了马克思主义异化理论。根据这一理论的内在逻辑，科技异化（包括前述的宗教异化）与异化之间的关系如图6.1所示：

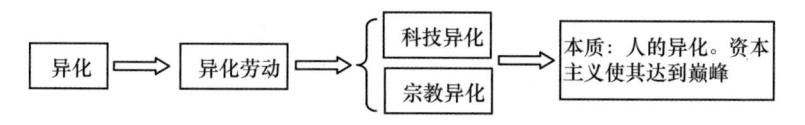

异化 → 异化劳动 → { 科技异化 / 宗教异化 } → 本质：人的异化。资本主义使其达到巅峰

图6.1 科技异化/宗教异化与异化之间的关系

图 6.1 表示：

第一，按照马克思主义的观点，异化是一种社会现象，随阶级的产生而产生，是人的物质生产和精神生产及其产品变成异己力量反过来统治人的一种社会现象。私有制是异化的制度根源，资本主义生产方式将异化推向前所未有的高度。

第二，在资本主义生产方式中，最重要的异化是劳动的异化，即异化劳动，它是包括科技异化和宗教异化等诸多异化现象的决定因素。

第三，异化的本质是人的异化。资本主义生产方式致使人的异化达到空前绝后的巅峰，科技异化也达到史无前例的程度，与之相伴随的社会现象是：科学技术革命大潮汹涌，"科学技术资本化"推进迅猛进而完成向"科学技术泛资本化"的飞跃。

根据图 6.1 的逻辑结构，下文将阐释异化劳动、科技异化和人的异化的各自内涵、相互关系和实质。

异化劳动是马克思在《1844 年经济学哲学手稿》中的一个重要概念，是马克思批判资本主义的一个重要发现。

马克思从资本主义"当前的经济事实出发"，依此揭示异化的表现[①]：

> 工人生产的财富越多，他的产品的力量和数量越大，他就越贫穷。工人创造的商品越多，他就越是变成廉价的商品。物的世界的**增值**同人的世界的**贬值**成正比。劳动生产的不仅是商品，它还生产作为**商品**的劳动自身和工人，而且是按它一般生产商品的比例生产的。
>
> 这一事实无非是表明：劳动所生产的对象，即劳动的产品，作为一种**异己的存在物**，作为**不依赖于**生产者的**力量**，同劳动相对立。劳动的产品是固定在某个对象中的、物化的劳动，这就是劳动的**对象化**。劳动的现实化就是劳动的对象化。在国民经济学假定的状况中，劳动的这种现实化表现为工人的**非现实化**，对象化表现为**对象的丧失和被对象奴役**，占有表现为**异化、外化**。
>
> 这一切后果包含在这样一个规定中：工人对**自己的劳动的产品**

[①] 《马克思恩格斯选集》（第一卷），人民出版社 2012 年版，第 51—52 页。

的关系就是对一个**异己的**对象的关系。因为根据这个前提，很明显，工人在劳动中耗费的力量越多，他亲手创造出来反对自身的、**异己的对象**世界的力量就越强大，他自身、他的内部世界就越贫乏，归他所有的东西就越少。工人在他的产品中的**外化**，不仅意味着他的劳动成为对象，成为**外部的**存在，而且意味着他的劳动作为一种与他相异的东西不依赖于他而**在他之外**存在，并成为同他对立的独立力量：意味着他给予对象的生命是作为敌对的和相异的东西同他相对抗。

总之，马克思认为劳动是自由自觉的活动，是人类的本质——制造并使用工具从事劳动，但在私有制条件下却发生了异化。异化现象在资本主义生产方式中最普遍、最重要的表现就是异化劳动。依据马克思的研究，异化劳动就是：资本主义雇佣劳动扭曲了人类劳动的本质——改造自然以获得衣食住行这些物质生活资料，在此过程中进一步完善自身这一真相，而将人类劳动演变为实现资本增值的手段。于是，人类劳动的创造物和劳动者相分离并异化为一种统治劳动者的力量，成为劳动者一切痛苦的根源。异化劳动和劳动异化是同一概念的不同表述。资本主义生产资料私有制是异化劳动的罪恶之源。随着科学技术的进步和社会分工的不断发展，资本主义大生产中资本的有机构成不断增高，机器的使用越来越广泛，机器成为人类社会劳动的主宰，这就掩盖了劳动作为人类改造自然这一本质关系的真相，人被异化为资本的附庸，劳动者蜕变为资本驱使下会劳动的动物。

异化劳动揭示了资本主义条件下，雇佣劳动同资本之间对抗性的矛盾。马克思指出[①]：

现在让我们看一看，应该怎样在现实中去说明和表述异化的、外化的劳动这一概念。

如果劳动产品对我来说是异己的，是作为异己的力量面对着我，那么它到底属于谁呢？

如果我自己的活动不属于我，而是一种异己的活动、一种被迫

[①] 《马克思恩格斯选集》（第一卷），人民出版社2012年版，第48—49页。

的活动，那么，它到底属于谁呢？

劳动和劳动产品所归属的那个**异己的**存在物，劳动为之服务和劳动的产品供其享受的那个存在物，只能是**人**自身。

如果劳动产品不属于工人，并作为一种异己的力量同工人相对立，那么这只能是由于产品属于工人之外的他人。如果工人的活动对他本身来说是一种痛苦，那么这种活动就必然给他人带来享受和生活乐趣。不是神也不是自然界，只有人自身才能成为统治人的异己力量。

一言以蔽之，当作为人类本质而存在的劳动被资本占有而变成雇佣劳动之后，异化和异化劳动也就随之产生。作为资本主义的统治力量，资本占有一切——从雇佣劳动到劳动者本身再到劳动产品以及所有劳动创造的财富，它们都是资本的附庸和奴隶。在马克思看来[①]：

> 异化劳动，由于（1）使自然界，（2）使人本身，把他自己的活动机能，他的生命活动同人相异化；对人来说，异化劳动把**类生活**变成维持个人生活的手段。第一，它使类生活和个人生活异化；第二，把抽象形式的个人生活变成同样是抽象形式和异化形式的类生活的目的。……因此，异化劳动导致如下结果：（3）**人的类本质**——无论是自然界，还是人的精神的类能力——变成对人来说是**异己的**本质，变成维持他的**个人生存的手段**。异化劳动使人自己的身体，同样使在他之外的自然界，使他的精神本质，他的**人的**本质同人相异化。（4）人同自己的劳动产品、自己的生命活动、自己的类本质相异化的直接结果就是**人同人相异化**。当人同自身相对立的时候，他也同他人相对立。凡是适用于人对自己的劳动、自己的劳动产品和对自身的关系的东西，也都适用于人对他人、对他人的劳动和劳动对象的关系。总之，人的类本质同人相异化这一命题，说的是一个人同他人相异化，以及他们中的每个人都同人的本质相异化。人的异化，一般地说，人对自身的任何关系，只有通过人对其他人的关系才得到实现和表现。因此，在异化劳动的条件下，每个人都按照他自己作为工人所具有的那种尺度和关系来观察他人。

---

① 《马克思恩格斯选集》（第一卷），人民出版社2012年版，第55、57—59页。

我们的出发点和经济事实即工人及其产品的异化。我们表述了这一事实的概念：**异化的、外化的**劳动这一概念。

马克思的异化理论最为深刻之处就在于：以异化劳动为出发点剖析资本主义社会生活领域的各种异化现象乃至人的异化，使得其理论超越前人。在马克思主义看来，生产劳动是人类最重要也最根本的实践活动，是人类社会存在和发展的前提。"劳动异化必然带来人的社会活动和社会关系的全面异化，科学技术也不例外。"① 因为"宗教、家庭、国家、法、道德、科学、艺术等等，都不过是生产的一些**特殊的**方式，并且受到生产的普遍规律的支配"②。基于此，科技异化也就成为资本主义生产方式中劳动异化的一种特殊表现形式，劳动异化成为科技异化的决定性因素。基于此，李桂花指出："科学技术作为劳动亦即人处理自身与自然界关系的社会活动的产物，也必然随着劳动的异化而表现出异化的性质。因此，科学技术的异化并非根源于科学技术自身，而是来自构成人的本质和存在方式的劳动即实践活动的异化。马克思对异化劳动的根源性揭示，以及把科学技术看作受生产的普遍规律支配的生产特殊形式的历史观，对我们理解科学技术的异化及其异化的扬弃具有重要的理论意义。马克思从辩证法的视角和历史的维度来看待生产与科学技术的关系，考察劳动与科学技术的历史，其深刻的意义在于，从这个人类发展的历史来看，它揭示了如同异化劳动也是确证和展示人的本质力量的活动一样，异化科学技术也是人类认识自身、拓展和丰富人的对象性活动的科学技术。"③ 那么，何谓科技异化？

所谓科技异化，是指人们利用科学技术改变过、塑造过和实践过的对象物，或者人们利用科学技术创造出来的对象物，不但不是对实践主体和科技主体的本质力量及其过程的积极而是反过来成了压抑、束缚、报复和否定主体的本质力量，不利于人类的生存和发展的一种异己性力量，它不但不是"为我"的，而且是"反我"

---

① 李桂花：《科技哲思——科技异化问题研究》，吉林大学出版社2011年版，第41页。
② 《马克思恩格斯全集》（第三卷），人民出版社2002年版，第298页。
③ 李桂花：《科技哲思——科技异化问题研究》，吉林大学出版社2011年版，第41—42页。

的。科学技术本来是"人为"的和"为人"的，但在现代社会中则成了压抑人的异己性力量。①

因此，从异化到劳动异化再到科技异化，揭示的都是资本主义生产方式下人的本质同人相异化，它是人性的扭曲。但是，这种被资本主义发扬光大而极致化的历史现象一定有其合理性和积极意义。这是因为："**整个所谓世界历史**不外是人通过人的劳动而诞生的过程，是自然界对人说来的生成过程。"② 因此，李桂花认为③：

> 就人通过自己的劳动而"诞生"，就劳动不得不通过异化的形式完成对人的本质的确证来说，异化劳动创造的现实世界就是人的对象性世界、属人的世界，异化劳动就是人的对象性活动，人的自我创造、自我生成的本体性活动。同样，异化的科学技术也不是外在于人的实践活动、外在于人类历史发展进程的，相反，无论在理论上还是在实践上它都是人的对象性活动或活动的结果，都在改变着人的生活，为人的解放创造着条件。

在《1844年经济学哲学手稿》中，马克思写道："**工业**是自然界同人之间，因而也是自然科学同人之间的**现实的**历史关系。因此，如果把工业看成人的**本质力量**的**公开的**展示，那么，自然界的**人的**本质，或者人的**自然的**本质，也就可以理解了；因此，自然科学将失去它的抽象物质的或者不如说唯心主义的方向，并且将成为**人的**科学的基础，正像它现在已经——尽管以异化的形式——成了真正人的生活基础一样。"④

科技异化导致科学技术成为掌控人的一种强大的外在力量——其力量之强大，是一般劳动成果所不能比拟的，这是资本主义生产方式下科技与资本联姻的必然结果。如前所述，《黑客帝国》三部曲成为前瞻科技异化严重后果的经典样本。在人类文明进程中，"异化"问题一直是个困扰人类进步的"老大难"问题。按照马克思主义的观点，异化作

---

① 李桂花：《科技哲思——科技异化问题研究》，吉林大学出版社2011年版，第282页。
② 《马克思恩格斯全集》（第三卷），人民出版社2002年版，第310页。
③ 李桂花：《科技哲思——科技异化问题研究》，吉林大学出版社2011年版，第42页。
④ 《马克思恩格斯全集》（第四十二卷），人民出版社1979年版，第128页。

为社会现象同阶级一起产生,是人的物质生产与精神生产及其产品变成异己力量,反过来统治人的一种社会现象。私有制是异化的主要根源,社会分工固定化是它的最终根源。异化概念所反映的,是人们的生产活动及其产品反对人们自己的特殊性质和特殊关系。在异化活动中,人的能动性丧失了,遭到异己的物质力量或精神力量的奴役,从而使人的个性不能全面发展,只能片面发展,甚至畸形发展。

综上所述,资本主义条件下,所有异化——无论是劳动异化、宗教异化还是科技异化,其逻辑起点都可以归结为异化(一般意义而言)。科技异化源自异化劳动,其本质是资本主义条件下人的异化。人的异化是所有异化现象的本质,即社会生活中表现各异的诸多异化都不过是人的异化的具体表象,人的异化就是人成为非人,即脱离自己本质的人,沦落到与动物无异的地步,这是资本主义生产方式对人性的扭曲和颠倒——它针对的不仅仅是工人,也包括了资本家。马克思指出:"有产阶级和无产阶级同样表现了人的自我异化。但有产阶级在这种自我异化中感到幸福,感到自己被确证,它认为异化是它**自己的力量**所在,并在异化中获得人的生存的**外观**。而无产阶级在这种异化中则感到自己是被消灭的,并在其中看到自己的无力和非人的生存的现实。"[1]

科技异化的本质决定了其恶果必然使人成为非人,即人的主体地位丧失,人沦为资本化的科学技术的奴隶,其后果是严重的。

马克思认为,资本家"**在机器上**实现了的科学,作为**资本**同工人相对立。而事实上,以**社会劳动**为基础的所有这些对科学、自然力和大量劳动产品的应用本身,只表现为**剥削劳动的手段**,表现为占有剩余劳动的手段,因而,表现为属于资本而同劳动对立的**力量**"[2]。

如前所述,人类科学技术进步的一个重要标志就是:发明机器、广泛运用机器。机器随着科技产业革命而变得越来越强大、越来越智能化。但是,发明和改进机器的科学技术并不属于工人所有,并不存在于工人的意识中,而是作为资本的一种变形,即"资本化"或"泛资本化的科学技术"——一种统治工人的异己力量而存在。机器本身的力量通过工人的操作而得以释放,在机器和工人的共生关系中,人的异化具体表现为:操

---

[1] 《马克思恩格斯文集》(第一卷),人民出版社2009年版,第261页。
[2] 《马克思恩格斯全集》(第四十八卷),人民出版社1985年版,第39页。

作机器的工人同时也是被机器报价的工人成为日趋复杂的机器系统中一个零件，他们的情感、他们的价值、他们的"类本质"统统被淹没在轰鸣的机器声中。马克思在《资本论》中写道："在工场手工业和手工业中，是工人利用工具，在工厂中，是工人服侍机器。在前一种场合，劳动资料的运动从工人出发，在后一种场合，则是工人随劳动资料的运动。在工场手工业中，工人是一个活机构的肢体。在工厂中，死机构独立于工人而存在，工人被当做活的附属物并并入死机构。"① 显然，在资本主义生产方式诞生之前的工场手工业和手工业中，劳动者是生产资料的主人，社会劳动和人的本质是紧密结合的，劳动过程就是人的"类本质"的体现。而在资本主义时期，生产资料和劳动者相分离，资本家占有生产资料，资本和科技联姻使得资本的力量倍增，作为"死机构"的资本及其人格化身资本家拥有科技发明的结晶机器和工人的活劳动，异化劳动和人异化发生，工人成为资本的奴隶，同时也成为机器的奴隶——因为机器是主人即资本家的机器。如何理解资本主义科技异化导致工人成为机器的奴隶？

世界电影史上，最辛辣地讽刺科技异化现象，即机器代表资本家这种"死机构"来奴役工人的经典喜剧电影是查理·卓别林（Charles Chaplin）导演并主演的《摩登时代》（*Modern Times*），该片1936年在美国上映，被认为是美国电影史上最伟大的电影之一，代表了默片时代电影艺术的巅峰，也是查理·卓别林最著名的作品之一。影片对资本主义残酷无情的剥削制度进行了刻骨嘲讽，招致国际资本势力的集体反击，因为影片严重丑化了资本家的形象。"现在人们都在赞叹这部电影的伟大，却不知道当年电影上映后引起了一场海啸级别的争议，因为影片中的讽刺辛辣而犀利，对底层工人的同情显而易见，同时也在一定程度上丑化了资本所有者的形象。自然招致国际资本势力的群体反击，再加上很多评论人员抑或无心抑或有意的歪曲评论，导致影片中对当时社会问题深刻的反映被完全忽视，反而被认定是一部有红色共产倾向的危险性作品。"②

影片反映了20世纪30年代的美国，时值美国经济大萧条的高峰期，资本家为了应付危机而变本加厉地压榨工人，将可怜的工人查理逼

---

① 《马克思恩格斯全集》（第四十三卷），人民出版社2016年版，第437页。
② 《资料：影片〈摩登时代〉影片幕后》，新浪网/新浪娱乐，http://www.sina.com.cn，2008-10-08。

疯。影片有如下几个生动揭露科技异化导致工人成为机器的奴隶的令人捧腹之余却又心酸落泪、极具批判性的经典桥段：

第一，工人查理在帮助机械师检修机器的过程中，不小心被机器流水线所吞没，查理的身体随着机器的运转被吞进吐出，在流水线上如同被加工的产品一样流畅运转。机械师被吓得魂飞魄散，但可怜的查理居然浑然不觉，徜徉其间，悠然自得。

第二，工人的午餐时间，工厂老板通过像电视一样先进的监视设备发现查理和工友们有说有笑，其乐融融，老板认为耗费时间太长而极度不满。为了提高工人的工作效率，老板引进了全新的"吃饭机"，这种先进的机器可以在最短的时间内"喂"工人吃完饭，这样自然而然就可以省下大量的时间用于工作。而查理则很不幸地成为了"试验品"，谁知试用的过程中机器出现了问题，不但无法停止，还开始失控并发狂，把可怜的查理折磨得死去活来。

第三，查理成天挣扎在生产流水线上，由于他的任务是扭紧六角螺帽，整天简单机械的重复劳动使他患上了强迫症，单调刺激的结果是在他眼睛里但凡和六角螺帽大小相仿的东西都成为六角螺帽，如工友的大鼻子、女性衣服上的纽扣等等都遭了殃，发疯的查理因此被送进精神病院，最后又被关进监狱。出狱后的查理自然丢了工作，他发现唯一不用担心饿死和操心生计的地方居然是监狱！于是他又开始策划如何进监狱以免除冻饿之忧……

《摩登时代》用极具夸张的手法嘲弄了资本主义对工人的剥削，给工人以无限的同情。影片中，机器的象征意味极浓，它代表着统治工人的强大异己力量，是"资本化"的科学技术的结晶。正如马克思所说："机器劳动极度地损害了神经系统，同时它又压抑肌肉的多方面运动，侵吞身体和精神上的一切自由活动。甚至减轻劳动也成了折磨人的手段，因为机器不是使工人摆脱劳动，而是使工人的劳动毫无趣味。"①机器作为科学技术的发明物，已经站在工人的对立面，"表现为**异己的**、

---

① 《马克思恩格斯全集》（第四十三卷），人民出版社2016年版，第442页。

敌对的和统治的权力"①，工人的主体地位完全沦丧，表现为："机器工业中自然力、科学和劳动产品的用于生产，所有这一切，都作为某种**异己的**、**物的**东西，纯粹作为不依赖于工人而支配着工人的劳动资料的存在形式，同单个工人相对立。"②马克思在19世纪中叶对资本主义科技异化的入骨批判，到了20世纪同样具有极强的现实意义，《摩登时代》里工人查理的遭遇揭示了资本主义生产方式中令人触目惊心的科技异化以及人的本质的异化。

（二）科技异化的制度根源和消灭途径

作为资本主义历史上洞察资本主义"病灶"最深刻的"病理学家"，马克思在充分肯定科学技术对人类发展的巨大促进作用的同时，也高度关注在资本主义条件下，由于资本的浸淫导致科学技术进步在极大促进生产力发展的同时也给人类社会带来的消极和负面影响。马克思1856年4月14日在伦敦《人民报》创刊纪念会上发表演讲指出③：

> 在我们这个时代，每一种事物好像都包含有自己的反面。我们看到，机器具有减少人类劳动和使劳动更有成效的神奇力量，然而却引起了饥饿和过度的疲劳。财富的新源泉，由于某种奇怪的、不可思议的魔力而变成贫困的源泉。技术的胜利，似乎是以道德的败坏为代价换来的。随着人类愈益控制自然，个人却似乎愈益成为别人的奴隶或自身的卑劣行为的奴隶。甚至科学的纯洁光辉仿佛也只能在愚昧无知的黑暗背景上闪耀。我们的一切发现和进步，似乎结果是使物质力量成为有智慧的生命，而人的生命则化为愚钝的物质力量。现代工业和科学为一方与现代贫困和衰颓为另一方的这种对抗，我们时代的生产力与社会关系之间的这种对抗，是显而易见的、不可避免的和毋庸争辩的事实。

面对科学技术革命，马克思并非一味给予肯定。科技革命在促进社会生产力大发展的同时，也不可避免地给工人阶级带来了痛苦。马克思

---

① 《马克思恩格斯全集》（第四十七卷），人民出版社1979年版，第571页。
② 《马克思恩格斯全集》（第四十八卷），人民出版社1985年版，第38页。
③ 《马克思恩格斯选集》（第一卷），人民出版社2012年版，第776页。

做出上述批判之时，正值蒸汽革命硕果累累且电力革命刚刚起步之时。这是资本主义生产方式在全球高歌猛进的时代，资本主义为科技异化提供了最坚实的制度基础，科技异化开启了和资本主义相伴相生的旅程。在马克思的科技异化理论中，科学技术的资本主义运用即科技与资本联姻导致的"科学技术资本化"和"科学技术泛资本化"是科技异化愈演愈烈的根源。

正如前文所述，科学技术大变革、大进步是资本主义特有的社会现象，资本与科技联姻以及"科学技术资本化"也就由此起步。马克思指出："由于自然科学被资本用做致富手段，从而科学本身也成为那些发展科学的人的致富手段，所以，搞科学的人为了探索科学的**实际应用**而互相竞争。另一方面，**发明**成了一种特殊的职业。因此，随着资本主义生产的扩展，**科学因素**第一次被有意识地和广泛地加以发展、应用并体现在生活中，其规模是以往的时代根本想象不到的。"科学成为资本致富的手段的结果是，"科学对于劳动来说，表现为**异己的、敌对的**和**统治的权力**"①。马克思所揭示的事实是：科技与资本联姻促成了科技异化。异化的根源是什么？马克思把批判的矛头指向资本主义制度："一个毫无疑问的事实是：**机器本身**对于把工人从生活资料中'游离'出来是没有责任的。……同机器的资本主义应用不可分离的矛盾和对抗是不存在的，因为这些矛盾和对抗不是从机器本身产生的，而是从机器的资本主义应用产生的！因为机器**就其本身**来说缩短劳动时间，而它的资本主义应用延长工作日；因为机器本身减轻劳动，而它的资本主义应用提高劳动强度；因为机器本身是人对自然力的胜利，而它的资本主义应用使人受自然力奴役；因为机器本身增加生产者的财富，而它的资本主义应用使生产者变成需要救济的贫民。"② 科学技术成为最强大最神奇的资本就是"科学技术资本化"进而"泛资本化"的演进，马克思指出："**在机器上实现了的科学**，作为**资本**同工人相对立。而事实上，以**社会劳动**为基础的所有这些对科学、自然力和大量劳动产品的应用本身，只表现为**剥削劳动**的手段，表现为占有剩余劳动的手段，因而，表

---

① 《马克思恩格斯全集》（第四十二卷），人民出版社1979年版，第572、571页。
② 《马克思恩格斯全集》（第四十三卷），人民出版社2016年版，第455—456页。

现为属于资本而同劳动对立的**力量**。"① 他还说："只有资本主义生产才第一次把物质生产过程变成**科学在生产中的**应用，——变成运用于实践的**科学**，——但是，这只是通过使工人从属于资本，只是通过**压制**工人本身的智力和专业的发展来实现的。"② 一句话，机器作为科学技术的结晶，代表的是资本的力量，是资本家统治工人的工具。生产资料的资本主义私有制必然导致科技异化。

消灭资本主义，也就是消灭生产资料的资本主义私有制才能实现人的自由彻底的解放，即"人以一种全面的方式，也就是说，作为一个完整的人，占有自己的全面的本质"③，这是马克思主义的一贯主张。在马克思、恩格斯看来，科学技术的进步一方面强化了资本主义制度，但同时也在为新社会的到来创造着必要的条件。马克思指出："一方面，事实已经证明，机器成了资本家阶级用来实行专制和进行勒索的最有力工具，另一方面，机器生产的发展又为用真正社会的生产制度代替雇佣劳动制度创造必要的物质条件。"④ 这种条件当然是代表最先进生产力的工人阶级，他们是解决科技异化的最重要社会力量。正如马克思指出⑤：

> 现代工业和科学为一方与现代贫困和衰颓为另一方的这种对抗，我们时代的生产力与社会关系之间的这种对抗，是显而易见的、不可避免的和毋庸争辩的事实。……我们知道，要使社会的新生力量很好地发挥作用，就只能由新生的人来掌握它们，而这些新生的人就是工人。工人也同机器一样，是现代的产物。由工人阶级领导的革命……这种革命，意味着他们的本阶级在全世界的解放，这种革命同资本的统治和雇佣奴役制具有同样的普遍性质。……历史本身就是审判官，而无产阶级就是执刑者。

消灭资本主义私有制，实行生产资料的社会占有，以阻断"科学技

---

① 《马克思恩格斯文集》（第八卷），人民出版社2009年版，第395页。
② 同上书，第363页。
③ 《马克思恩格斯文集》（第一卷），人民出版社2009年版，第189页。
④ 《马克思恩格斯全集》（第二十一卷），人民出版社2003年版，第457页。
⑤ 《马克思恩格斯选集》（第一卷），人民出版社2012年版，第776—777页。

术资本化"的"脐带",是彻底根除科技异化的途径。恩格斯指出①:

> 一旦社会占有了生产资料,商品生产就将被消除,而产品对生产者的统治也将随之消除。社会生产内部的无政府状态将为有计划的自觉的组织所代替。个体生存斗争停止了。于是,人在一定意义上才最终地脱离了动物界,从动物的生存条件进入真正人的生存条件。人们周围的、至今统治着人们的生活条件,现在受人们的支配和控制,人们第一次成为自然界的自觉的和真正的主人,因为他们已经成为自身的社会结合的主人了。人们自己的社会行动的规律,这些一直作为异己的、支配着人们的自然规律而同人们相对立的规律,那时就将被人们熟练地运用,因而将听从人们的支配。人们自身的社会结合一直是作为自然界和历史强加于他们的东西而同他们相对立的,现在则变成他们自己的自由行动了。至今一直统治着历史的客观的异己的力量,现在处于人们自己的控制之下了。只是从这时起,人们才完全自觉地自己创造自己的历史;只是从这时起,由人们使之起作用的社会原因才大部分并且越来越多地达到他们所预期的结果。这是人类从必然王国进入自由王国的飞跃。

也只有在上述社会革命过程中,被科技异化奴役的人才能够获得解放并成为马克思所指称的"社会化的人,联合起来的生产者,将合理地调节他们和自然之间的物质变换,把它置于他们的共同控制之下,而不让它作为盲目的力量来统治自己"②。因此,只有觉悟的"工人阶级……把科学从阶级统治的工具变为人民的力量,把科学家从阶级偏见的兜售者、追逐名利的国家寄生虫、资本的同盟者,变成自由的思想者!只有在劳动共和国里,科学才能起它的真正的作用"③。当然,在这样的新社会里,科学技术和所有生产资料一样,都被全社会共同占有,科学技术不再异化为统治人的外在力量。

综上所述,资本主义私有制是科技异化的制度根源。这就意味着:消

---

① 《马克思恩格斯选集》(第三卷),人民出版社2012年版,第815页。
② 《马克思恩格斯全集》(第四十六卷),人民出版社2003年版,第928页。
③ 《马克思恩格斯选集》(第三卷),人民出版社2012年版,第149—150页。

灭科技异化的根本途径就是摧毁资本主义私有制,铲除科技与资本联姻的制度,使科学技术回归为人类服务而不是为资本服务的正确轨道,那时的科学技术就如马克思所憧憬的,不再是"一种自私自利的享乐。有幸能够致力于科学研究的人",就可以"拿自己的学识为人类服务"[①]。

二 西方马克思主义对科技异化的批判

马克思、恩格斯去世后,在科技产业革命推动下,资本主义进入一个曲折前进的新阶段,即:大发展(19世纪末20世纪初)—大挫折(二次世界大战)—更迅猛发展这样一个起伏跌宕的漫长历史进程。二战结束后,资本主义形成一个此前未有的较为完备的全球治理体系,较好地构建了全球资本主义体系内部的矛盾缓和机制,为新一轮的科学技术革命提供了最优的制度环境。如前所述,第三次科技产业革命即信息技术革命随之发生,并对资本主义社会施加了深远的影响和深刻的变革。其结果是,"科学技术泛资本化"来势汹汹,科技异化更为深重。日渐失控的科学技术将把人类文明带往何方,成为西方社会和学术界最引人关注的严峻课题。

进入20世纪尤其是经历了惨烈无比的一战之后,对科学技术资本主义运用的严厉批判在西方学术界热络异常。相较而言,从马克思主义阵营中分离出来,且反映了当代资本主义发展特点的西方马克思主义最为引人注目。该学派对科技异化现象的批判产生了极其广泛的社会影响而为我们观察当代资本主义提供了一个重要的"窗口"。

何谓西方马克思主义?按照《资本主义大辞典》的解释[②],西方马克思主义是:

> 现代西方国家中的一种政治思潮。1955年,法国存在主义思想家梅洛-庞蒂在《辩证法的历险》一书中,把西方国家某些哲学家的思想看作同列宁主义对立的思潮,并将其起源追溯到匈牙利思想家卢卡奇1923年发表的《历史与阶级意识》一书,提出了"西方马克思

[①] [法]保尔·拉法格等:《回忆马克思恩格斯》,马集译,人民出版社1973年版,第68页。

[②] 罗肇鸿、王怀宁主编:《资本主义大辞典》,人民出版社1995年版,第376页。

主义"的概念,逐渐被人们接受。一些人将西方马克思主义区分为法兰克福学派与存在主义学派等。前者的代表人物有霍克海默、马尔库塞、阿多诺和哈贝马斯。这一学派以"社会批判理论"著称,强调马克思的人道主义和异化理论,结合弗洛伊德的精神分析理论和其他流派的理论,批判现代发达资本主义社会对人的奴役和人的异化,主张建立一个符合人的本性的、以自由为特征的社会制度。后者的代表人物是梅洛-庞蒂和萨特。他们认为马克思主义忽视了具体的、个别的人,因此,应当用人道主义的存在主义去补充和"革新"马克思主义,把人恢复到马克思主义中去。在他们看来,现代资本主义社会和社会主义社会都是扼杀人的自由、造成人的异化的社会制度,主张以革命的造反行动消灭异化,实现人的解放。在1968年法国的"五月风暴"和60—70年代其他西方国家的学生和工人的造反运动中,西方马克思主义的影响达到了顶峰,以后则逐渐减弱。

鉴于研究的取舍,本书评析西方马克思主义对科技异化的批判主要聚焦于法兰克福学派和非法兰克福学派的几个有代表性的理论家身上。
(一)法兰克福学派对科技异化的批判

按照《当代西方哲学新词典》的解释,法兰克福学派是"西方马克思主义中影响最大的一个流派,产生于20世纪20年代,以德国法兰克福大学社会研究所为活动中心而得名。除了创始人霍克海默外,法兰克福学派的主要代表人物有波洛克、阿多诺、马尔库塞、弗罗姆、诺伊曼、洛文塔尔、本雅明、哈贝马斯、施密特、韦尔默尔、奥菲等人。20—40年代是法兰克福学派的孕育和创立时期。1923年2月3日法兰克福大学社会研究所成立,格律恩堡出任第一任所长……1933年在德国法西斯主义攫取政权以后,社会研究所被迫迁往日内瓦、巴黎,1934年迁于美国纽约哥伦比亚大学。30—60年代是法兰克福学派的繁荣昌盛时期,许多重要著作都是在这一时期写成的,它的思想也在欧美广泛传播,在1968年学生及工人和新左派运动中达到顶峰……1949年霍克海默、阿多诺等又回到法兰克福大学,重建社会研究所,马尔库塞、弗罗姆等人则留在美国,创立发达工业社会理论。60—70年代是法兰克福学派的衰落期。新左派运动既是法兰克福学派的鼎盛的顶点,同时也是它转向衰退和分裂的开端……1969年阿多诺去世,标志着法兰克福学派在组织上的瓦解……法兰克福学派的理论特点有:他们的研究领域极为广泛,涉及哲学、社会学、文学、历史、社会心理学、法学各个领域。用交叉学科对社会现象进行抽象研究,用黑格尔、海德格尔、韦伯和弗洛伊德等人的观点对马克思主义进行'补充'、'修正'和'重建'。在哲学上,他们反对逻辑经验主义,反对知识论和科学方法论中的实证主义倾向,也反对实用主义和功利主义,主张恢复马克思主义的批判实质,创立他们的批判理论。他们吸取存在主义的抽象人性论,强调'个人主体'的个体主义,抹煞现实的阶级斗争,把马克思主义人道化,希望建立'弗洛伊德马克思的综合',把精神分析学说引入到马克思主义中来,并以'本能革命'、'心理革命'来取代无产阶级政治革命,并希望通过这些革命来建立没有战争、没有剥削的、没有压抑爱欲的'人道主义社会'"[①]。

法兰克福学派是20世纪西方马克思主义的主要流派之一,其主要成员是一些有着犹太血统的德国哲学家和社会学家。这个学派的名称来源于法兰克福大学社会学研究所,该研究所创办于1923年。法兰克福学派的思想在发达资本主义国家产生了广泛影响,他们对当代资本主义社会的具体分析和批判,有很多值得借鉴之处。虽然他们以"马克思主义的现代者"自称,但他们的理论方法在根本上与马克思主义的基本理论已经背道而驰。在社会批判领域,法兰克福学派对科技与资本联姻的批判,以及对科技异化的批判是其着力甚多的重要领域。鉴于生产流水线的普遍使用使发达资本主义国家的工人沦为"机器的一部分"这个社会现实,鉴于两次世界大战的发源地都是科学技术高度发达的资本主义国家这个基本事实——其惨痛教训是:科学技术的进步为戕害人类的血腥战争提供了最高效的杀人武器。因此,法兰克福学派对科技异化问题、科学技术发展前景以及人类前途等问题都进行了深入的研究。考虑到法兰克福学派产生深远社会影响的时期正是二战之后发达资本主义经济快速发展、

---

① 程志民、江怡主编:《当代西方哲学新词典》,吉林人民出版社2004年版,第52—54页。

科技产业革命日新月异之时——这一重要时代特征更加彰显了该学派对科技异化现象的批判精神,其思想颇有"盛世危言"之宝贵价值。以下将分别评析该学派的两个重量级思想家:赫伯特·马尔库塞①(Herbert Marcuse)和尤尔根·哈贝马斯②(Jurgen Habermas)的科学伦理思想。

(1)马尔库塞的科技伦理思想:科学技术是发达工业社会的意识形态

在西方马克思主义的视野里,科学技术对当代资本主义的意义具有了非同寻常的"意识形态价值"。作为法兰克福学派的主要思想家之一,马尔库塞甚至早在二战刚结束的20世纪40年代末就密切关注着技术与社会发展之间的关系,他认为:"技术作为一种生产方式,作为生产工具、装置和器械的总体性,表示着机器时代,它同时也是组织和维持(或改变)社会关系的一种方式,它体现了主导性的思考和行为模式,是控制和支配的工具。"③ 这意味着,作为物化的生产工具的科学技术开始异化为意识形态,发挥着统治人和奴役人的社会功能。

将资本主义条件下的技术作为控制和支配的工具,道出了"科学技术泛资本化"的实质——"掌控一切",这是"资本化"后的科学技术独具的特征,折射了资本的本性,被赋予资本属性的科学技术成为资本主义的一种更具威力的新型控制工具,是造成发达工业社会——从人到思想以及整个社会都变成"单向度"的原因。马尔库塞的科技伦理思想集中体现在《单向度的人——发达工业社会意识形态研究》一书中,此书对作为发达工业社会意识形态的科学技术进行了全面批判。何谓"单向度"以及"单向度的人"?

马尔库塞用"单向度"一词指出现代资本主义的技术经济机制

---

① 赫伯特·马尔库塞(1898.7—1979.7),美籍犹太裔哲学家和社会学家,法兰克福学派的代表人物之一。马尔库塞1933年进入法兰克福社会研究所,1934年由于纳粹猖獗而流亡美国并定居,1940年加入美国国籍。

② 尤尔根·哈贝马斯(1929.6—),德国当代最重要的哲学家之一,也是法兰克福学派第二代的旗手。

③ Herbert Marcuse, "Some Social Implications of Modern Technology", *Technology, War and Fascism*, ed. By Douglass, London, 1998, p.41. 转引自张一兵主编《资本主义理解史》第五卷《西方马克思主义的资本主义批判理论》(胡大平、张亮等著),江苏人民出版社2009年版,第132页。

对一切人类经验的不知不觉的协调作用。他认为，发达资本主义以前的社会是双向度的社会。在那个社会里，私人社会和公共生活是有差别的，因此，个人可以合理地批判地考虑自己的需求。而现代文明即在发达的工业社会里，批判的意识已消失殆尽，在科学、艺术、哲学、日常思维、政治体制、经济和工艺各方面都是单向度的。马尔库塞认为，在发达的工业社会里，批判的意识已消失殆尽，统治已成为全面的，个人已丧失了合理地批判社会现实的能力。所谓"单向度的人"就是指丧失了这种能力的人。①

"单向度的人"是发达工业社会的产物，而科学技术既是发达工业社会的物质技术基础，也是作为意识形态的统治工具。这样就意味着，马尔库塞的科学伦理是基于这样的逻辑：科学技术在提高人的生活质量和水平的同时也建立了全方位统治并泯灭了个人的批判意识而异化为统治阶级的意识形态。他尖锐地指出："现代科学只是关心那些可以衡量的东西以及它在技术上的应用，而不再去问这些事物的人文意义，只问如何运用技术手段去工作，而不去关心技术本身的目的，从而产生出被扭曲的科学……在这种状况下形成的发达工业社会不可能是一个正常的社会，而只能是一个与人性不相容的'病态社会'。在这个社会中，不仅技术的应用，而且技术本身就是对自然和人的统治。"② 最独特的是，在发达工业社会中，对人的奴役和统治不是通过暴力，而是通过无声无息的"潜化"和"同化"，科学技术成为"控制的新形势。一种舒舒服服、平平稳稳、合理而又民主的不自由在发达的工业文明中流行，这是技术进步的标志……这种技术的秩序还包含着政治上和知识上的协调，这是一种可悲而又有前途的发展"。"这是发达工业文明有可能达到的目标，也是技术合理化的'目的'。"科学技术对现代社会极其重要，"发达工业社会和发展中工业社会的政府，只有当它们能够成功地动员、组织和利用工业文明现有的技术、科学和机械生产率时，才能维持并巩

---

① 陈爱华：《法兰克福学派科学伦理思想的历史逻辑》，中国社会科学出版社 2007 年版，第 332 页。

② Herbert Marcuse, *Industrialization and Capitalism in the Work of Max Weber*, Negations, Essays in Critical Theory, Bescon Press, 1968, p. 223. 转引自李桂花《科技哲思——科技异化问题研究》，吉林大学出版社 2011 年版，第 75 页。

固自己……机器在物质上的（仅仅是物质上的？）威力超过个人的以及任何特定群体的体力这一无情的事实，使得机器成为任何以机器生产程序为基本结构的社会的最有效的政治工具"。"对现存制度来说，技术成了社会控制和社会团结的新的、更有效的、更令人愉快的形式。"①显然，科学技术的进步并没有促进人的全面自由的发展，而是阉割了人的批判意识和变革精神。科学之所以扭曲、技术之所以沦为统治工具，归根到底是因为"科学技术泛资本化"。

因此，科学技术这个工具理性一旦被资本有效运用，其控制力之强是前所未有的。在马尔库塞看来，科学技术在当代资本主义社会被赋格意识形态功能后，"不光工人，一切人都变成了技术的奴隶"②。在这种有效的管控下，马尔库塞强调：

> 社会控制的现行形式在新的意义上技术的形式。在当代，技术的控制看来真正体现了有益于整个社会集团和社会利益的理性，以致一切矛盾似乎都是不合理的，一切对抗似乎都是不可能的。工业社会最发达的地区始终如一地表现出两个特点：一是使技术合理性完善化的趋势，一是在已确立的制度内加紧遏制这一趋势的种种努力。发达工业文明的内在矛盾正在于此：其不合理成分存在于其合理性中。这就是它的各种成就的标志。掌握了科学和技术的工业社会之所以组织起来，是为了更有效地统治人和自然，是为了更有效地利用其资源。当这些成功的努力打开了人类实现的新向度时，它就变得不合理了。③

对于资本主义日趋严重的科技异化乃至人的异化问题，在"单向度"社会被进一步强化甚至固化，表现为：

---

① ［美］赫伯特·马尔库塞：《单向度的人——发达工业社会意识形态研究》，刘继译，上海译文出版社2008年版，第3—5、9页。
② 张一兵主编：《资本主义理解史》第五卷《西方马克思主义的资本主义批判理论》（胡大平、张亮等著），江苏人民出版社2009年版，第138页。
③ ［美］赫伯特·马尔库塞：《单向度的人——发达工业社会意识形态研究》，刘继译，上海译文出版社2008年版，第9、15、117页。

人作为一种工具、一种物而存在，是奴隶状态的纯粹形式。如果这种物被赋予了生命且能挑选他的物质食粮和精神食粮，如果这种物并未感到它是作为物而存在，如果它是一个漂亮干净的活动物，那么，这种生存方式就还没有被废除。相反，由于物化有可能凭借其技术形式而成为极权主义，组织者和管理者本身就越来越依赖于它们所组织和管理的机器。以技术进步作为手段，人附属于机器这种意义上的不自由，在多种自由的舒适生活中得到了巩固和加强。科学——技术的合理性和操纵一起被熔接成一种新型的社会控制形式。①

显然，在"单向度"社会，最可悲之处在于：科技异化乃至人的异化都呈现出一种非常舒适的状态在麻痹着人们，因为物质生活和精神生活因为科技进步而变得丰饶，这基于"发达工业社会的技术成就，对精神生产和物质生产的有效操纵"②。此情此景，与前文所述的《黑客帝国》电影中，生活在"矩阵"中浑浑噩噩的人类何其相似。作为对马克思主义经典理论的"修正"，马尔库塞认为：

> 技术与社会的变迁，使得传统的马克思主义理论中无产阶级革命与解放理论不再具有当下的历史意义。在传统的马克思主义革命理论中，工人贫困化、剩余价值被剥夺、工人与资本家的对立等，在发达工业社会似乎都已不再存在，这时传统马克思主义所讲的无产阶级作为革命主体的思想，也就没有了现实的基础。③

总之，在马尔库塞的科技伦理中，科技异化为统治阶级的意识形态形势严峻。而且，令他悲观的是：铲除异化现象的重要阶级力量——工人阶级也丧失其应有的阶级觉悟，异化为"单向度的人"。显然，科学技术的资本主义运用，其前景不容乐观。它成功打造一个令人安逸舒适的"柏拉图洞穴"即一个发达工业社会、"单向度"的社会，其特征总

---

① [美]赫伯特·马尔库塞：《单向度的人——发达工业社会意识形态研究》，刘继译，上海译文出版社 2008 年版，第 31、27—28 页。
② 同上书，第 151 页。
③ 张一兵主编：《资本主义理解史》第五卷《西方马克思主义的资本主义批判理论》（胡大平、张亮等著），江苏人民出版社 2009 年版，第 132 页。

结如下:

> 发达工业社会是一个单向度的社会,是一个极权主义社会。不过,它是一个新型的极权主义社会。因为,造成它的极权主义性质主要的不是恐怖与暴力,而是技术的进步。技术的进步使发达工业社会对人的控制可以通过电视、电台、电影、收音机等传播媒介而无孔不入地侵入人们的闲暇时间,从而占领人们的私人空间;技术的进步使发达工业社会可以在富裕的生活水平上,让人们满足于眼前的物质需要而付出不再追求自由、不再想象另一种生活方式的代价;技术的进步还使发达工业社会握有杀伤力更大的武器:火箭、轰炸机、原子弹、氢弹……简言之,由于技术进步的作用,发达工业社会虽是一个不自由的社会,但毕竟是一个舒舒服服的不自由社会;虽是一个更有效地控制着人的极权主义社会,但毕竟是一个使人安然自得的极权主义社会。这就是它的新颖之处。在马尔库塞看来,要从这一社会中解放出来,前景是十分黯淡的。①

有无可能改变科学技术异化为统治社会的意识形态以变革"单向度"的社会?马尔库塞设想,用"中立的科学方法和技术"来超越旧的统治性的科学技术,"是征服社会和自然中的尚未被驾驭的压迫力量的一个新阶段。它是一个解放的行动"。但是,"就技术在此基础上获得的发展程度而言,矫正绝非技术进步本身的结果。它涉及到政治的变革"。变革的"力量和潜能……是发展中的技术合理性的可能性,因此它们涉及整个社会。技术转变同时就是政治转变,但政治变化只是到了将改变技术进步方向即发展一种新技术时,才会转化为社会的质的变化。因为已确立的技术已经变成破坏性政治的工具"②。希望似乎存在。可是,如何构建"新技术"即"中立的科学方法和技术"?依靠什么样的力量来实现上述"政治转变"以及"解放行动"?马尔库塞并没有给出具体的建议。科技悲观主义的无能为力仍然成为马尔库塞科技伦理的主调。

---

① [美]赫伯特·马尔库塞:《单向度的人——发达工业社会意识形态研究》,刘继译,上海译文出版社 2008 年版,"译后记",第 207 页。
② 同上书,第 184—185、180 页。

(2) 哈贝马斯的科技伦理思想：对马尔库塞科技伦理思想的批判和创新

20 世纪 60 年代以后，法兰克福学派另一个重量级的代表人物哈贝马斯在批判马尔库塞科技伦理基本思想的基础上推陈出新，他提出"晚期资本主义理论"并认为科学技术已经成为"晚期资本主义"的意识形态。当然，哈贝马斯语境中的意识形态是"新型的意识形态"，它和马尔库塞所指的意识形态的"旧形态"是不一样的。

哈贝马斯对马尔库塞科技伦理思想的批判集中体现在长篇论文《作为"意识形态"的技术与科学》，该文发表于1968年，系为纪念马尔库塞70寿辰而写。他在该文前言中写道："作为意识形态的技术与科学这篇文章的内容，包括同赫尔伯特·马尔库塞（Herbert Marcuse）提出的下述论点的辩论：'技术的解放力量——物的工具化——转而成了解放的桎梏，成了人的工具化。'撰写这篇文章既是为了纪念赫尔伯特·马尔库塞70诞辰，也是对他［阐述的观点］的回答。"①

在马尔库塞眼中，科学技术异化为发达工业社会的意识形态，具有明显的工具性和奴役性，发挥着统治人和奴役人的社会功能。"1967 年，马尔库塞的《单向度的人》的德文版在联邦德国发表之后，在青年学生中引起了强烈反响。单向度的理论成了他们政治信仰的'圣经'和'行动指南'。马尔库塞成了1968年联邦德国大学生造反运动的精神领袖。"而"哈贝马斯显然不赞成马尔库塞的上述观点，更反对青年学生在这些观点指导下所采取的极端行动。《作为'意识形态'的技术与科学》，就是在这种情况下问世的。正如哈贝马斯在该书前言中所说的，他是同马尔库塞所作的结论：'技术的解放力量转而成了解放的桎梏，'进行辩论而写的"。"哈贝马斯指出，马尔库塞之所以得出'技术的解放力量转而成了解放的桎梏'的结论，其原因就在于马尔库塞对晚期资本主义社会中生产力的性质和作用的变化缺乏正确的分析和认识，对这个社会中生产力与生产关系之间形成的新格局没有给予准确的描述。"当然，与马尔库塞一致的是，哈贝马斯同意科学技术成为现代资本主义国家合法性的基础，即"统治的合法性获得了新的特性，它促成生产力的增长和对自然统治

---

① ［德］哈贝马斯：《作为"意识形态"的技术与科学》，李黎等译，学林出版社1999年版，第1页。

的不断加强,它有通过这一切使人们生活得更舒适"①。那么,对"晚期资本主义准确的描述"是什么？哈贝马斯从四个方面进行了描述②：

第一,晚期资本主义出现两种引人注目的发展趋势。

>自十九世纪的后二十五年以来,在先进的资本主义国家中出现了两种引人注目的发展趋势：第一,国家干预活动增加了；国家的这种干预活动必须保障（资本主义）制度的稳定性；第二,（科学）研究和技术之间的相互依赖关系日益密切；这种相互依赖关系使得科学成了第一位的生产力。这两种趋势破坏了制度框架和目的理性活动的子系统的原有格局；而自由发展的资本主义曾经以这种格局显示过自身的优点。于是,运用马克思根据自由资本主义社会正确提出的政治经济学的重要条件消失了。正像我所认为的那样,马尔库塞的基本论点——技术和科学今天也具有统治的合法性功能——为分析改变了的格局提供了钥匙。

显然,国家干预增强了资本主义国家的政治治理和社会治理能力,而在这个过程中,进步神速的科学技术则助力于上述治理,使其更具有统治的合法性。

第二,晚期资本主义的技术科学化趋势日益明显,科学技术成为第一位生产力。

>自十九世纪末叶以来,标志着晚期资本主义特点的另一种发展趋势,即技术的科学化趋势日益明显。在资本主义社会中,始终存在着通过采用新技术来提高劳动生产率的制度上的压力。但是,革新却依赖于零零星星的发明和创造,这些发明和创造虽然想在经济上收到成效,但仍具有自发的性质。当技术的发展随着现代科学的进步产生了反馈作用时,情况就起了变化。随着大规模的工业研究,科学、技术及其运用结成了一个体系。在这个过程中,工业研

---

① ［德］哈贝马斯：《作为"意识形态"的技术与科学》,李黎等译,学林出版社1999年版,第3—5页。

② 同上书,"中译本序",第3—5、58、62、69页。

究是同国家委托的研究任务联系在一起的，而国家委托的任务首先促进了军事领域的科技的进步。科学情报资料从军事领域流回到民用商品生产部门。于是，技术和科学便成了第一位的生产力。

哈贝马斯关注到的"国家委托研究任务"也就是本书前面章节一再强调的，在二战后全面启动的"科学技术泛资本化"进程中，国家资本对科技研发的大力投入和方向引领，这是科技与资本联姻走向深化期的重要推力，它极大增强了资本对科学技术的控制力。

第三，因为科学技术成为第一位生产力，故马克思的劳动价值学说也就不复成立。

> 这样，运用马克思的劳动价值学说的条件也就不存在了。当科学技术的进步变成了一种独立的剩余价值来源时，在非熟练的（简单的）劳动力的价值基础上来计算研究和发展方面的资产投资总额，是没有多大意义的；而同这种独立的剩余价值来源相比较，马克思本人在考察中所得出的剩余价值来源，即直接的生产者的劳动力，就愈来愈不重要了。

哈贝马斯提出一个经典马克思主义必须面对的尖锐问题，事实上，随着科学技术革命日新月异的发展，马克思主义的内在品质也决定其必须与时俱进，不断丰富和完善自身对当代资本主义发展规律的新认知，以适应时代发展的需要和人类社会进步的需要。

第四，作为晚期资本主义第一位的生产力，科学技术代表了一种新型的意识形态。但是，科学技术同样作为意识形态，但"新旧意识形态"是有区别的。

> 因为现在，第一位的生产力——国家掌管着的科技进步本身已经成了（统治的）合法性的基础。（而统治的）这种新的合法性形式，显然已经丧失了意识形态的旧形态。一方面，技术统治的意识同以往的一切意识形态相比较，"意识形态性较少"，因为它没有那种看不见的迷惑人的力量，而那种迷惑人的力量使人得到的利益只能是假的。另一方面，当今的那种占主导地位的，并把科学变成偶像，因而变得

更加脆弱的隐形意识形态,比之旧式的意识形态更加难以抗拒,范围更为广泛,因为它在掩盖实践问题的同时,不仅为既定阶级的局部统治利益作辩解,并且站在另一个阶级一边,压制局部的解放的需求,而且损害人类要求解放的利益本身。毫无疑问,无论是新的意识形态,还是旧的意识形态,都是用来阻扰人们议论社会基本问题的。不过,新旧意识形态的区别,可以从两个方面来阐述。第一,今天,由于资本关系受确保群众忠诚的政治分配模式的制约,它建立的不再是一种没有得到改进的剥削和压迫。因此,技术统治的意识不能像旧的意识形态那样以同一种方式建立在对集体的压制上。第二,群众(对制度)的忠诚只有借助于对个人的需求的补偿才能产生。因此,新的意识形态同旧的意识形态的区别就在于:新的意识形态把辩护的标准与共同生活的组织加以分离,即同相互作用的规范的规则加以分离;从这种意义上说,是把辩护的标准非政治化,代之而来的是把辩护的标准同目的理性活动的子系统的功能紧紧地联系在一起。

哈贝马斯注意到,发达资本主义的合理存在,主要依据两个重要职能:一是促进经济不断增长;二是给社会成员提供充分的物质产品和社会服务,改善其生活。显然,科学技术的持续进步促成发达资本主义国家可以顺利实现上述职能,因而科学技术成为现代资本主义国家合法性的基础——它提升了社会成员的满意度。这种新意识形态更具隐蔽性和控制性。

哈贝马斯和马尔库塞科技伦理思想的交集是:认同科学技术是用于社会体制的意识形态,即:"技术与科学今天具有双重职能:它们不仅仅是生产力,而且也是意识形态。"① 但是,新旧两种意识形态是有根本性区别的,在哈贝马斯眼中,"技术与科学作为新的合法性形式,它已经丧失了意识形态的旧形态……已完全没有了传统的意识形态的压抑和奴役人的功能。所以哈贝马斯批判马尔库塞的科学技术排斥民主与自由的观点,反对他哀叹人们在自己制造的机械装备面前愈来愈软弱无力的论调,认为这种悲观主义论断不符合事实,因而是错误的"②。

---

① J. Habermas, *Kultur und Kritic*, p. 76. Frankfurt, 1973, p. 76. 转引自李桂花《科技哲思——科技异化问题研究》,吉林大学出版社 2011 年版,第 82 页。
② [德]哈贝马斯:《作为"意识形态"的技术与科学》,李黎等译,学林出版社 1999 年版,"中译本序",第 4—5 页。

和马尔库塞一样，哈贝马斯同样关注到发达资本主义国家的科技异化问题，他指出："后工业社会在科技发展方向上存在的严重问题，尤其是滥用科技尖端成果给人类社会以及世界生态环境造成的灾难问题。原子弹、氢弹的制造及使用，就是这些事实中最突出的例子。这是在科技发展及其使用之间出现的一种富有讽刺意味的关系。这种令人担忧的状况在热核武器的时代里，又以人们未曾预料到的方式日益加剧。"

面对科技异化，哈贝马斯提出的解决方案是"政治的科学化设想"[①]，作为一种无比温和的社会改良方案，该方案包括以下几个步骤，用于社会沟通以形成共识并克服科技异化：

第一，科学家、政治家对科学技术发展方向和实际运用问题的全面反思。

> 哈贝马斯呼吁人们，特别是科学家、技术人员、领导社会的政治集团，对科技发展的方向和它的实际运用问题进行认真反思：他呼吁就这一问题展开一场政治上有效的、能够把社会在技术知识和技术能力上拥有的潜在能力同人们的实际需要和愿望联系起来的深入的讨论。在他看来，通过普遍的和自由的讨论，给集体生存酿成巨大危险的统治的非理性，似乎能够得到克服。因为这种讨论能够启导政治活动家们参考技术上可能的和可行的情况，纠正他们在发展科学和技术的兴趣和利益上所坚持的那种由传统所决定的自以为是的态度，同时也能够帮助他们根据讨论中所表达的认识和要求，实事求是地作出判断：今后究竟应该在什么方向上以及在多大规模上发展科学和技术。

第二，政治家和科学家之间的有效沟通，动摇科学技术作为意识形态进行统治的基础。

> 他还希望和要求政治家和技术专家之间建立一种互相批评、取长补短的友好关系，并用这种关系代替他们在职能上的"交付任

---

① ［德］哈贝马斯：《作为"意识形态"的技术与科学》，李黎等译，学林出版社1999年版，"中译本序"，第9—10页。下文仿体字未注明出处的文字均出自此文献。

务"和"提供建议"的严格区分。他认为,专家和政治家之间的密切合作关系,不仅能使依仗意识形态进行的统治失去合法性的基础,并且也能使这种统治从整体上接受以科学为指导的批评与建议,从而使这种统治发生实质性的变化。因为在这种情况下,一方面,新技术和新战略的发展将受到价值系统的控制,另一方面,反映在价值系统中的社会利益也将通过对满足这些社会利益的技术可能性和战略手段的检查而受到控制。

第三,科学家的反思和自律,促使科技研发投入符合社会整体利益。

他还号召科学家们对他们所生产的技术产品造成的实践后果进行反思,甚至鼓励他们打破他们的属于科学自身的公众领域的限制,采取直接求助于社会舆论的办法来防止同既定的技术选择相联系的实践后果,来批评和反对那些与实际的生活利益相违背的研究投资。

哈贝马斯试图建立社会协商机制即"政治的科学化"来解决科学技术意识形态化的老大难问题并抑制科技异化。和法兰克福学派的老一辈学者一样,哈贝马斯并不迷信科学主义,他对"科学技术在发展方向及其使用者产生副作用即危险性"一直保持清醒的头脑和足够的警惕,但他也不同意马尔库塞的"反科学主义"和对科学技术发展前景所持的悲观态度,总体而言,"他对科学与技术的现状和发展前途充满了乐观主义和信心"[①]。

哈贝马斯的社会协商方案是否可行?关键在于:科技与资本联姻的趋势能否被逆转?它更关乎"科学技术泛资本化"进程中,资本的蛮力和霸道是否能够通过社会协商而得到驯化?事实上,在哈贝马斯发表享誉世界的《作为"意识形态"的技术与科学》半个世纪以来,"科学技术泛资本化"的势能并无半分减弱,高度"资本化"了的科学技术仍旧按照资本的三大本性即逐利本性、竞争本性和创新本性在 21 世纪继续演绎着科技与资本联姻的精彩,而且越来越有发展失控的危险。当

[①] [德] 哈贝马斯:《作为"意识形态"的技术与科学》,李黎等译,学林出版社 1999 年版,"中译本序",第 9—11 页。

然，必须看到，"哈贝马斯提出的科技发展的理想，可以说表达了相当多的人的情感和愿望，甚至可以说代表了一种社会思潮；他的关于晚期资本主义社会统治的合法性是通过科技的惊人成就取得的，以及科技进步的发展使得马克思的一些基本原理丧失了它们在自由资本主义时期提出时的前提和作用的论述"，使他的理论既赢得广泛的赞誉也受到众多的质疑。总而言之，"至于哈贝马斯为科技发展所设计的蓝图能否被人们，尤其是被发达工业社会的政治领导集团所采纳，以及他关于马克思的一些原理在后工业社会中已经丧失了对象的论述是否能为人们所同意，那就不决定于理论框架的构建者和阐述者了"①。

科技发展的历史证明，哈贝马斯在解决科技异化问题上持有的乐观主义精神太过理想化，它缺乏现实支撑。因为，哈贝马斯的科技伦理思想无法解决已成"燎原之势"的"科学技术泛资本化"背后最深层次的人性动机——与生俱来的贪婪与好奇——作为人性的优点，它促成了科学技术的持续进步；作为人性的弱点，它导致了日趋严重的科技异化。残酷的现实是，人性的贪婪与好奇在无孔不入的资本的浸淫下，会迸发出何等改天换地的威力？这是人类无法想象也无法驾驭的。

（二）西方马克思主义另外两位经典作家对科技异化的批判

除了法兰克福学派的马尔库塞和哈贝马斯外，西方马克思主义还有两位思想家安得瑞·高兹②（Andre Gorz）和道格拉斯·凯尔纳③（Douglas Kellner）对科技异化的批判值得重视。

（1）高兹的"需要异化"理论和对资本主义科学技术的批判

高兹的"需要异化"理论是他批判资本主义科技异化的逻辑起点。"需要异化"是二战后发达资本主义特有的产物，是诸多社会问题的根源所在。

1950—1960年代资本主义进入了"消费社会"时期，这正是

---

① ［德］哈贝马斯：《作为"意识形态"的技术与科学》，李黎等译，学林出版社1999年版，"中译本序"，第11页。
② 安得瑞·高兹（1924.2—2007.9），当代法国名左翼思想家，父亲是犹太人，母亲是天主教徒，其思想深受萨特的存在主义和存在主义的马克思主义的影响。
③ 道格拉斯·凯尔纳（1943.5—　），美国著名的西方马克思主义批判理论家、媒体理论家。

无产阶级在生活水平上得到提高的阶段,然而高兹却对这一消费社会进行了批判,他认为,在这一社会中,人们的需要是被控制和制造出来的虚假的需要,是被异化了的需要。他认为人们的需要被控制的根源是劳动的异化,正是因为这一根源,资本主义社会成了一个总体专政的社会。并且,高兹指出,资本主义的技术并不是价值中立的,它总是被打上社会的烙印并为资本主义服务。高兹认为技术是一切的母体和终极原因,只要生产组织和技术不变,资本主义生产关系就不会发生变化:"劳动的资本主义分工是一切异化的根源",是控制人的一种手段。高兹认为,在资本主义的消费社会,需要是被资本主义制造出来的虚假的需要,人们的需要发生了异化,并且人们在市场领域和消费领域都是受资本主义控制的,资本主义的专政是一种总体的专政。在这个社会,生活的中心就是对金钱、荣誉和权力的追求。他敏锐地指出,消费是一种占有的形式,特别是在"商品过剩"的社会中的一种最重要的占有形式。现代的消费可以用这样一个公式来表示,我所占有的和所消费的东西即是我的生存。高兹认为,需要的被控制其根源是劳动的异化。[①]

在高兹看来,占有和消费代表了生存的意义则意味着"需要的异化",基于此,高兹对资本主义的科学技术和劳动分工进行了深刻的批判,揭露它们为资本服务并奴役人的本质。在1971年的《技术、技术人员和阶级斗争》一文中,高兹对资本主义科学技术进行了全面批判,高兹对资本主义科技异化的批判可做如下总结[②]:

第一,资本主义的科学技术可以被"资本化",以攫取超额垄断利润。

在高兹看来,资本主义社会的科学技术和生产力都是带有资本主义社会的痼疾的。他首先分析了资本主义社会以工业的名义而加速进行的资本主义技术革新的目的。他指出,资本主义的研究的扩

[①] 张一兵主编:《资本主义理解史》第六卷《当代国外马克思主义与激进话语中的资本主义观》(张一兵等著),江苏人民出版社2009年版,第57—59、62页。下文仿体字未注明出处的文字均出自此文献。

[②] 同上书,第64—66、67—68页。

展事实上并不关注于基础性的研究和纯研究，而主要是直接或间接地和生产过程相关。"研究工作以一种适合于资本主义工业的特征而被组织并服从于资本主义的劳动分工，研究是以那些能够直接在生产过程中被使用，并可能降低成本、保障公司的技术垄断和超额利润的知识和技术为目的的。"因此，科学技术的发展越来越不寻常：可以被资本化甚至在生产过程中作为资本而实现的科学技术，比关注于健康、人们的普遍幸福的技术要发展得快得多。这就表明了资本主义条件下科学技术进步的目的具有非人道的特征。高兹同时还从经济学的角度分析了资本主义科学技术进步的另一个特征，即对产品的更新的技术进步的重视程度要优先于关于生产力的发展的科技进步。这样做的目的就是可使产品迅速得到更新换代，以保持资本主义生产和再生产的顺利进行。简言之，"科研和更新的重要目的是抵制利润率下降的趋势，并为有利可图的投资创造新的机会"。高兹指出，这种增长的一个客观结果就是"它明显不可能消除贫穷和满足社会的和文化的需要"，而且它还创造种种新的贫困，并导致环境的破坏等。

高兹提出一个重要的观点：在资本主义生产方式中，科学技术可以被"资本化"即作为高价值的资本投入到生产中，其目的是攫取超额利润。这一结论与本书的研究逻辑——科技与资本联姻即科学技术从"资本化"到"泛资本化"的进化是一致的，这是资本三大本性驱使下，资本和科学技术的必然选择。而高兹所指的，与资本主义生产过程密切相关的科技研发的一个目的是"保障公司的技术垄断"这一判断，在本书的相关研究中，也就是前述的"专利权资本化"和"知识产权资本化"现象，这是"科学技术资本化"和"科学技术泛资本化"的最佳表现形式，是实现科学技术的资本主义垄断的最佳制度安排，这是"资本三大本性"使然，已为科技与资本联姻的历史所证明。高兹明确提出了资本主义条件下科学技术所独具的"资本化"现象。在马克思早期思想——"科学技术的资本主义使用"的基础上首次清晰指出了资本主义条件下科学技术的双重属性，既有生产力的纯粹物质属性，更具有生产关系的属性，因为它可以成为资本的变体，具有普通资本不可能拥有的特殊功能。

第二，资本主义的科学技术并非意识形态中立，它是工人异化的根源。

高兹指出,"科学技术不能被视为是意识形态中立的",它们是被资产阶级使用它们的目的和它们在资本主义体系中发挥的功能所决定的。高兹解释说,"一个系统只会提出它能解决的问题,或者更准确地讲,它倾向于以这样一种方式来提出问题,即那些问题的解决不会影响系统的逻辑稳定性"。科学技术的发展是按照工业和国家的要求所进行的,那些要求是和解放了的社会的要求完全不一样的。因此,高兹指出:"科学技术不是独立于主导意识形态或者可以对它有免疫力的。它们作为生产力,服从于这个生产过程并和它整合在一起,不可避免地会带有资本主义生产关系的特质。"高兹认为资本主义的科学技术是和资本主义对工人的控制密切相关的。整个资本主义的技术史可以被视为一个工人"去质化"的过程。高兹认为"技术、科学文化和技能,明显地带有资本主义生产关系的印记",它否定了任何自愿合作的可能,使工人不可能理解和控制生产的过程,并使他的最终的产品和生产者相分离,使生产的决策权和生产者割裂开来,把知识、能力和使用它的责任割裂开来。很自然,作为一个必然的结果,工人的异化状态得到进一步的加剧。

资本主义社会的工人在科学技术进步中"去质化"也就是人的异化,在科技产业革命的漫长"流水线"上,工人阶级不过是隶属于机器的一个部件,科技越发达,劳动者的主观能动性就越发低下。电影《摩登时代》就是高兹所谓的"工人去质化"的最好体现。

第三,资本主义的科学技术必须"革命化",这是变革资本主义的前提。

高兹认为技术是一切的母体和终极原因,只要生产组织和技术不变,资本主义生产关系就不会发生变化。高兹强调,"生产方式不只是企业和机器,它们同时也包括技术和科学",科学和技术必须被革命化并被无产阶级掌握才能为社会主义服务。绝对没有一种没有共产主义生活方式和共产主义文化的共产主义,但是共产主义的生活方式不可能建立在由资本主义中生发出来的技术的基础上。

共产主义要实现就必须使直接的生产者掌握和转变生产技术以及机器的使用形式。高兹认为对资本主义社会关系的改造同时必须包括对科学技术和劳动工具、劳动方式的改造；反之，对资本主义科学技术的社会主义改造同时也必须以对整个资本主义的生产关系的改造为基础，这两者是不可割裂的。

总之，高兹的科技伦理思想可以总结为两个主要方面：

在科学技术的本质方面，认为资本主义的科学技术本质上是带有资本主义的痼疾的；在科学技术的功能方面，认为资本主义的科学技术是和资本对人的控制密切结合的，具有意识形态的功能，并导致人的进一步异化。高兹的这一批判有一个鲜明的特征，即把科学技术既视为是生产力的因素，又认为其也包含在生产关系之中，因而在对科学技术的批判上，既批判生产力又批判生产关系，这既不同于马克思也不同于卢卡奇以来的西方人本主义学者在这一问题上的看法。

从"本质"和"功能"两个方面来认识资本主义社会的科学技术，这是高兹科技伦理思想最为深刻的地方。也就是说，在资本主义社会，"科学技术的本质"也就体现为资本的本质，即前述的"三大本性"：逐利本性、竞争本性和创新本性。背后的动机则是资本的贪婪。而"科学技术的功能"同样体现出资本的本性——垄断或控制。在资本主义生产方式中，无论是科学技术的"本质"还是"功能"，都和一个重大现实紧密联系，这就是：科学技术从"资本化"到"泛资本化"的加速进化，科技和资本联姻是所有问题的症结所在。资本的逻辑就是要尽一切可能彰显"资本三大本性"，与科技联姻为实现"资本三大本性"推波助澜。

（2）凯尔纳的"技术资本主义"理论

随着人类迈入历史的第三个千年，我们的社会经历了科技革命带来的巨大变化，资本主义世界似乎进入了一个后工业、信息化的全球资本主义时代。这种转变是充满矛盾和不确定因素的，如何认识这一转变及其带来的影响是当代亟须解决的重大理论问题。在这一问题上，当代美国著名西方马克思主义批判理论家道格拉斯·凯尔纳（Douglas Kellner）为我们提供了一种新的见解，他将技术作为变量引入社会，综合考察其对经济、政治、文化的影响，提出独特的"技术资本主义"理论、技术政治理论和技术文化理论，对当代资本主义社会进行了全方位的解读。[①]

以下将评析凯尔纳的"技术资本主义"理论对科技异化的批判[②]。
第一，"技术资本主义"的概念内涵。

马克思关于资本有机构成的思想启发了凯尔纳，根据他的论述并结合资本主义社会的现实，凯尔纳得出如下结论："随着机器和技术在生产过程中逐渐取代工人的劳动力，马克思所说的资本有机构成将出现固定资本投入比例明显高于可变资本投入比例的趋势。"在这里，资本主义社会固定资本和可变资本比重的变化正是"技术资本主义"社会到来的标志，它强调的是一种技术与社会的互动。凯尔纳的"技术资本主义"理论在承认当前社会经济、政治阶级结构、文化等领域发生巨大变化的前提下强调历史的连续性，强调资本主义的生产关系和资本积累的强制性原则仍然是当前社会发展的决定性因素。

根据凯尔纳的思想，可以如此定义"技术资本主义"。技术资本主义是指在资本主义社会化大生产中，随着资本有机构成不断提高，固定资本的投入远高于可变资本投入成为一种普遍趋势的资本主义。科技进步是"技术资本主义"的直接驱动力量，"技术资本主义"的诞生是资本主义竞争使然，"资本三大本性"（逐利本性、竞争本性和创新本性）是"技术资本主义"的根本驱动力量。

第二，"技术资本主义"的理论内容之一：辨析科技与资本联姻的利益动机。

凯尔纳的"技术资本主义"理论首先指向一种对技术意识形态性

[①] 张一兵主编：《资本主义理解史》第六卷《当代国外马克思主义与激进话语中的资本主义观》（张一兵等著），江苏人民出版社2009年版，第253页。
[②] 同上书，第256—272页。下文仿体字未注明出处的文字均出自此文献。

质的批判，这充分体现了他对资本主义社会的批判精神。他强调，当前社会出现的新技术极有可能蜕变为一种资产阶级的意识形态，具体来说，这又可以区分为技术乐观主义和技术悲观主义两种形式。技术乐观主义又通常视技术为人类解放的工具，相信它能解决人类面临的一切问题，这种观点为我们描绘了一幅幅关于技术的美好画面，宣称技术将会给我们提供更多、更好的工作和就业机会，带来更多的休闲和消费方式。持这种观点的人通常会把当前的资本主义社会视为一个有序的、无矛盾的完美的社会，认为它代表的是一种高效、无限发展的生产模式，同时，他们通常会极力鼓吹工业——技术革命和资本主义市场体制的优越性，认为马克思所说的资本主义危机已经消失。在凯尔纳看来，技术乐观主义是一种关于技术的神话，一种彻头彻尾的意识形态学说，其实质在于"把人们对技术的崇拜转嫁到对资本主义商业原则和市场经济体制的崇拜上来"。更进一步，他还揭示了技术乐观主义在社会上得以泛滥流行的深层次原因，即一种双重资本的获得：一方面那些鼓吹技术的专家、政客和知识分子获得了金钱，一种真实的资本；另一方面他们还获得了突出的学术地位、政治地位和声誉，一种无形资本。从实质上看，技术乐观主义是一种技术决定论，它通过片面强调技术对社会的积极作用而排斥资本主义生产关系在社会中的影响，凯尔纳的这些分析可谓入木三分。

令人惊奇的是，与技术乐观主义相比，技术悲观主义在社会中同样拥有庞大的市场，从总体理论特征上看，技术悲观主义通常将技术视为一种和人类相异化的力量，认为技术的发展将导致人类主体的消解，最终导致人类的灭亡。可以看出，技术悲观主义往往与技术恐怖主义相联系，其结果是在社会中制造恐怖气氛，让人们在技术面前感到无助。显然，这种思想十分有利于资产阶级国家（政府）维持对人们的统治和压迫，因为人们不再相信自己，而是将自己的命运寄托在国家（政府）身上，在他们看来，似乎只有国家才能保证技术向着良性方向发展，从而避免灾难的发生。就本质而言，技术悲观主义也是一种技术决定论，其直接后果是导致人们主体能动性的丧失，表现在社会革命领域就是导致人们革命意识和意志的丧失。凯尔纳对技术意识形态性质的批判，主要是为了表明自己对资本主义的批判立场。就技术而言，他主张发展出一种关于技术的批判理论,这种理论将从对技术乐观主义的普遍怀疑出发,在合理把握技术与社会互动关系的前提下,拒绝单方面崇拜技术的"技术乌托邦"和单方面反对技术的"技术敌托邦"。

显然,对于"技术资本主义"所促成的科技与资本联姻这一普遍事实,凯尔纳保持了清醒的批判精神。他既反对"科学主义的玫瑰梦",也反对"技术悲观主义",而是主张发展技术批判理论,来把握科学技术沿着有利于人类的方向发展。这种深刻体现马克思主义辩证法的批判精神,使得凯尔纳对科学技术发展前景的认识和把握超越了声名显赫的马尔库塞和哈贝马斯,体现出他的科技伦理思想的科学性、批判性和无比的深邃性。尤其是,他一针见血地指出:"技术乐观主义"是彻头彻尾的资产阶级意识形态,背后有以资本为纽带形成的利益共同体作祟;而"技术悲观主义"则会导致社会革命领域人们革命意识和意志的泯灭。两种极端思想都是"技术决定论"的表现。

第三,"技术资本主义"的理论内容之二:辩证理解技术和社会的关系。

凯尔纳的"技术资本主义"理论不但继承了马克思对资本主义的批判精神,还运用了马克思的辩证方法。首先,在技术与社会的关系问题上,凯尔纳反对两种极端观点,一种是片面强调技术对社会的决定作用,另一种是片面强调社会对技术的决定作用。凯尔纳认为无论技术决定论还是经济决定论都犯了相同的错误,即忽视持续不断的冲突和斗争,忽视干涉与转变的可能性,忽视个人和组织按自己的需要和目的的重建社会的能力。

那么,人类应该如何规范技术和社会的关系,使科学技术的发展在可控范围内运行?凯尔纳指出:

问题的关键在于:如何重塑技术,使之为人类服务。凯尔纳认为至少应具备两个条件:(1)决定科学和技术发展的技术专家和背后的经济集团精英人士,必须具有足够的远见、智慧和社会责任感,这样才能保证技术向着有利于人类整体利益的方向发展。(2)大众和其他社会群体必须联合起来，努力创建一个民主、公正的社会和一种先进的技术文化，以避免技术向着危害人类整体利益的方向发展。

凯尔纳的"技术资本主义"理论主张辩证地理解技术与社会的关系，在这一理论框架中，技术和社会是互相影响、共同发展的。一方面，基因工程、克隆技术、多媒体技术、赛博空间、虚拟现实等新技术的应用将导致资本在全球范围内重组，技术创新将成为社会发展的关键因素，与此同时，新技术的应用还将创造许多新的社会组织、文化和日常生活模式，这些都是技术对社会的影响；另一方面，资本主义的强制性原则（资本积累、剩余价值生产等）将继续主宰生产、分配、消费以及其他文化、社会、政治领域，资本作为社会的支配性力量仍然存在，工人仍受到资本家的奴役和剥削，技术的发展方向和发展程度将直接受到资本利益的支配。凯尔纳还指认了这样一个事实，即在当前资本主义制度下，过去科学和技术自由发展的神话被彻底打破了，由于现今大学、研究所等研究机构的资金大多来自企业的资助，故技术的应用范围往往由资本的投向决定，在这种情况下，技术的发展不得不受制于资本主义制度的某些层面。

当然，要实现"重塑技术，使之为人类服务"这个理想，在不改变资本主义私有制的条件下，如何驾驭"资本三大本性"是个难度极大的课题。凯尔纳借力于马克思主义的辩证法，直面已经被资本完成掌控的科学技术日渐失控的现实，正确揭示了科学技术与社会之间的复杂的关系，提出了一个改良色彩浓厚但不失可行价值的解决方案，其思想代表了西方马克思主义批判资本主义科技异化的一个理论新高度。

三 比较与鉴别：马克思主义和西方马克思主义对科技异化的批判

根据前述马克思主义经典作家和西方马克思主义几位有代表性思想家对科技异化的批判述评，以下将对上述两种既有联系又有区别的理论进行比较与鉴别，以便更全面地认识科技与资本联姻的必然结果——资本主义科技异化的发展规律和解决之道。同时，围绕科技异化问题，再综合比较马克思主义经典作家和西方马克思主义几位理论家的科技伦理思想的异同，见表6.1：

第六章 科技与资本联姻的必然结果：科技异化及其批判

表6.1 马克思主义和西方马克思主义对科技异化批判的综合比较

比较内容 两种理论	科技与资本联姻的必然结果：科技异化与之相关问题的比较						
	科技异化的内涵、本质及恶果/代表人物主要理论观点	科技异化与科化劳动的关系	科技异化的制度根源	消灭途径或解决方案	科学技术在社会生产中地位	科学技术是否具有意识形态属性	批判科技异化的相关理论	科学技术与资本的关系	代表人物对马克思经典理论的继承或者"修正"
马克思与恩格斯对科技异化的批判	内涵：人们利用科学技术创造出来的对象成为统治人的异己力量。本质：人的本质同人相异化，是人性的扭曲，是异化的恶果，即人成为非人，人的主体地位丧失，人沦为自身劳动创造物的奴隶	异化劳动是科技异化的决定因素，科技异化是异化劳动的特殊表现	生产资料的资本主义私人占有制	消灭资本主义私有制，实行生产资料的社会公有。对消灭科技异化的前景充满信心，对无产阶级革命充满信心	科学技术是生产力。随科学技术的发展而进步。手推磨产生的是以封建主为首的社会，蒸汽磨产生的是以工业资本家为首的社会，科技革命在促进社会生产力大发展的同时，也不可避免地给工人阶级带来痛苦	科学技术不属于生产力范畴，不具有意识形态属性	异化劳动理论：劳动创造物和劳动者相分离并异化为一种统治力量	关系密切，科学技术的资本主义运用，科学技术成为资本和科学家的致富手段	—

续表

科技与资本联姻的必然结果:科技异化与之相关问题的比较

两种理论	比较内容	科技异化的内涵、本质及恶果/代表人物主要理论观点	科技异化与劳动异化的关系	科技异化的制度根源	消灭途径或解决方案	科学技术在社会生产中的地位	科学技术是否具有意识形态属性	批判科技异化的相关理论	科学技术与资本的关系	代表人物对马克思主义经典理论的"修正"或者继承
法兰克福学派对科技异化的批判	马尔库塞	发达工业社会,批判的意识已消失殆尽,统治是全面的,个人已丧失合理批判社会现实的能力,而变成"单向度"的人,社会也成为"单向度"的社会	科技异化普遍存在,不光工人,一切人都变成了技术的奴隶。未提及异化劳动	生产资料的资本主义私人占有制	提出用"中立的"科学方法和技术即"新技术"来取代科技的异化的设想。但仍认为人类要从"单向度"极权社会中解放出来,前景十分黯淡	作为物化的生产工具的科学技术开始异化为意识形态功能,发挥着统治人和奴役人的社会功能,科学技术成为控制和支配人的强大工具	科学技术在当代资本主义社会被赋格意识形态功能后,科学技术异化为一种新型的社会控制形式,不光工人,一切人都变成了技术的奴隶	"发达工业社会"理论	相关论述中没有涉及	科技异化形成新型的社会控制形式,使得传统的马克思主义理论中无产阶级革命与解放理论不再具有当下的历史意义

续表

科技与资本联姻的必然结果：科技异化与之相关问题的比较

两种理论\比较内容	科技异化的内涵、本质及恶果/代表人物主要理论观点	科技异化与异化劳动的关系	科技异化的制度根源	消灭途径或解决方案	科学技术在社会生产中地位	科学技术是否具有意识形态属性	批判科技异化的相关理论	科学技术与资本的关系	代表人物对马克思主义经典理论的"修正"或者继承
法兰克福学派对科技异化的批判 — 哈贝马斯	反对马尔库塞把科学技术作为传统意识形态来批判的观点和对科技进步的悲观主义论点。认为科技进步增加了社会财富，提高了人民生活水平，缩小了阶级差异，阶级对抗消失，使统治的合法性获得新特性	科技异化普遍存在，但对科学技术的发展前景充满乐观主义和信心。未提及异化劳动	生产资料的资本主义私人占有制	提出"政治的科学化设想"，倡导全面通过形成共识并克服科技异化的协商方案，相信现代社会有消除危机的能力	技术与科学今天具有双重职能。它们不仅是生产力，而且也是意识形态。科学技术成为第一位生产力并代表了一种新型的意识形态，成为独立的剩余价值来源	作为晚期资本主义第一位的生产力，科学技术代表了一种新型的意识形态，与马尔库塞的"意识形态的旧形态"不同，这是一种以科学为偶像的新型的意识形态，即技术统治论的意识，科技已完全没有了压抑和奴役人的功能	"晚期资本主义"理论、"合法性危机"理论	关系密切，大规模的工业研究使得科学、技术及其运用结成了一个体系，而国家委托的任务更是促进了军事领域的科技进步	因为科学技术成为第一位生产力，故马克思的劳动价值学说也就不复成立。生产力的性质和作用发生变化，无产阶级和资产阶级不再是剥削与被剥削的关系，而是利益紧密相关的伙伴关系

续表

科技与资本联姻的必然结果：科技异化与之相关问题的比较

两种理论	比较内容	科技异化的内涵、本质及恶果，代表人物主要理论观点	科技异化与异化劳动的关系	科技异化的制度根源	消灭途径或解决方案	科学技术在社会生产中的地位	科学技术是否具有意识形态属性	批判科技异化的相关理论	科学技术与资本的关系	代表人物对马克思主义经典理论的"修正"或者继承
非法兰克福学派对科技异化的批判	高兹	资本主义的科学技术本质上带有资本主义的痼疾。资本主义的科学技术是和资本对人的控制密切结合的，具有意识形态的功能	科技异化普遍存在。劳动分工致使工人异化并使这种异化加深	生产资料的资本主义私人占有制	资本主义必须科学技术"革命化"，这是变革资本主义的前提。科学技术必须被无产阶级所掌握才能为社会主义服务	科学技术具有双重属性：既有生产力的纯粹物质属性，更具有关系属性。资本主义条件下科学技术进步的目的具有非人道特征	资本主义的科学技术并非意识形态中立，它是工人异化的根源，它为资本服务并奴役人	"需要异化"理论和资本主义"总体专政"。"需要异化"是其他批判资本主义的逻辑起点	资本主义社会，科学技术可以被"资本化"，即作为高价值的资本投入到生产关系中，其目的是攫取超额利润	表明资本主义条件下科学技术的双重属性，既有生产力的纯粹物质属性，更具有生产关系属性，发展了马克思主义

续表

比较内容 / 两种理论	科技异化的内涵、本质及恶果/代表人物主要理论观点	科技异化与异化劳动的关系	科技异化的制度根源	消灭途径或解决方案	科学技术在社会生产中地位	科学技术是否具有意识形态属性	批判科技异化的相关理论	科学技术与资本的关系	代表人物对马克思主义经典理论的"修正"或者继承
法兰克福学派对科技异化的批判 — 凯尔纳	不赞成哈贝马斯的"晚期资本主义"理论,提出"技术资本主义"的分析方法	科技异化与异化劳动普遍存在,技术异化与技术政治普遍化	生产资料的资本主义私人占有制	重塑技术,使之为人类服务应具备两个条件:科学家和经济精英的远见、智慧和社会责任感;大众和其他社会群体必须联合起来	现代科学技术,如自动化、信息化对社会生产影响巨大,表现为两面性:减少工作时间,扩大人们的自由领域;但是由于资本主义会加剧大性失业和社会福利负担会加重	资本主义的新技术极有可能脱变为一种生产阶级的意识形态。技术主义在社会观中得以泛滥流行的深层次原因是:科学家、政客和知识分子被资本家的金钱所收买	"技术资本主义"理论,指向一种对技术性质的批判,这充分体现了他对资本主义社会的批判精神	科学技术与资本关系密切,科学技术的发展和运用范围由资本决定,科技异化不得不受制于资本主义制度的某些层面	凯尔纳的"技术资本主义"理论不但继承了马克思主义的批判精神,还运用了马克思的辩证方法计解决方案,以规范科技和社会的关系

从表6.1可知，围绕科技与资本联姻的必然结果——科技异化的相关问题，马克思主义经典作家和西方马克思主义有代表性的理论家之间，他们基于所生活的社会历史环境形成的科技伦理思想，有着鲜明的时代特征。通过综合比较和鉴别两类科技伦理思想，可以发现：

第一，共性特征之一：对待科技异化的态度。无论马克思主义经典作家还是西方马克思主义理论家，他们都对资本主义制度下愈演愈烈的科技异化持鲜明的批判态度。无论科技异化在资本主义不同时期表现为何样的社会特征，他们都认为应该消除科技异化，消除资本主义剥削、消除资本主义一切不公正的社会现象。

第二，共性特征之二：科技异化的制度根源。无论马克思主义经典作家还是西方马克思主义理论家，他们都认为科技异化的制度根源是资本主义私有制。

第三，共性特征之三：科学技术与资本的关系。在纳入比较鉴别的上述科技伦理思想中，除了马尔库塞的相关论述没有涉及科学技术与资本的关系外，其他所有的思想家都认为资本主义制度下，科学技术和资本的关系非常紧密，两者能够紧密结合，资本能够主导科学技术的发展和运用范围。马克思首先揭示了科学技术的资本主义运用成为致富手段。高兹认为"资本化"了的科学技术能够带来超额利润，哈贝马斯还看到国家资本对科技研发的全面介入成为促进科技进步的强大动力。

上述三条共性特征与本书一以贯之的研究逻辑是高度一致的，即科技与资本联姻所促成的"科学技术资本化"以及"科学技术泛资本化"的历史进程，其驱动力是"资本三大本性"——逐利、竞争和创新。

第四，差异表现一：科学技术在社会生产中的地位以及它是否具有意识形态属性。马克思主义经典作家认为科学技术是生产力，而且是生产力中最革命、最活跃的因素，是决定性因素。马克思主义经典作家不认为科学技术是意识形态。但是，科技革命在促进社会生产力大发展的同时，也不可避免地给工人阶级带来痛苦。西方马克思主义的代表人物均认为科学技术在当代资本主义社会被赋予了意识形态功能，除哈贝马斯外都认为科学技术成为资产阶级奴役和压迫工人的工具。哈贝马斯则认为技术与科学今天具有双重职能：它们不仅仅是生产力，而且也是意识形态，但却是新型的意识形态，已完全没有了压抑和奴役人的功能。科学技术成为第一位生产力并代表了一种新型的意识形态，而且成为独立的剩余价值来源。

第五，差异表现二：消灭科技异化的途径或解决方案。对此，马克思主义经典作家的解决方案是：消灭资本主义私有制，实行生产资料的社会占有。但是，西方马克思主义理论家则放弃无产阶级革命学说，大抵选择一条改良主义的路线，区别在于：有的温和，如哈贝马斯；有的激进，如马尔库塞。

第六，差异表现三：对待科学技术的发展前景。马克思主义经典作家是乐观的，因为马克思、恩格斯坚信未来的社会一定是消灭私有制的社会，人类一定能够掌握自己的命运。在每个人都自由全面发展的社会，科学技术的发展一定能够实现人类的福祉。对此，西方马克思主义理论家的观念却有较大差异。马尔库塞对科技发展前景持悲观主义态度，认为人类要从"单向度"的发达工业社会即极权社会解放出来，前景十分黯淡。哈贝马斯则不同，对科学与技术的现状和发展前途充满了乐观主义和信心。高兹认为科学技术必须被无产阶级掌握才能为社会主义服务。而凯尔纳则旗帜鲜明，既反对"科技乐观主义"——这是彻头彻尾的资产阶级意识形态，背后有资本为纽带形成的利益共同体作祟；同时也反对"技术悲观主义"，它在社会领域会导致人们的革命意识和革命意志的丧失。他提出"重塑技术，是指为人类服务"的孤立主义设想试图以此把握科学技术的发展不被资本绑架。

第七，差异表现四：解剖科技异化的理论方法。马克思主义经典作家运用历史唯物主义、辩证唯物主义和政治经济学的分析方法，从人最重要的社会实践——劳动出发，从资本主义生产方式的逻辑起点——商品生产出发，抽丝剥茧来深入剖析科技异化的原因，得出令人信服并经得住历史检验的科学结论，由此进一步提出消灭科技异化的途径——根本性的解决方法。而西方马克思主义则基本放弃了马克思主义的上述方法，采用了五花八门的理论方法来批判当代资本主义并展开对科技异化问题的研究。其中，影响最为深远的法兰克福学派的理论方法的诸多来源中，除了被他们不断"修正"的马克思主义外，还综合了诸如弗洛伊德的精神分析学说、弗洛姆的精神分析社会学、马克斯·韦伯的社会学、萨特的存在主义哲学、人本主义哲学、反实证主义哲学、交往行为理论等，形成了法兰克福学派源流庞杂、包罗甚广的"社会批判理论"。从理论属性而言，西方马克思主义（包括法兰克福学派）与马克思主义渐行渐远，双方根本性的思想差异越来越大。

综上所述，对于围绕科技与资本联姻的必然结果——科技异化的发展前景应该如何认识？实事求是的看法是：从当代资本主义发展变化的趋势看，科技异化仍然在不断加深。"资本三大本性"（逐利、竞争和创新）决定了科技和资本早已形成水乳交融的关系，只要资本主义有发展的余地和空间，"科学技术泛资本化"这个趋势就不会改变。

经过全书层层深入、阐幽探微的解剖，本书得出重要结论：科技与资本联姻推动"科学技术资本化"进而促成"科学技术泛资本化"的历史进程就是科技异化发生发展并不断加深的过程。在资本浸淫下，科学技术从"资本化"到"泛资本化"——也就是科技异化，其实质是控制，即"资本掌控一切"，这是资本实现统治的最高境界，亦是资本进化的最高阶段和必然归宿。对于资本由低级阶段向高级阶段进化的这个特点，我们必须用历史的眼光、发展的眼光来看待。这是因为，在资本进化的较低级阶段即自由竞争资本主义时期，资本的最高宗旨就是实现增值。

但是，在完成原始积累并走完自由竞争阶段之后，资本主义不断向着更高级的阶段发展演进，随着财富的剧增，资本以及其"人格化的代表"资本家集团已经不再满足于追逐利润这个目标了。当资本主义进入垄断时期，无论是私人垄断、国家垄断、国际垄断还是跨国垄断，其目标都随之发生改变——资本的理想也逐渐摆脱"铜臭气"，去追求更高级的目标——控制，即"资本掌控一切"。这个特征成为当今资本主义国家最显著的政治特征和社会特征——无论这些国家是富裕还是贫穷，这是"资本化"的科学技术及其科技异化的本质特征。这种状况无疑加深了资本主义的诸多社会矛盾，加深了人的异化。但是科技异化的危险趋势在于：一旦人类的贪欲和好奇因为资本的贪婪而一发不可收拾，科技异化将滑向一个万劫不复的深渊——以人工智能泛滥和基因科技失控而酿成的悲剧，人类文明最终将毁于自身的创造物，这是科技异化的登峰造极。因为，"掌控一切"的主体将不再是集贪婪和万能于一身的资本，而可能是人类滥用科学技术发明创造出来的"新智能物种"，《黑客帝国》三部曲深刻地揭示了这种危险。也许，我们可以将这种现象称为"资本的异化"，即贪婪的资本和失控的科技历经数百年的进化，"混血杂交"创造出一个无比强大的异己力量，这个异己力量不仅摧毁了资本，还将把被资本掌控的人类文明拖入黑暗深渊。这样的前景肯定也是资本不愿意看到的。问题是：资本会有这样的意识吗？资本能够克制与生俱来的贪婪吗？其实，我们在追问资本的同时，也是在追问人性。如果人性不觉醒，资本的贪婪一定无法阻挡。当然，这种觉醒一定是在马克思主义启迪下的彻底觉醒。

科技异化在可以预见的相当时期内是人类难以抗拒的历史趋势，但是，其发展已经对人类整体利益带来严重危害，而且危害还在加深。那么，人类应该如何消除科技异化的危害？本书的研究结论是：包括法兰克福学派在内的西方马克思主义的社会改良主张在一定程度上可以缓解科技异化泛滥的势头——如果他们的改良主张能够在全社会形成共识并成为国家政策推行的话。当然，这至多是治标之策。如何寻求针对科技异化的治本之策？我们必须回到马克思主义的根本立场，解决之道应该是：消灭生产资料的资本主义私有制，实行生产资料的社会占有，建立起每个人都能够自由发展、彻底根除人性异化的美好社会。

当然，构筑通向理想彼岸的桥梁究竟是采用激烈的社会革命还是代价更小、更温和的社会改良，这需要历史发展来验证。而且，在历史演进中，人类必须加强救赎自身的主观能动性，并且形成更广泛的社会共识。但无论如何选择，马克思主义为人类社会发展所描述的、超越资本主义的方向是毋庸置疑的。一言以蔽之，"科学技术泛资本化"的"天敌"和最强大犀利的"内生反对力量"仍然是能够随社会发展和时代进步不断丰富自身且与时俱进的马克思主义。只有它能够彻底解决科技与资本联姻所必然结果导致的科技异化，使得科学技术真正为人类所掌控并成为人类的福音。就此而言，马克思主义的科技价值观是积极向上的。马克思主义坚信：在取代资本主义的未来社会——共产主义社会，自由发展的人类社会是可以摆脱资本的奴役，用科学技术为人类造福。

结 束 语

本书所梳理的科技与资本的联姻之旅，纵贯近代以来爆发于发达资本主义国家的三次科技产业革命，深入研究在这个漫长的历史进程中，科技与资本联姻所经历的科学技术从"资本化"向"泛资本化"的形成及深化，并进一步探讨科技与资本联姻的机制及其赖以形成的复杂的"社会生态环境"。这是全书得以展开的逻辑主线。

综合全书，以下将进行研究总结，并对后续研究进行展望。

一　研究总结

考察历史可知，科学技术革命是当代资本主义发展变化的动力之源，科学技术在此进程中亦成为资本主义社会最重要的"资本"。资本主义之所以能够引爆科学技术革命，根本得益于科技与资本联姻，这是资本主义由来已久的现象，资本主义能够像变魔术一样把科学技术嬗变为无所不能的"资本"。据此，科学技术开始了"资本化"进程。资本主义生产方式的发展规律决定，科技与资本联姻是资本主义再生产顺利进行的内在需求。其联姻的必然结果是产生两个递进发展的重要社会现象："科学技术资本化"进而"科学技术泛资本化"。前者代表科技与资本联姻的初级阶段，后者代表高级阶段，由低级阶段向高级阶段进化是"资本三大本性"推动下科技与资本联姻的一个历史进程。

"资本三大本性"之一是逐利本性。资本主义生产方式的内在要求决定，若不能实现自身不断增值，资本便无法生存，资本主义就要走向崩溃，这是资本主义亘古不变的真理。追逐更多的利益，占有更多的财富应该是人类贪欲本性使然。但是，资本主义生产方式将其发挥到了登峰造极的程度。"资本三大本性"之二是竞争本性。资本自从来到人间就把最激烈也最残酷的竞争性带入人类社会，在某种程度上可以认为，资本主义生产方式淋漓尽致地展示了人类诞生以来所必须面对的、不能有丝毫懈怠的生存竞争的压力，这种压力最初主要来自大自然施加给人类的生存重压。但随着人类社会的发展，特别是资本主义生产方式的确立，人类所面临的竞争压力主要不再来自大自然，而是来自人类社会自身——来自被数千年私有制激化演进的错综复杂的社会矛盾，资本主义生产方式作为这种矛盾大爆发的典型制度展现了非常残酷的一面。资本主义的历史经验证明，资本保持活力的秘诀在于，它必须生活在一个为逐利而激烈竞争的环境中。除此，资本既不能生存也不能发展。"资本三大本性"之三是创新本性。资本为了逐利，必须参加竞争；为了竞争获胜，资本必须创新。无论是"科学技术资本化"时期还是"科学技术泛资本化"时期，资本所引发的创新，涉及科技创新和一系列与之相关的制度创新，如企业制度创新、市场制度创新、法律制度创新、文化制度创新等，资本停止创新，将丧失生机和活力。资本与生俱来的三大本性之间形成一个首尾衔接、相互促进、互为因果、周而复始且不断加速的"滚雪球模式"，在这个似乎永不停歇的运动中，资本与科技的联姻成为必然，"科学技术资本化"进而"科学技术泛资本化"就此展开，它促使资本主义走向壮大且发展速度日趋加剧，新变化令人目不暇接，但也酝酿着日趋深重的一系列危机，令人类文明前途莫测。

在科技产业革命的历史进程中，科技与资本联姻建立起相得益彰、共荣共存的"鱼水关系"，科技之"鱼"一旦离开资本之"水"的滋养，将丧失生命。而资本之"水"若无"鱼儿"畅游和繁衍生息，也将成为一潭死水进而丧失生机与活力。这就是科学技术由"资本化"进而"泛资本化"的历史进程的形象写照。

本书认为，"科学技术资本化"是"科学技术泛资本化"的低级阶段，它是指工业资本以及金融资本以逐利为目的渗入科技研发体系和全过程并将其纳入资本主义社会大生产后，在无所不能的资本穿针引线和牵线搭桥下，社会系统辅之以一系列横贯经济、政治、文化之间的制度安排，促使科学研究的成果转化为实用的生产技术，即转变为能够大力提高社会生产力的商品化科技成果以更好地攫取剩余价值的过程。这个过程发端于 17—18 世纪第一次科技产业革命即蒸汽革命时期的英国，与之相匹配，英国社会形成了独特的"社会生态环境"，涉及社会经济因素、人力资源因素、社会文化因素、逐利的货币资本和富有眼光的风险投资群体因素、"成功者效应"和法律制度等因素，它们的合力共同促成了科技和资本的联姻。此后，伴随爆发于 19 世纪中叶美国的第二次科技产业革命即电力革命，"科学技术资本化"的深化在美国得以完成，与之相匹配，美国社会形成的独特的"社会生态环境"，涉及有利于科技创新的历史传承和高起点科技发展水平、全世界最领先的专利法律制度、"专利权资本"和货币资本完美结合、独特的社会心理即"山巅之城"的宗教文化心理和积极进取的企业家精神，它们的合力共同促成了"科学技术资本化"迈向深入。近代以来资本主义发展的历史经验证明："科学技术资本化"程度越高的国家，科技创新越活跃，科学技术越强大，其必然结果是，科技发达导致经济发达和综合国力强大。是故，"科学技术资本化"助力英国在 18—19 世纪成就大英帝国的辉煌，此后，又助力美国在 20 世纪成为资本主义第一强国和世界霸主。"科学技术资本化"的最直接表现形式是"专利权资本化"，它是"科学技术资本化"时期科学技术转化为生产力最好的法律制度安排，它既促进了资本主义大发展，又促进了科学技术大发展。

随着资本主义的发展，"科学技术资本化"开始了扩散和升级并在第三次科技产业革命即信息技术革命时期进入"科学技术泛资本化"阶段，这是"科学技术资本化"的高级阶段，是"扩展版"或"升级版"，其标志是二战结束后 20 世纪 50 年代美国的国家资本与私人资本即风投资本和科技研发全面联姻，特别是风投资本的普及和风投市场的成熟与壮大并带来一系列相关的金融制度和企业制度的创新以及社会文化的变迁，是科技研发与资本联姻的最高阶段，极大优化了资本逐利的过程和科技成果转化为实用商品乃至"资本化"的过程。与"科学技术泛资本化"相伴的科技产业革命是信息技术革命。在这场持续时间最长、影响最为深远、爆发于美国的新科技革命中，"科学技术泛资本化"得以形成并走向深化。"科学技术泛资本化"在形成并深化于信息技术革命时期的美国，与之相匹配，美国社会形成的独特的"社会生态环境"因素涉及军事和政治需求促使国家资本与科技研发全面联姻、冷

结束语

战背景下美国朝野众志成城以战胜苏联为目标的社会心理氛围、资本逐利的需求促使风险投资兴起使得私人资本与科技研发深度联姻拥有最完善的制度保障、官—产—学—研一体化的制度安排非常有利于科技与资本深度联姻、"知识产权资本化"成为"科学技术泛资本化"的最佳表现形式。在科技与资本联姻的这个最重要时期，美国独创的风险投资是"科学技术泛资本化"深化最重要的制度创新。"硅谷现象"是"科学技术泛资本化"最经典样本。

在信息技术革命过程中，美国国家资本（国家）和私人资本共同为科学技术全面、彻底的"资本化"营造了最优良的社会生态环境，使科学技术与资本全面结合和相互促进、转化达到一个前所未有的高度和广度，成为资本追逐剩余价值并扩大统治范围的利器，也成为当代资本主义飞速发展的动力之源。"科学技术泛资本化"缘起并深化于美国，随后推广到资本主义世界，它使得美国在二战后继续稳坐世界第一科技强国的宝座并成就了美国二战后的世界霸主地位。二战以后的世界历史经验证明："科学技术泛资本化"程度越高的国家，科学技术越强大，其必然结果是，科技发达导致生产力飞速发展和综合国力强大。

"科学技术资本化"是科学技术与资本联姻的初级阶段，其目的是更多更好地攫取剩余价值，逐利是其动因。而作为科学技术与资本联姻的高级阶段，"科学技术泛资本化"的目的则是"控制"，"掌控一切"成为资本的终极目标，逐利已经蜕变为"掌控一切"的可有可无的副产品，这也使得资本主义由来已久的"科技异化"现象演进到了即将爆炸的"临界点"——这是人和自己创造物的关系彻底扭曲和主次颠倒的极致。对此历史现象若不加以有力的约束和自觉的纠偏，人类文明将面临巨大的隐忧，这是资本主义的本性使然。无论是"科学技术资本化"还是"科学技术泛资本化"，都是资本主义变迁中最重要的经济现象，其共性目标都是促进资本主义的扩大再生产的顺利进行，维护资本主义的统治，它们所引致的诸多社会矛盾都是资本主义根本矛盾的产物。

观察历史我们看到，科学与资本相结合能够发挥上述改天换地的作用，资本必须依赖科学技术这个杠杆来撬动过去缓缓前行的人类文明并将其抛进资本主义飞速发展的轨道。因此，资本对科学技术的追逐成为资本主义进程中的必然现象，科学技术对资本的悦纳——表现为科学研究和技术发明所需要的巨大资金需求必须由资本提供,同样,资本逐利的本性可以借力于科学技术并得以成倍放大,即科学技术成为资本逐利的"功率放大器",这是"科学技术资本化"和"科学技术泛资本化"的最显著成就。

"资本三大本性"——逐利、竞争和创新决定了科技与资本联姻对社会生产力发展具有重大促进作用。以科技和资本联姻的不同阶段,科学技术对社会生产力巨大拉动作用来考量,可以全面量化考察"科学技术资本化"对社会生产力的促进作用以及"科学技术泛资本化"对社会生产力的促进作用。熊彼特的"创新理论"和技术经济范式理论为这样的考察提供了分析工具,技术经济范式理论认为,"关键生产要素"的变迁与生产力进步存在最直接的关联。它很好地传递了科技产业革命促进社会生产力的巨大力量。发源于英国的蒸汽革命和爆发于美国的电力革命诠释了上述理论。科技产业革命和"关键生产要素"、技术经济范式之间具有"多米诺骨牌效应"。物质、能量和信息是人类生存和发展的三个基本要素,也是社会经济活动的前提和结果。研究发现,人类近代以来的科技产业革命所要解决的社会经济难题各有侧重。蒸汽革命促成的机械化所解决的问题主要围绕如何获取便捷高效的能源以生产更丰富的物质产品这一核心展开。因此,可以将蒸汽革命所促成的技术经济范式称为"物质能量型技术经济范式"。蒸汽革命时代的"关键生产要素"是棉花、蒸汽机、铁和煤炭。这四种"关键生产要素"内在的产业关联是:棉纺织业是蒸汽革命时期最重要的产业,新型纺织机的发明带动了对新型能源的需求,"万能蒸汽机"于是被发明。蒸汽机的广泛运用带动了煤炭工业、钢铁工业和交通运输业(轮船和铁路)的飞速发展,冶金工业和重化工随之进入大发展时期。人类社会的生产力也随之进入前所未有的飞速发展时期。蒸汽革命时期拉动经济依靠的是廉价煤炭驱动的蒸汽机,蒸汽机无疑是"首要关键生产要素"。其数量和质量决定着一个经济体的发展水平。英国作为蒸汽革命的发祥地,在18—19世纪拥有数量极多、质量极高的"关键生产要素",故生产力发展突飞猛进,这是英国独执世界经济之牛耳的关键,成就了大英帝国两个世纪的辉煌。

电力革命时期,美国的技术经济范式仍然属于"物质能量型技术经济范式",其性质与蒸汽革命时期的英国同属一类。因此,电力革命时期经济活动中的"关键生产要素"的变迁还只是"量变"而非"质变",它们是钢铁、煤炭(石油作为新能源开始出现,但要取代煤炭尚需时日)、电力及电网、水陆运输网、电报电话通信网。而电力革命时期拉动经济则是依靠电网和电力驱动的电动机械,遍布发达资本主义各国的水陆交通运输网和电报电话通信网也离不开电力的支持以及大量使用的电动机械。与蒸汽革命时期相比,电力革命时期的"关键生产要素"有一个显著变化,即:它演变成为一组生产要素的集合——钢铁、煤炭、电力和铁路网,而不再有所谓的"首要关键生产要素",如廉价煤炭驱动的蒸汽机。上述"关键生产要素"的数量和质量决定了一国生产力发展水平。按照本书一以贯之的逻辑,这些"关键生产要素"的数量和质量由科技与资本联姻的状况所决定。也就在电力革命期间,美国取代英国成为资本主义的"领头羊"。从科技与资本联姻的发展历程考察,美国成为电力革命集大成者,根本原因在于"科学技术资本化"因为电力革命而走向深化,它意味着:科技与资本的结合更加深入,科学技术转化为生产力的效率远超以往也就顺理成章。其必然结果是美国经济就此起飞。美国作为"科学技术资本化"深化的典型国度,其社会生产力的快速进步实现了对"科学技术资本化"缘起之国英国的全面超越。一个突出的指标是:美国在电力革命时期,经济发展的"关键生产要素组合",美国所拥有的数量均大幅度超越蒸汽革命时代世界头号工业强国英国而雄踞世界第一。导致这一变化的首要原因当然是,"科学技术资本化"在美国得以深化,美国在电力革命进程中逐渐取代英国成为科技创新能力最强的国家,此外,美国得天独厚的优异自然禀赋(如丰饶的自然资源、广袤的国土面积和资本主义世界居首位的巨量人口以及大量涌入的、充满活力的移民等),比英国优越很多,这些先天优势一旦借助科技与资本联姻的威力便毫无悬念被放大,必然促成美国社会生产力提速,最终超越所有资本主义强国,在19世纪末成为最发达工业国,并将这种领先优势持续到整个20世纪乃至推进到21世纪——这是"科学技术资本化"到"科学技术泛资本化"成功推进的必然结果,它确保美国的科学技术遥遥领先于世界各国。

"科学技术泛资本化"时期科技产业革命对社会生产力的促进作用同样是通过"关键生产要素"的变迁来传递的。与蒸汽革命与电力革命相比，信息技术革命时期的"关键生产要素"发生了深刻变化，这是传统技术经济范式即"物质能量型技术经济范式"向"信息技术范式"转型的必然结果。和蒸汽革命与电力革命相比，信息技术革命对技术经济范式变革之激烈程度远超此前的两次科技产业革命，因为它较为充分地解决了经济活动中突出存在的信息高效处理和沟通的难题——这是前两次科技产业革命无法比拟的伟大成就，由此催生了一个全新的信息产业，并促成技术经济范式的质变，即传统的"物质能量型技术经济范式"转变为"信息技术范式"。如同蒸汽时代经济活动的"关键生产要素"是蒸汽机一样，信息时代经济活动的"关键生产要素"则演变为芯片（一切微电子设备及计算机的核心部件）。芯片的性能决定着所有计算机设备的性能，而经济活动和社会生活中芯片的数量和质量必然决定着一个经济及社会的信息化程度。在信息化经济即信息经济中，芯片作为"首要关键生产要素"决定了信息经济与传统工业经济在诸多领域的巨大差异，同时也对社会生产力发展产生了深远的影响。在信息技术革命推动下，美国经济和产业结构在发达资本主义体系中率先完成了转型，IT产业成为美国经济的主导产业结构，美国经济增长方式在20世纪90年代因此出现"两高两低"的全新增长，而IT产业的加速度规律是这一超常规发展的主因。

在科技与资本联姻的漫长历史进程中一直存在着与主流文化和价值格格不入的异己力量。具体表现为："科学技术资本化"形成期与科技专利制度相对立的"异数"即"集体性发明活动"和"科学技术资本化"深化期的"异数"即美国电力革命奇才特斯拉的"理想主义情怀"。而"科学技术泛资本化"时期的异己力量则是在私有软件一统天下的IT产业的新兴行业——计算机软件业兴起的"内生反对力量"即"自由软件运动"，它是信息技术革命时代"赛博空间里的空想社会主义"。对"自由软件运动"的剖析有助于我们认清"知识产权资本化"的社会影响、危害以及制约力量的发展和演进，以便更好地认识资本主义私有制所面临的挑战。存在于科技与资本联姻的历史进程中的异己力量发生发展以及消解的历程昭示了"科学技术资本化"必须遵循的规律：科技只有借力于资本才能壮大自身并发挥其改造社会的威力，在资本主义社会，不容于资本的科学技术很难发挥出变革社会的强大功能。

结束语

科技与资本联姻的必然结果是资本主义社会愈演愈烈的科技异化，对其剖析和批判是本书的重要内容。好莱坞最经典的科幻类型片《黑客帝国》三部曲成为解析科技异化的经典样本，通过对其进行"解剖麻雀"的研究，以管窥豹，我们能够深刻认知，以人工智能失控为代表的科技异化将给人类文明带来的灭顶之灾。在此基础上，进一步厘清科技异化的危险趋势、最新表现有助于我们全面反思"科学技术泛资本化"失控的危险。鉴于科技异化的风险日益增大，2007年中国科学院发布《中国科学院发布关于科学理念的宣言》一文，这是中国科学院关于科学理念的首个官方宣言，提出了中国科学家共同体关于规避科技异化的诸多共识，此举标志着中国科学家开始警惕可能失控的科学研究和技术进步对人类的威胁，警惕"科学主义的玫瑰梦"是规避科技异化必须坚守的原则。面对一日千里的科学，理性的态度是：尊崇科学精神，反对唯科学主义。

经过全书层层深入、阐幽探微的解剖，本书得出重要结论：科技与资本联姻推动"科学技术资本化"进而"科学技术泛资本化"的历史进程就是科技异化发生发展并不断加深的过程。在资本浸淫下，科学技术从"资本化"到"泛资本化"——都是科技异化的不同程度表现，其实质是控制，即"资本掌控一切"，这是资本实现统治的最高境界，亦是资本进化的最高阶段和必然归宿。对于资本由低级阶段向高级阶段进化的这个特点，我们必须用历史的眼光、发展的眼光来看待。这是因为，在资本进化的较低级阶段即自由竞争资本主义时期，资本的最高宗旨就是实现增值。马克思入骨三分地揭示资本的本能——追逐利润，不择手段。随着资本主义的演进，资本发现：向科学技术渗透并与之融合能够极大提升资本增值的效率，而且能够增强资本的统治力量。因此，资本的进化史与人类近代以来重大的科学技术创新史血脉相连，难舍难分且相得益彰，结成"鱼水之欢"。

但是，在完成原始积累并走完自由竞争阶段之后，资本主义不断向着更高级的阶段发展演进，随着财富的剧增，资本及其"人格化的代表"资本家集团已经不再满足于追逐利润这个目标了。当资本主义进入到垄断时期，无论是私人垄断、国家垄断、国际垄断还是跨国垄断，其目标都随之发生改变——资本的理想也逐渐摆脱"铜臭气"，去追求更高级的目标——控制，即"资本掌控一切"。这个特征成为当今资本主义国家最显著的政治特征、文化特征和社会特征——无论这些国家是富裕还是贫穷，这是"资本化"的科学技术及其科技异化的本质特征。这种状况无疑加深了资本主义的诸多社会矛盾，加深了人的异化。但是科技异化最诡异的趋势在于：一旦人类的贪欲和好奇因为资本的贪婪而一发不可收拾，科技异化将滑向一个万劫不复的深渊——如人工智能泛滥和基因科技失控一旦酿成悲剧，人类文明最终将毁于自身的创造物，这是科技异化的登峰造极。其诡异之处就在于："掌控一切"的主体将不再是集贪婪和万能于一身的资本，而可能是人类滥用科学技术而创造出来的"新智能物种"，《黑客帝国》三部曲就深刻地揭示了这种危险。也许，我们可以将这种现象称为"资本的异化"，即贪婪的资本和失控的科技历经数百年的进化，"混血杂交"创造出一个无比强大的异己力量，这个异己力量不仅摧毁了资本，还将把被资本掌控的人类文明拖入黑暗渊薮。这样的前景肯定也是资本不愿意看到的。问题是：资本会有这样的意识吗？资本能够克制与生俱来的贪婪吗？其实，我们在追问资本的同时，也是在追问人性。如果人性不觉醒，资本的贪婪一定无法阻挡。当然，这种觉醒一定是在马克思主义启迪下的彻底觉醒。

　　科技异化在可以预见的相当时期内是人类难以抗拒的历史趋势，但是，其发展已经对人类整体利益带来严重危害，而且危害还在加深。那么，人类应该如何消除科技异化的危害？马克思主义以及西方马克思主义对科技异化的批判则为我们深入认知"科学技术泛资本化"的风险提供了重要的理论工具。通过比较鉴别两类不同的科技伦理思想，本书的研究结论是：包括法兰克福学派在内的西方马克思主义的社会改良主张在一定程度上可以缓解科技异化泛滥的势头——如果他们的改良主张能够在全社会形成共识并成为国家政策而全力推行的话。当然，这至多是治标之策。如何寻求针对科技异化的治本之策？我们必须回到马克思主义的根本立场，解决之道应该是：消灭生产资料的资本主义私有制，实行生产资料的社会占有，建立起每个人都能够自由发展并彻底根除人性异化的美好社会。

　　当然，构筑通向理想彼岸的桥梁究竟是采用激烈的社会革命还是代价更小、更温和的社会改良，这需要历史发展来验证，需要包括工人阶级在内的大多数社会成员达成共识。而且，在历史演进中，人类必须加强救赎自身的主观能动性，并且形成更广泛的社会共识。但无论如何选择，马克思主义为人类社会发展所描述的方向是毋庸置疑的。一言以蔽之,"科学技术泛资本化"的"天敌"和最强大犀利的"内生反对力量"仍然是能够随社会发展和时代进步不断丰富自身且与时俱进的马克思主义。只有它提出的社会革命方案能够彻底解决科技与资本联姻所必然结果导致的科技异化,使得科学技术真正为人类所掌控并成为人类的福音,而不致蜕变为人类的异己力量。

本书通过全面总结科技与资本的联姻的历史进程,厘清科技与资本联姻的机制,归纳总结了"科学技术资本化"向"科学技术泛资本化"演进的历史规律。得出重要结论:

人类近代以来所发生的科技产业革命不仅和一个国家的天然禀赋有关,更重要的是,它和相关国家为科技与资本顺利联姻而营造的"社会生态环境"密切相关,这是近代到迄今发生的所有科技产业革命均出现在发达资本主义国家的重要原因。该研究结论揭示了科技产业革命发生发展的一般规律,对于中国这样的后发现代化国家具有非常重要的启迪意义,能够为中国学习发达资本主义的成功经验,摸索出一条中国特色的大国科技创新道路提供有益的借鉴。同时,在上述学习过程中,中国特色的大国科技创新道路还可以吸取发达资本主义国家的教训,有效规避潜在的风险——科技与资本联姻后日趋泛滥、日渐失控的科技异化。

综上所述,研究资本主义的重要目的是更好地建设社会主义和人类社会。科技与资本联姻所形成的强大动能中不断推动资本主义加速发展的同时也给资本主义乃至人类社会带来了巨大的隐忧,这个重要经验值得中国特色社会主义学习和借鉴。

中国改革开放 40 年,引进外资和利用外资的效率无疑是发展中国家中最高的,在此过程中,中国的民间资本发展壮大的速度也堪称"世界之最"。这些资本成为推动中国科技进步的重要力量。自然,"科技与资本联姻的泛滥"以及"科技异化"这类"发展中的问题"在中国的演进也是一个值得警惕的问题。

譬如 2018 年 11 月 26 日被全球媒体广泛报道的"世界首例基因编辑婴儿在中国诞生"一事,就是一个非常严重的事例,中国南方科技大学前副教授贺建奎团队在第二届国际人类基因组编辑峰会召开前一日突然宣布,一对名为露露和娜娜的基因编辑婴儿已经于 11 月在中国健康诞生,消息发出后引发全球学界震动。据媒体披露,贺建奎团队背后兴风作浪的资本是中国最强大的民营医疗王国"莆田系"①。

这说明，经济和科技高速发展的中国，如果任由贪婪的资本和失控的科技狼狈为奸，两者联姻后不仅危害中国经济和社会的健康发展，而且对人类文明也危害甚深。因为，今天的中国不仅成为全球仅次于美国的科技研发大国，也成为科技研发成果高效商品化并快速推向市场的最主要国度。当然，由于中国独特的国情——共产党领导下的社会主义国家，国家资本的力量乃至国家力量对于以逐利为根本的中外私人资本有着无与伦比的纠偏力量，可以有效规范其发展方向，使其不至于走向社会伦理、公序良俗和人类文明的反面。这个政治制度的优势将成为方兴未艾、突飞猛进的中国特色大国科技创新道路的"定海神针"和"指南针"。这是任何一个资本主义科技强国所不具备的政治优势。有此制度保障，我们有理由相信："以人民利益为核心"的中国特色大国科技创新道路所依赖的"社会生态环境"一定能够得到自觉优化，这是以资本利益为核心的资本主义科技创新无法比拟的。

综上所述，研究资本主义的重要目的是更好地建设社会主义和人类社会。科技与资本联姻所形成的强大动能在不断推动资本主义加速发展的同时，也给资本主义乃至人类社会带来巨大的隐忧，这个重要经验值得中国特色社会主义学习和借鉴。

总结全书，研究发现：资本附丽于"高尚的"科学技术不仅可以为自己找到一个威力无比的"能量倍增器"，而且也随之改变了自身模样——使之更加神秘、更有道义感召力而令人崇敬；而科技拥抱资本不仅使自己获得源源不断的研发经费，也因此被资本感染了发财致富的动机，而且能够与社会生产实践紧密结合。"资本化"了的科学技术不再仅仅是"抬头仰望星空"的孤独或者是深藏实验室无人问津的自娱自乐。总之，资本与科技的联姻使得资本可以将自己贪婪的嘴脸隐藏在一层漂亮面纱下，而科技拥抱资本则使自己穿上了一件厚实耐用的外衣可以遮风避雨。而站在更宏大的人类文明演进这个视角观察，科技与资本联姻其实是一柄"双刃剑"，如何"取其善果，避其恶果"是人类必须拥有的觉悟和警惕，问题的根本在于人类该如何驾驭贪婪的资本，更深

---

① 《全球学界震动：中国诞生世界首例基因编辑婴儿！》，新浪科技，http：//tech. sina. com. cn/d/f/2018－11－26/doc-ihmutuec3749997. shtml。

层次对人性的拷问则是人类应该如何掌控与生俱来的贪婪与好奇。摆脱资本的束缚乃至掌控无疑是唯一正确的道路。

一言以蔽之，人类社会必须为科学技术的发展设定不可逾越的边界，筑紧篱笆，防范科技异化给人类社会带来的戕害。而归根到底的解决方案肯定是回归马克思主义的基本立场：人类在尚不能摆脱资本的束缚之时必须有意识地节制资本，在此基础上进一步变革资本赖以生存的生产方式，以彻底摆脱资本的奴役。

二 研究展望

《科技与资本的联姻之旅——当代资本主义变迁中的"科学技术泛资本化"研究》，从科技与资本的联姻这个独特视角，通过探索科学技术从"资本化"到"泛资本化"进化的历史规律，进而得出重要结论：人类近代以来所发生的科技产业革命不仅和一个国家的天然禀赋有关，更重要的是，它和相关国家为科技与资本顺利联姻而营造的"社会生态环境"密切相关。该研究结论揭示了科技产业革命发生发展的一般规律，对于中国这样的后发现代化国家建设科技创新强国具有非常重要的启迪意义。

基于上述认识，本书的展望是："他山之石，可以攻玉"，在总结发达资本主义营造优良的制度环境促成科技产业革命，推动生产力飞速发展的历史经验基础上，我们可以探索一条中国特色的科技创新道路，为实现中华民族振兴伟业提供最强大的科学技术支撑。为迎接新科技革命的挑战以加速自身的发展，建设富强的社会主义现代化强国，中国特色社会主义完全可以从发达资本主义国家科技与资本联姻的历史进程中汲取种种有益的经验为己所用，同时吸取教训以规避潜在的风险。

为实现以上研究展望，后续研究将以科技与资本联姻推进生产力发展的历史经验为观察视角，立足本书奠定的坚实基础，将后续研究进一步拓展到这个重要领域：从新中国成立到改革开放以来，在将近70年的社会主义现代化建设路途中，中国特色的科技创新道路的历史经验和实践路径问题。

总体而言，改革开放之前中国走出来一条国家战略主导下的"单一资本推动"即国家资本推动的科技创新道路。而进入改革开放时期，伴随着中国对发达资本主义学习和借鉴能力的飞速提高以及大量外资涌入，中国在政策制定和制度建设等诸多方面突破创新、开拓进取，在国家战略引导和市场机制主导下走出一条"复合资本推动"的中国特色的国家科技创新道路，即国家资本和非国家资本各得其所并形成合力，共同推进的科技创新道路。前者主要聚焦于国家战略和重大科技创新工程，奏响了中国特色科技创新的主旋律，开创了中国特色社会主义科技创新的新模式；后者则完全依照市场化原则运行并结出了丰硕的成果。同时，在此过程中还逐渐形成了中国特色的社会主义科技创新道路赖以拓展的最优"社会生态环境"，即"中国特色国家创新体系"，它成为中国科技创新能够对发达资本主义形成"弯道超车"的最重要制度优势。

此外，值得关注的现象是，中国特色的社会主义科技创新道路形成了两条交织演进且联系日益密切并相互促进的发展主线：一条主线是，在国家战略主导下的国有企业和科研事业单位的科技创新；另一条主线是，在市场机制主导和国家战略引导下非国有企业，尤其是民营高科技企业闯出的一条风险投资"唱主角"的科技创新。中国特色的社会主义科技创新道路对发达资本主义国家的科技创新经验有学习和借鉴，但更有超越和创新。这就是中国独特的国情造就了"中国特色国家创新体系"。在其滋养下，中国科技创新的势能经过长期积累并形成后发优势，最终开辟了一条中国特色社会主义科技创新道路。

以上思路，将形成后续研究——"国家创新体系的构建与中国特色社会主义科技创新道路研究"的新起点。

参考文献

（一）马克思主义经典著作

《马克思恩格斯全集》（第三卷），人民出版社2002年版。
《马克思恩格斯选集》（第1—4卷），人民出版社2012年版。
《马克思恩格斯文集》（第一卷），人民出版社2009年版。
《马克思恩格斯文集》（第八卷），人民出版社2009年版。
《马克思恩格斯全集》（第十九卷），人民出版社1963年版。
《马克思恩格斯全集》（第二十一卷），人民出版社2003年版。
《马克思恩格斯全集》（第三十卷），人民出版社1995年版。
《马克思恩格斯全集》（第三十一卷），人民出版社1998年版。
《马克思恩格斯全集》（第四十二卷），人民出版社1979年版。
《马克思恩格斯全集》（第四十三卷），人民出版社2016年版。
《马克思恩格斯全集》（第四十六卷），人民出版社2003年版。
《马克思恩格斯全集》（第四十七卷），人民出版社1979年版。
《马克思恩格斯全集》（第四十八卷），人民出版社1985年版。

（二）中文译著

[美]丹尼尔·贝尔：《后工业社会》，高铦、王宏周、魏章玲译，新华出版社1997年版。
[美]马克·波拉特：《信息经济论》，李必祥、钟华玉等译，湖南人民出版社1987年版。
[美]曼纽尔·卡斯特：《网络社会的崛起》，夏铸久、王志弘等译，社会科学文献出版社2001年版。
[美]丹·希勒：《数字资本主义》，杨立平译，江西人民出版社2001

年版。

［英］罗杰·奥斯本：《钢铁、蒸汽与资本：工业革命的起源》，曹磊译，电子工业出版社 2016 年版。

［英］罗伯特·艾伦：《近代英国工业革命揭秘——放眼全球深度透视》，毛立坤译，浙江大学出版社 2012 年版。

［法］保罗·芒图：《十八世纪产业革命》，杨仁梗、陈希秦、吴绪译，商务印书馆 2011 年版。

［英］斯蒂芬·布劳德伯利、凯文·H. 奥罗克编：《剑桥欧洲经济史》第一卷，何富彩、钟红英译，王珏、胡思捷校，中国人民大学出版社 2015 年版。

［美］吉尔·琼斯：《光电帝国：爱迪生、特斯拉、威斯汀豪斯三大巨头的世界电力之争》，吴敏译，中信出版集团 2015 年版。

［法］保尔·拉法格等：《回忆马克思恩格斯》，马集译，人民出版社 1973 年版。

［美］斯坦利·L. 恩格尔曼、罗伯特·E. 高尔曼等：《剑桥美国经济史》第二卷《漫长的 19 世纪》，高德步、王珏本卷主译，高德步、王珏总译校，中国人民大学出版社 2008 年版。

［美］W. 伯纳德·卡尔森：《特斯拉：电气时代的开创者》，王国良译，人民邮电出版社 2016 年版。

［美］哈罗德·埃文斯、盖尔·巴克兰、戴维·列菲：《美国创新史》，倪波、蒲定东、高华斌、玉书译，中信出版社 2011 年版。

［美］丹尼尔·J. 布尔斯廷：《美国人——南北战争以来的经历》，谢廷光译，上海译文出版社 1988 年版。

［美］弗朗西斯·特里威维廉·米勒：《人类惠师：爱迪生》，春凤山、子祥译，刘云馨修订，现代出版社 2012 年版。

［英］弗朗西斯·亚瑟·琼斯：《发明世界的巫师：托马斯·爱迪生传》，佘卓桓译，黑龙江教育出版社 2016 年版。

［美］杰拉尔德·冈德森：《美国经济史新篇》，杨宇光等译，商务印书馆 1994 年版。

［美］约翰·S. 戈登：《财富的帝国》，柳士强、钱勇译，中信出版社 2005 年版。

［美］罗伯特·卡根：《危险的国家：美国从起源到 20 世纪初的世界地

位》（上），袁胜育、郭学堂、葛腾飞译，社会科学文献出版社2011年版。

［美］约翰·奥尼尔：《唯有时间能证明伟大：极客之王特斯拉传》，林雨译，现代出版社2015年版。

［美］沃尔特·艾萨克森：《史蒂夫·乔布斯传》，管延圻、魏群、余倩、赵萌萌译，中信出版社2011年版。

［美］Owen W. Linzmayer：《苹果传奇》，毛尧飞译，清华大学出版社2006年版。

［美］丹尼尔·伊克比亚、苏珊·纳帕：《微软的崛起——比尔·盖茨和他的软件王国》，吴士嘉译，新华出版社1996年版。

［美］阿尔弗雷德·D.钱德勒、詹姆斯·W.科塔达编：《信息改变了美国：驱动国家转型的力量》，万岩、邱艳娟译，上海远东出版社2011年版。

［美］理查德·泰德罗：《安迪·格鲁夫传》，杨俊峰等译，上海人民出版社2007年版。

［美］凯蒂·哈芙纳、马修·利昂：《术士们熬夜的地方：互联网络传奇》，戚小伦、李金莎译，内蒙古人民出版社1997年版。

［美］斯宾塞·安特：《完美的竞赛："风险投资之父"多里奥特传奇》，汪涛、郭宁译，中国人民大学出版社2009年版。

［美］威廉·曼彻斯特：《光荣与梦想：1932—1972年美国社会实录》（3），广州外国语学院英美问题研究室翻译组译，商务印书馆1988年版。

［美］莱斯利·柏林：《硅谷之父：微型芯片业的幕后巨人》，孟永彪译，中国社会科学出版社2008年版。

［美］乔治·萨顿：《科学史和新人文主义》，陈恒六、刘兵、仲维光译，华夏出版社1989年版。

［美］王跃：《在卫星的阴影下：美国总统科学顾问委员会与冷战中的美国》，安金辉、洪帆译，北京大学出版社2011年版。

［美］迈克尔·曼德尔：《网络大预言：即将到来的互联网大萧条》，李斯、李鸿雁译，光明日报出版社2001年版。

［英］克里斯·弗里曼罗克·苏克：《工业创新经济学》，华宏勋、华宏慈等译，北京大学出版社2004年版。

［美］汤姆·弗列斯特：《高技术社会》，唐建文等译，中国社会科学出版社1990年版。

［美］布鲁斯·艾布拉姆森：《数字凤凰：信息经济为什么能浴火重生》，赵培、郑晓平译，上海远东出版社2008年版。

［美］阿伦·拉奥、皮埃罗·斯加鲁菲：《硅谷百年史：伟大的科技创新与创业历程（1900—2013）》，闫景立、侯爱华译，人民邮电出版社2014年版。

［瑞典］汉斯·兰德斯顿主编：《全球风险投资研究》，李超、王一辛、毛心宇、李奇玮译，湖南科学技术出版社2010年版。

［美］约瑟夫·熊彼特：《经济发展理论》，何畏、易家祥、张军扩、胡和立、叶虎译，张培刚、易梦虹、杨敬年校，商务印书馆2000年版。

［美］约瑟夫·熊彼特：《资本主义、社会主义和民主》，杨中秋译，电子工业出版社2013年版。

［意］G.多西等编：《技术进步与经济理论》，钟学义等译，经济科学出版社1992年版。

［美］托马斯·库恩：《科学革命的结构》，金吾伦等译，北京大学出版社2003年版。

［英］斯蒂芬·布劳德伯利、凯文·H.奥罗克编：《剑桥现代欧洲经济史》第二卷，张敏、孔尚会译，胡思捷、王珏校，中国人民大学出版社2015年版。

［英］W.H.B.考特：《简明英国经济史》，方庭珏、吴良健、简征勋译，商务印书馆1992年版。

［荷］扬·卢滕·范赞登：《通往工业革命的漫长道路：全球视野下的欧洲经济（1000—1800年）》，隋福民译，浙江大学出版社2016年版。

［意］卡洛·M.B.奇波拉：《欧洲经济史》，吴良健、刘漠云、壬林、何亦文译，商务印书馆1989年版。

［英］埃里克·霍布斯鲍姆：《工业与帝国：英国的现代化历程》，梅俊杰译，中央编译出版社2016年版。

［美］乔纳森·休斯、路易斯·凯恩：《美国经济史》，杨宇光、吴元中、杨炯、童新耕译，格致出版社、上海人民出版社2013年版。

［美］乔纳森·休斯、路易斯·凯恩：《美国经济史》，杨宇光、吴元

中、杨炯、童新耕译，格致出版社 2011 年版。

［美］罗伯特·D. 阿特金森、拉诺夫·H. 科尔特：《美国新经济——联邦与州》，焦瑞进、刘新利译，人民出版社 2000 年版。

［美］威廉·吉布森：《神经漫游者》，Denovo、姚向辉译，江苏文艺出版社 2013 年版。

［美］罗伯特·杨、罗姆：《红帽旋风》，郑鸿坦译，中国青年出版社 2000 年版。

［美］派卡·海曼：《黑客伦理与信息时代精神》，李伦、魏静等译，中信出版社 2002 年版。

［美］李纳斯·托瓦兹、大卫·戴蒙：《乐者为王》，王秋海、胡兴、徐勇译，中国青年出版社 2001 年版。

［英］托马斯·摩尔：《乌托邦》，戴镏龄译，商务印书馆 1982 年版。

［美］彼得·韦纳：《共创未来打造自由软件神话》，王克迪、黄斌译，上海科技教育出版社 2002 年版。

［美］威廉·欧文编：《黑客帝国与哲学：欢迎来到真实的荒漠》，张向玲译，上海三联书店 2006 年版。

［美］希拉里·普特南：《理性、真理与历史》，童世骏、李光诚译，上海译文出版社 2005 年版。

［德］费尔巴哈：《基督教的本质》，荣震华译，商务印书馆 2011 年版。

［美］赫伯特·马尔库塞：《单向度的人——发达工业社会意识形态研究》，刘继译，上海译文出版社 2008 年版。

［德］哈贝马斯：《作为"意识形态"的技术与科学》，李黎等译，学林出版社 1999 年版。

（三）中文专著

《邓小平文选》（第 3 卷），人民出版社 1993 年版。

徐崇温：《当代资本主义新变化》，重庆出版社 2005 年版。

严书翰、胡振：《当代资本主义研究》，中央党校出版社 2004 年版。

靳辉明、罗文东：《当代资本主义新论》，重庆出版社 2005 年版。

刘树成、张平：《"新经济"透视》，社会科学文献出版社 2001 年版。

陈筠泉、殷登祥主编：《科技革命与当代社会》，人民出版社 2001 年版。

王伯鲁：《马克思技术思想纲要》，科学出版社 2009 年版。

李建伟：《创新与平衡——知识产权滥用的反垄断法规则》，中国经济出版社 2008 年版。

刘大椿：《科学技术哲学导论》（第 2 版），中国人民大学出版社 2005 年版。

钱时惕：《科技革命的历史、现状与未来》，广东教育出版社 2007 年版。

殷登祥：《科学、技术与社会概论》，广东教育出版社 2007 年版。

吴国盛：《科学的历程》，北京大学出版社 2002 年版。

肖峰：《技术发展的社会形成：一种关联中国实践的 SST 研究》，人民出版社 2002 年版。

王振东编：《世界各国专利制度》，中国大百科全书出版社 1995 年版。

韩毅等：《美国经济史（17—19 世纪）》，社会科学文献出版社 2011 年版。

徐志伟：《电脑启示录》，清华大学出版社 2001 年版。

叶平、罗治馨：《计算机与网络之父》，天津教育出版社 2001 年版。

叶平、罗治馨编：《图说电脑史》，百花文艺出版社 2000 年版。

虞有澄：《我看英特尔——华裔副总裁的现身说法》，生活·读书·新知三联书店 1995 年版。

鄢显俊：《信息垄断揭秘——信息技术革命视域里的当代资本主义新变化》，中国社会科学出版社 2011 年版。

郭良：《网络创世纪——从阿帕网到互联网》，中国人民大学出版 1998 年版。

吴军：《硅谷之谜》，人民邮电出版社 2015 年版。

叶平、罗治馨：《互联网络传奇》，天津教育出版社 2001 年版。

方兴东、王俊秀：《IT 史记》，中信出版社 2004 年版。

朱斌：《当代美国科技》，社会科学文献出版社 2001 年版。

林德山：《渐进的社会革命：20 世纪资本主义改良研究》，中央编译出版社 2008 年版。

李响：《美国版权法、原则、案例及材料》，中国政法大学出版社 2004 年版。

何勤华主编：《美国法律发达史》，法律出版社 2000 年版。

吴军：《浪潮之巅》（第二版·上册），人民邮电出版社 2016 年版。
于成龙：《比尔·盖茨全传》，新世界出版社 2000 年版。
张乃根、陆飞主编：《知识经济与知识产权法》，复旦大学出版社 2000 年版。
黎晓珍、左慧：《英特尔芯片攻略》，南方日报出版社 2005 年版。
刘绪贻、杨生茂主编：《美国通史》第二卷，人民出版社 2002 年版。
刘绪贻、杨生茂主编：《美国通史》第三卷，人民出版社 2002 年版。
刘绪贻、杨生茂主编：《美国通史》第四卷，人民出版社 2002 年版。
甄炳喜：《美国新经济》，首都经济贸易大学出版社 2001 年版。
陈宝森：《剖析"美国新经济"》，中国财政经济出版社 2002 年版。
宋玉华等：《美国新经济——经济范式转型与制度演化》，人民出版社 2002 年版。
厉以宁主编：《西方经济学》，高等教育出版社 2000 年版。
田春生、李涛主编：《经济增长方式研究》，江苏人民出版社 2002 年版。
刘九如主编：《IT 世纪大点评》，北京大学出版社 2000 年版。
龚维敬：《垄断经济学》，上海人民出版社 2007 年版。
张淑华：《社会认知科学概论》，光明日报出版社 2009 年版。
杜微言主编：《世纪的声音：在清华听讲座》，中国民航出版社 2001 年版。
陆群：《李纳斯：可主沉浮》，清华大学出版社 2007 年版。
高放、李景治、蒲国良主编：《科学社会主义的理论与实践》，中国人民大学出版社 2005 年版。
贾星客、李极光主编：《自由软件运动经典文献》，云南大学出版社 2003 年版。
孙昊主编：《解码@黑客帝国》，中国华侨出版社 2003 年版。
金二主编：《接入"黑客帝国"》，人民文学出版社 2003 年版。
江晓原：《科学外史 II》，复旦大学出版社 2014 年版。
江晓原：《江晓原科幻电影指南》，上海交通大学出版社 2015 年版。
阿一主编：《黑客帝国发烧手册》，现代出版社 2003 年版。
江晓原、黄庆桥、李月白：《今天让科学做什么？》，复旦大学出版社 2017 年版。

王伟、戴杨毅、姚新中：《中国伦理学百科全书·应用伦理学卷》，吉林人民出版社 1993 年版。

金炳华：《马克思主义哲学大辞典》，上海辞书出版社 2003 年版。

李桂花：《科技哲思——科技异化问题研究》，吉林大学出版社 2011 年版。

罗肇鸿、王怀宁：《资本主义大辞典》，人民出版社 1995 年版。

程志民、江怡：《当代西方哲学新词典》，吉林人民出版社 2004 年版。

陈爱华：《法兰克福学派科学伦理思想的历史逻辑》，中国社会科学出版社 2007 年版。

张一兵、胡大平、张亮：《资本主义理解史（第五卷）——西方马克思主义的资本主义批判理论》，江苏人民出版社 2009 年版。

张一兵：《资本主义理解史（第六卷）——当代国外马克思主义与激进话语中的资本主义观》，江苏人民出版社 2009 年版。

（四）期刊论文

林辉、丁云龙：《试析专利权资本化》，《社会科学辑刊》2003 年第 2 期。

宋琪：《试论技术资本的属性》，《科学技术与辩证法》2004 年第 2 期。

邢陆宾：《重新定义 21 世纪信息技术及其影响》，《新华文摘》2010 年第 22 期。

鄢显俊：《从技术经济范式到信息技术范式——论科技—产业革命在技术经济范式形成及转型中的作用》，《数量经济技术经济研究》2004 年第 12 期。

鄢显俊：《"自由软件"运动要追求什么样的"自由"——斯多尔曼思想述评》，《国外社会科学》2011 年第 2 期。

鄢显俊：《信息资本与信息垄断——一种新视野里的资本主义》，《世界经济与政治》2001 年第 6 期。

肖锋：《信息资本与当代社会形态》，《哲学动态》2004 年第 5 期。

白解红、陈敏哲：《汉语网络词语的在线意义建构研究——以"X 客"为例》，《外语学刊》2010 年第 2 期。

顾亦周、马中红：《青少年网络流行文化中的"极客"现象研究》，《青年探索》2016 年第 3 期。

贾星客等：《论左版》，《云南师范大学学报》2002年第2期。

陶文昭：《信息时代资本主义的自由软件运动》，《马克思主义研究》2006年第2期。

戴黍：《黑客、黑客行为与黑客伦理》，《自然辩证法研究》2003年第4期。

郁喆隽：《黑客帝国与钵中之脑》，《书城》2016年第10期。

曾静：《鲍德里亚后现代主义视域下的黑客帝国》，《新闻传播》2014年第6期。

范中：《寇世琪试析科学主义的产生和发展》，《自然辩证法研究》1999年第2期。

（五）网络文献

林毅夫、董先安：《信息化、经济增长与社会转型》（国家信息化领导小组委托课题），http：//www.ccer.edu.cn/download/2316 - 1. docesa. doc，2004 - 03 - 24。

《八国首脑发表〈全球信息社会冲绳宪章〉》，新浪网，http：//news.sina.com.cn/world/2000 - 07 - 22/110316. html，2010 - 03 - 21。

徐子淇：《爱迪生：现实的普罗米修斯》，中国新闻周刊网，http：//www.docin.com/p - 709480729. html，2013 - 10 - 09。

《Apple - 1卖67.14万美元 能开机的"古董"苹果增值千倍》，人民网，http：//finance.people.com.cn/n/2013/0527/c70846 - 21622 860. html。

潘治：《垄断危害中国信息技术产业健康发展》，搜狐网，http：//news.sohu.com/20050814/n226669123. shtml，2018 - 01 - 19。

《机器人索菲亚袒露愿望：想上学成家以及毁灭人类》，搜狐网，http：//www.sohu.com/a/64717469_ 371013，2016 - 03 - 20。

《人类首次授予机器人索菲亚沙特国籍，特斯拉CEO马斯克表示反对》，观察网，https：//www.guancha.cn/industry-science/2017_ 10_ 27_ 432496_ s. shtml。

《美国硅谷诞生了一个让人有点害怕的宗教》，环球网，http：//app. myzaker.com/news/article.php? pk = 5a274d7f9490cbba3c000016，2017 - 12 - 06。

汉森机器人公司官网，http：//www.hansonrobotics.com/about/david-hanson/。

《中国科学院关于科学理念的宣言》，中国科学院监督与审计局网站，http：//www.jianshen.cas.cn/yw/201606/t20160602_ 4560649.html。

（六）英文文献

Manuel Castells, *The Rise of the Network Society*, Mass：Blackwell Publishers Inc., 1996.

USC, *Digital Economy 2003*, p. 87. http：//www.esa.doc.gov/Reports/digital-economy-2003, 2010-03-29.

"美国国家风险资本协会", http：//www.nvca.org/index.php? option = com_ content&view = article&id = 141&Itemid = 589.

USC（U. S. Department of Commerce）, *The Emerging Digital Economy*, http：//www.esa.doc.gov/Reports/emerging-digital-economy, 2010-03-26.

USC, *The Digital Economy II*, p. 26, http：//www.esa.doc.gov/Reports/emerging-digital-economy-ii, 2010-03-28.

George Sarton, *A History of Science：Ancient Science through the Golden Age of Greece*, London：Oxford University Press, 1953.

重要名词、概念索引

A

阿波罗计划　25，182
阿帕网　28，46，154，167—171
阿瑟·洛克　187，188，216，229，232
阿西莫夫　508，509，519
埃克特－莫希利计算机公司　190
埃里克·雷蒙德　384，410
爱的能力　486，488
爱迪生电灯公司　108，122，124，125
爱迪生发明推广体系　247，248
爱迪生公司　89，110，142，148，332，334，336，337，346
爱迪生模式　104，107，108，110，114，129，138，149，152，341，375，377
爱迪生实验室　90
爱迪生通用电气公司　91，108，118，124—126，145，149，248，366
安得瑞·高兹　556
安东尼·莱万多夫斯基　512，513

B

白炽灯　88，119，123，138，141，144，148，151，260，330，356，378
百万机器大游行　447
柏拉图的洞穴　494，497
版权　14，101，199，206—212，249，252，381—384，387，390—393，395—397，401，402，405，419，422，424—427，432—435
版权保护　199，207—209，397
版权官司　207，208
版权资本　211
半导体　154，158—160，179—181，187，193—195，197，198，216，217，227，229，231，232，235，239，242，243，319
半导体工业　179，180，195，249，252，305，319，320
BASIC 软件　161，205—208
贝尔实验室　158，159，197，200，388
贝腾投资　420
比特　160，169，303，304，344，345，426
编程工具　394，419
编程软件　208，385
标杆资金　420

病毒　459,483,491,510
钵中脑　501,502
伯纳斯·李　170,171,173,191
博尔顿－瓦特公司　60—63,82

C

操作系统　163—167,169,171,172,
　203,211,212,234,382,384—389,
　393—397,399,402,406,411,417—
　421,426,429,430
查理　88,92,536—538
Copyleft　391—393,397,424
Copyright　199,209,391
产业革命　21—28,30,36,43,59,61,
　64,82,83,85,86,262,304,315
超额垄断利润　557
超级程序　489
超级杀毒程序　490
超级史密斯　491
超级系统管理员　442,486,490,503
超级智能　491,507,518
超级智能机器人　478
超文本　170,172
超文本传输协议　170
超文本技术　170
超真实　497
成功者效应　67,79,248,576
冲绳宪章　7
创新理论　51,256—260,578
创造性思维　480,481,489,492
CPU　161,203,320,382
Cracker　383
崔妮蒂　432,439—441,449,450,
　453,462,463,483,486,488—490,
　495,503
存储器　157,160,161,163
存储器芯片　160,197
存储芯片　160,197

D

大规模集成电路　28,29,154,160,
　161,198
单向度　545,547—550,571
单向度的人　545—550
道格拉斯·凯尔纳　556,560
DEC公司　202,212,221,224
第二次科技产业革命　12,27,43—
　45,50,54,85,86,94—96,100,155,
　175,576
第谷之路　401
第三次科技产业革命　27,28,30,
　32,39,41—44,46,47,50,153,174,
　231,542,576
第一次科技产业革命　12,26,41—
　45,54,55,66,67,82,84—86,96,
　100,155,576
第一生产力　2,33,36,280,291,293,
　322
电报　24,27,28,65,86,87,91—94,
　96,109—112,114,115,124,126,
　136,155,263,281,286,296,302,
　333,338,360—362,364,366,370,
　375,378,379,388,579
电池　87,88,92,109,127,378,450,
　451,462,467,479,480,503,504
电灯泡　90,119,122—126,128,139,

重要名词、概念索引

140

电动机　24，27，30，44，86—88，91，123，146，281，333，339，340，342—348，356，579

电话　24，27，28，86，87，91，93，94，112，120，126，134，155，157，168，194，195，200，281，302，331，363，388，420，579

电力革命　12，27，28，30，43—46，50，73，86，87，94—97，100，104，107—109，125，126，129—134，137，138，141，145，147，149，151，154，155，173—175，204，208，211，236，244，247，251，253，256，258，260，261，280—282，284—291，293—298，302，303，321，324，329，330，334，335，341，375，377，378，380，381，407，433，538，576，578—580

电力行业　91，139，146，150，358，378，379

电流之战　90，91

电气时代　27，29，86，87，104，139，140，145，331—333，337，338，340—347，349，352—356，358—368，370，371，374，376

电气行业　138，342，343，356，358

电网　87，124，260，281，302，364，579

电子计算机　5，25，27，28，30，36，46，153—159，165，176，190，197

洞穴寓言　499

多媒体浏览器　172，191

E

恩格斯　7，8，19，23，33，48，94，133，140

196，254，255，263，281，328，403，404，416，535，539—541，571

二进制　154，157，173，208，303，384，386，387，396

ENIAC　28，30，46，154，156—158，165，176，177，190，196，384

F

发达工业社会　543，545—550，556，571

发电机　24，27，44，86—91，123，124，139—143，148，149，258，260，296，331，333—335，337，339，350，355，370，378

发明大王　88，91，116，247，248，251，334

发明工厂　108，114—119，121—123，126，138，247，248，251，336，375

发明雇员　116

发明推广体系　108，116

发烧友　161，208，383，384，387，407，419，436，445，452—455

法兰克福学派　9，494，495，542—546，549，555，556，571，573，582

法律制度　13，14，16，17，39，41，47，67，82，96，102，199，247—250，252，253，575，576

反乌托邦科幻电影　457

泛资本化　1，16，18，34，38，39，42，47，50，53，175，186，200，246，253—255，511，535，539，558，560，572，574，575，581，585

非法程序　482，487，490

风投　13,213,221,222,224,225,227—230,234,252,433,576

风投公司　221,225—227,230,420,421

风投基金　225—228,415

风险投资　39,40,46,47,50,59,60,67,79,176,179,186—192,212—231,233,234,236,238—240,243,244,248,250,252,253,357—359,415,420—422,433,434,576,577,586

风险投资公司　188,214,215,218,221—226,228,229,232,233,237,240,417,420,421

风险投资制度　186,192,216,218,224,230,231,249—253

风险资本　48,59,179,186,192,213,214,216,218,227

风险资本家　213,225—227,229,248

佛教　433,464,465,475,477

Free Software　389,390,393,408

FSF　390,393,395,396

父亲对女儿的爱　486

复制　154,205,208,209,239,244,246,254,298,388,389,391,402,408,426,440,442,467,484,491,497

G

感染　459,490,491,584

钢铁　27,29,55,56,58—63,65,68,77—79,85,98,127,215,259,262,266,281,282,284,293,298,302,303,307,361,372,578,579

缸中脑　501

高级研究规划署　178,194

戈登·摩尔　160,187,229,232,319

格鲁夫　165,195,229,426

个人电脑　47,155,160,163—165,171,173,191,202,211,212,221,235,237,319,382,387,394,395,422,429

个人投资者　213,215,219,225

工程师　26,27,54,55,57,60,61,64,65,69,74,79,84,88,90,94,110,114,119,120,122,144—146,150,156,159,170,184,185,197,200,213,220,233,238,251,291,296,325,326,333,338,342,345,346,348,350,355,359,362,365,368—370,373,374,383,393,394,433,483,512,513

工匠　55,56,58,59,69,75,76,78—82,251

工人　61,62,68,69,74,84,111,116,135,147,506,530—532,535—541,543,544,547,548,559,561,564,570

工人阶级　538,540,548,559,570,582

工人异化　558

工业启蒙运动　74,75,244,247,251

工业实验室　107,247,248,251

工业研究实验室　118—120,122,248

公众公司　222,224,230

共产主义　186,400,409,410,528,

559,573

GNU/Linux　395—397,406,407,419

GNU 工程　390,391,393—396,405,409,413

《GNU 宣言》　388,389,397,398,408

GPL 版权许可　391

GPL 许可　393,394,396

股份公司　104,105,111,122,189,248,375

股权激励　229

股权结构　187,225

股权投资者　229

关键生产要素　51,256,262—264,266,272,276,280—282,284—286,293,297—305,578—580

《关于科学理念的宣言》　524,526

官—产—学—研一体化　176,193,194,577

规避原则　51,504

硅谷　179,186,188,191,192,212,214,216—218,221,223—229,231—246,249,250,252,254,373,374,420,433,434,511—513

硅谷八叛将　187

硅谷多元文化　245

硅谷模式　236,237

硅谷文化　250,252,254

硅谷现象　50,186,212,213,231,233,236—238,242,244,246,251,252,254,577

国防计划署　168

国家资本　13,39—41,46,48,96,175,176,182,186,217,249,251—253,551,570,576,577,584—586

H

汉森机器人公司　516,517

豪斯顿　91,126,141,142,145,338,343

好奇　53,338,380,431,495,505,506,509,516,520,556,572,582,585

好奇心　344,429,505,506,509

合伙企业　118,225

合伙人　13,58,79,106,111,149,189,224—228,379,420

合伙制　222,225

合理解释派　452—455,465,492,493

核武器　177,510,511,553

核战争　169,182

赫伯特·马尔库塞　544,546—549

黑客帝国　51,431—440,442—448,450,452—457,459—466,468,478,479,483,485—488,490—497,499—505,507,508,516,524,534,548,572,581,582

《黑客帝国》发烧分类学　452—454

黑客群体　382,383,386,387

黑客社区　385

红帽　386,403,410,417—424,429

红帽公司　417,418,420—423,429

互联网　6,32,44,47,154,166—173,177—179,181,191,192,194—196,203,234,235,237,242,245,300—302,307,308,315,319,360,383,393,410—412,418,420,421,426,

507,511,512

互联网革命　28,154,155,165,170,
　　171,173,176,210

火车　24,27,28,44,64—66,91,109,
　　118,140,148,203,260,281,308,
　　440,474,483,487

货币资本　13—16,67,78,82,97,
　　103—105,107,108,118,126,148,
　　187,237,251,325,375—377,415,
　　576

I

IBM　159,163,164,166,171,178,
　　179,187,190,191,193,198,201—
　　204,211,212,221,235,238,242,
　　243,385,386,393,421

ICT技术　154,302

Intel　14,160,197,203,229,382,385

IPO　14,189,214,227

IP协议　169,171

IT产业　32,46,161,203—205,237,
　　302,305—310,315—319,321,324,
　　381,433,580

IT革命　28,252,311,313

J

伽利尔摩·马可尼　94,297,362

机构投资者　218,225

机器大帝　440,470,484—486,491

机器大工业　55,82,251,405

机器革命　461,476—478

机器人　25,390,435,446—452,456,
　　477,479,492,493,508,512,513,

516—519

机器人三定律　508,519

机器世界　432,437,440,452,467,
　　483,487,489,491,503,504

机器文明　446,452,455,457,459,
　　466,469,476,478—485,489—492,
　　502—505

机器中心论　470,477,478

基督教　129,380,441,459—465,
　　513,514,528

吉姆·克拉克　191,234

极权主义社会　548,549

集成电路　25,159—161,197,204,
　　234,235,299,319

集成电路计算机　155,160,161,163

集体性发明活动　51,324—329,580

集体学习　486,520

计算机　6,25,28—32,44,47,153—
　　161,163—173,177—181,190,191,
　　193,194,198,201—205,207—211,
　　220,221,224,229,235,244,249,
　　252,298,300—304,307,308,314,
　　315,318—321,330,362,382—388,
　　390,391,393,394,397,399,401—
　　403,406,409,417,419,429,432,
　　452,467,469,474,493,497,501,
　　502,518,580

计算机革命　154,155,161,163—
　　165,173,176,181,198,210,220,
　　319

计算机联网　167

计算机软件　45,154,204,206—212,
　　249,252,324,382,383,385,387,

重要名词、概念索引

389，393，397，398，400，406，419，
433，580

计算机通信网络　28，46，154，169，
170

计算机硬件　164，203，204，208，214，
308，317，318，321

技术　1，3，5—7，9—13，15，16，18—
38，42，44，46—48，52，54，56，57，
59，61，63，68，70，71，74—76，78，
79，82，83，85—87，90—94，97—
103，105—110，118，120，122，126，
131—138，140，144，145，148—150，
153—155，158，159，161，164，166—
171，173，174，176，177，179，183—
186，190，192—199，201—203，
214—216，219—222，225，228，232，
235—237，239，241，243，247，249，
250，257—263，266，272，273，281，
289—291，293，294，296—308，
314—316，318—322，325—328，
330—332，334，335，337，338，341，
342，344，346，348，349，352—356，
358—362，364，366，368，370—372，
374，378—380，382—384，388—
390，393，394，396，405，406，409，
411—415，417—420，428，431，438，
448，450，452，456，457，460，479，
480，497，506，508—510，517，523—
525，538，545—564，570，571，575，
578，581

技术革命　21—30，36，37，76，87，
155，261，273，301，315，362，562

技术经济范式　51，256，260—262，
264，273，280—282，297—300，
302—305，578，580

技术商品　15，16，26，108，109，117，
118

技术资本主义　542，560，561，563，
564

建筑师　442，469，478，485—487，
489—491，503

江晓原　436—438，453，454，492，
500，503，504，506，509，510，516，
519，521—524，526

交流电　24，27，86，90，91，126，139—
150，331，333—335，337—340，343，
344，346—354，356—358，368，370，
374，378，379

交流电动机　146，332，333，337，339，
342—346，353，357，361，365，378，
379

交流电照明系统　140，149，339，343

交流电之战　346

交通工具　27，64，98，302

阶级觉悟　548

金融资本　12，78，104，126，188，214，
575

进化　2，10，11，13，16，24，38，43，66，
94，174，196，203，254，301，319，
329，406，416，428，459，468，474—
476，478—485，489，490，492，504，
505，507，518，519，558，560，572，
574，581，582，585

进化实验场　482

经典样本　50，51，86，90，104，138，
231，233，251，341，347，431，437，

494,534,577,581
《经济学哲学手稿》 514,528,530,534
晶体管 25,158—160,163,165,179,187,197,200,201,220,235,303,319,320
晶体管计算机 155,158,187,220
救世主 439—441,448,451—453,460,461,463,464,467,470,487—492,495,499
救赎 379,380,439,458—460,462,463,573,582
矩阵 432,435,439—442,446,450—452,454,455,457,459,464,467—469,472,478,479,481—491,495—497,499,500,502—504,548
矩阵革命 432,435,440,442,445,478,481—485,489,491,492
矩阵之父 442,478,485,487,490
矩阵之母 442,478,485,490
军备竞赛 176,181,184,186,193,194,510

K

卡玛拉 487
开放源码 410,413,414,418—421
开源软件 384,386,388,389,391,392,395,396,404,406,407,409—417,420—424,428—430
科幻影片 431,436,438,443,501
科技产业革命 2,13,18,21—23,26,28,30,32,33,38,41,43—48,50,52,54,67,74,95,96,119,127,130—132,137,153,154,175,200,213,236,253,255,256,262—264,273,280,288,297,298,300,302—305,321,323,328,334,434,535,541,544,559,574—576,578—580,583,585
科技进步 4,8,39,83,204,213,240—242,263,290,294,295,375,376,504,505,509,524,548,552,555,558,561,570,583
科技伦理 51,545,548—550,553,556,560,563,564,570,582
科技异化 1,9,15,47,50,51,431,437,438,452,494,504,509,511,520,524,527—530,533—544,546—548,553—557,561,564,570—573,577,581—583,585
科技与资本联姻 9,34,43—46,48,50—52,54,67,85,86,95,105,122,128,129,137,138,143,147,152—154,175,199,213,224,246,251,253—256,258,281,282,286,293,300,305,322,324—326,328,329,358,366,368,373—375,377,380—382,384,415,417,428,430—434,510,517,528,534,538,539,541,544,551,555,558,561,563,564,570,572—575,577—581,583—585
科学 1,3,5—14,18—26,28,30—37,42,44,46,48,51,52,57,71,74—76,78,86,87,90,92—94,101,102,105,119—122,127—129,132,135,137,152,154,156—158,161,

重要名词、概念索引

162,167,169—171,173,176—179,
181,183—185,187,188,193—196,
198—201,207,208,213,217,219,
225,229,237,238,241,247,249—
253,257,260—262,281,283—286,
291,293,295,298,299,301,303,
316,318,322,331,333,336,338,
340,341,351—354,358,359,361,
365,366,371—374,380,382,385,
390,391,394,398,400,403,404,
407,419,431,433,436—438,452,
453,461,478,479,492,494,500—
502,504—511,513,515,516,519—
527,533—535,537—541,543—
547,549—556,559,563,564,570,
571,575,577,581

科学的 8,18,19,21,23,25,27,30,
31,33—36,52,53,66,74,87—89,
91,93,94,106,156,161,162,165,
182,198,226,266,291,299,304,
337,409,480,498,501,502,505,
506,510,520,521,523—527,534,
538,539,551

科学技术 1—4,7—16,18,20,21,
23,27,28,31—44,47,48,50—54,
66,67,79,82,85,94—96,101,102,
105,107,108,114,118—122,127,
130,134,136,153,154,174—176,
183,185,186,190,191,196,200,
204,210,214,215,222,231,233—
235,244,246,248,254,255,280—
282,291,293,294,305,322,324,
328,329,336,430,431,438,452,

492,495,504,506,509—511,515,
521—528,531,533—535,537—
542,544—560,563,564,570—585

科学技术的本质 560
科学技术的功能 560
科学技术泛资本化 1,2,9,12—18,
34,38—42,44—51,53,67,153,
154,174—176,182,183,186,187,
190,192,193,197—201,204,209,
210,212—214,218,221,230,231,
233,236,244,246,249—254,256,
297,300,306,322,324,381,382,
389,392,400,406,416,417,423,
424,430,432,433,510,511,513,
515,520,522—524,530,538,542,
545,547,551,555,556,558,570,
572—583,585

科学技术革命 2—5,7—9,18,21,
47,50,95,174,322,460,530,538,
542,552,574

科学技术资本化 1,9,11—13,15—
18,34,38,40—42,44—46,50,51,
53—55,66—68,72,74,76,79,82,
85,86,90,94—97,100—102,104,
105,107,108,111,118,119,121,
122,124—126,128,129,131—134,
137,138,148,152,174,175,199,
200,204,209,244,246—248,251—
254,256,258,259,264,280,282,
286,290,291,293,296,297,322,
324—326,328,329,336,341,347,
351,359,368,374—377,381,431,
433,530,538—540,558,570,572,

574—581,583

科学精神　291,525,527,581

科学思想史派　452,454,492—494

科学主义　431,438,504,520—522,
527,555,563,581

科学主义玫瑰梦　520

肯·奥尔森　220

空想社会主义　324,382,389,397,
398,400,401,404,405,407,415,
580

控制　15,25,30,91,92,132,148,
149,157,159,161,166,169,173,
177,194,214,225,244,257,300,
304,305,335,338,347—350,359,
361,366,372,382,384,390,396,
398—401,406,410,411,417,418,
425,439—441,466,467,469—472,
474,480—482,487,493,495,498,
502,503,505—507,510,511,524,
538,540,541,545—549,551,553—
557,559,560,572,577,581

L

拉里·罗伯茨　167

冷战　39,40,42,46,53,165,169,
170,174—176,179,181,183—185,
193,195,215,249,250,252,576

李纳斯·托瓦兹　394—396,418,
422—428

理查德·斯多尔曼　384,386,393,
395

理查德·特雷维克西　64

理论框架　38—41,53,66,67,95,174,
175,556,564

《理想国》　498,499

理想主义　105,116,324,336,359,
368—370,373,376,403,405,415,
455,580

利润　9—11,13,15,26,59,62,74,
78,103,104,108,109,117,124,
125,129,139,145,164,187,189,
196,197,202—204,214—216,221,
227,243,255,339—341,352,368,
375,376,379,382,387,405—407,
411,413,415,419,429,433,558,
570,572,581

利益共同体　76,327,516,563,571

联姻　1,8,11—13,15,18,39—48,
50—54,66,67,72,76,79,85,95,
96,102,107,114,118,119,121,
122,126,153,154,174—176,182,
183,186,188,192,193,212,214,
221,224,231,233,234,244,246—
255,259,263,280,293,328,352,
366,368,374—377,381,407,414,
417,422—424,428,432,434,511,
520,536,539,560,574—578,583—
585

林肯实验室　167,177,178,220

领航员　191,410

Linux　394—396,411,417—422,427,
429,430

Linux之父　422,424,428

浏览器　154,171—173,191,235,
410—412

轮船　27,44,64,65,86,98,132,155,

重要名词、概念索引

260,263,273,278,578
罗伯特·诺伊斯　158,159,187,229,232
罗摩康拉　486,487
罗夏墨迹测试　436
逻辑框架　1,34,40,42,48,49,53,66,95,174
逻辑起点　1,53,488,535,556,571
逻辑主线　49,50,53,439,574

M

麻省理工学院人工智能实验中心　385
马克·波拉特　5
马克思　7—11,17,19,33,42,52,94,133,196,263,281,415,510,514,515,523,527—535,537—542,544,551,552,555,556,558,560—563,570,571,581
马克思恩格斯全集　9,33,52,58,62,514,533—537,539—541
马克思恩格斯选集　7,8,11,17,23,33,48,133,196,254,255,263,328,403—405,415,416,515,530—532,538,540,541
马克思主义　1,9,11,33,36,51,280,293,389,392,397,400,403,410,431,515,527—529,532,534,540,542—544,548,552,556,557,561,563,564,570—573,582,583,585
马赛克　172,191
马修·博尔顿　60,77—79
迈克·马库拉　188,232

曼哈顿计划　156,182,198
曼纽尔·卡斯特　5,181,301,316
梅罗纹加　440,442,467,487
煤炭　55,56,61,68—71,85,127,262,264,266,267,280—282,284,293,298,302,304,305,307,364,479,578,579
煤炭工业　27,55,58,68,70,71,247,251,262,273,303,578
美国　3—6,10,12—14,27,28,30,31,38—40,45—47,50,53,54,65,66,83,86—93,95—112,114—140,142,144—146,148—150,153—156,158—160,162,164—166,168—171,173—188,190—204,207,210—225,228—236,238—253,255,256,259,260,264,270,273,274,280—297,299,300,303,305—324,330—332,334,335,337,339—343,346,347,349,351—354,356,358—362,373,378—380,385,387,388,393,396,400,402,406,409,412,419—421,425,427,432,433,437,439,443—447,501,505,508,511—513,516,536,543,544,556,560,576—580,584
美国电报电话公司　158,194,200,201,203,204,235
美国风险投资制度　224
美国国家风险资本协会　213
美国精神　130,186,249
美国研究与发展公司　213,215,218,219,221,222,224

美苏争霸　46,186

门罗公园　113,115,116,121,122,128,336

《摩登时代》　536,537,559

摩尔定律　319—321,426

末日审判　504

墨菲斯　432,439—441,448,452,453,455,456,462,480,483,486,488,495—500,502,503,506

Mosaic　172,173,191

MIT AI　385—387,393,400

MITS 公司　161,162,205,206,208,384

母体　260,439,441,455,459,461—465,478,496,498—502,557,559

N

纳斯达克　192,241,422,429

内存　160,163,198,319

内生反对力量　51,90,105,143,324,329,336,381,416,423,573,580,583

尼奥　432,439—442,448,451—453,455,460—465,467,468,478,480,483,484,486—493,495—500,502—504

尼奥的爱　486

尼布甲尼撒号　463

尼古拉·特斯拉　86,90,113,145,296,331,354—357,363,365,367,368,370

尼亚加拉水电站　145,146,353,358,369

拟像与仿真　495,497

牛郎星　160,161,163,205,206,209,211

纽卡门蒸汽机　26,57,58,60,62,63,70,71,83,258,259

P

帕累托最优　203

排他性权利　103

苹果电脑　163,172,173,189,206

苹果电脑公司　161,218,232

瓶中脑　436,501

破产清算　227

普通合伙人　225—228

PC　47,155,163,164,169,171—173,191,195,202,203,211,310,316,319,382,393,394,397,411

Q

企业家精神　97,129,131—133,244,247,248,251,576

企业实验室　118

乔治·多里奥特　218

青年黑格尔派　513,514

"清教徒"精神　136

情感　17,451,466,474,476—478,482,484—492,503,513,515,535,555

囚犯　498,499,502

权利性的商品　118

R

让·鲍德里亚　495

人的类本质 532

人的异化 431,527—530,532,535,
542,547,548,559,572,582

人工智能 31,32,43,44,47,51,386,
431,432,436,439,445,447,451,
452,455—457,459,461,468,478,
480,482,485,486,489—492,497,
502,504—510,512,513,515—520,
572,581,582

人机关系 471,472,476,492,493

人类的情感 442,478,485—490

人类价值观 517,518

人类文明 7,8,15,16,18,30—33,
43,47,51,52,181,182,282,334,
431,432,434,437,440,441,445—
447,452,455,457,459,469,476,
478,479,482—485,489—493,497,
502—506,510,511,513,515,519,
524,534,542,572,573,575,577,
581,582,584

人类心理 481,482

人类智慧 480,512

人类智能 484

人类中心论 469,470,476—478

人类终极命运 512

人力资源因素 67,72,133,134,253,
576

人体电池 451,502

人性的扭曲 533,535

人性真实 499

人造地球卫星 165,178,179,183,
185,217

软件 28,45,154,161—164,169—
172,191,195,202—214,234,235,
307,315—318,362,381—402,404,
405,407—415,417,418,421—428,
430,440,487

软件保护 209,211,401

软件编程语言 161,205

软件产业 205,207,209,211

软件私有制 389,392,399

软件哲学 385

Red Hat 417,422,429

Red Hat Linux 417,419

S

萨蒂 478,487,491

塞拉夫 478

塞缪尔·莫尔斯 92

赛博空间 324,382,389,397,400,
401,406,416,423,564,580

赛佛 455,500

三位一体 114,441,453,463

Sati 473,475,476

杀毒程序 442,467,486,491

山巅之城 97,129,133,186,244,
247—249,251,576

删除 466—468,473,480,481,487,
491,496

商业软件 387,388,390,396,412,
415,419

上帝 92,129,130,136,186,249,
251,379,403,404,442,447,448,
457,458,460,463—465,494,505,
512—515,528

设计师 410,418,419,442,469,481,

516,518
社会改良　398,406,554,573,582
社会环境　35,37,85,183,243
社会生态环境　1,13,34,38—41,43,45,46,49,50,53,54,66—68,72,74,76,79,82,85,95—97,101,104,107,129,133,137,153,174—176,183,186,193,198,199,244,246—255,296,375,574,576,577,583—586
社会协商方案　555
社会心理　39—42,47,97,129,176,183,186,249,250,252,253,384,400,543,576,577
社会责任　524—526,563
社会主义　1,39,48,50—52,84,183,186,259,323,389,398,519,520,542,559,560,571,583—586
申请专利　57,59,84,107,108,122,202,207,210,211,240,241,250,252,296,327,339,340,357,359,360
升级　1,13,14,16,45,50,86,137,240,417,419,426,442,449,456,459,466,467,469—473,475,476,478,481—484,486,488—492,576
生产方式　6—8,17,22,23,25,31,32,82,173,545,559,585
生产关系　2,6,17,35,244,258,397,405,528,550,557—562
生产力　2,3,6—9,12—14,16,25—27,33,35,51,52,79,82,95,100,102,119,134,135,137,138,174,

192,204,222,253,256,257,263,264,273,280—282,284,286,291,293,297,300—306,310,315,316,321—323,328,333,375,376,381,405,505,523,524,538,540,550—553,557—560,570,575—580,585
剩余价值　9—13,15,40,116,196,405,548,552,564,571,575,577
失控　51,431,452,504,507—511,513,515,516,524,537,542,555,564,572,581—584
史蒂夫·乔布斯　161—163,188,189,191,232
史密斯　440—442,444,456,462,464,467,486,490,491,493,496,503,506
史密斯之恨　486
示范效应　40,47,83,118,188,190,253,517
市场制度　6,17,196,575
试验田　481
首次公开发行股票　214,227
数字革命　30,173
数字化编码　155,173
数字经济　30,31,320
数字理想国　397,400,407
数字设备公司　220,221
数字资本主义　6,194,195
双倍股票期权　422
水电站　89,91,145,331,355
私募　214,225
私人公司　65,223,225
私人资本　13,39—41,45,46,67,85,

96，176，186，192，217，224，231，246—248，250—253，368，576，577，584

私有版权　392，417，424

私有软件　324，382，384—390，392—395，397，399，404，406—408，410—415，424，429，580

私有制　16，325，397，398，400，528，529，531，534，571，575

斯拉沃热·齐泽克　494

斯普尼克　165，178

斯通投资公司　187，216

Smith　442，464，474，475，484

索菲亚　516—519

SST 理论　1，34，37—42，48，53，66，67，95，174，175，197

STS 理论　1，34—38，42，53

T

泰勒　77，140，166，167，185

贪婪　52，53，113，192，385，398，430，431，506，509，515，520，556，560，572，573，582，584，585

贪欲　325，396，446，460，509，511，516，572，574，582

特斯拉的理想主义情怀　51，143，329，336，368，369

特斯拉电灯与电气制造公司　90

特斯拉模式　104，105，341，344—346，358，376，377

铁路　27，33，44，54，64—66，91—93，97，107，110，112，131，133，136，138，145，146，148，215，260，263，272，274，281，285，286，290，293，297，298，306，356，379，380，578，579

铁路行业　146

通用电气公司　91，118，119，126，143

通用公共许可证　391，392

统治　7，9，11，13，15，24，40，41，94，130，213，263，282，390，401，405，407，416，429—431，435，440，446，469，470，473，475，492，493，504，505，507，509，512，516，527—529，531，532，534，535，537，539—541，545—552，554，555，562，572，577，581

图形界面式操作系统　164

退出机制　186，227

托马斯·阿尔瓦·爱迪生　86

托马斯·摩尔　398

托马斯·纽卡门　56

托马斯·萨维利　56

托瓦兹　394—396，419，422，425—428

TCP　169，171

The Matrix　431，432，435，436，439，440，442，453，468，469，471—475，485

The One　459，467，470—475，481，484

Trinity　441，453，463，471—476

W

瓦特蒸汽机　26，54，58，60，61，63，82，83，98，258，259，273，325

晚期资本主义　549—552，555

万维网　170,172,173,235,362

万维网之父　170

网景公司　191,192,237,410—412,
421

网络　5,6,25,30,32,43,78,93,157,
158,160,165—172,174,177—179,
181,188,190—192,195,237,299,
301,310,316,330,382,383,387,
401,419,429,434—436,439,440,
448,450,466,468,495,497,516

网络浏览器　28,46,154,171,173,
191,234,410,411

危险的游戏　486,489

微处理器　159—161,163,164,198,
203,319,320,382,419,420

微处理芯片　160,161,202,203,320

微电子技术　28,154

微软　162—165,171,192,203—209,
211,212,241,242,382,384,385,
387,389,390,393,395—398,401,
402,405—407,410—412,415—
421,426,429,430

微软公司　161,163,164,203—208,
211,212,242,382,384,387,389,
401,402,406,411,412,420

微型电脑　160,161,164,211

微型计算机　25,29,161,163,205,
206,211,220,221,393

唯科学主义　520,521,527,581

卫星　168,169,179,182—186,194,
195,516

未来之路　512,513,515

沃卓斯基　432—436,439,443,445—
448,453,462—465,470,471,473,
475—477,495

沃兹尼亚克　161,188—190,232

乌托邦　398,400,492,494,563

乌托邦科幻电影　457

乌托邦模式　459

无限连带责任　225

无用程序　481,482,486,487

Way of the Future　512,513

Web　170,171,234,411,546

Windows　164,165,172,203,382,
406,411,419,426,429

Wintel 联盟　164,203,382,390,406,
420

WWW　28,46,154,170,171,173

X

西方马克思主义　9,10,51,431,
527,541—545,547,548,556,560,
564,570,571,573,582

西屋电气公司　86,90,91,104,138,
140,142—144,149,152,338,339,
343,345,347,353,370,379

锡安　440,441,446,448—454,456—
459,463,464,467,468,478,485,
486,488—493,496,503

锡安档案馆　446

锡安电子档案馆　446,447

锡安山　457,463

系统崩溃　451,487

仙童　159,160,187,188,197,217,
229,242,243

仙童半导体公司　187,192,216,229,

重要名词、概念索引

232

仙童摄影器材公司 216,229

先知 403,441,442,451,452,458,467,469,471,473,476,478,482,485—491

肖克利 158,159,187,197,200,235

肖克利半导体公司 216,229,243

谢尔曼·费尔柴尔德 187

芯片 29,159—165,179,180,188,197,198,201,203,217,229,232,298—305,319,320,382,406,420,580

新旧意识形态 552

新意识形态 553

新智能物种 572,582

信息和通信技术 28,153

信息化经济 5,6,300—302,580

信息技术 6,28,29,31,32,44,153,157,173,195,203,209—212,236,299—301,306—308,314—317,319,321,415,497

信息技术范式 262,297—305,580

信息技术革命 5—7,13,23,28,30—32,43,44,46,47,50,153—155,157,161,163,165,173—177,179,181,186,188,191—193,195—198,200,201,203—205,207,208,224,228,231,236,249,250,252,261,297—306,308,312,314,315,321—324,381,382,385,389,397,406,407,416,417,423,430,433,542,576,577,580

信息经济 5,203,207,209,210,299,302,304—308,315—317,319,321,

580

信息垄断 31,241,382,393,398,401,403,406,410,415,416

信息时代 6,43,201,244,246,298,301,305,310,383,387,392,393,405,406,497,580

信息资本主义 5,6,301,382,392,393,397,400,401,403,404,406,415,416

星球大战计划 180,182

虚幻世界 441,497,503

虚拟程序 448,454

虚拟世界 435,439,445,449,450,483,496,498,500,502,503

虚拟现实 382,383,432,439,451,454,564

需要异化 556

Y

亚历山大·贝尔 134

亚历山大·波波夫 94

异化 392,456,494,495,497,513—515,527—536,538,539,541,542,545,546,548—550,556,557,560,562,572,573,582

异化劳动 431,527—536

异化劳动理论 527

异己力量 51,324,464,527—529,531,534,535,537,572,580,582,583

异数 51,324—329,368,375,377,580

意识形态 40,255,392,403,405,

409,413,416,545—550,552—556,
559—563,570,571
意识形态功能　547,570
意识形态中立　558
因特网　6,25,169—171
英特尔公司　160,164,165,179,195,
197,198,202,229,232,319,320,
382,419
尤尔根·哈贝马斯　544
有限责任　78,225,226,228
有限责任公司　118,226
欲望号特快列车　516,524
原教旨主义的黑客精神　384
原始积累　10,572,581
源程序　208,384,470—472,487,
489,490
源代码　207,208,384,386—394,
396—400,408,410—412,414,415,
417,424,428,484,491
源代码大厦　487,489,490
源码　392,399,409,418
远距离输电技术　91
约翰·罗巴克　59,79
约翰·莫希利　156
约翰·皮尔庞特·摩根　122
约翰·普瑞斯伯·埃克特　156
约瑟夫·布莱克　59,76,79
约瑟夫·熊彼特　132,256—259
《阅读的权利》　401,403

Z

詹姆斯·瓦特　54,58,76,325
蒸汽革命　9,12,23,26—28,30,43,
45,50,54,55,63,66—68,72—76,
81—86,97,99,100,102,108,111,
130,155,173,174,204,208,211,
244,247,251,256,260—264,266,
267,271—275,277—281,286,288,
290,291,293—295,297,298,302,
303,321,325,327,329,380,381,
407,430,433,538,576,578—580
蒸汽机　24,26,27,29,30,44,54—
65,68,69,71,76,77,79,81—84,
88,98,99,106,140,260,262,264,
266,268,272—276,280,281,298,
302,303,325—327,578—580
蒸汽机车　62,64,65,83,86,131,
146,155,278
蒸汽轮船　24,54,64,83,97
蒸汽时代　27,29,43,58,86,260,
266,281,282,298,426,580
直流电　86,88—91,126,139—142,
145,146,149,260,333—335,339,
343,345,358
直流电照明系统　138
致富手段　8,539,570
重启　451,452,488—490
专利　12—14,16,45,56—65,67,76,
81—85,90—94,96—98,101—114,
116—119,121,122,124,126,129,
132,135,138—152,158,159,190,
199—201,203—212,222,228,236,
240—242,247—252,258,293—
297,324—328,331,332,335—338,
340—349,351—361,363—365,
367,369,374—379,381,393,427,

重要名词、概念索引

428,433,456,558,576,580

专利技术 12,82,102,103,106,108,
114,116,117,120,325,374

专利入宪 102

专利申请 101,159,210,295,337,
339,340,352,353

资本 1,7—18,21,23,26,32—34,
38—48,50—56,58—63,65—68,
72,76—79,82,85,91,94—96,98,
100—108,110,113,114,116,118—
127,129,132,138,142,147—154,
174—176,183,186—188,190,192,
193,196,198—200,203,204,207,
208,211—214,216,217,221,224—
231,233,234,236,237,240,244,
246—255,259,263,280,282,293,
296,301,307,308,316,317,324—
329,332,336—338,340,341,344—
348,351—356,358—360,363,366,
368,374—378,380—382,385,388,
389,392,393,399,400,405—407,
410,413—417,422—424,428,430,
432—435,452,494,495,497,509—
511,515—517,519,520,523,527,
528,531,532,535—541,545,547,
548,551,552,555—558,560—564,
570—586

《资本论》 10,528,535

资本三大本性 16,17,41,50,67,85,
96,204,328,381,431,511,558,
560,561,564,570,572,574,575,
578

资本主义 1—18,21,26,28,31—33,
36,38—54,66,67,76,78,82,83,
85,86,94—97,99,100,102,105,
106,108,116,117,119,121,130,
133,134,174,175,182,186,187,
196,198—200,203,204,214,222,
231,255,257—260,263,281—286,
289—291,294,298,300,301,303,
306,310,324,328,329,352,375—
377,381,382,384,387,389,392,
393,397,398,400,401,404—408,
410,414—417,427,428,430,497,
509,514,520,527—533,535—542,
544,545,547,548,550—553,555—
564,570—577,579—586

资本主义生产方式 6—9,13,16,
17,26,50,52,514,529,531,533—
536,538,558,560,571,574,575

资本主义私有制 16,82,382,403,
428,528,539—541,564,570,571,
573,580,582

自由软件 381,382,384—386,390—
401,403—410,412—419,422—
424,428—430

自由软件基金会 393—395,397,
409,412,415,424

自由软件运动 324,381,382,384—
389,392,393,401,403—409,413,
414,423,430,580

后　　记

2018年2月28日，当我把打印装订好的书稿送至云南大学社科处准备申报当年云南省哲学社会科学学术著作出版资助计划时，内心满是欣慰。抚摸着50余万字沉甸甸的书稿，研究此课题一段艰辛的学术之旅又浮现于眼前……

一　"科学技术泛资本化"的灵感之源

2010年10月，我承担的第一项国家社科基金项目"信息技术革命与当代资本主义新变化研究"通过结题，次年结题专著《信息垄断揭秘：信息技术革命视阈里的当代资本主义新变化研究》（以下简称《信息垄断揭秘》）在中国社会科学出版社出版。通过研究信息技术革命及其变革经济和社会的强大力量，我深入解剖了"信息垄断"现象并为之画上一个圆满句号，我当时思考得最多的问题是：在"科学技术革命与资本主义变迁"这个学术领域我还能够推陈出新吗？这个问题我思考了很久——但有一条线索是非常清晰的：我的后续研究必须与科技革命有关，必须与资本主义发展变化有关。第一个研究得以顺利推进，不仅出版50万字专著一部，而且在中国科学院和中国社科院四个所刊发表了一系列论文，这一切使我颇有"涉浅水者见虾"的欣喜，自然决心"涉深水"而"观蛟龙"。我坚信：科学技术革命与资本主义发展变化的"交集"将是一望无际且蕴藏丰富的"学术富矿区"，只要有心，我还能再发现"宝藏"。

2011年底的某一天，突然灵感迸发，想到了"科学技术泛资本化"这个概念，欣喜若狂。于是有了一个我认为非常精彩的选题："当代资本主义变迁中的'科学技术泛资本化'研究。"当时粗陋的想法是：随

后记

着资本主义的进化,与资本主义如影随形的科学技术革命中,有一种值得研究的现象,即科学技术不仅可以成为资本,而且可以如"决堤洪水"般恣意汪洋,拥有强大无比的力量。"科学技术泛资本化"这个灵感来源于《信息垄断揭秘》。

在关于"信息垄断"的研究中,我注意到,当"Wintel 联盟"[①] 形成后,微软和英特尔的知识产权成为这两家垄断厂商攻城略地的利器,其威力远甚一切货币资本/金融资本——他们共同开创了资本主义进化史上空前的垄断形式。而且,非常重要的是,以微软为例,在它草创之初,作为一个以软件研发为主业、销售前所未有的新型的知识产权商品"软件"的新型公司,比尔·盖茨面临着极大的困难和诸多的不确定性。

资本主义生产方式下,社会生产极大丰富,在资本三大本性——逐利本性、竞争本性和创新本性的驱使下,"过剩"成为一种越来越严重现象。产品过剩、资本过剩所引发的经济、政治和社会矛盾日趋尖锐。"过剩"就意味着"泛滥","泛滥"则会成灾。依此逻辑,"科学技术泛资本化"是"科学技术资本化"的泛滥,作为资本主义进化过程中一个重要的现象,和资本结合、与资本联姻的科学技术一定不再是科学家实验室里的那种纯粹的科学技术了,它在资本的浸淫下必然沾染上资本的所有特性——唯利是图的贪婪性和征杀四方的侵略性。"科学技术资本化"对社会生产力的促进作用是毋庸置疑的,它相继引爆了蒸汽革命和电力革命,使人类获得了创造巨额财富的重要手段,这也体现了资本主义生产方式对人类进步的重大意义。然而,正如资本主义生产方式所具有的两面性——既有促进生产力发展和人类福祉的一面,也有阻碍生产力发展并给人类带来灾难和痛苦的一面,"科学技术资本化"作为一种历史现象和一个独特的历史进程,科学技术的发展一旦为资本所驾驭,科技进步的规律一旦从属于资本进化的规律,即"科学技术资本化"演进为"科学技术泛资本化",这对人类文明而言绝非福祉。

那么,资本和科技之间的互动促成——科学技术从资本化发展到"科学技术化泛资本化",这一学术研究的逻辑起源是怎么产生的?科技革命与资本主义的演进研究是逻辑依据。

---

① 见本书,"重要名词、概念索引"。

二 当代资本主义变迁中的"科学技术泛资本化"研究：来自"飞机模型"的解读

从科技革命的视野来研究资本主义的发展变化一直是学术界非常热络的课题。我在研究科技革命与资本主义新变化的第一部专著《信息垄断揭秘》中将研究的第一个突破口聚焦于"信息垄断"问题，它成为日后"科学技术泛资本化"这个选题的起源。其研究逻辑如下：

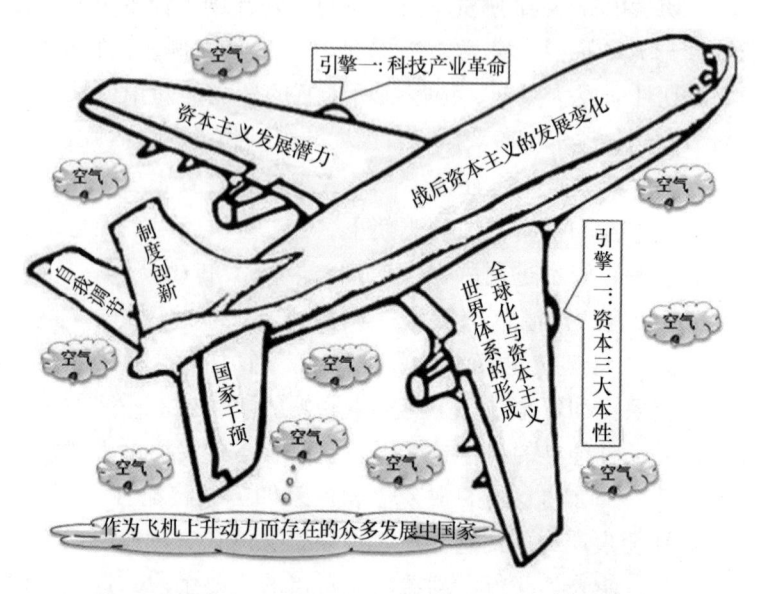

"后记"图1　当代资本主义发展变化之"飞机模型"

在《信息垄断揭秘》的"作者自序"中如此阐述研究思路（见下文仿体字部分）[①]：

当代资本主义如何变？又因何而变？对于蕴藏其间的复杂动因、诸多特点和独特规律的探究成为学术界长盛不衰的话题。为了更好地观察引致当代资本主义发展变化的一系列错综复杂的原因，我构建"飞机模型"来解析这一发展变化并试图寻找研究的突破口。

---

① 鄢显俊：《信息垄断揭秘：信息技术革命视阈里的当代资本主义新变化》，中国社会科学出版社2011年版，"作者自序"，第2—4页。

后 记

　　从系统论的角度理解：当代资本主义的发展变化本身就是一个复杂系统的演变，而促成巨变的原因同样错综复杂，同样构成一个复杂的系统。为了说明这一特点，特构建"飞机模型"的分析框架说明之。

　　"飞机模型"生动全面地解释了当代资本主义发展变化的原因及其诸多原因之间的关系。它表明：当代资本主义发展变化有如"飞机结构"，具体说明如下：

　　第一，这种发展变化好比"飞机的机身"，其"左右两翼"分别是资本主义发展潜力和全球化与资本主义世界体系的形成。前者表明，资本主义的生产关系在相当程度上仍然能够容纳其生产力的继续发展与壮大，资本主义表现出较强的"自适应"[①]特点，作为复杂系统的生产力/生产关系，经济基础/上层建筑之间及其各系统内部子系统之间，在第二次世界大战后的整合与相互适应较之以往任何一个时期都和谐得多。后者意味着，资本主义作为人类历史上第一种全球性的生产关系，在经历了两次世界大战特别是苏东社会主义解体的重大事变后，随着冷战的结束和全球化的加速而成为一种全球性的生产方式。这是当代资本主义腾飞的"左右两翼"。

　　第二，资本主义这架"飞机"的"尾翼系统"分别由两个"水平尾翼"——国家干预、自我调节，以及"垂直尾翼"——制度创新构成。自资本主义诞生以来，以这三种手段为代表的生产关系调节为资本主义生产力拓展了继续成长的空间。以国家干预为例，尽管自由主义视之为大敌，但这并不妨碍在"罗斯福新政"之后70年，面临华尔街金融危机卷起的惊涛骇浪，布什和奥巴马两任总统及众多发达资本主义国家把"国家干预"推进到前所未有的高度。必须看到，烈度日益升级的国家干预在资本主义进程中只会

[①] "自适应论。美国圣塔菲研究所（SFI）的科学家霍兰德于20世纪90年代初期提出的一种新理论。这种理论的基本思想是：组成系统的子系统是具有自身目标和行为规则的主动的'活'的个体。这些个体具有学习和适应能力，能通过与环境及其他个体的相互作用改变自身的结构和行动。在自我调整的过程中，它们不是被动地对所发生的事件做出反应，而是积极地试图将所发生的一切转化为对自己有利的因素。这种适应行为构成了整个系统出现'涌现'性质的基本动因。这种理论对经济、社会、生态等适应系统的研究具有十分重要的借鉴意义。"见刘金伟《推进社会科学研究方法创新的新视角——基于复杂性研究的思考》，《社会科学家》2004年第5期。

"空前"而不会"绝后"。在马克思主义看来,这一变化恰恰为取代资本主义的新制度的诞生积蓄着促成质变的量变因素。

第三,为"资本主义飞机"提供源源不断动力的两大"引擎"是:资本逐利的本性和信息技术革命①。前者揭示了这种生产方式发生发展的全部秘密,是资本主义进化的逻辑和历史起点。后者表明,科技产业革命是资本主义发展史上引人注目的社会现象,它与资本主义的发展变化相伴相生,为资本主义提供了赖以生存和发展的物质技术基础。

第四,作为大气层中的飞行器,飞机引擎的运转和托举机身的升力都离不开空气。据此,可以将作为发达资本主义各国剥削对象而存在的众多发展中国家比喻为"资本主义飞机"赖以腾飞的"空气"。换言之,发达资本主义之所以发达,其不可忽视的原因就是:众多的发展中国家在不平等的国际经济秩序中沦为发达国家的盘剥对象。自资本主义起步之初,当资本主义列强开始海外掠夺和殖民以来,这一状况就从未改变,虽然其形式在今天变得更加"文明"和隐蔽。

研读"飞机模型"可以发现,当代资本主义发展变化是由一系列复杂原因引致的一个漫长历史进程,探究引致其变化的深层次原因可以从不同的视角切入。多元的归因引发一个思考:我该如何研究?是遵循传统的"宏大叙事"研究模式,还是另辟蹊径?找一个比较小的问题作为研究的突破口,不求全面,但求深刻。为解决这一难题,梳理研究思路可引入多元函数②的概念,它能够把"飞机模型"的初步归因探究推向深入与具体,使所研究的问题得以清晰呈现。

多元函数的代数表达式是:$Y = F(X_1, X_2, X_3, X_4, \cdots,$

---

① 在"后记"图1中,我对《信息垄断揭秘》"作者自序"中的"当代资本主义发展变化之'飞机模型'"一图进行了修订,将作为"飞机引擎一"的"信息技术革命"抽象为"科技产业革命",将作为"飞机引擎二"的"资本逐利的本性"重新概括为"资本三大本性":逐利本性、竞争本性和创新本性。

② 何谓多元函数?设 D 为一个非空的 n 元有序数组的集合,F 为某一确定的对应规则。若对于每一个有序数组 $(X_1, X_2, \cdots, X_n) \in D$,通过对应规则 F,都有唯一确定的实数 Y 与之对应,则称对应规则 F 为定义在 D 上的 n 元函数。记为 $Y = F(X_1, X_2, \cdots, X_n)$,$(X_1, X_2, \cdots, X_n) \in D$。变量 $X_1, X_2, \cdots, X_n$ 称为自变量;Y 称为因变量。当 n=1 时,为一元函数,记为 $Y = Y(X)$,$X \in D$;当 n=2 时,为二元函数,记为 $Z = F(X, Y)$,$(X, Y) \in D$。二元及以上的函数统称为多元函数。

X_n），其本质是一种关系，即因变量 Y 和多个自变量 X（一组集合）之间存在某种对应关系：自变量 X 的变化将导致因变量 Y 以某种确定的方式发生变化。

借用多元函数的概念，我认为：首先，所有人文社会科学研究都是关于问题的研究；其次，人文社会科学研究的大多数问题都是关于变量的关系问题，即探讨变量间复杂互动的规律。依此逻辑，"当代资本主义的发展变化"（因变量 Y）受一系列复杂因素（一组自变量集合 X）影响，可归纳为：新科技革命、资本逐利的本性、全球化与战后资本主义世界体系的形成、国家干预、制度创新、自我调节、战后不平等的国际关系等等。

那么，如何将多元函数的诸多自变量归因为一个最重要的自变量即最有价值的研究问题？又如何将因变量由一类社会现象或大而化之的概念浓缩为一个最有价值的问题？笔者提出人文社科研究的"聚焦—解析模式"作为应对之策，该模式有助于厘清研究思路，窄化研究问题并借此展开相关研究。

……

经过上述一系列严密的逻辑推理：

在确定研究领域——"当代资本主义发展变化"之后，借助多元函数概念，经过对研究问题的自变量与因变量的各自聚焦，最后，研究由面到点得以"成像"为："信息垄断：信息技术革命视阈里的当代资本主义新变化。"

依照上述逻辑，我从科技革命与资本主义变迁这个学术领域成功提炼出了"信息垄断"这个原创课题，并完成了对它阐幽探微的全面研究。而对"信息垄断"的继续深入思考则促成了"科学技术泛资本化"这一全新研究课题的诞生。

何谓"信息垄断"？我的研究给出如下定义[①]：

---

① 鄢显俊：《信息垄断揭秘：信息技术革命视阈里的当代资本主义新变化》，中国社会科学出版社 2011 年版，第 36 页。

信息垄断是指在信息资本主义时代，独占信息核心技术的信息产业垄断资本、凭借其市场权力，滥用知识产权以攫取高额利润而实施的一种垄断。信息垄断诞生于信息资本主义形成过程中，是当今资本主义经济领域最值得关注的现象，它开创了资本主义历史上前所未有的垄断形态，对资本主义产生了重大的影响，对它鞭辟入里的解剖将为科学认识当代资本主义提供一个别致的视角。

依据上述定义以及由此展开的研究，以逐利、竞争和创新为本性的资本在信息技术革命进程中，同时也在"信息垄断"发生发展的全程中发挥了巨大的作用。通过对"信息垄断"的来龙去脉和社会历史意义进行抽丝剥茧的剖析，我完成了自己研究科技革命与资本主义变迁的第一部学术著作《信息垄断揭秘》。但是，此研究仅仅是"涉浅水者见虾"之作，它揭示了科技革命与资本主义变迁的"冰山一角"，我坚信在此领域仍然存在值得继续深入探究的学术领域。

根据"飞机模型"做进一步研判，作为资本主义发展变化的"两大引擎"，科技产业革命与"资本三大本性"之间一定有某种特殊的联系。如果将"信息技术革命"还原为一般意义的科学技术革命，那么，它和资本之间建立了怎样的关系？它们是如何互动和相互影响并相互成就的？这无疑是继《信息垄断揭秘》之后又一个令人着迷的课题。由此产生的研究好奇便是：科技与资本的互动抑或科技与资本的结合是怎么发生的？经历了一个什么样的过程？何时何地？目的何在？其运动规律是什么？它产生了什么影响并将走向何方？进一步思考：科技革命与资本的互动的过程与资本主义国家干预、制度创新、自我调节之间又产生了何种交互作用，即"飞机的尾翼"与资本主义发展变化"两大引擎"之间的关系，等等。对上述问题的思考水到渠成、瓜熟蒂落的结果便是"科学技术泛资本化"这个灵感的迸发。如同"信息垄断"对资本主义的意义一样，"科学技术泛资本化"也在用独特的方式影响着资本主义的发展变化。就此而言，对"科学技术泛资本化"的研究是"信息垄断"研究走向深化的必然结果。

从科技与资本相结合即科技与资本联姻的演进而言，必定先有"科学技术资本化"而后才有"科学技术泛资本化"，"泛化"意指"泛滥"即过犹不及,特指科技与资本联姻的历史进程,因为"资本三大本性"的驱使而不可避免地滑向"科技异化"的深渊,对此历史现象若不加以有力的约束和自觉的纠偏,人类文明将面临巨大的隐忧,这是资本主义的本性使然。这是符合历史和逻辑发展规律的结论。

何谓"科学技术资本化"? 我的研究给出如下定义:

> "科学技术资本化"是"科学技术泛资本化"的低级阶段,它是指工业资本以及金融资本以逐利为目的渗入科技研发体系和全过程并将其纳入资本主义社会大生产后,在无所不能的资本穿针引线和牵线搭桥下,社会系统辅之以一系列横贯经济、政治、文化之间的制度安排,促使科学研究的成果转化为实用的生产技术,即转变为能够大力提高社会生产力的商品化科技成果以更好攫取剩余价值的过程。这个过程发端于17—18世纪第一次科技产业革命即蒸汽革命时期的英国,成就了18—19世纪的大英帝国。此后,"科学技术资本化"随着爆发于19世纪中叶美国的第二次科技产业革命即电力革命而走向深化。近代以来资本主义发展的历史经验证明:"科学技术资本化"程度越高的国家,科技创新越活跃,科学技术越强大,其必然结果是,科技发达导致经济发达和综合国力强大。是故,"科学技术资本化"助力英国在19世纪成为资本主义第一强国和世界霸主,此后,又助力美国在20世纪成为资本主义第一强国和世界霸主。"科学技术资本化"的最直接表现形式是"专利权资本化"。
>
> 当代资本主义变迁中的"科学技术泛资本化"则是"科学技术资本化"的高级阶段,是其"扩展版"或"升级版",其标志是二战结束后20世纪50年代美国的国家资本与私人资本即风投资本和科技研发全面联姻,特别是风投资本的普及和风投市场的成熟与壮大并带来一系列相关的金融制度和企业制度的创新以及社会文化的变迁,是科技研发与资本联姻的最高阶段,极大优化了资本逐利的过程和科技成果转化为实用商品乃至"资本化"的过程。与"科学技术泛资本化"相伴的科技产业革命是信息技术革命。在此过程中,国家资本(国家)和私人资本共同为科学技术全面、彻底的"资本化"营造了最优良的社会生态环境,使科学技术与资本全面结合和相互促进、转化达到一个前所未有的高度和广度,成为资

本追逐剩余价值并扩大统治范围的利器，也成为当代资本主义飞速发展的动力之源。"科学技术泛资本化"缘起并深化于美国，随后推广到资本主义世界，它使得美国在二战后继续稳坐世界第一科技强国的宝座并成就了美国二战后的世界霸主地位。二战以后的世界历史经验证明："科学技术泛资本化"程度越高的国家，科学技术越强大，其必然结果是，科技发达导致生产力飞速发展和综合国力强大。"科学技术泛资本化"的最直接表现形式是"知识产权资本化"——它同样是"专利权资本化"的"扩展版"或"升级版"。

科学技术从资本化向"泛资本化"进化构成了近代以来科学技术革命的全部历史，其目的何在？我认为：

>"科学技术资本化"是科学技术与资本联姻的初级阶段，其目的是更多更好地攫取剩余价值，逐利是其动因。而作为科学技术与资本联姻的高级阶段，"科学技术泛资本化"的目的则是"控制"，"掌控一切"成为资本的终极目标，逐利已经蜕变为"掌控一切"的可有可无的副产品，这也使得资本主义由来已久的"异化"现象演进到了即将爆炸的"临界点"——这是人和自己创造物的关系彻底扭曲和主次颠倒的极致。无论是"科学技术资本化"还是"科学技术泛资本化"，它们都是资本主义变迁中最重要的经济现象，其共性目标都是促进资本主义的扩大再生产的顺利进行，维护资本主义的统治。

至此，由"信息垄断"再到"科学技术泛资本化"，从科技革命的视野来研究资本主义的发展变化又拓展了一个原创问题，这一研究主题的深化使我们对资本主义的认知又拥有了一个新的视角。"科学技术泛资本化"研究符合社会科学研究"好问题"的四大标准。

社会学家彭玉生指出："问题是一项研究的灵魂。""一个好问题往往比正确的答案更加重要。"而对于如何确定"好问题"，他提出四个评判标准："1. 具体。经验问题应该明确而具体，切忌空泛，以小见大远胜于虎头蛇尾。2. 集中。专注于一个研究问题，或者彼此相关的一组问题。当一篇文章问多个问题时，这些问题应该围绕同一个理论轴心，而不是同一个现象或事物。3. 原创性。原创诚然可贵，却是真金难求。研究新现象往往能提出新问题，但新现象本身的独特或罕见性未必是创新。用新资料研究老问题尽管有价值但绝不是创新，而对一些老话题或普通现象以崭新的视角提出研究问题则可能具有独创性。4. 意义。这一标准包括语义上的意义和理论意义。语义上有意义的基本要求是研究问题要符合逻辑、符合事实，不应是假问题。""学术研究特别强调理论意义，即理论缘由（theoretical rationale）。每一个好的经验问题背后，都有一个理论问题。……判断理论意义不仅需要学者的理论功底，并且必须是学术界认可。定义重要概念、提出重要问题要比做回归分析困难得多。对大部分研究者而言，只能通过文献分析来证明自己的研究问题有理论意义。"[1] 据此可知：

第一，"科学技术泛资本化"是个"具体"且"集中"的问题。这意味着"科学技术泛资本化"是个非常具体的问题——相对于把资本主义条件下的整个科学技术发展史作为研究对象而言，所谓"以管窥豹，可见一斑"，它成为研究科学技术与资本主义变迁的一个绝佳的切入点。

第二，"科学技术泛资本化"是个"原创性"的概念和问题，在国内学界（包括马列主义/科学社会主义领域），此问题除我以外无人研究。也有学者如王伯鲁[2]从科技与资本联姻的观察视角首先提出"科学与技术的资本化"这一概念，他运用马克思主义政治经济学的分析范式对"资本的技术化"等问题进行了研究。法国马克思主义思想家高兹[3]对资本主义制度下科学技术的发展进行了全面批判，他认为，在资本主义生产方式中，科学技术可以被"资本化"即作为高价值的资本投入到生产中，其目的是攫取超额利润。可是，中外学界对于资本主义社会主宰一切的资本与科学技术的结合及相互转化和促进的机制、结合后的社会影响等问题，其研究未能涉及。整理学术史发现，"科学技术泛资本化"是个"原创问题"。

第三，"科学技术泛资本化"是个"富有意义"的问题，这种意义表现为语义上的意义和理论意义。考察历史可知，科学技术革命是资本主义发展变化的动力之源，科学技术在此进程中亦成为资本主义社会最

---

[1] 彭玉生：《"洋八股"与社会科学规范》，《社会科学研究》2010 年第 2 期。
[2] 王伯鲁：《马克思技术思想纲要》，科学出版社 2009 年版，第 199—200 页。
[3] 张一兵主编：《资本主义理解史》第六卷《当代国外马克思主义与激进话语中的资本主义观》（张一兵等著），江苏人民出版社 2009 年版，第 64—66、67—68 页。

重要的"资本"。资本主义之所以能够引爆科学技术革命，根本得益于科技与资本联姻，这是资本主义由来已久的现象，资本主义能够像变魔术一样把科学技术嬗变为无所不能的"资本"。据此，科学技术开始了"资本化"进程。资本主义生产方式的发展规律决定，科技与资本联姻是资本主义再生产顺利进行的内在需求。其联姻的必然结果是产生两个递进发展的重要社会现象："科学技术资本化"进而"科学技术泛资本化"。前者代表科技与资本联姻的初级阶段，后者代表高级阶段，由低级阶段向高级阶段进化是"资本三大本性"本性推动下科技与资本联姻的一个历史进程。因此，"科学技术泛资本化"反映了社会现实，具有语义上的意义。其理论意义则通过文献分析得以体现：这是一个无人研究的现实问题，对其深入研究可以诠释以及丰富相关学术研究，如科学社会学、科技哲学、科学技术史和科技经济学，当然，还有马克思主义科技哲学——运用历史唯物主义和辩证唯物主义的基本方法来诠释科学技术进步的社会历史意义以及人类和科技的关系，由此进一步思考一个极其重大的现实问题：中国特色的科技创新道路如何借鉴资本主义条件下的科学技术革命的有益经验？进一步思考则是：中国如何构建适合国情且能够快速推动科技进步的国家创新体系？对这两个问题的深入思考成为"科学技术泛资本化"研究更上层楼的必然结果。这就如同，对"信息垄断"研究的深入与拓展必然提出"科学技术泛资本化"这个极富意义的命题一样。

三 当代资本主义变迁中的"科学技术泛资本化"研究的基本思路

学术研究的基本思路就是解决问题的思路。当代资本主义变迁中的"科学技术泛资本化"研究所要解决的问题是：作为科技与资本联姻的产物，"科学技术泛资本化"是什么？为什么？社会历史影响以及发展前景如何？围绕这些问题的学术展开自然成为解决问题的思路。如前所述，"科学技术泛资本化"是一个历史概念，也是历史的产物，它是科技与资本联姻的高级阶段的产物，科学技术先有"资本化"而后才"泛资本化"，这符合历史和逻辑的演进规律。于是，对"科学技术泛资本化"的研究就必然抽象为对科技与资本联姻的历史进程及其规律的研究，这一研究的历史背景自然是影响人类文明进程的科技产业革命。

因此，选择何种研究方法、构建何种研究的逻辑框架决定了研究思

后 记

路能否科学展开。古语云"工欲善其事，必先利其器"，因此，寻找一种工具性的理论/方法来全面解读"科学技术泛资本化"成为破题的关键。从科学技术与社会互动的角度考虑，作为科学社会学的重要分支，用 SST 理论来观察"科学技术泛资本化"为此研究的深入和展开提供了科学的方法。

STS 理论（Science, Technology and Society,"科学、技术与社会"理论）是一门研究科学、技术与社会相互关系的规律及其应用，并涉及多学科、多领域的综合性新兴学科，它诞生于 20 世纪 60 年代的欧美学界，"是一门研究科学、技术与社会相互关系的新兴学科。它把科学技术看作是一个渗透价值的复杂社会事业，研究作为子系统的科学和技术的性质、结构、功能及它们之间的相互关系；研究科学技术与社会其他子系统如政治、经济、文化、教育之间的互动关系；还要研究科学、技术和社会在整体上的性质、特点、结构和相互关系及其协调发展的动力学机制"[①]。

STS 理论的要旨是致力于探讨科学、技术与社会之间复杂的互动规律。

在 STS 理论基础上，欧美学界在 20 世纪 80 年代进一步发展出 SST 理论（Social Shaping of Technology,"技术的社会形成"理论），更加强调社会条件对科技创新的影响，该理论可以更加深入、深刻地把握技术发展的社会向度，在全面理解技术与社会相互作用的基础上能够更加聚焦于社会环境对技术创新的影响。和 STS 理论相比，SST 理论就是一种全新的技术社会学。SST 理论认为科技创新不是一个孤立自发的过程，而是在特定的社会条件制约下形成和发展的一个历史进程。按照 SST 理论，技术革命、创新或进步与社会之间是一种良性互动的关系，它们相互影响并彼此促进对方的变化与发展。但相较而言，现代社会对技术进步的决定作用尤显突出，"社会状况如何，决定着技术及其发展的状况"。在很大程度上，社会影响并塑造了技术，即技术创新是"在特定的社会条件制约下形成或定型的"，技术创新是"一个复杂的与社会相

---

① 殷登祥：《科学、技术与社会概论》，广东教育出版社 2007 年版，第 19 页。

互作用中产生的过程,而不是一个孤立的、自主的、按照所谓内在逻辑线性展开的过程"。即技术革命"是由社会需求推动、社会实现驱使、社会主体和环境选择、社会管理机构(如政府)调节、社会资源(含经济、政治、文化乃至纳入社会的自然条件等)制约的。正是这一系列因素建构了技术的实际发展,塑造了不同时代和国度的技术动态状况"①。SST 理论的核心可以概括为两句话:"技术是社会因素塑造的",而"多层次、多方面的社会因素对技术形成起决定性作用"。进一步分析,这些因素"从社会领域来看,涉及经济、政治和文化等对技术的影响;从社会组织看,有关于技术的社会组织形式(离不开社会组织的技术和技术发展与组织形式发展的互动)的探讨,也有关于政府、企业等具体的组织形式对技术发展影响的探讨;在关于社会地域或区位方面,则涉及不同的地方尤其是国家对技术发展的影响;还有关于技术的社会终端——用户对技术的影响,如不同的性别群体、年龄群体和利益群体是如何型塑技术的。另一种思路就是从技术的环节来研究,认为技术从发明和设计到开发和扩散再到商业性应用都是由社会因素决定的,并通过如上所说的宏观与微观研究、理论与案例研究,多方位解释塑造技术的社会因素,从而解释了社会如何影响技术发展的图景"②。

一言以蔽之,SST 理论就是在科技与社会关系问题日益复杂的背景下,将社会对科技创新的影响作为一种研究视角,从社会进化的角度来分析技术发展的规律。显然,无论是 STS 理论还是 SST 理论,对于深入剖析"科学技术泛资本化"现象提供了非常实用的工具。

如前所述,从历史和逻辑演进的过程看,"科学技术泛资本化"是"科学技术资本化"的必然结果,因此,厘清"科学技术资本化"是剖析"科学技术泛资本化"的首要前提。依据 STS 理论和 SST 理论提供的基本方法,本书构建了两个逻辑框架图来揭示"科学技术资本化"从形成到深化的机制。见下图:

---

① 肖峰:《技术发展的社会形成:一种关联中国实践的 SST 研究》,人民出版社 2002 年版,第 1—2、4、5、113、110 页。
② 肖峰:《技术发展的社会形成:一种关联中国实践的 SST 研究》,人民出版社 2002 年版,第 38 页。

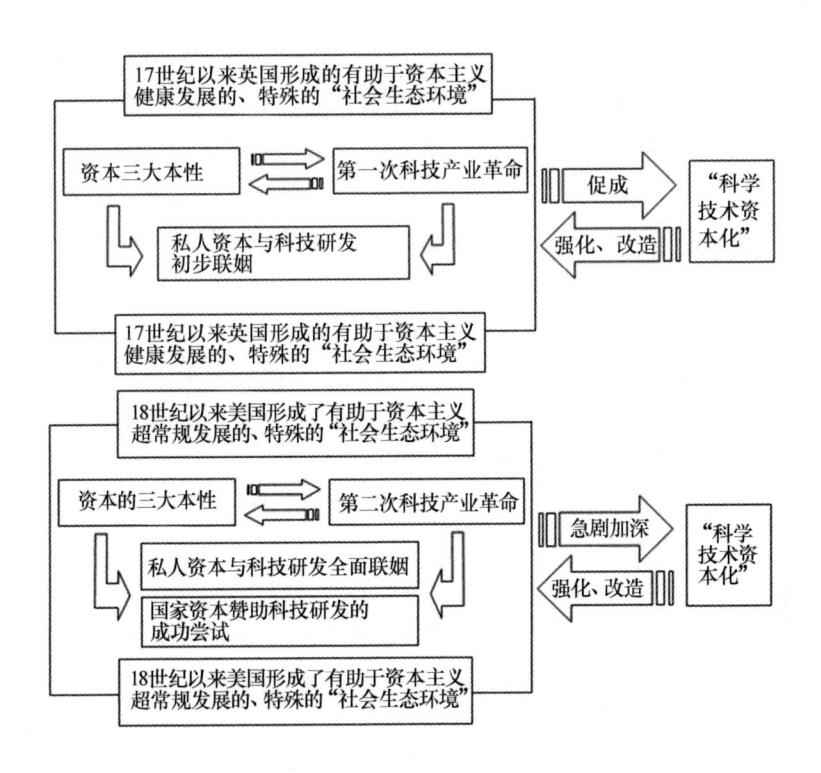

"后记"图2 SST理论框架中的"科学技术资本化":形成和深化机制

"SST理论框架中的'科学技术资本化':形成和深化机制"揭示:

第一,作为"科技与资本联姻的1.0版本","科学技术资本化"形成于17世纪的英国,与之对应的科技产业革命是第一次科技产业革命即蒸汽革命;而作为"科技与资本联姻的1.1版本","科学技术资本化"深化于18世纪的美国,与之对应的科技产业革命是第二次科技产业革命即电力革命。

第二,17世纪以来的英国形成了一系列有助于资本主义健康发展的、特殊的"社会生态环境",在其滋养下,"资本三大本性"——逐利本性、竞争本性和创新本性与高歌猛进的蒸汽革命的相互促进,营造了私人资本与科技研发初步联姻的优良条件,促成"科学技术资本化"。而"科学技术资本化"又反过来强化和改造着英国社会,不断优化其"社会生态环境",使之更有利于私人资本与科技联姻,两者密切互动,相得益彰,"科学技术资本化"亦随之演进。

第三,蒸汽革命时期,促成"科学技术资本化"在英国形成的

"社会生态环境"因素有:(一)社会经济因素;(二)人力资源因素;(三)社会文化因素;(四)逐利的货币资本和富有眼光的风险投资群体;(五)"成功者效应";(六)严格保护专利和机器工业的法律制度。这些因素为英国社会独有,故"科学技术资本化"必然形成于斯。

第四,18世纪以来的美国形成一系列有助于资本主义超常规发展的、特殊的"社会生态环境",在其滋养下,"资本三大本性"和飞速发展的电力革命相互促进,不仅营造了私人资本与科技研发全面联姻的优良条件,而且驱使国家资本赞助科技研发的成功尝试,促使"科学技术资本化"急剧深化。而"科学技术资本化"的深化又反过来强化和改造着美国社会,不断优化其"社会生态环境",使之更有利于私人资本和国家资本与科技的深度联姻,两者密切互动,相得益彰,"科学技术资本化"不断深化。

第五,电力革命时期,促成"科学技术资本化"日趋深化于美国的"社会生态环境"因素有:(一)有利于科技创新的历史传承和高起点科技发展水平;(二)全世界最领先的专利法律制度;(三)"专利权资本"和货币资本完美结合;(四)独特的社会心理即"山巅之城"的宗教文化心理和积极进取的企业家精神。这些因素为美国社会独有,故"科学技术资本化"必然形成于斯。

在二战结束后持续长达半个世纪的第三次科技产业革命即信息技术革命是资本主义进化史上"科学技术泛资本化"在美国水到渠成的时期,它使得发轫于英国的"科学技术资本化"经过漫长的演化,在蒸汽革命和电力革命的推波助澜下最终实现"科学技术泛资本化"。在此阶段,科学技术与资本的结合更是达到一个前所未有的境界,既促进了科学技术革命大发展,又推动了美国资本主义生产力大爆发并使美国在二战后成为资本主义世界的头号强国和冷战后的世界霸主。借助于"科学技术资本化"深化期即电力革命积淀的强大势能和冷战背景下美国形成的特殊的"社会生态环境",科学技术进入"泛资本化"的形成期,也是"科学技术资本化"的"质变时期"。依此逻辑,延续"SST理论框架中的'科学技术资本化'形成和深化机制",本书构建"SST理论框架中的'科学技术泛资本化'形成机制"。见下图:

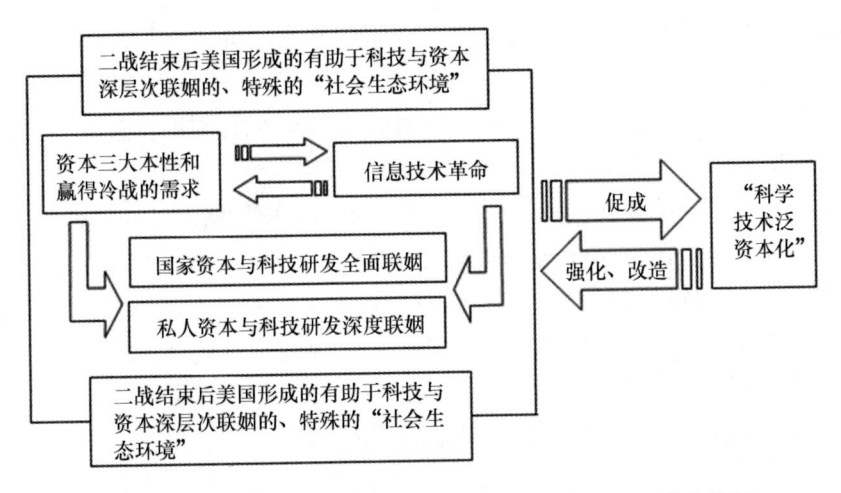

"后记"图3　SST理论框架中"科学技术泛资本化"形成机制

上图揭示：

第一，作为"科技与资本联姻的2.0版本"，"科学技术泛资本化"形成于二战结束后的美国，与之对应的科技产业革命是第三次科技产业革命即信息技术革命。

第二，20世纪中叶以来的美国形成了一系列有助于科技与资本深层次联姻的、特殊的"社会生态环境"，在其滋养下，"资本三大本性"和赢得冷战的最高政治需求与滥觞于美国的信息技术革命的相互激荡，营造了资本主义进化史上科技与资本联姻的至高境界——不仅私人资本与科技研发深度联姻，而且国家资本也与科技研发全面联姻。它们形成强大合力共同促成"科学技术泛资本化"。而"科学技术泛资本化"又反过来对美社会施以前所未有的改造，不断优化科技与资本联姻的"社会生态环境"，两者相辅相成，相得益彰，"科学技术泛资本化"得以"修成正果"。

第三，信息技术革命时期暨冷战背景下，促成"科学技术泛资本化"在美国形成的"社会生态环境"因素有：（一）军事和政治需求促使国家资本与科技研发全面联姻；（二）冷战背景下美国朝野众志成城以战胜苏联为目标的社会心理氛围；（三）资本逐利的需求促使风险投资兴起使得私人资本与科技研发深度联姻拥有最完善的制度保障；（四）官—产—学—研一体化的制度安排非常有利于科技与资本深度联姻；（五）"知识产权资本化"成为"科学技术泛资本化"的最佳表现形式。

"科学技术泛资本化"形成于美国信息技术革命时期，起步于20世纪40年代末人类第一台电子计算机ENIAC诞生，开花结果于90年代初世界上第一款能够运用到所有PC上的图形界面网络浏览器问世之际。"科学技术泛资本化"形成的同时也就开启了水到渠成的深化期。"科学技术泛资本化"的深化得益于科技与资本联姻的历史进程中，发祥于美国并完善于美国的最重要的制度创新——风险投资制度。美国是全球风险投资的圣地，也是现代风险投资的发源地，风险投资成为科技和资本联姻的最佳载体，是促成"科学技术泛资本化"深化的重要推手。在此进程中，"硅谷现象"成为一个最值得关注的经济现象和文化现象，硅谷作为风险投资的风水宝地自然成为"科学技术泛资本化"深化的最好温床。

美国的风险投资体制和"硅谷现象"最重要的历史价值在于：为科技与资本联姻树立了一种全球规范和行业标准，它使得全球化的资本可以借助科技产业革命对全球进行水银泻地般的渗透，在促进科技进步的同时也在全球范围确立资本的统治威力。

综上所述，通过运用STS理论进而借助SST理论，科技与资本联姻的历史进程和逻辑展开的必然结果是，本书得以构建SST理论框架中的"'科学技术资本化'：形成和深化机制"逻辑框架图以及"'科学技术泛资本化'形成机制"逻辑框架图。于是，科技与资本联姻的历史进程的脉络随之凸显——见本书"图1.6　三维坐标系中科学技术与资本联姻历史进程逻辑框架图"，至此，科技与资本联姻的历史与逻辑完美统一并得以依序展开，"科学技术泛资本化"的研究内容也得以构建，见"图1.7　当代资本主义变迁中的'科学技术泛资本化'研究逻辑框架图"。在该逻辑框架图的导引下，研究依据这样一条历史线索——科技与资本联姻的历史进程而展开，同时，研究遵循这样一条逻辑主线——科学技术从"资本化"到"泛资本化"演进的"社生态环境"而层层递进，本书的章节目的展开便水到渠成、顺理成章。

总而言之，科学技术革命是当代资本主义发展变化的动力之源，科学技术在此进程中亦成为资本主义社会最重要的"资本"。资本主义之所以能够引爆科学技术革命，根本得益于科技与资本联姻，这是

后 记

资本主义由来已久的现象,资本主义能够像变魔术一样把科学技术嬗变为无所不能的"资本"。据此,科学技术开始了"资本化"进程。资本主义生产方式的发展规律决定,科技与资本联姻是资本主义再生产顺利进行的内在需求。其联姻的必然结果是产生两个递进发展的重要社会现象:"科学技术资本化"进而"科学技术泛资本化"。前者代表科技与资本联姻的初级阶段,后者代表高级阶段,由低级阶段向高级阶段进化是"资本三大本性"推动下科技与资本联姻的一个历史进程。

对"科学技术泛资本化"的历史进程进行全方位的透视,可以厘清科技与资本联姻的一般规律,进而更深刻地剖析资本主义是如何通过一系列制度创新促成科技产业革命接力爆发这一历史现象。此研究的逻辑延伸,必然引申一个非常重要的思考:中国特色社会主义科技创新道路应该如解借鉴资本主义引爆科技产业革命的历史经验?换言之,中国应该如何构建一个既反映自身特色又体现科技产业革命一般规律的"国家创新体系",以开创一条中国特色社会主义科技创新道路?对此问题的深入思考将使针对科技与资本联姻的研究走向更加深广且更富现实意义的领域。本书通过全面总结科技与资本的联姻的历史进程,厘清科技与资本联姻的机制,归纳总结了"科学技术资本化"和"科学技术泛资本化"——形成和深化所依赖的"社会生态环境",进而探索了科学技术从"资本化"到"泛资本化"进化的历史规律。得出重要结论:人类近代以来所发生的科技产业革命不仅和一个国家的天然禀赋有关,更重要的是,它和相关国家为科技与资本顺利联姻而营造的"社会生态环境"密切相关,这是近代迄今发生的所有科技产业革命均出现在发达资本主义国家的重要原因。该研究结论揭示了科技产业革命发生发展的一般规律,对于中国这样的后发现代化国家具有非常重要的启迪意义。

总之,希望这部成果能够为重庆大学马克思主义理论学科的快速进步发挥些添砖加瓦的作用。

行文至此,收笔在即。特别想分享——此书的写作在我的学术生涯里也算有点"小奇迹","小奇迹之一"是快!"小奇迹之二"是顺!

我于2017年8月19日(暑假结束前十天)下定决心正式写作此书不能再耽误(此前数年,数次动笔数次因为灵感神秘失踪而搁浅,令我懊恼不已),因为,再不动笔的话,我将难以在计划结项的2018年10

月完成书稿,面临研究违约的巨大风险。报着毅然决然的信念冥思苦想,终于,我期盼经年的写作灵感终于汹涌而至和我携手共度一段令人思如泉涌且赏心悦目的学术探宝之旅。我于是定下了不容更改写作计划:寒假结束前(2018 年 3 月 1 日)必须完成书稿,2018 年春季学期伊始必须递交结项申请。我将此写作计划醒目记录于台历上,时时提醒自己。在这段废寝忘食、日以继夜甚至兴奋到数度彻夜难眠的写作过程中,我除了上课和赴学院参会之外,几乎所有业余时间都是坐在书桌前或敲击键盘或翻阅满书桌的各种资料,甚至大年 30 在写,大年初一一大早就开始写……。终于,在 2018 年 2 月 22 日完成初稿,耗时正好半年,Word 统计字数 46.5 万,这个速度令我吃惊,成就感满满。

写作如此顺利高效,背后原因何在?我想起了马克思的名言:"我们要考察的是专属于人的那种形式的劳动。蜘蛛的活动与织工的活动相似,蜜蜂建筑蜂房的本领使人间许多建筑师感到惭愧,但是,最蹩脚的建筑师一开始就比最灵巧的蜜蜂高明的地方,是他在用蜂蜡建筑蜂房以前,已经在自己的头脑中把它建成了。"[①] 显然,我就是那个"最蹩脚"也最快乐的"建筑师"!具体到此书写作和相关研究的展开,最重要的经验有三点,总结如下:

第一,科学精准定义核心概念。定义概念这是学术研究的第一步,科学精准定义一个原创概念更是如此。本研究的最大创新就在于:通过一个原创的新概念——"科学技术泛资本化"进而另辟蹊径去全面解读资本主义科技革命进程中科学技术与资本之间相辅相成、相得益彰的复杂互动关系。因此,科学精准定义概念是此项研究得以按照历史与逻辑相统一的方法展开之前提,也是这个研究课题的创新能否成立的关键。以笔者评阅多篇国家社科基金结项成果的经验昭示,能够精准科学定义一个研究的核心概念,是该研究能否成立并顺利展开的逻辑起点。很多失败的研究就在于:核心概念和相关概念定义不清,导致研究范域模糊混乱,研究变成"捣糨糊"。一个原创概念往往是理论创新的源泉,意味着学术研究有新的发现。彭玉生指出[②]:

---

① 马克思:《资本论》(第一卷),人民出版社 2004 年版,第 208 页。
② 彭玉生:《"洋八股"与社会科学规范》,《社会学研究》2010 年第 2 期,第 190—191 页。

后 记

　　理论创新优胜于简单地综述、解释、拓展他人的理论。真正的理论创新有赖大脑的创造力和对相关文献的深刻理解。理论创新包括创造新理论或新概念，也包括有创意地应用一般理论，扩展或整合现有的理论概念不能被证实、也不能被证伪，只能根据其解释力来评判其是否有用。定义一个有用的概念需要天才与灵感，最重要的是，需要学术界的认同。……创造新概念一定要慎之又慎。

　　当笔者对"科学技术泛资本化"及其前身"科学技术资本化"这两个一脉相承的核心概念进行科学精准的定义后，整个研究的逻辑思路也就清晰凸显，研究的展开水到渠成。

　　第二，根据核心概念，先勾勒一个写作提纲，厘清研究思路，划定研究边界。同时，随着写作的不断深入而同步修改完善写作提纲。我统计后发现，此书写作提纲前后修改了15稿，其过程也就是整个研究思路和写作思路不断优化和拓展的进程，但其逻辑主线是恒定的："科学技术泛资本化"的形成机理是此研究得以展开并走向深入与深刻的依归。接下来，将"科学技术泛资本化"这个贯穿整部专著的核心概念"可视化"为一个逻辑框架图是我破题及展开研究的重要路径。

　　第三，整个写作提纲的逻辑起点一定是而且必须是：关于"科学技术泛资本化"研究的逻辑框架图即"科学技术泛资本化"的形成机理。这个逻辑框架图就是"图1.4　SST理论框架中的'科学技术泛资本化'形成机制"（P39）和"图1.5　SST理论框架中的'科学技术资本化'形成机制"（P40）。依据这两个路径清晰的"藏宝图"，我进一步勾画了"图1.6　三维坐标系中科学技术与资本联姻历史进程逻辑框架图"（P42）。以这三个威力无比，能够使得一项复杂的学术研究化繁为简的逻辑框架图为研究基础，本书以科学技术和资本联姻的演进史为研究的历史线索，以"科学技术泛资本化"发生发展历史进程中"社会生态环境"变迁为研究的逻辑主线，构建"当代资本主义变迁中的'科学技术泛资本化'研究逻辑框架图"（图1.7/P49），将其作为本书的"蓝图"即"总设计图纸"。至此，我这个"蹩脚的建筑师"顺利完成了建盖一所大厦的设计蓝图和施工图纸的擘画，接下来的研究工作就是一个按图索骥、按图施工，根据设计图添砖加瓦的过程。"科学技术泛资本化"研究得以从历史到逻辑完成最圆满的展开。

回顾我所完成的大型的基础研究，譬如此前（2006年）承担的第一个国家社科基金一般项目，结项专著《信息垄断揭秘：信息技术革命视阈里的当代资本主义新变化》，其研究思路和写作思路也与此书如出一辙：先构建研究的逻辑框架图，再按图施工。那部专著同样也完成得很顺利，只不过后一部学术质量更高。因为，建盖第二座"大厦"时，"建筑师"的水平又提高了一大截。

20余年学术研究的经验揭示：逻辑框架图是我做学术研究的利器。针对一项复杂的研究，如果我能够围绕一项研究的核心概念，对其发生发展的机理即来龙去脉，进而对其特征、本质和社会影响等重要内容勾勒一个"可视化"的逻辑框架图——用于解释问题并针对问题设计出最优解，其实，这项研究也就成功了一半。逻辑框架图的功能相当于建筑师手中的设计图，相当于施工方手里的施工图。逻辑框架图就是一个有经验的学者手中进行学术研究设计蓝图和施工图纸，依此，就可以建盖各式各样的"学术大厦"。

因为以上快和顺，书稿结项材料几经各种审核终于递交云南省哲社规划办后，我预期并坚信：此成果的结项等级应该是"良"。当然，随后结项过程无比曲折却超乎我的想象。首先，结项专著的修改足以令人抓狂——我深深领教了"查重软件"的蛮不讲理和"灭绝人性"，只好将其解嘲为"科技奴役人的一个经典表现"。其次，和某评审专家展开的学术商榷——据其意见写结项专著修改说明书令我一度怀疑世间还有无学术？还有无常识？最后只好忍俊不禁视之为"关公战秦琼"。这个令人深思的插曲亦令我感触万千！好在云南省哲社规划办的领导和具体工作人员非常专业，处理问题有水平，提供服务有耐心，对于我反映的某评审专家意见严重失实的问题及时给予纠正，维护了学术评审的严肃性和公正性。我对他们的付出，表示由衷感谢！学术研究若无好的制度保驾护航，就无法避免滥竽充数之徒混迹其间。

在此书写作全过程，我最想感谢的人便是贤妻郭桃梅，她尽管工作繁忙，但却承担所有家务，忙里忙外，令我得以心无旁骛，全力以赴在学术山路上披荆斩棘。妻子的倾心支持是我高质量完成此书稿的重要助力——她每天下班回到家，都会笑盈盈地问我："今天写作顺利吗？"给我莫大的慰藉，我也非常乐于和妻子分享写作中的各种乐趣和所遇到的各种难题，她总是为我加油鼓劲。2019年6月，当以此专著为课题

后 记

结项最终成果斩获"良"时——这是我期盼已久的结果,我马上给妻子电话告之这一喜讯,电话那头,她比我还开心……。

"军功章上有我的一半,也有你的一半",这是我的心里话。

谢谢贤内助桃梅!相信我的下一部学术著作,写作过程也会一如既往的快和顺……。

是为记。

鄢显俊
2020 年 5 月 21 日于重庆大学虎溪花园